高等学校土木工程专业“十四五”系列教材
高等学校基础力学系列教材

材料力学

柴文革　主编

中国建筑工业出版社

图书在版编目（CIP）数据

材料力学 / 柴文革主编. — 北京 ：中国建筑工业出版社，2022.2

高等学校土木工程专业“十四五”系列教材 高等学校基础力学系列教材

ISBN 978-7-112-28139-8

Ⅰ. ①材… Ⅱ. ①柴… Ⅲ. ①材料力学-高等学校-教材 Ⅳ. ①TB301

中国版本图书馆 CIP 数据核字（2022）第 209384 号

本书根据高等学校工科专业教学基本要求及相关现行国家规范和标准编写，包括引论、轴向拉伸和压缩、剪切与挤压、平面图形的几何性质、扭转、弯曲内力、弯曲应力、弯曲变形、应力状态与强度理论、组合变形、压杆稳定共11章。

本书概念确切、说理透彻、逻辑清晰、内容丰富，反映了力学课程教学一线最新的教学经验与教学成果，并充实了课程思政教育内容。

本书每章前列有内容提要、学习要求，每章后配有本章小结、思考题、习题、延伸阅读，并附有习题参考答案。

本书主要适用于高等院校土木、建筑、水利、机械类等工科专业材料力学课程教学，也可用于相关专业职业教育、自学自考和成人教育教材，还可供其他专业及有关工程技术人员参考。

为了更好地支持相应课程的教学，我们向采用本书作为教材的教师提供课件，有需要者可与出版社联系。建工书院：http：//edu.cabplink.com，邮箱：jckj@cabp.com.cn，2917266507@qq.com，电话：（010）58337285。

* * *

责任编辑：聂 伟 吉万旺

责任校对：张 颖

高等学校土木工程专业“十四五”系列教材

高等学校基础力学系列教材

材料力学

柴文革 主编

*

中国建筑工业出版社出版、发行（北京海淀三里河路9号）

各地新华书店、建筑书店经销

北京鸿文瀚海文化传媒有限公司制版

北京圣夫亚美印刷有限公司印刷

*

开本：787毫米×1092毫米 1/16 印张：24¾ 字数：613千字

2023年4月第一版 2023年4月第一次印刷

定价：**64.00**元（赠教师课件）

ISBN 978-7-112-28139-8

（40269）

版权所有 翻印必究

如有内容及印装质量问题，请联系本社读者服务中心退换

电话：（010）58337283 QQ：2885381756

（地址：北京海淀三里河路9号中国建筑工业出版社604室 邮政编码：100037）

前　言

“材料力学”是高等学校工科专业十分重要的基础课程。通过学习本课程，将掌握变形固体力学的基本概念、基本理论和基本方法，初步培养学生对工程构件的强度、刚度、稳定性等进行分析、计算、试验和设计等所必需的能力，并为后续专业课程学习及将来从事工程设计、建造及科研工作打下良好的学科基础。

本书在编写过程中重视基础与应用，使教材具有较强的教学通用性，在内容的阐述与表达方面，力求概念清晰、方法明确、论述严谨、简明扼要、层次分明，注重对材料力学基本概念和基本方法的阐述、联系工程实际，及对问题求解进行讨论，以达到举一反三的目的。

本书在教学内容部分进行了创新，有选择地吸收本学科的新理论、新知识和新技术，同时结合教学实际对部分内容进行了调整，充实了课程思政教育内容。

在内容编排上，各章配有大量图表和实例，直观形象，针对性强，便于学习掌握材料力学的基本知识，加强从工程实际结构或构件中建立力学模型的能力培养，及工程应用能力与创新能力的培养。

本书每章前列出了内容提要、学习要求，每章后有反映重点概念和计算方法的本章小结及思考题、习题，并附有各章习题参考答案，便于了解学习掌握情况。每章均有延伸阅读，包括材料力学简史、工程案例、力学家简介，蕴含唯物论、认识论和矛盾论等辩证唯物主义思想，旨在弘扬爱国报国之情志，激发读者学习热情，助其了解及学习科研工作方法、培养工程意识及工程素质、掌握辩证唯物主义的基本思想观点和方法。

本书由北方工业大学柴文革副教授主编，北方工业大学王建省教授主审。在此，特别感谢王建省教授的审阅工作和对本书编著工作给予的帮助。

敬请专家、同仁和广大读者提出宝贵意见和建议，以期改进与完善。

目　录

第1章　引论

内容提要

材料力学是研究构件承载能力的一门学科。本章主要介绍材料力学的基本任务，变形固体的基本假设，材料力学的基本概念（内力、截面法、应力、位移、应变等）以及构件的变形形式。

本章重点为变形固体的基本假设和材料力学的基本概念。

本章难点为建立材料力学分析问题的思想，理解变形固体的小变形假设；变形、位移及应变的概念及相互关系。

学习要求

1. 了解构件的分类、材料力学的研究对象，熟悉材料力学的任务，理解工程上对构件的要求及强度、刚度和稳定性的概念。

2. 理解变形固体的基本假设（连续性假设、均匀性假设、各向同性假设、小变形假设）。

3. 理解并掌握外力、内力、截面法、应力（正应力、剪应力）、位移、变形、应变（正应变、剪应变）的概念。

4. 熟悉构件变形的基本形式（轴向拉伸或压缩、剪切、扭转和弯曲等）及其受力特点和变形特点。

5. 了解材料力学的发展过程。

1.1　材料力学的任务

1.1.1　材料力学学习目的

随着科技的发展，社会的进步，力学已渗入人类生活生产的各个领域。在工程实际中，无论是建筑、道路、桥梁、隧道、海洋平台等工程，还是飞机、舰船、车辆、各类型机械设备，或是火箭、导弹、飞船、卫星等（图1-1），其设计研发、建造应用等过程都蕴含了丰富的力学理论与力学思想。

材料力学主要研究力对固体的变形、破坏的效应，它是一门与工程实际紧密联系的基础学科，是现代工程技术的重要基础。材料力学课程是工科高校学生的必修课程、技术基础课程，通过对材料力学的学习，一方面可为后续专业课程的学习打下基础，另一方面可学会用力学的观点、原理、方法去观察、分析生活中和工程中的力学现象或力学问题，为最终解决工程实际中的力学问题奠定基础。

1.1.2 材料力学研究对象

1. 材料力学与理论力学的区别与联系

（1）研究领域

在中学、大学所开设的物理、理论力学等课程中，我们对力学已经有了一定认识。力学是研究力对物体作用效应的学科；力对物体的作用效应分为两种：一种是产生外效应，即使物体的位置及运动状态发生改变；另一种是引起内效应，即使物体产生变形或破坏。

前面学习的理论力学研究力对物体作用的外效应，其研究对象是不变形的刚体，因此，理论力学是一门研究刚体在各种主动力作用下所产生的外效应的学科。而材料力学研究力对物体作用的内效应，其研究对象则是变形很小的固体，所以，材料力学是一门研究变形固体在外力或温度作用下所产生的内效应的学科。

（2）研究方法

材料力学与理论力学有着密切关系。材料力学要经常应用静力学和动力学定律分析物体的受力状态。

理论力学主要是以牛顿经典力学定律为基础进行演绎和推理。

材料力学要研究内力，还要进一步研究物体受力后的变形和破坏，其研究除了在力学计算过程继续采用演绎推理外，还要在确定力学模型过程中采用工程技术科学中常用的唯象方法，即根据宏观实验观察进行关于力学模型的假设，然后经过推理得出预期的力学响应结果，再用实验检验这些预期结果是否出现，从而确定所假设的力学模型是否可被接受。

2. 材料力学的研究对象

随着社会的发展，各种类型的结构物和机械得到广泛应用和不断发展。组成各种结构物和机械的部件、元件、零件、器件等，统称为构件。

工程构件多种多样，按其几何形状和几何尺寸的不同大致可分为杆件、板、壳和块体四大类，如图 1-2 所示。

（1）杆件。对于某一方向上尺寸（长度）远大于其余两个方向（横向）尺寸的构件称为杆或杆件，如图 1-1（a）所示。如建筑物中的梁、柱，电动机的轴、活塞连杆等均属于杆件。

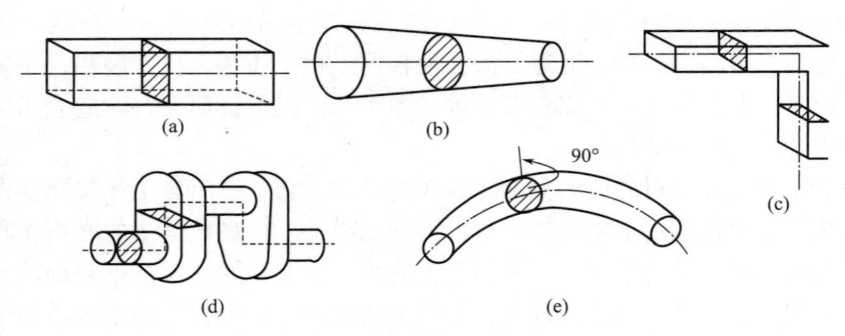

图 1-1 不同类型的杆件

横截面和轴线为描述杆件的两个主要几何要素。横截面是指沿垂直于长度方向的截面，而轴线则为杆件所有横截面形心的连线，横截面和轴线相互垂直。轴线为直线的杆件，称为直杆（见图 1-1a、b）；轴线有转折的杆件，称为折轴杆或刚架（见图 1-1c、d）；轴线为曲线的杆件，称为曲杆（见图 1-1e）。横截面大小和形状不变的杆件，称为等截面杆（见图 1-1a、c、e）；与此相对的，沿轴线改变横截面的杆件，称为变截面杆（见图 1-1b、d）。变截面杆包括截面突变和渐变两类。例如，组成桁架的杆多为等截面直杆，起重机的吊钩为变截面曲杆。

（2）板与壳。若构件某一方向上尺寸（厚度）远小于其余两个方向尺寸，且另两个尺寸比较接近，呈平面形状的构件称为板，如图 1-2（a）所示；呈曲面形状的构件称为壳，如图 1-2（b）所示。平分板或壳厚度的面称为中面，板的中面为平面；壳的中面为曲面。如建筑物中的楼板、屋顶，化工容器等均属于此类构件。

（3）块体。若构件在三个方向上具有同一量级的尺寸，则称为块体。如建筑物下的基础、水坝等均属于此类构件，如图 1-2（c）所示。

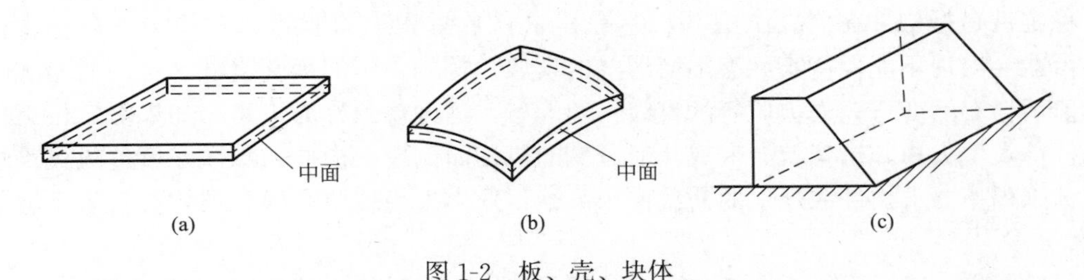

图 1-2　板、壳、块体

材料力学以杆件类型的构件为主要研究对象，主要研究杆件的受力和变形。等直杆（等截面直杆）是一种最基本的杆件，是材料力学研究的重点，材料力学的基本理论主要建立在等直杆的基础上。

1.1.3　材料力学的任务

1. 工程构件安全设计要求

实际工程中，若要结构物或机械能安全、正常地工作，就必须保证其每个组成构件在荷载作用下能安全可靠工作，为此工程设计中要求构件应具有足够的强度、刚度和稳定性。

（1）强度要求

强度是指材料或构件受力后抵抗破坏的能力。材料或构件的破坏主要指其发生断裂或产生显著的塑性变形（撤除外力后不可消失的变形）。凡构件发生断裂或产生显著的塑性变形，统称为强度破坏。

同一种材料或构件在不同环境、不同工作条件下的破坏机理和形式不尽相同。按不同要求设计的构件，例如建筑物的梁、板、柱，车轴，起重机的吊索，船舶的传动轴等，在所处的工作条件和环境下，在规定的使用寿命期间不应该发生断裂破坏。但有时构件虽未断裂但产生了明显的塑性变形，这在工程上也被视为已达到其使用极限或承载能力使用极限，例如在荷载作用下，建筑构件因产生过大的塑形变形而不适于继续承载；机器齿轮产生明显的塑性变形而导致齿轮失效。因而，在工程设计时要求构件必须具有足够的抵抗破坏的能力，即必须具有足够的强度。

（2）刚度要求

从广义上讲，刚度是指构件受力后抵抗变形的能力。材料力学涉及的都是弹性小变形情形，其刚度是指构件受力后抵抗弹性变形（撤除外力后能消失的变形）的能力。

在荷载作用下，构件即使有足够的强度没有破坏，但若其变形超过工程允许的弹性变形或塑形变形，也不能正常工作。例如在荷载作用下，厂房的梁、板产生较大变形时会影响厂房内精密仪器的操作精度；吊车梁发生过大变形会影响吊车的正常运行和使用期限；铁路桥梁在承受列车荷载时，如果弹性下垂或弹性侧移过大，就会影响列车的平稳运行；机床主轴在工作时若弹性变形过大，则会影响工件的加工精度。可见，在一定外力作用下，构件的变形应在工程上允许的范围内，也就是要求构件必须具有足够的抵抗变形的能力，即必须有足够的刚度。

（3）稳定性要求

稳定性是指构件在荷载作用下，保持其原有平衡状态的能力。有些构件在外力作用下，可能会出现不能保持其原有平衡形式的现象。例如受压的细长直杆，当压力增大到某一数值后会突然变弯，失去原有的直线平衡形态，这种现象称为失稳。如果静定桁架中的受压杆件发生失稳，桁架就会变成几何可变的机构而倒塌。构件失稳往往会造成灾难性的事故，工程上要求构件在规定的荷载作用下绝不发生失稳现象，即要求构件具有足够的稳定性。

一般而言，工程中的构件都应同时满足强度、刚度和稳定性要求。但具体构件对这三项要求又往往有所侧重，有的以强度为主，有的以刚度为主，有的则以稳定性为主，例如储气罐主要是保证强度，车床主轴主要是要具备一定的刚度，而受压的细长杆则应保证稳定性；对某些特殊构件还可能有相反的要求，例如对跳水运动中的跳板要求有较大的弹性变形能力。

2. 材料力学的任务

设计构件时，不仅要满足上述强度、刚度和稳定性三方面的要求，以达到安全正常工作的目的，还应符合经济节约的原则，尽可能合理地选用材料和降低材料的消耗量，以节约资源或减轻构件的自重。前者往往要求多用材料，而后者则要求少用材料。可见，安全可靠与经济合理是一对矛盾，合理地解决这对矛盾属于材料力学的任务。

构件的强度、刚度和稳定性均与所用材料的力学性能有关，这些力学性能都需要通过实验测定。此外，实际问题往往比较复杂，在进行理论分析时难免要作某些简化，其准确性有时需要通过实验来验证；甚至某些问题靠现有理论难以解决，必须用实验的方法来测定。因此，实验在材料力学中占有很重要的地位，实验研究和理论分析同样都是完成材料力学任务所必需的重要手段。

综上所述，材料力学的主要任务是：

（1）研究构件（主要是杆件）在外力作用下的内力、变形、破坏等规律；

（2）为合理地选择构件的材料、确定其截面尺寸和形状，提供有关强度、刚度、稳定性分析的必要理论基础与计算方法以及实验技术，力求使设计出的构件既安全又经济。

1.2　变形固体的基本假设

材料力学所研究的构件为可变形固体即变形固体。变形固体的组织构造及其物理性质十分复杂，在研究计算构件的强度、刚度和稳定性时，有必要将研究对象加以简化，忽略一些次要因素，只考虑与问题相关的变形固体的主要属性或特征，依据客观情况将其抽象成一种理想的模型（建模）。在建立力学模型时有两个基本要求，一是要求具有科学性，即近似于原型；二是要求具有实用性，以便于具体分析计算。为此，在材料力学中对变形固体有如下基本假设。

1.2.1　连续性假设

物质的构成一般有两类模型，即连续介质模型和离散粒子模型。实际的物质不是连续介质，而是由离散的粒子构成，但当研究对象的宏观尺寸远比粒子的间隙大时，可以忽略粒子间空隙而将物质视作连续介质。

目前材料力学中广泛采用的是连续介质模型，即认为组成构件的物质是连续地、无空隙地充满其几何空间；连续性不仅存在于构件变形前，而且存在于构件变形后，即构件内变形前相邻近的质点在变形后仍保持邻近，既不产生新的空隙或孔洞，也不出现重叠现象。这一假设称为连续性假设，又称为变形连续性假设。

基于这一假设，构件内的相关力学量就可用固体内各点坐标的连续函数表示，并可采用无限小的数学分析方法。

1.2.2　均匀性假设

均匀性假设即假设变形固体内各处的力学性质均完全相同。实际上，组成变形固体的粒子的力学性能彼此是有差异的，例如金属由晶粒组成，各晶粒的性质不尽相同，晶粒与晶粒交界处的性质与晶粒本身的性质也不同；又如混凝土由水泥、砂和石子组成，各组成材料的性质不同，同一组成材料内各处性质也不尽相同。但由于组成构件的粒子数极多且又是随机排列的，组成物质与变形固体整体相比尺寸很小，从宏观上看，可以将变形固体的力学性能视为各粒子或各组成部分性质的统计平均量，可认为变形固体的力学性能是各处均匀的，此即均匀性假设。按照这一假设，构件的任一部分都与整个构件具有完全相同的力学性能。因此通过试样所测得的材料性能可用于构件的任何部位。

上述的连续性、均匀性假设是应用于材料力学研究构件的宏观力学性能和其在外力作用下的响应（内力和变形），但当研究发生在晶粒或分子上的现象时即研究本体是粒子时，就不能采用均匀、连续介质模型。

1.2.3　各向同性假设

假定变形固体在各个方向上的力学性能完全相同，这称为各向同性假设。对于金属构件而言，由于金属材料所包含的晶粒极多且交错、随机排列，虽然单个晶粒的性质有方向性，但从统计观点看，宏观上可近似地认为金属为各向同性材料。例如，铸铁、铸钢和铸铜等都可认为是各向同性材料。同样，像玻璃、塑料、混凝土等非金属材料也可认为是各向同性材料。在不同方向上具有不同力学性能的材料称为各向异性材料。例如，经过碾压的钢材、纤维整齐的木材、冷扭的钢丝等，这些材料为各向异性材料。在材料力学中主要研究各向同性的材料。

1.2.4 小变形假设

假设构件在外部因素作用下所产生的变形远远小于构件原来的尺寸，这称为小变形假设。

材料力学中研究的构件在满足了强度、刚度或稳定性要求的条件下，受力后所发生的变形总是很微小的。所以，在研究构件的平衡或运动以及内部受力和变形等问题时，可不考虑荷载作用下变形对受力状态的影响，按构件的原始尺寸和形状进行计算。

以图 1-3（a）所示简单桁架为例，两根相同杆件 OA、OB 对称地相连于 O 点，受到 F 力作用后，节点 O 移动到 O'，角 α 减小成角 α'。欲求各杆的内力，需要根据变形后的几何关系，建立平衡方程。由图 1-3（b）中的受力分析知，两杆的内力为

$$F_{N1}=F_{N2}=F/(2\cos\alpha') \tag{1-1}$$

显然，要求出 F_{N1} 和 F_{N2} 就必须先确定变形后的角度 α'。但是，杆系受力后夹角的改变又必须通过未知的内力 F_{N1} 和 F_{N2} 才能算出。可见，如果必须考虑杆件的变形，计算就变得很复杂。

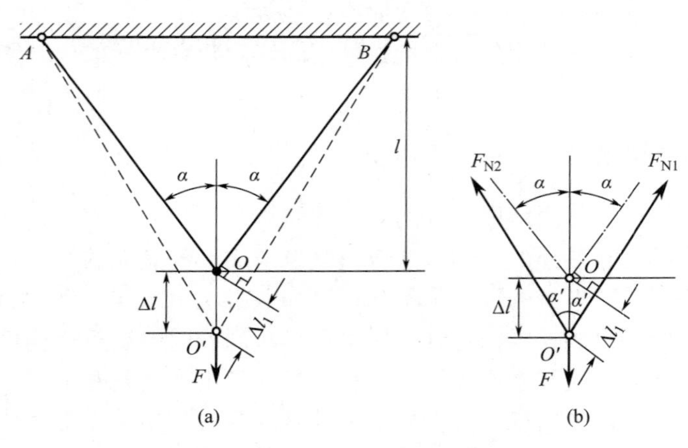

图 1-3 小变形假设

因此，为避免过于复杂且并不必要的计算，需要用到小变形假设，可以认为角度 α' 和 α 近似相等，从而得出 $F_{N1}=F_{N2}=F/(2\cos\alpha)$，事实上，这一结果是足够准确的。由此可见，材料力学在建立静力平衡方程或其他理论分析中，利用小变形假设略去物体的微小变形，按照体系原来的尺寸计算，并不会引起显著的误差，计算工作却得到了极大的简化。

与小变形相对应的是大变形情况，对于橡胶、塑料等能够产生大变形的物体，小变形假设是不适用的。

综上，材料力学认为一般的工程构件是具有连续性、均匀性、各向同性的变形固体，且在大多数场合下将其局限在弹性变形范围内和小变形条件下进行研究。

1.3　材料力学基本概念

1.3.1　外力、内力及应力

1. 外力

结构物和机械中的任一构件一般要承受作用力或传递运动，当将其从周围物体中隔离出来进行力学分析时，构件所受的外部作用力即为外力。

结构物或机械工作时通常都受到各种外力作用。例如，建筑所受风荷载及地震作用。轧钢机所受钢坯的阻力，车床主轴所受切削力和齿轮啮合力等，这些力可统称为载荷或荷载。

（1）外力按作用方式分

外力按作用方式可分为体积力和表面力。

体积力是场力，包括自重和惯性力，连续分布在构件内部各点处。体积力通常由其集度来度量其大小，体积分布力集度就是每单位体积内的力。

表面力则是作用在构件表面的力，包括直接作用在构件上和经由周围其他物体传递来的外力，又可分为分布力和集中力。分布力是指在构件表面连续分布的力，如屋面上的雪荷载、作用于水坝和船体表面的水压力、作用于油缸内壁的油压力等。表面分布力也由其集度来度量其大小，表面分布力集度就是指每单位面积上的力，工程上常用的单位是“N/m^2”。有些分布力是沿杆件轴线作用的，如楼板对梁的作用力，常用的单位是“N/m”，若表面力分布面积远小于物体表面尺寸或轴线长度，则可视为作用于一点的集中力，如交叉叠置的梁之间的相互作用力、火车轮对钢轨的压力、汽车重量对路面的压力等。

（2）外力按随时间变化的情况分

外力按随时间变化的情况可分为静荷载和动荷载。

静荷载是指缓慢由零增加到一定数值，以后即基本保持不变的荷载。例如，屋面所承受的雪荷载、将设备缓缓搁置于基础上时基础因之所承受的外力等。

动荷载则是指随时间明显变化的荷载。随时间作周期性变化的动荷载称为交变荷载，例如，齿轮轮齿的受力、内燃机连杆和机车轮轴的受力都明显随时间作周期性变化。因由物体运动瞬间突然变化或碰撞所引起的动荷载则称为冲击荷载，例如，岩石在爆炸力作用下破碎、飞轮急刹车时轮轴的受力等。

2. 内力

变形固体在没有受到外力作用之前，内部质点与质点之间就已经存在着相互作用力以使固体保持一定的形状。当受到外力作用而发生变形时，构件内部各质点间产生相对位移（即构件发生变形），相应地，各质点间的相互作用力也随之发生变化。这种由外力作用引起的构件质点间相互作用力的改变量，就是材料力学中所要研究的内力。

内力实际上是外力引起的各质点间的附加的相互作用力，又称为附加内力。也可以称内力为构件内部阻止变形发展的抗力。由于假设物体是均匀连续的可变形固体，因此在物体内部相邻两部分之间相互作用的内力，实际上是一个连续分布的内力系，通常将分布内力系的合成力或力偶简称为内力。简言之，内力是指在外力作用下，构件内部相邻部分之间分布内力系的合成，而非分子之间的凝聚力。

材料力学所研究的构件的内力是由外力引起的，与变形同时产生，它随着外力的变化而变化，外力增大，内力也增大；外力去掉后，内力也将随之消失；当内力超过某一限度时，构件就发生破坏。

内力的分析与计算是材料力学解决构件的强度、刚度、稳定性问题，研究构件的承载能力的基础，必须予以重视。

3. 截面法

（1）弹性体平衡原理

弹性构件在外力作用下若保持平衡，则从其上截取的任意部分也必然保持平衡。前者称为整体平衡；后者称为局部平衡。这种整体平衡与局部平衡的关系，称为弹性体平衡原理。局部平衡中的局部可以是用一截面将构件截成的两部分中的任一部分，也可以是从中截出的任意部分，甚至还可以是围绕某一点截取的微元或微元的局部等。

（2）截面法

在研究构件的强度、刚度等问题时，均与内力有关，经常需要知道构件在已知外力作用下某一截面（如杆件的横截面）上的内力值，而截面法是求解构件任一截面上内力值的普遍方法。

根据变形固体的连续性假设，在荷载作用下弹性体内各部分的内力是连续分布的。所谓截面法，系指为了显示并求出构件内力，假想将构件沿某一截面切开，再根据研究部分的平衡条件确定出截面上内力的方法。该方法如下所示。

在欲求构件内力处，用一假想平面 m-m 将构件分为Ⅰ、Ⅱ两部分，如图 1-4（a）所示。任取其中一部分（如左半部分Ⅰ）作为研究对象，弃去另一部分。在Ⅰ部分，除原有作用的外力，截开面上还应作用有分布内力（即Ⅱ部分对Ⅰ部分的作用力），这样才能与Ⅰ部分所受外力平衡（如右半部分Ⅱ），如图 1-4（b）所示；根据作用与反作用定律可知，另一部分Ⅱ也受到Ⅰ部分内部构件的反作用力，两者大小相等且方向相反。对研究对象Ⅰ部分而言，该部分所受外力与 m-m 截面上的内力组成平衡力系；应用力系简化理论，将分布内力向横截面的某一点例如形心 O 简化，即可得分布内力的合力即主矢 F 与主矩 M_O，如图 1-4（c）所示。根据平衡方程即可求出 m-m 截面上所作用的内力。

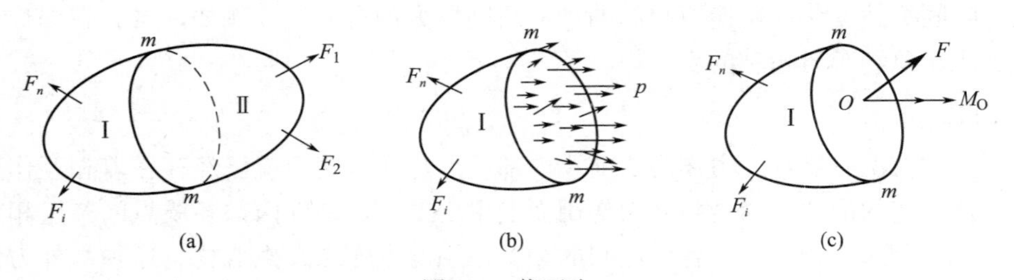

图 1-4　截面法

概括而言，截面法可归纳为“截-取-代-平”四个步骤。

① 截开。在需求内力的截面处，用假想的截面将构件截开分为两部分。

② 留取。留取任一部分为分离体（原则上取受力简单的部分作为研究对象），并弃去另一部分。截面上的分布内力就是两个分离体间的相互作用力。

③ 代替。以内力代替弃去部分对留下部分的作用，应用力系简化理论将分布内力向横截面的某一点例如形心 O 简化，即可得分布内力的合力即主矢 F 与主矩 M_O。绘制分离体受力图，画出作用在该部分的所有外力和内力（包括作用于分离体上的荷载、约束反力、待求内力），如图 1-4（c）所示。

④ 平衡。根据研究部分的平衡条件建立平衡方程，由已知外力求出未知内力。

当用假想截面将构件截开，考察其中任意一部分平衡时，是将该部分视为刚体，所用的方法与静力学中刚体平衡方法完全相同。

【例题 1-1】 在荷载 F 作用下的钻床如图 1-5（a）所示，试确定 m-m 截面上的内力。

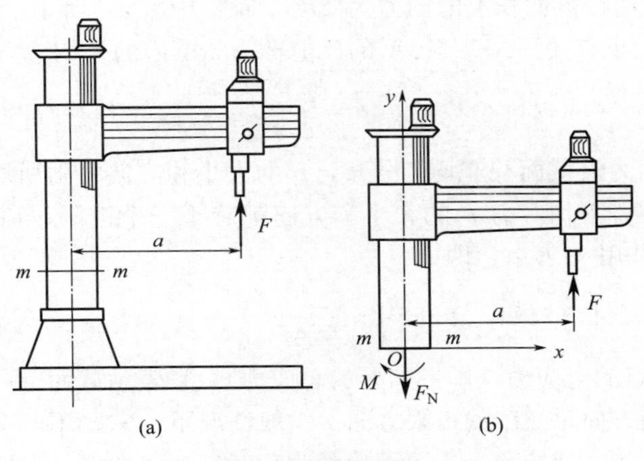

图 1-5　例题 1-1 图

【解】（1）截开：假想沿 m-m 截面将钻床分成两部分。

（2）留取：研究 m-m 截面以上部分，并以 m-m 截面形心 O 为原点，选取坐标系如图 1-5（b）所示。

（3）代替：外力 F 将使 m-m 截面以上部分沿 y 轴方向平移，并绕 O 点转动，m-m 截面以下部分必然将以内力 F_N 和 M 作用于截面上，以保持上部的平衡。这里 F_N 为通过 O 点的力，M 为力偶。

（4）平衡：列平衡方程

$$\sum F_y = 0，F - F_N = 0 \tag{1-2}$$

$$\sum M_O = 0，Fa - M = 0 \tag{1-3}$$

求得内力 F_N 和 M 分别为：

$$F_N = F，M = Fa \tag{1-4}$$

4. 应力

用截面法求出的某截面上的内力，是该截面上分布内力的合力，它只与截面位置和外力因素有关，与截面的形状和尺寸无关，它并不能表明截面上各处受力的强弱，因而不足以反映构件的强度。如两根材料相同、横截面大小不同的杆件，当其内力同时增大到某一值时，首先破坏的一定是横截面较小的杆件，因此仅靠内力不能确定构件的承载能力。

实际的构件总是从内力集度最大处开始破坏，因此只按理论力学中所述方法求出截面上分布内力是不够的，必须进一步确定截面上各点处分布内力的集度。为此，需要引入应力的概念。

（1）应力的概念

所谓应力，是指内力在构件截面上一点处的密集程度（即内力分布密集程度），也称内力集度（简称集度）。一般而言，内力集度越高，构件破坏的可能性越大。

若内力在截面上是均匀分布的，则其应力为该截面上的内力除以截面面积。

一般情况下，内力并非均匀分布。要确定受力构件在某截面 m-m 上的任意一点 K 处的应力（分布内力集度），可假想将构件在 m-m 处截开，在截面 m-m 上围绕 K 点取一微小面积 ΔA，并设作用在该面积上的内力为 ΔF，如图 1-6（a）所示。ΔF 的大小和方向与 K 点位置及 ΔA 的大小有关。ΔF 与 ΔA 的比值称为 ΔA 内的平均应力，并用 $\overline{p}$ 表示 ，即

$$\overline{p}=\frac{\Delta F}{\Delta A} \tag{1-5}$$

一般情况下，内力沿截面并非均匀分布，$\overline{p}$ 的大小和方向将随所取面积 ΔA 的大小而不同。当 ΔA 趋于零，平均应力 $\overline{p}$ 的大小和方向都趋于一个极限，该极限称为截面 m-m 上点 K 处的应力，并用 p 表示，即

$$p=\lim_{\Delta A\to 0}\frac{\Delta F}{\Delta A}=\frac{\mathrm{d}F}{\mathrm{d}A} \tag{1-6}$$

应力 p 称为 K 点的全应力（即一点处的总应力），它表示截面上一点处分布内力的集度，是一个矢量，其方向是 ΔF 的极限方向。一般情况下，它既不与截面正交，也不与截面相切。为了便于分析，使应力具有更明确的物理意义，通常将一点处的全应力 p 沿截面的法向与切向分解为 σ、τ 两个分量，如图 1-6（b）所示。σ 为全应力 p 沿截面法向（垂直于截面）的应力分量，称为正应力或称法向应力；τ 为全应力 p 沿截面切向的应力分量，称为剪应力或切应力。全应力、正应力和剪应力三者间的关系如下式所示。

$$p^2=\sigma^2+\tau^2 \tag{1-7}$$

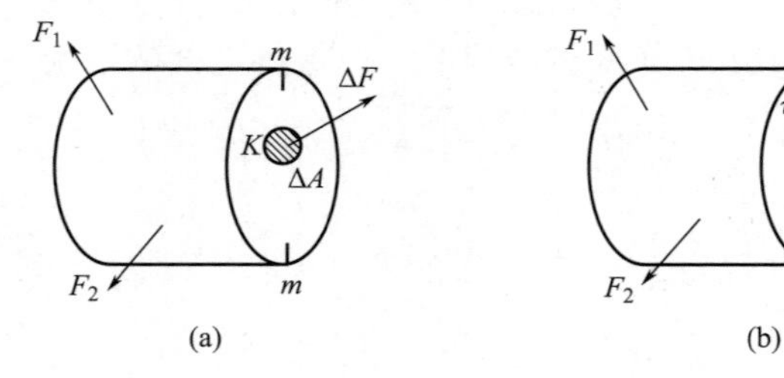

图 1-6　应力、正应力和剪应力

应力的正负号规定如下。

正应力：拉应力为正；压应力为负。

剪应力：使其对作用部分产生顺时针转动趋势者为正；反之为负。

（2）应力单位

应力的国际单位为帕斯卡（Pascal），简称为帕（Pa），1Pa＝1N/m²。在工程中，应

力的常用单位为兆帕（MPa）、吉帕（GPa），1MPa＝10^6Pa＝1N/mm^2，1GPa＝10^3MPa＝10^9Pa。

在后续章节各类承载能力相关计算中都会涉及单位的正确换算，为此应特别注意理解“1MPa＝1N/mm^2，1N＝1MPa×1mm^2，1mm^2＝1N/1MPa”的含意。

1.3.2　变形、位移及应变

1. 变形

构件在外力（或应力）作用下发生的形状和尺寸的变化，称为变形。根据受力变形的特点，构件变形可分为弹性变形和塑性变形。

弹性变形是指构件随外力作用而产生、随外力去除而消失的变形，其重要特征是具有可逆性，即构件受力后产生变形，卸除荷载后变形消失。换言之，弹性就是构件在去除外力后恢复原来形状和大小的性质。

塑性变形是指构件随外力作用而产生、在外力去除后残余的（即永久性的）变形。当构件在外力作用下其应力超过弹性极限时，构件就开始产生塑性变形。塑性变形具有不可逆性。换言之，塑性是构件在去除外力后不能恢复原来形状和大小的性质，它是材料及构件的一项重要的力学性能指标，例如金属材料，正因为其具有塑性，才能利用不同的加工方法将其制成各种几何形状的零件。在材料加工过程中，应提高其塑性，降低变形抗力。

在服役过程中，有些构件不允许产生变形，如对于机床的精密构件，即使是微小的弹性变形也是不允许的，否则就会降低加工精度，这样的构件需按刚度要求进行设计。有些构件在服役时不允许产生塑性变形，即构件的工作应力不应超过弹性极限或屈服强度，对于这类构件，应提高材料的弹性极限和屈服强度，使构件在服役过程中承受更大的应力，同时也要求材料具有适当的塑性，以防止构件脆性断裂。有些构件在服役时不允许产生较大的塑性变形，如房屋建筑中的梁板构件变形挠度不允许超过规定限值。

一般来说，受力构件内各点处的变形是不均匀的。为了描述变形、说明受力物体内各点处的变形程度，还需引入位移和应变的概念。

2. 位移

在外力作用下，物体各部分空间位置的变化量统称为位移。物体各点的位移，一般由两部分组成：一是刚性位移，指物体做刚性移动或转动所产生的位移；二是变形位移，指物体变形所引起的位移，即物体变形过程中其内部各点做相对运动所产生的位移。物体的刚性位移即刚体位移已在理论力学中讨论过，本书将直接引用。材料力学主要讨论构件的变形位移。

位移可分为线位移、角位移。线位移是指物体受外力作用时，内部各点相对于原来位置所移动的直线距离；角位移是指物体受外力作用时，内部某一直线或平面相对于原来位置所转过的角度。

材料力学中的变形位移同样可分为线位移、角位移。在构件发生变形时，内部任意一点将产生移动，任意一线段（或平面）将发生转动，构件上某一点相对于原来位置所移动的直线距离称为线位移，构件上某一直线或平面相对于原来位置所转过的角度称为角位移。如图 1-7 所示直杆，在受力弯曲变形后，直杆轴线上 A 点移到 A'点，杆右端截面转

角为 θ，则 A 点的线位移为$\overline{AA'}$，直杆右端截面的角位移为 θ。

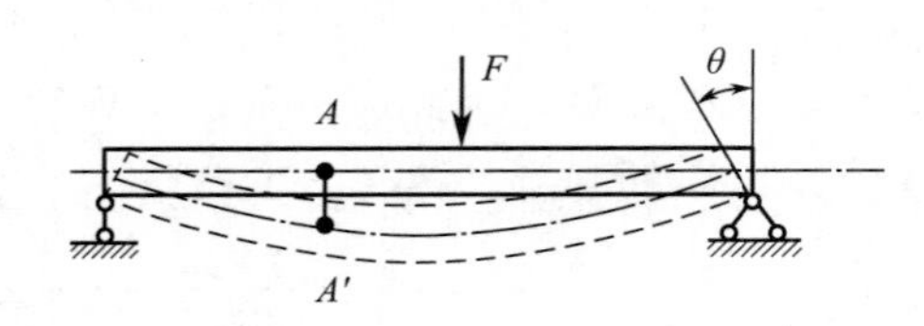

图 1-7　弯曲直杆变形位移

由于构件的刚体运动与变形都可产生线位移和角位移，因此，线位移和角位移并不足以完全表示变形。为此，可用线段长度的改变和线段（或平面）角度的改变来描述构件的变形。线段长度的改变称为线变形；线段（或平面）角度的改变称为角变形。线变形和角变形分别用线应变、角应变来度量。

3. 应变

构件在外力作用下发生变形，表示变形程度的量称为应变。

由于材料力学研究的对象是均匀连续的，因此，可以将构件视为由许多微小的正六面体组成，这种微小的正六面体称为微元体，又称单元体。构件受力后，各单元体的位置和形状发生变化，整个构件的变形可以看成是所有单元体变形累积的结果。

单元体的变形可通过两方面来描述：①棱边长度的改变；②两正交棱边之间夹角的改变。单元体棱边产生伸长或缩短的变形称为线变形，描述弹性体各点处线变形程度（单位长度的线变形）的量，称为正应变或线应变，用 ε 表示；单元体相邻棱边所夹直角的改变量，称为剪应变或切应变、角应变，用 γ 表示。

为了研究构件的变形及其内部的应力应变分布，需要了解构件内部各点处的变形及应变。对于构件内任一点，有线变形和角变形两种基本变形，它们分别用线应变和剪应变来度量。

如图 1-8 所示为在构件内任一点 A 处取出的一单元体，沿 x 轴、y 轴、z 轴方向其棱边长度分别为 Δx、Δy、Δz。构件受力作用时，该单元体发生变形，单元体棱边的长度发生改变，相邻棱边所夹角度一般也发生改变。取其中一棱边 AB 研究，A 点移到了 A'点，其沿 x 轴方向的位移为 u；B 点移到了 B'点，其沿 x 轴方向的位移为 $u+\Delta u$，则棱边 AB 的伸长量（线变形）在 x 轴方向的投影为 $[(\Delta x+u+\Delta u)-u]-\Delta x=\Delta u$。

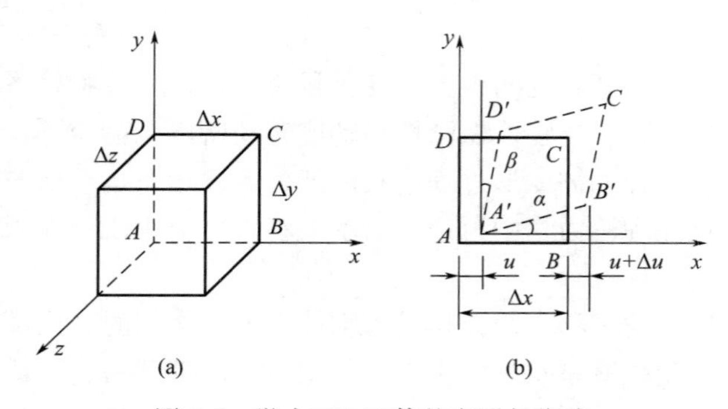

图 1-8　微小正六面体的变形与位移

棱边 AB 沿 x 轴方向的平均应变（单位长度的线变形）为

$$\varepsilon_{\mathrm{m}}=\frac{\Delta u}{\Delta x} \tag{1-8}$$

一般情况下，棱边 AB 各点处的变形程度并不相同，平均应变的大小随着棱边的长度而改变。为了准确地描述点 A 沿 x 轴方向的变形情况，可选取无限小的单元体，由此得到棱边 AB 沿 x 轴方向平均应变的极限值，即

$$\varepsilon_x = \lim_{\Delta x \to 0} \frac{\Delta u}{\Delta x} = \frac{du}{dx} \tag{1-9}$$

式中，ε_x 称为 A 点沿 x 方向的线应变（或正应变）。若 A 点沿 x、y、z 三个方向的线应变 ε_x、ε_y、ε_z 均已知，则可确定出 A 点沿任一方向的线应变。

线应变的物理意义是构件上一点沿某一方向变形量的大小，实际上就是单位长度上的变形量。线应变无单位，量纲为1。线应变的正负号规定为：拉应变为正，压应变为负。

如图1-8所示单元体的棱边 AD 与 AB 原夹角为直角，变形后 $A'D'$ 与 $A'B'$ 两棱边的夹角为 $\angle D'A'B'$，当单元体无限小时，则变形后原直角发生的微小角度改变为

$$\gamma = \lim_{\substack{\Delta x \to 0 \\ \Delta y \to 0}} \left(\frac{\pi}{2} - \angle D'A'B'\right) = \lim_{\substack{\Delta x \to 0 \\ \Delta y \to 0}} (\alpha + \beta) \tag{1-10}$$

γ 称为 A 点在 xy 平面内的切应变或剪应变。剪应变 γ 实际上就是一单元体两棱边角的改变量，其单位为弧度（rad），量纲为1。其正、负号规定为：直角变小时，γ 取正；直角变大时，γ 取负。

综上所述，构件任何一点的变形都是由正应变和剪应变组成，可用它们来度量构件内点处的变形程度。对于各向同性材料，正应变和剪应变分别与正应力和剪应力相联系。

【例题1-2】 如图1-9所示为一矩形截面薄板，受均布荷载 q 作用，已知边长 $l=400\text{mm}$，受力后沿 x 方向均匀伸长 $\Delta l=0.04\text{mm}$。试求板中 a 点沿 x 方向的正应变。

【解】 由于矩形截面薄板沿 x 方向均匀受力，可认为板内各点沿 x 方向具有正应力与正应变，且处处相同，所以平均应变即 a 点沿 x 方向的正应变。

$$\varepsilon_a = \frac{\Delta l}{l} = \frac{0.04}{400} = 100 \times 10^{-6} = 1 \times 10^{-4}$$

【例题1-3】 如图1-10所示为一嵌于四连杆机构内的薄方板，$b=3000\text{mm}$。若在力 F 作用下 CD 杆下移 $\Delta b=0.03\text{mm}$，试求薄板中 a 点的剪应变。

【解】 由于薄方板变形受四连杆机构的制约，可认为板中各点均产生剪应变，且处处相同。

$$\gamma_a = \gamma \approx \tan\gamma = \frac{\Delta b}{b} = \frac{0.03}{300} = 100 \times 10^{-6} = 1 \times 10^{-4}$$

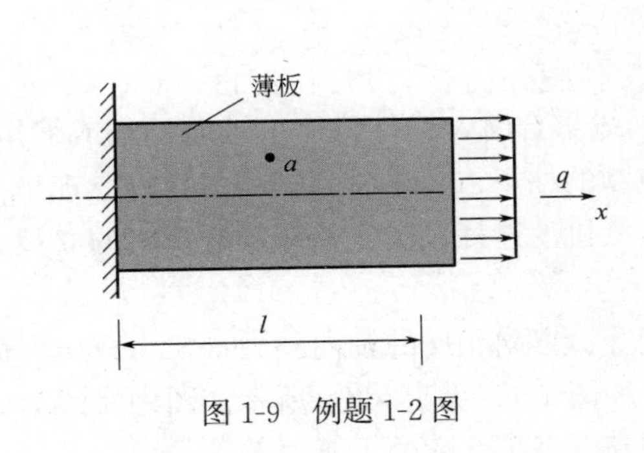

图1-9 例题1-2图

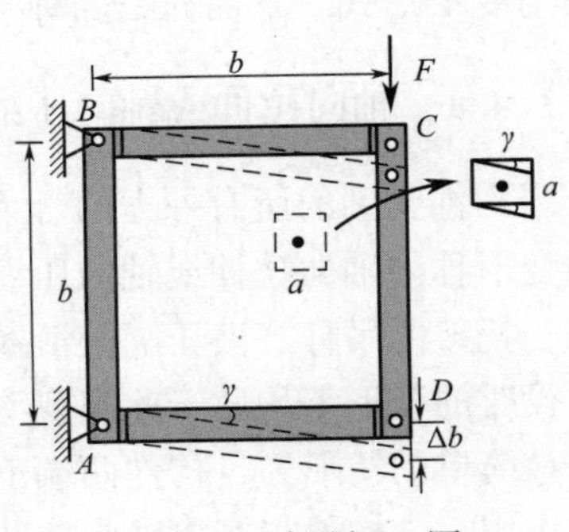

图1-10 例题1-3图

4. 应力与应变的关系

任何构件在受外力作用时，都要承受一定的应力，产生一定的变形，应力和应变之间存在着对应关系。在弹性变形阶段，应力与应变之间通常为线性对应关系，存在单值对应关系；在塑性变形阶段，应力和应变之间为非线性的对应关系，不一定是单值对应关系。

对于工程中常用材料，大量的拉伸或纯剪切实验结果表明：当材料所受荷载小于某一极限值时，正应力与正应变以及剪应力与剪应变之间存在如下近似的线性关系。

$$\sigma_x = E\varepsilon_x \text{ 或 } \varepsilon_x = \frac{\sigma_x}{E} \tag{1-11}$$

$$\tau_x = G\gamma_x \text{ 或 } \gamma_x = \frac{\tau_x}{G} \tag{1-12}$$

式（1-11）、式（1-12）统称为胡克定律。式中，E 称为弹性模量或杨氏模量；G 称为切变模量或剪切弹性模量，E、G 都是材料常数，其量纲与应力量纲相同。

构件的刚度取决于材料的弹性模量和构件尺寸，因此弹性模量是设计时不可缺少的力学性能指标。

纵向应变 ε_x 和横向应变 ε_y 也存在有线性关系，即

$$\varepsilon_y = -\nu\varepsilon_x \tag{1-13}$$

式中，材料常数 ν 称为泊松比；负号表示横向应变和纵向应变符号相反。

对于各向同性材料，材料常数 E、G、ν 之间有如下关系。

$$G = \frac{E}{2(1+\nu)} \tag{1-14}$$

材料常数由试验确定。对于钢材，E 的取值为 200～210GPa，G 的取值为 78～81GPa，$\nu \approx 0.3$。

1.4 构件变形的基本形式

实际构件的受力方式多种多样，因此构件受力所产生的变形也有多种形式。大量的实践和研究发现，可以将各类受力和变形归纳为轴向拉伸（或轴向压缩）、剪切、扭转和弯曲四种基本受力和变形形式，以及由两种或两种以上基本受力和变形形式叠加而成的组合受力与变形形式。下面介绍四种基本受力和变形形式。

1.4.1 轴向拉伸或轴向压缩

当构件受到的所有外力的合力其作用线与轴线重合时，构件将产生轴向伸长或缩短，这种变形称为轴向拉伸或轴向压缩。例如，建筑物的柱子、桥墩、斜拉桥的拉杆、理想桁架杆、托架的吊杆、液压缸的活塞杆、压缩机蒸汽机的连杆、门式机床和起重机的立柱等在服役时的变形等均属于此类变形。

最简单的情形为：构件两端承受一对大小相等、方向相反的轴向外力（拉力或压力荷载）作用时，构件将产生轴向拉伸或轴向压缩，如图 1-11（a）、（b）所示。图中实线为变形前的位置，虚线为变形后的位置。拉伸或压缩是本书第 2 章的主要内容。

1.4.2　剪切

当构件受到与轴线垂直的横向外力时，构件相邻横截面将发生相互错动，这种变形称为剪切变形。工程中的很多连接件，如螺钉、螺栓、铆钉、销钉和平键等都产生剪切变形。一般构件在发生剪切变形的同时，还伴有其他种类的变形形式。

最简单的情形：当构件受到一对等值、平行反向且相距很近的横向外力作用时，力所作用的两个横截面（受剪面）将分别沿力的方向产生位移，使构件左右两部分产生相互错动，如图 1-11（c）所示。

1.4.3　扭转

当构件在其横截面内受到外力偶作用时，构件所有横截面将绕其轴线发生转动。如机器的传动轴、电机和汽轮机的主轴都会产生扭转变形。

最简单的情形为：当构件受到一对大小相等、转向相反且位于横截面内的力偶作用时，构件内任意两相邻横截面将绕构件轴线产生相对转动，如图 1-11（d）所示。

1.4.4　弯曲

当构件受到作用面平行于轴线的力偶或作用线垂直于轴线的横向力作用时，构件所有横截面将绕垂直于构件轴线的轴发生转动，同时其轴线将变成曲线。所引起的变形为弯曲变形。相应于这种外力作用，杆件的主要变形是轴线由直线变为曲线。如建筑物的横梁、起重机的吊臂、桥式起重机的大梁、门式起重机的横梁、机车的轮轴、钻床和冲床的伸臂都会产生弯曲变形。

最简单的情形：当构件的两端受到一对转向相反、大小相等且位于纵向平面内的力偶作用时，所有横截面将绕垂直于构件轴线的轴发生转动，如图 1-11（e）所示。

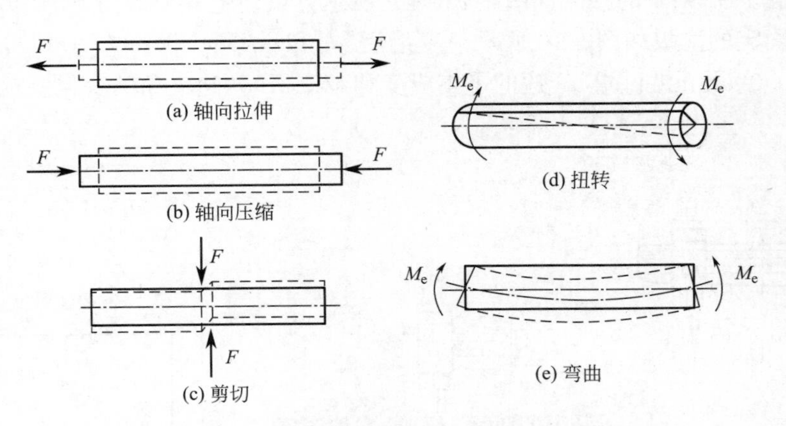

图 1-11　四种基本变形的受力特点与变形特征

工程中有些构件在工作时，会同时存在上述几种基本变形，即产生组合变形。例如，水坝是弯曲与压缩的组合变形、卷扬机主轴发生弯扭组合变形、传动轴往往是弯曲与扭转的组合，而车床主轴工作时发生弯曲、扭转和压缩的组合。本书将首先研究讨论上述四种基本变形的强度和刚度计算，然后再研究讨论组合变形问题。

本章小结

1. 材料力学主要研究杆件的受力、变形和破坏规律。为了保证构件的正常工作，构件必须满足强度、刚度和稳定性要求。

2. 材料力学对变形固体作了连续性假设、均匀性假设和各向同性假设，并主要研究构件在完全弹性和线弹性范围内发生的小变形问题。应理解这些假设的意义。

3. 外力是指来自物体外部的力；内力是指由于外力作用引起的构件内部各部分之间产生的附加相互作用力。采用截面法求解构件的内力对所有构件的受力状态下都是适用的，该方法是求构件内力的基本方法。

4. 应力是指构件截面上分布内力的集度；应变是对变形的量度，包括线应变（正应变）和剪应变。位移、变形和应变的概念容易混淆，应注意区分。

5. 构件的基本变形形式有轴向拉伸（或轴向压缩）、剪切、扭转和弯曲。

思考题

1. 材料力学的主要任务是什么？
2. 构件的强度、刚度和稳定性分别指什么？试就日常生活及工程实际各举一例。
3. 材料力学对变形固体做了哪些基本假设？基本假设的根据是什么？
4. 什么是截面法？如何用截面法求内力？
5. 说明内力和应力、正应力和剪应力、变形和应变各组物理量间的区别与联系。
6. 构件的基本变形形式有几种？各自的受力特点和变形特点是什么？试举例说明。
7. 调研我国古代工程成就及其相关材料力学知识。

习题

1. 在荷载 F 作用下的钻床如图 1-12（a）所示，试确定 n-n 截面上的内力。

2. 两边固定的薄板如图 1-13 所示。变形后 ab 和 ad 两边保持为直线。a 点沿铅垂方向向下位移 0.025mm。试求 ab 边的平均应变和 ab、ad 两边夹角的变化。

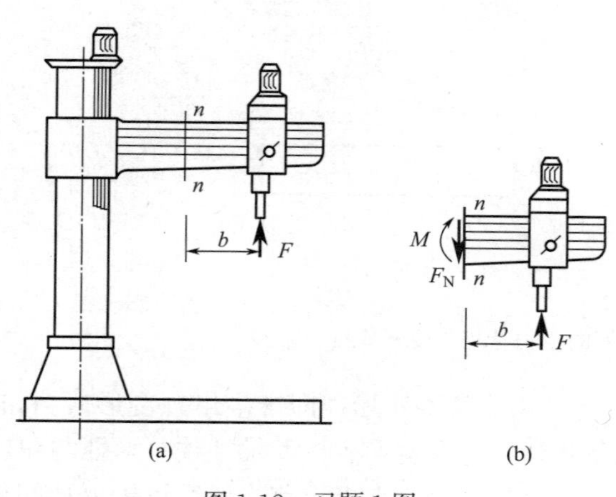

图 1-12　习题 1 图

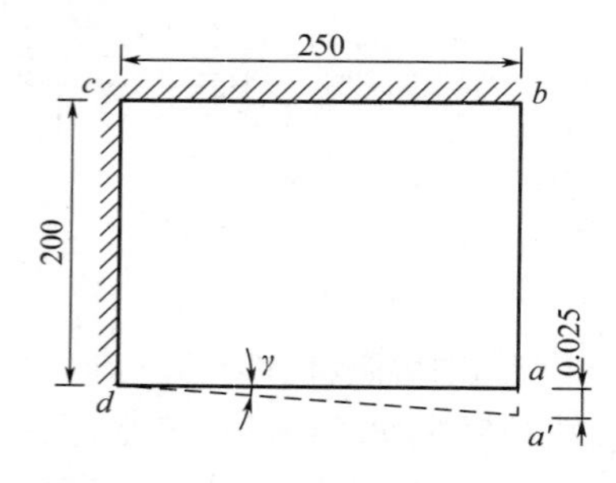

图 1-13　习题 2 图（单位：mm）

延伸阅读——材料力学简史Ⅰ

材料力学的发展与社会生产发展密切相关。同其他学科一样，材料力学是人们在长期的生产实践中逐步地发展和丰富起来的，是人类的智慧与社会生产实践的结晶，其发展经历了前期积累、萌芽、逐步发展再到系统化的漫长过程。

在中世纪以前，世界各国虽然已有舟、车、房屋、堤坝等机械和结构物的制作和建造，并已逐渐对构件的受力特点、材料的力学性能和正确使用积累起一些经验，但在结构和机械的设计中，仍然主要是根据经验或模仿，还没有上升到科学理论的水平。

材料力学作为一门相对独立、系统的学科，通常认为是从17世纪开始建立起来的。此后，随着生产的发展，各国科学家对与构件有关的力学问题进行了广泛深入的研究，使材料力学这门学科得到了长足的发展。长期以来，材料力学的概念、理论和方法已广泛应用于土木、水利、机械、化工、冶金、船舶与海洋工程、航空与航天等工程领域。计算机以及实验方法和设备的飞速发展与广泛应用，更是为材料力学的工程应用提供了强有力的手段。

14世纪以后，欧洲国家社会经济基础发生重大变革，随着封建制度的逐步解体、资本主义萌芽的不断成长，传统手工业逐步过渡到世界性的贸易往来，采矿、冶金工业萌芽发展，生产结构发生变化，生产力发展面临着一系列新的复杂的技术问题，人们开始尝试研究科学的理论和方法以解决这些实际问题，由此推动了材料力学的产生与发展。

在17世纪，意大利、英国等欧洲国家建立了国家科学院，对材料力学的研究产生了巨大影响。

17世纪末到18世纪是数学、力学的昌盛时期，随着军事工程和结构工程的发展，人们对于木材、石料、钢和铜等建筑材料做了很多力学性能试验。材料力学的几个基本问题（强度、刚度、稳定性）都得到了正确解答，已有科学研究成果被推广应用于实际。

18世纪后期开始的工业革命以及后来一直延续下来的技术进展，为材料力学的应用提供了许多新的领域，如铁桥、铁路工程，机器设计等应用领域，逐渐形成了较系统的材料力学理论基础。

19世纪中叶，铁路桥梁工程的发展大大推动了材料力学的发展，使材料力学变成以钢材为主要研究对象。按照钢材的特点，使均匀连续、各向同性这些基本假定以及胡克定律成为当今材料力学的基础。

19世纪末，由于实际需要及科学上的成就，以材料力学的知识为基础，发展建立了结构力学和机械零件两门独立的学科。其中结构力学主要是在材料力学的初等理论的基础上，把能够计算复杂桁架、连续梁、刚架、拱、索等杆件体系的各种方法加以综合；机械零件的主要内容包括确定零件的结构形式，容许应力和强度计算方法等。

20世纪，由于现代工业的崛起，要求更经济地使用材料，促使材料力学的研究范围逐渐扩大到弹性范围以外，产生了进行塑性变形和作用力间的关系及内部应力分布规律研究的另一门科学——塑性力学。

由于高强度钢材的应用，出现了不少由于构件中存在初始裂纹而发生低应力脆断的事故，第二次世界大战期间，美国5000艘货轮共发生1000多次破坏事故。1954年，英国两架喷气式飞机“彗星”号先后在地中海上空失事，很多国家发生高压锅炉、压力容器的爆炸或损坏事故……直到20世纪50年代，美国的北极星导弹固体燃料发动机壳体的爆炸事故，才促使人们对带裂纹的材料和结构进行强度及裂纹扩展规律方面的研究。这样，又产生了另一门学科——断裂力学。

20世纪以来，尤其是自20世纪中叶以后，科学技术和制造工业的高度发展，特别是航空与航天工业的崛起，各种新型材料（如复合材料、高分子材料、纳米材料等）不断问世并应用于工程实际，导致新的学科（如复合材料力学等）应运而生。实验设备日趋完善，实验技术水平不断提高，现在已有电测、光弹性测量、全息光弹性测量、全息干涉测量、激光散斑法、白光散斑法、电子散斑法和云纹法等多种实验手段。由于计算机的出现和不断更新换代，新的计算方法层出不穷，如差分法、传递矩阵法、加权残数法、有限元法和边界元法等。所有这些进展，使得材料力学所涉及的领域更加宽阔，内容更加丰富，材料力学在加强理论和实际的联系下得到了史无前例的跨越式发展。

在最近几十年中，随着生产与科学技术的结合程度增加，两者相互促进的过程大大加快，两者发展速度也更快了。时至今日，材料力学已是硕果累累，分支众多，其中不少已经形成了独立的学科。例如，材料力学研究对象由单一杆件拓展到杆件系统，由杆件拓展到板壳，分析方法更加完善，应用范围更加广泛；在强度设计中，全面研究了塑性材料在弹性阶段和塑性阶段的工作状况。研究范围由弹性扩展到塑性，由常温扩展到高温、低温，由小变形扩展到有限变形，由静载问题研究深入到动载问题研究，从线性小变形问题扩展到非线性大变形问题。在稳定性问题的研究中，从杆、板、壳的静态稳定问题扩展到运动稳定性问题的研究。稳定性理论的研究已经从线件理论发展到非线性理论，并进入"分叉""混沌"等研究领域。

材料力学作为一门与工程建设密切相关的系统学科，目前还面临着研发新材料、新的实验分析方法和新的数值计算方法的挑战。随着现代科学技术的飞速发展，现代社会必将不断地给材料力学提出新的课题，开辟新的研究方向。

第 2 章　轴向拉伸和压缩

内容提要

轴向拉伸和压缩是构件（杆件）最简单的基本变形。本章主要学习杆件轴向拉伸和压缩的基本问题，包括内力、应力、变形、材料的力学性质、强度计算、简单超静定问题等，涉及轴力和轴力图、拉（压）杆横截面和斜截面上的应力、胡克定律、变形计算、低碳钢与铸铁拉伸和压缩试验的应力-应变曲线及力学性能指标、强度条件、简单超静定问题及其求解方法等内容。其中强度计算是主线，拉压变形及胡克定律是材料力学的基本概念和基本定律，材料的力学性能是强度和变形计算必不可少的重要依据。

本章重点为拉（压）杆横截面和斜截面上的应力、胡克定律、强度条件。

本章难点为节点位移计算；简单超静定问题，变形协调方程的建立。

学习要求

1. 掌握轴向拉压杆件轴力的计算，并能够正确绘制轴力图。

2. 能够计算轴向拉压杆横截面、斜截面上的应力，理解工作应力、极限应力、许用应力和安全因数的意义，判别拉压杆件危险截面，应用强度条件熟练进行强度校核、截面设计和许用荷载的计算。

3. 理解拉压杆胡克定律及其使用条件，理解绝对变形和线应变的意义，掌握拉压杆件的变形和应变计算。

4. 熟悉并掌握低碳钢的应力-应变图及其主要特征，了解塑性材料和脆性材料力学性能的主要差异。

5. 能够正确应用力法求解拉压杆件一次静不定问题，了解温度应力和装配应力的计算。

本章学习应重点掌握轴向拉伸与压缩变形的概念，能够正确地利用强度条件和刚度条件进行强度和刚度计算。

2.1　概述

轴向拉伸和压缩是构件受力与变形基本形式中最简单的一种，其所涉及的一些基本原理与方法比较简单，但在材料力学中却有一定的普遍意义。

承受轴向荷载的拉（压）杆件在实际工程中的应用非常广泛。例如，机器上连接两个工件的紧固螺栓［图 2-1（a）］在紧固时承受轴向拉力，发生伸长变形；由气缸、活塞、连杆所组成的机构中，带动活塞运动的连杆［图 2-1（b）］在油压和工作阻力作用下产生拉压变形；悬臂吊车在起吊重物时［图 2-1（c）］，其起重机钢索、拉杆 AB 在拉力作用下产生拉伸；房屋桁架结构［图 2-1（d）］中的杆件不是受拉就是受压；拉床的拉刀在拉削工件时承受拉力；千斤顶的螺杆在顶起重物时、内燃机连杆工作时则产生压缩；悬索桥［图 2-1（e）］和斜拉桥［图 2-1（f）］上的钢索在荷载作用下都承受拉伸变形等。

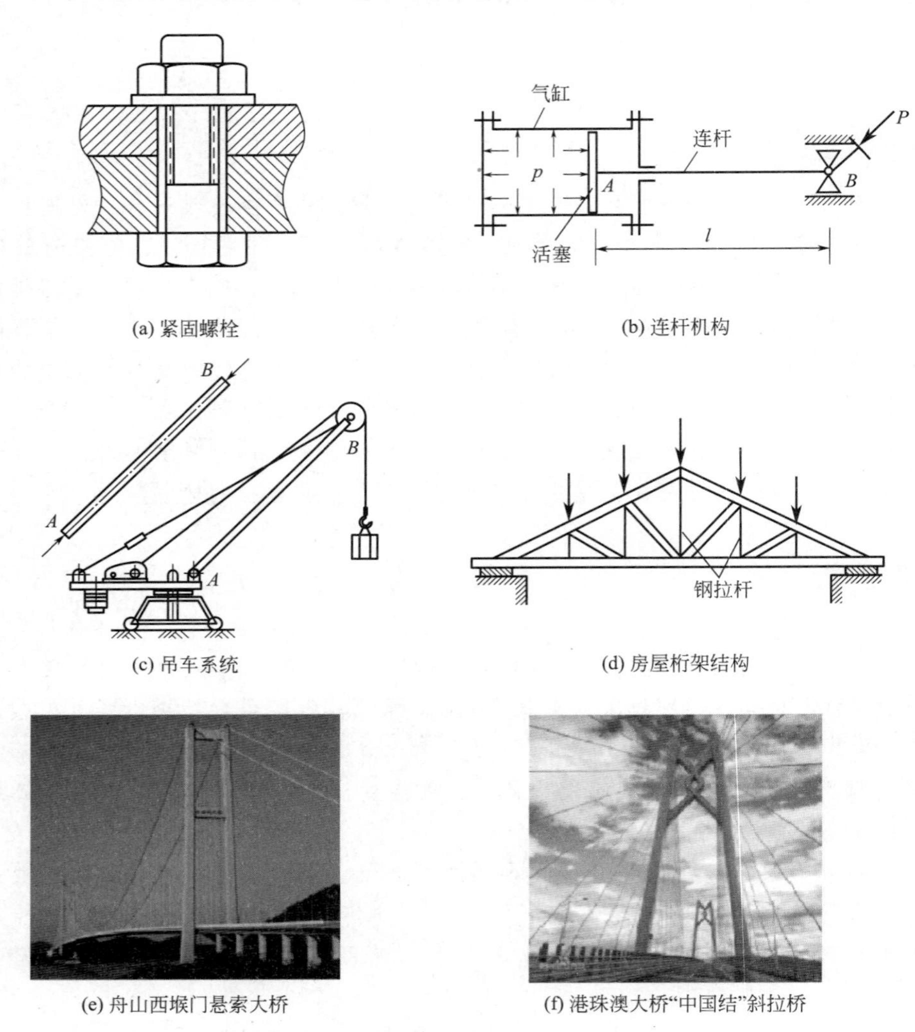

图 2-1　拉压杆件实例

各种轴向受拉或受压杆件虽然外形各有差异，加载方式也各不相同，但具有共同的受力和变形特点。其受力特点为：外力（或外力的合力）的作用线与杆件的轴线重合；其变形特征为：杆件任意两横截面沿杆件轴线方向产生相对的平行移动，杆件产生沿轴向伸长或缩短变形，同时杆件的横向尺寸相应缩小或增大。

在进行内力、应力及变形等分析时，可将轴向受力杆件的形状和受力情况简化为如图 2-2 所示的计算简图，图 2-2（a）、（b）分别表示轴向拉伸、轴向压缩的受力情况。图中用实线表示受力前的形状，用虚线表示变形后的形状。

本章主要研究杆件在拉伸或压缩时的内力、应力和变形，通过试验分析由不同材料制成的杆件在产生拉伸或压缩变形时的力学性质，建立杆件在拉伸或压缩时的强度条件。

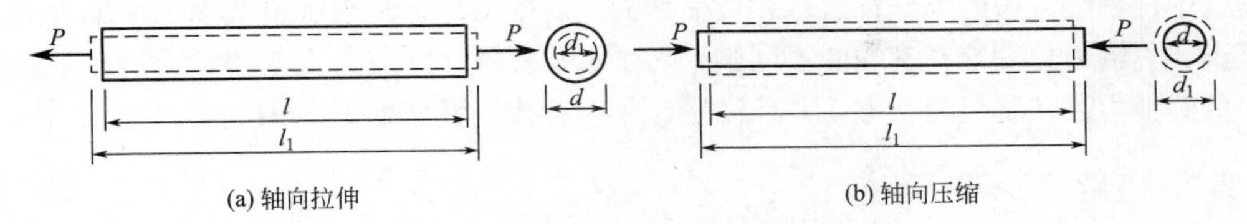

图 2-2　轴向拉压的受力特点与变形特征

2.2　轴向拉伸和压缩杆件横截面上的内力

2.2.1　轴力

内力与构件的强度、刚度、稳定性密切相关，所以在研究构件各种力学性能时，应当首先研究内力。关于内力的概念及计算方法（截面法），已在第 1 章中阐述。

对于轴向拉伸和压缩杆件，其外力（或外力合力）的作用线与其轴线重合，在杆件的横截面上只有沿轴线方向的分布内力，其分布内力的合力即内力，又称为轴力，用 F_N 表示。

为了显示拉（压）杆横截面上的内力，用假想的横截面 m-m 将杆件分为两部分［图 2-3（a)］，然后研究其中任一部分的平衡，即可求出轴力的大小和方向。根据作用与反作用定律可知，杆件左右两段在横截面 m-m 处的轴力必然等值反向［图 2-3（b)、(c)］。

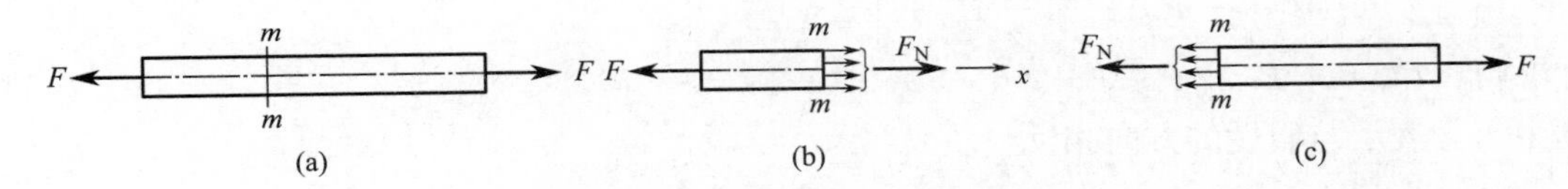

图 2-3　轴向拉杆横截面上的内力

材料力学中规定：使所作用的杆微段受拉而伸长的轴力为正，F_N 方向背离截面，称为轴向拉力；使所作用的杆微段受压而缩短的轴力为负，F_N 方向指向截面，称为轴向压力。材料力学中内力的符号是根据杆的变形而规定的，与静力学中的规定有所不同。

2.2.2　轴力图

根据截面法和平衡条件可知，如果沿拉（压）杆轴线多处有外力作用，则轴力沿杆件轴线方向将发生变化。集中力作用处的横截面轴力会发生突变，其突变值为集中力值。当杆件沿轴线方向仅有集中力作用时，在相邻两个集中力作用处之间的所有横截面都具有相同的轴力。

为了直观、形象地表示轴力沿拉（压）杆件轴线的变化情况，确定最大（小）轴力的大小及其所在截面的位置，常采用轴力图来表示。轴力图就是表示轴力沿杆件轴线方向变化情况的图线。

为了工程上应用方便，通常将轴力图与荷载简图的横截面位置上下对齐，以反映二者的对应关系。绘制轴力图时，以平行于杆轴线的横坐标（称为基线）表示横截面的位置，以垂直于杆轴线方向的纵坐标表示相应横截面上的轴力值，画出各横截面上的轴力变化曲线。正、负轴力分别绘在基线的不同侧，对于水平杆件，一般约定正的轴力绘在基线的上方，负的轴力绘在基线的下方，并标注⊕、⊖、各控制截面处 F_N 数值及单位。

2.2.3 解题步骤

对于杆件在轴向拉（压）外力作用下的内力，求解步骤如下：

（1）确定约束力。

（2）根据杆件上作用的荷载及约束力确定轴力图的分段点（所有集中力作用处）。

（3）应用截面法，用假想截面从分段点间将杆件截开，在截开的截面上画出未知轴力 F_N，并假设为正方向。

（4）对截开的部分杆件建立平衡方程，确定分段点间横截面上的轴力数值。

（5）建立 F_N-x 坐标系，x 轴平行于杆件轴线方向，轴力 F_N 为纵轴。

（6）将所求得的轴力值标在坐标系中，画出轴力图。

【例题 2-1】某轴向受力杆件如图 2-4（a）所示，其左端固定，右端自由。沿其轴线方向作用有集中力，其中 $P_1=5\text{kN}$，$P_2=10\text{kN}$，$P_3=10\text{kN}$。

试求：（1）该杆件横截面 1-1、横截面 2-2、横截面 3-3 的轴力；（2）画出该杆件的轴力图。

【解】（1）先求支座反力 F_A

以整个杆件为研究对象，设支座反力 F_A 方向如图 2-4（b）所示。

由 $\sum F_x=0$，$-P_1+P_2-P_3-F_A=0$

得：$F_A=-P_1+P_2-P_3=-5+10-10=-5\text{kN}$

其中负号表示与假设的方向相反。

（2）计算 1-1 截面上的轴力

用截面法，沿 1-1 截而将杆件分成两段，取横截面右段为研究对象，画出其受力图［图 2-4（c）］，用 F_{N1} 表示左段对右段的作用力。

由 $\sum F_x=0$，$F_{N1}-F_A=0$，得 $F_{N1}=F_A=-5\text{kN}$

其中负号表示轴力与假设方向相反，为压力。

（3）计算 2-2 截面上的轴力

取 2-2 截面右段为研究对象，画出其受力图［图 2-4（d）］，用 F_{N2} 表示左段对右段的作用力。

由 $\sum F_x=0$，$F_{N2}-P_3-F_A=0$，得 $F_{N2}=F_A+P_3=+5\text{kN}$

其中，正号表示轴力与假设方向相同，为拉力。

（4）计算 3-3 截面上的轴力

由于左段力的个数较少，故可直接取左段为研究对象，画出其受力图［图 2-4（e）］，用 F_{N3} 表示右段对左段的作用力。

由 $\sum F_x=0$，$-P_1-F_{N3}=0$，得 $F_{N3}=-P_1=-5\text{kN}$

（5）画出轴力图，如图 2-4（f）所示。

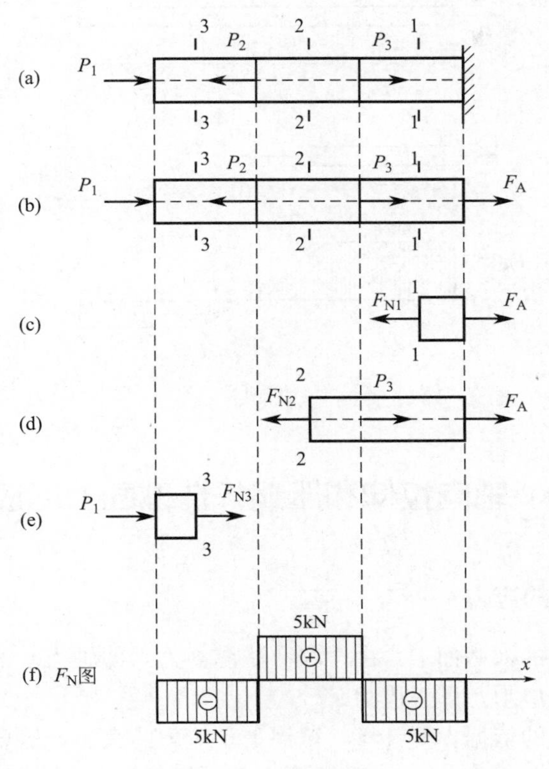

图 2-4　例题 2-1 图

【例题 2-2】一等直杆及其受力情况如图 2-5（a）所示，试作杆的轴力图。

【解】根据杆上受力情况，轴力图分 AB、BC 和 CD 三段画出。用截面法不难求出 AB 段和 CD 段杆的轴力分别为 3kN（拉力）和－1kN（压力）。

BC 段杆受均匀分布的轴向外力作用，各横截面上的轴力是不同的。假想在距 B 截面 x 处将杆截开，取左段杆为研究对象，如图 2-5（b）所示。

由平衡方程可求得 x 截面的轴力为 $F_N(x)=6-4x$。

由此可见，在 BC 段内，$F_N(x)$ 沿杆长线性变化。当 $x=0$m 时，$F_N=6$kN；当 $x=2$m 时，$F_N=-2$kN。全杆的轴力图如图 2-5（c）所示。

【讨论】

（1）轴力图直观地反映了轴力随截面位置的变化情况，既清晰地表示出各段杆是受拉还是受压，也易于判断最大轴力的数值及其所在横截面的位置。

（2）由轴力图可知，集中力作用处，轴力有突变，其突变量为该集中力的大小。

（3）求轴力可采用直接法，即某一横截面上的轴力等于该截面任一侧杆上所有轴向外力的代数和，$F_N=\sum P_{左}$ 或 $F_N=\sum P_{右}$。其符号法则为：当外力与需求截面外法线方向相同时取正号，反之取负号。

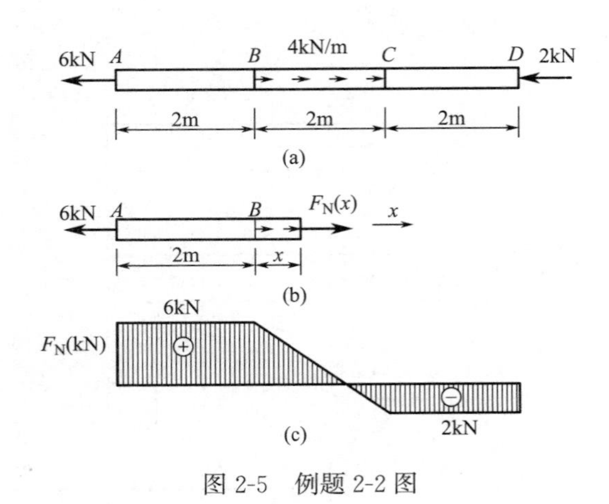

图 2-5　例题 2-2 图

2.3　轴向拉伸和压缩杆件截面上的应力

2.3.1　横截面上的应力

在轴向拉（压）杆的横截面上，由于只有法向内力（即轴力）的作用，因此，对应的横截面上的应力是法向应力，即正应力 σ。

正应力是强度计算的依据，要计算横截面上正应力的大小，需要先确定横截面上的应力分布规律。而应力的分布和杆的变形情况有关，因此，需通过实验观察找出变形的规律，即变形的几何关系；然后利用变形和力之间的物理关系得到应力分布规律；最后由静力学关系方可得到横截面上正应力的计算公式。以下从这 3 个方面进行分析。

1. 几何关系

取一根等截面直杆，在杆的中部表面上画出一系列与杆轴线平行的纵线和与杆轴线垂直的横线；然后在杆的两端施加一对轴向拉力 F，使杆产生伸长变形，如图 2-6 所示。由变形后的情况可知，纵线仍为平行于轴线的直线，各横线仍为直线并垂直于轴线，但产生了平行移动。横线可以看成是横截面的周线，因此，根据横线的变形情况去推测杆内部的变形，可以作出如下假设：变形前为平面的横截面，变形后仍为平面，这个假设称为平截面假设或平面假设。

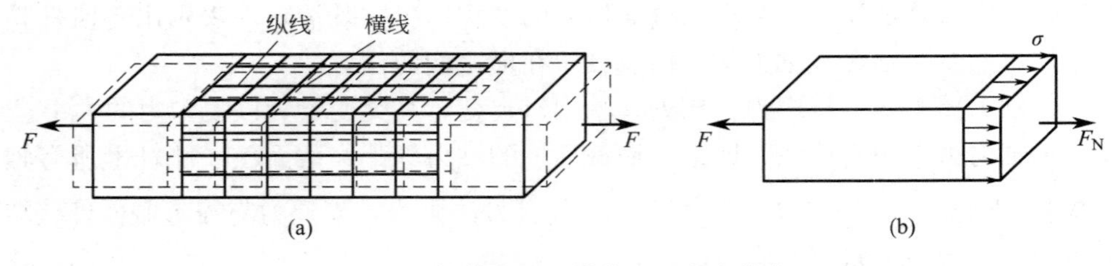

图 2-6　拉伸变形及横截面上应力分布

由平面假设可知，两个横截面间所有纵向线段或“纤维”的伸长是相同的，而这些线段或“纤维”的原长相同，于是可推知它们的线应变 ε 相同，这就是变形的几何关系。

2. 物理关系

根据物理学知识，当变形为弹性变形时，变形和力成正比。因为各纵向线段或纤维的线应变（正应变）ε 相同，而各纵向线段或纤维的线应变只能由正应力 σ 引起，故可推知横截面上各点处的正应力相同，即在横截面上，各点处的正应力 σ 为均匀分布，如图 2-6（b）所示。

3. 静力学关系

由静力学求合力的方法，可得：

$$F_{\mathrm{N}}=\int_{A}\sigma\mathrm{d}A=\sigma\int_{A}\mathrm{d}A=\sigma A \tag{2-1}$$

由此可得杆的横截面上任一点处正应力的计算公式为

$$\sigma=\frac{F_{\mathrm{N}}}{A} \tag{2-2}$$

式中　A——杆的横截面面积。

由式（2-2）计算得到的正应力大小，只与横截面面积有关，与横截面的形状和杆的材料无关。正应力的正负号与轴力的正负号相对应，即拉应力为正，压应力为负。

对于承受轴向压缩的杆，式（2-2）同样适用。但应注意，细长杆受压时容易被压弯，这属于稳定性问题，将在第 11 章中讨论。

式（2-2）的适用范围为：外力的合力与杆件轴线重合（这样才能保证各纵向纤维变形相等），横截面上应力均匀分布；对于轴上有多个外力，且外力合力作用线与轴线重合的情形，式（2-2）仍然适合，可以先作出轴力图，再计算；对于变截面杆，除截面突变处附近的应力分布较复杂外，对于其他各横截面，仍可认为应力是均匀分布的，式（2-2）同样适用，阶梯轴、小锥度直杆（见图 2-7）横截面上的应力也可以用式（2-2）计算，但应改写成：

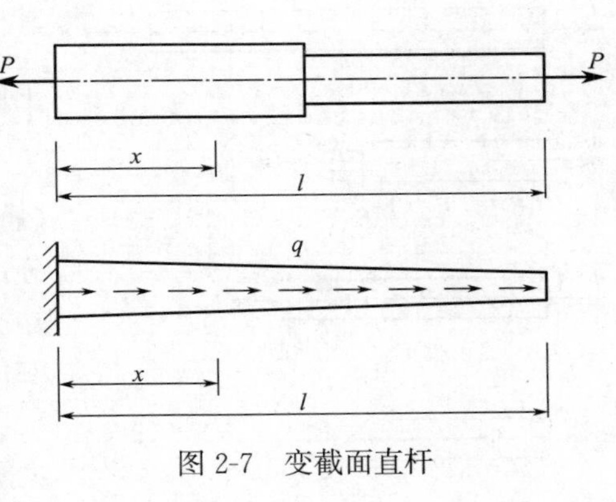

图 2-7　变截面直杆

$$\sigma(x)=\frac{F_{\mathrm{N}}(x)}{A(x)} \tag{2-3}$$

当等直杆受到多个轴向外力作用时，由轴力图可求得其最大轴力 F_{Nmax}，代入式（2-2）即可求得杆内的最大正应力。

$$\sigma_{\max}=\frac{F_{\mathrm{Nmax}}}{A} \tag{2-4}$$

最大轴力所在的横截面称为危险截面，危险截面上的正应力称为最大工作应力。若杆各横截面上的轴力和横截面的面积都不相同，此时，需要具体分析哪个截面的正应力最大。

2.3.2 圣维南原理

前面的分析及结论是建立在平面假设成立的基础之上，实际轴向拉（压）杆件在外力作用点附近的区域内，由于作用于杆端方式的不同，变形较为复杂，平面假设不成立，应力不再是均匀分布，式（2-2）只在杆上距离外力作用点稍远的部分才正确，适合于计算区域内横截面上的平均应力。

实验和理论研究表明，静力等效的不同加载方式只对加载处附近区域（其长度大致与1～2倍的截面横向尺寸相当）的应力分布有显著的影响，而对稍远处的影响很小，可以忽略不计，即离开加载处较远的区域，其应力分布没有显著的差别，这一论断称为圣维南原理。根据这个原理，在研究轴向拉压杆件时，无论杆端是何种加载方式，在距离荷载作用位置（距离端截面）略远处，平面假设依然成立，轴向变形仍然是均匀的，可用式（2-2）计算横截面上的正应力。

2.3.3 斜截面上的应力

轴向拉伸与压缩时横截面上的正应力计算，是强度计算的依据。实际工程应用中，有些拉（压）杆的破坏并不总是沿着横截面发生的，有时沿着斜截面发生，因此需要进一步讨论斜截面上的应力。

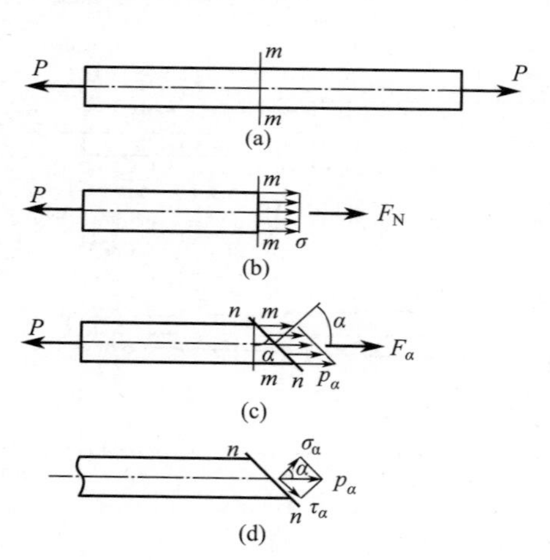

图 2-8　α 斜截面上的应力

如图 2-8（a）所示为一轴向拉伸的等直杆，设其横截面面积为 A，则横截面上［图 2-8（b）］的正应力为 $\sigma=\dfrac{F_N}{A}$。

现假设沿与横截面 m-m 成 α 角的斜截面 n-n（通常将该斜截面称为 α 斜截面）将杆件截成两部分，如图 2-8（c）所示。α 符号的规定：由横截面外法线转至斜截面外法线逆时针转向取正，反之取负。

设 α 斜截面面积为 A_α，则 A_α 与横截面面积 A 之间的关系为

$$A_\alpha=\frac{A}{\cos\alpha} \tag{2-5a}$$

若取左段为研究对象［图 2-8（c）］，设 α 斜截面上的内力合力为 F_α，则

$$\sum F_x=0,\ F_\alpha=P \tag{2-5b}$$

通过实验观察可知，任意两个相互平行的斜截面之间的纤维伸长量是相等的，则 α 斜截面上的应力也是均匀分布的，由第 1 章 1.3 节可知，α 斜截面上的全应力 p_α［图 2-8（c）］为

$$p_\alpha=\frac{F_a}{A_\alpha}=\frac{P}{A}\cos\alpha=\sigma\cos\alpha \tag{2-6}$$

将全应力 p_α 正交分解为两个分量，一个是沿着 α 斜截面法线方向的正应力 σ_α，一个

是沿 α 斜截面切线方向的剪应力 τ_α，见图 2-8（d），则其大小分别为

$$\sigma_\alpha = p_\alpha \cdot \cos\alpha = \sigma \cdot \cos^2\alpha \tag{2-7a}$$

$$\tau_\alpha = p_\alpha \cdot \sin\alpha = \frac{\sigma}{2} \cdot \sin2\alpha \tag{2-7b}$$

从式（2-6）和式（2-7）可以看出，α 斜截面上的正应力 σ_α 和剪应力 τ_α 都是 α 的函数，若 α 从 0 到 2π 变化，即考察了任一点的各方位的应力情况。这种一点所有方位截面上应力情况的总和称为一点的应力状态。

讨论：

（1）当 $\alpha=0°$时（横截面），$\sigma_{0°}=\sigma$，$\tau_{0°}=0$；

（2）当 $\alpha=\pm45°$时，$\sigma_{\pm45°}=|\tau_{\pm45°}|=|\tau|_{\max}=|\sigma/2|$，$\tau_\alpha$ 取得最大值；

（3）当 $\alpha=90°$时（纵向截面），$\sigma_{90°}=0$，$\tau_{90°}=0$。

2.3.4　应力集中的概念

在实际工程中，由于构造等需要，有些杆件要开孔或挖槽或有台阶（如油孔、沟槽、轴肩或螺纹等部位），使得杆件横截面在某些部位发生显著变化。理论和实验研究发现，由于杆件形状或截面尺寸突然改变，其横截面上的正应力不再均匀分布，在截面突变处的局部范围内，应力数值急剧增大，这种现象称为应力集中。

如图 2-9（a）、（c）所示为两个受轴线拉伸的直杆，中部有一小圆孔或半圆孔。直杆受拉时，孔直径所在横截面上的应力分布分别如图 2-9（b）、（d）所示。其应力特点是：在孔附近的局部区域内，应力明显增大；在离开孔边稍远处，应力迅速降低并趋于均匀。

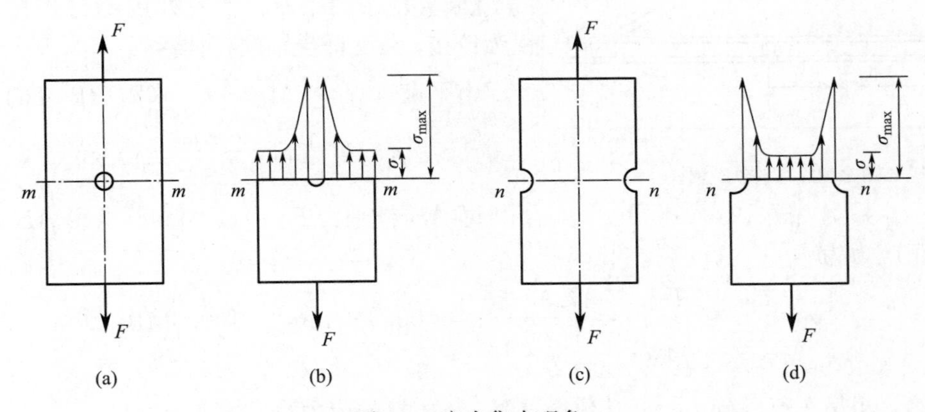

图 2-9　应力集中现象

当材料处在弹性范围时，用弹性力学方法或试验方法，可以求出有应力集中的截面上的最大应力和该截面上的应力分布规律。设产生应力集中现象的截面上最大应力为 $\sigma_{\max}$，该截面上的平均应力为 σ_0，则二者比值称为应力集中系数 α，即

$$\alpha = \frac{\sigma_{\max}}{\sigma_0} \tag{2-8}$$

式中，$\sigma_0=F_N/A_0$，A_0 为将有应力集中现象的截面视作应力均匀分布时的净截面面积。

应力集中系数 α 反映了应力集中的程度，是一个大于 1 的因数。不同情况下的 α 值一

般可在有关的设计手册中查到。

应力集中并不是由于洞口直径所在的横截面削弱使得该面上的应力有所增加而引起的。杆件外形的骤然变化，是造成应力集中的主要原因。试验结果表明，截面尺寸改变得越急剧、角越尖，应力集中的程度就越严重。因此，零件上应尽可能地避免带尖角的孔和槽，在阶梯轴的轴肩处要用圆弧过渡，而且应尽量使圆弧半径大一些。

2.3.5 例题解析

【例题 2-3】 设例题 2-2 中的等直杆为实心圆截面，直径 $d=20\text{mm}$。试求此杆的最大工作正应力。

【解】 对于给定荷载的等直杆，最大工作正应力位于最大轴力 $F_{\mathrm{N,max}}$ 所在的横截面上。

从例题 2-2 的图 2-5（a）、（c）可知，$F_{\mathrm{N,max}}=6\text{kN}$，位于杆的 AB 段，利用式（2-2）得到最大工作正应力。

$$\sigma_{\max}=\frac{F_{\mathrm{Nmax}}}{A}=\frac{6\times10^{3}}{\frac{\pi}{4}\times20^{2}}=19.1\text{kN/mm}^{2}=19.1\text{MPa}$$

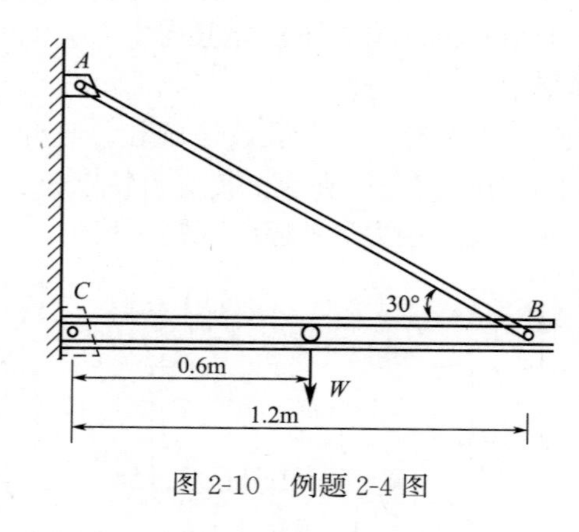

图 2-10 例题 2-4 图

【例题 2-4】 如图 2-10 所示为一吊车架，A、B、C 三处用销钉连接。吊车及所吊重物总重为 $W=17.8\text{kN}$。拉杆 AB 的横截面为圆形，直径 $d=15\text{mm}$。试求当吊车在图示位置时，AB 杆横截面上的应力。

【解】 由于 A、B、C 三处用销钉连接，故可视为铰接，AB 杆受轴向拉伸。

由平衡方程 $\sum M_{\mathrm{C}}=0$，求得 AB 杆的受力为

$$F_{\mathrm{AB}}=\frac{17.8\times0.6}{1.2\times\sin30^{\circ}}=17.8\text{kN}$$

即 AB 杆轴力 $F_{\mathrm{N}}=17.8\text{kN}$。求得 AB 杆横截面上的正应力为

$$\sigma=\frac{F_{\mathrm{N}}}{A}=\frac{F_{\mathrm{N}}}{\frac{1}{4}\pi d^{2}}=\frac{17.8\times10^{3}}{\frac{1}{4}\pi\times15^{2}}=100.8\text{N/mm}^{2}=100.8\text{MPa}$$

显然，当吊车行驶到 BC 杆其他位置时，AB 杆的应力将发生变化。

【例题 2-5】 某阶梯轴受力如图 2-11 所示，$P=15\text{kN}$，AB 段的横截面面积为 $A_1=1000\text{mm}^2$，BC 段横截面为 $A_2=500\text{mm}^2$。

试求：（1）杆 AB、BC 段横截面上的正应力；（2）AB 段上与杆轴线成 45°斜截面上的正应力和剪应力；（3）杆内绝对值最大剪应力，并指出截面所在杆段的位置。

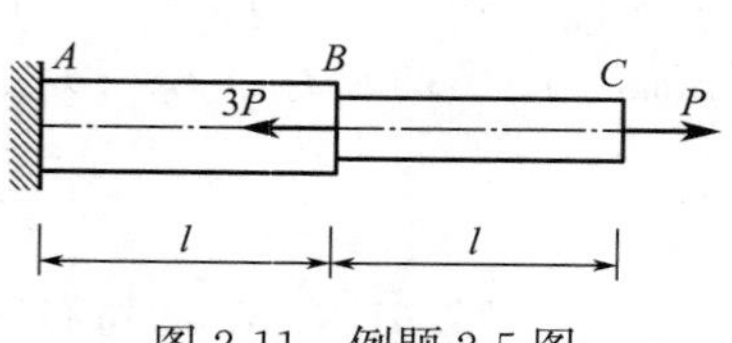

图 2-11 例题 2-5 图

【解】（1）用截面法分别求出 AB 段和 BC 段的轴力

$F_{\mathrm{N\,AB}}=-2P=-30\text{kN}$

$F_{NBC}=P=15kN$

（2）求 AB 段和 BC 段横截面上的正应力

$$\sigma_{AB}=\frac{F_{NAB}}{A_1}=\frac{-30\times10^3}{1000}=-30\text{MPa}(\text{压应力})$$

$$\sigma_{BC}=\frac{F_{NBC}}{A_2}=\frac{15\times10^3}{500}=30\text{MPa}(\text{拉应力})$$

（3）求 AB 段上与杆轴线成 45°角斜截面上的正应力和剪应力

$$\sigma_{45^\circ}=\sigma\cdot\cos^2\alpha=-30\times\cos^2 45^\circ=-15\text{MPa}$$

$$\tau_{45^\circ}=\frac{\sigma}{2}\cdot\sin2\alpha=\frac{-30}{2}\times\sin(2\times45^\circ)=-15\text{MPa}$$

（4）求杆内的绝对值最大剪应力，并指出截面所在杆段的位置

AB 段的绝对值最大剪应力为

$$|\tau|_{\max}=|\tau_{45^\circ}|=\left|\frac{\sigma_{AB}}{2}\right|=\left|\frac{-30}{2}\right|=15\text{MPa}$$

BC 段的绝对值最大剪应力为

$$|\tau|_{\max}=|\tau_{45^\circ}|=\left|\frac{\sigma_{BC}}{2}\right|=\left|\frac{30}{2}\right|=15\text{MPa}$$

所以 AB 段和 BC 段的绝对值最大剪应力相等，均为 15MPa。

2.4　轴向拉伸和压缩杆件的变形

2.4.1　纵向变形与胡克定律

杆件在轴向拉伸或压缩时，其变形主要表现为沿轴向的伸长或缩短，即纵向变形。

1. 纵向变形与线应变

设一等截面直杆原长为 l，横截面面积为 A。在轴向拉力 F 的作用下，长度由 l 变为 l_1，如图 2-12 所示。杆件沿轴线方向的伸长量为 $\Delta l=l_1-l$。

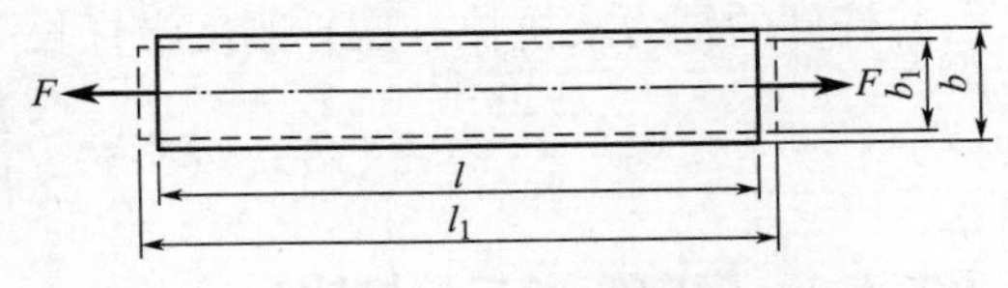

图 2-12　杆件拉伸时纵向变形与横向变形

Δl 称为杆件的轴向绝对线变形。拉伸时 Δl 为正，压缩时 Δl 为负。

在轴力大小一定时，杆件的伸长量与杆的原长有关。为了消除杆件长度的影响，将 Δl 除以 l，即以单位长度的伸长量来表征杆件变形的程度，称为线应变或相对变形，用 ε 表示，即

$$\varepsilon=\frac{\Delta l}{l} \tag{2-9}$$

式中　ε——线应变，无量纲，其符号的正负与 Δl 相同 。

2. 胡克定律

拉（压）杆的变形与材料的性能有关，需要通过试验来获得其变化规律。试验表明，

工程中使用的大多数材料都有一个弹性变形范围。在此范围内，轴向拉（压）杆的伸长（或缩短）量 Δl 与轴力 F_N、杆长 l 成正比，而与横截面面积 A 成反比，即

$$\Delta l \propto \frac{F_N l}{A} \tag{2-10}$$

引入比例常数 E，则上式可写为

$$\Delta l = \frac{F_N l}{EA} \tag{2-11}$$

这就是轴向拉伸或压缩时等直杆的轴向变形计算公式，通常称为胡克定律。

式（2-11）中，比例常数 E 称为材料的弹性模量。弹性模量 E 表示材料抵抗弹性拉压变形的能力，E 值越大，则材料越不易产生伸长或缩短变形。弹性模量 E 的大小与材料有关，其值可以通过试验测得，其量纲与应力量纲相同。

式（2-11）中的 EA 称为杆件抗拉（压）刚度，它表示杆件抵抗弹性拉压变形的能力。EA 值越大，即刚度越大，杆件的伸长（缩短）变形 Δl 就越小。有时还把 $k=EA/l$ 称为杆件的线刚度或刚度系数，它表示杆件产生单位变形（$\Delta l=1$）所需的力。

结合 $\sigma=F_N/A$ 和 $\varepsilon=\Delta l/l$，可得到胡克定律的另一表达式：

$$\sigma = E\varepsilon \tag{2-12}$$

式（2-12）通常称为单向应力状态下的胡克定律，说明当杆内应力未超过材料的比例极限时，横截面上的正应力与轴向线应变成正比。

在计算轴向拉（压）杆变形时，需注意式（2-11）的适用条件是：线弹性条件下，杆件在 l 长范围内 EA 和 F_N 均为常数，即杆件的变形是均匀的，沿杆长 ε 为常数。

若杆件的轴力 F_N 或抗拉（压）刚度 EA 沿杆长分段为常数，则

$$\Delta l = \sum_i \frac{F_{Ni} l_i}{(EA)_i} \tag{2-13}$$

式中，F_{Ni}、$(EA)_i$ 和 l_i 分别为杆件第 i 段的轴力、抗拉（压）刚度和长度。

若杆件的轴力或抗拉（压）刚度沿杆长为连续变化时，则

$$\Delta l = \int_l \frac{F_N(x)}{EA(x)} \mathrm{d}x \tag{2-14}$$

2.4.2 横向变形与泊松比

1. 横向变形与横向线应变

由试验可知，在轴向力作用下，当杆件沿轴向伸长或缩短时，其横向尺寸也将相应缩小或增大，即产生垂直于轴线方向的横向变形。

在轴向力作用下，设杆件横向尺寸由 b 变为 b_1，如图 2-12 所示，横向尺寸变化值为 $\Delta b=b_1-b$，则横向线应变为：

$$\varepsilon' = \frac{\Delta b}{b} \tag{2-15}$$

式中 ε'——横向线应变，无量纲。显然，在杆件受拉伸时，Δb 与 ε' 均为负值。

2. 泊松比

试验表明，对于同一种材料，只要在线弹性范围内（应力不超过比例极限时），材料

的横向线应变与纵向线应变之比的绝对值为常数，即

$$\mu = \left| \frac{\varepsilon'}{\varepsilon} \right| \tag{2-16}$$

由于横向线应变与纵向线应变的符号恒相反，故有

$$\varepsilon' = -\mu \cdot \varepsilon \tag{2-17}$$

式中，μ 称为泊松比，又称横向变形系数，无量纲，其值随材料而异，可由试验测得。

弹性模量 E 与泊松比 μ 是表示材料性质的两个弹性常数。工程上常用材料的弹性模量、泊松比见表 2-1。

常用材料的 E 和 μ　　**表 2-1**

材料名称	E(GPa)	μ
碳素钢	196～216	0.25～0.33
合金钢	186～216	0.24～0.33
灰口铸铁	78.5～157	0.23～0.27
球墨铸铁	150～180	0.24～0.27
铜及其合金	72.6～128	0.31～0.42
铝合金	70	0.33
混凝土	15～36	0.16～0.20

2.4.3　刚度条件

当构件刚度不足，变形较大，会导致构件不能使用。因此，必须限制构件的变形，满足变形条件，即刚度条件，即

$$\Delta l = \frac{F_N l}{EA} \leqslant [\Delta l] \text{ 或 } \delta \leqslant [\delta] \tag{2-18}$$

许可变形 $[\Delta l]$ 或许可位移 $[\delta]$ 视结构使用条件而定。

节点位移一般采用以切代弧方法进行求解。一般其求解步骤如下：

(1) 轴力的计算。根据已知外力求出各杆的轴力。

(2) 变形的计算。根据轴力及已知条件求出各杆的伸长量或缩短量。

(3) 节点位移的计算。画出结构变形后的示意图，以切代弧，考虑结构之间的几何尺寸分别求出节点的水平位移和竖直位移，然后求出最终节点的位移。

2.4.4　例题解析

【例题 2-6】如图 2-13（a）所示为三角架。杆 1 和杆 2 均为钢杆，其弹性模量均为 $E=200\text{GPa}$，$A_1=200\text{mm}^2$，$l_1=2\text{m}$，$A_2=800\text{mm}^2$。设 $F=80\text{kN}$，试求节点 A 的位移。

【解】节点 A 的位移与杆 1、杆 2 变形有关，需根据两杆变形由几何关系确定。

(1) 计算两杆的轴力

A 节点的受力图如图 2-13（b）所示，由节点平衡可求得两杆的轴力 F_{N1} 和 F_{N2}。

$F_{N1}=F=80\text{kN}$（拉力）

$F_{N2}=\sqrt{2}F=113.1\text{kN}$（压力）

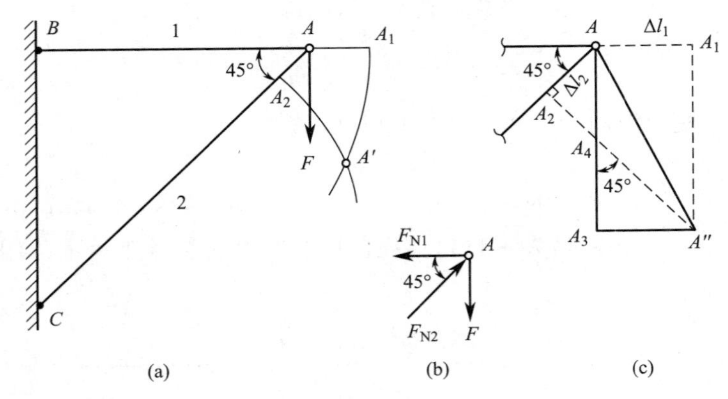

图 2-13 例题 2-6 图

（2）计算两杆的变形

杆 1 的伸长为

$$\Delta l_1=\frac{F_{N1}l_1}{E_1A_1}=\frac{80\times10^3\times2000}{200\times10^3\times200}=4\text{mm}$$

$$\Delta l_2=\frac{F_{N2}l_2}{E_2A_2}=\frac{113.1\times10^3\times\sqrt{2}\times2000}{200\times10^3\times800}=2\text{mm}$$

（3）计算节点 A 的位移

AB 和 AC 两杆在未受力前是连接在一起的，它们在受力变形后仍应不脱开，于是两杆变形后 A 点的新位置可由下面方法确定：

先假设各杆自由变形，$\overline{AA_1}=\Delta l_1$，$\overline{AA_2}=\Delta l_2$，然后分别以 B、C 两点为圆心，以 $(l_1+\Delta l_1)$ 和 $(l_2-\Delta l_2)$ 为半径作圆弧，两圆弧的交点 A' 即 A 节点的新位置，如图 2-13（a）所示。但是，在小变形情况下，Δl_1 和 Δl_2 与杆的原长相比是很小的，因此可近似地用垂直线代替圆弧，即过 A_1 和 A_2 点分别作 AB 和 AC 的垂线 A_1A'' 和 A_2A''，它们的交点 A'' 即为 A 点的新位置，如图 2-13（c）所示。

由图中的几何关系，求得 A 点的水平位移 Δ_h 和竖直位移 Δ_v 分别为：

$$\Delta_h=\overline{A_3A''}=\Delta l_1=4\text{mm}$$

$$\Delta_v=\overline{A_1A''}=\overline{AA_3}=\overline{AA_4}+\overline{A_4A_3}=\frac{\overline{AA_2}}{\cos45^\circ}+\frac{\overline{A_3A''}}{\tan45^\circ}$$

$$=\frac{\Delta l_2}{\cos45^\circ}+\frac{\Delta l_1}{\tan45^\circ}=\sqrt{2}\Delta l_2+\Delta l_1=\sqrt{2}\times2+4=6.83\text{mm}$$

故节点 A 的总位移为：

$$\Delta_A=\overline{AA''}=\sqrt{\Delta_h^2+\Delta_v^2}=\sqrt{4^2+6.83^2}=7.92\text{mm}$$

【例题 2-7】 如图 2-14 所示，一垂直悬挂的等截面直杆，长为 l，横截面面积为 A，其材料的密度为 ρ，抗拉（压）刚度 EA 为常数。求自重引起的最大正应力及杆底部位移 δ。

【解】 用假想截面 m-m 将杆截开，设 m-m 截面距杆底端距离为 x。取 m-m 截面以下的一段杆作为研究对象，受力如图 2-14（b）所示，则该段所受重力为 ρAx。

（1）m-m 截面上应力

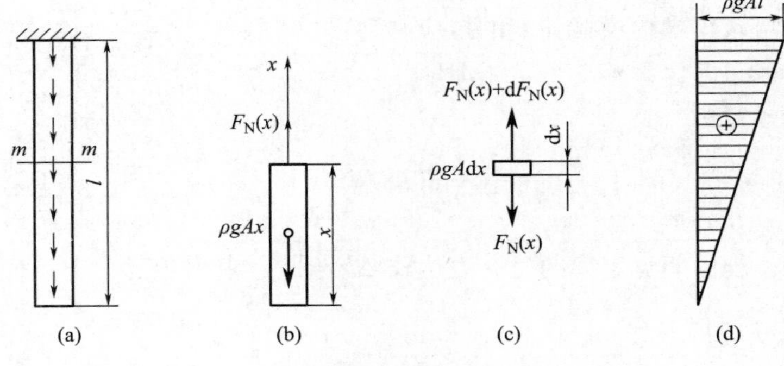

图 2-14　例题 2-7 图

m-m 截面上的轴力为 $F_{\mathrm{N}}(x)=\rho gAx$，故应力为

$$\sigma(x)=\frac{F_{\mathrm{N}}(x)}{A}=\frac{\rho gAx}{A}=\rho gx$$

可见杆中的正应力与横截面面积的大小无关，而仅与 x 成正比。

（2）自重引起的最大正应力

杆底端 $x=0$，杆顶端 $x=l$，其轴力变化如图 2-14（d）所示。所以最大应力发生在杆的上端截面，其值为

$$\sigma_{\max}=\sigma_{x=l}=\rho gx=\rho gl$$

（3）求纵向应变

在 m-m 截面处取微段 dx，则该微段上的纵向应变为

$$\varepsilon=\frac{\sigma(x)}{E}=\frac{\rho gx}{E}$$

（4）求杆伸长量

微段 dx 的伸长为：$\mathrm{d}(\Delta l)=\varepsilon\,\mathrm{d}x=\dfrac{\rho gx}{E}\mathrm{d}x$

因此，全杆的伸长为：$\Delta l=\int_0^l \mathrm{d}(\Delta l)=\int_0^l \dfrac{\rho gx}{E}\mathrm{d}x=\dfrac{\rho gl^2}{2E}=\dfrac{\rho glA\cdot l}{2EA}=\dfrac{Gl}{2EA}$

式中，$G=\rho gAl$ 为杆的总重量。

（5）杆底部位移 δ

因为杆上端固定，故其底部位移 δ 为：

$$\delta=\Delta l=\frac{\rho gl^2}{2E}=\frac{Gl}{2EA}\ (\downarrow)$$

【例题 2-8】 图 2-15 中 $M12$ 钢制螺栓内径 $d_1=10.1$mm，拧紧后在计算长度 $l=100$mm 内产生的总伸长为 $\Delta l=0.04$mm。钢的弹性模量 $E=210$GPa。试计算螺栓内的应力和螺栓的预紧力。

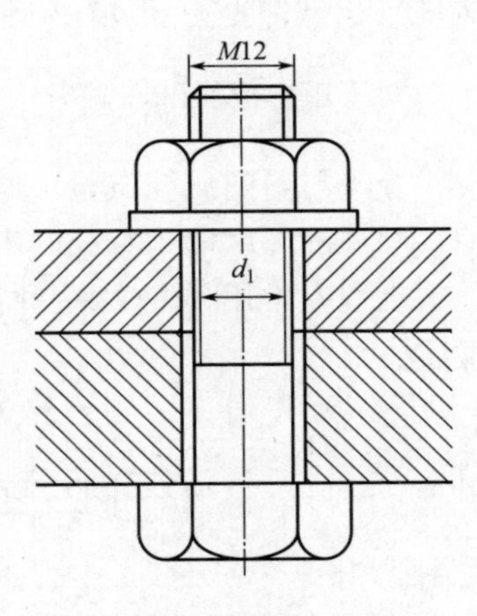

图 2-15　例题 2-8 图

【解】（1）拧紧后螺栓的应变

$$\varepsilon=\frac{\Delta l}{l}=\frac{0.04}{100}=4\times10^{-4}$$

（2）螺栓横截面上的拉应力

由胡克定律可求得螺栓横截面上的拉应力为：

$\sigma = E\varepsilon = 210 \times 10^3 \times 4 \times 10^{-4} = 82\text{MPa}$

（3）螺栓的预紧力

$$P = \sigma A = 82 \times \frac{\pi}{4} \times 10.1^2 = 6566\text{N} = 6.566\text{kN}$$

另一种解法：先由胡克定律的另一表达式 $\Delta l = \frac{F_N l}{EA}$ 求出预紧力 $P = F_N$，然后再计算应力 $\sigma = \frac{F_N}{A} = \frac{P}{A}$。

2.5　轴向拉伸和压缩时材料的力学性质

材料的力学性质是指在外力作用下材料在变形和破坏过程中所表现出的性能，如前面提到的弹性常数 E 和 μ，以及胡克定律本身等都是材料所固有的力学性质。材料的力学性质是对构件进行强度、刚度和稳定性计算的基础，一般由试验来测定。

材料的力学性质除取决于材料本身的成分和组织结构外，还与荷载作用状态、温度和加载方式等因素有关。本节重点讨论在常温、静载条件下，金属材料在拉伸或压缩时的力学性质。

2.5.1　标准试件

为使不同材料的试验结果具有可比性，对于钢、铁和有色金属材料，需将试验材料按国家标准规定加工成标准试件。

标准试件分为圆形截面试件和矩形截面试件，如图 2-16 所示，在试件中部等直部分取长度为 l_0 的一段作为试验段，l_0 称为标距；A_0 为试件标距内的初始横截面面积；d_0 为圆形截面试件标距内的初始直径。

对于圆形截面试件，当 $l_0 = 5d_0$ 时称为 5 倍试件（短试件），当 $l_0 = 10d_0$ 时称为 10 倍试件（长试件）。一般取 $d_0 = 10\text{mm}$。

对于矩形截面试件，当 $\frac{l_0}{\sqrt{A_0}} = 5.65$ 时，称为短试件，当 $\frac{l_0}{\sqrt{A_0}} = 11.3$ 时，则称为长试件。

金属材料的压缩试验，试件一般制成短圆柱体。为了保证试验过程中试件不发生失稳，圆柱的高度取为直径的 1～3 倍。

工程上常用的材料品种很多，下面以低碳钢和铸铁为主要代表，介绍材料的力学性质。

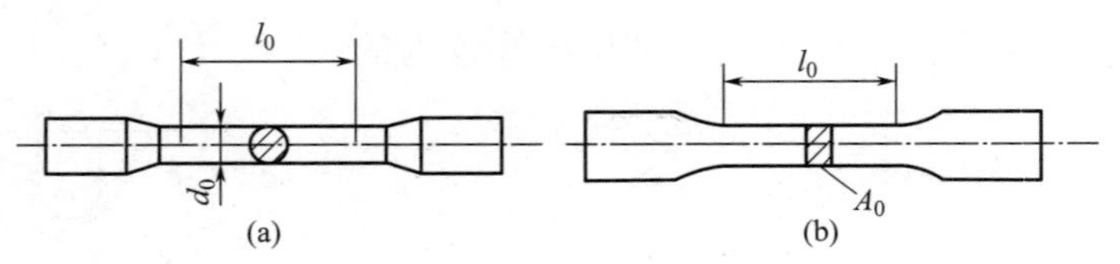

图 2-16　标准试件

2.5.2　拉伸和压缩时低碳钢的力学性质

低碳钢是指含碳量在 0.3%以下的碳素钢，是在工程中应用较为广泛的金属材料。低碳钢试件在拉压试验中所表现出的力学性质比较全面和典型。

将试件装入材料试验机的夹头中，启动试验机开始缓慢匀速加载，直至试件最后被拉断或压坏。加载过程中，试件所受的轴向力 F 可由试验机直接读出，而试件标距部分的变形量 Δl 可由变形仪读出。根据试验过程中测得的一系列数据，可以绘出 F 与 Δl 之间的关系曲线，称为荷载-位移曲线。

显然，荷载位移曲线与试件的几何尺寸有关，不能准确反映材料的力学性能。为了消除试件尺寸影响，用试件横截面上的正应力（即 $\sigma=F/A_0$）作为纵坐标，用试件轴向线应变 ε（即 $\varepsilon=\Delta l/l_0$）作为横坐标，这样所得的拉伸试验曲线称为应力-应变曲线(σ-ε 曲线)。

应力-应变曲线（σ-ε 曲线）能够全面描述材料从开始受力到最后破坏全过程中的力学性态，从而可以确定不同材料发生失效时的应力值（也称为强度指标)，以及表征材料塑性变形能力的塑性指标。

1. 低碳钢拉伸时的力学性质

低碳钢拉伸时的荷载 F-位移 Δl 曲线（也称为拉伸图）和应力 σ-应变 ε 曲线如图 2-17 所示。现讨论其力学性质。

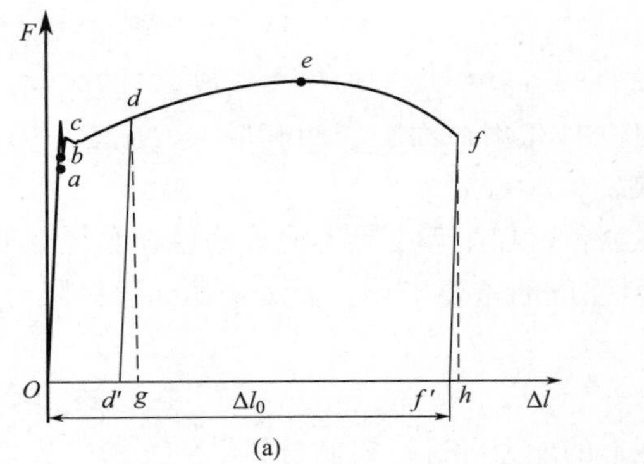

(a)

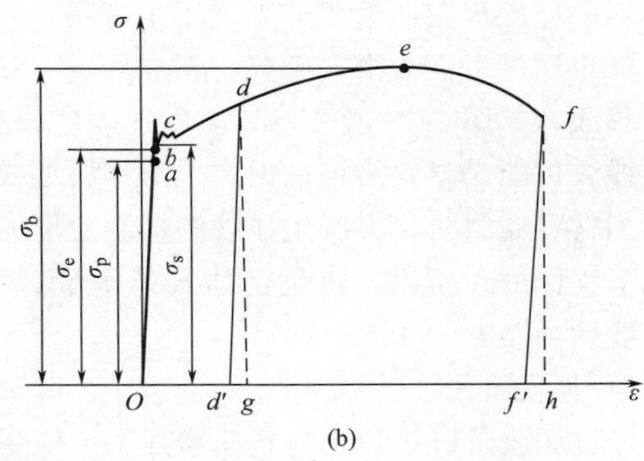

(b)

图 2-17　低碳钢拉伸时荷载-位移曲线与 σ-ε 曲线

（1）σ-ε 曲线的四阶段

1）弹性阶段

① 线性弹性阶段

在试件拉伸的初始阶段，σ 与 ε 的关系表现为直线 Oa，表示在这一阶段内，σ 与 ε 成正比，即 $\sigma\propto\varepsilon$，或写成等式：

$$\sigma=E\cdot\varepsilon \tag{2-19}$$

这就是拉伸或压缩的胡克定律，式中 E 称为弹性模量，为材料的刚度性能指标，其单位与应力相同，常用单位为“GPa”。

式（2-19）表明，$E=\dfrac{\sigma}{\varepsilon}$，正是直线 Oa 的斜率。材料的弹性模量由实验测定，它表示在受拉（压）时，材料抵抗弹性变形的能力。直线 Oa 最高点 a 所对应的应力，称为比例极限，用 σ_p 表示。只有应力低于比例极限 σ_p，胡克定律才能适用。低碳钢的比例极限 σ_p 约为 200MPa。

② 非线性弹性阶段

超过比例极限后，从 a 点到 b 点，σ 与 ε 之间的关系不再是直线，但解除外力后变形仍可完全消失，这种变形称为弹性变形。b 点所对应的应力 σ_e 是材料只出现弹性变形的极限值，称为弹性极限。

对于低碳钢，在 σ-ε 曲线上 a、b 两点非常接近，所以工程上对弹性极限 σ_e 和比例极限 σ_p，并不严格区分。

在应力大于弹性极限 σ_e 后，如再卸除外力，则试样变形的一部分随之消失，即上面提到的弹性变形。但还遗留下一部分不能消失的变形，这种变形称为塑性变形或残余变形。

2）屈服阶段

当应力超过 b 点增加到某一数值时，应变有非常明显的增加，而应力先是下降，然后微小的波动，在 σ-ε 曲线上出现接近水平线的小锯齿形线段。这种应力基本保持不变，而应变显著增加的现象，称为屈服或流动。在屈服阶段内的最高应力和最低应力分别称为上屈服极限和下屈服极限。上屈服极限的数值与试件形状、加载速度等因素有关，一般是不稳定的。下屈服极限则有比较稳定的数值，能够反应材料的性能。通常就把下屈服极限称为材料的屈服极限或屈服应力，用 σ_s 表示。

如果试件表面光滑，则当材料屈服时，试件表面将出现与轴线大致成 45°的线纹，称为滑移线，如图 2-18 所示。如前所述，在杆件的 45°斜截面上作用有最大剪应力，因此，上述线纹可能是材料沿该截面产生滑移所形成。

当材料屈服时，将产生显著的塑性变形。通常，在工程中是不允许构件在塑性变形的情况下工作的，所以，屈服应力 σ_s 是衡量材料强度的重要指标。低碳钢的屈服极限 σ_s 取值一般约为 200～240MPa。

3）强化阶段

经过屈服阶段之后，材料又增强了抵抗变形的能力。这时要使材料继续变形需要增大外力，这种现象称为材料的强化。强化阶段的最高点 e 所对应的正应力，称为材料的强度极限，用 σ_b 表示。强度极限是材料所能承受的最大应力。低碳钢的强度极限 σ_b 一般约为 370～460MPa。

4）局部变形阶段

过 e 点后，在试件的某一局部范围内，横向尺寸急剧减小，形成颈缩现象，如图 2-19 所示。由于颈缩部分横截面面积明显减小，使试件继续伸长所需要的拉力也相应减小，故在 σ-ε 曲线中，应力由最高点下降到 f 点，最后试样在颈缩段被拉断，这一阶段称为局部变形阶段。

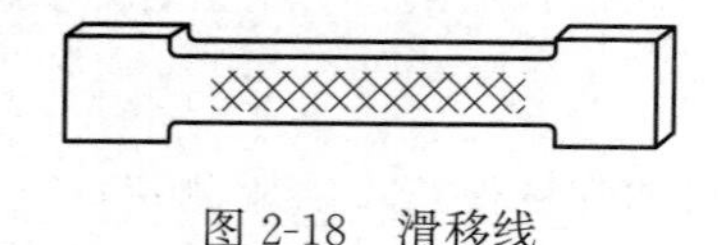

图 2-18　滑移线

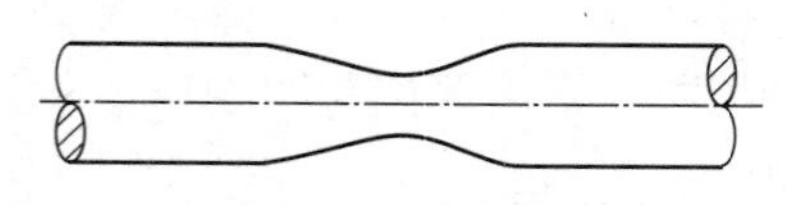

图 2-19　颈缩现象

综上所述，在整个拉伸过程中，材料经历了弹性、屈服、强化与颈缩四个阶段，并存在四个特征点，相应的应力依次为比例极限 σ_p、弹性极限 σ_e、屈服极限 σ_s 和强度极限 σ_b。对低碳钢来说，屈服极限和强度极限是衡量材料强度的主要指标。

(2) 两个塑性指标

试件拉断后，材料的弹性变形全部消失，而塑性变形则保留下来，工程中常用伸长率和断面收缩率这两个量作为衡量材料塑性变形程度的指标。

1) 伸长率

试件长度由原长 l_0 变为 l_1，试件拉断后的塑性变形量与原长 l_0 之比称为伸长率，以百分比表示，即

$$\delta=\frac{l_1-l_0}{l_0}\times 100\% \tag{2-20}$$

式中　δ——伸长率。

伸长率是衡量材料塑性变形程度的重要指标之一。伸长率越大，材料的塑性性能越好。

工程上将 $\delta<5\%$ 的材料称为脆性材料，如铸铁、高碳钢、混凝土等均为脆性材料。$\delta\geqslant 5\%$ 的材料为塑性材料，如低碳钢、铝合金、青铜等均为常见的塑性材料。低碳钢伸长率很高，一般 $\delta\approx 20\%\sim 30\%$，说明低碳钢是典型的塑形材料。

2) 断面收缩率

断面收缩率 ψ 是衡量材料塑性变形程度的另一个重要指标。

设试件拉伸前初始横截面面积为 A_0，拉断后断口横截面面积为 A_1，则断面收缩率 ψ 表示为

$$\psi=\frac{A_0-A_1}{A_0}\times 100\% \tag{2-21}$$

断面收缩率 ψ 越大，材料的塑性越好。低碳钢的断面收缩率约为 $50\%\sim 60\%$。

(3) 卸载定律与冷作硬化

在图 2-17 中，如把试件拉伸到超过屈服极限的 d 点，然后再逐渐卸除拉力，应力和应变关系将沿着与 Oa 几乎平行的斜直线 dd' 回到 d' 点。这说明：材料在卸载过程中应力与应变按直线规律变化，这就是卸载定律。荷载完全卸除后，试件中的弹性变形 $d'g$ 消失，剩下塑性变形 Od'。

卸载后，如果在短期内重新加载，则应力和应变关系大致上沿卸载时的斜直线 $d'd$ 变化。过点 d 后仍沿原曲线 def 变化，并至点 f 断裂。在再次加载过程中，直到 d 点以前，试件变形是弹性的，过 d 点后才开始出现塑性变形。比较图 2-17 中 $Oabcdef$ 和 $d'def$ 两条曲线，可见在第二次加载时，材料的比例极限（即弹性极限）得到提高，而塑性变形和伸长率有所降低。这种现象称为冷作硬化。冷作硬化现象经退火后又可消除。

工程中常利用冷作硬化来提高材料的弹性极限。如起重用的钢索和建筑用的钢筋，常借助冷拔工艺以提高其强度。但另一方面，零件初加工后，由于冷作硬化使材料变脆变硬，给下一步加工造成困难，且容易产生裂纹，这就需要在工序之间安排退火处理，以消除冷作硬化的不利影响。

2. 低碳钢压缩时的力学性质

低碳钢压缩时的 σ-ε 曲线如图 2-20 的实线段所示。试验表明，低碳钢压缩时弹性模数 E'、屈服极限与拉伸时基本相同，但流幅较短。屈服结束以后，试件抗压力不断提高，既没有颈缩现象，也测不到抗压强度极限，最后被压成腰鼓形甚至饼状。

2.5.3 拉伸和压缩时铸铁的力学性质

铸铁试件外形与低碳钢试件相同，其 σ-ε 曲线如图 2-21 所示。铸铁拉伸时的 σ-ε 曲线没有明显的直线部分，在应力较小时接近于直线；也没有明显的屈服和颈缩现象。可认为整个拉伸阶段都近似服从胡克定律。

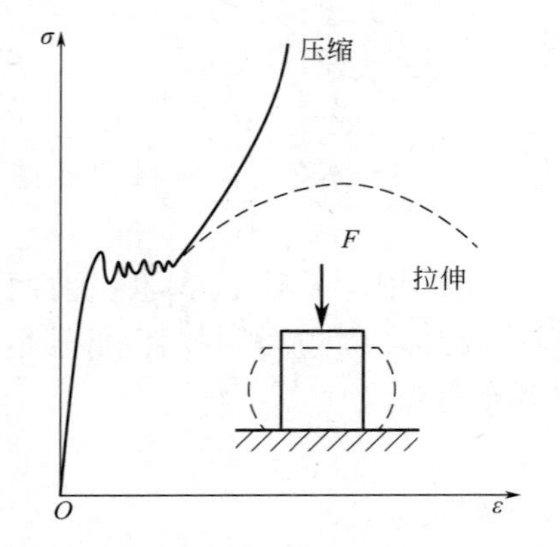

图 2-20　低碳钢压缩时 σ-ε 曲线（实线）

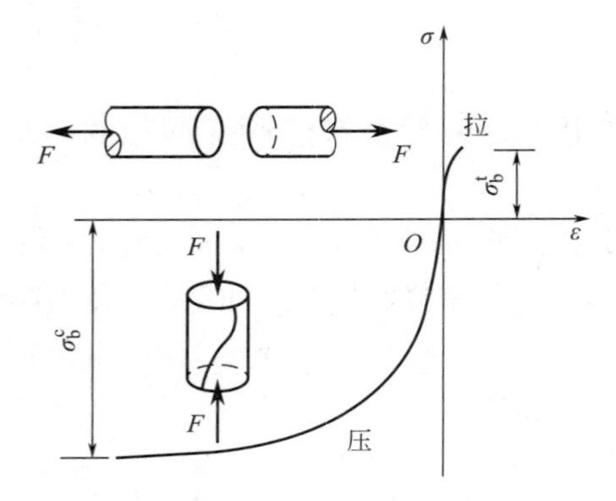

图 2-21　铸铁在拉伸和压缩时 σ-ε 曲线

工程中有时以曲线的某一割线（图 2-22（a）中的虚线）的斜率作为其弹性模量。一般约定取其弹性模量 E 为 150～180GPa。

工程上规定，对于没有明显屈服点的材料，取试件产生 0.2%的塑性应变时所对应的应力值作为材料的名义屈服极限，以 $\sigma_{0.2}$ 表示，如图 2-22（b）所示。

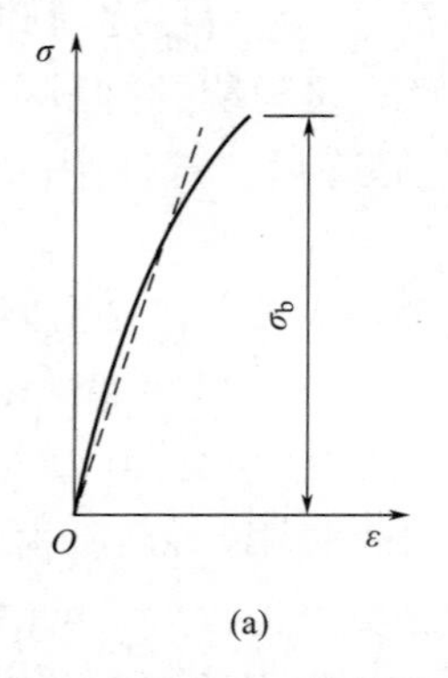

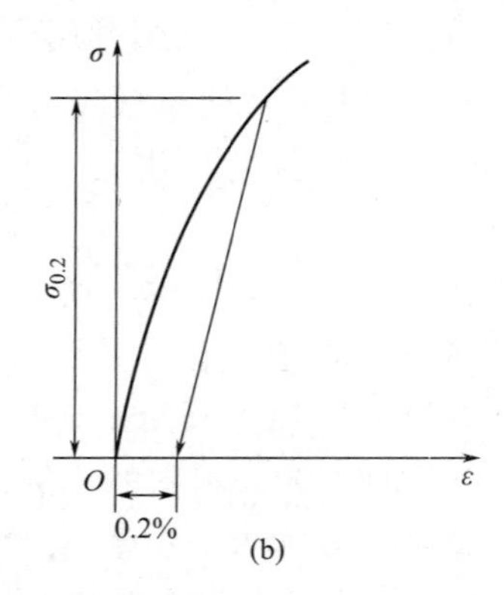

图 2-22　铸铁弹性模量 E 与条件屈服点 $\sigma_{0.2}$ 的确定

试件的破坏形式是沿横截面拉断，是内部分子间的内聚力抗抵不住拉应力所致。铸铁试件直至拉断时变形量很小，拉伸时的延伸率 δ 为 0.4%～0.5%，是典型的脆性材料。抗

拉强度极限 σ_b^t 为 50MPa 左右。

铸铁压缩破坏时，其断面法线与轴线大致成 45°～55°角，是斜截面上的剪应力所致。铸铁抗压强度极限 σ_b^c 为 800MPa 左右，说明其抗压能力远远大于抗拉能力。

低碳钢是典则的塑性材料，铸铁是典型的脆性材料。塑性材料的延件较好，对于冷压冷弯之类的冷加工性能比脆性材料好，同时由塑性材料制成的构件在破坏前常有显著的塑形变形，故承受动荷载能力较强。脆性材料如铸铁、混凝土、砖、石等，延性较差，但其抗压能力较强，且价格低廉，易于就地取材，故常用于基础及机器设备的底座。值得注意的是，材料是塑性的还是脆性的，是会随材料所处的温度、应变速率和应力状态等条件的变化而改变。

2.6　轴向拉伸和压缩杆件的强度计算

材料力学的任务之一就是要研究杆件的强度，前面我们学习了构件在拉伸和压缩时的应力计算，以及材料的力学性能，本节将在此基础上学习强度计算。

2.6.1　许用应力

材料发生断裂或出现明显的塑性变形而丧失正常工作能力时的状态称为极限状态，此时的应力称为极限应力，用 σ_u 表示。

对于塑性材料制成的拉（压）杆，当其达到屈服而发生显著的塑性变形时，即丧失了正常的工作能力，所以通常取屈服极限 σ_s 作为极限应力；对于无明显屈服阶段的塑性材料，则用名义屈服极限 $\sigma_{0.2}$ 作为极限应力。至于脆性材料，由于在破坏前不会产生明显的塑性变形，只有在断裂时才丧失正常工作能力，所以取强度极限 σ_b 作为极限应力。

由于极限应力 σ_u 是由试验测定的，而构件工作状态、环境及复杂情况与试验有很大不同，为确保构件不致因强度不足而破坏，必须考虑一定的安全储备，使构件工作允许应力小于材料的极限应力。因此，将材料的极限应力 σ_u 除以一个数值大于 1 的安全因数 n 所确定的应力值作为材料的许用应力 $[\sigma]$，即

$$[\sigma]=\frac{\sigma_u}{n} \tag{2-22}$$

安全因数 n 的取值直接影响许用应力的大小。如果安全因数偏低，即许用应力定得太大，则结构物偏于危险；反之，则材料的强度不能充分发挥，造成物质上的浪费。所以，安全因数在所使用材料的安全与经济这对矛盾中成为关键。正确选取安全因数是一个很重要的问题，一般应综合考虑以下几项因素。

① 强度条件中，对于有些量的主观认识与其客观实际间的差异。例如，荷载估算的近似性、材料的均匀程度、计算理论及其公式的精确程度、构件的工作条件及使用年限等差异等，实际工作时与理论设计计算时的条件往往不完全一致。

② 考虑到构件的重要性以及构件破坏后果的严重性等，需要以安全因数的形式给构件必要的强度储备。

③ 以不同的强度指标作为极限应力，所用的安全因数 n 也就不同。

对于塑性材料

$$[\sigma]=\frac{\sigma_s}{n_s} \tag{2-23}$$

对于脆性材料

$$[\sigma]=\frac{\sigma_b}{n_b} \tag{2-24}$$

由于脆性材料的破坏以断裂为标志，发生破坏的后果更严重，且脆性材料的均匀性较差，因此，对脆性材料要多给一些强度储备，故一般 $n_b>n_s$。

安全因数通常由国家有关部门确定，可在有关规范中查到。目前，在一般静荷载条件下，塑性材料可取 $n_s=1.2\sim2.5$，脆性材料可取 $n_b=2\sim5$。随着材料质量和建造方法不断改进，计算理论和设计方法不断完善，安全因数的选择将会更加合理。

2.6.2 强度计算

轴向拉（压）杆工作时，正应力绝对值最大的横截面称为危险截面。

为确保轴向拉（压）杆正常工作，其危险截面上的工作应力不得超过材料的许用应力，即

$$\sigma_{max}=\left|\frac{F_N}{A}\right|_{max}\leqslant[\sigma] \tag{2-25}$$

此即为轴向拉（压）杆的强度条件。根据强度条件，可以解决以下 3 种强度计算问题。

（1）强度校核

已知杆件几何尺寸、荷载以及材料的许用应力 $[\sigma]$，由式（2-25）判断其强度是否满足要求。一般若 σ_{max} 超过 $[\sigma]$ 在 5%的范围内，工程中仍认为满足强度要求。

（2）截面设计

已知杆件材料的许用应力 $[\sigma]$ 及荷载，按强度条件选择杆件的横截面面积或尺寸。可将式（2-25）改写为

$$A\geqslant\frac{F_N}{[\sigma]} \tag{2-26}$$

（3）确定许用荷载

已知杆件材料的许用应力 $[\sigma]$ 及杆件的尺寸，可由式（2-25）先求得杆件所能承受的最大轴力（或称许用轴力），即

$$F_N\leqslant A[\sigma] \tag{2-27}$$

再利用平衡条件，确定杆件所能承受的最大荷载（或称许用荷载）。

2.6.3 例题解析

【例题 2-9】 如图 2-23（a）所示的三角托架由木杆 AB 和钢杆 BC 在 A、B、C 处铰接而成，节点 B 悬挂重物。木杆 AB 横截面面积为 $A_1=1\times10^4\text{mm}^2$，许用应力 $[\sigma_1]=8\text{MPa}$；钢杆 BC 横截面面积为 $A_2=600\text{mm}^2$，许用应力 $[\sigma_2]=160\text{MPa}$。

试进行如下计算：（1）当 $F=20\text{kN}$ 时，试校核三角托架的强度；（2）试求三角托架许可荷载 $[F]$；（3）当外力 $F=48\text{kN}$ 时，重新选择杆的截面面积。

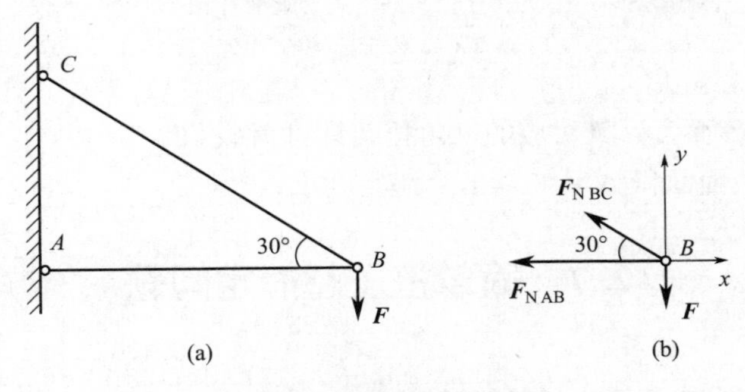

图 2-23　例题 2-9 图

【解】假想将三角托架截开，保留部分如图 2-23（b）所示。由保留部分的平衡条件

$\sum F_y=0$，$F_{NBC}\sin30^\circ-F=0$，得钢杆 BC 轴力 $F_{NBC}=\dfrac{F}{\sin30^\circ}=2F$

$\sum F_x=0$，$F_{NAB}+F_{NBC}\cos30^\circ=0$，得木杆 AB 轴力 $F_{NAB}=-F_{NBC}\cos30^\circ=-\sqrt{3}F$

（1）当 $F=20\text{kN}$ 时，校核三角托架的强度

$F_{NBC}=2F=2\times20=40\text{kN}$

$F_{NAB}=-\sqrt{3}F=-\sqrt{3}\times20=-34.64\text{kN}$

由强度条件，可得

$$\sigma_1=\left|\frac{F_{NAB}}{A_1}\right|=\left|\frac{-34.64\times10^3}{1\times10^4}\right|=3.464\text{MPa}<[\sigma_1]=8\text{MPa}$$

$$\sigma_2=\frac{F_{NBC}}{A_2}=\frac{40\times10^3}{600}=66.667\text{MPa}<[\sigma_2]=160\text{MPa}$$

故该三角托架的强度满足要求。

（2）求三角托架许可荷载 $[F]$

1）木杆 AB 许可荷载

由 $|F_{NAB}|=|\sqrt{3}F|\leqslant A_1[\sigma_1]=1\times10^4\times8=80\times10^3\text{N}=80\text{kN}$

得木杆 AB 对应的三角托架许可荷载 $[F_1]=\dfrac{80}{\sqrt{3}}=46.2\text{kN}$

2）钢杆 BC 许可荷载

由 $F_{NBC}=2F\leqslant A_2[\sigma_2]=600\times160=96\times10^3\text{N}=96\text{kN}$

得钢杆 BC 对应的三角托架许可荷载 $[F_2]=\dfrac{96}{2}=48\text{kN}$

3）三角托架许可荷载 $[F]$

只有木杆 AB 和钢杆 BC 均满足强度条件时，三角托架才是安全的，故三角托架许可荷载 $[F]$ 应取为 46.2kN。

（3）当外力 $F=48\text{kN}$ 时，确定木杆 AB 和钢杆 BC 的截面面积

1）对于木杆 AB 而言，其对应的三角托架许可荷载 $[F_1]=46.2\text{kN}<F=48\text{kN}$，故需重新计算其截面面积。

由 $|F_{NAB}|=|\sqrt{3}F|\leqslant A_1[\sigma_1]$，得 $A_1\geqslant\dfrac{|F_{NAB}|}{[\sigma_1]}=\dfrac{\sqrt{3}F}{[\sigma_1]}=\dfrac{\sqrt{3}\times48\times10^3}{8}=$

10392.3mm^2

可取 $A_1=10393mm^2$。

2）对于钢杆 BC 而言，其对应的三角托架许可荷载 $[F_2]=48kN=F$，钢杆 BC 的强度充分发挥，故其截面面积 $A_2=600mm^2$ 满足要求。

2.7 简单拉压超静定问题

2.7.1 静定结构与超静定结构概念

在前面所讨论的问题中，杆件或杆系的约束反力以及内力仅用静力平衡条件即可全部求得，这类问题属于静定问题，相应的杆件或杆系结构称为静定结构。

但在工程实际中，为了提高强度或控制位移，通常采取增加约束或杆件的方式，使静定结构变成超静定结构，也称静不定结构，其结构体系中独立未知力（杆件的内力或结构的约束反力）的数目超过静力平衡方程的数目，以致单凭静力平衡方程不能求出全部未知力，这类问题属于超静定问题。

通常把多于维持平衡所必需的约束，称为多余约束；相应的支反力或支反力偶矩，称为多余支反力；未知力数目与独立平衡方程数目之差，或者多余约束或多余支反力的个数，称为超静定次数。

如图 2-24（a）所示的杆件，上端 A 固定，下端 B 也固定，上下两端各有 1 个约束反力，但只能列出 1 个静力平衡方程，不能解出这 2 个约束反力，这是一个一次超静定问题。如图 2-24（b）所示的杆系结构，3 杆铰接于 A 铰，由于平面汇交力系仅有 2 个独立的平衡方程，显然，仅由静力平衡方程不可能求出 3 根杆的内力，故也为一次超静定问题。再如图 2-24（c）、（d）所示的连续梁，分别可列出 3 个独立的平衡方程，图 2-24（c）中有 4 个约束反力，属于一次超静定问题；图 2-24（d）中有 5 个约束反力，属于二次超静定问题。

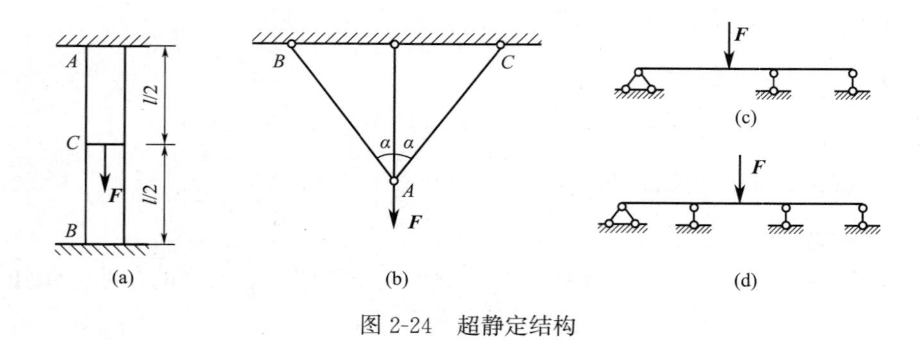

图 2-24 超静定结构

2.7.2 求解超静定结构的一般步骤

力法是以多余约束的约束反力为基本未知量来求解超静定结构的一种方法。在用力法求解超静定问题时，除了利用静力平衡方程以外，还必须考虑杆件的实际变形情况，列出变形的补充方程，并使补充方程的数目等于超静定次数。结构在正常工作时，其各部分的变形之间必然存在着一定的几何关系，称为变形协调条件。解超静定问题的关键在于根据变形协调条件写出几何方程，然后将联系杆件的变形与内力之间的物理关系（如胡克定律）代入变形几何方程，即得所需的补充方程。

用力法求解超静定问题的一般步骤为：

① 判定超静定次数及多余约束。

② 选取基本体系，列静力平衡方程。

③ 列出变形协调条件。

④ 物理方面，将杆件的变形用力表示。

⑤ 将物理方程代入变形协调条件，得到补充方程。

⑥ 联立平衡方程和补充方程，求解未知量。

用力法求解超静定问题的关键是找到正确的变形协调条件。一般来说，可以将基本体系与原超静定结构的变形进行比较，从选取的多余约束处找到变形协调条件。注意，多余约束的选择并不是固定的，在超静定结构中，可以根据计算的需要，选择多余约束。

2.7.3　温度应力

实际工程结构或机械装置工作常处于温度变化的环境下。工作环境的温度变化（热工设备、冶金机械、热力管道等）和自然环境的温度变化（季节更替）将引起构件的热胀冷缩，在静定结构中，由于杆件可以自由变形，由变温所引起的变形本身不会在杆中引起内力。但在超静定结构中，由于存在多余约束，由温度变化所引起的杆件变形会受到阻碍和牵制，从而会在杆件中引起内力。这种内力称为温度内力，与之相应的应力称为温度应力（或热应力）。计算温度应力的关键环节也同样在于根据结构的变形协调条件建立几何方程。与一般超静定问题不同的是，温度变化引起的杆件变形应包含两部分：由温度变化本身所引起的变形（即热胀冷缩）和温度变形产生的杆件内力引起的弹性变形。

温度应力是一个不容忽视的因素。在实际工程中，为了避免构件中出现过高的温度应力，通常在构造上采取一些措施，用以调节因温度变化而产生的伸缩。如在钢轨接头处预留缝隙；在高温管道中每隔一定距离设置 U 形弯道膨胀节；对结构尺寸过大的建筑物、混凝土路面等每隔一定距离预留一定的伸缩缝（温度缝）等。

2.7.4　装配应力

受加工设备的精度、操作技术等条件所限，构件制成后，其实际尺寸与原设计尺寸之间往往会有微小的差异，这种由于制造误差引起的尺寸上的微小差异是难以避免的。对于静定结构可言，制造误差本身仅会使结构的几何形状有微小改变，而不会在杆件引起内力。但对于超静定结构而言，制造误差却会使杆件产生内力。这种由制造误差而引起的内力称为装配内力，与之相应的应力称为装配应力。装配应力是杆件在没有外加荷载作用下而产生的应力，所以又称为初应力。装配应力计算的关键环节仍在于根据问题的变形协调条件写出几何方程。

2.7.5 例题解析

【例题 2-10】 如图 2-25（a）所示等直杆两端固定，在杆中间 C 处承受轴向力 F，其抗拉（压）刚度为 EA，已知 F，a，b，l，求其支反力和内力。

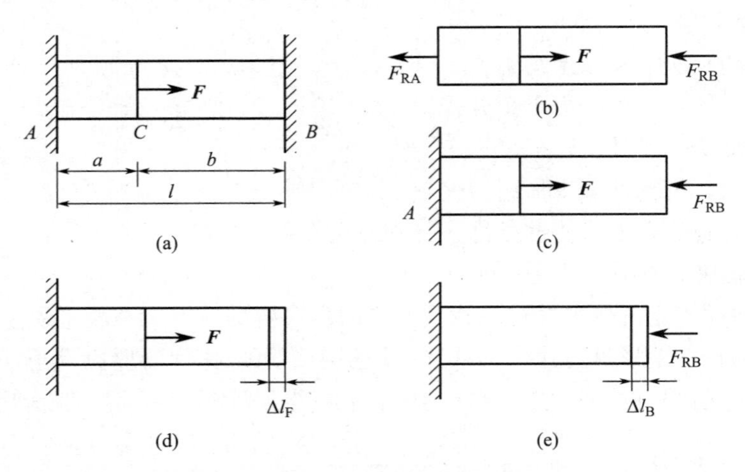

图 2-25 例题 2-10 图（力法求解超静定结构的一般步骤）

【解】（1）判定超静定次数及多余约束

该杆为一次超静定杆件，A 端或者 B 端的约束为多余约束。

（2）静力方面

杆的受力如图 2-25（b）所示。列出其平衡方程为

$$\sum F_x=0, \quad F-F_{RA}-F_{RB}=0 \tag{2-28}$$

（3）几何方面

选取 B 端约束为多余约束，暂时将其解除，并代之以多余支反力 F_{RB}，形成原超静定结构的基本体系，如图 2-25（c）所示。所谓基本体系，是指去掉原超静定结构的所有多余约束并代之以相应的多余支反力而得到的静定结构。

基本体系上多余约束处所施加的力 F_{RB} 和原结构中 B 支座的支反力相同，所以其变形应该与原超静定杆的变形完全相同。

设杆由力 F 引起的变形为 Δl_F，如图 2-25（d）所示；由力 F_{RB} 引起的变形为 Δl_B，如图 2-25（e）所示。由于原结构中 A、B 端是固定的，故可得下列几何关系：

$$\Delta l=\Delta l_F+\Delta l_B=0 \tag{2-29}$$

式（2-29）为变形协调条件。

（4）物理方面

由胡克定律可得

$$\Delta l_F=\frac{Fa}{EA}, \quad \Delta l_B=\frac{-F_{RB}l}{EA} \tag{2-30}$$

（5）补充方程

将式（2-30）代入式（2-29）可得

$$\frac{Fa}{EA}-\frac{F_{\mathrm{RB}}l}{EA}=0 \tag{2-31}$$

式（2-31）为补充方程。

（6）求解支反力

联立求解式（2-28）和式（2-31），可得

$$F_{\mathrm{RA}}=\frac{b}{l}F,\ F_{\mathrm{RB}}=\frac{a}{l}F$$

（7）求轴力

采用截面法分别求得 AC 段、BC 段的轴力为：

$$F_{\mathrm{N\,AC}}=\frac{b}{l}F,\ F_{\mathrm{N\,BC}}=-\frac{a}{l}F$$

【例题 2-11】 如图 2-26（a）所示杆件的两端分别与刚性支承连接。已知杆的横截面面积为 A，长度为 l，材料的弹性模量为 E，线膨胀系数为 α。当温度升高 ΔT 时，试求杆内的温度应力。

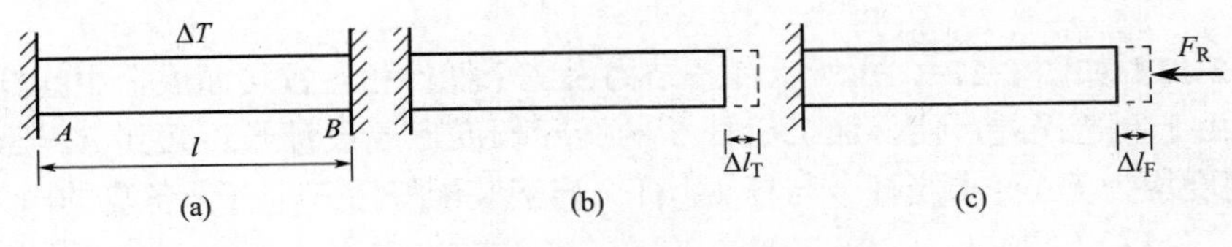

图 2-26　例题 2-11 图

【解】 分析：当温度升高 ΔT 后，杆将伸长。刚性约束限制了杆件因温度变化而产生的自由伸缩，所以必然产生与刚性约束相应的约束反力，这相当于两端有约束反力（轴向压力）作用在杆上，使杆内产生温度应力。

设想解除一端的约束（例如解除 B 端约束），则杆因温度升高将自由伸长 Δl_{T}，如图 2-26（b）所示，此时杆件只有变形，但无内力；而实际上杆件右端为固定端，当温度升高 ΔT 后，约束反力 F_{R} 使杆缩短 Δl_{F}，如图 2-26（c）所示。全杆实际上并没有变形，由此可确定变形协调条件。

（1）静力平衡方程

设两端约束反力为 F_{RA}、F_{RB}，由水平方向的平衡条件可知：

$$F_{\mathrm{RA}}-F_{\mathrm{RB}}=0,\ F_{\mathrm{RA}}=F_{\mathrm{RB}}=F_{\mathrm{R}}$$

由静力平衡方程只能知道两端的约束反力大小相等，但不能求出约束反力的大小，所以这是一次超静定问题。

（2）几何方程

由于杆的两端支承是刚性的，两端面不可能有相对位移，所以与此约束相应的变形协调条件是杆的总长度不变，即

$$\Delta l=0$$

杆的变形应包含两部分：温度变化引起的变形（即热胀冷缩）Δl_{T}，如图 2-26（b）所示；杆中内力引起的变形 Δl_{F}，如图 2-26（c）所示。变形几何方程可写为

$$\Delta l_{\mathrm{T}}-\Delta l_{\mathrm{F}}=0 \tag{2-32}$$

（3）物理关系

温度变化引起的变形可由线膨胀定律求得

$$\Delta l_{\mathrm{T}}=\alpha\Delta T \cdot l \tag{2-33}$$

杆中内力产生的变形可由胡克定律求得

$$\Delta l_{\mathrm{F}}=\frac{F_{\mathrm{N}}l}{EA}=\frac{F_{\mathrm{R}}l}{EA} \tag{2-34}$$

将式（2-33）、式（2-34）代入式（2-32），可得

$$F_{\mathrm{R}}=F_{\mathrm{N}}=\alpha EA\Delta T \tag{f}$$

当温度升高 ΔT 时杆内的温度应力为

$$\sigma=\frac{F_{\mathrm{N}}}{A}=\alpha E\Delta T\text{（压应力）}$$

讨论：若此杆件的材料为钢材，$E=210\text{GPa}$，$\alpha=1.2\times10^{-5}/℃$，并设横截面面积 $A=25\text{cm}^2$，则当温度升高 $\Delta T=20℃$时，可求出杆件轴力为-168kN。可见，当温度变化较大时，所产生的温度内力很大。

【例题 2-12】 如图 2-27（a）所示杆系结构由三个杆件相互铰接而成，中间杆 3 的设计长度为 l，由于制造误差，使得加工后杆 3 的实际长度比原设计长度短了 δ。已知三个杆件的抗拉刚度均为 EA。求当杆 3 与杆 1、杆 2 连接装配好后三个杆件各自的内力。

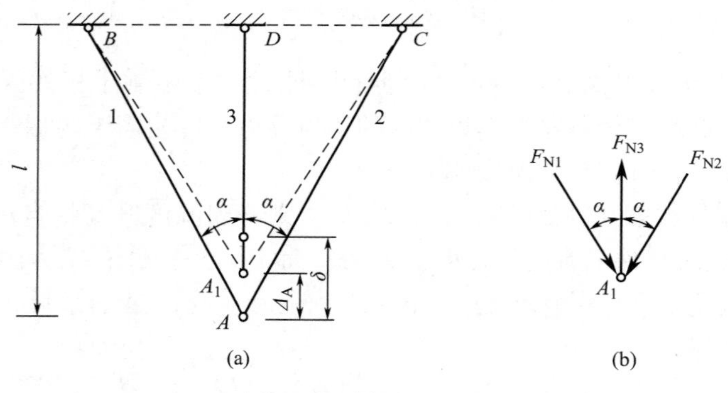

图 2-27　例题 2-12 图

【解】 分析：杆件 3 的设计长度为 l，由于加工误差其实际尺寸比应有尺寸短了 δ。杆系装配后，各杆和节点将位于图中虚线位置。显然，杆 1、杆 2 将由于被压短而产生装配应力——轴向压力 F_{N1}、F_{N2}，杆 3 将由于被拉长而产生装配应力——轴向拉力 F_{N3}。

在图 2-27 杆系中，与其约束相适应的变形协调条件是：装配好后，三个杆件的下端必须汇交于同一点 A_1。

（1）静力平衡方程

取连接后的节点 A_1 为研究对象，受力图如图 2-27（b）所示。由平衡条件得

$$\sum F_x=0，F_{\mathrm{N1}}\sin\alpha-F_{\mathrm{N2}}\sin\alpha=0$$

$$\sum F_y=0，F_{\mathrm{N3}}-2F_{\mathrm{N1}}\cos\alpha=0$$

得
$$F_{N1}=F_{N2}=\frac{F_{N3}}{2\cos\alpha} \tag{2-35}$$

（2）几何方程

由于本例题在几何、材料及约束方面都是对称的，故装配后的连接点 A_1 应沿中间杆 3 的轴线。由此可得杆 3 伸长量 Δl_3 与杆 1、杆 2 原连接点 A 的位移 Δ_A 之间的几何关系如图 2-27（a）所示，即

$$\Delta l_3+\Delta_A=\delta$$

（3）物理关系

由胡克定律可得

$$\Delta l_1=\frac{F_{N1}l_1}{EA},\ \Delta l_3=\frac{F_{N3}l_3}{EA}$$

由图 2-27（a）可求得 A 点位移 Δ_A 与杆 1 变形 Δl_1 之间的关系为

$$\Delta_A\cos\alpha=\Delta l_1$$

得
$$F_{N3}+\frac{F_{N2}}{\cos^2\alpha}=\frac{\delta\cdot EA}{l} \tag{2-36}$$

联立求解式（2-35）、式（2-36），可得

$$F_{N1}=F_{N2}=\frac{EA\delta\cos^2\alpha}{l(1+2\cos^3\alpha)},\ F_{N3}=\frac{2EA\delta\cos^3\alpha}{l(1+2\cos^3\alpha)}$$

本章小结

1. 轴向拉伸（压缩）杆件的力学模型

（1）构件特征——构件为等截面直杆。

（2）受力特征——外力或外力的合力作用线与构件轴线重合。

（3）变形特征——杆件轴线在受力后均匀伸长（缩短），即杆件上任意两横截面沿杆件轴线方向产生相对的平行移动。

2. 杆件在轴向拉伸（压缩）时，横截面上的内力——轴力

（1）内力的定义：由外力作用引起的，构件内部相互之间的作用力。

（2）截面法是求内力的一般方法。

（3）轴力：轴向拉、压时杆件横截面上的内力，作用线与杆的轴线重合。

（4）轴力的正负号规定：以拉力为正、压力为负。注意：轴力的正负号规定，容易出错。

（5）轴力图：表示各横截面上的轴力沿杆件轴线方向变化规律的图线。

3. 杆件在轴向拉伸（压缩）时横截面上的应力

（1）应力是由外力作用所引起的内力密度。应力定义在物体的假想平面或边界上的一点处；其量纲为单位面积的力，应力的单位为“N/mm^2”，或记作“Pa”，$1MPa=1N/mm^2$。

（2）轴向拉伸（压缩）时横截面上的应力。

1）分布规律：对等截面直杆，正应力在整个截面上均匀分布

2）计算公式：$\sigma=\frac{F_{\mathrm{N}}}{A}$

（3）轴向拉伸（压缩）时斜截面上的应力。

1）斜截面上的应力既有正应力，又有剪应力

正应力 $\sigma_{\alpha}=p_{\alpha}\cdot\cos\alpha=\sigma\cdot\cos^{2}\alpha$

剪应力 $\tau_{\alpha}=p_{\alpha}\cdot\sin\alpha=\frac{\sigma}{2}\cdot\sin2\alpha$

2）最大、最小应力

$[\sigma_{\alpha}]_{\max}=\sigma_{0^{\circ}}=\sigma=\frac{F_{\mathrm{N}}}{A}$，$[\sigma_{\alpha}]_{\min}=\sigma_{90^{\circ}}=0$

$|\tau|_{\max}=|\tau_{\pm45^{\circ}}|=|\sigma/2|=\left|\frac{F_{\mathrm{N}}}{2A}\right|$，$|\tau|_{\min}=|\tau_{\pm90^{\circ}}|=|\tau_{0^{\circ}}|=0$

（4）应力集中现象。注意该现象，在生活工作中对脆性材料应避免应力集中。

4. 轴向拉压杆变形

（1）纵向变形 $\Delta l=l_{1}-l$，其纵向线应变 $\varepsilon=\frac{\Delta l}{l}$；横向变形 $\Delta b=b_{1}-b$，其横向线应变 $\varepsilon'=\frac{\Delta b}{b}$；泊松比 $\mu=\left|\frac{\varepsilon'}{\varepsilon}\right|$。

（2）胡克定律：计算拉（压）杆变形的重要公式，两种表达：$\Delta l=\frac{F_{\mathrm{N}}l}{EA}$，$\sigma=E\varepsilon$。

（3）刚度条件：$\Delta l=\frac{F_{\mathrm{N}}l}{EA}\leqslant\Delta l$，$\delta\leqslant[\delta]$。

（4）轴向拉压杆变形的计算：一般包括两种计算，一种是计算某杆的伸长或缩短；另一种是计算结点的位移。对某杆进行变形计算时，可通过公式 $\Delta l=\frac{F_{\mathrm{N}}l}{EA}$ 来进行计算。需要注意的是，如果该杆受多个外力的作用，其总变形应分段进行计算，最后求其代数和。在计算的过程中，轴力的正负号一定要代入。

在进行结点位移的计算时，一般采用以切代弧的方法来进行计算，一般先求解结点的水平位移和竖直位移，再求其最终的位移。

注意：结点位移的分析问题。在画结点受力之后的变形示意图时，要注意各杆变形应与其受力情况相对应。应用以切代弧时，应清楚以什么为圆心，以什么为半径画圆弧，其切线应是哪一点的切线。

5. 轴向拉压时材料的力学性能

熟悉低碳钢和铸铁轴向拉伸和压缩时的力学性能，熟悉试验步骤，仔细观察试验现象，善于分析试验结果。

（1）低碳钢的静拉伸试验

1）区分弹性变形与塑性变形。

弹性变形：解除外力后能完全消失的变形。

塑性变形：解除外力后不能消失的永久变形。

2）熟悉变形的四个阶段：弹性变形阶段；屈服阶段；强化阶段；局部变形阶段。

重要的力学性能指标：强度指标；刚度指标；塑形指标。

强度指标：比例极限 σ_{p}；弹性极限 σ_{e}；塑形材料屈服极限或屈服应力 σ_{s}，脆性材料条件屈服点 $\sigma_{0.2}$；强度极限 σ_{b}。

刚度指标：弹性模量 E。

塑形指标：伸长率 δ；断面收缩率 ψ。

6. 杆件在轴向拉伸（压缩）时的强度

（1）材料的许用应力 $[\sigma]=\dfrac{\sigma_{\mathrm{u}}}{n}$，一般安全因数 $n_{\mathrm{b}}>n_{\mathrm{s}}$。

（2）强度计算。通过强度条件，进行轴向拉压杆三方面的强度计算——强度校核、截面设计、许可荷载的确定。其求解步骤一般分为：

① 轴力分析。根据外力情况计算相关杆件的轴力。

② 强度分析。根据题目要求，利用强度条件 $\sigma_{\max}=\left|\dfrac{F_{\mathrm{N}}}{A}\right|_{\max}\leqslant[\sigma]$ 进行强度校核、横截面设计或者许可荷载的确定。

7. 简单拉压超静定问题

力法是以多余约束的约束反力为基本未知量来求解超静定结构的常用方法。用力法求解超静定问题的关键是找到正确的变形协调条件。一般来说，可以将基本体系与原超静定结构的变形进行比较，从选取的多余约束处找到变形协调条件。

8. 本章计算题类型

本章计算题大致包含以下几类：

（1）求杆件指定截面上的轴力或作轴力图。其目的是找出危险截面，作轴力图时注意原结构与轴力图的对应关系，并注意运用突变关系校核轴力图。

（2）应力的计算（包括横截面、斜截面上的正应力、剪应力）；应用正应力的强度条件进行强度计算（强度校核、截面设计及许可荷载估计）。

（3）求杆件的变形或杆系结构指定节点的位移（掌握“以切代弧”的位移图解法）。

（4）求解简单超静定杆系结构（包括装配应力和温度应力）。首先是判断结构是否为超静定以及超静定次数，其次是依照解超静定结构的三个步骤（写出独立静力平衡方程，通过变形协调找出几何关系，采用胡克定律写出力与变形的物理关系），找出补充方程，并联立求解。

思考题

1. 如图 2-28（a）所示，一等直杆在其两端一对拉力作用下保持平衡。如果对该杆应用静力学中“力的可传性原理”，可得另外两种受力情况，如图 2-28（b）、（c）所示。试问：

（1）对于图示的三种受力情况，等直杆的变形是否相同？

（2）力的可传性原理是否适用于变形体？

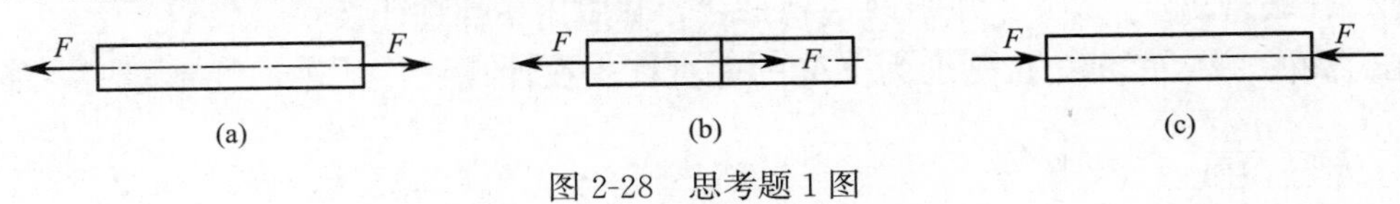

图 2-28　思考题 1 图

2. 轴向拉伸与压缩杆件的受力与变形有何特点？试列举轴向拉伸与压缩的实例。

3. 在如图 2-29 所示杆件中，哪些属于拉伸或轴向压缩变形？

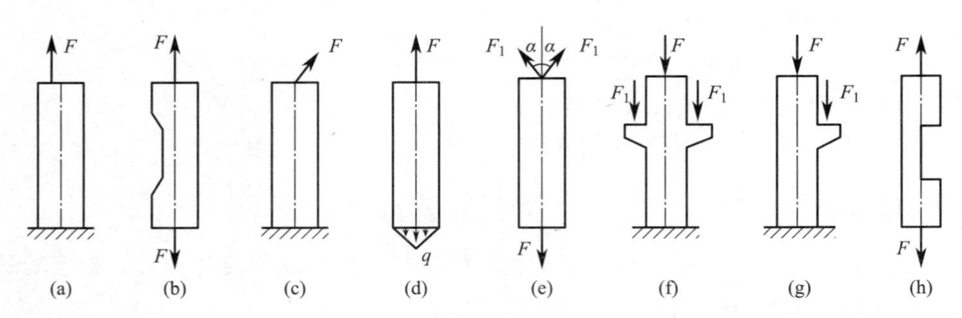

图 2-29　思考题 3 图

4. 什么是应力？为什么要研究应力？内力和应力有何区别和联系？

5. 什么是平面假设？计算正应力应考虑哪些因素？

6. 如图 2-30 所示，左端固定的等截面平板，右端（自由端）截面上作用均匀拉应力 σ，施加荷载前在其表面画两条平行斜线段 AB 和 CD，其倾斜角度为 α。试问：施加荷载变形后 AB 和 CD 还平行吗？图中斜线段的倾斜角 α 怎么变化？

7. 空心圆截面杆轴向拉伸时，杆的外径是增大还是减小？内径是增大还是减小？壁厚是增大还是减小？

8. 轴向拉（压）杆横截面上正应力公式是如何建立的？该公式的应用条件是什么？什么是圣维南原理？

9. 如图 2-31 所示，哪些横截面上的正应力可以用公式 $\sigma = F_N / A$ 计算？哪些不能？

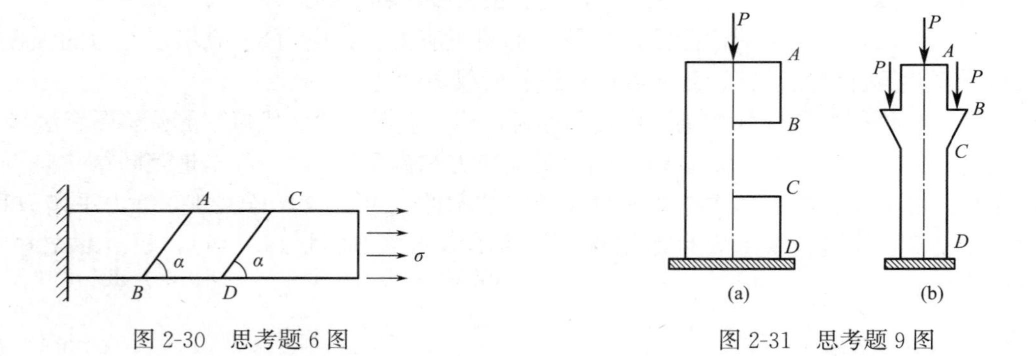

图 2-30　思考题 6 图

图 2-31　思考题 9 图

10. 什么是应力集中？哪些情况下需要考虑应力集中的影响？

11. 如图 2-32 所示一长纸条，在纸条宽度的中部打出一小圆孔和切出一横向裂缝，若小圆孔的直径 d 与裂缝的长度 a 相等，且均不超过纸条宽度 b 的 1/10，若在纸条两端均匀受拉，试问纸条将从何处破裂？为什么？

12. 什么是胡克定律？它有几种表达形式？其应用条件是什么？

13. 如图 2-33 所示抗拉刚度为 EA 的等直杆，在计算杆件的轴向变形量时，能否用 $\Delta l = \dfrac{F_1 l_1}{EA} + \dfrac{F_2 l_2}{EA}$？为什么？

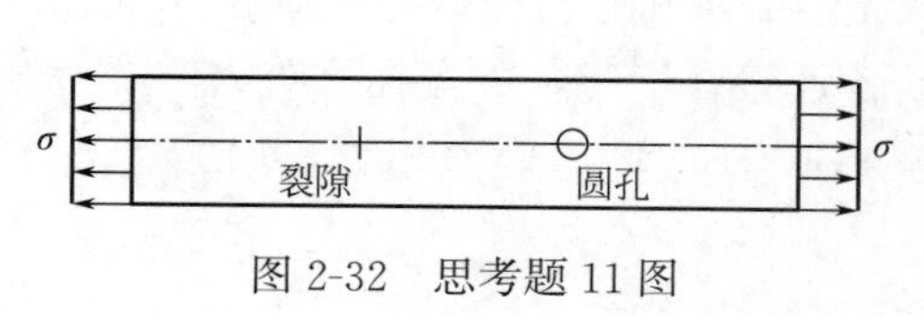

图 2-32　思考题 11 图

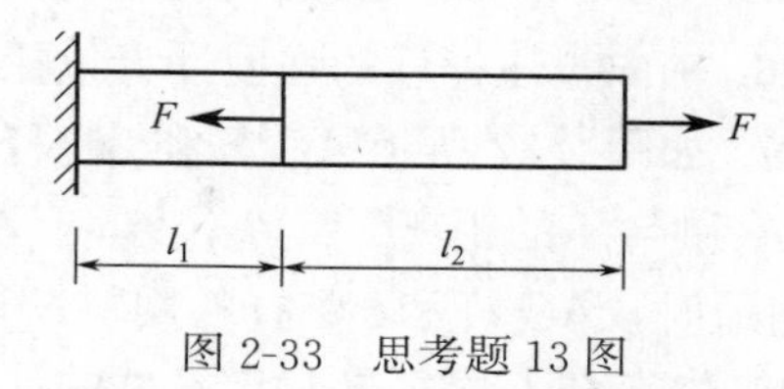

图 2-33　思考题 13 图

14. 等截面直杆两端受轴向拉力 F 的作用，材料的泊松比为 μ。能否说“当杆件在轴向伸长 Δl 时，横向缩短为 $\mu\Delta l$”？为什么？

15. 若杆的总变形为零，则杆内任一点的应力、应变和位移是否也为零？为什么？

16. 若在受力物体内某点处，已测得 x 和 y 两正交方向上均有线应变，试问在 x 和 y 两方向是否都必定有正应力？若测得仅 x 方向有线应变，则是否 y 方向必无正应力？若测得 x 和 y 两方向均无线应变，则是否 x 和 y 两方向都必无正应力？

17. 两根直杆的长度和横截面面积均相同，两端所受的轴向外力也相同，其中一根为钢杆，另一根为木杆。试问：

（1）两杆横截面上的内力是否相同？

（2）两杆横截面上的应力是否相同？

（3）两杆的轴向线应变、轴向伸长、刚度是否相同？

18. 已知一等直杆的重量 W、长度 l、弹性模量 E 和泊松比 μ，当按如图 2-34 所示两种不同方式放置时，两者的体积是增大还是减小？能否计算其体积变化？

19. 低碳钢和铸铁在拉伸和压缩时破坏形式有何不同？说明其原因。

20. 三种材料的应力-应变曲线如图 2-35 所示，其纵、横坐标分别为 $\sigma=P/A$、$\varepsilon=\Delta l/l$，式中 A 和 l 均为初始值。哪种材料的弹性模量最大？哪种材料的塑性最好？哪种材料的强度最高？

21. 如图 2-36 所示简易起重装置中，若杆件的直径相同，材料均为铸铁，则一般采用图 2-36（b）的结构，而不是图 2-36（a）的结构，这是为什么？如果杆件都用横截面面积相同的钢材呢？

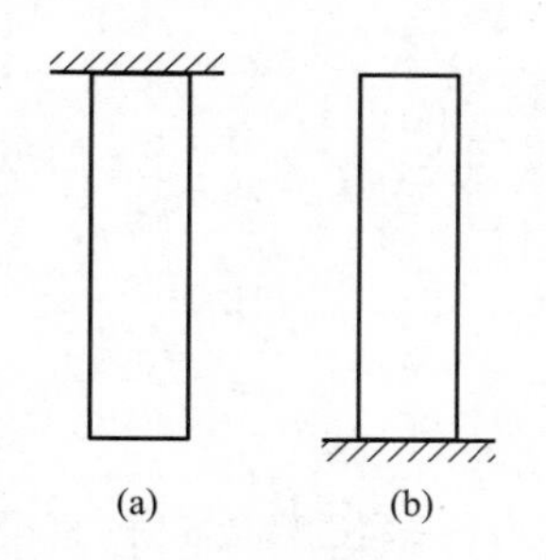

图 2-34　思考题 18 图

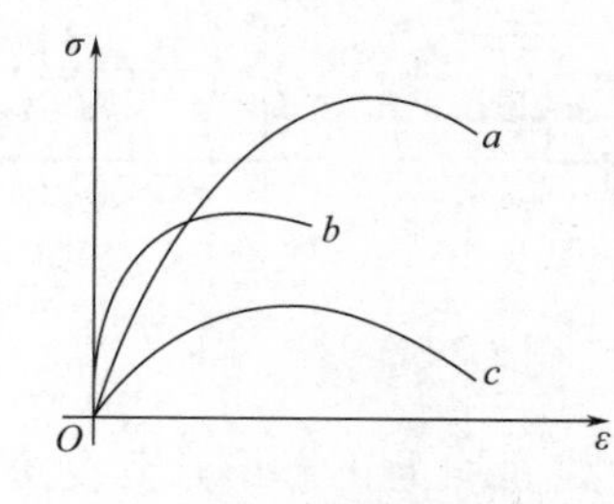

图 2-35　思考题 20 图

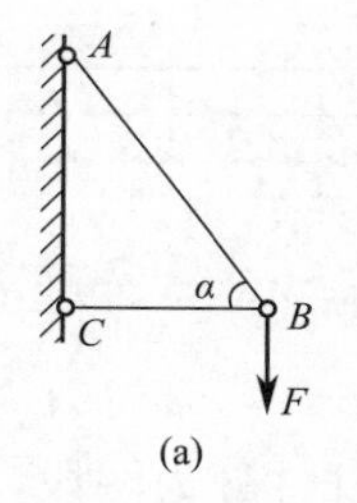

图 2-36　思考题 21 图

22. 什么是塑性材料与脆性材料？如何衡量材料的塑性？

23. 经冷作硬化的材料，在性能上有什么变化？在应用上有什么利弊？

24. 如何比较材料的强度、刚度和塑性的大小？

25. 什么是极限状态？在确定材料的许用应力时，为什么要引入安全因数？极限应力、安全因数和许用应力之间有何关系？

26. 轴向拉压杆件的强度计算包括哪些方面？如何确定构件的许用荷载？

27. 如图 2-37 所示 AC 杆和 BC 杆通过 C 铰连接在一起，下端挂有重为 P 的重物，假设点 A 和点 B 的距离 l 保持不变，且 AC 杆和 BC 杆的许用应力相等，均为 $[\sigma]$，试问：α 取何值时，AC 杆和 BC 杆的用料最省？

28. 如何进行拉压超静定杆件的计算？

29. 图 2-38（a）、（b）分别为静定和超静定结构，试用这两个结构来说明超静定结构中杆的内力大小与各杆之间刚度比有关，而静定结构与此无关。若在图 2-38（b）的结构中，欲减小 AD 杆的内力，可以采取哪些方法？

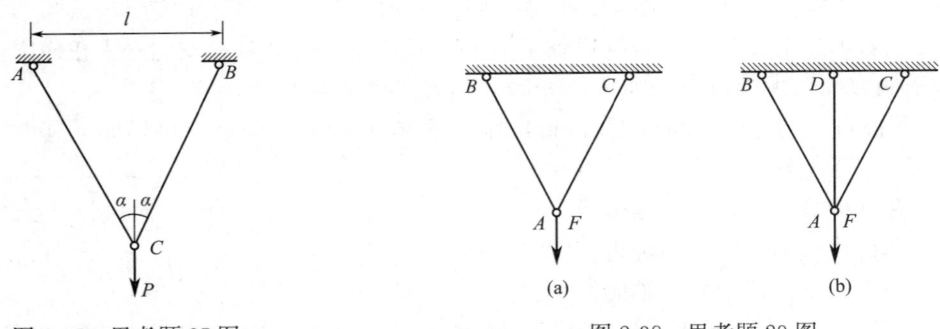

图 2-37　思考题 27 图

图 2-38　思考题 29 图

习题

1. 试求如图 2-39 所示各杆 1-1 和 2-2 横截面上的轴力，并作轴力图。

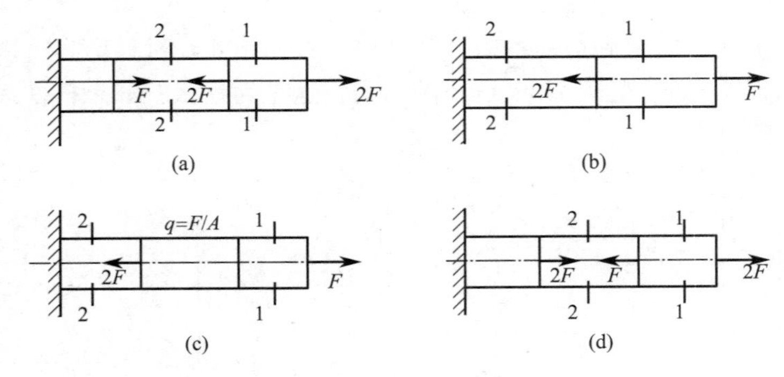

图 2-39　习题 1 图

2. 一变截面杆件分为两段，横截面均为正方形，其受力情况、各段长度及横截面尺寸如图 2-40 所示。画出其轴力图，并求其最大正应力。

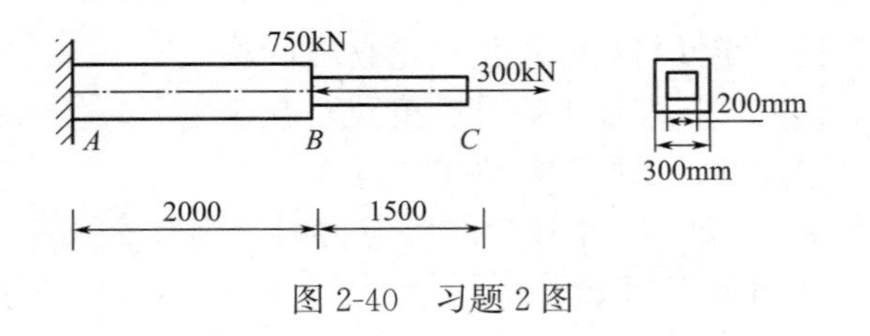

图 2-40　习题 2 图

3. 求如图 2-41 所示结构中指定杆内的应力。已知图 2-41（a）中杆的横截面面积 $A_1=A_2=1150\text{mm}^2$，图 2-41（b）中杆的横截面面积 $A_1=850\text{mm}^2$，$A_2=600\text{mm}^2$，$A_3=500\text{mm}^2$。

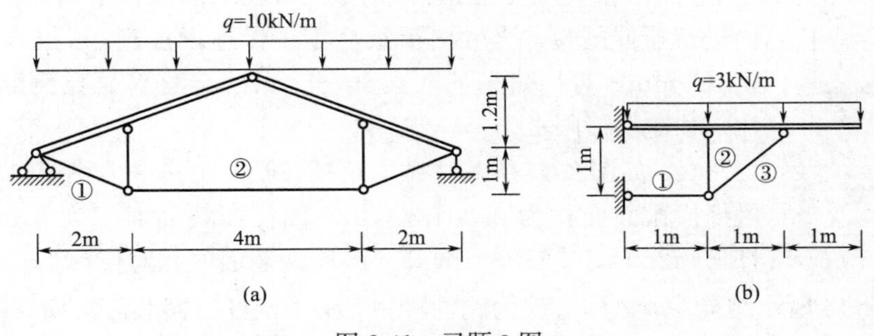

图 2-41　习题 3 图

4. 五杆铰接的正方形结构受力如图 2-42 所示，各杆横截面面积 $A=3000\text{mm}^2$，试求各杆的正应力。

5. 如图 2-43 所示为中段开槽的杆件，两端受轴向荷载 F 作用，已知 $F=6\text{kN}$，截面尺寸 $b=30\text{mm}$，$b_0=15\text{mm}$，$\delta=5\text{mm}$。试计算截面 1-1 和截面 2-2 上的正应力（不考虑应力集中影响）。

6. 如图 2-44 所示直杆，左右端受荷载作用，$F=15\text{kN}$，$\delta=12\text{mm}$，$d=18\text{mm}$。试求杆内的最大正应力（不考虑应力集中影响）。

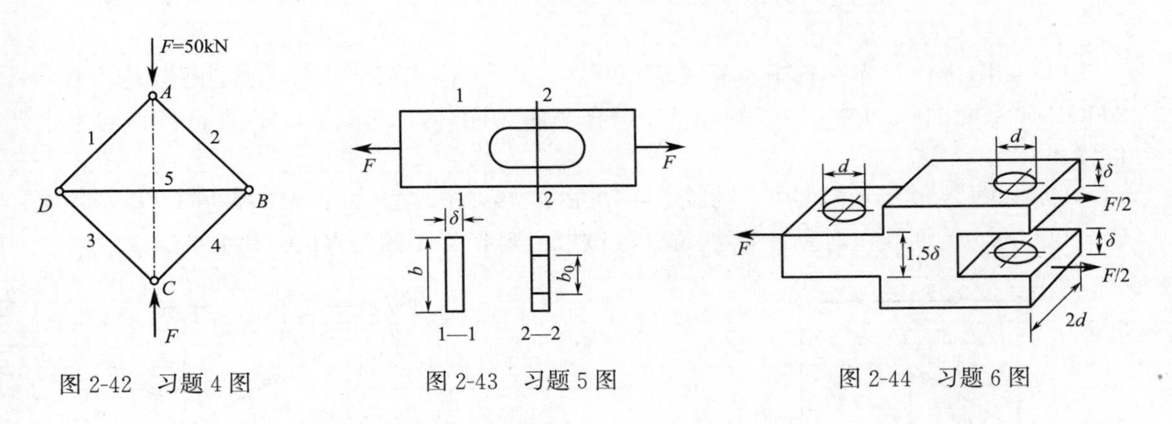

图 2-42　习题 4 图　　图 2-43　习题 5 图　　图 2-44　习题 6 图

7. 如图 2-45 所示为胶合而成的等截面轴向拉杆，轴向拉力 $F=20\text{kN}$，杆件横截面面积 $A=150\text{mm}^2$，试求 $\alpha=30°$ 和 $\alpha=-45°$ 时胶缝处的剪应力和正应力。

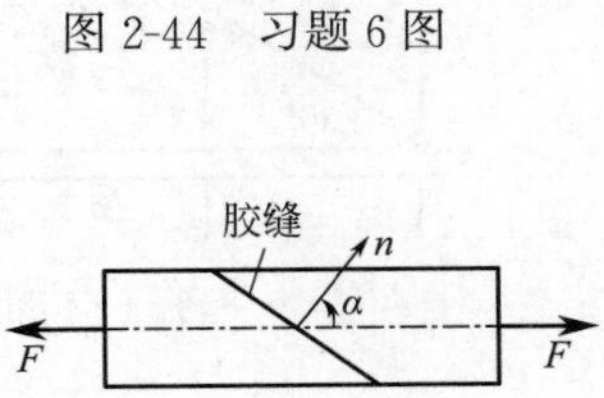

图 2-45　习题 7 图

8. 设一边长为 50mm 的正方形截面受拉直杆内的最大剪应力 $\tau_{\max}=40\text{MPa}$。试求杆的轴向拉力。

9. 等截面杆的横截面面积为 $A=5\text{cm}^2$，受轴向拉力 F 作用，如图 2-46 所示，杆沿斜截面被截开，该截面上的正应力 $\sigma_\alpha=120\text{MPa}$，剪应力 $\tau_\alpha=40\text{MPa}$，试求 F 的大小和斜截面的角度 α。

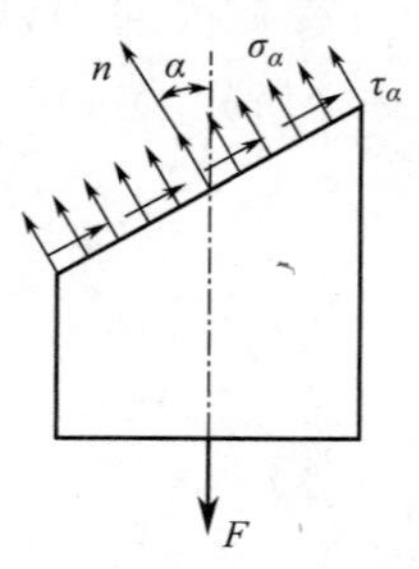

图 2-46　习题 9 图

10. 一根圆截面杆，直径 $d=16$mm、长 $l=3$m，承受轴向拉力 $F=30$kN，其伸长为 $\Delta l=2.2$mm。试求杆横截面上的应力与材料的弹性模量 E。

11. 一直径为 15mm、标距为 200mm 的圆合金钢杆，在比例极限内进行拉伸试验，当轴向荷载从零缓慢地增加到 58.4kN 时，杆伸长了 0.9mm，直径缩小了 0.022mm，试确定材料的弹性模量 E、泊松比 ν 和比例极限 σ_p。

12. 如图 2-47 所示变截面钢杆，受 4 个集中力作用，AB 段与 CD 段杆横截面面积为 0.001m^2，BC 段杆横截面面积为 0.002m^2。设钢杆 $E=2.0\times10^5$MPa。试求 A、D 两截面的相对位移 Δ。

13. 图 2-48 所示结构中，AB 可视为刚性杆；AD 为钢杆，横截面面积 $A_1=500$mm^2，弹性模量 $E_1=200$GPa；CG 为铜杆，横截面面积 $A_2=1500$mm^2，弹性模量 $E_2=100$GPa；BE 为木杆，横截面面积 $A_3=3000$mm^2，弹性模量 $E_3=10$GPa。当 G 点处作用有 $F=60$kN 时，求该点的竖直位移 Δ_G。

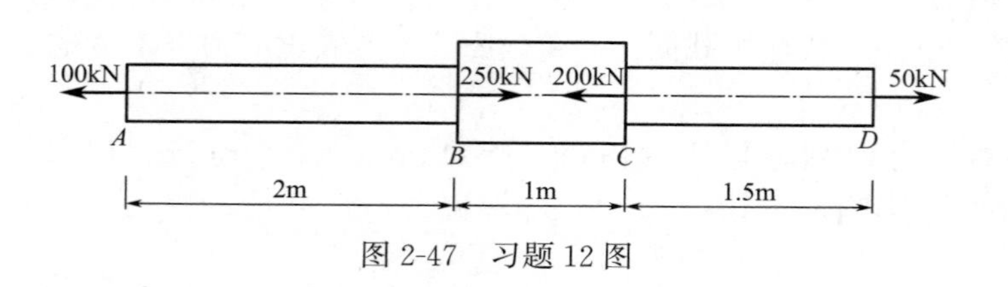

图 2-47　习题 12 图

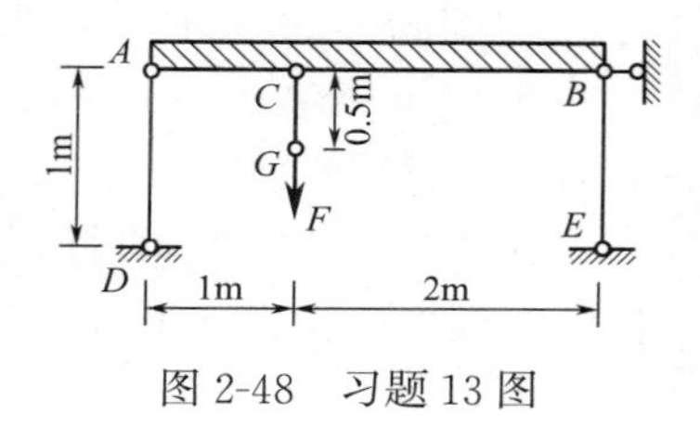

图 2-48　习题 13 图

14. 如图 2-49 所示结构中，荷载 $F=50$kN，$a=1$m，杆 1、2、3 的弹性模量均为 $E=200$GPa，截面面积均为 $A=100$mm^2。设杆 AB 为刚体，试求点 C 的铅垂位移和水平位移。

15. 如图 2-50 所示桁架中，荷载 $F=100$kN，$l=2$m，AB 杆、AC 杆的弹性模量均为 $E=200$GPa，截面面积均为 $A=200$mm^2。试求桁架节点 A 的垂直位移和水平位移。

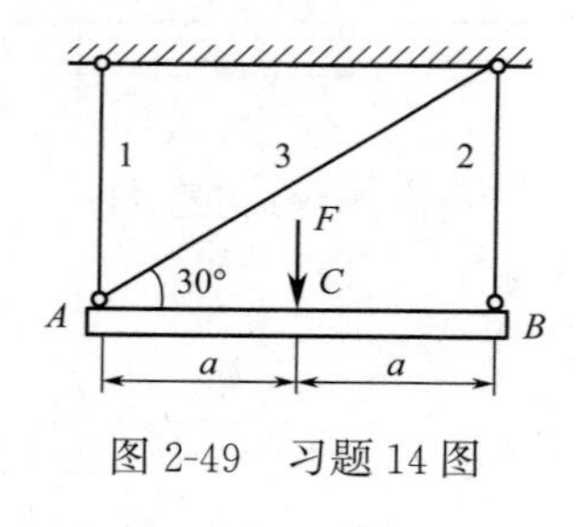

图 2-49　习题 14 图

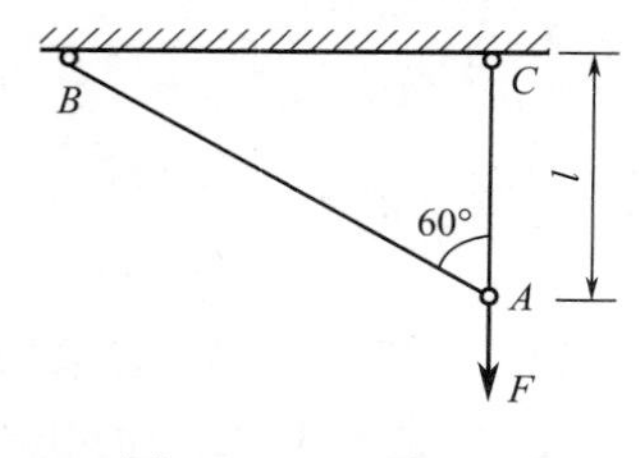

图 2-50　习题 15 图

16. 如图 2-51 所示桁架中，竖向荷载 $F=50$kN，杆 1 和杆 2 的横截面均为圆形，其直径分别为 $d_1=15$mm，$d_2=20$mm，材料的许用应力均为 $[\sigma]=150$MPa。试校核桁架的强度。

17. 如图 2-52 所示桁架受水平力 F 作用，已知 $F=80$kN，许用拉应力和压应力分别为 $[\sigma]^+=8$MPa，$[\sigma]^-=10$MPa，试设计杆 AB 和杆 CD 的横截面面积。

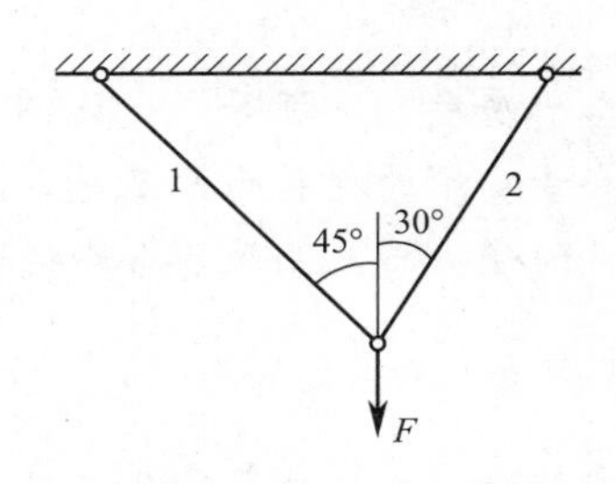

图 2-51　习题 16 图

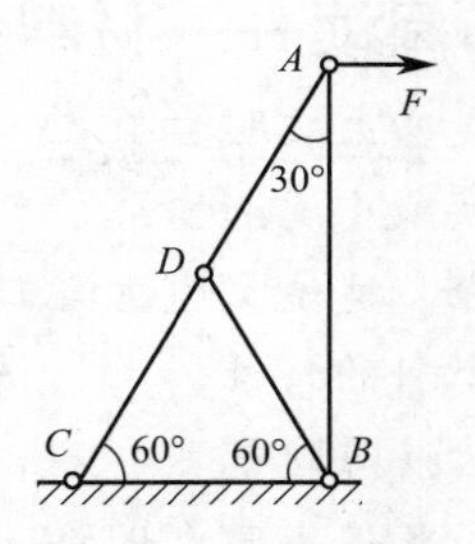

图 2-52　习题 17 图

18. 如图 2-53 所示结构，DE 杆为刚性杆，杆件 AB、AD 均由两根等边角钢组成。已知杆件 AB、AD 容许应力 $[\sigma]=170\text{MPa}$，试选择杆 AB、AD 的角钢型号。

19. 如图 2-54 所示结构，CD 杆为刚性杆，AB 杆为钢杆。AB 杆直径 $d=30\text{mm}$，容许应力 $[\sigma]=160\text{MPa}$，弹性模量 $E=2.0\times10^5\text{MPa}$。试求结构的容许荷载 $[F]$。

20. 如图 2-55 所示桁架在点 B 上作用一方向可变化的集中力 F，该力与铅垂线间的夹角 θ 的变化范围为 $-90°\leqslant\theta\leqslant90°$。杆 1 和杆 2 的横截面面积均为 $A=200\text{mm}^2$，许用应力均为 $[\sigma]=170\text{MPa}$。试求 θ 为多大时，许用荷载 $[F]$ 为最大？其最大值为多少？

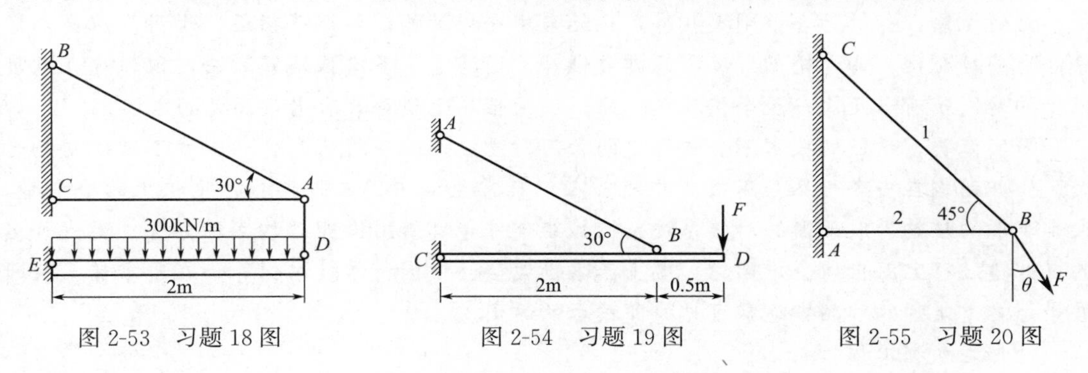

图 2-53　习题 18 图　　图 2-54　习题 19 图　　图 2-55　习题 20 图

21. 如图 2-56 所示结构中 AB 为刚体，A、C、D、G、H 为铰接，杆 1 和杆 2 的材料相同，其弹性模量 $E=200\text{GPa}$，横截面积均为 $A=20\text{mm}^2$，$l=0.8\text{m}$。杆 2 由于制造不正确，长度少了 δ，$\delta=5\text{mm}$，装配后再加荷载 P，$P=10\text{kN}$。试求杆 1 和杆 2 中的内力。

22. 如图 2-57 所示杆系中，点 A 为水平可动铰，已知杆 AB 和杆 AC 的横截面面积均为 1000mm^2，线膨胀系数 $\alpha_l=12\times10^{-6}/℃$，弹性模量 $E=200\text{GPa}$。试求当杆 AB 温度升高 20℃时，两杆内的应力及内力。

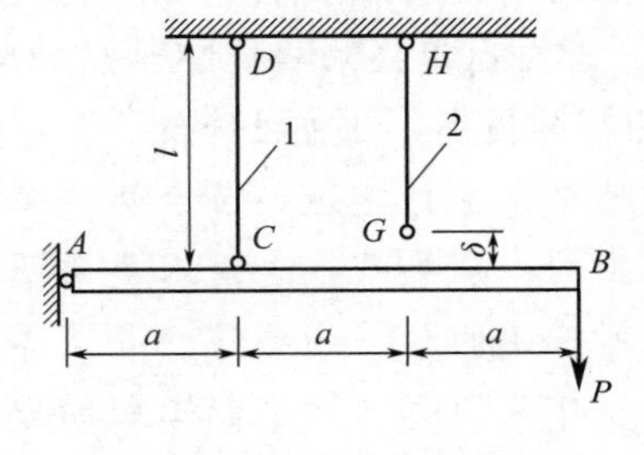

图 2-56　习题 21 图

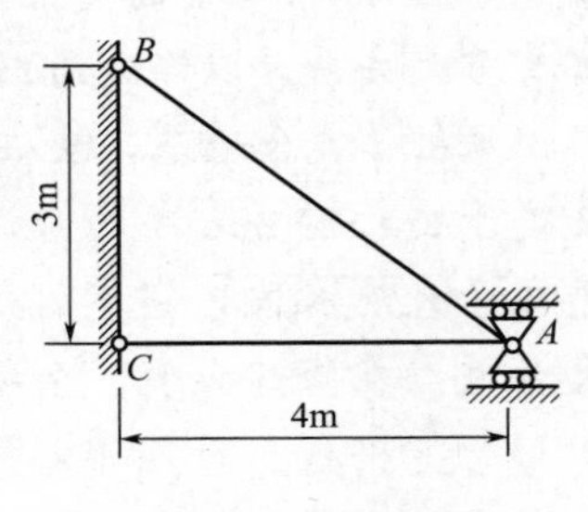

图 2-57　习题 22 图

延伸阅读——材料力学简史Ⅱ

我国是四大文明古国之一，在远古时代便已有舟车、房屋、堤坝等。先民们在日常生活及工程实践中逐渐积累了丰富的力学经验，形成了朴素实用的材料力学基础，在修建土木建筑工程、建造交通运输工具的过程中，能根据构件的受力特点而采用合理的结构，以充分发挥材料的特性。

(1) 古房屋建筑

榫卯结构是中国古代的一项伟大技术创造，它的发展和完善反映了古代工匠的智慧和技巧。六七千年前河姆渡聚落居民在建造干栏式房屋时所用木质构件已采用了大量的榫卯结构，这种榫卯结构使两个构件在不需要第三者介入条件下能够实现牢固连接，是一种最简单、稳定而普遍适用的连接方式，如图 2-58 所示。

古人在了解了木材的柔软特性以及掌握了榫卯工艺后，创造了更为复杂的斗拱结构，在发掘出的战国时期文物中可以看到采用斗拱的建筑图案。斗拱是中国古建筑中特有的形制，是较大建筑物的柱与屋顶间之过渡部分。斗拱可以减少梁的计算跨度，从而减少梁所受的弯矩和剪力，尤其是具有良好的抗震性能（图 2-59）。建于公元 1056 年的山西应县佛宫寺释迦塔（又称应县木塔，见图 2-60），共 5 层，高约 67.31m，底径 30.27m，纯木结构，无钉无铆，卯榫结合，刚柔相济，广泛采用斗拱结构，共用斗拱近六十种。应县木塔除经受昼夜变化、四季轮回、风霜雨雪侵蚀外，还遭受了多次强地震袭击，仅烈度在五度以上的地震就有十几次，至今仍巍然屹立，成为世界上现存最古老最高大的木塔。

事实证明，精髓的技术不会被历史的长河所湮没，而会随着时代的脚步不断地发扬光大。榫卯结构在当今世界应用极其广泛，人们日常生活中的衣服按扣、飞机上的安全带，火车车厢的挂钩、航天器的对接系统、枪械组合件等都借用榫卯结构实现分合。现代著名的榫卯建筑有上海世博会中国馆、瑞士苏黎世大楼、中国科学技术馆等，在贝聿铭、隈研吾等著名建筑师的作品中也常可见榫卯技术的运用。

(2) 古水利工程

中国是一个水利古国、大国，其水利建设历史之久远、规模之大、类型之多为国外少有。史前考古研究表明，距今 5000 年左右良渚古城的先人们在古城外围修建了庞大的水利工程，其是当时世界上规模最大的水坝建筑，也是世界上最早的拦洪水坝，可谓当时世界水利工程奇迹。在堤坝建造时，良渚先人创造性发明了“草裹泥”工艺，用草茎包裹了泥块做成“草包”，在泥中掺草，使坝体抗拉强度得到加强，不易崩塌，这种工艺类似于现代水利工程营建堤坝采用的草袋装土或“加筋土”技术。

修建于 2200 多年前的灵渠，能屹立至今而不倒，与其特殊部位材料的精巧选用与精妙施工有重大关系。以铧堤为例，其河底软弱土层厚，古人利用松木耐地下水腐蚀特点，采用了松木桩作复合地基，使桩间土密实，地基承载力得到提高，压缩性降低。

始建于公元前 256 年的都江堰，由时任秦蜀郡守的李冰主持建造，至今仍“砥柱巍然”造福于天府人民，它不仅是我国水利史、科技史上的一座丰碑，也是人类文明史上的一大奇迹。在修建鱼嘴、金刚堤、飞沙堰等设施时所采用的独特的截流、导流等施工技术，如竹笼杩槎、竹笼卵石技术等传承至今，两千多年来为都江堰水利工程的维修和运行发挥了巨大作用。杩搓是用三根径 18～24cm、长 6～9m 的硬木材捆扎成三角架

（一组称为一栋），多栋排列，用横木相连，上压装卵石的竹笼构成截流的堤，杩槎底部稳定、不易倾覆，拆除的木料还可回收利用；竹笼卵石利用卵石抗压性能好、楠竹抗拉性能好的特性，以卵石填入竹编圆形长笼，可起到承水压、消水能的作用；竹笼杩槎可以就地取材，具有半透水特性，垒成不同形状而有壅水、调节水量、护岸护堤等不同用途，四川省内各地水利工程多效法之，这些技术从科技、建材、经济实效等诸方面讲都是一种创造。

（3）古桥梁建设

古代桥梁建设成就也表明我国古代工匠们在实践中积累并掌握了一些材料力学知识，这些知识已经具有一定的科学性和合理性。例如，至今仍保持完整的河北赵州桥，是由隋代杰出的工匠李春于公元600年前后设计建造的，桥长50.82m，桥面宽9m，主拱半径为25m，如图2-61所示。根据所用石料耐压不耐拉的特性，桥将石块砌成拱形，并合理地采取了拱上背拱的空腹式拱桥结构，使得净重减轻15.3%，排水面积增加16.5%，节省石料数百吨，安全度提高11.4%。近年通过对赵州桥的钻探勘测和力学计算发现，赵州桥在很多方面均符合现代拱桥设计和施工的原则，令人叹为观止。这种敞肩圆弧拱桥结构是中国首创的优秀桥型，它比世界上相同类型的石拱桥要早1200多年。又如，建于1696年的泸定铁索桥，是世界上第一座长达100m的铁索桥，在它身上体现了近代大跨度悬索桥的设计思想，其技术水平高于当时的欧洲。

（4）古交通运输工具

早在殷商时期，我国的马拉战车就已经使用辐条代替了旧式的圆板，车轴改用了金属轴承，采用了油脂润滑，并且《周礼·考工记》中对辐条的设计、安装、固定提出了诸多准则。

中国古代木质船舶从最初的独木舟、筏演变成为后来的舫、楼船、宝船等，与其他国家的木质船舶相比不仅结构间连接样式多，并且牢固可靠。中国古船具有一些独特的先进结构特征，譬如水密舱壁、减摇龙骨、坚固的大拉、加强的龙骨连接和先进的船壳多重板结构等，这些先进技术的不断发展完善有利于以最少的材料制造最大强度与最大刚度的结构、更大尺度的船体，其中最具代表性的当属郑和下西洋时所乘坐的宝船，船长足有125m，排水量可达16000多吨。

（5）古代工器具和武器

西周时期（公元前1046—前771年）先民们就已经利用青铜铸造了各种工具和兵器。春秋时期（公元前770年—前403年），先民们先后发明了冶铁术和炼钢术，能够制造更坚利的工具和兵刃。公元1250年，南宋时期我国已能够掌握厚壁圆筒的性能并开始铸造铁质火炮，14世纪以后火炮才由我国传入欧洲。

14世纪以前，我国无论是科学技术还是文化艺术方面，均在世界上遥遥领先。我国古代工程建设成就表明我国古代先民在实践中积累并掌握了丰富的有关材料力学的知识，这些知识已经具有一定的科学性和合理性，但这些知识主要体现在工程实践活动中。由于长期封建制度的禁锢，“闭关自守”“重诗经、轻技艺”等传统的延续，严重束缚了生产力，使得科学技术的发展受到限制，致使材料力学作为一个系统的独立的学科没能在我国产生，而是于文艺复兴期间在欧洲建立并发展兴盛起来。

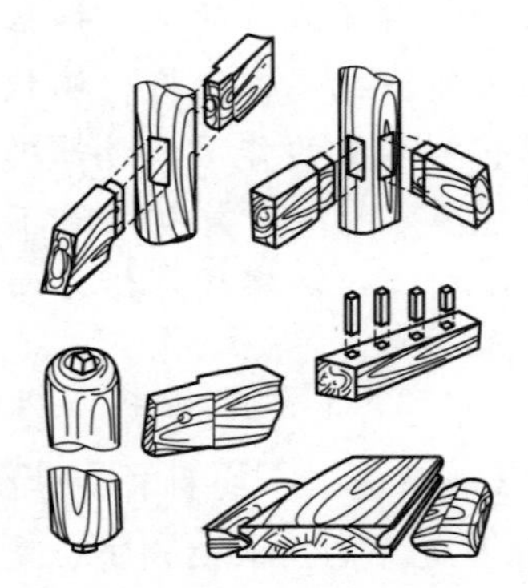

图 2-58　河姆渡文化带榫卯木构

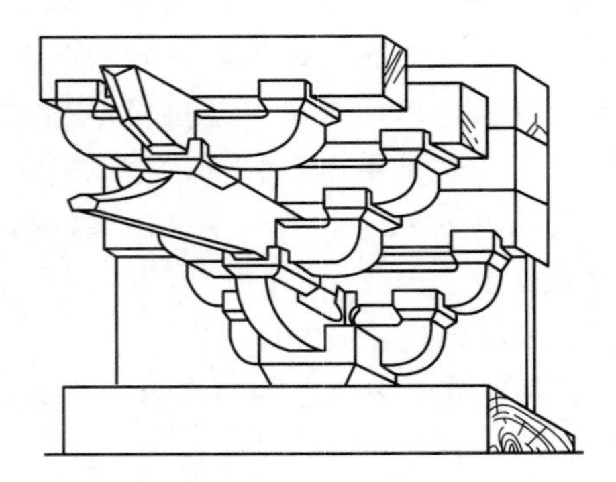

图 2-59　斗拱结构

图 2-60　应县木塔

图 2-61　赵州桥

第3章　剪切与挤压

内容提要

为了把力从一个构件传递到另一个构件上，工程上常采用连接结构，连接件常常承受剪切的作用。剪切是构件的基本变形之一，挤压常伴随剪切发生。本章主要介绍剪切与挤压的概念、实用计算的概念，以及工程实际中连接件的剪切与挤压实用计算方法。

本章重点为常用连接件剪切和挤压的实用计算。

本章难点为连接部位的破坏形式；剪切面和挤压面的确定。

学习要求

1. 理解剪切与挤压的概念。
2. 理解实用计算的概念。
3. 熟练掌握连接件的剪切与挤压的工程实用计算方法。

3.1　概述

3.1.1　剪切的概念

在工程实际中，经常遇到剪切问题。剪切变形是杆件的基本变形之一，其主要受力和变形特点为：杆件受到与其轴线相垂直的、大小相等、方向相反且作用线相距很近（图3-1中 a 值很小）的一对外力作用，杆件上处于两力之间的横截面将沿着外力作用线方向发生相对错动，即发生剪切变形，这种剪切变形又称为“直接剪切”。

垂直于轴线方向的外力，称为横向力。发生了相对错动或有相对错动趋势的横截面称为剪切面或受剪面，剪切面位于两组横向力之间，并且与外力方向平行，如图3-1所示。

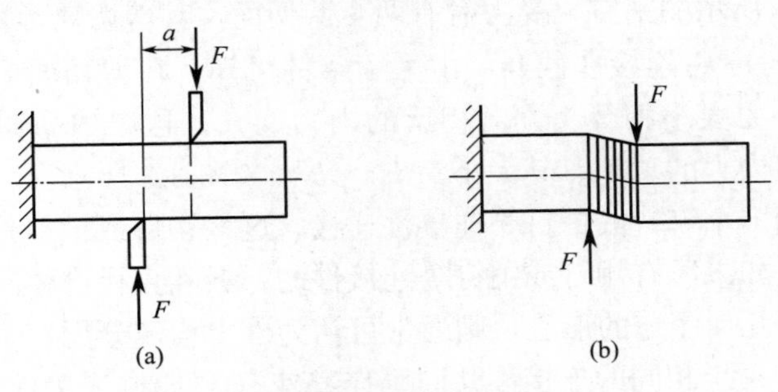

图3-1　剪切变形

直接剪切变形时往往不只发生单纯的剪切变形，因为杆件在发生剪切变形的同时，可能还伴随有拉伸、弯曲等其他形式的变形。只有当两个横向力 F 的作用线彼此很靠近，即两作用线的间距比杆的横向尺寸小很多时，剪切变形才成为主要的变形形式。

剪切包括连接件的剪切和扭转时的剪切两部分，本章主要讨论连接件的剪切。

3.1.2 连接件的剪切与挤压

1. 连接件

在工程实际中，由于制造工艺、实际加工或安装需要，经常要把构件与构件相互连接起来，以实现力和运动的传递。连接构件的方式有多种，如铆接、销接、螺栓连接、焊接、胶结、榫接等。在构件连接部位起连接作用的部件，如铆钉、销钉、螺栓、键块等统称为连接件。工程中的连接结构形式繁多，通过连接件实现连接的常见结构形式如图 3-2 所示。

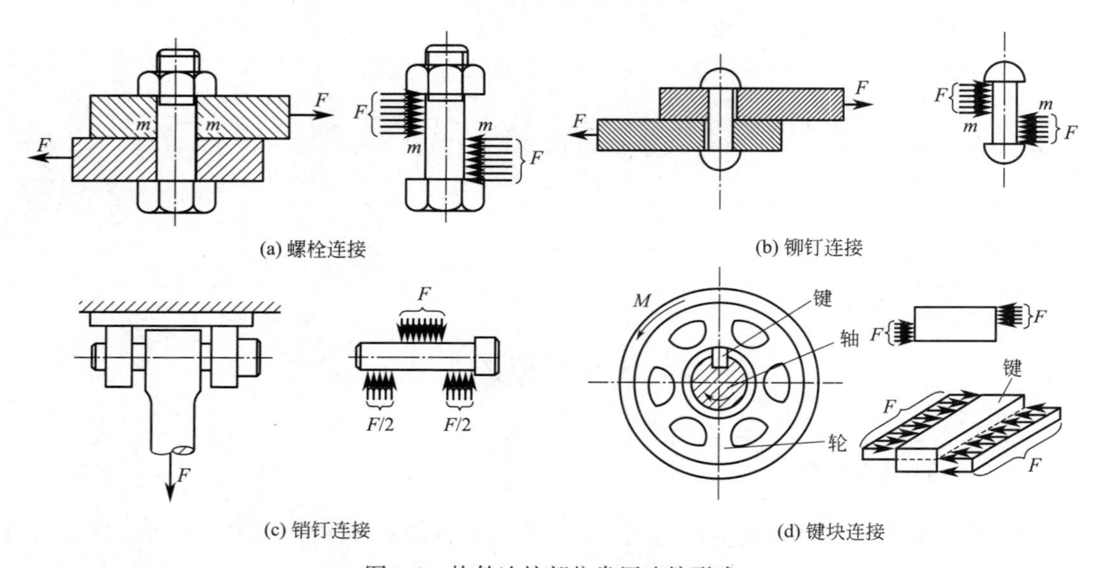

(a) 螺栓连接 (b) 铆钉连接

(c) 销钉连接 (d) 键块连接

图 3-2 构件连接部位常用连接形式

2. 连接件的剪切

连接件常常受到垂直于轴线方向的外力即横向力作用（图 3-2），产生剪切变形。如图 3-2（a）、（b）、（d）所示的螺栓、铆钉和键块，受力时只有一个剪切面，其剪切变形称为单剪；如图 3-2（b）所示的销钉，受力时有两个剪切面，其剪切变形称为双剪。

假想沿剪切面 m-m 将连接件截开，由平衡条件可知，在剪切面内必然有与截面相切（平行于截面）、与外力大小相等、方向相反的内力存在，这个内力叫剪力，用 F_s 表示；剪力是剪切面上分布内力的总和，其大小为 $F_s=F$，如图 3-3 所示。

有时构件会使用多个铆钉或销钉等连接件连接，这些铆钉或销钉按一定规律排列，称为铆钉群或销钉群。如果所有铆钉或销钉等连接件的材料和直径均相同，且外力 F 通过铆钉群或销钉群组成的几何图形的形心，则通常可认为外力均匀分配在每个铆钉或销钉连接件上，即当构件上有 n 个相同的连接件共同工作，外力 F 通过连接件所围图形的形心时，如果它们的受剪面积 A 都相等，则此时每个连接件所承受的剪力 F_s 为 F/n。如图 3-4 所示铆钉，每个铆钉所承受的剪力 F_s 为 $F/4$。

(a)　(b)　(c)

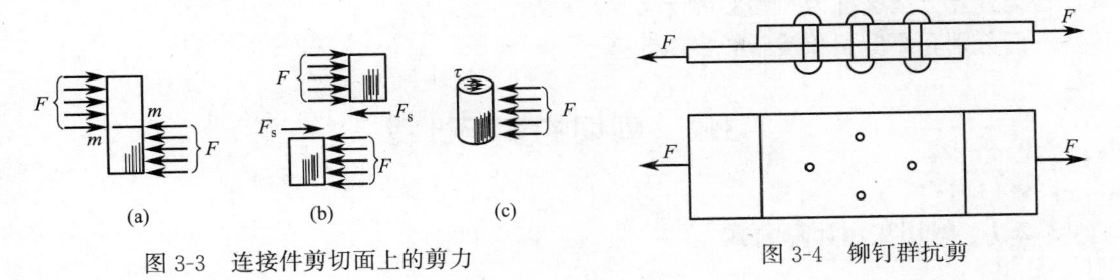

图 3-3　连接件剪切面上的剪力

图 3-4　铆钉群抗剪

3. 连接件的挤压

在外力作用下，连接件除了承受剪切作用外，其与被连接件之间在接触面上还会相互压紧，这种局部受压的现象，称为挤压。连接件上受挤压作用的表面称为挤压面，挤压面一般垂直于外力作用线。在局部受压处的压力称为挤压力，挤压力垂直于挤压面，用符号 F_{bs} 表示。挤压力引起的应力称为挤压应力，用 σ_{bs} 表示。

挤压作用有可能使连接件与被连接件在接触的局部区域产生显著的塑性变形甚至被压碎，这种破坏形式称为挤压破坏。挤压破坏会导致连接松动，使连接件失效，影响构件的正常工作。例如，铆钉受剪切的同时，铆钉和钢板在钉孔处相互压紧，如图 3-5（b）所示，上钢板孔左侧与铆钉上部左侧、下钢板孔右侧与铆钉下部右侧相互压紧，挤压力过大时，挤压面会出现局部产生显著塑性变形甚至压陷的破坏现象，钉孔的受压面将会被压溃，钉孔不再为圆孔，或者铆钉被压扁。

4. 连接件的破坏方式与计算

连接部位通常可能有多种破坏方式。以图 3-5 所示铆钉连接为例，其连接部位的破坏形式有以下 3 种形式：①铆钉沿截面 m-m 被剪断（图 3-5a）；②铆钉与钢板在接触面上相互挤压而发生明显的塑性变形（图 3-5b）；③钢板因开孔削弱截面造成其强度不足被拉断（图 3-5c）。

(a) 铆钉被剪断　(b) 上拉杆(钢板)与柳钉相互挤压变形　(c) 上拉杆(钢板)开孔最小截面处被拉断

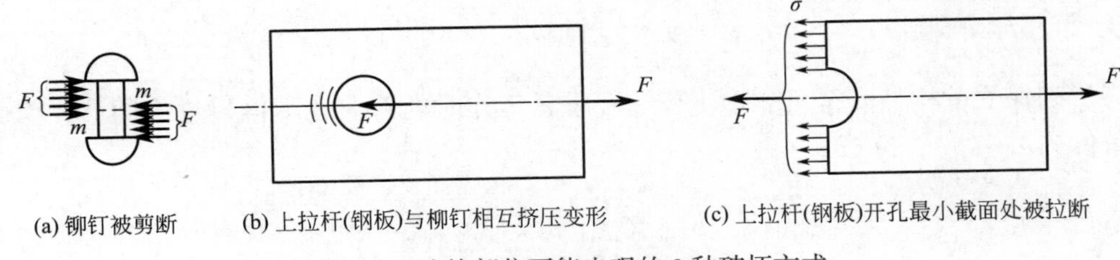

图 3-5　连接部位可能出现的 3 种破坏方式

为了保证连接件的正常工作，一般需要对连接件进行剪切强度、挤压强度计算。

由于连接件常常是形状不一、尺寸较小的构件，其受力与变形情况比较复杂，故其连接处的应力分布是很复杂的，很难作出精确的理论分析，况且即使能够做出精确的理论分析，其分析结果也不实用。因此，在工程设计中大都采用实用计算方法，即从实践经验出发，根据连接件的实际使用和破坏情况，对其受力及应力分布作出一些假设，假设应力在工作面上均匀分布，由此得出应力计算公式并计算应力；结合实物或模拟实验修正、完善实用计算公式，建立设计准则，作为连接件强度设计的依据。实践表明，这种方法行之有效，这类计算方法被称为工程实用计算。

下面分别介绍剪切和挤压的实用计算。

3.2 剪切的实用计算

3.2.1 剪切实用计算公式

对于大多数的连接件（或连接）来说，剪切变形及剪切强度是其主要性能。

如前所述，轴向拉伸或压缩中杆件横截面上的轴力 F_N 可视为分布内力的合力，即正应力 σ 合成的结果，同样，剪力 F_s 也可视为剪应力 τ 合成的结果。由于剪切变形仅仅发生在很小的范围内，而且外力又只作用在变形部分附近，因而剪切面上剪应力 τ 的分布情况十分复杂。

为了简化计算，工程中通常假设剪应力在剪切面内均匀分布，即剪切面上各点处的剪应力相等，按此假设计算出的平均剪应力称为计算剪应力（也称名义剪应力），一般简称为剪应力，其计算公式为：

$$\tau=\frac{F_s}{A} \tag{3-1}$$

式中，F_s 为剪力；A 为剪切面面积；τ 为名义剪应力。

式（3-1）为剪切实用计算公式。

3.2.2 剪切强度条件

在连接件的剪切面上，剪应力并非均匀分布，且还有正应力，所以由式（3-1）算出的平均剪应力只是一个名义剪应力。为了弥补这一缺陷，在用实验方法建立强度条件时，使试件受力尽可能地接近实际连接件的情况，测得试件失效时的极限荷载。然后由极限荷载求出相应的名义极限剪应力 τ^0，除以安全系数 α，得到许用剪应力 $[\tau]$。

$$[\tau]=\frac{\tau^0}{\alpha} \tag{3-2}$$

为了确保受剪构件安全可靠地工作，要求其工作时的剪应力不得超过许用值。因此其强度条件为

$$\tau=\frac{F_s}{A}\leqslant[\tau] \tag{3-3}$$

若已知铆钉、销钉或螺栓等连接件材料的许用剪应力，根据强度条件还可以计算出接头处所需铆钉、销钉或螺栓等连接件的个数 n，即

$$n\geqslant\frac{F}{A[\tau]} \tag{3-4}$$

通常同种材料的许用剪应力 $[\tau]$ 与许用拉应力 $[\sigma]$ 之间存在着一定的近似关系，因此在设计规范中规定对一些剪切构件的许用剪应力也可以按以下经验公式确定：

对于塑性材料　　$[\tau]=(0.6\sim0.8)[\sigma]$

对于脆性材料　　$[\tau]=(0.8\sim1.0)[\sigma]$

虽然采用名义剪应力计算公式（3-1）求得的剪应力值并不反映剪切面上剪应力的精确理论值，它仅是剪切面上的“平均剪应力”，但对于用低碳钢等塑性材料制成的连接件，当变形较大而临近破坏时，剪切面上剪应力的变化规律将逐渐趋于均匀。而且，满足式(3-3）时，显然不至于发生剪切破坏，从而满足工程实用的要求。

上述剪切强度条件是为了保证连接件抗剪切强度。但在工程实际中，也常会遇到与此相反的问题，就是利用剪切破坏。例如车床传动轴上的保险销（图 3-6a)，当载荷增大到某一数值时，保险销即被剪断，从而保护重要部件的安全。又如冲床冲压时，要求工件发生剪切破坏而得到所需要的形状（图 3-6b)。这都是利用剪切破坏的实例。对这类问题所要求的破坏条件为剪应力应超过材料的剪切强度极限，即

$$\tau=\frac{F_s}{A}\geqslant[\tau] \tag{3-5}$$

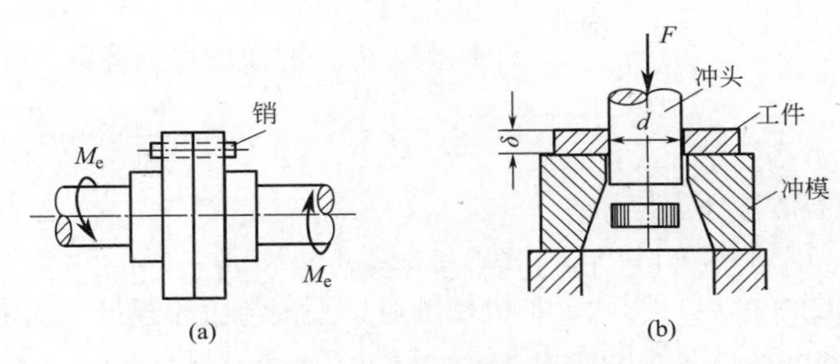

图 3-6　利用剪切破坏的实例

3.2.3　例题解析

【例题 3-1】 如图 3-7 所示铆钉连接，$F=320\text{kN}$，铆钉直径 $d=20\text{mm}$，板厚 $\delta_1=12\text{mm}$，$\delta_2=10\text{mm}$。铆钉许用剪应力 $[\tau]=140\text{MPa}$。试校核铆钉的抗剪强度。

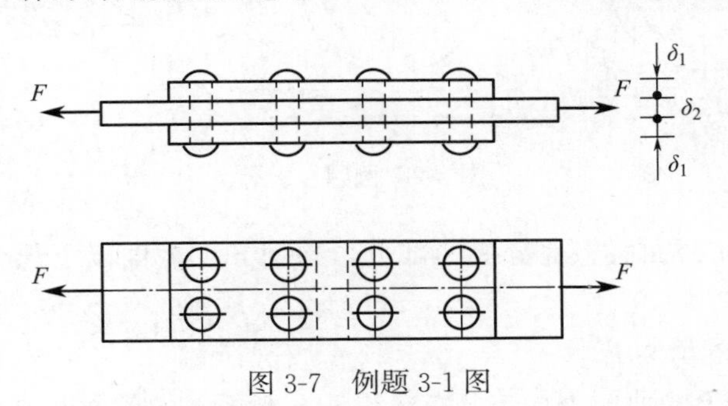

图 3-7　例题 3-1 图

【解】 本例中铆钉连接采用了对接形式，对接面一侧的铆钉个数为 4，即 $n=4$，每个铆钉均有两个受剪面，通常假设两个面上的剪力相等。

（1）每个受剪面上的剪力 F_s

$$F_s=\frac{F}{2n}=\frac{F}{8}=\frac{320}{8}=40\text{kN}$$

（2）单个受剪面的面积 A

$$A=\frac{\pi d^2}{4}=\frac{\pi\times 20^2}{4}=314\text{mm}^2$$

（3）铆钉横截面上的剪应力

$$\tau=\frac{F_s}{A}=\frac{40\times 10^3}{314}=127.39\text{MPa}<[\tau]=140\text{MPa}$$

则铆钉的抗剪切强度足够。

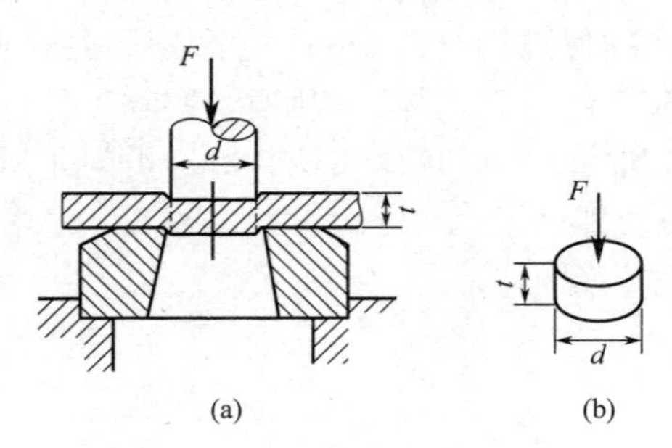

图 3-8　例题 3-2 图

【例题 3-2】 如图 3-8（a）所示的结构中，已知钢板厚度 $t=10\text{mm}$，其剪切极限应力 $[\tau]=300\text{MPa}$。若用冲床将钢板冲出直径 $d=30\text{mm}$ 的孔，试问需要多大的冲剪力 F？

【解】 剪切面就是钢板内被冲头冲出的圆柱体的侧面，如图 3-8（b）所示，其面积为

$$A=\pi dt=\pi\times 30\times 10=942\text{mm}^2$$

钢板发生剪切破坏的条件为

$$\tau=\frac{F_s}{A}\geqslant[\tau]$$

所以，冲孔所需的冲剪力应为

$$F\geqslant A[\tau]=942\times 300=282.6\times 10^3\text{N}=282.6\text{kN}$$

【例题 3-3】 如图 3-9（a）所示，某机械轴通过平键与齿轮连接（图中没有画出齿轮）。已知轴的直径 $d=80\text{mm}$，键的尺寸为 $b\times h\times l$（20mm×16mm×100mm），传递的扭转力偶矩 $M_e=3\text{kN}\cdot\text{m}$，键的许用应力 $[\tau]=60\text{MPa}$。试校核键的剪切强度。

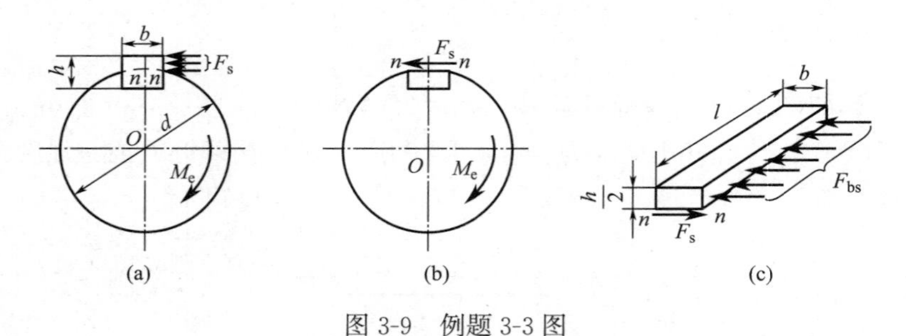

图 3-9　例题 3-3 图

【解】 将键沿 n-n 截面假想地分成两部分，并把 n-n 截面以下部分和轴作为一个整体考虑（见图 3-9b）。

（1）n-n 截面上的剪力 F_s

假设在 n-n 截面上的剪应力均匀分布，得 n-n 截面上的剪力 F_s

$$F_s=\tau A=\tau bl$$

（2）n-n 截面上的剪应力 τ

将剪力 F_s 对轴心取矩，由平衡方程 $\sum M_o=0$，得 $F_s\cdot\frac{d}{2}=M_e$，则

$$\tau bl\cdot\frac{d}{2}=M_e$$

$$\tau=\frac{2M_{e}}{bld}=\frac{2\times 3\times 10^{3}\times 10^{3}}{20\times 100\times 80}=37.5\text{MPa}<[\tau]=60\text{MPa}$$

可见平键满足剪切强度条件。

3.3 挤压的实用计算

某些情况下，构件在剪切破坏之前可能首先发生挤压破坏，因此有必要建立挤压破坏的强度条件。

3.3.1 挤压实用计算公式

挤压应力 σ_{bs} 在挤压面上的分布是比较复杂的。以图 3-10 所示的销钉为例，其与被连接件的挤压应力的分布情况在弹性范围内大致如图 3-10（b）所示。为了简便，工程中对于挤压同样采用实用计算法。忽略次要因素，假设挤压应力在挤压面上均匀分布，即

$$\sigma_{bs}=\frac{F_{bs}}{A_{bs}} \tag{3-6}$$

式中，F_{bs} 为挤压面的挤压力；A_{bs} 为挤压面的计算面积。

采用式（3-6）计算得到的挤压应力称为计算挤压应力，又称名义挤压应力。

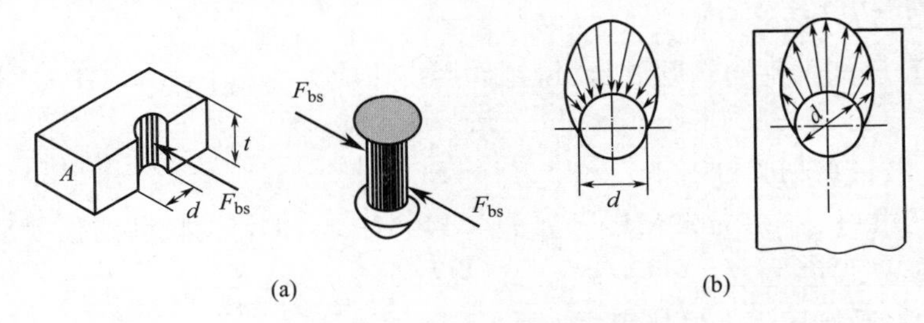

图 3-10 销钉上的挤压力作用

挤压面的计算面积 A_{bs} 视接触面的具体情况而定，与实际挤压面积不是同一概念。

对于螺栓、铆钉、销钉等一类圆柱形构件，实际挤压面是半圆柱面，为了简化计算，一般取圆柱的直径平面作为挤压面的计算面积，如图 3-11 所示，由此而得的计算结果与按理论分析所得的最大挤压应力值相近。

$$A_{bs}=dt \tag{3-7}$$

若连接件与被连接件的接触面为平面，如图 3-2 所示的平键，则取实际挤压面积为计算面积。

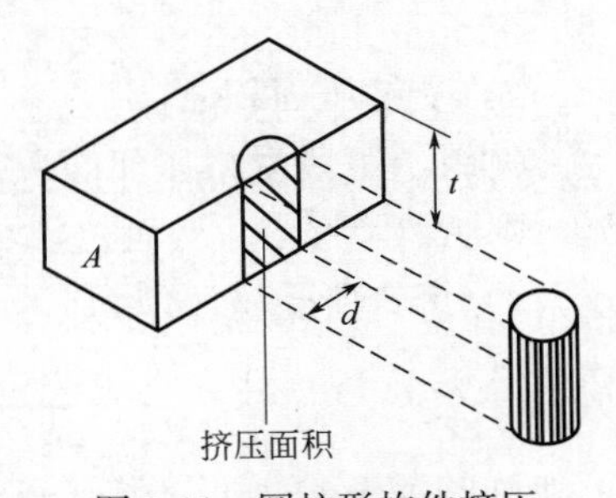

图 3-11 圆柱形构件挤压面的计算面积

3.3.2 挤压强度条件

用名义挤压应力建立的挤压强度条件为

$$\sigma_{bs}=\frac{F_{bs}}{A_{bs}}\leqslant[\sigma_{bs}] \tag{3-8}$$

式中，$[\sigma_{bs}]$ 为许用挤压应力，其确定方法与上一节中介绍的许用剪应力 $[\tau]$ 的确定方法相类似，它等于连接件的挤压极限应力 $[\sigma_{bs}]^0$ 除以安全系数。具体数值通常可根据材料、连接方式和荷载情况等实际工作条件在有关设计规范中查得。

一般情形下，对于同种材料，许用剪应力、许用拉应力、许用挤压应力之间的关系为 $[\tau]<[\sigma]<[\sigma_{bs}]$，其定量的数值关系为：

塑性材料：

$[\tau]=(0.6\sim0.8)[\sigma]$；$[\sigma_{bs}]=(1.5\sim2.5)[\sigma]$

脆性材料：

$[\tau]=(0.8\sim1.0)[\sigma]$；$[\sigma_{bs}]=(0.9\sim1.5)[\sigma]$

如果连接件与被连接件的材料不同，$[\sigma_{bs}]$ 应按抵抗挤压能力较弱者选取。

与剪切类似，当构件上有 n 个连接件共同工作时，如果它们的受挤压面积 A_{bs} 都相等，则可以假设每个连接件平均分担总的挤压力 F，即此时每个连接件所承受的挤压力 $F_{bs}=F/n$。若已知连接件材料的许用挤压应力，根据挤压强度条件可以计算出所需连接件的个数，即

$$n\geqslant\frac{F}{A_{bs}[\sigma_{bs}]} \tag{3-9}$$

3.3.3 例题解析

【例题 3-4】 已知条件同例题 3-1，铆钉许用挤压应力 $[\sigma_{bs}]=240\text{MPa}$。试校核铆钉的强度。

【解】（1）校核剪切强度

例题 3-1 已求得 $\tau=127.39\text{MPa}<[\tau]=140\text{MPa}$，铆钉的抗剪切强度足够。

（2）校核挤压强度

1）单个铆钉受挤压面上的挤压力 F_{bs}

$$F_{bs}=\frac{F}{n}=\frac{320}{4}=80\text{kN}$$

2）受挤压面积 A_{bs}

铆钉上下段受挤压面面积为 $A_{bs1}=\delta_1 d$，中间段受挤压面面积为 $A_{bs2}=\delta_2 d$，由于 $\delta_2<\delta_1$，则 $A_{bs2}<A_{bs1}$，从而 $\sigma_{bs2}>\sigma_{bs1}$，即最大挤压应力应该出现在铆钉的中间段上。

3）铆钉所受挤压应力

$$\sigma_{bs,\ max}=\frac{F_{bs}}{\delta_2 d}=\frac{80\times10^3}{10\times20}=400\text{MPa}>[\sigma_{bs}]=240\text{MPa}$$

不满足挤压强度要求，铆钉的抗挤压强度不够。

【例题 3-5】 已知条件同例题 3-3，键的许用应力 $[\sigma_{bs}]=100\text{MPa}$。试校核键的强度。

【解】（1）校核键的剪切强度

由例题 3-3 知，平键剪力

$$F_s=\tau A=\tau bl \tag{3-10}$$

$\tau=37.5\text{MPa}<[\tau]=60\text{MPa}$，满足剪切强度条件。

（2）校核键的挤压强度

以键在 n-n 截面以上部分为研究对象，受力如图 3-9（c）所示。

1）键右侧面上的挤压力 F_{bs}

由平衡方程 $\sum X=0$，得键右侧面上的挤压力 F_{bs} 为

$$F_{\mathrm{bs}}=F_{\mathrm{s}} \tag{3-11}$$

由挤压实用计算公式得

$$F_{\mathrm{bs}}=\sigma_{\mathrm{bs}}A_{\mathrm{bs}} \tag{3-12}$$

2）挤压面的计算面积 A_{bs}

挤压面为平面，故

$$A_{\mathrm{bs}}=\frac{h}{2}l \tag{3-13}$$

联立式（3-10）～式（3-13），可得

$$bl\tau=\frac{h}{2}l\sigma_{\mathrm{bs}}$$

由此解得

$$\sigma_{\mathrm{bs}}=\frac{2b\tau}{h}=\frac{2\times20\times37.5}{16}=93.75\mathrm{MPa}<[\sigma_{\mathrm{bs}}]=100\mathrm{MPa}$$

故平键满足挤压强度要求。

【例题 3-6】 如图 3-12（a）所示，4 个直径相同的铆钉将拉杆固定在板上。已知：$F=120\mathrm{kN}$，$b=100\mathrm{mm}$，$t=12\mathrm{mm}$，$d=20\mathrm{mm}$，若拉杆和铆钉的材料相同，$[\tau]=100\mathrm{MPa}$，$[\sigma_{\mathrm{bs}}]=300\mathrm{MPa}$，$[\sigma]=150\mathrm{MPa}$。试校核铆钉和拉杆的强度。

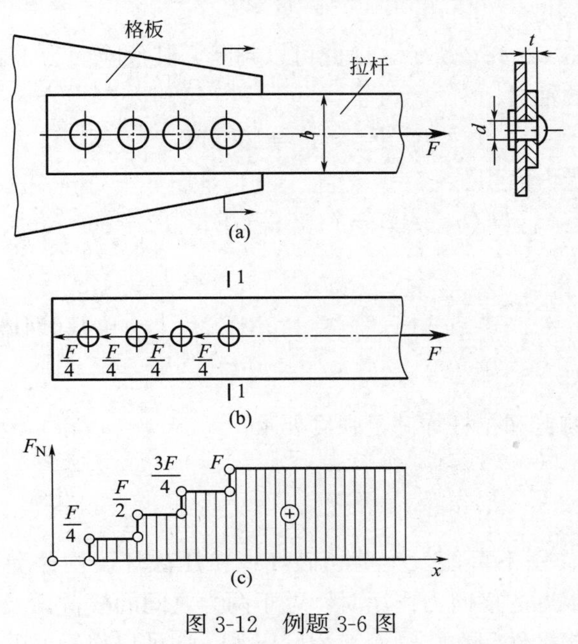

图 3-12　例题 3-6 图

【解】 如图 3-12（a）所示结构的受力情况，此结构的破坏形式可能有 3 种：铆钉剪切破坏；挤压破坏；拉杆被拉断。下面分别针对这 3 种情况进行强度计算。

(1) 校核铆钉的抗剪强度

各铆钉的材料和直径均相同，且外力作用线通过铆钉组图形的形心，因此，可以假设各铆钉剪切面上的剪力相同（见图 3-12b）。对于如图 3-12（a）所示的铆钉组，各铆钉剪切面上的剪力均为

$$F_s = \frac{F}{4} = \frac{120}{4} = 30\text{kN}$$

相应的剪应力

$$\tau = \frac{F_s}{A} = \frac{30 \times 10^3}{\frac{\pi}{4} \times 20^2} = 95.5\text{MPa} < [\tau] = 100\text{MPa}$$

可见，铆钉满足剪切强度条件。

(2) 校核铆钉的抗挤压强度

4 个铆钉承受的总挤压力为 F，每个铆钉所受的挤压力为

$$F_{bs} = \frac{F}{4} = \frac{120}{4} = 30\text{kN}$$

挤压面为半圆柱面，其计算面积应为其投影面积，即

$$A_{bs} = td = 12 \times 20 = 240\text{mm}^2$$

挤压应力 σ_{bs} 为

$$\sigma_{bs} = \frac{F_{bs}}{A_{bs}} = \frac{30 \times 10^3}{240} = 125\text{MPa} < [\sigma_{bs}] = 300\text{MPa}$$

铆钉满足挤压强度条件。

(3) 校核拉杆的强度

拉杆轴力图如图 3-12（c）所示，由此可以判断，其危险面为 1-1 截面（见图 3-12b）。

危险截面 1-1 上的轴力

$$F_N = F = 120\text{kN}$$

危险截面 1-1 的受力面积

$$A_{1\text{-}1} = (b - d)t = (100 - 20) \times 12 = 960\text{mm}^2$$

最大拉应力

$$\sigma = \frac{F_N}{A_{1\text{-}1}} = \frac{120 \times 10^3}{960} = 125\text{MPa} < [\sigma] = 150\text{MPa}$$

拉杆满足强度条件。

综合以上分析，铆钉和拉杆均满足强度要求。

本章小结

1. 连接件在外力作用下可能发生剪切破坏或挤压破坏。构件受到两个大小相等、方向相反、作用线相距很近的横向力作用时，处于两力之间的横截面发生相对错动的现象称为剪切。连接件与被连接件间在接触面上相互压紧，这种局部受压的现象称为挤压。

根据结构及其受力情况，正确判断构件是否主要承受剪切或挤压，并正确确定其承受剪切的作用面或挤压面。工程上采用实用计算方法建立剪切强度条件、挤压强度条件。

2. 剪切的实用计算

名义剪应力 $\tau=\frac{F_s}{A}$；剪切强度条件为：$\tau=\frac{F_s}{A}\leqslant[\tau]$

3. 挤压的实用计算

名义挤压应力 $\sigma_{bs}=\frac{F_{bs}}{A_{bs}}$；挤压强度条件为：$\sigma_{bs}=\frac{F_{bs}}{A_{bs}}\leqslant[\sigma_{bs}]$

当挤压面为平面时，挤压面的计算面积等于实际挤压面积，当接触面为柱面时，挤压面的计算面积为实际挤压面积在其直径平面上的投影。

思考题

1. 单剪与双剪、挤压与压缩、实际应力与名义应力之间有什么区别？
2. 说明连接件受剪切作用时的受力和变形特点。
3. 什么是实用计算？连接件用实用计算方法进行设计强度是否安全可靠？
4. 剪切和挤压实用计算采用了什么假设？为什么？
5. 剪刀在长时间使用后，中间的铆钉发生松动，可能是什么原因？
6. 如图 3-13 所示的两种不同材料的构件相互挤压时，应对哪一个构件进行挤压强度计算？
7. 两钢板用铆钉连接如图 3-14 所示，试分析结构可能的破坏方式。
8. 指出如图 3-15 所示构件的剪切面和挤压面。
9. 挤压与压缩有什么不同？接触面积与挤压计算面积是否相同？

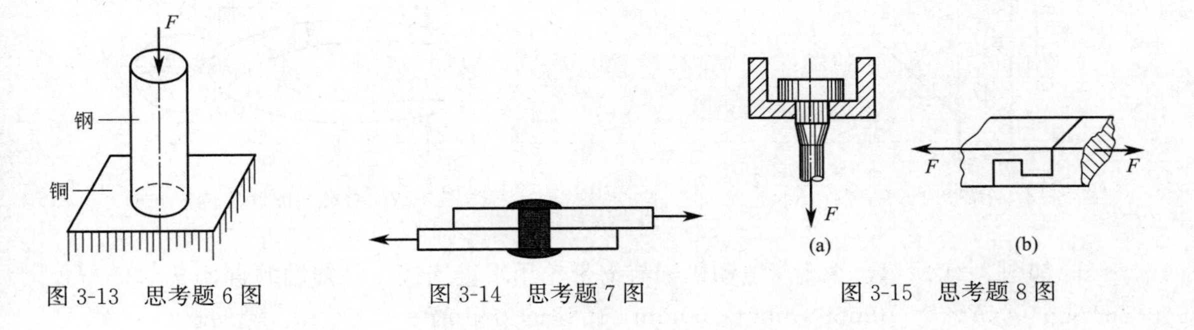

图 3-13　思考题 6 图　　图 3-14　思考题 7 图　　图 3-15　思考题 8 图

习题

1. 一螺栓连接如图 3-16 所示。已知 $F=200$kN，$\delta=20$mm，螺栓材料的许用剪应力 $[\tau]=80$MPa。试求螺栓的直径。

2. 如图 3-17 所示的凸缘联轴器，在凸缘上沿直径 $D=150$mm 的圆周上，对称地分布着 4 个直径 $d=12$mm 的螺栓。若此轴传递的外力偶矩 $M=1.5$kN·m，螺栓的剪切许用应力 $[\tau]=60$MPa，试校核螺栓的剪切强度。

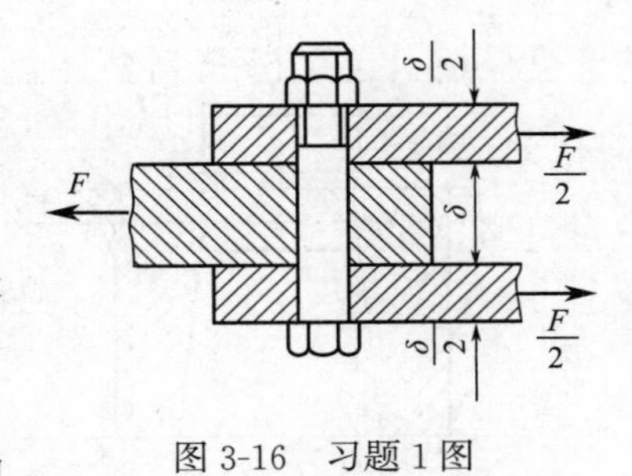

图 3-16　习题 1 图

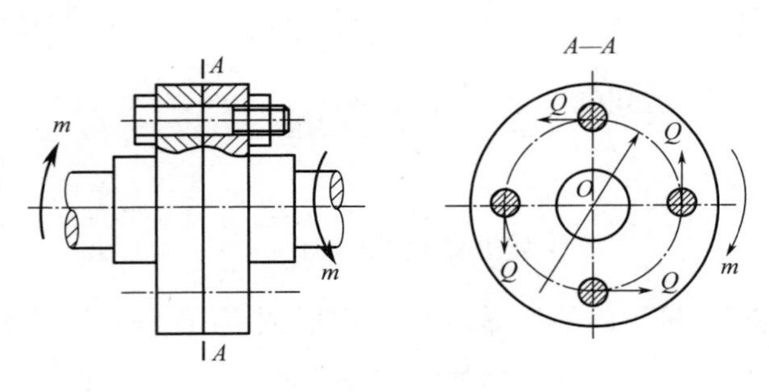

图 3-17　习题 2 图

3. 如图 3-18 所示托架，已知外力 $F=35\text{kN}$，铆钉的直径 $d=20\text{mm}$，铆钉与钢板为搭接。试求最危险的铆钉剪切面上剪应力的数值及方向。

4. 如图 3-19 所示，用夹剪剪断直径为 3mm 的铅丝，若铅丝的剪切极限应力 $[\tau]\approx 100\text{MPa}$。试问 F 为多少？若销钉 B 的直径为 8mm，试求销钉横截面上的剪应力。

5. 如图 3-20 所示，冲床的最大冲力为 400kN，冲头材料的许用压应力 $[\sigma_{bs}]=440\text{MPa}$，被冲剪的板的剪切强度极限$[\tau]=360\text{MPa}$。试求在最大冲力作用下所能冲剪的圆孔的最小直径 d 和板的最大厚度 t。

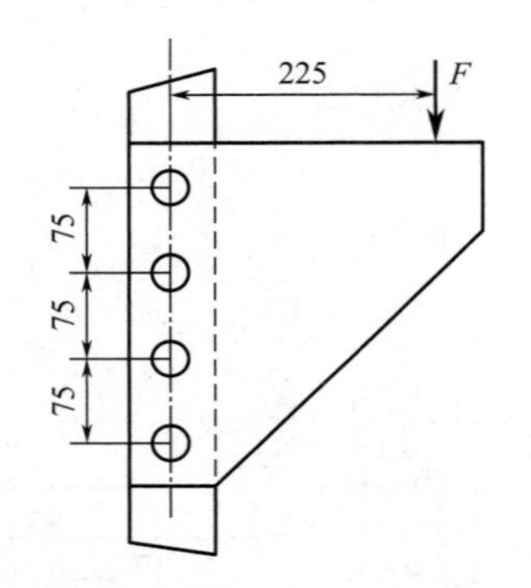

图 3-18　习题 3 图（单位：mm）

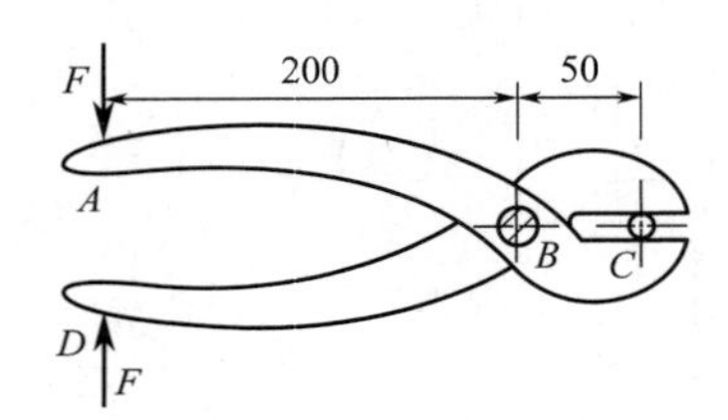

图 3-19　习题 4 图（单位：mm）

6. 如图 3-21 所示，某车床电动机轴与皮带轮用平键连接。已知轴的直径 $d=35\text{mm}$，键的尺寸 $b\times h\times l=10\text{mm}\times 8\text{mm}\times 60\text{mm}$，传递的力矩 $M=42\text{N}\cdot\text{m}$。键的材料为 45 号钢，许用剪应力 $[\tau]=60\text{MPa}$，许用挤压应力$[\sigma_{bs}]=90\text{MPa}$。试校核键连接的强度。

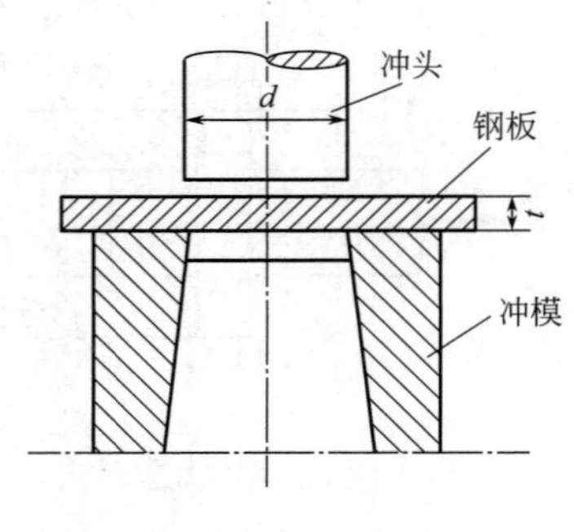

图 3-20　习题 5 图

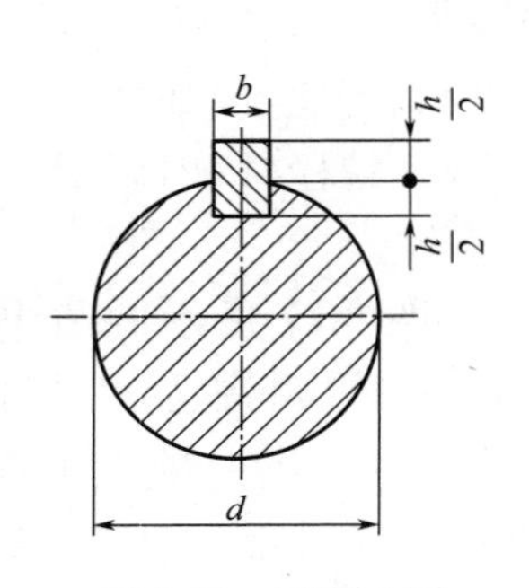

图 3-21　习题 6 图

7. 电瓶车挂钩用插销连接，如图3-22所示。已知 $t=8\text{mm}$，插销的直径 $d=20\text{mm}$，挂钩及插销的材料均为20号钢，$[\tau]=30\text{MPa}$，$[\sigma_{bs}]=100\text{MPa}$，牵引力 $F=15\text{kN}$，校核挂钩连接的强度。

8. 如图3-23所示，一螺栓将拉杆与厚度为8mm的两块盖板相连接。各零件材料相同，许用应力均为 $[\sigma]=80\text{MPa}$，$[\tau]=60\text{MPa}$，$[\sigma_{bs}]=160\text{MPa}$。拉杆的厚度 $t=15\text{mm}$，拉力 $F=120\text{kN}$，试设计螺栓直径 d 和拉杆宽度 b。

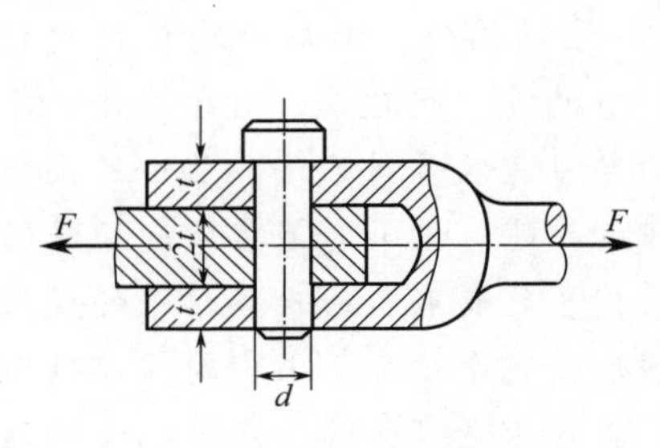

图3-22 习题7图

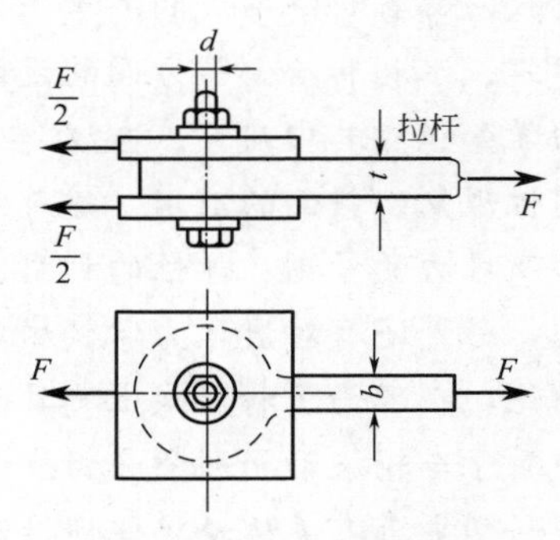

图3-23 习题8图

9. 如图3-24所示，7个铆钉连接两块钢板。已知钢板厚度 $t=6\text{mm}$，宽度 $b=200\text{mm}$，铆钉直径 $d=18\text{mm}$。材料的许用应力 $[\sigma]=160\text{MPa}$，$[\tau]=100\text{MPa}$，$[\sigma_{bs}]=240\text{MPa}$，荷载 $F=150\text{kN}$。试校核此接头的强度。

10. 如图3-25所示，受内压薄壁圆筒，筒盖由角钢和铆钉连接。已知：铆钉直径 $d=20\text{mm}$，圆筒直径 $D=1\text{m}$，内压 $p=1\text{MPa}$，壁厚 $\delta=10\text{mm}$，许用拉应力 $[\sigma]=40\text{MPa}$，许用剪应力 $[\tau]=70\text{MPa}$，许用挤压应力 $[\sigma_{bs}]=160\text{MPa}$。试求连接筒盖和角钢、连接角钢和筒壁的铆钉数目。

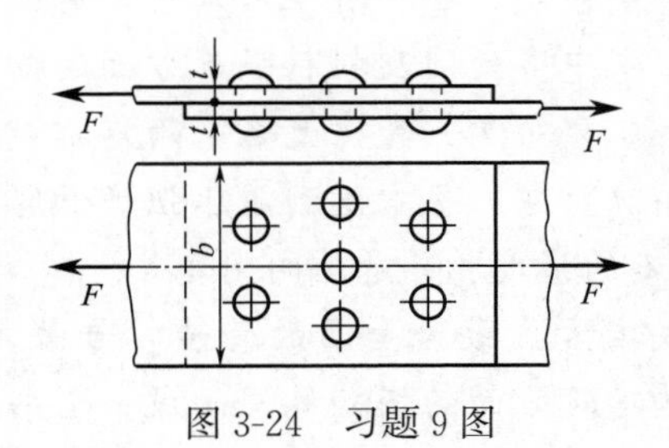

图3-24 习题9图

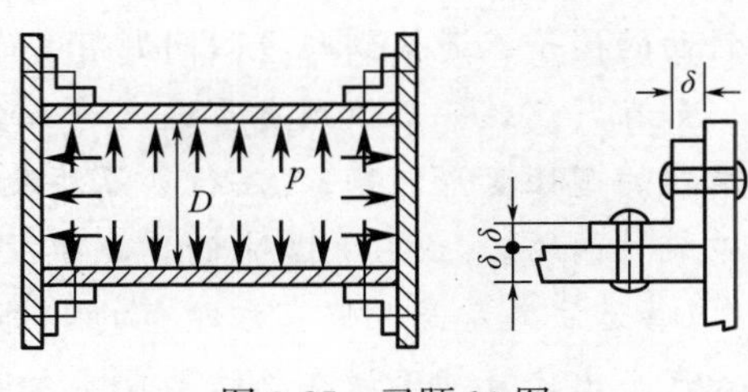

图3-25 习题10图

延伸阅读——材料力学简史Ⅲ

我国古代劳动人民不但建造了无数伟大的工程，而且从工程实际中总结出许多宝贵的经验，留下了《墨经》《考工记》《荀子》《营造法式》《天工开物》等著作，其中有材料构件的刚性、韧性、挠度和复合材料的知识。

《墨经》是我国战国末年的一部著作，相传为春秋战国时期思想家墨子及其门人集体所著，内容包括对自然科学的研究和应用技术的探讨，其中共有十余条有关力学的科学原理，相比牛顿力学的建立早了两千多年。《墨经》开始研究材料的力学性质，研究了物体的静止、运动及其原因，论述了力的概念、机械运动的概念，分析了静力学、动力学和机械学的原理等，所提到的杠杆原理虽没有像阿基米德那样作出数学的证明，但是却比阿基米德早了2个世纪提出。《墨经》还对科学研究的一些基本方法如观察实验法、比较法、分类法、抽象定义法、学派争辩法等有大量、详细表述，其中不乏独到、深邃的见解。

周礼《考工记》上承三代青铜文化之遗绪，下开封建时代手工业技术之先河，是我国先秦时代一部百科全书式的关于手工业工艺技术规范的著作。书中述及的车辆、兵器、农具、建筑、水利和冶金等方面的设计和制作技术，反映出我国先秦时代的工匠已掌握了丰富的力学知识。其中对于一般力学的论述，涉及车轮滚动问题、车行平地与斜坡的牵引力、惯性现象、斜面的应用、建筑物的稳定性问题、磬的重心问题等；对于固体力学的论述，涉及弓力的量测、弹性的利用、工匠检验材料力学性能的多种方法、构件的设计和强度问题，另外还有对流体力学领域中的诸多方面知识的论述。该书对某些问题所作的讨论及其结论，在理论上和实践上都具有很高的价值，此中不乏具有当时世界水平的成果，例如书中对于车轮滚动问题的分析表述与现代滚动摩擦理论完全吻合；书中对于惯性现象的表述是科学史上有关运动物体惯性现象的最早记述；在弓力量测方面，东汉郑玄的注清楚地表述了弓的弹力与其变形成正比关系的规律，这个规律相比于英国科学家虎克发现的胡克定律，足足早了一千五百多年。《考工记》中的力学知识对当时和后世都有很大的影响，它促进了工程技术的发展和工艺水平的提高；就力学学科本身而言，由于历代学者在对该书注释和研究过程中，进一步发现和发展了某些重要的力学规律，因此该书对于力学的发展也作出了贡献。

《荀子》是战国时期荀子及其弟子们整理或记录他人言行的哲学著作，书中多处以力学现象及规律阐述其哲学思想。如在《性恶》篇中，通过实例反复讲到外力的作用效应问题；《子道》篇涉及内力与外力的不同效果，有关于内力不能使物体产生机械运动的初步认识；在《礼论》《君道》《正名》篇等多处谈及杠杆的平衡问题；在《宥坐》篇中，有关于斜面的例子，还谈到与重心问题有关的一种古代容器。书中多处涉及材料强度方面的知识，如在《儒效》篇谈到负重过大时人会碎骨折腰的问题，《劝学》和《大略》两篇都谈到木材的塑性变形问题；《法行》篇涉及车轮的强度问题；《臣道》篇中说到薄冰强度低容易破裂的问题；《议兵》篇中的“以卵投石”反映了卵与石的强度相差悬殊的问题等。

《营造法式》是北宋官方颁布的一部营造法典，是我国古代最为全面的营造学专著，由宋代杰出建筑师李诫在总结了我国古代两千多年木结构建筑方面的经验编写而成。全书共36卷，357篇，3555条，集制度、功限、料例等营造之大成，规范了各种建筑做法，详细规定了各种建筑施工设计、用料、结构、比例等方面的要求，规定了大木作、小木作、石作、瓦作、雕作、旋作、锯作、竹作、彩画作、砖作等13个工种的制度，并说明如何按照建筑物的等级来选用材料，确定各种构件之间的比例、位置、相互关系。例如，《营造法式》把“材”的截面定为高宽比为3：2的矩形，把梁、枋等承重（受弯）构件的截面都规定为高宽比为3：2的矩形。这个重要规定是以材料和构件的力学性能为根据的，已经完全得到现代材料力学的证实。据推算，构件抗弯强度最佳理论截面的高宽比为$\sqrt{2}$：1，刚性最佳理论截面的高宽比为$\sqrt{3}$：1。而“材”及梁、枋的截面高宽比取3：2，介于两者之间，说明它既考虑了最佳理论强度，也考虑了最佳理论刚度。同时高宽比为3∶2是整数倍，非常适合民间工匠记忆，便于推广应用。这一规定早于世界同类学说五百多年，足见我国北宋时期力学成就之高。又如，书中规定了柱的“侧脚”设计，即外围柱列向内侧微微倾斜，这样可使房屋上部荷载重心内移，产生一种四周向内的压力，提高了房屋抵抗侧向力的能力，有利于抗风、抗震，即提高了房屋的整体稳定性。再如，书中规定了“用柱之制”，考虑殿阁、厅堂、余屋所用柱承受的载荷大小不同，而规定了其不同的柱径大小；还规定了“生起”做法，对于不同开间数量的建筑，规定其不同的升高尺寸。檐柱高度从明间开始，向两端依次增高，形成一个“凹”字形状，至角柱位置的檐柱，其高度比明间位置的檐柱高出2～12寸。“生起”使得古建筑整个结构处于一个凹形面中，降低了结构的重心，增强了结构的稳定性。此外，“生起”使得建筑檐部各柱顶榫卯节点挤紧，在水平地震作用下，榫头与卯口之间挤压和转动作用增强，有利于耗散部分地震能量；榫卯节点提供的水平分力还可抵抗部分地震作用，因而可起到较好的减震效果。又如，书中还规定了“举屋之法”，对于一般殿堂建筑梁架的高宽比限定为$H/L \leqslant 1/3$，这种木构梁架一般能够满足8度常遇地震作用下的抗滑移及抗倾覆要求。

《天工开物》是明朝宋应星所编著的一部综合性科技著作，是世界第一部百科类图书，书中记述的许多生产技术，一直沿用到近代。全书分为上、中、下三篇共18卷，系统地总结了明朝以前几千年我国种植、纺织、熬盐、制糖、制陶、冶铸、制造车船、造纸、采矿、兵器、酿酒等数十个行业领域的各项技术，描绘了130多项生产技术和工具的名称、形状、工序，用技术数据给以定量的解说，提出一系列理论概念，绘有123幅插图且注明工艺关键，还有一些适合于特定结构的经验公式，构成了一个完整的科学技术体系。书中有多处反映与材料力学性能相关的经验和知识，涉及弯曲、扭转以及厚壁筒的强度问题。例如，书中描述“粮船初制，底长五丈二尺，其板厚二尺，载米可近二千石”，给出了要满足二千石载重船的结构强度所必需的尺寸；又如，在《舟车·漕舫》《舟车·车》《膏液·法具》等部分记述了选用木材的经验，表明当时能针对船舶、车辆和榨油工具的不同用途和各种零、构件的特点，选择不同的木料，对于船的桅、梁、舵、橹和车的轴、毂（gǔ）等重要承力件，都一一指明了应选用比较坚实的一些上好木料；注意到木材纹理对于强度的影响，因而选用扭纹而不是直纹的木料作榨木，以免中间打楔子时两头裂开。除了记述材料的强度以外，书中对于竹、木和蚕丝等的刚度和弹性等也有一些记述，如在《佳兵·弩》中，“其翼以柔木一条为者名扁担弩，力最雄”谈到弩担即弓身的弹性力问题；在《佳兵·弧矢》中，介绍了测量弓的刚度的方法，这种利用杠杆原理的测力方法，在近代材料试验机中也经常采用。

第4章　平面图形的几何性质

内容提要

本章从定义出发，研究了平面图形的几何性质，重点是静矩、形心、惯性矩和惯性积的概念和惯性矩的计算；介绍了惯性矩的平行移轴和转轴公式；讨论了应用平等移轴公式计算组合图形对形心轴的惯性矩的方法。

本章重点为截面静矩、形心、惯性矩、极惯性矩概念及计算方法；利用平行移轴定理计算组合截面惯性矩。

本章难点为转轴公式；组合截面的形心主惯性轴和形心主惯性矩的计算。

学习要求

1. 掌握平面图形静矩、形心、惯性矩、极惯性矩和惯性积的概念与计算方法。
2. 掌握惯性矩的平行移轴公式，应用平行移轴公式计算组合图形对形心轴的惯性矩。
3. 了解形心主轴和形心主惯性矩的意义。

4.1　概述

在分析和求解杆件的应力、变形时，均涉及与杆件横截面形状、大小有关的几何量。对不同受力杆件的应力分析以及强度计算的结果表明，拉压杆横截面上正应力大小以及拉压杆的强度，与杆件横截面的大小即横截面面积有关；受扭圆轴横截面上剪应力的大小，则与横截面的极惯性矩有关；梁的弯曲应力则与横截面的形心位置以及惯性矩有关等。这表明有些受力杆件的强度不仅与截面的大小有关，而且与截面的几何形状有关。

将与截面形状及尺寸有关的几何量，如面积、形心、静矩、惯性矩、惯性积、极惯性矩、惯性半径等，统称为截面几何性质。

本章将对常用截面几何量的定义、性质及计算方法等进行讨论。研究截面的几何性质时，先不考虑研究对象的物理和力学因素，而将其视为纯几何问题。

4.2　形心与静矩

4.2.1　形心概念

平面图形的几何中心称为形心。

杆件的横截面是一个平面图形，现取任意平面图形代表任意横截面图形，设其面积为

A，形心为 C，如图 4-1 所示。

若将图 4-1 中的平面图形视为均质等厚的超薄板，由静力学可知，该薄板重心、质心和薄板图形的形心三者在平面内重合。可由合力矩定理求得该均质薄板的重心坐标，即为该截面形心的坐标公式。

在 zOy 坐标系内，在平面图形任意点（y，z）处取微面积 $\mathrm{d}A$，其重量设为 $\mathrm{d}W$，遍及整个图形面积 A 积分，则可将该薄板的重心（质心、形心）在 zOy 坐标系中的坐标（y_c，z_c）表达为：

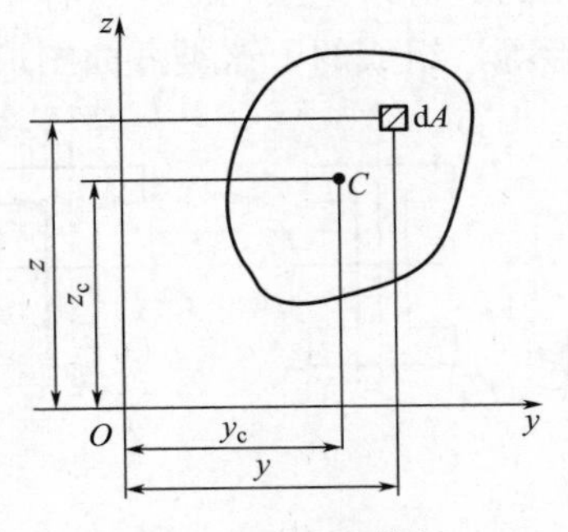

图 4-1　形心和静矩

$$\begin{cases} y_c = \dfrac{\int y\,\mathrm{d}W}{W} = \dfrac{\int yg\,\mathrm{d}m}{mg} = \dfrac{\int yg\rho\mathrm{d}A}{g\rho A} = \dfrac{\int y\,\mathrm{d}A}{A} \\ z_c = \dfrac{\int z\,\mathrm{d}W}{W} = \dfrac{\int zg\,\mathrm{d}m}{mg} = \dfrac{\int zg\rho\mathrm{d}A}{g\rho A} = \dfrac{\int z\,\mathrm{d}A}{A} \end{cases} \tag{4-1}$$

式中，W 为薄板重量，$W=mg$；m 为薄板质量，$m=\rho A$；ρ 为薄板单位面积的质量。

式（4-1）为确定平面图形的形心坐标的公式。

4.2.2　静矩概念

将式（4-1）中的积分项设为

$$\begin{cases} S_y = \int z\,\mathrm{d}A \\ S_z = \int y\,\mathrm{d}A \end{cases} \tag{4-2}$$

将 S_y、S_z 分别定义为平面图形对于 y 轴和 z 轴的静矩，也将其分别称为图形对 y 轴和 z 轴的一次矩。

从式（4-2）可以看出，平面图形的静矩是对某一坐标轴而言的。同一图形对不同的坐标轴，其静矩也就不同。静矩的数值可能为正，可能为负，也可能等于零。静矩的量纲是长度的三次方。

由式（4-1）、式（4-2）有

$$\begin{cases} y_c = \dfrac{S_z}{A} \\ z_c = \dfrac{S_y}{A} \end{cases} \quad 或 \quad \begin{cases} Ay_c = S_z \\ Az_c = S_y \end{cases} \tag{4-3}$$

这表明，平面图形对 y 轴和 z 轴的静矩，分别等于图形面积 A 乘以形心的坐标 z_c 和 y_c。

由式（4-3）可以看出，若 $S_z=0$ 和 $S_y=0$，则 $y_c=0$ 和 $z_c=0$。可见。若图形对某一轴的静矩等于零，则该轴必然通过图形的形心；反之，若其一轴通过形心，则图形对该轴的静矩等于零。

4.2.3　组合图形的静矩与形心

对于简单的、规则的图形，如矩形、正方形、圆形、三角形等，其形心位置是显而易见的，可以直接判断。工程中有诸多构件的截面是由若干简单图形（如矩形、圆形、三角形等）组成的，这类截面图形称为组合图形，如图 4-2 所示。

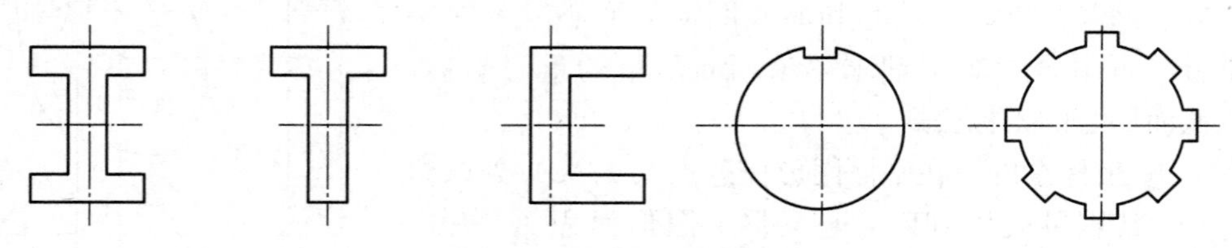

图 4-2 简单的组合图形

由静矩的定义可知，组合图形对某一轴静矩等于各组成部分对该轴静矩之代数和，即

$$S_z=\sum_{i=1}^{n}S_{zi}=\sum_{i=1}^{n}A_i y_{ci}，S_y=\sum_{i=1}^{n}S_{yi}=\sum_{i=1}^{n}A_i z_{ci} \tag{4-4}$$

式中 S_y、S_z ——分别为组合图形对 y 轴和 z 轴的静矩；

S_{yi}、S_{zi} ——分别为简单图形对 y 轴和 z 轴的静矩；

y_{ci}、z_{ci} ——简单图形的形心坐标；

n ——组成此截面的简单图形的个数；

A_i ——简单图形的面积。

当确定了各简单图形的面积及形心坐标后，便可很容易求得组合图形的静矩，也可反求组合图形的形心坐标，即

$$y_c=\frac{\sum_{i=1}^{n}A_i y_{ci}}{\sum_{i=1}^{n}A_i}，z_c=\frac{\sum_{i=1}^{n}A_i z_{ci}}{\sum_{i=1}^{n}A_i} \tag{4-5}$$

4.2.4 例题解析

【例题 4-1】 试确定如图 4-3 所示截面形心 C 的位置。

【解】 将截面划分为矩形Ⅰ和矩形Ⅱ，为计算方便，选取 z 轴和 y 轴分别与图形的底边和左侧边重合。

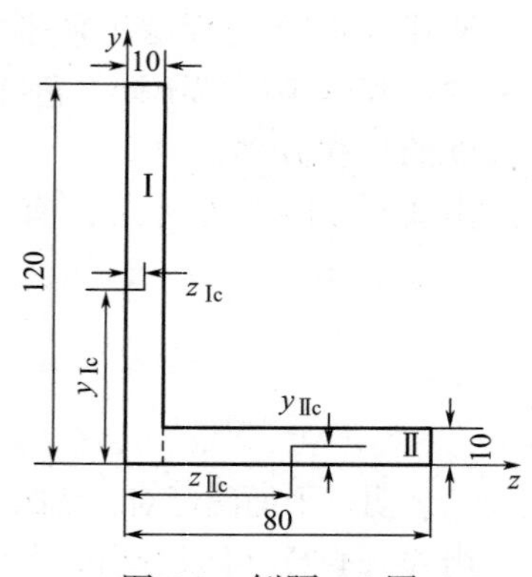

图 4-3 例题 4-1 图

（1）计算矩形Ⅰ的面积和形心坐标

$$A_{\mathrm{I}}=120\times10=1200\mathrm{mm}^2$$

$$z_{\mathrm{I}c}=\frac{1}{2}\times10=5\mathrm{mm}$$

$$y_{\mathrm{I}c}=\frac{1}{2}\times120=60\mathrm{mm}$$

（2）计算矩形Ⅱ的面积和形心坐标

$$A_{\mathrm{II}}=70\times10=700\mathrm{mm}^2$$

$$z_{\mathrm{I}c}=10+\frac{1}{2}\times70=45\mathrm{mm}$$

$$y_{\mathrm{II}c}=\frac{1}{2}\times10=5\mathrm{mm}$$

（3）计算组合截面形心坐标

$$z_c=\frac{A_{\mathrm{I}}z_{\mathrm{I}c}+A_{\mathrm{II}}z_{\mathrm{II}c}}{A_{\mathrm{I}}+A_{\mathrm{II}}}=\frac{1200\times5+700\times45}{1200+700}\approx20\mathrm{mm}$$

$$y_c=\frac{A_{\mathrm{I}}y_{\mathrm{I}c}+A_{\mathrm{II}}y_{\mathrm{II}c}}{A_{\mathrm{I}}+A_{\mathrm{II}}}=\frac{1200\times60+700\times5}{1200+700}\approx40\mathrm{mm}$$

4.3　惯性矩与惯性积

4.3.1　极惯性矩

杆件任意截面图形如图 4-4 所示。y 轴和 z 轴为图形所在平面内的坐标轴。

图形对坐标原点 O 的极惯性矩定义式为

$$I_p=\int_A\rho^2\mathrm{d}A \tag{4-6}$$

式中，ρ 表示微分面积 $\mathrm{d}A$ 到坐标原点 O 的距离。

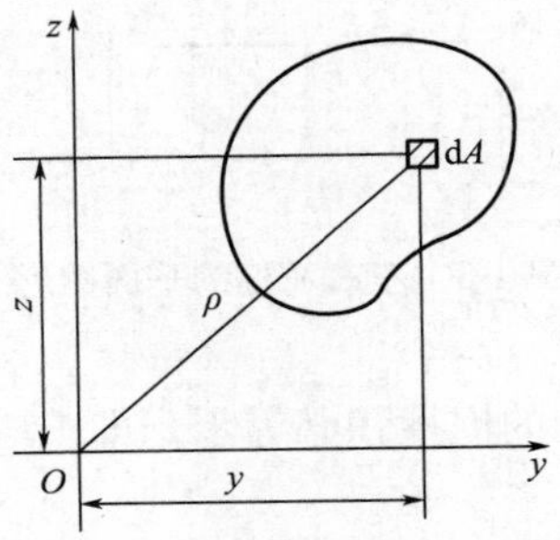

图 4-4　极惯性矩

4.3.2　惯性矩与惯性积

1. 惯性矩

如图 4-4 所示的任意平面图形，其面积为 A。在平面图形任意点（y，z）处取微面积 $\mathrm{d}A$，遍及整个图形面积 A 的积分为

$$\begin{cases}I_y=\int_A z^2\mathrm{d}A\\I_z=\int_A y^2\mathrm{d}A\end{cases} \tag{4-7}$$

将 I_y、I_z 分别定义为图形对 y 轴和 z 轴的惯性矩，也称为图形对 y 轴和 z 轴的二次轴矩。

在式（4-7）中，由于 z^2 和 y^2 为正值，故 I_y、I_z 也恒为正值。惯性矩的量纲是长度的四次方。

2. 惯性半径

有时把惯性矩写成图形面积 A 与某一长度的平方的乘积，即

$$\begin{cases}I_y=A\cdot i_y^2\\I_z=A\cdot i_z^2\end{cases} \tag{4-8a}$$

则

$$\begin{cases}i_y=\sqrt{\dfrac{I_y}{A}}\\i_z=\sqrt{\dfrac{I_z}{A}}\end{cases} \tag{4-8b}$$

式中，i_y 和 i_z 分别称为平面图形对 y 轴和 z 轴的惯性半径或回转半径，其量纲为长度的一次方。

3. 惯性积与主惯性轴

如图 4-4 所示，在平面图形任意点（y，z）处取微面积 dA，遍及整个图形面积 A 的积分为

$$I_{yz}=\int_A yz\,dA \tag{4-9}$$

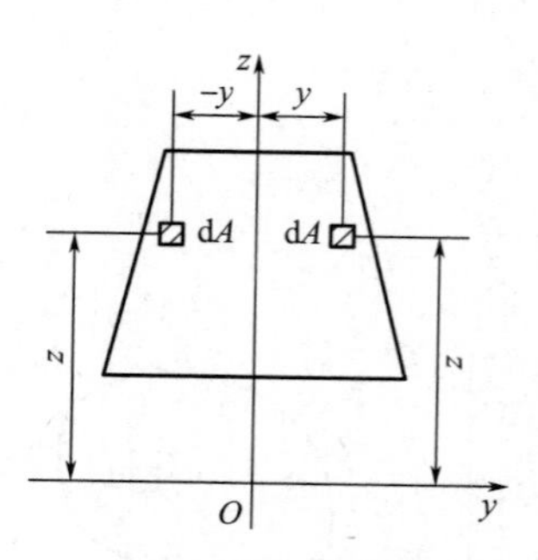

图 4-5　左右对称的平面图形

将 I_{yz} 定义为图形对相互正交的 y 轴和 z 轴的惯性积。惯性积的量纲为长度的四次方。

若平面图形具有对称轴，且此对称轴又为正交坐标系中的一个坐标轴，则该平面图形对这一坐标系的惯性积必为零。如图 4-5 所示为一关于 z 轴的对称平面图形。图中处于第一象限内的局部图形，因 dA 的 y 和 z 坐标均为正值，则它对这一对正交坐标轴的惯性积也必为正值；而图中处于第二象限内的局部图形，因 dA 的 z 坐标为正、y 坐标为负，则它对这一对正交坐标轴的惯性积必为负值。而二者的惯性积数值相等而正负号相反，在积分中相互抵消，因而整个图形对这一对正交坐标轴的惯性积必为零，即

$$I_{yz}=\int_A yz\,dA=0$$

4. 相互关系

由图 4-4 可见，$\rho^2=y^2+z^2$，可以得出惯性矩与极惯性矩之间的关系式为

$$I_p=\int_A\rho^2 dA=\int_A(y^2+z^2)dA=\int_A y^2 dA+\int_A z^2 dA=I_z+I_y \tag{4-10}$$

可见，图形对任意一对互相垂直的轴的惯性矩之和，等于它对该两轴交点的极惯性矩。

由式（4-6）～式（4-10）可知：

（1）同一图形对不同坐标轴的惯性矩 I_y 与 I_z、惯性积 I_{yz} 和极惯性矩 I_ρ 是不同的。

（2）极惯性矩、惯性矩、惯性积的量纲都是长度的四次方。

（3）惯性矩和极惯性矩的值恒为正。惯性积的值可正、可负，也可为零。

4.3.3　例题解析

【例题 4-2】如图 4-6 所示矩形图形的高为 h、宽为 b，试求矩形对其对称轴 y 和 z 的惯性矩。

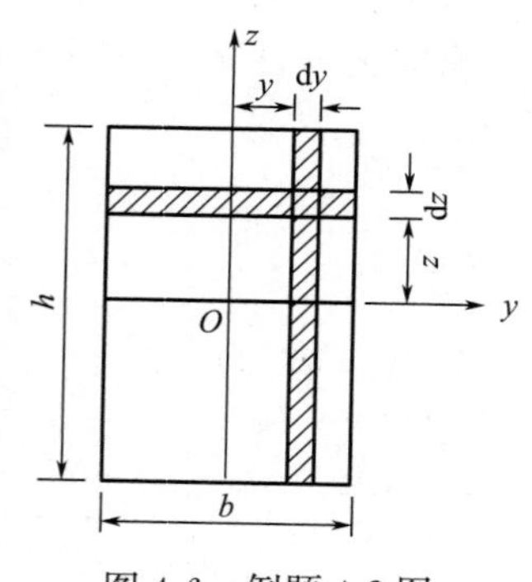

图 4-6　例题 4-2 图

【解】先求对 y 轴的惯性矩 I_y。取如图 4-6 所示的微面积 $dA=b\,dz$，由惯性矩的定义可得

$$I_y=\int_A z^2 dA=\int_{-h/2}^{h/2} z^2\cdot b\,dy=\frac{bh^3}{12}$$

同理，求对轴的惯性矩，取如图 4-6 所示的微面积 $dA=h\,dy$，则

$$I_z=\int_A y^2 dA=\int_{-h/2}^{h/2} y^2\cdot h\,dy=\frac{hb^3}{12}$$

【例题 4-3】计算如图 4-7 所示图形对其形心轴的惯性矩。

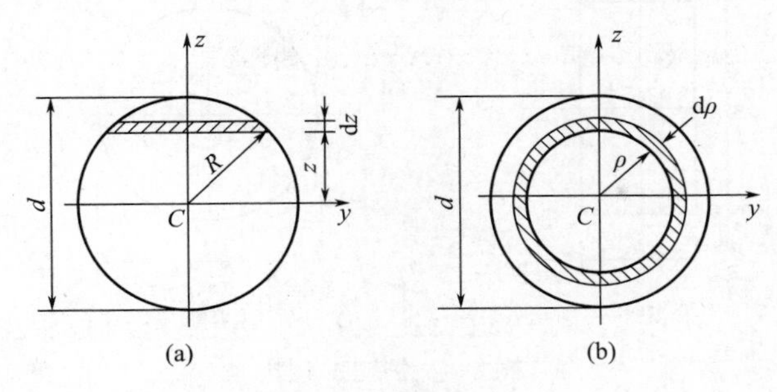

图 4-7　例题 4-3 图

【解】可采用不同解法求解。

解法一：

（1）取图 4-7（a）中的阴影面积为 dA，则

$$dA = 2y\,dz = 2\sqrt{R^2 - z^2}\,dz$$

（2）圆形对 y 轴的惯性矩

$$I_y = \int_A z^2 dA = 2\int_{-R}^{R} z^2\sqrt{R^2 - z^2}\,dz = \frac{\pi R^4}{4} = \frac{\pi d^4}{64}$$

（3）圆形对 z 轴的惯性矩

z 轴和 y 轴都与圆的直径重合，由于对称的原因，必然有

$$I_z = I_y = \frac{\pi d^4}{64}$$

（4）圆形对圆心的极惯性矩

$$I_p = I_z + I_y = \frac{\pi d^4}{32}$$

解法二：

在距圆心 C 为 ρ 处取宽度为 $d\rho$ 的圆环作为面积微元，如图 4-5（b）所示，其面积为

$$dA = 2\pi\rho\,d\rho$$

圆截面对圆心 C 的极惯性矩

$$I_p = \int_A \rho^2 dA = \int_0^{\frac{d}{2}} 2\pi\rho^3 d\rho = \frac{\pi d^4}{32}$$

由圆的对称性可知，圆截面对任一形心轴的惯性矩相等，则有

$$I_p = I_y + I_z$$

$$I_y = I_z = \frac{1}{2}I_p = \frac{\pi d^4}{64}$$

【例题 4-4】试计算图 4-8 中矩形和圆形对过形心 y 轴、z 轴的惯性半径。

【解】（1）图 4-8（a）中矩形对过形心 y 轴、z 轴的惯性半径

由例题 4-2 可知

$$I_z = \frac{bh^3}{12},\ I_y = \frac{hb^3}{12}$$

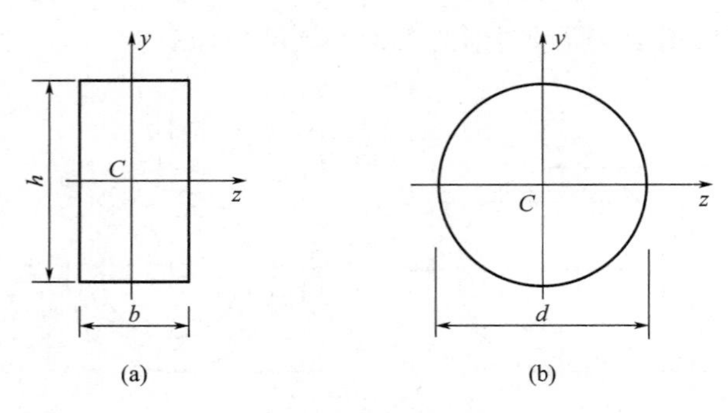

图 4-8　例题 4-4 图

由式（4-8b）得，矩形对形心 y 轴、z 轴的惯性半径为

$$\begin{cases} i_z = \sqrt{\dfrac{I_z}{A}} = \sqrt{\dfrac{bh^3/12}{bh}} = \dfrac{h}{2\sqrt{3}} \\ i_y = \sqrt{\dfrac{I_y}{A}} = \sqrt{\dfrac{hb^3/12}{bh}} = \dfrac{b}{2\sqrt{3}} \end{cases}$$

（2）图 4-8（b）中圆形对过形心 y 轴、z 轴的惯性半径

由例题 4-3 知圆形过形心的任一轴惯性矩为

$$I_z = I_y = \frac{\pi d^4}{64}$$

于是，圆形对形心 y 轴、z 轴的惯性半径为

$$i_x = i_y = \sqrt{\frac{I_z}{A}} = \sqrt{\frac{\pi d^4/64}{\pi d^2/4}} = \frac{d}{4}$$

4.4　平行移轴公式

同一平面图形对互相平行的两根轴的惯性矩并不相同，但它们之间存在一定的关系。本节讨论同一平面图形对两根互相平行轴的惯性矩之间的关系以及惯性积之间的关系。

4.4.1　平行移轴公式

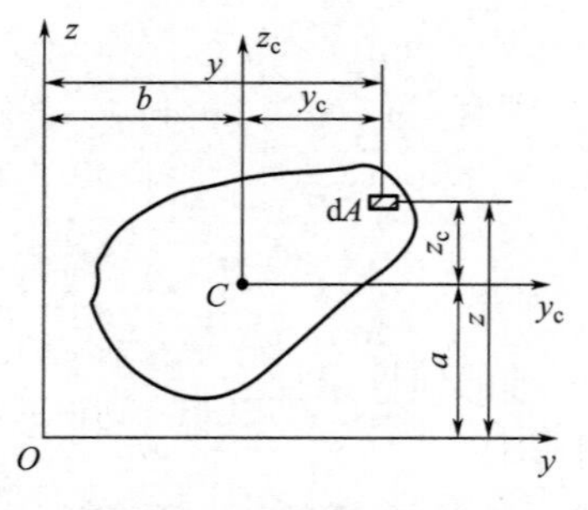

图 4-9　平行移轴公式示意图

当两根互相平行轴之一通过图形的形心时，它们之间存在比较简单的关系。

如图 4-9 所示，y 轴与 y_c 轴平行，y_c 轴通过形心；z 轴与 z_c 轴平行，z_c 轴通过形心。先将图形对 y_c 和 z_c 轴的惯性矩和惯性积分别记为：

$$I_{yc} = \int_A z_c^2 \mathrm{d}A，\ I_{zc} = \int_A y_c^2 \mathrm{d}A，\ I_{y_c z_c} = \int_A y_c z_c \mathrm{d}A \tag{4-11}$$

设 y 轴与 y_c 轴的间距为 a。z 轴与 z_c 轴的间距为 b，

则图形对 y 轴和 z 轴的惯性矩和惯性积分别为

$$I_y=\int_A z^2 dA \qquad I_z=\int_A y^2 dA \qquad I_{yz}=\int_A yz dA \tag{4-12}$$

由图 4-9 可得

$$y=y_c+b,\ z=z_c+a \tag{4-13}$$

将式（4-13）代入式（4-12）展开后得

$$I_y=\int_A z^2 dA=\int_A (z_c+a)^2 dA=\int_A z_c^2 dA+2a\int_A z_c dA+a^2\int_A dA$$

$$I_z=\int_A y^2 dA=\int_A (y_c+b)^2 dA=\int_A y_c^2 dA+2b\int_A y_c dA+b^2\int_A dA$$

$$I_{yz}=\int_A yz dA=\int_A (z_c+a)(y_c+b) dA=\int_A z_c y_c dA+a\int_A y_c dA+b\int_A z_c dA+ab\int_A dA$$

由以上三式可知

$$\int_A y_c^2 dA=I_{zc} \qquad \int_A z_c^2 dA=I_{yc} \qquad \int_A y_c z_c dA=I_{y_c z_c}$$

$$\int_A y_c dA=S_{z_c} \qquad \int_A z_c dA=S_{y_c} \qquad \int_A dA=A$$

由于 y_c 轴、z_c 轴是形心轴，因此静矩 $S_{y_c}=0$、$S_{z_c}=0$，于是以上三式可简化为

$$\begin{cases} I_y=I_{y_c}+a^2 A \\ I_z=I_{z_c}+b^2 A \\ I_{yz}=I_{y_c z_c}+abA \end{cases} \tag{4-14}$$

式（4-14）称为惯性矩和惯性积的平行移轴公式。

应用平行移轴公式时应注意：

(1) 两平行轴中应有一轴是形心轴。平面图形对一系列平行轴的惯性矩中，以对形心轴的惯性矩最小。

(2) 式（4-14）中的 a 和 b 是平面图形的形心在 yOz 坐标系中的坐标值，因此 a、b 值是有正负的，在计算惯性积时应特别注意。

4.4.2 组合图形截面的惯性矩

由式（4-7）、式（4-9）可知，若一个平面图形由若干个简单基本图形组合而成，在计算该组合图形对坐标轴的惯性矩和惯性积时，可以分别计算其中每一个简单基本图形对同一对坐标轴的惯性矩和惯性积，然后求其代数和，即

$$I_y=\sum_{i=1}^{n} I_{yi},\ I_z=\sum_{i=1}^{n} I_{zi},\ I_{yz}=\sum_{i=1}^{n} I_{yzi} \tag{4-15}$$

类似地，组合图形的极惯性矩计算式为：

$$I_p=\sum_{i=1}^{n} I_{pi} \tag{4-16}$$

常见基本图形的几何性质见表 4-1。

几种基本图形的几何性质 **表 4-1**

序号	平面图形形状及形心轴位置	面积 A	惯性矩		惯性半径	
			I_y	I_z	i_y	i_z
1		bh	$\frac{bh^3}{12}$	$\frac{hb^3}{12}$	$\frac{h}{2\sqrt{3}}$	$\frac{b}{2\sqrt{3}}$
2		$\frac{1}{2}bh$	$\frac{bh^3}{36}$		$\frac{h}{3\sqrt{2}}$	
3		$\frac{\pi d^2}{4}$	$\frac{\pi d^4}{64}$	$\frac{\pi d^4}{64}$	$\frac{d}{4}$	$\frac{d}{4}$
4	$\alpha=d/D$	$\frac{\pi D^2}{4}(1-\alpha^2)$	$\frac{\pi D^4}{64}(1-\alpha^4)$	$\frac{\pi D^4}{64}(1-\alpha^4)$	$\frac{D}{4}\sqrt{1+\alpha^2}$	$\frac{D}{4}\sqrt{1+\alpha^2}$
5	$\frac{4r}{3\pi}$	$\frac{\pi \cdot r^2}{2}$	$\left(\frac{1}{8}-\frac{8}{9\pi^2}\right)\pi \cdot r^4$ $\approx 0.11r^4$		$0.264r$	

4.4.3 例题解析

【例题 4-5】 如图 4-10 所示三角形中，若已知 $I_z=\frac{1}{12}bh^3$，z_1 轴过顶点与底边平行，试求该图形对 z_1 轴的惯性矩 I_{z_1}。

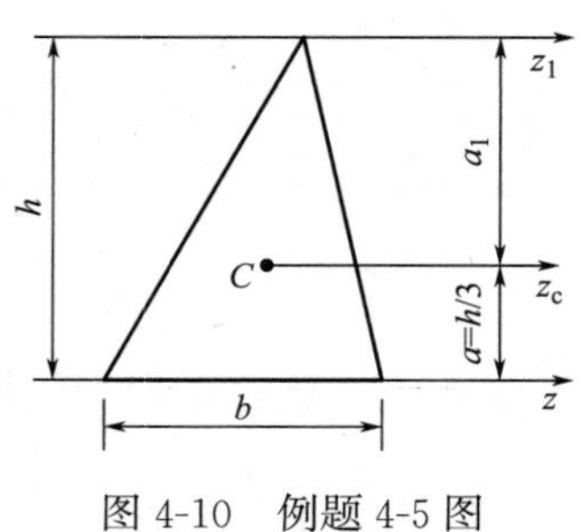

图 4-10 例题 4-5 图

【解】 因平行移轴公式中的两轴之一必过形心，需过形心 C 作与 z 轴平行的 z_c 轴。由式（4-14）中的第二式得

$$I_z=I_{z_c}+a^2A=I_{z_c}+\left(\frac{h}{3}\right)^2A$$

$$I_{z_1}=I_{z_c}+a_1^2A=I_{z_c}+\left(\frac{2h}{3}\right)^2A$$

以上两式相减得

$$I_{z_1}-I_z=\left(\frac{2h}{3}\right)^2A-\left(\frac{h}{3}\right)^2A=\frac{bh^3}{6}$$

则

$$I_{z_1}=I_z+\frac{bh^3}{6}=\frac{bh^3}{12}+\frac{bh^3}{6}=\frac{bh^3}{4}$$

【例题 4-6】 求如图 4-11 所示半径为 r 的半圆对平行于直径边的形心轴 z_c 的惯性矩。

【解】（1）先确定形心的位置，设形心 C 到底边的距离 a 。根据式（4-3）可知

$$a=\frac{S_z}{A}$$

图 4-11　例题 4-6 图

A 为半圆的面积 $A=\pi r^2/2$；S_z 为半圆对 z 轴的静距，取极坐标计算。

$$\mathrm{d}A=\rho\mathrm{d}\alpha\mathrm{d}\rho,\quad y=\rho\sin\alpha$$

由式（4-2）得

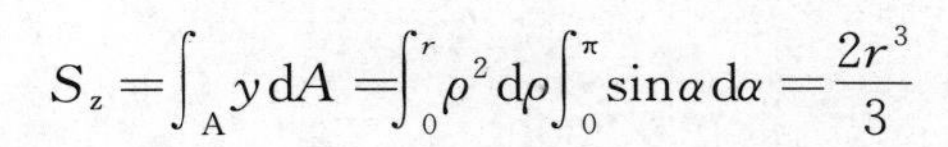

$$S_z=\int_A y\mathrm{d}A=\int_0^r\rho^2\mathrm{d}\rho\int_0^\pi\sin\alpha\mathrm{d}\alpha=\frac{2r^3}{3}$$

于是

$$a=\frac{S_z}{A}=\frac{2r^3/3}{\pi r^2/2}=\frac{4r}{3\pi}$$

（2）求半圆对形心轴 z_c 的惯性矩

由式（4-16）得

$$I_{z_c}=I_z-a^2A$$

由于对称性，半圆对 z 轴的惯性矩为整个圆对 z 轴惯性矩的一半，即

$$I_z=\frac{1}{2}\times\frac{\pi d^4}{64}=\frac{8r^4}{8}$$

于是

$$I_{z_c}=I_z-a^2A=\frac{\pi r^4}{8}-\left(\frac{4r}{3\pi}\right)^2\times\frac{\pi r^2}{2}=0.11r^4$$

【例题 4-7】 求如图 4-12 所示上下、左右均对称的工字形截面对其对称轴 z 的轴惯性矩。

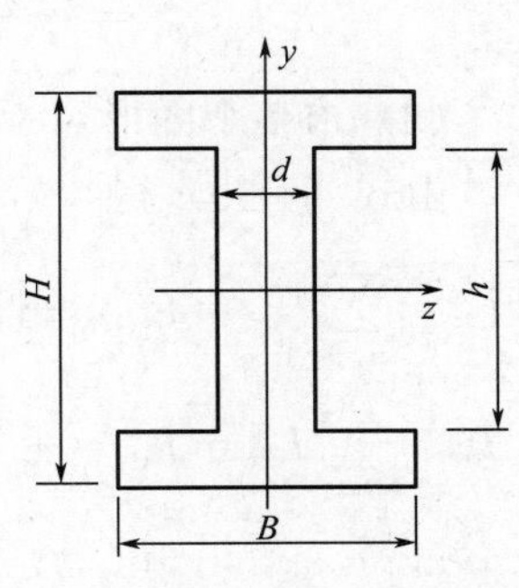

图 4-12　例题 4-7 图

【解】 该工字形可以视为 3 个矩形的组合图形，即由边长为 $B\times H$ 的大矩形减去两个边长为 $\frac{1}{2}(B-d)\times h$ 的小矩形。

由式（4-15）得：

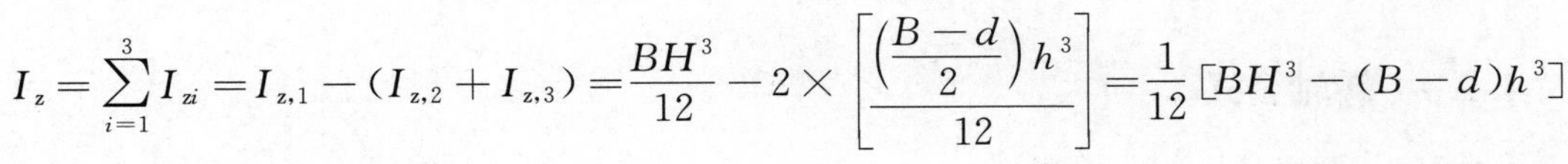

$$I_z=\sum_{i=1}^{3}I_{zi}=I_{z,1}-(I_{z,2}+I_{z,3})=\frac{BH^3}{12}-2\times\left[\frac{\left(\frac{B-d}{2}\right)h^3}{12}\right]=\frac{1}{12}[BH^3-(B-d)h^3]$$

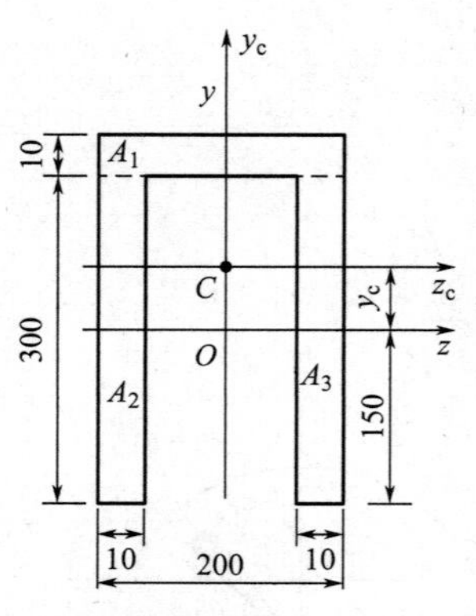

图 4-13　例题 4-8 图

【**例题 4-8**】试求如图 4-13 所示图形对形心轴 y_c、z_c 的惯性矩（图中单位为“mm”）。

【**解**】（1）确定整个图形的形心 C 位置

此图形由 A_1、A_2、A_3 三部分组合而成，建立参考坐标系 yOz，如图 4-11 所示，y 轴为铅垂对称轴，z 轴过 A_2、A_3 的形心且与 y 轴垂直。由式（4-5）得

$$y_c=\frac{A_1y_{c_1}+A_2y_{c_2}+A_3y_{c_3}}{A_1+A_2+A_3}$$

$$=\frac{(200\times10)\times(150+5)+2\times(10\times300)\times0}{200\times10+2\times(10\times300)}$$

$$=38.75\text{mm}$$

由对称性得

$$z_c=0$$

（2）分别计算各部分对 y_c、z_c 形心轴的惯性矩

y_c、z_c 形心轴如图 4-13 所示，由于各部分自身的形心轴同整个图形的形心轴不全部重合，需用平行移轴公式计算。

A_1 对 y_c 轴的惯性矩：

$$I_{y_c,\ A_1}=\frac{10\times200^3}{12}\approx6.667\times10^6\text{mm}^4$$

A_2 和 A_3 对 y_c 轴的惯性矩：

$$I_{y_c,\ A_2}=\frac{10\times200^3}{12}+(100-5)^2\times(300\times10)\approx2.710\times10^7\text{mm}^4$$

A_1 对 z_c 轴的惯性矩：

$$I_{z_c,\ A_1}=\frac{200\times10^3}{12}+(150+5-38.75)^2\times(200\times10)\approx2.704\times10^7\text{mm}^4$$

A_2 和 A_3 对 z_c 轴的惯性矩：

$$I_{y_c,\ A_2}=\frac{10\times200^3}{12}+(100-5)^2\times(300\times10)\approx2.710\times10^7\text{mm}^4$$

（3）求整个图形对 y_c、z_c 轴的惯性矩

由式（4-15）得

$$I_{yc}=\sum_{i=1}^{3}I_{yci}=I_{y_c,A_1}+I_{y_c,A_2}+I_{y_c,A_3}=6.667\times10^6+2\times2.71\times10^7=6.087\times10^7\text{mm}^4$$

$$I_{zc}=\sum_{i=1}^{3}I_{zci}=I_{z_c,A_1}+I_{z_c,A_2}+I_{z_c,A_3}=2.704\times10^7+2\times2.71\times10^7=8.104\times10^7\text{mm}^4$$

4.5　转轴公式

4.5.1　转轴公式

如图 4-14 所示任意截面图形，已知其面积为 A，该图形对通过其上任意一点 O 的一对

坐标轴 y、z 的惯性矩和惯性积分别为 I_y、I_z 和 I_{yz}，则

$$I_y=\int_A z^2\mathrm{d}A,\ I_z=\int_A y^2\mathrm{d}A,\ I_{yz}=\int_A yz\mathrm{d}A \quad (4\text{-}17)$$

若将图 4-14 中坐标轴 y、z 绕其原点 O 旋转 α 角（以逆时针转向为正），旋转后得新的一对坐标轴，该图形对 y_1、z_1 轴的惯性矩和惯性积分别为 I_{y_1}、I_{z_1} 和 I_{yz_1}，则

$$I_{y_1}=\int_A z_1^2\mathrm{d}A,\ I_{z_1}=\int_A y_1^2\mathrm{d}A,\ I_{yz_1}=\int_A y_1z_1\mathrm{d}A \quad (4\text{-}18)$$

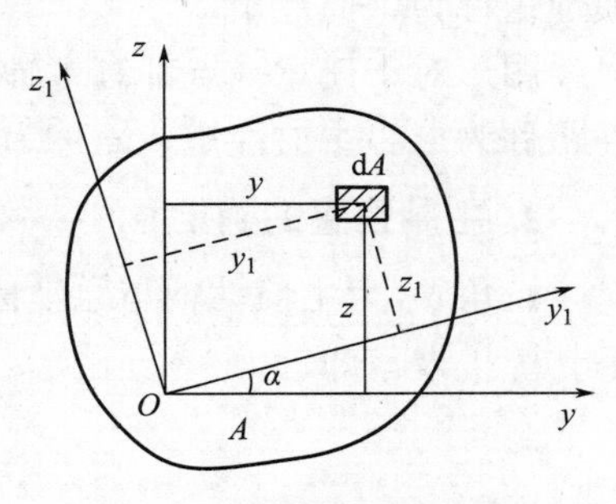

图 4-14　转轴平面图形

由图 4-14 可见，图形上任一面积微元 dA 在新、旧两坐标系内的坐标（y_1，z_1）与（y，z）间的关系为

$$\begin{cases} y_1=y\cos\alpha+z\sin\alpha \\ z_1=z\cos\alpha-y\sin\alpha \end{cases} \quad (4\text{-}19)$$

结合式（4-18）、式（4-19）有

$$I_{y_1}=\int_A z_1^2\mathrm{d}A=\int_A (z\cos\alpha-y\sin\alpha)^2\mathrm{d}A=I_y\cos^2\alpha+I_z\sin^2\alpha-I_{yz}\sin2\alpha \quad (4\text{-}20)$$

将 $\cos^2\alpha=\frac{1}{2}(1+\cos2\alpha)$ 和 $\sin^2\alpha=\frac{1}{2}(1-\cos2\alpha)$ 代入式（4-20）得

$$I_{y_1}=\frac{I_y+I_z}{2}+\frac{I_y-I_z}{2}\cos2\alpha-I_{yz}\sin2\alpha \quad (4\text{-}21a)$$

同理得

$$I_{z_1}=\frac{I_y+I_z}{2}+\frac{I_y-I_z}{2}\cos2\alpha+I_{yz}\sin2\alpha \quad (4\text{-}21b)$$

$$I_{y_1z_1}=\frac{I_y-I_z}{2}\sin2\alpha+I_{yz}\cos2\alpha \quad (4\text{-}21c)$$

可见，图形对 y_1、z_1 轴的惯性矩 I_{y_1}、I_{z_1} 和惯性积 I_{yz_1}，都随转角 α 的改变而变化，它们都是 α 的函数 。

将式（4-21a）和式（4-21b）相加，可得

$$I_{y_1}+I_{z_1}=I_y+I_z=I_p \quad (4\text{-}22)$$

式（4-22）表明，图形对于通过同一点的任意一对相互垂直的坐标轴的两惯性矩之和为一常数，并等于图形对该坐标原点的极惯性矩。

转轴定理与移轴定理不同，转轴定理不要求 y 轴、z 轴通过形心。转轴定理的公式对于绕形心转动的坐标系也是适用的，且在实际应用中也是比较常用的。

4.5.2　主轴与主惯性矩

1. 主轴与主惯性矩、形心主轴与形心主惯性矩的概念

由式（4-21c）可知，对于确定的点（坐标原点），当坐标轴旋转时，惯性积会随着角度 α 的改变而发生周期性变化，且有正有负。必有一个特定角度 α_0 以及相应一对坐标轴 y_0、z_0 轴，可使得图形对于这一对坐标轴的惯性积为零。

图形对其惯性积等于零的一对坐标轴称为主惯性轴，简称主轴。图形对于主惯性轴的

惯性矩称为主惯性矩。

图形对于任意一点都有主轴，将通过形心的主轴称为形心主轴。图形对形心主轴的惯性距称为形心主惯性矩，简称为形心主矩。

2. 主轴位置的确定

设角 α_0 为主惯性轴与原坐标轴之间的夹角，将 α_0 代入惯性积的转轴公式（4-21c）并令其等于零，即

$$I_{y_0z_0}=\frac{I_y-I_z}{2}\sin2\alpha_0+I_{yz}\cos2\alpha_0=0$$

整理得

$$\tan2\alpha_0=-\frac{2I_{yz}}{I_y-I_z} \tag{4-23}$$

α_0 和 $\frac{\pi}{2}\pm\alpha_0$ 为主轴的方位角。

3. 截面的主惯性矩

将由式（4-23）求出的 α_0 代入式（4-21a）、式（4-21b），即可求得图形的主惯性矩。

为了计算方便，也可导出直接计算主惯性矩的公式。由式（4-23）可得：

$$\cos2\alpha_0=\frac{1}{\sqrt{1+\tan^2 2\alpha_0}}=\frac{I_y-I_z}{\sqrt{(I_y-I_z)^2+4I_{yz}^2}}$$

$$\sin2\alpha_0=\tan2\alpha_0\cdot\cos2\alpha_0=\frac{-2I_{yz}}{\sqrt{(I_y-I_z)^2+4I_{yz}^2}}$$

将上述二式代入式（4-21a）、式（4-21b），经简化，得主惯性矩的计算公式：

$$I_{y_0}=\frac{I_y+I_z}{2}+\frac{1}{2}\sqrt{(I_y-I_z)^2+4I_{yz}^2} \tag{4-24a}$$

$$I_{z_0}=\frac{I_y+I_z}{2}-\frac{1}{2}\sqrt{(I_y-I_z)^2+4I_{yz}^2} \tag{4-24b}$$

当转角 $\alpha=\alpha_0$ 时，能使导数 $\frac{dI_{y_1}}{d\alpha}=0$ 或 $\frac{dI_{z_1}}{d\alpha}=0$，即对 α_0 所确定的坐标轴，图形的主惯性矩为最大值或最小值。形心主惯性矩的最小值为图形最小惯性矩的值。

当图形有对称轴时，截面对于对称轴的惯性积等于零，该对称轴和与其垂直的任意轴即为过两者交点的主惯性轴。若两者交点为形心，则两者为形心主轴。

在实际分析中，通常截面的对称轴就是截面的形心主轴。杆件横截面的形心主轴与杆件轴线所确定的平面，称为形心主惯性平面。杆件横截面的形心主轴、形心主惯性矩和杆件的形心主惯性平面，在杆件的弯曲理论中有重要的意义。

4.5.3 例题解析

【例题 4-9】 某 Z 形图形，其截面尺寸如图 4-15 所示。试求其形心主惯性矩 I_{y0}、I_{z0}。

【解】（1）确定形心位置

截面的形心在其反对称中心点 C，以点 C 为原点，取坐标轴 y、z 轴如图 4-15 所示。

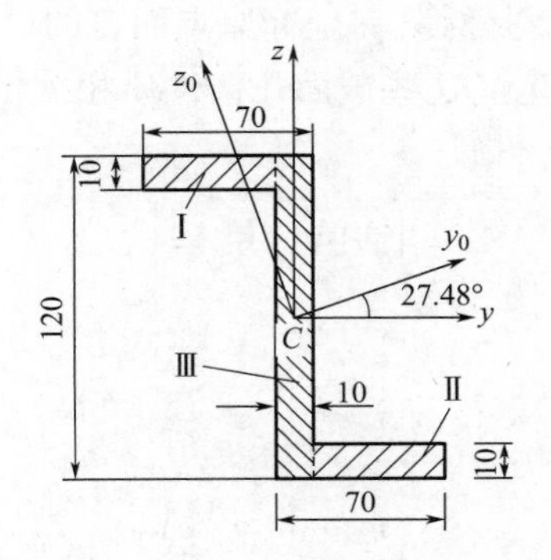

图 4-15　例题 4-9 图（单位：mm）

（2）将截面分成三个小矩形Ⅰ、Ⅱ、Ⅲ。

（3）计算惯性矩 I_y、I_z 和惯性积 I_{yz}

$$I_y=\sum_{i=1}^{3}(I_{yci}+a_i^2A_i)=\left(\frac{60\times10^3}{12}+55^2\times60\times10\right)\times2+\frac{10\times120^3}{12}=5.08\times10^6\,\text{mm}^4$$

$$I_z=\sum_{i=1}^{3}(I_{zci}+b_i^2A_i)=\left(\frac{10\times60^3}{12}+35^2\times60\times10\right)\times2+\frac{120\times10^3}{12}=1.84\times10^6\,\text{mm}^4$$

$$I_{yz}=\sum_{i=1}^{3}(I_{yci,\ zci}+a_ib_iA_i)=(-35)\times55\times60\times10+35\times(-55)\times60\times10=-2.31\times10^6\,\text{mm}^4$$

（4）确定形心主轴的位置

$$\tan2\alpha_0=-\frac{2I_{yz}}{I_y-I_z}=-\frac{2\times(-2.31\times10^6)}{(5.08-1.84)\times10^6}=1.426$$

$$\alpha_0=27.48°,\ \alpha_0+\frac{\pi}{2}=117.48°$$

由于 $I_y>I_z$，如图 4-15 所示图形对绝对值较小的 α_0 所确定的形心主轴的惯性矩为最大值，另一轴的惯性矩为最小值。对于图 4-15 所示的图形，对 y_0 轴的形心主惯性矩为最大值，对 z_0 轴的形心主惯性矩为最小值。

（5）计算形心主惯性矩

$$\begin{aligned}I_{y_0}&=\frac{I_y+I_z}{2}+\frac{1}{2}\sqrt{(I_y-I_z)^2+4I_{yz}^2}\\&=\frac{(5.08+1.84)\times10^6}{2}+\frac{1}{2}\sqrt{(5.08-1.84)^2+4(-2.31)^2}\times10^6\\&=3.46\times10^6+2.82\times10^6=6.28\times10^6\,\text{mm}^4=I_{max}\end{aligned}$$

$$\begin{aligned}I_{z_0}&=\frac{I_y+I_z}{2}-\frac{1}{2}\sqrt{(I_y-I_z)^2+4I_{yz}^2}\\&=3.46\times10^6-2.82\times10^6=0.64\times10^6\,\text{mm}^4=I_{min}\end{aligned}$$

本章小结

1. 截面的几何性质如静矩、惯性矩、极惯性矩和惯性积等，绝大多数都是对确定的坐标系而言的。其中，静矩与惯性矩是对一个坐标轴而言；惯性积是对过一点的一对相互垂直的坐标轴而言的；极惯性矩是对某一坐标原点而言的。

2. 可用数学中定积分理论定义这些截面几何性质相关概念。

静矩：

$$S_{y}=\int z\mathrm{d}A,\ S_{z}=\int y\mathrm{d}A$$

惯性矩：

$$\begin{cases}I_{y}=\int_{A}z^{2}\mathrm{d}A\\I_{z}=\int_{A}y^{2}\mathrm{d}A\end{cases}$$

惯性积：

$$I_{yz}=\int_{A}yz\mathrm{d}A$$

图形形心：

$$y_{c}=\frac{\int y\mathrm{d}A}{A},\ z_{c}=\frac{\int z\mathrm{d}A}{A}$$

惯性矩与极惯性矩恒为正，静矩与惯性积可正、可负，也可为零。

3. 形心与静矩的关系

$$S_{y}=A\cdot z_{c},\ S_{Z}=A\cdot y_{c}$$

如果某轴通过截面形心，则截面对该轴的静矩为零；反之，如果截面对某轴的静矩为零，则该轴通过截面形心。

4. 平行移轴公式

$$\begin{cases}I_{y}=I_{y_{c}}+a^{2}A\\I_{z}=I_{z_{c}}+b^{2}A\\I_{yz}=I_{y_{c}z_{c}}+abA\end{cases}$$

注意：平行移轴公式的应用条件是两平行轴之一必为形心轴。

应用平行移轴公式计算组合图形对形心轴的惯性矩的公式：

$$I_{y}=\sum_{i=1}^{n}I_{yi},\ I_{z}=\sum_{i=1}^{n}I_{zi},\ I_{yz}=\sum_{i=1}^{n}I_{yzi}$$

5. 转轴公式

$$\begin{cases}I_{y_{1}}=\dfrac{I_{y}+I_{z}}{2}+\dfrac{I_{y}-I_{z}}{2}\cos2\alpha-I_{yz}\sin2\alpha\\I_{z_{1}}=\dfrac{I_{y}+I_{z}}{2}+\dfrac{I_{y}-I_{z}}{2}\cos2\alpha+I_{yz}\sin2\alpha\\I_{y_{1}z_{1}}=\dfrac{I_{y}-I_{z}}{2}\sin2\alpha+I_{yz}\cos2\alpha\end{cases}$$

6. 主轴和主惯性矩

图形对其惯性积等于零的一对坐标轴称为主惯性轴，简称主轴。图形对于主惯性轴的惯性矩称为主惯性矩。

$$\tan 2\alpha_0 = -\frac{2I_{yz}}{I_y - I_z}$$

$$I_{y_0} = \frac{I_y + I_z}{2} + \frac{1}{2}\sqrt{(I_y - I_z)^2 + 4I_{yz}^2}$$

$$I_{z_0} = \frac{I_y + I_z}{2} - \frac{1}{2}\sqrt{(I_y - I_z)^2 + 4I_{yz}^2}$$

思考题

1. 如何计算图形的形心？静矩、惯性矩、极惯性矩的定义是什么？如何计算？

2. 惯性矩与惯性积之间有何不同？主轴与形心主轴有何区别？

3. 怎样确定组合图形的形心、形心主轴？

4. 什么是平行移轴定理？如何利用平行移轴公式计算截面的惯性矩？

5. 如图 4-16 所示，两个面积相等的正方形截面对 z 轴的 I_z 和 W_z 是否相等？

6. 如图 4-17 所示，已知矩形截面中 I_{y1}，b，h，求 I_{y2}。下列答案中哪一个是正确的？

(A) $I_{y_2} = I_{z_1} + \frac{9bh^3}{16}$　　(B) $I_{y_2} = I_{z_1} - \frac{9bh^3}{16}$

(C) $I_{y_2} = I_{y_1} + \frac{3bh^3}{16}$　　(D) $I_{y_2} = I_{y_1} - \frac{3bh^3}{16}$

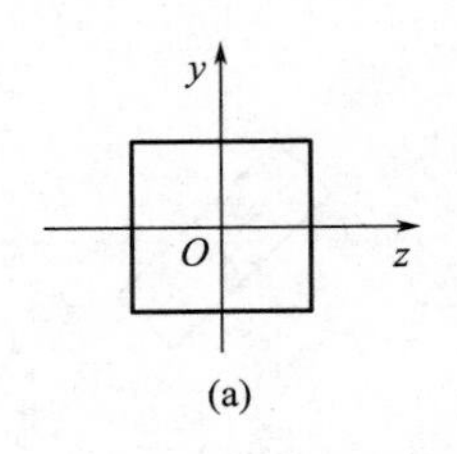

图 4-16　思考题 5 图

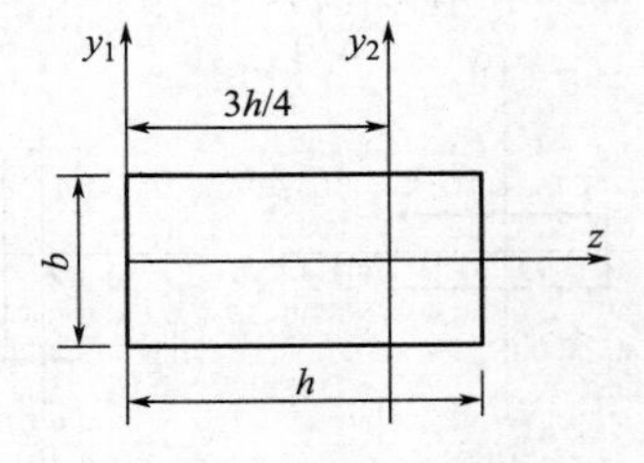

图 4-17　思考题 6 图

7. 如图 4-18 所示，T 形截面中 z 轴通过截面形心并将截面分成两部分，分别用 S_z（Ⅰ）、S_z（Ⅱ）表示。下列关系中哪一个是正确的？

(A) S_z(Ⅰ) $>$ S_z(Ⅱ)　　(B) S_z(Ⅰ) $<$ S_z(Ⅱ)

(C) S_z(Ⅰ) $=-S_z$(Ⅱ)　　(D) S_z(Ⅰ) $=S_z$(Ⅱ)

8. 如图 4-19 所示，T 形截面中 C 为形心，z 轴将截面分成两部分，分别用Ⅰ和Ⅱ表示。下列关系中哪一个是正确的？

(A) $|S_x$(Ⅰ)$|>|S_x$(Ⅱ)$|$　　(B) $|S_x$(Ⅰ)$|<|S_x$(Ⅱ)$|$

(C) S_x(Ⅰ) $=-S_x$(Ⅱ)　　(D) S_x(Ⅰ) $=S_x$(Ⅱ)

9. 如图 4-20 所示，矩形中 z_1、y_1 与 z_2、y_2 为两对互相平行的坐标轴。下列关系中哪一个是正确的？

(A) $S_{z_1} = S_{z_2}$，$S_{y_1} = S_{y_2}$，$I_{z_1y_1} = I_{z_2y_2}$

(B) $S_{z_1} = -S_{z_2}$，$S_{y_1} = -S_{y_2}$，$I_{z_1y_1} = I_{z_2y_2}$

(C) $S_{z_1}=-S_{z_2}$，$S_{y_1}=-S_{y_2}$，$I_{z_1y_1}=-I_{z_2y_2}$

(D) $S_{z_1}=S_{z_2}$，$S_{y_1}=S_{y_2}$，$I_{z_1y_1}=-I_{z_2y_2}$

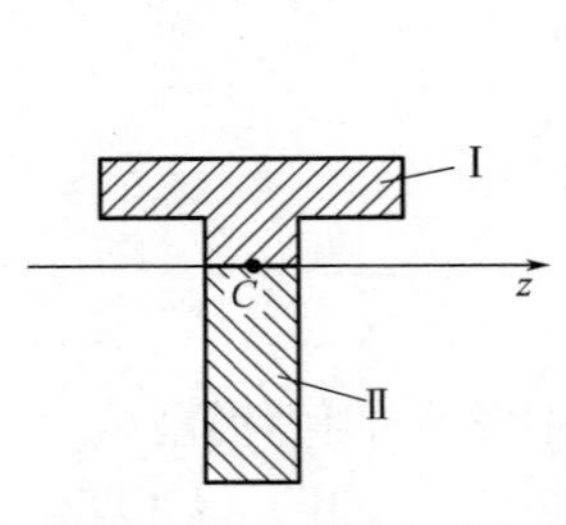

图 4-18　思考题 7 图

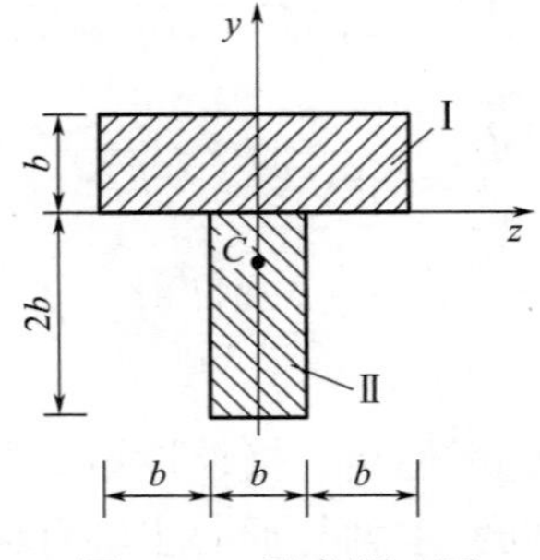

图 4-19　思考题 8 图

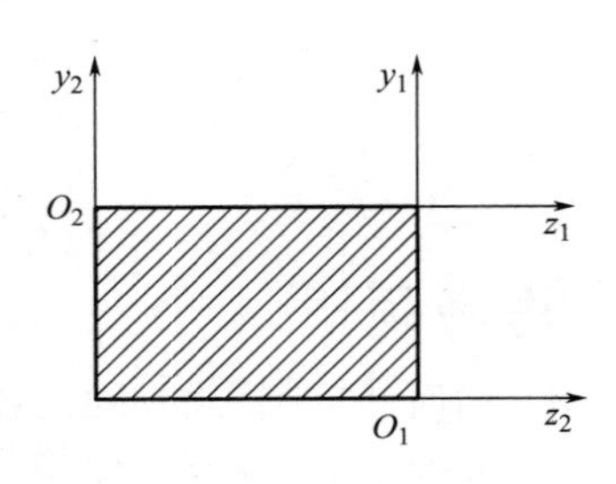

图 4-20　思考题 9 图

10. 如图 4-21 所示，各圆半径相等，试判断各图中 S_x、S_y 的正负号。

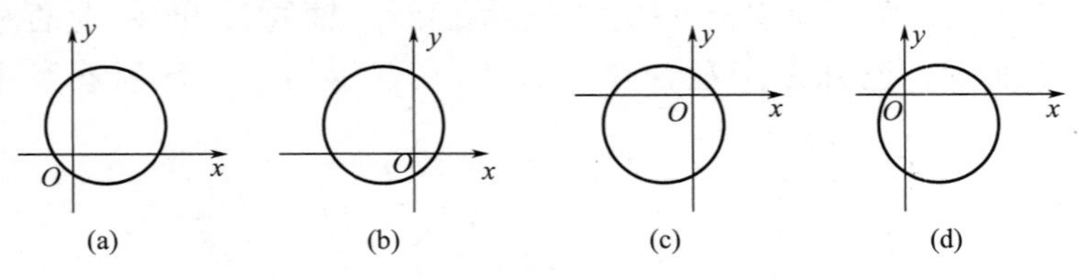

图 4-21　思考题 10 图

11. 如图 4-22 所示矩形图形，试判断各图中 I_{yz} 的正负号。

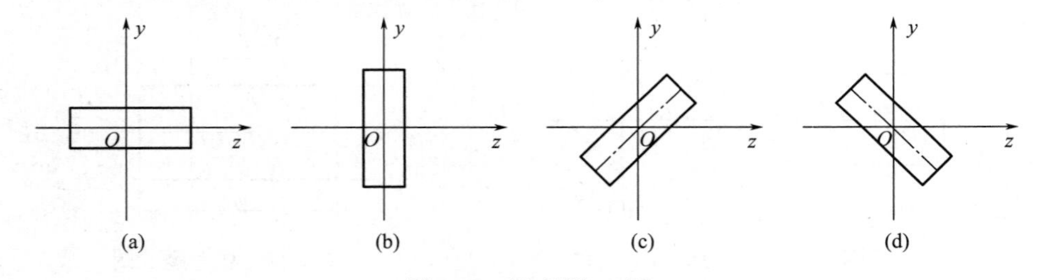

图 4-22　思考题 11 图

习题

1. 试确定如图 4-23 所示各平面图形的形心位置（尺寸单位：mm）。

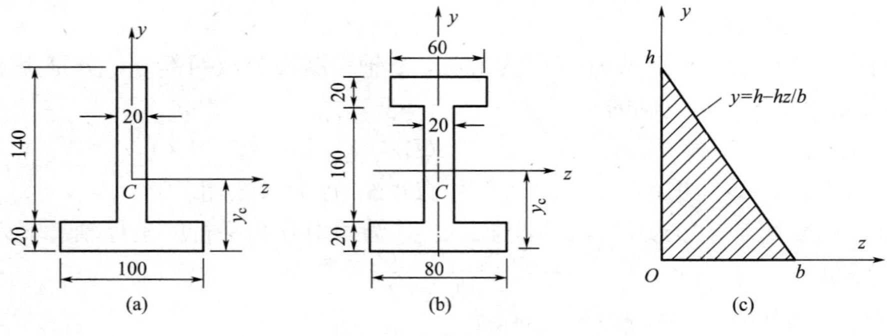

图 4-23　习题 1 图（一）

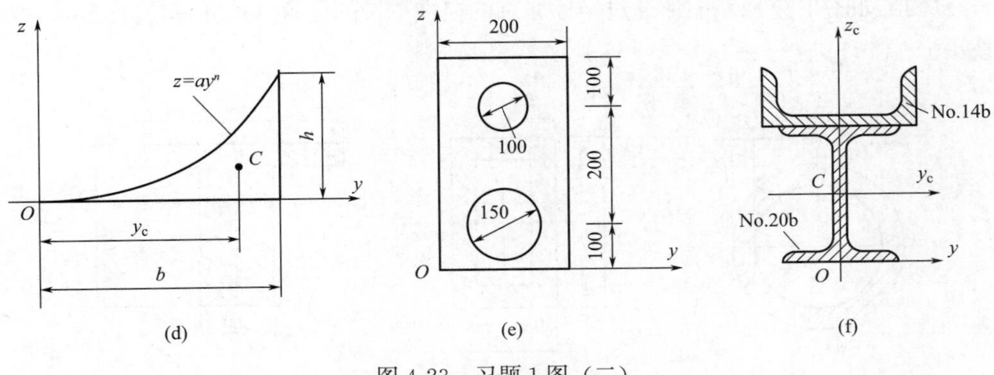

图 4-23　习题 1 图（二）

2. 如图 4-24 所示（尺寸单位：mm），为使 y 轴成为图形的形心轴，应去掉的下端长度 a 为多少?

3. 求如图 4-25 所示各截面的阴影线面积对 z 轴的静矩（尺寸单位：mm）。

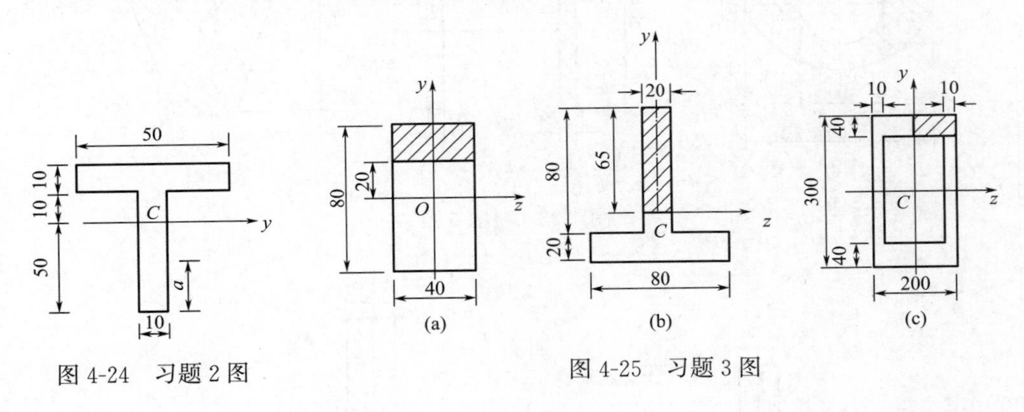

图 4-24　习题 2 图

图 4-25　习题 3 图

4. 如图 4-26 所示截面的形心为 C，面积为 A，已知对 z 轴的惯性矩为 I_z。试写出截面对 z_1 轴的惯性矩 I_{z_1}。

5. 如图 4-27 所示（尺寸单位：mm）矩形对 y_1 轴的惯性矩 $I_{y_1}=2.67\times10^6\text{mm}^4$。试求图形对 y_2 轴的惯性矩 I_{y_2}。

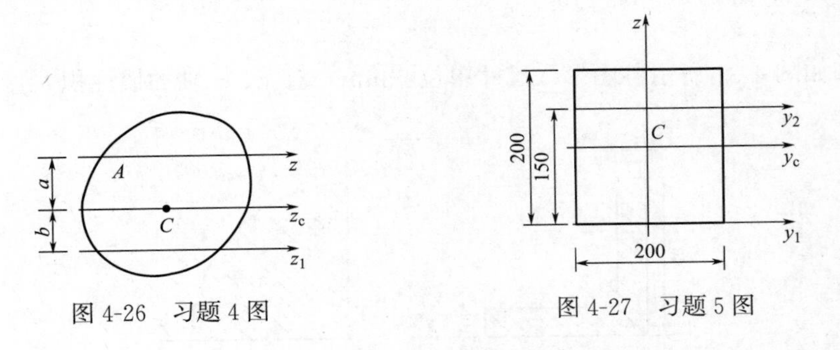

图 4-26　习题 4 图

图 4-27　习题 5 图

6. 试分别求如图 4-28 所示各种阴影部分截面对 z 轴的惯性矩（尺寸单位：mm）。

7. T 形截面的尺寸如图 4-29 所示（尺寸单位：mm），求形心主惯性矩 I_{y_c} 和 I_{z_c}。

8. 试确定如图 4-30 所示图形通过坐标原点的惯性主轴的位置（尺寸单位：mm），并计算主惯性矩 I_{y_0} 和 I_{z_0}。

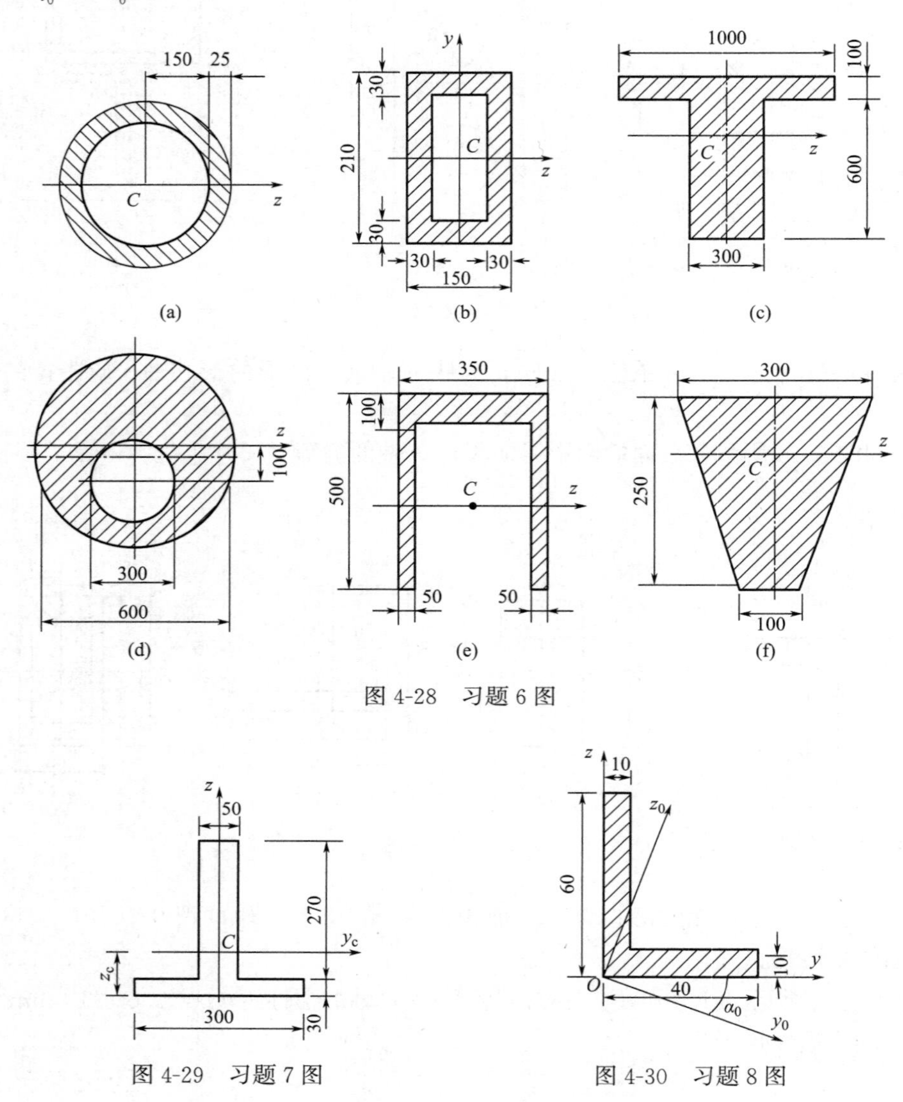

图 4-28　习题 6 图

图 4-29　习题 7 图

图 4-30　习题 8 图

9. 计算如图 4-31 所示各图形（尺寸单位：mm）对 y、z 轴的惯性积 I_{yz}。

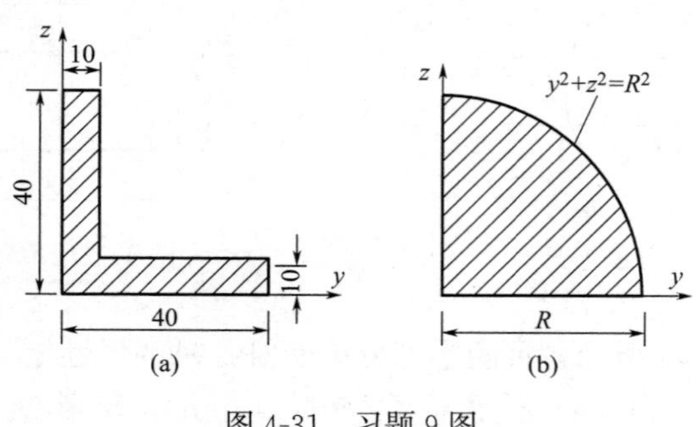

图 4-31　习题 9 图

10. 试计算图 4-32 所示图形对 y、z 轴的惯性矩和惯性积（尺寸单位：mm）。

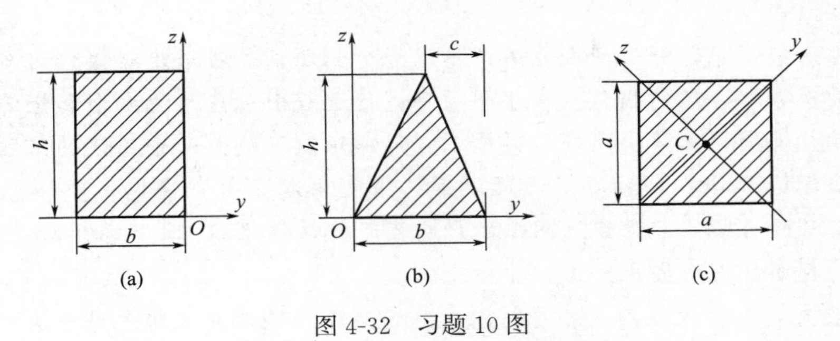

图 4-32　习题 10 图

延伸阅读——工程案例Ⅰ

压杆失稳导致的加拿大魁北克大桥事故

在土木工程历史上，曾经发生过多次由于结构中个别压杆失稳引起整个结构破坏的重大事故。其中，最为著名的当属加拿大魁北克大桥倒塌事故。在桥梁史上，魁北克大桥事故是一场影响深远的灾难。

加拿大魁北克大桥是一座悬臂桥，位于圣劳伦斯河上，中间主跨长达 548.6 m，为当时最大桥跨。整个悬臂结构犹如一个巨大的天平，锚臂和伸出臂通过中间悬跨的支撑维持平衡。

1907 年 8 月 29 日下午，魁北克大桥的南北两个锚跨完工，等中间悬跨完工即可完成组装。下午 5 时许，工人陆续收工，从中间桁架向岸边走去，突然一声巨响，南段锚跨处两根下弦杆突然被压弯，整个南端结构被牵动，连带中间悬跨一起垮塌。近 19000t 的钢材连同 86 名工人一同落入劳伦斯河中。事故后，仅有 11 人被救起，75 人死亡（图 4-33）。

图 4-33　魁北克大桥事故

事实上，在此次事故发生之前，即有工程技术人员发现，南北锚跨的下弦杆拼接面并不吻合，虽然强行用外力对齐，但无法对直。同时，由于主跨的伸出臂越伸越远，出现严重弯曲的钢杆越来越多。为赶工期，大桥的设计者和施工方并未停工，最终导致垮塌事故发生。

加拿大组成了皇家委员会调查事故原因。调查结果表明，工程设计者严重高估了钢材的承受能力，导致两个南侧下弦杆的失稳，进而造成整个魁北克大桥垮塌。事后重新计算表明，设计失误导致下弦杆实际承重增加了 20 %，远不止设计者声称的 7%～10%。另外，出于美观考虑，魁北克大桥下弦杆被设计成微弯杆，制造难度更高，也降低了杆件的稳定性。

魁北克桥历经磨难，开工即面临着严重的资金问题，工程进度延误。当确定自重的计算错误后，没有采取合理的措施。在整个项目进行过程中，当结构安全和经济性发生矛盾时，以降低结构安全性来解决问题。咨询工程师库珀做了绝大部分错误的工程决策，他因健康问题无法现场工作，导致现场管理混乱。当变形越来越严重时，整体结构在逐步失效，现场的工程师可能已经意识到问题的严重性而应该停止施工，但他们缺乏自信和权力去质疑库珀的判断，没有要求停工，导致悲剧发生。

1916 年 9 月，加拿大政府又在原桥墩处建造第二座魁北克大桥。这一次他们吸取了上一次垮塌的经验，但却矫枉过正，构件尺寸急剧增加，旧桥的受压控制构件截面积为 54.3 万 mm^2，而新桥为 125 万 mm^2。过重的上部结构在合龙时出现了问题，其中一个支点突然断裂，导致其他支点受力顿时增加，进而全部结构扭曲变形，最终整个悬跨落入河中，13 名现场工作人员丧生。此次事故原因可归结为连接细节强度不够。

魁北克大桥事故对结构工程的发展有重大深远的影响。原来在大跨桥梁的结构体系选择上悬索体系和悬臂体系不相上下，在铁路桥梁上，悬臂体系由于刚度较好还略占优势。在魁北克大桥两次事故后，体系选择的天平倾向于悬索体系，形成以后数十年悬索桥的飞速发展，而悬臂桥则停滞不前。至今，魁北克大桥仍是世界上跨度最大的悬臂桥。

魁北克大桥事故的另一个影响是促进了对压杆特别是用格条缀合起来的组合压杆的稳定研究。因为当时对格缀压杆的稳定性能了解不够，事故中有些受压下弦杆的格缀还没有全部铆上去。从这个意义上，类似的事故也可能会发生在当时任何一个设计者身上，即使魁北克桥侥幸不出事，其他类似结构也可能会出事。

魁北克大桥事故后，人们开展了前所未有的大规模压杆及连接的试验和研究，推动了工程领域的重大进步，桥梁规范也得以发展。同时也推动了两个组织的成立：1914 年成立了 AASHTO（美国国家公路和运输协会）。1921 年成立了 AISC（美国钢结构研究协会）。这些组织通过资助（企业无法自行承担的）研究，促进了工程领域的发展。

在经历了两次惨痛的教训之后，魁北克大桥终于在 1917 年建成通车。1922 年，在库帕的牵头下，加拿大工学院联手七大工程学院一起筹资买下了大桥的钢梁残骸，打造成一枚枚戒指，发给每年从工程系毕业的学生戴在小拇指上，作为对每个工程师的一种警示。这些让小拇指“受硌”的戒指后来成为在工程界闻名的工程师之戒（Iron Ring），它铭记了工程师无法忘记的教训和耻辱，告诫人们责任感丧失背后的代价。

魁北克大桥事故成了库帕心中永远的痛，他的事业随着大桥的倒塌而终结。他说：“我只求大桥的新奇设计，肆意延长了跨度，忽略了牢固程度这一质量根本，才有今天的下场。毕业发戒指，就是为了警示自己和学弟学妹们，当我们走上工作岗位，在握笔描绘图纸，准备为一个工程勾画线条、开列数据、标注文字时，小拇指‘受硌’的感觉会随时提醒我们每一个细小举措都将影响深远，不要忘掉自己所负的重大责任。”

第5章 扭转

内容提要

扭转是杆件的基本变形之一。本章学习杆件扭转时内力、应力及变形计算，并在此基础上研究扭转轴的强度、刚度问题。内容包括外力偶矩、扭矩的计算，扭矩图的绘制，薄壁圆筒扭转剪应力计算，剪应力互等定理，圆轴扭转剪应力计算与强度条件，圆轴扭转角计算及刚度条件，扭转超静定问题的求解方法，非圆截面杆扭转及圆柱形密圈螺旋弹簧的应力与变形计算等。

本章重点为圆轴扭转时扭矩、应力、强度及刚度计算。

本章难点为剪应力互等定理；圆轴扭转时的剪应力计算公式的推导；非圆截面杆扭转时的应力特征。

学习要求

1. 熟练掌握杆件扭转时外力偶矩的换算，扭矩的计算和扭矩图的绘制。
2. 了解纯剪切应力状态，掌握剪应力互等定理。
3. 理解薄壁圆筒、圆轴扭转剪应力和扭转角计算公式的推导过程。
4. 掌握圆轴扭转时的应力与变形计算，熟练进行扭转的强度和刚度计算。
5. 理解扭转超静定问题、非圆截面杆扭转时的剪应力概念及计算。
6. 了解圆柱形密圈螺旋弹簧的应力与变形计算。

5.1 概述

5.1.1 扭转变形的概念

当杆件受到作用平面垂直于杆轴线的外力偶的作用时，其各横截面绕杆轴线作相对转动，这样的变形形式称为扭转变形。扭转是杆件变形的基本形式之一，以扭转变形为主的杆件通常称为轴。

受扭杆件的受力特点是：在垂直于杆件轴线的不同平面内，受到若干外力偶的作用。其变形特点是：杆件的轴线保持不动，各横截面绕杆件轴线发生相对转动，杆表面的纵向线将变成螺旋线。

当杆件发生扭转变形时，其任意两横截面绕轴线相对转过的角度称为相对扭转角，简称扭转角，用 φ 表示，用以衡量两个横截面间相对转动大小。如图 5-1 所示，扭转角 φ_{AB} 表示杆件右端的 B 截面相对于左端 A 截面的扭转角。

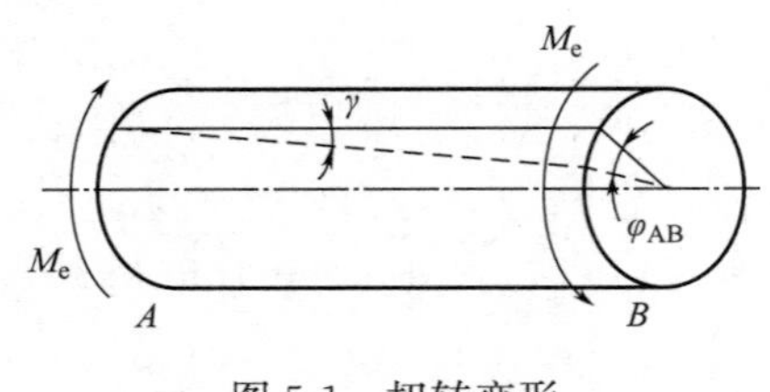

图 5-1 扭转变形

杆件上纵向线转过的角度称为剪切角，也称剪应变或切应变，用 γ 表示。

5.1.2 扭转变形实例

工程实际中，发生扭转变形的杆件很多，例如，汽车方向盘转向轴（图 5-2a）、石油钻机的钻杆（图 5-2b）、机械的传动轴（图 5-2c）、水轮机的水轮主轴（图 5-2d）、攻制螺栓时的丝锥（图 5-2e）等杆件在工作时都会发生扭转变形。尽管不少杆件在发生扭转变形的同时会伴随发生其他变形，但只要以扭转变形为主，其他变形可以忽略不计的杆件，都可以按纯扭转变形来考虑。

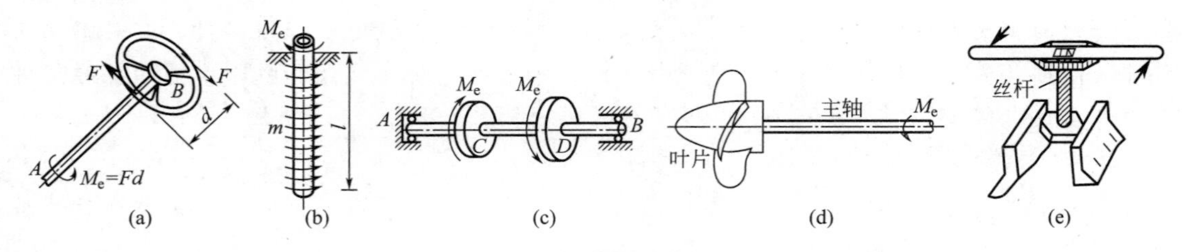

图 5-2 扭转实例

上述承受扭转变形的轴类杆件，横截面大多为圆形，且轴线大都是直线，故本章主要研究等直圆轴的扭转，这是工程中最常见、最简单的扭转问题，也是唯一能用材料力学的方法解决的扭转问题。

5.2 外力偶矩与扭矩

5.2.1 外力偶矩计算

对于工程中机械设备的传动轴（见图 5-3），在实际计算扭转内力及变形时，通常并不知道作用在传动轴上的外力偶矩 M_e，而只知道它们的转速与所传递的功率。在分析传动轴等转动类构件的内力之前，首先需要根据转速与功率计算轴所承受的外力偶矩。

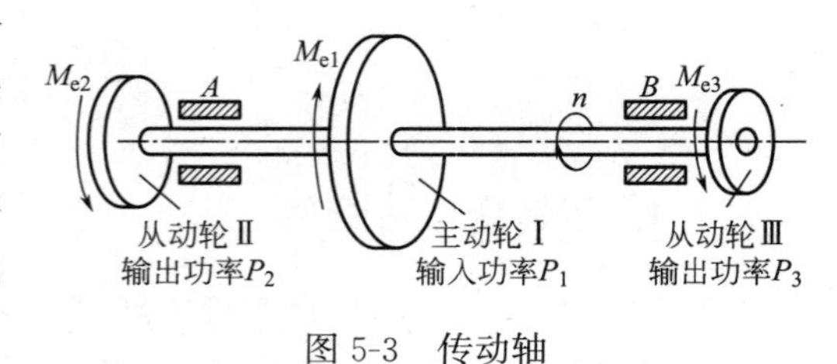

图 5-3 传动轴

由理论力学中动力学的知识可知，力偶在单位时间内所做的功即功率 P，等于该轴上作用的外力偶矩 M_e 与轴转动角速度 ω 的乘积，即

$$P = M\omega$$

功率 P 常用单位为“kW”，力偶矩 M_e 与转速 n 的常用单位分别为“N · m”和“r/min（转/分）”。于是上式可变为

$$P \times 1000 = M_e \times \frac{2n\pi}{60}$$

由此得出计算外力偶矩的公式为

$$M_e = 9549\frac{P}{n} \tag{5-1}$$

式中　P——轴所传递的功率（kW）；

n——轴的转速（r/min）；

M_e——作用在轴上的外力偶矩（N·m）。

由式（5-1）可以看出，作用于轴上的力偶矩与传动的功率成正比，与轴的转速成反比。当传递功率相同时，低速轴所受到的力偶大，高速轴受到的力偶小。在一个传动系统中，低速轴的直径通常要比高速轴的直径大一些。

通常，作用在功率输入端的外力偶是主动力偶，方向和轴的转向一致；功率输出端的外力偶是阻力偶，方向和轴的转向相反。应当注意，在传动轴上布置主动轮与从动轮的位置时，主动轮一般应放在两个从动轮的中间，这样会使整个轴的扭矩分布比较均匀，与主动轮放在从动轮的一侧相比，整个轴的最大扭矩值将会降低。

5.2.2　扭矩及扭矩图

1. 扭矩

扭矩是受扭杆件横截面上分布的切向内力向截面形心简化所得内力主矩，是受扭杆件在某横截面处的内力（内力矩）。扭矩的量纲为［力］×［长度］，常用单位是“N·m”和“kN·m”。

确定受扭杆件横截面上的内力，是对其进行强度和刚度计算的前提。如已知受扭圆轴上的外力偶矩，利用截面法或直接法可以求任意截面的扭矩。

2. 截面法

如图 5-4 所示，圆轴 AB 受到一对外力偶矩 M_e 的作用，对于其上任意截面 m-m 处的扭矩，可通过截面法求解。

首先，在截面 m-m 处将轴截为两部分，左段隔离体受力如图 5-4（b）所示，右端隔离体受力如图 5-4（c）所示。由平衡条件可知，截面 m-m 处必有内力系形成内力偶与外力偶平衡。由此可见，轴在扭转时，其横截面上的内力是一个位于截面平面内的内力偶，其力偶矩称为扭矩，以 T 表示。

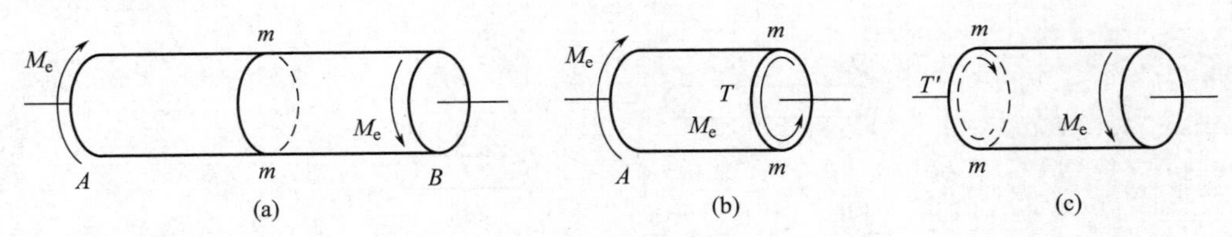

图 5-4　截面扭矩

由静力平衡方程 $\sum M_x = 0$，有

$$T = M_e$$

3. 直接法

受扭杆件任一横截面上的扭矩，等于该截面任一侧杆段上所有外力对杆轴线力矩的代

数和，即等于该截面的任一侧所有轴向外力偶矩的代数和。利用这一规律，可不画分离体的受力图，而直接将截面一侧杆段所有外力对杆轴线求力矩后再求其代数和，即可求得需求截面的扭矩，这种方法称为直接法，即：

$$T=\sum M_{e左} 或 T=\sum M_{e右} \tag{5-2}$$

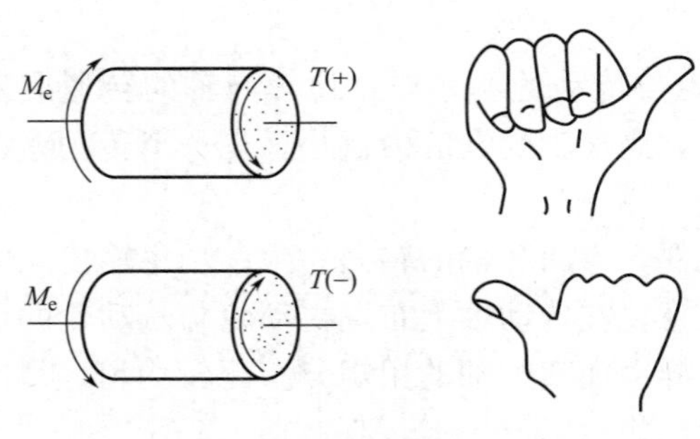

图 5-5　扭矩方向

4. 扭矩正负号规定

扭矩 T 的正负号按照右手螺旋法则确定。用四指表示扭矩的转向，当大拇指指向与截面的外法向方向相同时，扭矩为正，反之为负。按照这一法则，由左段隔离体或右段隔离体所求得的同一截面处的扭矩，正负号均相同，如图 5-5 所示。

5. 扭矩图

当轴上有几个外力偶作用时，不同轴段截面上的扭矩可能各不相同，为了清楚表示各横截面上扭矩沿轴线变化的情况，将求得的各截面处的扭矩标在轴线相应位置处，得到的图形称为扭矩图。与轴力图类似，扭矩图中横轴表示横截面位置，纵轴表示相应截面上的扭矩，通常将正值画在轴线上方，负值画在轴线下方。

5.2.3　例题解析

【例题 5-1】 如图 5-6 所示，主动轮 A 输入功率 $P_A=80\text{kW}$，从动轮 B、C、D 输出功率分别为 $P_B=P_C=25\text{kW}$，$P_D=30\text{kW}$，$n=300\text{r/min}$，画出扭矩图。

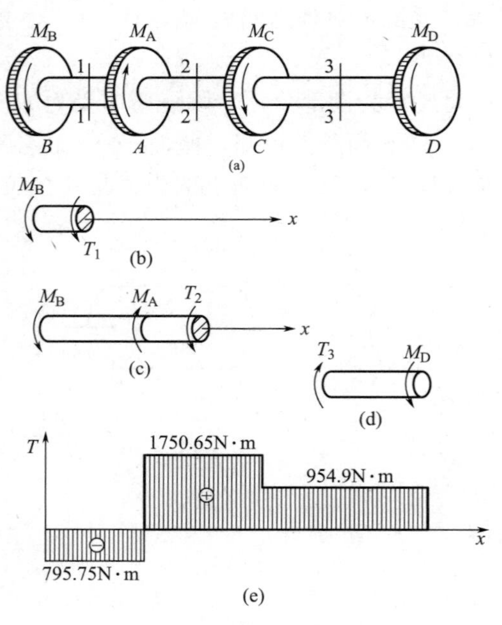

图 5-6　例题 5-1 图

【解】(1) 计算外力偶矩

$$M_A = 9549\frac{P_A}{n} = 9549\times\frac{80}{300} = 2546.4\text{N}\cdot\text{m}$$

$$M_B = M_C = 9549\times\frac{25}{300} = 795.75\text{N}\cdot\text{m}$$

$$M_D = 9549\frac{P_D}{n} = 9549\times\frac{30}{300} = 954.9\text{N}\cdot\text{m}$$

(2) 计算扭矩

将轴分为三段，BA、AC、CD 段，利用截面法逐段计算扭矩。

1-1 截面：取左侧隔离体（图 5-6b），由平衡条件 $\sum M_x = 0$ 得，$T_1 + M_B = 0$

$$T_1 = -M_B = -795.75\text{N}\cdot\text{m}$$

2-2 截面：取左侧隔离体（图 5-6c），由平衡条件 $\sum M_x = 0$ 得，$T_2 + M_B - M_A = 0$

$$T_2 = 1750.65\text{N}\cdot\text{m}$$

3-3 截面：取右侧隔离体（图 5-6d），由平衡条件 $\sum M_x = 0$ 得，$M_D - T_3 = 0$

$$T_3 = M_D = 954.9\text{N}\cdot\text{m}$$

(3) 画扭矩图

根据计算结果，依次画出各段扭矩图，如图 5-6（e）所示。最大扭矩发生在 AC 段，其值为 1750.65N・m。

【例题 5-2】 钻探机的钻杆如图 5-7 所示，设钻机功率为 12kW，转速 $n = 180\text{r/min}$，钻杆入土深度 $l = 50\text{m}$，假定土对钻杆的摩擦力矩为平均分布，试求分布力矩 m 的值，并作扭矩图。

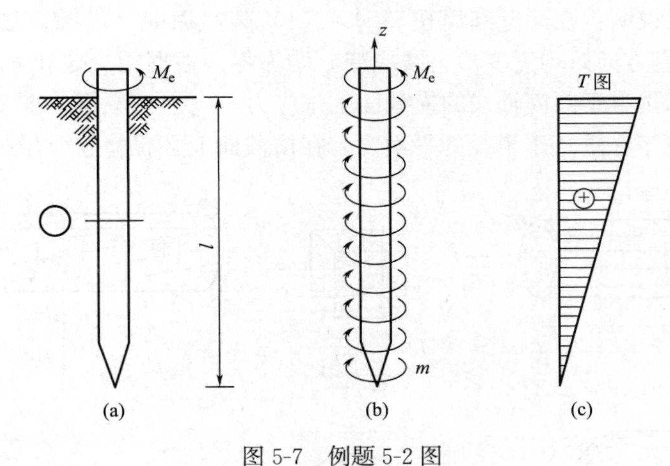

图 5-7　例题 5-2 图

【解】(1) 计算外力偶矩

$$M_e = 9549\frac{P}{n} = 9549\times\frac{12}{180} = 636.6\text{N}\cdot\text{m}$$

(2) 计算分布力矩 m

钻杆受力如图 5-7（b）所示，由钻杆的平衡条件得

$$\sum M_z = 0$$

$$M_e - ml = 0$$

求得分布的摩擦力偶矩 m 为

$$m = \frac{M_e}{l} = \frac{636.6}{50} = 12.732\ \mathrm{kN \cdot m/m}$$

(3) 绘制扭矩图

绘制钻杆的扭矩图，如图 5-7 (c) 所示。

5.3 薄壁圆筒的扭转

为了研究扭转杆件剪应力和剪应变的规律以及二者间的关系，先考察薄壁圆筒的扭转。

5.3.1 薄壁圆筒扭转剪应力

如图 5-8 所示薄壁圆筒，其壁厚 t 远小于其平均半径 r_0（通常 $t < r_0/10$），两端作用一对大小相等、转向相反、作用面与轴线垂直立的外力偶 M。为了便于观察，在施加外力偶前，在圆筒表面画上相距很近的纵向线和圆周线，形成如图 5-8 (a) 所示的矩形小方格。

施加外力偶后，薄壁圆筒发生扭转变形，在小变形条件下可观察到以下变形情况：(1) 任意相邻圆周线之间的间距不变，而仅绕轴线作了相对转动，且圆周线的形状、大小均未改变；(2) 由纵向线与圆周线围成的矩形网格变形相同，变为平行四边形网格；(3) 圆筒表面所有的纵向线均倾斜了同一微小角度 γ，变成了平行的螺旋线，如图 5-8 (b)、(c) 所示。

以上变形情况说明：在薄壁圆筒扭转时，(1) 圆筒纵向（沿圆筒轴线方向）与横向（沿与圆筒轴线垂直方向）均无变形，线应变 ε 均为零。根据胡克定律 $\sigma = E\varepsilon$，平行于圆筒轴线的纵截面和垂直于圆筒轴线的横截面上正应力 $\sigma = 0$。(2) 同一圆周上各点处的剪应变 γ 均相等，且发生在垂直于半径的平面内，在横截面上必有剪应力存在。根据剪切胡克

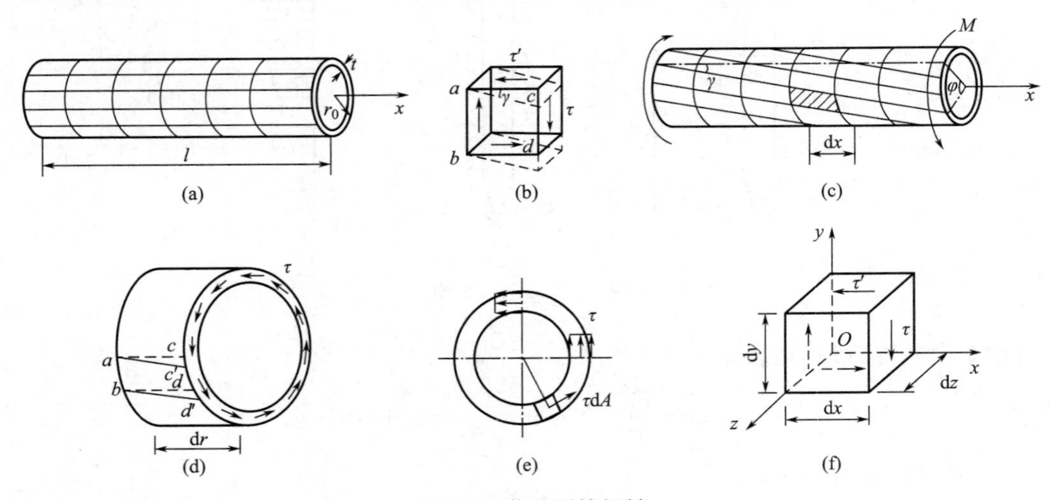

图 5-8 薄壁圆筒扭转

定律 $\tau=G\gamma$，任一横截面上同一圆周线上各点的剪应力相等，且垂直于各点所在的半径。考虑圆筒壁厚 t 远小于其平均半径 r_0，忽略剪应力沿半径方向的变化，可近似认为剪应力沿壁厚均匀分布，数值上无变化，如图 5-8（d）所示。

依据上述分析，可知薄壁圆筒扭转时，横截面上各处的剪应力 τ 值均相等，其方向与圆周相切，如图 5-8（e）所示。

横截面上的扭矩可视为该截面上的应力 τ 与横面积 dA 乘积的合成力偶，即

$$T=\int_{A}\tau \mathrm{d}A\cdot r=\int_{0}^{2\pi}\tau\delta r^{2}\mathrm{d}\alpha=2\pi r^{2}\delta\tau \tag{5-3}$$

所以

$$\tau=\frac{T}{2\pi r^{2}\delta} \tag{5-4}$$

式（5-4）为计算受扭薄壁圆筒横截面上剪应力的近似公式，其前提是假定剪应力沿壁厚均匀分布。当壁厚 $t<r_0/10$ 时，式（5-4）计算的结果与精确分析的误差小于 5%。

5.3.2　剪应力互等定理

从受扭薄壁圆筒筒壁上截取一单元体，如图 5-8（f）所示，其边长分别为 $\mathrm{d}x$、$\mathrm{d}y$ 和 $\mathrm{d}z$。由于圆筒横截面上有剪应力存在，故在单元体左、右两侧面有剪应力。由 y 方向平衡 $\sum F_y=0$ 可知，作用在单元体左、右两侧面上的剪应力应该大小相等（τ），方向相反。为了保证单元体不发生转动，单元体上下两个截面上必然也存在剪应力，由 x 方向平衡 $\sum F_x=0$ 可知，上下两截面上的剪应力也应该大小相等（τ'），方向相反。

由平衡方程

$$\sum M_z=0$$

$$(\tau'\mathrm{d}x\mathrm{d}z)\mathrm{d}y-(\tau\mathrm{d}y\mathrm{d}z)\mathrm{d}x=0$$

得

$$\tau'=\tau \tag{5-5}$$

式（5-5）表明，在单元体相互垂直的两个截面上，剪应力必然成对存在，大小相等；且两者均垂直于两截面的交线，方向均指向或者背离两截面的交线，这一规律称为剪应力互等定理。这一定理具有普遍意义。

在单元体四个侧面上，只有剪应力而没有正应力，这种应力状态称为纯剪切。当单元体同时存在正应力时，剪应力互等定理仍然适用。

5.4　圆轴扭转时横截面上应力与强度计算

研究圆轴扭转时的应力，与研究薄壁圆筒扭转时的应力相似，首先要明确横截面上存在的应力及其分布规律，以便确定最大应力，进行强度计算。

5.4.1　圆轴扭转时的剪应力

研究应力分布的基本思想方法为：通过试验、观察、分析受力杆件变形情况，得到其

横截面的变形规律，即变形的几何关系；再由变形与应力之间的物理关系得到应力分布规律；最后利用截面上应力简化的结果，根据静力平衡关系导出横截面应力公式，确定应力值，即静力学关系。

下面从变形几何关系、物理关系、静力学关系三个方面综合分析，研究圆轴扭转时横截面上剪应力的大小、分布规律及计算方法。

1. 变形几何关系

为研究圆轴扭转时横截面上应变的变化规律，在圆轴表面画上纵向线和圆周线，如图 5-9（a）所示。

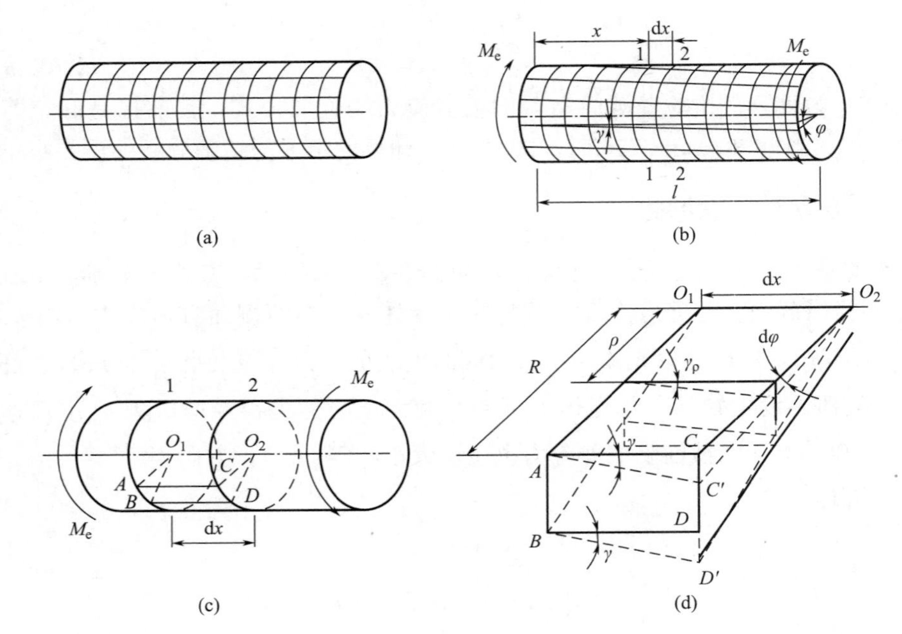

图 5-9　圆轴扭转变形

当圆轴两端施加外力偶矩 M_e 后，圆轴变形如图 5-9（b）所示。可以观察到以下现象：

（1）各圆周线的直径、形状和间距均保持不变，圆周线只是绕轴转动了一个角度，轴端面保持平面。

（2）纵向线由直线变成斜线，仍保持相互平行。纵向线与圆周线不再垂直，角度变化均为 γ，圆轴表面上的方格错动成菱形。

根据表面变形特点，由表及里推测圆轴内部变形，可作出如下假设：圆轴各横截面在变形前是平面，变形后仍然为平面，只是绕杆的轴线发生相对转动，横截面上任一半径始终保持为直线。这一假设称为平截面假设或平面假设，其正确性已由试验和弹性理论验证。

由圆轴变形特点及平面假设可以得到推论：圆轴扭转时横截面上只有剪应力，正应力为零。扭转发生时，横截面保持平面并绕轴发生旋转，由于圆周线直径不变和圆周线之间的距离保持不变，可以得出轴在垂直于轴线方向和平行于轴线方向的线应变 $\varepsilon=0$，根据

胡克定律 $\sigma=E\varepsilon$，圆轴在平行于轴线的纵截面和垂直于轴线的轴横截面上正应力 $\sigma=0$。

为确定横截面上任意一点处的剪应力随点位置的变化规律，假想地用相邻两个横截面1-1、2-2从圆轴上截取一长度为 $\mathrm{d}x$ 的微段进行分析，如图5-9（b）、（c）所示。

圆轴扭转变形时，微段右侧截面2-2相对左侧截面1-1转角为 $\mathrm{d}\varphi$，圆轴表面纵向线段 AC 倾斜至 AC'、BD 倾斜至 BD'，轴表面纵向线段 AC、BD 皆转 γ 角。圆轴表面纵向线段倾角 γ 即为圆轴表面任一点的切应变（或剪应变）。

由图5-9（d）几何关系可知，$\overline{CC'}=\overline{DD'}=R\mathrm{d}\varphi$；$\angle CAC'=\angle DBD'=\gamma$，$\overline{CC'}=\overline{DD'}=\gamma\mathrm{d}x$。因此有

$$\gamma\mathrm{d}x=R\mathrm{d}\varphi \tag{5-6a}$$

也可以写为

$$\gamma=\frac{R\mathrm{d}\varphi}{\mathrm{d}x} \tag{5-6b}$$

根据平面假设，用同样的方法，可以求得横截面上距离圆心为 ρ 处的剪应变 γ_ρ。由图5-9（d）几何关系，有

$$\gamma_\rho\mathrm{d}x=\rho\mathrm{d}\varphi \tag{5-7a}$$

也可写为

$$\gamma_\rho=\frac{\rho\mathrm{d}\varphi}{\mathrm{d}x}=\rho\theta \tag{5-7b}$$

式中，γ_ρ 为半径为 ρ 处的剪应变；$\theta=\dfrac{\mathrm{d}\varphi}{\mathrm{d}x}$，称为单位长度杆的相对扭转角，为扭转角沿着轴线方向的变化率，对于某一指定截面，θ 为一常量。

式（5-7b）表示圆轴横截面上任一点处的剪应变随该点在横截面上的位置而变化的规律。对于同一横截面，其上各点处的剪应变 γ_ρ 与其至圆心的距离 ρ 成正比；在同一半径 ρ 的圆周上各点处的剪应变 γ_ρ 均相同。

2. 物理关系

在线弹性范围内，根据剪切胡克定律可知，横截面上任意一点处的剪应力应与该点处的剪应变成正比，得

$$\tau_\rho=G\gamma_\rho=G\rho\,\frac{\mathrm{d}\varphi}{\mathrm{d}x} \tag{5-8}$$

横截面上一点扭转剪应力 τ_ρ 的大小与该点到圆心的距离 ρ 成正比，在离轴心等距离的各点处，剪应力值均相同，在截面圆周边达到最大。扭转剪应力的方向垂直于圆轴半径、与扭矩方向一致，如图5-10所示。

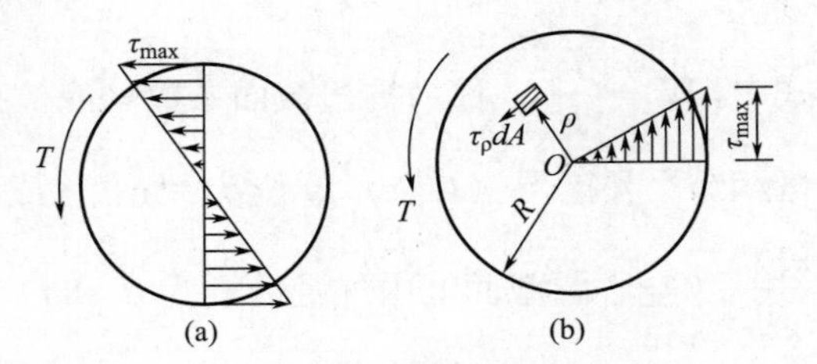

图5-10　圆轴扭转剪应力分布

3. 静力学关系

式（5-8）中 $\dfrac{\mathrm{d}\varphi}{\mathrm{d}x}$ 尚未确定，需进一步考虑静力关系，以求出圆轴扭转时横截面上一点的剪应力。

如图5-10（b）所示，在圆轴横截面上距圆心 ρ 处取面积微元 $\mathrm{d}A$，作用于该面积微元的内力为 $\tau_{\rho}\mathrm{d}A$，横截面上的扭矩为横截面上所有面积微元上的内力对于圆心之矩的合力矩，即横截面上的内力扭矩的静力学条件为

$$T=\int_{A}\rho\cdot\tau_{\rho}\mathrm{d}A \tag{5-9}$$

将式（5-8）代入式（5-9）得

$$T=\int_{A}\rho\cdot G\rho\frac{\mathrm{d}\varphi}{\mathrm{d}x}\mathrm{d}A=G\frac{\mathrm{d}\varphi}{\mathrm{d}x}\int_{A}\rho^{2}\mathrm{d}A \tag{5-10}$$

令 $I_{\mathrm{p}}=\int_{A}\rho^{2}\mathrm{d}A$，$I_{\mathrm{p}}$ 称为截面对于圆心的极惯性矩，只与横截面的几何量（杆件横截面的几何形状和大小）有关，其量纲为［长度］^{4}（L^4），单位为“m^4”或“mm^4”。则有

$$\frac{\mathrm{d}\varphi}{\mathrm{d}x}=\frac{T}{GI_{\mathrm{p}}} \tag{5-11}$$

将式（5-11）代入式（5-8），得扭转圆轴横截面上任意点的剪应力计算公式为

$$\tau_{\rho}=\frac{T\rho}{I_{\mathrm{p}}} \tag{5-12}$$

式中　T——圆轴横截面上的扭矩；

ρ——所求点到圆心的距离；

I_{p}——横截面的极惯性矩，对于给定的截面，I_{p} 是一个常量。实心圆截面对圆心的极惯性矩为 $I_{\mathrm{p}}=\frac{\pi D^4}{32}$；空心圆截面（内外径分别为 d 和 D）对圆心的极惯性矩为 $I_{\mathrm{p}}=\frac{\pi}{32}(D^4-d^4)$。

式（5-12）为圆轴扭转时横截面上任一点处剪应力的计算公式。扭转剪应力 τ_{ρ} 沿截面半径呈线性分布，如图5-10所示。

由式（5-12）及图5-10可知，受扭圆轴横截面上最大剪应力发生在圆周上，即 $\rho=R$ 处，因此有

$$\tau_{\max}=\frac{TR}{I_{\mathrm{p}}}=\frac{T}{\frac{I_{\mathrm{p}}}{R}}=\frac{T}{W_{\mathrm{t}}} \tag{5-13}$$

式中，$W_{\mathrm{t}}=\frac{I_{\mathrm{p}}}{R}$，称为抗扭截面系数（或抗扭截面模量），它只与横截面的几何量有关，其量纲为［长度］^{3}（L^3），单位为“m^3”或“mm^3”。实心圆截面的抗扭截面系数 $W_{\mathrm{t}}=\frac{\pi D^3}{16}$；空心圆截面（内外径分别为 d 和 D）的抗扭截面系数 $W_{\mathrm{t}}=\frac{\pi D^3}{16}(1-\alpha^4)$，$\alpha=\frac{d}{D}$。

可见，最大扭转剪应力与扭矩成正比，与抗扭截面系数成反比，它与材料性质无关，只取决于内力和横截面几何性质。

应注意，推导剪应力计算公式的主要依据是平面假设，且材料变形符合胡克定律。因此上述诸公式仅适用于在线弹性范围内的等直圆轴（实心圆轴及空心圆轴）。

5.4.2　圆轴扭转时的强度计算

圆轴受扭时，轴内横截面内各点均处于纯剪切应力状态。为确保圆轴扭转时不破坏，工程上要求其轴内最大的工作应力 τ_{max} 不能超过材料的许用剪应力 $[\tau]$，即

$$\tau_{max} \leqslant [\tau] \tag{5-14}$$

式中　$[\tau]$ ——材料的许用剪应力。

1. 材料的许用剪应力

与拉伸相似，不同材料的许用剪应力各不相同。通常由扭转试验测得材料的扭转极限应力 τ_u，并除以适当的安全因数 n，即

$$[\tau]=\frac{\tau_u}{n}=\begin{cases}\dfrac{\tau_s}{n_s}(\text{塑性材料})\\[2ex]\dfrac{\tau_b}{n_b}(\text{脆性材料})\end{cases} \tag{5-15}$$

塑性材料和脆性材料在进行扭转试验时，其破坏形式不完全相同，如图 5-11 所示。塑性材料试件在外力偶作用下，先出现屈服，最后沿横截面被剪断（图 5-11a）；脆性材料试件受扭时，变形很小，最后沿与轴线成约 45°角方向的螺旋面断裂（图 5-11b）。通常把塑性材料屈服时横截面上最大剪应力称为扭转屈服极限，用 τ_s 表示；脆性材料断裂时横截面上的最大剪应力，称为材料的扭转强度极限，用 τ_b 表示。扭转屈服极限 τ_s 与扭转强度极限 τ_b 统称为材料的扭转极限应力，用 τ_u 表示。

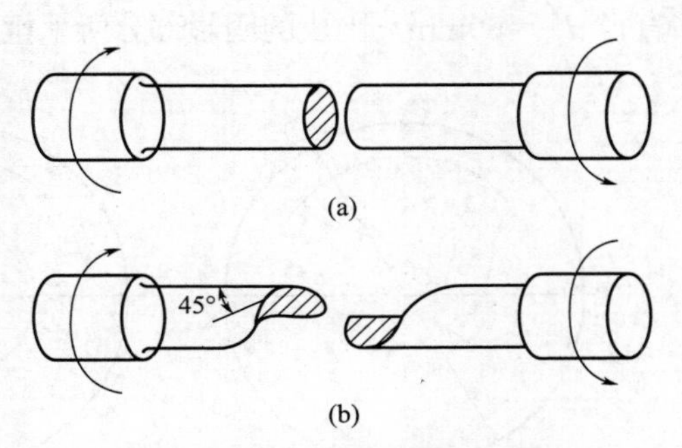

图 5-11　塑性材料和脆性材料扭转破坏断面对比图

在静载情况下，$[\tau]$ 与 $[\sigma]$ 的大致关系如下：

塑性材料：$[\tau] \approx (0.5\sim0.6)[\sigma]$；

脆性材料：$[\tau] \approx (0.8\sim1.0)[\sigma]$。

应当注意，扭转许用剪应力的值与剪切许用剪应力的值是不同的，因为两者的试验依据不同。

2. 等截面圆轴扭转时强度条件

对于等截面圆轴，其扭转时的强度条件为

$$\tau_{max}=\frac{T_{max}}{W_t}\leqslant[\tau] \tag{5-16}$$

式中　T_{max} ——等直圆轴上的最大扭矩，即等直圆轴危险截面（最大扭矩所在横截面）上的扭矩；

W_t ——等直圆轴抗扭截面系数。

3. 变截面圆轴扭转时强度条件

对于变截面圆轴，例如阶梯圆轴、圆锥形轴等，W_t 不是常量，τ_{max} 不一定发生在扭矩

为 T_{max} 的截面上，要综合考虑 T 和 W_t，寻求扭转剪应力 τ 的极值。T/W_t 值取最大的横截面为危险截面，该截面周边各点为危险点。因此，变截面圆轴的扭转强度条件为

$$\tau_{max}=\left(\frac{T}{W_t}\right)_{max}\leqslant[\tau] \tag{5-17}$$

4. 强度条件的应用

与轴向拉压的情况相似，根据扭转圆轴强度条件公式可对受扭的实心或空心圆轴进行三方面的强度计算，用以解决工程中的强度校核、设计截面、确定许用荷载三类工程问题。

5.4.3 例题解析

【例题 5-3】 如图 5-12（a）所示，受扭圆轴某截面上的扭矩 $T=30\text{kN}\cdot\text{m}$，直径 $d=120\text{mm}$。试求：(1) 该截面上 A、B 和 C 三点的剪应力，并在图中标出该三点剪应力的方向。(2) 圆轴横截面上的最大剪应力。(3) 如图 5-12（b）所示，圆轴横截面上 B 点所在圆（直径 $d'=60\text{mm}$）围成的阴影部分所承担的扭矩占全部横截面上扭矩的百分比是多少？

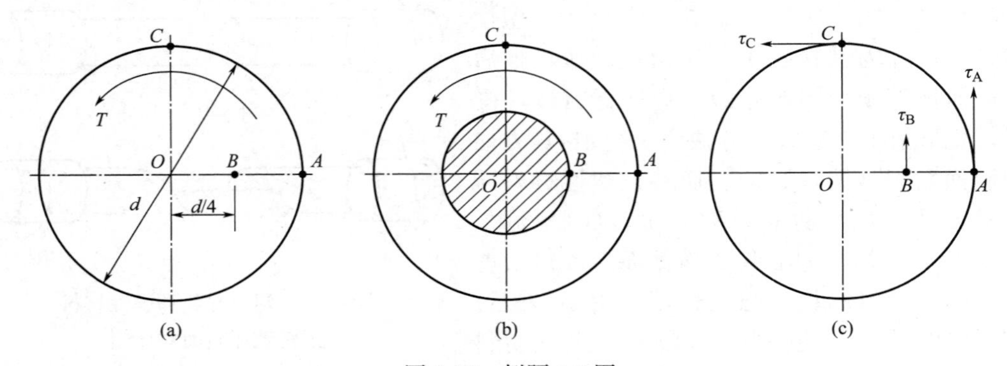

图 5-12 例题 5-3 图

【解】 (1) 计算受扭圆轴截面的极惯性矩

$$I_p=\frac{\pi d^4}{32}=\frac{\pi\times120^4}{32}=20.3472\times10^6\text{mm}^4$$

(2) 计算点 A、B、C 处的剪应力并标出方向

$$\tau_A=\tau_C=\frac{T\cdot\frac{d}{2}}{I_p}=\frac{30\times10^6\times60}{20.3472\times10^6}=88.46\text{N/mm}^2=88.46\text{MPa}$$

$$\tau_B=\frac{T\cdot\frac{d}{4}}{I_p}=\frac{30\times10^6\times30}{20.3472\times10^6}=44.23\text{N/mm}^2=44.23\text{MPa}$$

各点的剪应力方向如图 5-12（c）所示。

(3) 圆轴横截面上的最大剪应力

$$\tau_{max}=\frac{T_{max}}{W_t}=\frac{T\cdot\frac{d}{2}}{I_p}=\frac{30\times10^6\times60}{20.3472\times10^6}=88.46\text{N/mm}^2=88.46\text{MPa}$$

（4）B 点所在圆（直径 $d'=60\text{mm}$）围成的阴影部分所承担的扭矩

由 $\tau_\rho=\dfrac{T\rho}{I_p}$ 得

$$T_{d'}=\int_{A'}\tau(\rho)\rho\mathrm{d}A=\int_0^{2\pi}\int_0^{\frac{d'}{2}}\tau(\rho)\rho^2\mathrm{d}\rho\mathrm{d}\theta=2\pi\int_0^{\frac{d'}{2}}\frac{T}{I_p}\rho^3\mathrm{d}\rho=\left(\frac{d}{d'}\right)^4T$$

（5）圆轴横截面上 B 点所在圆（直径 $d'=60\text{mm}$）围成的阴影部分所承担的扭矩占全部横截面上扭矩的百分比

$$\frac{T_{d'}}{T}\times100\%=\left(\frac{d'}{d}\right)^4\times100\%=\left(\frac{60}{120}\right)^4\times100\%=6.25\%$$

【例题 5-4】 如图 5-13 所示阶梯实心圆轴，AB 段直径 $d_1=180\text{mm}$，BC 段直径 $d_2=160\text{mm}$，所受外力偶分别为：$M_A=50\text{kN}\cdot\text{m}$，$M_B=90\text{kN}\cdot\text{m}$，$M_C=40\text{kN}\cdot\text{m}$。材料的许用剪应力 $[\tau]=60\text{MPa}$，试校核该轴的扭转强度。

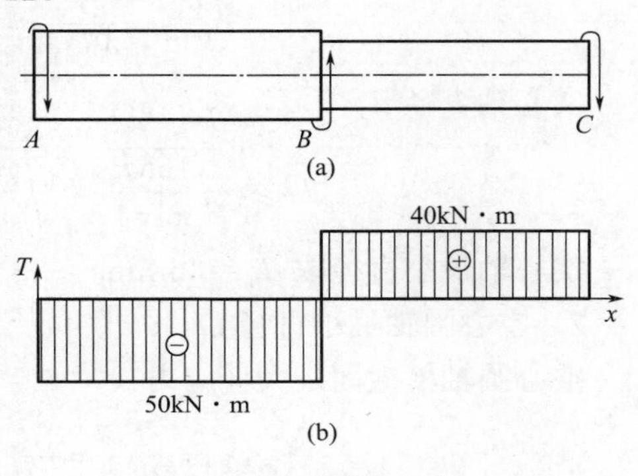

图 5-13　例题 5-4 图

【解】（1）扭矩及扭矩图

采用截面法或直接法求得 AB、BC 段的扭矩：$T_1=-50\text{kN}\cdot\text{m}$，$T_2=40\text{kN}\cdot\text{m}$

绘制出该轴的扭矩图，见图 5-13（b）。

由扭矩图可知，AB 段的扭矩比 BC 段的扭矩大，但两段轴的直径不同，需分别校核两段轴的强度。

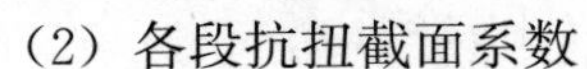

（2）各段抗扭截面系数

$$AB\text{ 段}：W_{t,1}=\frac{\pi d_1^3}{16}=\frac{\pi\times180^3}{16}=114.51\times10^4\text{mm}^3$$

$$BC\text{ 段}：W_{t,2}=\frac{\pi d_2^3}{16}=\frac{\pi\times160^3}{16}=80.42\times10^4\text{mm}^3$$

（3）各段最大剪应力

$$AB\text{ 段}：\tau_{\max,1}=\frac{|T_1|}{W_{t,1}}=\frac{50\times10^6}{114.51\times10^4}=43.66\text{MPa}$$

$$BC\text{ 段}：\tau_{\max,2}=\frac{T_2}{W_{t,2}}=\frac{40\times10^6}{80.42\times10^4}=49.74\text{MPa}$$

（4）校核扭转强度

AB 段、BC 段最大剪应力均小于 $[\tau]=60\text{MPa}$，故该阶梯轴扭转强度满足要求。

【例题 5-5】 如图 5-14 所示，实心圆轴和空心圆轴通过牙嵌式离合器相连，两轴长度相等，所用材料相同。空心圆轴的内、外直径之比 $\alpha=0.5$。已知轴的转速 $n=120\text{r/min}$，所传递的功率 $P=12\text{kW}$，材料的许用应力 $[\tau]=50\text{MPa}$。（1）试求实心圆轴的直径 d_1 和空心圆轴的外径 D_2 最小值，并比较两轴的

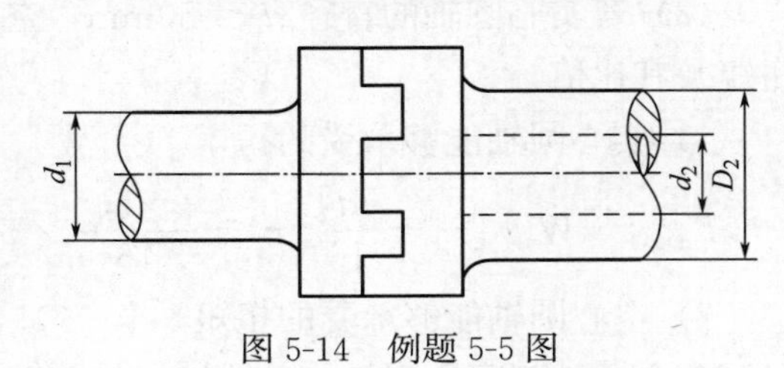

图 5-14　例题 5-5 图

质量之比。(2) 若实心圆轴的直径 $d_1=50\text{mm}$，空心圆轴与实心圆轴质量相同，求两轴能够承受的扭矩及其比值。

【解】(1) 计算外力偶矩

$$M_e=9549\frac{P}{n}=9549\times\frac{12}{120}=954.9\text{N}\cdot\text{m}$$

(2) 两轴直径最小值及两轴的质量之比

1) 实心圆轴最小直径 d_1

横截面最大剪应力

$$\tau_{\max,1}=\frac{T}{W_{t,1}}=\frac{16M_e}{\pi d_1^3}\leqslant[\tau]=50\text{MPa}$$

实心轴直径 d_1

$$d_1\geqslant\sqrt[3]{\frac{16M_e}{\pi[\tau]}}=\sqrt[3]{\frac{16\times954.9\times10^3}{\pi\times50}}=45.99\text{mm}$$

实心轴最小直径取 $d_1=46\text{mm}$。

2) 空心圆轴最小直径 D_2

空心圆轴横截面最大剪应力

$$\tau_{\max,2}=\frac{T}{W_{t,2}}=\frac{16M_e}{\pi D_2^3(1-\alpha^4)}\leqslant[\tau]=50\text{MPa}$$

空心轴直径 D_2

$$D_2\geqslant\sqrt[3]{\frac{16M_e}{\pi(1-\alpha^4)[\tau]}}=\sqrt[3]{\frac{16\times954.9\times10^3}{\pi(1-0.5^4)\times50}}=46.99\text{mm}$$

空心圆轴最小直径取 $D_2=47\text{mm}$。

3) 两轴质量之比

两轴材料相同、轴长度相等，两轴质量之比即为横截面面积之比。

$$\frac{G_1}{G_2}=\frac{A_1}{A_2}=\frac{d_1^2}{D_2^2(1-\alpha^2)}=\frac{46^2}{47^2}\times\frac{1}{1-0.5^2}\approx1.28$$

可见，在荷载相同的条件下，选用空心轴要比实心轴节省材料。若保持 I_p 不变，则空心轴比实心轴也可少用材料，重量也就较轻。其原因在于：圆轴扭转时横截面上的剪应力沿半径按线性规律分布，圆心附近的应力很小，材料不能充分发挥作用。因此，在工程实际中，常常把轴做成空心的，如飞机、轮船、汽车的某些轴常采用空心轴，在抗扭承载力一定的情况下，其减轻质量、节约材料的优势非常明显。

(3) 若实心圆轴的直径 $d_1=50\text{mm}$，空心圆轴与实心圆轴质量相同，两轴能够承受的扭矩及其比值

1) 实心圆轴能够承受的扭矩

$$T_{\max,1}=W_{t,1}[\tau]=\frac{\pi d_1^3}{16}[\tau]=\frac{\pi\times50^3}{16}\times50=1227.18\times10^3\text{ N}\cdot\text{mm}=1227.18\text{N}\cdot\text{m}$$

2) 空心圆轴能够承受的扭矩

空心圆轴与实心圆轴质量相同，且两轴材料相同、轴长度相等，故两轴横截面面积相同，即

$$\frac{G_1}{G_2}=\frac{A_1}{A_2}=\frac{d_1^2}{D_2^2(1-\alpha^2)}=1$$

则 $$d_1^2=D_2^2(1-\alpha^2),\ \frac{d_1^2}{D_2^2}=1-\alpha^2,\ \frac{d_1}{D_2}=\sqrt{1-\alpha^2}$$

$$D_2=\sqrt{\frac{d_1^2}{1-\alpha^2}}=d_1\sqrt{\frac{1}{1-\alpha^2}}=50\sqrt{\frac{1}{1-0.5^2}}=57.74\ \text{mm}$$

$$T_{\max,2}=W_{t,2}[\tau]=\frac{\pi D_2^3(1-\alpha^4)}{16}[\tau]=\frac{\pi\times 57.74^3(1-0.5^4)}{16}\times 50=1771.75\times 10^3\ \text{N}\cdot\text{mm}$$

$$=1771.75\ \text{N}\cdot\text{m}$$

3）两轴能够承受的扭矩比值

$$\frac{T_{\max,1}}{T_{\max,2}}=\frac{W_{t,1}}{W_{t,2}}=\frac{\dfrac{\pi d_1^3}{16}}{\dfrac{\pi D_2^3(1-\alpha^4)}{16}}=\frac{d_1^3}{D_2^3}\times\frac{1}{1-\alpha^4}=\frac{\sqrt{1-\alpha^2}}{1+\alpha^2}=\frac{\sqrt{1-0.5^2}}{1+0.5^2}=69.3\%$$

可见，在圆轴横截面面积相等的情况下，把轴心附近的材料向边缘移置，将实心圆轴转换为空心圆轴，可在保持重量不变的条件下，增大极惯性矩 I_p 和抗扭截面系数 W_t，从而提高轴的强度。因此，车床主轴采用空心轴既提高了强度和刚度，又便于加工长工件。当然，如将直径较小的长轴加工成空心轴，则因工艺复杂，反而增加成本，并不合适。例如车床的光杆一般就采用实心轴。此外，空心轴体积较大，在机器中要占用较大空间，而且如轴壁太薄，还会因扭转而不能保持稳定性。

5.5 圆轴扭转时变形与刚度条件

工程实际中，当受扭构件的扭转变形过大时会影响其正常使用，例如，车床丝杠扭转角过大，会影响车刀进给量，从而降低加工精度；发动机凸轮轴扭转角过大，会影响气阀开关时间；镗床的主轴或磨床的传动轴转角过大，将引起扭转振动，从而影响工件的精度和光洁度。因而，对于一些受扭构件，除了需要考虑强度问题，还需要考虑刚度问题，即限制其发生过大的扭转变形。

5.5.1 圆轴扭转时的变形

1. 相对扭转角

圆轴扭转时的变形，可用相对扭转角 φ（简称扭转角）来度量。所谓扭转角，是指圆轴扭转时任意两横截面之间因绕轴线转动而产生的相对转角，又称横截面间相对角位移。

由式（5-11）可知，扭转圆轴上相距为 $\mathrm{d}x$ 的两个横截面间的相对扭转角 $\mathrm{d}\varphi$ 为

$$\mathrm{d}\varphi=\frac{T(x)}{GI_p(x)}\mathrm{d}x \tag{5-18}$$

(1) GI_p、T 为变量的轴段

在计算长度 l 范围内，若 T 与 GI_p 为变量，则应分段或积分计算。

若圆轴的扭矩或抗扭刚度沿杆长为连续变化时，则对于长为 l 的一段轴，其两端间的

扭转角为：

$$\varphi = \int_l \frac{T(x)}{GI_p(x)} \mathrm{d}x \tag{5-19}$$

(2) GI_p、T 均为常数的轴段

若相距为 l 的两横截面间的圆轴是由同一种材料制成的等直圆轴，并且其上各横截面扭矩相同，即 GI_p、T 均为常数，则扭转角为：

$$\varphi = \frac{Tl}{GI_p} \tag{5-20}$$

式（5-20）是计算扭转变形的基本公式。计算出的扭转角 φ 的单位为弧度（rad），其转向及正负号与扭矩 T 的规定相同。

式（5-20）表明：扭转角 φ 与扭矩 T、轴长 l 成正比，与 GI_p 成反比。GI_p 称为圆轴的抗扭刚度（或截面扭转刚度），它为材料剪切模量与截面极惯性矩的乘积，反映了轴截面的抗扭转变形能力。当 T、l 不变时，GI_p 越大，则扭转角 φ 越小。

(3) GI_p、T 分段为常数的圆轴

若圆轴的抗扭刚度 GI_p、扭矩 T 分段为常数，则可先分别计算出各段轴的扭转角，然后求其代数和即得圆轴的扭转角，即

$$\varphi = \sum_{i=1}^{n} \frac{T_i l_i}{(GI_p)_i} \tag{5-21}$$

式中，T_i、l_i 和 $(GI_p)_i$ 分别为各段的扭矩、长度和抗扭刚度。

2. 单位长度扭转角

在其他条件相同的前提下，轴的长度越长，两端的相对扭转角 φ 将越大，φ 的大小并不能真实反映扭转变形的程度。由于圆轴扭转时各横截面上的扭矩可能并不相同，而且轴的长度也各不相同。因此，在工程中，对于圆轴扭转变形程度通常用单位长度扭转角 θ 来度量。

由前述内容可知，单位长度扭转角指圆轴扭转时其单位长度轴段上的相对扭转角，即扭转角沿着轴线方向的变化率，则

$$\theta(x) = \frac{\mathrm{d}\varphi}{\mathrm{d}x} = \frac{T(x)}{GI_p(x)} \tag{5-22}$$

单位长度扭转角 θ 的单位为弧度/米（rad/m）。

应当注意，上述扭转变形计算公式，只有在满足剪切胡克定律的范围内才是正确的。

5.5.2 圆轴扭转时的刚度条件

在工程实际中，为了确保圆轴能正常工作，受扭圆轴在满足强度条件的同时，还需对其扭转变形进行限制。限制圆轴扭转变形的条件即为其刚度条件。

在圆轴扭转问题中，通常要求其最大的单位长度扭转角 θ_{max} 不得超过规定的许用值 $[\theta]$，于是扭转圆轴的刚度条件可以写成

$$\theta_{max} = \frac{T}{GI_p}\bigg|_{max} \leqslant [\theta] \tag{5-23a}$$

或

$$\theta_{max}=\left.\frac{T}{GI_p}\right|_{max}\times\frac{180}{\pi}\leqslant[\theta] \tag{5-23b}$$

式（5-23a）中，θ 的单位为弧度/米（rad/m）；式（5-23b）中，θ 的单位为度/米（°/m）。

式（5-23a）、式（5-23b）中，$[\theta]$ 为单位长度许用扭转角，一般根据对机器的精度要求、荷载的性质和工作情况而定，可以从有关手册中查得。对于精度要求不高的轴，$[\theta]=(1.0°\sim2.5°)/m$；对于一般的传动轴，$[\theta]=(0.5°\sim1.0°)/m$；对于精密机械中的轴，$[\theta]=(0.15°\sim0.5°)/m$。

应用上述刚度条件，可对实心或空心圆截面传动轴进行刚度计算，即校核刚度、设计截面尺寸或计算许可荷载。一般机械设备中的轴，通常是先按强度条件确定轴的尺寸，再按刚度条件校核刚度。精密机械对轴的刚度要求很高，其截面尺寸的设计往往是由刚度条件控制的。

5.5.3　例题解析

【例题 5-6】 在例题 5-1 中，若传动轴采用实心轴，其许用剪应力 $[\sigma]=50$MPa，许可单位长度扭转角 $[\theta]=0.4°/m$，切变模量 $G=100$GPa。从左到右各轴段长度分别为：1m、1.2m、1.5m。（1）试按强度条件和刚度条件，设计轴的直径 D；（2）计算轮 B 与轮 A 间的相对扭转角；（3）计算轮 B 与轮 D 间的相对扭转角。

【解】 在例题 5-1 中，$T_{max}=1750.65$N·m。

（1）计算轴的直径 D

1）按强度条件计算轴的直径 D_1

由强度条件

$$\tau_{max}=\frac{T_{max}}{W_t}=\frac{T_{max}}{\pi D_1^3/16}\leqslant[\sigma]$$

得

$$D_1\geqslant\sqrt[3]{\frac{16T_{max}}{\pi[\tau]}}=\sqrt[3]{\frac{16\times1750.65\times10^3}{\pi\times50}}=56.3\text{mm}$$

2）按刚度条件计算轴的直径 D_2

由刚度条件

$$\theta_{max}=\frac{T_{max}}{GI_p}\times\frac{180°}{\pi}=\frac{T_{max}}{G\pi D_2^4/32}\times\frac{180°}{\pi}\leqslant[\theta]$$

得

$$D_2\geqslant\sqrt[4]{\frac{32T_{max}}{G\pi[\theta]}\times\frac{180°}{\pi}}=\sqrt[4]{\frac{32\times1750.65\times10^3}{100\times10^3\times\pi\times0.4\times10^{-3}}\times\frac{180°}{\pi}}=71.1\text{mm}$$

3）确定轴的直径 D

比较分别由强度条件和刚度条件计算出的轴的直径 $D_1\geqslant56.3$mm、$D_2\geqslant71.1$mm，为了同时满足轴的强度和刚度条件，故实心轴直径取 $D=72$mm。

可见，该轴按照刚度要求确定的直径大于按照强度要求确定的直径，即刚度成为控制因素。这在刚度要求较高的机械设计中是经常出现的。

（2）计算轮 B 与轮 A 间的相对扭转角

$$\varphi_{BA}=\frac{T_1l_1}{GI_p}=\frac{32T_1l_1}{G\pi D^4}=\frac{32\times(-795.75)\times1.0\times10^6}{100\times10^3\times\pi\times72^4}=-3.02\times10^{-3}\text{rad}$$

负号表示由 A 端向 B 端看去，A 轮相对于 B 轮顺时针转过了 3.02×10^{-3} rad。

(3) 计算轮 B 与轮 D 间的相对扭转角

$$\varphi_{BD}=\sum_{i=1}^{3}\varphi_i=\varphi_{BA}+\varphi_{AC}+\varphi_{CD}=\frac{1}{GI_p}(T_1l_1+T_2l_2+T_3l_3)=\frac{32}{G\pi D^4}(T_1l_1+T_2l_2+T_3l_3)$$

$$=\frac{32}{100\times10^3\times\pi\times72^4}(-795.75\times1.0+1750.65\times1.2+954.9\times1.5)\times10^6=7.24\times10^{-3}\text{rad}$$

正号表示由 D 端向 B 端看去，D 轮相对于 B 轮逆时针转过了 7.24×10^{-3} rad。

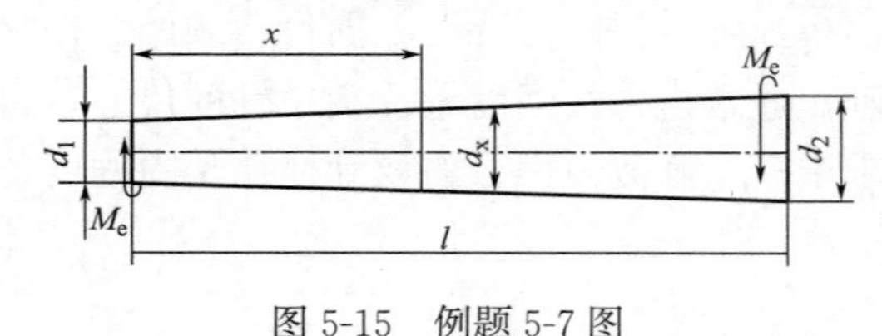

图 5-15　例题 5-7 图

【例题 5-7】 如图 5-15 所示圆锥形轴，两端承受扭力矩 M_e 作用。设轴长为 l，左、右端的直径分别为 d_1 与 d_2，材料的切变模量为 G，试计算轴的总扭转角 φ。

【解】 设 x 截面的直径为 $d(x)$，根据几何关系可得

$$d(x)=d_1+\frac{d_2-d_1}{l}x$$

(1) x 截面的扭矩

由截面法可得 x 截面的扭矩　　$T=M_e$

(2) x 截面的极惯性矩

$$I_p(x)=\frac{\pi d^4(x)}{32}=\frac{\pi}{32}\left(d_1+\frac{d_2-d_1}{l}x\right)^4$$

(3) 轴的总扭转角 φ

$$\varphi=\int_l\frac{T(x)}{GI_p(x)}dx=\frac{32M_e}{G\pi}\int_0^l\frac{dx}{\left(d_1+\frac{d_2-d_1}{l}x\right)^4}=\frac{32M_el}{3G\pi(d_2-d_1)}\left(\frac{1}{d_1^3-d_2^3}\right)$$

5.6　扭转超静定问题

5.6.1　扭转超静定问题及其求解方法

扭转超静定问题是指杆件扭转时其支座反力偶矩或者杆件横截面上的扭矩仅仅用静力平衡方程不能全部求解出来的问题。

与第 2 章中拉压杆件超静定问题的求解方法相类似，扭转超静定问题的求解仍然需从静力学、几何（变形协调条件）、物理 3 个方面进行分析，先建立有效的独立平衡方程，再由变形协调方程和物理方程建立补充方程，从而求解出各个未知力。

如图 5-16（a）所示等直圆轴 AB 两端固定，在 C 处受到一扭力矩 M_e 的作用，此轴的受力属于扭转超静定问题，其求解过程及方法如下。

1. 静力学方面

圆轴 AB 上只作用了扭矩 M_e，故其两端的约束反力应是转向相反的扭力矩，分别设为 M_{eA}、M_{eB}（图 5-16b）。由静力平衡条件 $\sum M_x=0$ 得

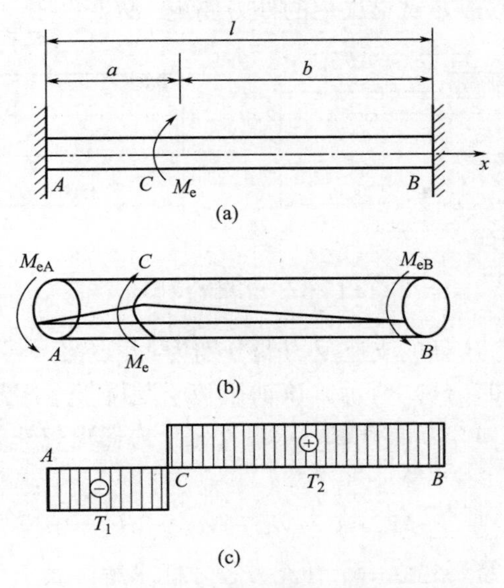

图 5-16　圆轴扭转超静定问题

$$M_{eA}+M_{eB}-M_e=0 \tag{5-24a}$$

此为一次超静定问题，需再建立补充方程才能求解。

2. 几何方面

圆轴的两端被固定，则 A 和 B 两截面间的相对扭转角 $\varphi_{AB}=0$，于是有变形协调方程：

$$\varphi_{AB}=\varphi_{AC}+\varphi_{CB}=0 \tag{5-24b}$$

3. 物理方面

应用截面法，可得轴段 AC 和 CB 中各横截面上的扭矩分别为

$$T_1=-M_{eA}，T_2=-M_{eB}$$

可得扭转角

$$\begin{cases}\varphi_{AC}=\dfrac{T_1 a}{GI_p}=\dfrac{-M_{eA}a}{GI_p}\\[2ex]\varphi_{CB}=\dfrac{T_2 b}{GI_p}=\dfrac{M_{eB}b}{GI_p}\end{cases} \tag{5-24c}$$

将式（5-24c）代入式（5-24b），得补充方程为

$$\frac{-M_{eA}a}{GI_p}+\frac{M_{eB}b}{GI_p}=0 \tag{5-24d}$$

联立求解式（5-24a）和式（5-24d），得

$$M_{eA}=\frac{M_e b}{l}，M_{eB}=\frac{M_e a}{l}$$

求得结果为正，表明原来所设 M_{eA} 和 M_{eB} 的转向是正确的。

5.6.2　例题解析

【例题 5-8】 如图 5-17（a）所示阶梯形圆轴，其单位长度许用扭转角［θ］＝0.40°/m，

材料的切变模量 $G=100\text{GPa}$，试求许用的外力偶矩 $[M_e]$。

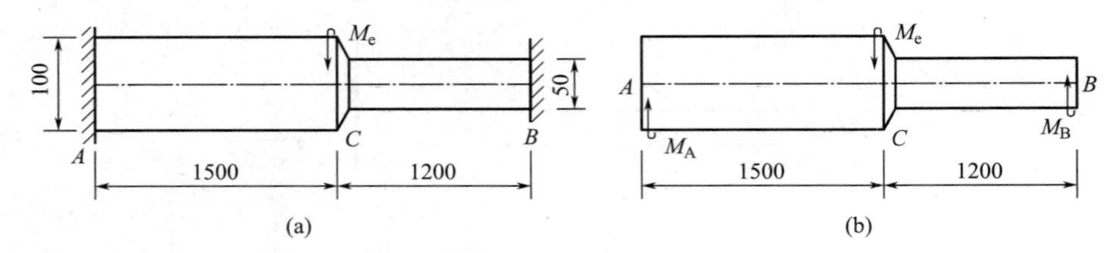

图 5-17　例题 5-8 图

【解】 设左右约束 A、B 处的支座反力偶分别为 M_A、M_B，外力偶 M_e 和 A、B 处的约束反力偶的作用如图 5-17（b）所示。该轴扭转问题属于一次超静定问题，需从静力学方面、几何方面和物理方面 3 方面考虑，求出支座反力偶矩与外力偶矩的关系。

（1）静力学方面

$$\sum M_x=0,\ M_e-M_A-M_B=0 \tag{5-25a}$$

式中有两个未知量，需要建立一个补充方程才能求解，属于一次超静定问题。

（2）几何方面

该轴两端均被固定，故其两端面间没有相对转动，由该轴的变形协调条件可得

$$\varphi_{AB}=\varphi_{AC}+\varphi_{BC}=0 \tag{5-25b}$$

（3）物理方面

$$\varphi_{AC}=\frac{T_{AC}l_{AC}}{GI_p}=\frac{M_A l_{AC}}{G\cdot\dfrac{\pi d_{AC}^4}{32}}=\frac{32M_A\times1500}{100\times10^3\times\pi\times100^4} \tag{5-25c}$$

$$\varphi_{BC}=\frac{T_{BC}l_{BC}}{GI_p}=\frac{-M_B l_{BC}}{G\cdot\dfrac{\pi d_{BC}^4}{32}}=\frac{-32M_B\times1200}{100\times10^3\times\pi\times50^4} \tag{5-25d}$$

（4）补充方程

将式（5-25c）、式（5-25d）代入式（5-25b），得到补充方程

$$\frac{32M_A\times1500}{100\times10^3\times\pi\times100^4}-\frac{32M_B\times1200}{100\times10^3\times\pi\times50^4}=0$$

$$M_A=\frac{64}{5}M_B \tag{5-25e}$$

（5）确定支座反力偶矩 M_A、M_B 与外力偶矩 M_e 的关系

联立式（5-25a）和式（5-25e）得

$$M_A=\frac{64}{69}M_e,\ M_B=\frac{5}{69}M_e$$

（6）圆轴扭矩

$$T_{AC}=M_A=\frac{64}{69}M_e,\ T_{BC}=M_B=\frac{5}{69}M_e$$

（7）求解许用外力偶 $[M_e]$

由刚度条件 $\theta_{max}=\dfrac{32T}{G\pi d^4}\times\dfrac{180}{\pi}\leqslant[\theta]$，分别计算 AC、BC 段满足刚度要求时对应的许

用外力偶。

1）AC 段 M_{e1}

$$\theta_{\max,1}=\frac{32T_{AC}}{G\pi d_{AC}^{4}}\times\frac{180}{\pi}=\frac{32\times\dfrac{64}{69}M_{e1}}{100\times10^{3}\pi\times100^{4}}\times\frac{180}{\pi}\leqslant[\theta]=4\times10^{-4}$$

得

$$M_{e1}\leqslant\frac{4\times10^{-4}\times100\times10^{3}\times\pi^{2}\times100^{4}}{32\times\dfrac{64}{69}\times180}=7.39\times10^{6}\ \mathrm{N\cdot mm}=7.39\mathrm{kN\cdot m}$$

2）BC 段 M_{e2}

$$\theta_{\max,2}=\frac{32T_{BC}}{G\pi d_{BC}^{4}}\times\frac{180}{\pi}=\frac{32\times\dfrac{5}{69}M_{e1}}{100\times10^{3}\pi\times50^{4}}\times\frac{180}{\pi}\leqslant[\theta]=4\times10^{-4}$$

得

$$M_{e1}\leqslant\frac{4\times10^{-4}\times100\times10^{3}\times\pi^{2}\times50^{4}}{32\times\dfrac{5}{69}\times180}=5.91\times10^{6}\ \mathrm{N\cdot mm}=5.91\mathrm{kN\cdot m}$$

3）许用外力偶 $[M_e]$

$$M_e=[M_{e1},M_{e2}]_{\min}=M_{e2}\leqslant5.91\mathrm{kN\cdot m}$$

许用外力偶取 $[M_e]=5.91\mathrm{kN\cdot m}$。

5.7　非圆截面杆的扭转

工程实际中，有些受扭杆件的横截面并非圆形截面，而是矩形、工字形、槽形等。例如，机械上的方形截面传动轴、矩形截面曲柄等；建筑物中常见的矩形或 L 形截面雨篷梁等。

试验表明，非圆截面杆扭转后，横截面不再保持为平面，而要发生翘曲。如图 5-18 所示矩形截面等直杆，受扭前若在其表面画上一系列纵向线及横向线，扭转变形后可看到横向线已变成空间曲线。受扭非圆截面杆件横截面发生翘曲，是其横截面上各点沿杆轴方向产生了不同位移造成的。因此，根据平面假设建立起来的一些圆杆扭转公式在非圆截面杆中不再适用。

对于非圆截面杆的自由扭转问题，无法用材料力学的方法分析其应力和变形，一般在弹性力学中讨论。本节将简要介绍非圆截面杆的自由扭转问题，仅介绍关于矩形截面杆、开口薄壁截面杆在自由扭转时的应力和变形计算的主要结论。

5.7.1　自由扭转和约束扭转

非圆截面杆的扭转可分为自由扭转和约束扭转。

1. 自由扭转

非圆截面杆扭转时，如果各横截面均可自由翘曲，不受任何限制，且任意两个相邻截面的翘曲程度完全相同，纵向纤维的长度无伸缩，则横截面上将只有剪应力而无正应力，

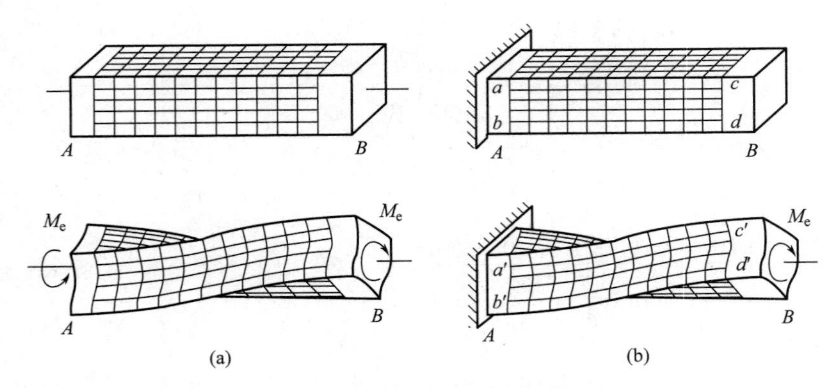

图 5-18 非圆形截面杆的扭转变形

这种情况称为自由扭转翘曲，此时杆的扭转称为自由扭转或纯扭转。

如图 5-18（a）所示无约束矩形截面等直杆的扭转为自由扭转。加载前在其表面画出纵、横线构成的小方格，然后在其两端施加一对平衡外力偶。该杆件扭转变形后，其表面纵、横线都变成了曲线，说明杆的横截面产生了翘曲。可以观察到，各个小方格的边长没有改变，说明各个横截面的翘曲程度都相同，横截面上没有正应力；但是除了靠近杆的四条棱边的小方格以外，其余小方格都发生了角度的改变，说明产生了剪切变形，横截面上存在剪应力。

2. 约束扭转

如果杆件端部受到约束，或杆的各截面上扭矩不同，则横截面的翘曲受到限制，各横截面翘曲程度不同，从而引起纵向纤维伸长或缩短，横截面上同时存在正应力和剪应力，这种情况称为约束扭转翘曲，此时杆的扭转称为约束扭转。

如图 5-18（b）所示的矩形截面等直悬臂杆，在其自由端截面上施加外力偶，杆件发生扭转时其固定端截面不能自由翘曲，其他部位的横截面发生翘曲，且翘曲程度各不相同。固定端附近横截面（如 $a'b'$）的翘曲程度很小，而自由端附近横截面（如 $c'd'$）的翘曲程度较大，横截面上将产生正应力。

精确分析表明，对于一般非圆实体轴，约束扭转引起的正应力很小，故实际计算时可略去不计。但是，对于非圆薄壁截面杆，其约束扭转的正应力是不能忽略的。

5.7.2 矩形截面杆的自由扭转

试验研究及弹性力学分析结果表明，矩形截面杆件自由扭转时横截面上的剪应力分布如图 5-19 所示。

1. 横截面剪应力分布特点

矩形截面杆件自由扭转时其横截面上的剪应力分布具有如下特点：

（1）截面边缘各点的剪应力与周边平行，形成与边界相切的顺流。

如图 5-19（b）所示的横截面上，在周边上任一点 A 处取一单元体，在单元体上若有任意方向的剪应力，则必可分解成平行于周边的剪应力 τ 和垂直于周边的剪应力 τ'。由剪应力互等定理可知，当 τ' 存在时，则单元体的左侧面上必有 τ''，但左侧面是杆的外表面，

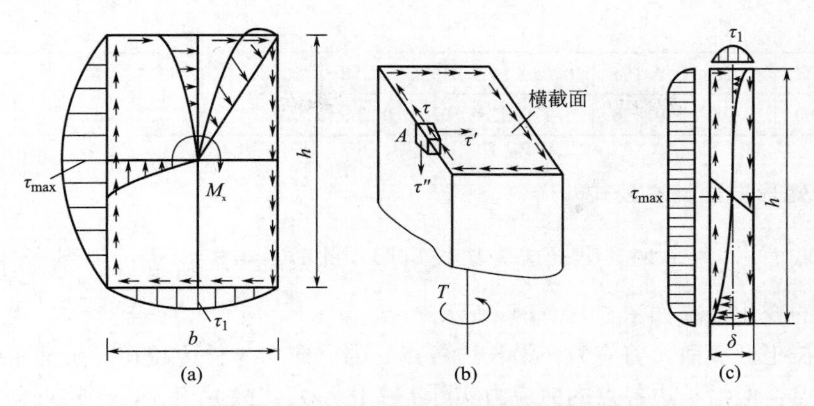

图 5-19　矩形截面杆件自由扭转时横截面上剪应力分布

其上没有剪应力，故 $\tau''=0$，由此可知，$\tau'=0$，因此该点只有平行于周边的剪应力 τ。

（2）矩形截面 4 个凸角处剪应力等于零。

这个结论同样可由剪应力互等定理及杆表面无应力的情况得以证明。

（3）最大剪应力发生在矩形长边的中点处。

2. 一般矩形截面计算公式

设矩形截面的长边尺寸为 h，短边尺寸为 b，则由弹性力学分析可得中点处的剪应力以及单位长度扭转角计算公式。

（1）矩形截面最大剪应力

矩形截面最大剪应力为矩形长边中点的最大剪应力 τ_{max}。

$$\tau_{max}=\frac{T}{W_t}=\frac{T}{\alpha hb^2} \tag{5-26a}$$

式中，W_t 称为扭转截面系数，$W_t=\alpha hb^2$；α 为与 h/b 比值有关的系数，其数值见表 5-1。

（2）短边最大剪应力

短边中点的剪应力 τ_1 是短边上的最大剪应力，为

$$\tau_1=\gamma\tau_{max} \tag{5-26b}$$

式中，γ 为与 h/b 比值有关的系数，其数值见表 5-1。

（3）杆件两端相对扭转角

$$\varphi=\frac{Tl}{G\beta hb^3}=\frac{Tl}{GI_t} \tag{5-27a}$$

（4）杆件单位长度相对扭转角

$$\theta=\frac{T}{G\beta hb^3}=\frac{T}{GI_t} \tag{5-27b}$$

式中，I_t 称为截面的相当极惯性矩，$I_t=\beta hb^3$；GI_t 称为非圆截面杆件的抗扭刚度；β 是与 h/b 比值有关的系数，其数值见表 5-1。

矩形截面杆扭转时的系数 α、β 和 γ　　表 5-1

h/b	1.0	1.2	1.5	2.0	2.5	3.0	4.0	6.0	8.0	10.0	∞
α	0.208	0.219	0.231	0.246	0.258	0.267	0.282	0.299	0.307	0.313	0.333

续表

β	0.141	0.166	0.196	0.229	0.249	0.263	0.281	0.299	0.307	0.313	0.333
γ	1.000	0.930	0.858	0.796	0.767	0.753	0.745	0.743	0.743	0.743	0.743

3. 狭长矩形截面计算公式

当矩形截面 $\dfrac{h}{b}>10$ 时，截面成为狭长矩形，此时 $\alpha=\beta\approx\dfrac{1}{3}$ 。在狭长矩形截面上，扭转剪应力的变化情况如图 5-19（c）所示。

对于狭长矩形截面，剪应力在沿长边各点处的方向均与长边相切，虽然最大剪应力仍在长边的中点，但沿长边各点的剪应力实际上变化不大，接近相等，在靠近角点处才迅速减小为零。

若用 δ 表示狭长矩形短边的长度，则式（5-26a）、式（5-27a）和式（5-27b）可改写为

$$\tau_{\max}=\frac{T}{W_{\mathrm{t}}}=\frac{3T}{h\delta^2} \tag{5-28a}$$

$$\varphi=\frac{Tl}{GI_{\mathrm{t}}}=\frac{3Tl}{Gh\delta^3} \tag{5-28b}$$

$$\theta=\frac{T}{GI_{\mathrm{t}}}=\frac{3T}{Gh\delta^3} \tag{5-28c}$$

式中，扭转截面系数 $W_{\mathrm{t}}=\dfrac{1}{3}h\delta^2$； 截面的相当极惯性矩 $I_{\mathrm{t}}=\dfrac{1}{3}h\delta^3$。

5.7.3 薄壁杆件的自由扭转

工程上，为了减轻结构构件重量，常采用各种薄壁杆件。所谓薄壁杆件，是指其壁厚远远小于横截面其他两个方向尺寸（高和宽）的杆件。薄壁杆件壁厚平分线称为中线。若薄壁杆件的壁厚中线为一条不封闭的折线或曲线（图 5-20a～e），则称其为开口薄壁杆件；若薄壁杆件的壁厚中线是一条闭合线（图 5-20f），则称其为闭口薄壁杆件。

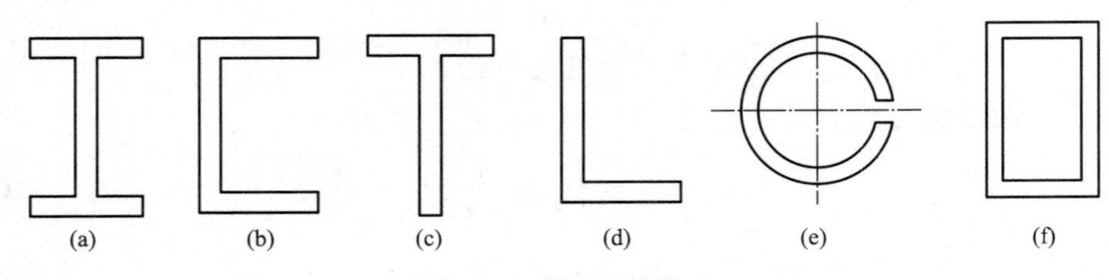

图 5-20　薄壁杆件截面

1. 开口薄壁杆件

（1）计算公式

开口薄壁杆件，如轧制型钢（角钢、槽钢、工字钢等），其横截面可看作由若干个狭长矩形所组成。中线为曲线的开口薄壁杆件，计算时可将截面展直，作为狭长矩形截面处理，如图 5-21 所示。

假定杆件发生扭转变形时，横截面上的总扭矩为 T， 而每个狭长矩形截面上由剪应力

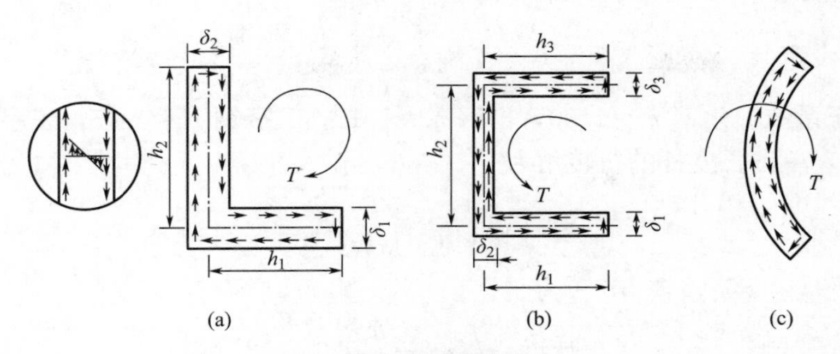

图 5-21　薄壁杆件截面

合成的扭矩为 T_i。如果能求出 T_i，则可由式（5-28a）和式（5-28c）求出每个狭长矩形截面的最大剪应力和单位长度杆的扭转角。

由静力学的力矩合成原理可知，横截面上的总扭矩等于各狭长矩形截面上的扭矩之和，即

$$T=T_1+T_2+\cdots+T_n=\sum_{i=1}^{n}T_i \tag{5-29}$$

显然，由式（5-29）无法求出每个狭长矩形截面上的扭矩 T_i。为此，需从几何、物理方面进行分析，建立补充方程，然后与式（5-29）联立求解。

由试验观察到的变形情况，可作出如下假设：开口薄壁杆扭转后，其横截面虽然翘曲，但横截面的周边形状在其变形前平面（即垂直于轴线的平面）上的投影保持不变。这一假设称为刚周边假设。在实际工程中，开口薄壁杆件一般每隔一段距离会设置加劲板，其实际变形情况与刚周边假设基本吻合。

根据刚周边假设，开口薄壁杆的整体截面与组成该截面的各个狭长矩形具有相同的扭转角，即

$$\theta=\theta_i(i=1，2，\cdots，n) \tag{5-30a}$$

由前述“狭长矩形截面计算公式”中式（5-28c），有

$$\theta=\frac{T}{GI_{\mathrm{t}}}，\ \theta_i=\frac{T_i}{GI_{\mathrm{t}i}} \tag{5-30b}$$

式中，θ_i（$i=1，2，\cdots，n$）表示开口薄壁杆中第 i 个狭长矩形的单位长度扭转角；θ 表示开口薄壁杆整体截面的单位长度扭转角；$I_{\mathrm{t}i}$（$i=1，2，\cdots，n$）表示开口薄壁杆中第 i 个狭长矩形所承担的相当极惯性矩，$I_{\mathrm{t}i}=\frac{1}{3}h_i\delta_i^3$；$I_{\mathrm{t}}$ 表示开口薄壁杆整体截面所承担的相当极惯性矩。根据组合截面惯性矩计算方法，可得

$$I_{\mathrm{t}}=\sum_{i=1}^{n}I_{\mathrm{t}i}=\frac{1}{3}\sum_{i=1}^{n}h_i\delta_i^3 \tag{5-31}$$

式中，h_i 和 δ_i 分别为第 i 个狭长矩形的长度和厚度。如图 5-21（a）、（b）所示截面，可分为几个狭长矩形，每个狭长矩形的长度和厚度如图 5-21（a）、（b）所示。

工程上常用的型钢薄壁截面，壁厚往往是变化的，在连接处采用圆角过渡，增加了杆件的抗扭刚度，故在计算槽钢、工字钢等开口薄壁杆件的 I_{t} 时，应对式（5-31）作必要的

修正，其修正公式为

$$I_t = \eta \times \frac{1}{3}\sum_{i=1}^{n} h_i \delta_i^3 \tag{5-32}$$

式中，η 为修正系数。角钢 $\eta=1.00$，槽钢 $\eta=1.12$，T 字钢 $\eta=1.15$，工字钢 $\eta=1.20$。

综上所述，单位长度杆的扭转角为

$$\theta=\theta_i=\frac{T}{GI_t} \tag{5-33}$$

由式（5-30a）、式（5-30b）可得

$$T_i=\frac{I_{ti}}{I_t}T=\frac{h_i\delta_i^3}{3I_t}T \tag{5-34}$$

由式（5-28a）得各狭长矩形上的最大剪应力为

$$\tau_{i,\max}=\frac{3T_i}{h_i\delta_i^2}=\frac{T}{I_t}\delta_i \tag{5-35}$$

由式（5-35）可见，当 δ_i 为最大时，剪应力 $\tau_{i,\max}$ 达到最大值。故 $\tau_{\max}$ 发生在宽度最大狭长矩形的长边中点处，即

$$\tau_{\max}=\frac{T}{I_t}\delta_{\max} \tag{5-36}$$

（2）横截面剪应力分布规律

对于由狭长矩形组成的截面，如图 5-21（a）、（b）所示，其上剪应力在每个小矩形上的分布与矩形截面杆扭转时相同，即剪应力沿壁厚线性分布，在边界上达到最大值。沿截面的边缘，剪应力与边界相切，沿着周边或周边的切线形成环流；在同一截面的两侧，剪应力方向相反。环流流向与截面的扭矩一致；角点处的剪应力为零；中线上的剪应力也为零；长边边缘处的剪应力接近均匀分布。

2. 闭口薄壁杆件

闭口薄壁杆件自由扭转时，与薄壁圆筒相似，由于壁厚 δ 很小，可以假定横截面上的剪应力 τ 沿壁厚均匀分布，其沿着截面中线的切线方向形成环流，如图 5-22 所示。

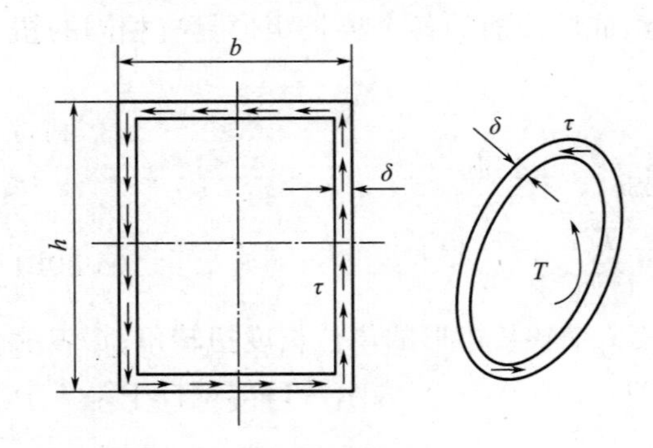

图 5-22 闭口薄壁杆截面

闭口薄壁杆件上任意一点处的剪应力为

$$\tau=\frac{T}{2A_0\delta} \tag{5-37}$$

式中，A_0 为截面中线所围成的面积。

由式（5-37）可知，最大的剪应力发生在壁厚 δ 为最小值处，即

$$\tau_{\max}=\frac{T}{2A_0\delta_{\min}} \tag{5-38}$$

闭口薄壁杆件的扭转角可以用能量法求得。在扭矩 T 作用下，杆件的单位扭转角为

$$\theta=\frac{T}{4GA_0^2}\oint\frac{ds}{\delta} \tag{5-39}$$

式中，s 为截面中线全长。积分取决于杆件的壁厚 δ 沿截面中线的变化规律。若杆件壁厚 δ 为常量，则

$$\theta = \frac{Ts}{4GA_0^2\delta} \tag{5-40}$$

5.7.4 例题解析

【例题 5-9】 有一矩形截面等直轴，横截面尺寸为 $b \times h = 40\text{mm} \times 100\text{mm}$，长度 $l = 1.5\text{m}$，轴在两端受一对力偶 M_e 作用。已知材料的切变模量 $G = 100\text{GPa}$，许用剪应力 $[\tau] = 50\text{MPa}$，单位长度许用扭转角 $[\theta] = 0.80°/\text{m}$。(1) 试确定许用外力偶矩 $[M_e]_1$；(2) 若将矩形截面等直轴分别换成相同横截面面积的正方形截面、圆形截面等直轴时，正方形截面、圆形截面等直轴的许用外力偶矩分别为 $[M_e]_2$、$[M_e]_3$，试比较 $[M_e]_1$、$[M_e]_2$、$[M_e]_3$ 三者大小。

【解】 由于只在杆端受外力偶的作用，杆内任意截面上的扭矩为

$$T = M_e$$

(1) 矩形截面等直轴许用外力偶矩 $[M_e]_1$

矩形截面 $\frac{h}{b} = \frac{100}{40} = 2.5$，查得，$\alpha = 0.258$，$\beta = 0.249$

1) 矩形截面最大剪应力

$$\tau_{\max} = \frac{T}{W_t} = \frac{M_{e1}}{\alpha h b^2} = \frac{M_{e1}}{0.258 \times 100 \times 40^2} \leqslant [\tau] = 50\text{MPa}$$

2) 杆件单位长度相对扭转角

$$\theta_1 = \frac{T}{G\beta h b^3} \times \frac{180}{\pi} = \frac{M_{e1}}{100 \times 10^3 \times 0.249 \times 100 \times 40^3} \times \frac{180}{\pi} \leqslant [\theta] = 0.0008°/\text{mm}$$

3) 许用外力偶矩 $[M_e]_1$

由第 1) 步的结果得

$$M_{e1} \leqslant 2.064 \times 10^6 \text{N} \cdot \text{mm} = 2.064\text{kN} \cdot \text{m}$$

由第 2) 步的结果得

$$M_{e1} \leqslant 2.225 \times 10^6 \text{ N} \cdot \text{mm} = 2.225\text{kN} \cdot \text{m}$$

故取 $[M_e]_1$ 为

$$[M_e]_1 = [2.064, 2.225]_{\min} = 2.064\text{kN} \cdot \text{m}$$

(2) 正方形、圆形截面等直轴许用外力偶矩 $[M_e]_2$、$[M_e]_3$

1) 求截面尺寸，确定相关参数

正方形截面边长为 $a = \sqrt{bh} = \sqrt{40 \times 100} = 63.25\text{mm}$，查表 5-1 得，$\alpha = 0.208$，$\beta = 0.141$

圆形截面直径为 d，由 $\frac{\pi d^2}{4} = bh$ 得，$d = 2\sqrt{\frac{bh}{\pi}} = 2\sqrt{\frac{40 \times 100}{\pi}} = 71.36\text{mm}$

2) 由扭转强度条件求许用外力偶矩

$$\tau_{\max 2} = \frac{T}{W_t} = \frac{M_{e2}}{\alpha a^3} = \frac{M_{e2}}{0.208 \times 63.25^3} \leqslant [\tau] = 50\text{MPa}$$

$$\tau_{\max3}=\frac{T}{W_t}=\frac{M_{e3}}{\frac{\pi d^3}{16}}=\frac{16M_{e3}}{\pi\times71.36^3}\leqslant[\tau]=50\text{MPa}$$

得

$$M_{e2}\leqslant2.632\times10^6\ \text{N}\cdot\text{mm}=2.632\text{kN}\cdot\text{m}$$
$$M_{e3}\leqslant3.568\times10^6\text{N}\cdot\text{mm}=3.568\text{kN}\cdot\text{m}$$

则

$$[M_e]_2=2.632\text{kN}\cdot\text{m},[M_e]_3=3.568\text{kN}\cdot\text{m}$$

3）由扭转刚度条件求许用外力偶矩

$$\theta_2=\frac{T}{G\beta a^3}\times\frac{180}{\pi}=\frac{M_{e2}}{100\times10^3\times0.141\times63.25^4}\times\frac{180}{\pi}\leqslant[\theta]=0.0008°/\text{mm}$$

$$\theta_3=\frac{32T}{G\pi d^4}\times\frac{180}{\pi}=\frac{32M_{e3}}{100\times10^3\pi\times71.36^4}\times\frac{180}{\pi}\leqslant[\theta]=0.0008°/\text{mm}$$

得

$$M_{e2}\leqslant3.151\times10^6\ \text{N}\cdot\text{mm}=3.151\text{kN}\cdot\text{m}$$
$$M_{e3}\leqslant3.555\times10^3\text{N}\cdot\text{mm}=3.555\text{kN}\cdot\text{m}$$

则

$$[M_e]_2=3.151\text{kN}\cdot\text{m},[M_e]_3=3.555\text{kN}\cdot\text{m}$$

4）正方形、圆形截面等直轴许用外力偶矩 $[M_e]_2$、$[M_e]_3$

$$[M_e]_2=2.632\text{kN}\cdot\text{m},[M_e]_3=3.555\text{kN}\cdot\text{m}$$

（3）相同截面面积的矩形、正方形、圆形截面等直轴许用外力偶矩比较

$$[M_e]_1=2.064\text{kN}\cdot\text{m}<[M_e]_2=2.632\text{kN}\cdot\text{m}<[M_e]_3=3.555\text{kN}\cdot\text{m}$$
$$[M_e]_1:[M_e]_2:[M_e]_3=1:1.28:1.72$$

在相同截面面积的情况下，无论是扭转强度还是扭转刚度，圆形截面杆均优于正方形截面杆，正方形截面杆均优于矩形截面杆。

【例题 5-10】如图 5-23 所示为两个正方形薄壁杆件的截面，其中图 5-23（b）所示截面沿杆纵向切开一缝，为开口薄壁截面。两薄壁杆件材料相同。已知其截面尺寸 $a=60\text{mm}$，$\delta=3\text{mm}$，两杆均在杆端受一对外力偶作用。试问：在相同的外力偶矩 M_e 作用下，哪种截面形式较好？

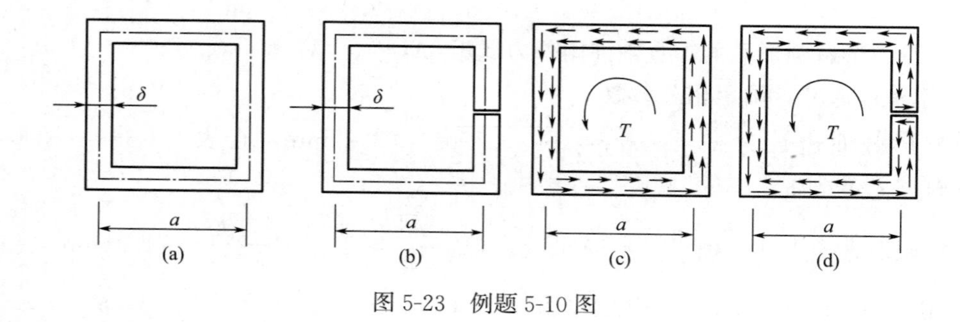

图 5-23　例题 5-10 图

【解】分析：从抗扭强度和抗扭刚度两方面考虑，在相同的外力偶矩作用下，所产生

的最大剪应力和单位长度杆的相对扭转角均较小的截面形式较好。

(1) 杆内任意截面上的扭矩

两杆均只在杆端受一对外力偶 M_e 的作用，两杆内任意截面上的扭矩均为

$$T=M_e$$

(2) 两杆最大剪应力比较

1) 闭口薄壁截面

$$\tau_{max1}=\frac{T}{2A_0\delta_{min}}=\frac{M_e}{2a^2\delta}$$

闭口薄壁杆横截面剪应力分布规律如图 5-23 (c) 所示。

2) 开口薄壁截面

$$\tau_{max2}=\frac{T}{I_t}\delta_{max}=\frac{T\delta_{max}}{\frac{1}{3}\sum_{i=1}^{n}h_i\delta_i^3}=\frac{3M_e\delta}{4a\delta^3}=\frac{3M_e}{4a\delta^2}$$

开口薄壁杆横截面剪应力分布规律如图 5-23 (d) 所示。

3) 两杆最大剪应力之比

$$\frac{\tau_{max2}}{\tau_{max1}}=\frac{\frac{3M_e}{4a\delta^2}}{\frac{M_e}{2a^2\delta}}=\frac{3a}{2\delta}=\frac{3\times60}{2\times3}=30$$

即开口薄壁截面杆的最大剪应力为闭口薄壁截面杆的 30 倍。

(3) 两杆单位长度相对扭转角比较

1) 闭口薄壁截面

$$\theta_1=\frac{Ts}{4GA_0^2\delta}=\frac{M_e\times4a}{4Ga^4\delta}=\frac{M_e}{Ga^3\delta}$$

2) 开口薄壁截面

$$\theta_2=\frac{T}{GI_t}=\frac{T}{G\frac{1}{3}\sum_{i=1}^{n}h_i\delta_i^3}=\frac{M_e}{G\times\frac{1}{3}\times4a\delta^3}=\frac{3M_e}{4Ga\delta^3}$$

3) 两杆单位长度相对扭转角之比

$$\frac{\theta_2}{\theta_1}=\frac{\frac{3M_e}{4Ga\delta^3}}{\frac{M_e}{Ga^3\delta}}=\frac{3}{4}\left(\frac{a}{\delta}\right)^2=\frac{3}{4}\left(\frac{60}{3}\right)^2=300$$

开口薄壁截面杆的单位长度相对扭转角为闭口薄壁截面杆的 300 倍。

由抗扭强度和抗扭刚度的计算可见，在相同的外力偶矩作用下，闭口薄壁截面形式更好，其最大剪应力和单位长度杆的相对扭转角均较小。

5.8　圆柱形密圈螺旋弹簧的计算

螺旋弹簧是工程中常用的零件，可用以测量重量、缓冲减振、控制机械运动及储存能

量等，如弹簧秤中的测力弹簧、车辆上用的缓冲弹簧、发动机进排气阀与高压容器安全阀中的控制弹簧等。螺旋弹簧有多种形式，最常用的是圆柱形螺旋弹簧。

圆柱形螺旋弹簧是由一根圆形截面簧丝绕圈成圆柱形状而成，其簧丝轴线是一条空间螺旋线（图 5-24a），其应力和变形的精确分析比较复杂。但当圆柱形螺旋弹簧簧丝轴线对水平面的倾角（即螺旋角）α 很小，如 $\alpha < 5^{\circ}$ 时，可忽略倾角 α 的影响，假设簧丝的横截面与弹簧轴线在同一平面内，一般将这种弹簧称为密圈螺旋弹簧。

在分析计算密圈螺旋弹簧的应力和变形时，当簧丝横截面直径 d 远小于弹簧圈的平均直径 D 时，可忽略簧丝曲率的影响，近似地用直杆公式分析计算。

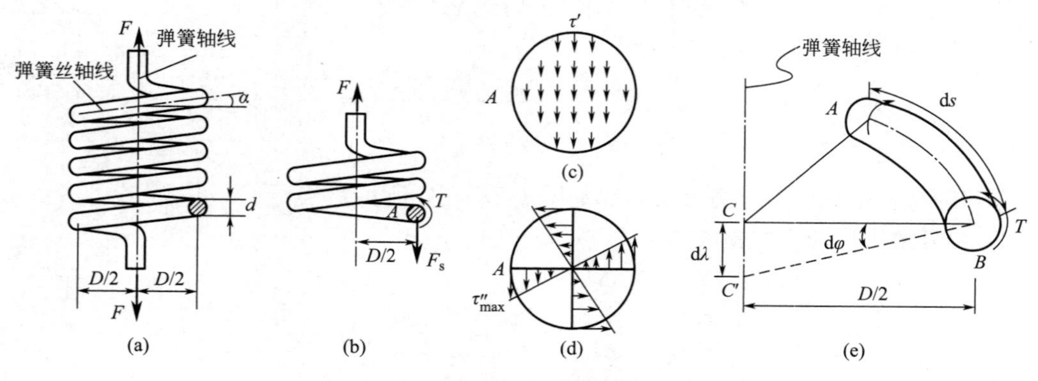

图 5-24　圆柱形密圈螺旋弹簧

5.8.1　弹簧丝横截面上的应力与强度计算

在圆柱形密圈螺旋弹簧的弹簧圈轴线方向上作用有拉（或压）力 F，如图 5-24（a）所示，用一通过弹簧圈轴线的截面将某一圈的簧丝截开，取上部为研究对象（图 5-24b）。

在密圈情况下，可认为被截开的簧丝截面（即横截面）与弹簧圈轴线在同一平面内，即与拉力 F 在同一平面内。显然，为保持隔离体的平衡，簧丝横截面上有一向下的内力 F_s 和一个内力偶 T。由平衡条件可得

$$\sum F_y = 0,\ F_s = F$$

$$\sum M_0 = 0,\ T = FR = \frac{FD}{2}$$

式中，R 为弹簧圈的平均半径，为簧丝截面的中心到弹簧圈轴线的距离，用 $D/2$ 表示；D 表示弹簧圈的平均直径。

可见，在拉（或压）力 F 作用下，圆柱形密圈螺旋弹簧簧丝横截面上的内力有剪力 F_s 和扭矩 T，簧丝横截面上将产生剪应力。

1. 与剪力 F_s 相应的剪应刀 τ'

按“3.2 剪切的实用计算”中的实用计算方法，可认为与剪力 F_s 相应的剪应刀 τ' 沿簧丝横截面是均匀分布的（图 5-24c），即

$$\tau' = \frac{F_s}{A} = \frac{4F}{\pi d^2}$$

式中，A 为簧丝横截面面积；d 为簧丝直径。τ' 的方向与剪力 F_s 平行。

2. 与扭矩 T 相应的剪应力 τ''

与扭矩 T 相应的剪应力 τ'' 可用等直圆轴扭转时的剪应力公式（5-12）计算。τ'' 的方向沿簧丝的半径呈线性分布，垂直于半径。

与扭矩 T 相应的剪应力最大值 $\tau''_{\max}$ 分布在簧丝的周边上（图 5-24d），其值为

$$\tau''_{\max}=\frac{T}{W_p}=\frac{F\dfrac{D}{2}}{\dfrac{\pi d^3}{16}}=\frac{8FD}{\pi d^3}$$

3. 簧丝横截面上任一点的总应力

簧丝横截面上任一点的总应力是剪切与扭转两种剪应力的矢量和。

4. 簧丝横截面上最大剪应力

最大剪应力发生在簧丝横截面内侧边缘处，其值为

$$\tau_{\max}=\tau''_{\max}+\tau'=\frac{8FD}{\pi d^3}+\frac{4F}{\pi d^2}=\frac{8FD}{\pi d^3}\left(1+\frac{d}{2D}\right) \tag{5-41}$$

式（5-41）中括号内的第二项代表剪切的影响，当 $\dfrac{D}{d}\geqslant 10$，即 $\dfrac{d}{2D}\leqslant 5\%$时，可以忽略剪切的影响，只考虑簧丝的扭转。于是，式（5-41）可简化为

$$\tau_{\max}=\frac{8FD}{\pi d^3} \tag{5-42}$$

当 $\dfrac{D}{d}$ 值较小，即簧丝曲率较大时，用直杆的扭转公式计算剪应力会引起较大误差，且剪力引起的剪应力也不能忽略，如用式（5-42）计算将产生较大的误差，此误差随比值 $\dfrac{D}{d}$ 的减小而增大。根据理论和实验研究，$\dfrac{D}{d}$ 值较小时，簧丝最大剪应力可采用如下的实用公式计算。

$$\tau_{\max}=\kappa\frac{8FD}{\pi d^3} \tag{5-43}$$

式中，κ 为一个修正系数，称为曲度系数，按式（5-44）计算：

$$\kappa=\frac{4c-1}{4c-4}+\frac{0.615}{c} \tag{5-44}$$

式中，$c=\dfrac{D}{d}$，称为弹簧系数。

5. 圆柱形密圈螺旋弹簧强度条件

圆柱形密圈螺旋弹簧的强度条件为

$$\tau_{\max}=\kappa\frac{8FD}{\pi d^3}\leqslant[\tau] \tag{5-45}$$

式中，$[\tau]$ 为弹簧丝的许用剪应力，其值可查机械设计手册。弹簧材料一般采用弹簧钢，其屈服极限 σ_s 较高，相应的许用剪应力 $[\tau]$ 也较高。

5.8.2 弹簧的变形计算

弹簧的变形是指整个弹簧在外力作用下沿轴向的伸长（或缩短）变化。在拉（或压）力 F 作用下，圆柱形密圈螺旋弹簧簧丝内同时存在着剪力和扭矩，它们对变形都有影响。与扭矩引起的变形相比，剪力引起的变形数值很小，可忽略不计。所以在计算弹簧的变形时只考虑扭矩的影响。

从簧丝上截取长为 ds 的一微段 AB，如图 5-24（e）所示，在微段两端截面 A 和 B 上作用有扭矩 $T=FD/2$。用 AC 和 BC 分别代表由 A、B 两截面引出的弹簧半径，根据前面所作的假设，微段 ds 位于水平面内，所以 AC 和 BC 相交于 C 点。微段 ds 受扭矩作用后，两截面间产生相对扭转角，设截面 A 不动，则截面 B 产生了扭转角 dφ。假定 dφ 的计算可采用圆直杆扭转变形的公式，即

$$\mathrm{d}\varphi=\frac{T\mathrm{d}s}{GI_{\mathrm{p}}}$$

式中，G 为簧丝材料的切变模量；I_{p} 为簧丝截面的极惯性矩。

$$I_{\mathrm{p}}=\frac{\pi d^4}{32} \tag{5-46}$$

微段 ds 所产生的扭转角使弹簧沿轴向产生位移 dλ（图 5-24e）。这里，可将截面 B 处的弹簧半径 BC 假想为一刚性杆，并将截面 B 以下的弹簧假想为一刚体悬挂在刚性杆 BC 的端点 C，由于 B 端的扭转角 dφ 使 C 点下降到 C' 点，即相当于截面 B 以下的弹簧沿轴向移动了距离 dλ，故

$$\mathrm{d}\lambda=CC'=\mathrm{d}\varphi\,\frac{D}{2}$$

欲求整个弹簧的轴向位移 λ，应将微段簧丝 ds 的轴向位移 dλ 沿簧丝的全长 l 积分，即

$$\lambda=\int_l \mathrm{d}\lambda=\frac{D}{2}\int_0^l \frac{T\mathrm{d}s}{GI_{\mathrm{p}}} \tag{5-47}$$

设 n 为弹簧圈数，不考虑倾角 α 的影响，则

$$l\approx n\cdot\pi D \tag{5-48}$$

将式（5-46）、式（5-48）及 $T=FD/2$ 代入式（5-47），得

$$\lambda=\frac{D}{2}\cdot\frac{\frac{FD}{2}\cdot n\pi D}{G\,\frac{\pi d^4}{32}}=\frac{8nFD^3}{Gd^4} \tag{5-49}$$

即为计算弹簧轴向伸长或缩短的公式，也可以写成

$$\lambda=\frac{F}{B} \tag{5-50}$$

$$B=\frac{Gd^4}{8nD^3} \tag{5-51}$$

式中，B 称为弹簧刚度，是使弹簧产生单位位移所需的力，其单位为“N/m”或“kN/m”。

5.8.3　例题解析

【例题 5-11】 圆柱形密圈螺旋弹簧的平均直径 $D=80\text{mm}$，簧杆的直径 $d=10\text{mm}$，受拉力 $F=1200\text{N}$，若材料的切变模量 $G=80\text{GPa}$，许用应力 $[\tau]=300\text{MPa}$。（1）校核强度；（2）欲使弹簧在力 F 作用下的变形 $\lambda=60\text{mm}$，问弹簧最少应有几圈（取整圈数）？

【解】 求弹簧内的最大剪应力的近似解

（1）确定相关参数

弹簧系数
$$c=\frac{D}{d}=\frac{80}{10}=8$$

曲度系数
$$\kappa=\frac{4c-1}{4c-4}+\frac{0.615}{c}=\frac{4\times8-1}{4\times8-4}+\frac{0.615}{8}=1.184$$

（2）校核强度

$$\tau_{\max}=\kappa\frac{8FD}{\pi d^3}=1.184\times\frac{8\times1200\times80}{\pi\times10^3}=289.44\text{MPa}\leqslant[\tau]=300\text{MPa}$$

强度满足要求。

（3）计算弹簧圈数

根据计算弹簧伸长与缩短的公式 $\lambda=\dfrac{8nFD^3}{Gd^4}$ 得：

$$n=\frac{\lambda Gd^4}{8FD^3}=\frac{60\times80\times10^3\times10^4}{8\times1200\times80^3}=9.77\approx10\text{ 圈}$$

弹簧至少应有 10 圈。

本章小结

1. 扭转受力特点是杆件承受作用面与杆轴线垂直的力偶作用；变形特点是杆件各横截面绕轴线作相对转动。

2. 外力偶矩、扭矩、扭矩的符号、扭矩图

（1）外力偶矩的计算公式为

$$M_{\text{e}}=9549\,\frac{P\,(\text{kW})}{n\,(\text{r/min})}$$

（2）受扭杆件横截面上分布力系的合力称为扭矩 T。求扭矩的方法有截面法、直接法。

（3）扭矩正负符号规定：按右手螺旋法则确定扭矩矢量 T 的方向，用四指表示扭矩的转向，当大拇指向与横截面的外法线方向一致时，扭矩为正，反之为负。

（4）扭矩图是用内力图来表示各个截面上扭矩沿轴线变化的情况。

3. 剪应力互等定理

在相互垂直的两个平面上，剪应力必然成对存在，且数值相等，两者都垂直于其所在平面的交线，方向则共同指向或共同背离这一交线。

4. 圆轴扭转时横截面上的剪应力及强度条件

（1）在线弹性范围内，等直圆轴（实心圆轴及空心圆轴）扭转时横截面上各点的剪应力与该点到圆心的距离成正比，其值为

$$\tau_{\rho}=\frac{T\rho}{I_{p}}$$

最大剪应力发生在横截面周边各点处，其值为

$$\tau_{max}=\frac{T}{W_{t}}$$

抗扭截面系数：$W_{t}=\frac{I_{p}}{R}$；$W_{t}=\frac{\pi D^{3}}{16}$（实心）；$W_{t}=\frac{\pi D^{3}}{16}(1-\alpha^{4})$（空心）

（2）圆轴扭转时的强度条件

$$\tau_{max}=\frac{T_{max}}{W_{t}}\leqslant[\tau]\text{（等直圆轴）},\ \tau_{max}=\left(\frac{T}{W_{t}}\right)_{max}\leqslant[\tau]\text{（变截面圆轴）}$$

应用扭转强度条件，可对实心（或空心）圆轴进行强度计算，如校核强度、设计截面和确定许可载荷。

5. 圆轴扭转时变形与刚度条件

（1）相对扭转角 $$\varphi=\int_{l}\frac{T(x)}{GI_{p}(x)}dx$$

GI_{p}、T 均为常数的轴段 $$\varphi=\frac{Tl}{GI_{p}}$$

（2）单位长度扭转角 $$\theta(x)=\frac{T(x)}{GI_{p}(x)}$$

（3）圆轴扭转时的刚度条件

$$\theta_{max}=\left.\frac{T}{GI_{p}}\right|_{max}\leqslant[\theta]\text{，或}\theta_{max}=\left.\frac{T}{GI_{p}}\right|_{max}\times\frac{180}{\pi}\leqslant[\theta]$$

6. 扭转超静定问题

需综合考虑变形协调条件、物理关系及静力平衡条件三个方面，联立平衡方程、几何方程和物理方程进行求解。

7. 非圆截面杆的自由扭转

（1）矩形截面杆

$$\tau_{max}=\frac{T}{W_{t}}=\frac{T}{\alpha hb^{2}},\ \theta=\frac{T}{G\beta hb^{3}}=\frac{T}{GI_{t}}$$

狭长矩形截面 $\tau_{max}=\frac{T}{W_{t}}=\frac{3T}{h\delta^{2}}$，$\varphi=\frac{Tl}{GI_{t}}=\frac{3Tl}{Gh\delta^{3}}$，$\theta=\frac{T}{GI_{t}}=\frac{3T}{Gh\delta^{3}}$

（2）薄壁杆件

开口薄壁杆件 $$\tau_{max}=\frac{T}{I_{t}}\delta_{max},\ \theta=\theta_{i}=\frac{T}{GI_{t}}$$

闭口薄壁杆件 $$\tau_{max}=\frac{T}{2A_{0}\delta_{min}},\ \theta=\frac{T}{4GA_{0}^{2}}\oint\frac{ds}{\delta}$$

8. 圆柱形密圈螺旋弹簧的应力与变形

$$\tau_{max}=\frac{8FD}{\pi d^{3}}\text{或}\tau_{max}=\kappa\frac{8FD}{\pi d^{3}}\leqslant[\tau]$$

$$\lambda=\frac{F}{B},\ B=\frac{Gd^{4}}{8nD^{3}}$$

思考题

1. 在减速箱中常看到高速轴的直径较小，而低速轴的直径较大，这是为什么？

2. 如图 5-25 所示的传动轴上齿轮的两种布局，试分析哪一种对提高传动轴的扭转强度有利（其中 M 是主动轮上的力偶）？

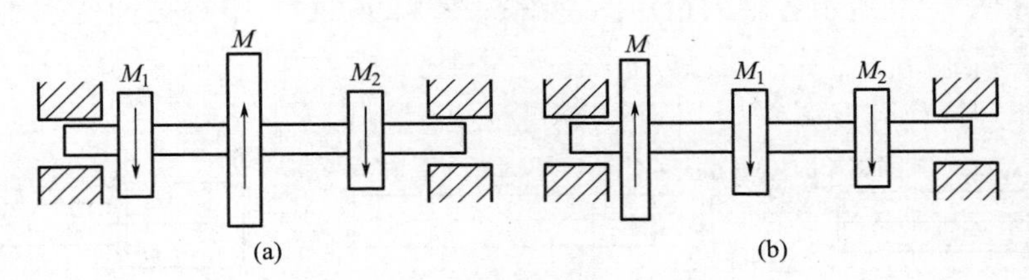

图 5-25　思考题 2 图

3. 若两轴上的外力偶矩及各段轴长相等，而截面尺寸不同，其扭矩图相同吗？

4. 圆轴扭转剪应力公式是如何建立的？该公式的适用范围是什么？

5. 扭转剪应力在圆轴横截面上如何分布？

6. 试分析如图 5-26 所示的实心圆轴或空心圆轴的扭转剪应力分布图是否正确？

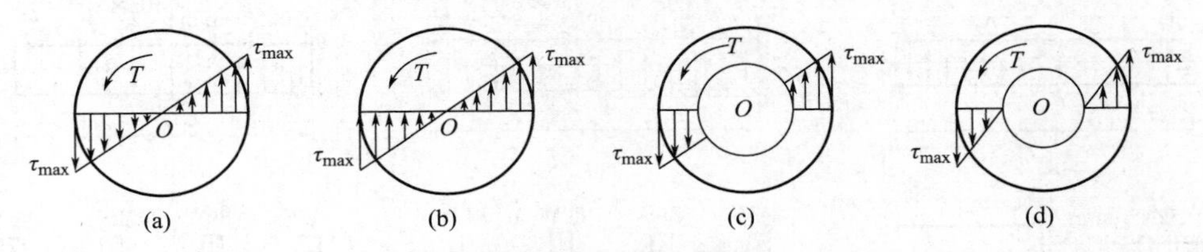

图 5-26　思考题 6 图

7. 画出图 5-27 所示各轴横截面上的剪应力分布示意图。

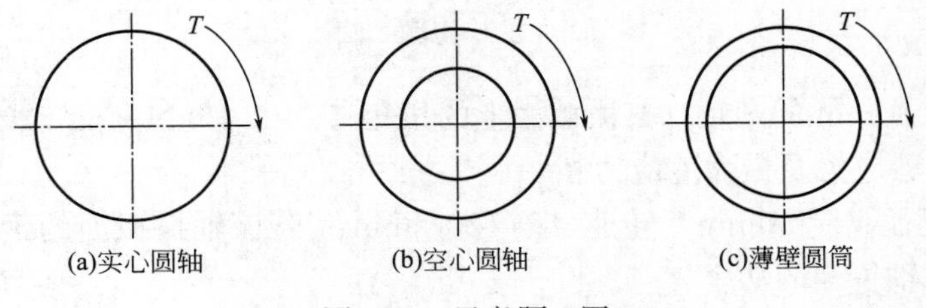

图 5-27　思考题 7 图

8. 如果将等直圆杆的直径增大 1 倍，其余条件不变，则最大剪应力和扭转角将怎样变化？

9. 长度及直径相同但材料不同的两根实心圆轴，在相同的扭矩作用下，其最大剪应力 τ_{max}、单位长度扭转角 θ 和最大剪应变 γ_{max} 是否相同？

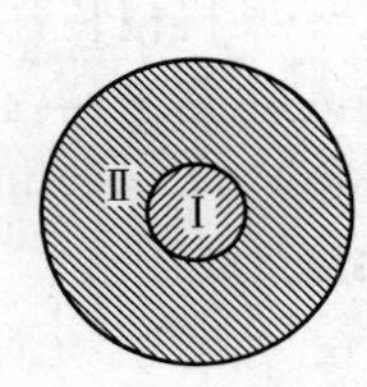

图 5-28　思考题 12 图

10. 低碳钢和铸铁的扭转破坏现象有何区别？原因是什么？

11. 受扭空心圆轴比实心圆轴节省材料的原因是什么？

12. 由空心圆杆Ⅰ和实心圆杆Ⅱ组成的受扭圆轴如图 5-28 所示。

若扭转过程中两杆之间无相对滑动，试在下列条件下画出横截面上剪应力沿水平直径的变化情况。(1) 两杆材料相同；(2) 两杆材料不同，且 $G_{\mathrm{I}}=2G_{\mathrm{II}}$。

习题

1. 画出如图 5-29 所示各轴的扭矩图，图 5-29 (k)、(l) 中等截面传动轴的转速 $n=180\mathrm{r/min}$。

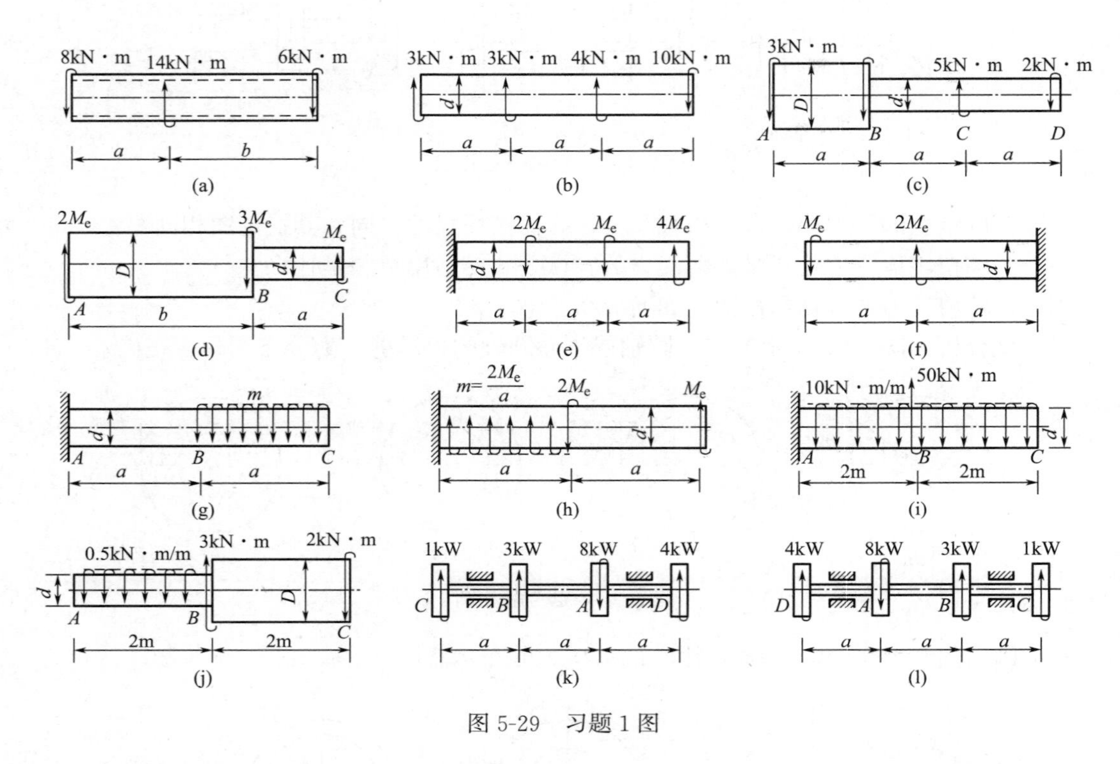

图 5-29　习题 1 图

2. 直径 $d=50\mathrm{mm}$ 的圆轴，某横截面上的扭矩 $T=2.15\mathrm{kN\cdot m}$。试求该横截面上距轴心 20mm 处的剪应力及最大剪应力。

3. 圆轴的直径 $d=50\mathrm{mm}$，转速 $n=120\mathrm{r/min}$。若该轴横截面的最大剪应力 $\tau_{\max}=60\mathrm{MPa}$，试问圆轴传递的功率为多少？

4. 发电量为 15000kW 的水轮机轴如图 5-30 所示。已知此空心轴外径 $D=560\mathrm{mm}$，内径 $d=300\mathrm{mm}$，正常转速 $n=250\mathrm{r/min}$。材料的许用剪应力为 $[\tau]=50\mathrm{MPa}$。试校核该轴的强度。

5. 某机械装置如图 5-31 所示，轴 I 和轴 III 由联轴节相连，转速 $n=120\mathrm{r/min}$，由轮 B 输入功率 $P=40\mathrm{kW}$，其中一半功率由轴 II 输出，另一半由轴 III 输出。已知 $D_1=600\mathrm{mm}$，$D_2=240\mathrm{mm}$，$d_1=100\mathrm{mm}$，$d_2=60\mathrm{mm}$，$d_3=80\mathrm{mm}$，$[\tau]=20\mathrm{MPa}$，试问哪一根轴最危险？

6. 如图 5-32 所示，电风扇的转速为 $n=600\mathrm{r/min}$，由 0.8kW 的电动机直接带动，轴材料的许用剪应力 $[\tau]=40\mathrm{MPa}$。试按扭转强度条件设计轴的直径。

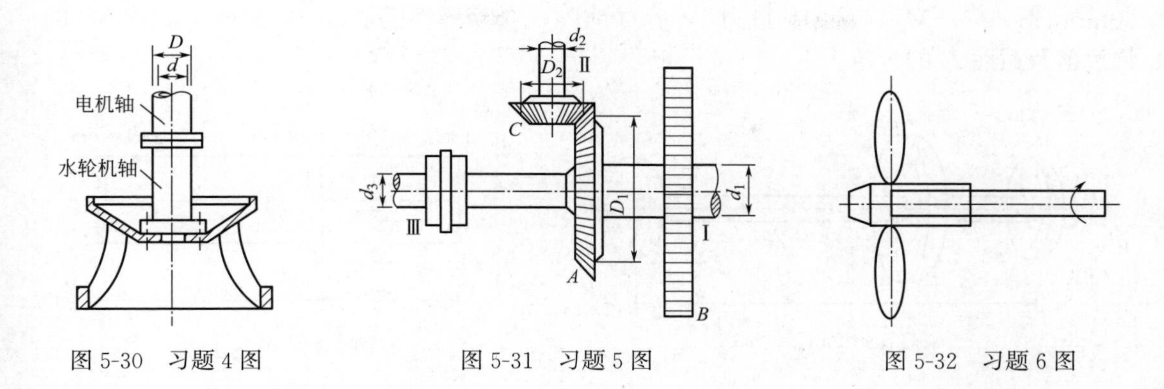

图 5-30 习题 4 图　　图 5-31 习题 5 图　　图 5-32 习题 6 图

7. 钢质实心轴和铝质空心轴（内外径之比 $\alpha=0.6$）的横截面面积相等，$[\tau]_{钢}=80\text{MPa}$，$[\tau]_{铝}=50\text{MPa}$。若仅从强度条件考虑，试问哪一根轴承受的扭矩较大？

8. 实心圆轴的直径 $d=50\text{mm}$，扭矩 $T=1\text{kN}\cdot\text{m}$，剪切弹性模量 $G=80\text{GPa}$。试求：(1) $\rho=d/4$ 处的剪应力和剪应变；(2) 最大剪应力及单位长度扭转角。

9. 直径 $d=25\text{mm}$ 的圆钢杆，受轴向拉力 $F=60\text{kN}$ 作用时，在标矩 $l=200\text{mm}$ 的长度内伸长 $\Delta l=0.113\text{mm}$。受外力偶矩 $M_e=200\text{N}\cdot\text{m}$ 作用时，相距 $l=150\text{mm}$ 的两横截面上的相对转角为 $\varphi=0.55°$。试求钢材的弹性常数 E 和 G。

10. 某阶梯轴受力及尺寸如图 5-33 所示。已知 $M_1=1.8\text{kN}\cdot\text{m}$，$M_2=1.2\text{kN}\cdot\text{m}$，材料的剪切弹性模量 $G=80\text{GPa}$。试求轴的最大扭转剪应力和相对扭转角 φ_{AB} 和 φ_{AC}。

11. 如图 5-34 所示阶梯形圆轴，AE 段为空心，外径 $D=140\text{mm}$，内径 $d=100\text{mm}$；BC 段为实心，直径 $d=100\text{mm}$。外力偶矩 $M_A=18\text{kN}\cdot\text{m}$，$M_B=32\text{kN}\cdot\text{m}$，$M_C=14\text{kN}\cdot\text{m}$。已知：$[\tau]=80\text{MPa}$，许可单位长度扭转角 $\theta=1.2°/\text{m}$，$G=80\text{GPa}$。试校核该轴的强度和刚度。

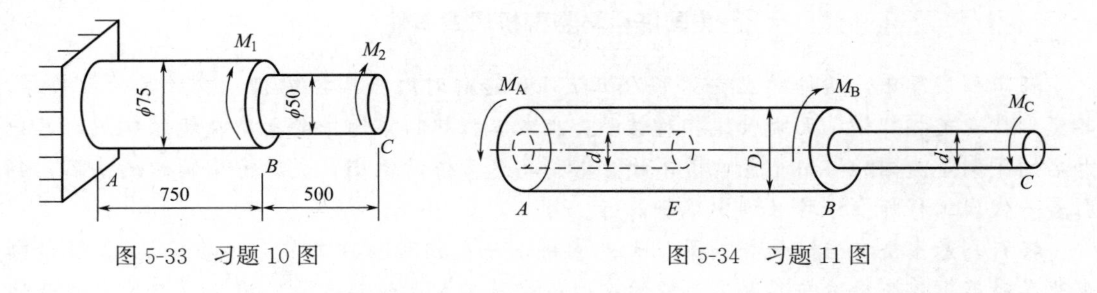

图 5-33 习题 10 图　　图 5-34 习题 11 图

12. 如图 5-35 所示，圆轴 AB 所受的外力偶矩 $M_{e1}=800\text{N}\cdot\text{m}$，$M_{e2}=1200\text{N}\cdot\text{m}$，$M_{e3}=400\text{N}\cdot\text{m}$，$l_2=2l_1=600\text{mm}$，材料的剪切弹性模量 $G=80\text{GPa}$，许用剪应力 $[\tau]=50\text{MPa}$，规定的单位长度扭转角 $\theta=0.25°/\text{m}$。试设计轴的直径。

13. 如图 5-36 所示，内、外径分别为 d 和 D 的空心圆轴，$d/D=0.8$，许用剪应力 $[\tau]=25\text{MPa}$，切变模量 $G=80\text{GPa}$，单位长度的许用扭转角 $\theta=1°/\text{m}$，求外径 D。

14. 两端固定的阶梯圆杆如图 5-37 所示，在 B 处受一力偶矩 M_e 作用，求支反力偶矩。

15. 如图 5-38 所示的矩形轴承受外力偶矩 M_1 和 M_2 作用。已知截面尺寸为 90mm×

60mm，$M_1=1.6M_2$，许用剪应力 $[\tau]=60\text{MPa}$，剪切弹性模量 $G=80\text{MPa}$。试求 M_2 的许可值及截面 A 的转角。

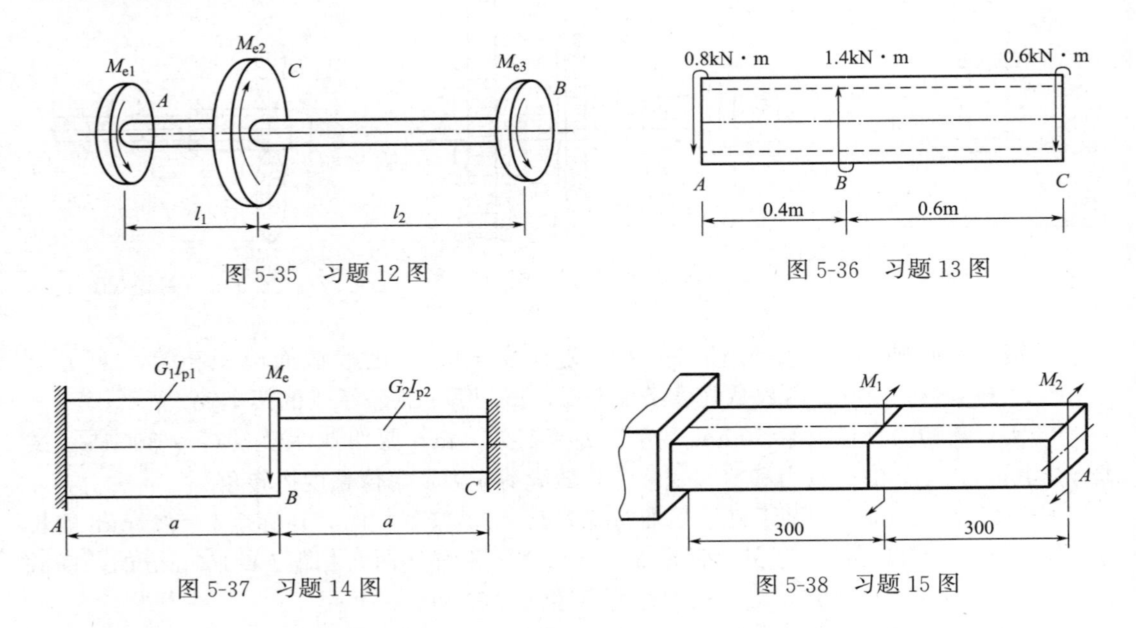

图 5-35　习题 12 图

图 5-36　习题 13 图

图 5-37　习题 14 图

图 5-38　习题 15 图

16. 圆柱形密圈螺旋弹簧，簧丝直径 $d=18\text{mm}$，弹簧圈平均直径 $D=125\text{mm}$，弹簧所受拉力 $F=530\text{N}$，材料的剪切弹性模量 $G=80\text{GPa}$。试求：（1）簧丝的最大剪应力；（2）若使其伸长量达 6mm，需有几圈弹簧？

延伸阅读——工程案例Ⅱ

美国塔科马悬索桥风毁事件

在工程实际中，构件的主要变形为扭转，如转向时的汽车操纵杆、攻丝时的丝锥等，其变形特点是相邻横截面绕轴线相对转动。土木工程扭转案例主要集中在钢结构中，其中著名的案例是美国的塔科马悬索桥事故。塔科马悬索桥的倒塌，成为桥梁建造的基石，指引着一代代工程师在经验教训中不断前行。

塔科马悬索桥在当时是美国第三大悬索桥，一度被称为“工程界的珍珠港”。设计师是业界精英，曾先后参与各著名大桥的建造；建筑工人也兢兢业业，绝不存在偷工减料违规造假。但是大桥建成开通仅 4 个月后，就在人们惊恐的注视中坠入海峡。万幸的是，作为 20 世纪最严重的工程设计错误之一，它坍塌时没有造成任何人员伤亡。

1940 年 11 月 7 日，在一次 8 级大风（风速为 64km/h，该桥设计标准是可抗风速 161km/h 的狂风）中，大桥发生强烈的周期扭振，在一次前所未有的扭曲发生后，大桥钢缆逐一断裂，最终桥面因承载力不足而彻底垮塌（图 5-39）。桥梁垮塌时的情形，恰好被人们以影像的方式完整记录了下来，成为研究塔科马大桥倒塌的重要资料，成为结构工程教学和科学研究的典型案例。

塔科马大桥事故发生后，联邦工程管理局（The Federal Works Administration,

图5-39　塔科马悬索桥风毁事件

FWA）指派了3名顶级工程专家对塔科马大桥的倒塌事故进行全面的调查，其成员中包括空气动力学家冯·卡门（Theodore von Kármán）。

初步研究发现大桥在设计上存在不可忽视的缺陷。首先塔科马大桥主跨长853.4m，桥宽却只有11.9m，这在同时期的悬索桥上是十分罕见的。不仅桥面过于狭窄，只有2.4m高的钢梁也无法使桥身产生足够的刚度。其次原计划采用桁架梁，风可以从其间自由穿过。但换成了普通的钢梁，风则只能从桥上下两面通过。再加上大桥两边的墙裙采用了实心钢板，横截面构成H形结构，对风的阻挡效果更加明显。

专家组经过谨慎的研究之后，认定为“湍流的随机作用导致了桥梁的倒塌”，并给出了三个关键点：

（1）大桥垮塌的主要原因是其“过度的灵活性”；

（2）实心板梁和甲板的作用就像翼型，产生“拖拽”和“升力”；

（3）对空气动力的了解很少，工程师需要使用风洞中的模型来测试悬索桥的设计。

第（3）条成为桥梁“风工程”的来源，当然，这份调查报告的结论并没有解决人们心中的疑问，扭转振动是如何产生的？由于缺乏被大众普遍接受的解释，大批的专家、学者都对塔科马大桥产生了兴趣，提出了各种假设来解释大桥垮塌的原因。其中最为典型的包括以下四种说法：

（1）结构失效说：如桥面过于扁平、实体，使得风吹过时桥梁可以像风筝一样摇摆（在留存的视频中看不到）；中间缆绳卡箍滑出，导致缆绳发生多米诺骨牌效应，发生倒塌（实际上去掉一根并不影响结构安全）。

（2）共振说：这是联邦工程管理局的报告中提到的原因之一。风产生了周期交替出现的激励，其频率与结构固有频率接近，结构发生共振，振幅越来越大超过桥梁容限从而发生倒塌。但人们始终怀疑自然界随机的风是否可以保持与大桥精准且一致的频率。

（3）卡门涡街说：该假说与共振说本质相同，只是认为卡门涡脱落产生负压区，当脱落频率与结构频率一致时，为桥梁的连续振动提供了动力，桥梁固有频率和涡激频率接近时发生共振破坏。但大桥倒塌时的扭转频率约为 0.2Hz，与卡门涡街的脱落频率（约 1Hz）相差较远，这成为卡门涡街说的主要不足之处。

（4）颤振说：颤振本来是飞行术语，指机翼在飞行过程中，由于流体诱发的一种自激振荡，通常为弯曲、扭转的组合振动，是威胁飞机安全飞行的重大隐患，在许多风洞试验中，颤振可能导致飞机的解体。将颤振应用于塔科马大桥上，就是桥梁的变形正好改变了气动力学性能，最后产生灾难性的弯曲、扭转振动，直至桥梁倒塌。基于这种理论，人们认为应该存在一个诱发桥梁发生颤振的临界风速，Rocard（1957）和 Bleich（1948）曾提出过一种计算诱发桥梁倒塌的临界风速，但后来人们在风洞中对薄板进行研究发现，高风速只增加了竖向的振动但却降低了扭转振动。另一个问题，颤振也无法解释：扭振失稳是在存在扭振之后出现的，那么塔科马大桥是如何从弯曲振动（上下振动）突然地、没有任何征兆地转变为扭转振动的？

这四种说法，都有一定的正确性，但又都存在某种不足，各自争论，但也相互借鉴。例如，人们普遍接受了大桥是由于涡的形成从而开始振动的，但对于桥梁倒塌原因的争论异常激烈，尤其是颤振说和共振说。共振的概念大家都很好理解，特别是“军队整齐划一的通过桥梁引起桥梁倒塌”的典故更加普及了共振说，因此共振也进入了教材，成为最常见的解释。这引起了支持颤振说学者们的强烈不满，因为，桥梁倒塌时涡街频率约为 1Hz，而大桥扭转振动的频率约为 0.2Hz，这显然不能解释为共振，颤振说能很好解释这一现象。但另一个问题出现了，大桥最初为上下弯曲振动的，并没有发生扭振，桥梁是如何“突然间”“没有任何中间过程”由上下弯曲振动跳变到扭转振动的？

为了解释这种突变，研究人员将非线性模型引入到塔科马大桥中，以此为基础，建立了桥梁的二维振动模型，其结论揭示了系统的振动形式与系统的总能量相关，随着总能量增加，塔科马大桥就有可能从最初的上下弯曲振动，突然地、没有任何中间过程地转换为扭转振动。但非线性模型只是考虑了约束产生的恢复力，并没有考虑梁变形时的内力和涡激力，这样虽然可以理解梁的振动形式与梁的总能量相关，却无法解释总能量之间的依赖关系。对于非线性系统，无法从某一阶段的演化规律获得系统演化的整体信息，或许通过力学原理建立恰当的力学模型，再通过数学求解才能在更广范围内掌握桥梁的振动特性。

80 多年过去了，人们对塔科马大桥的倒塌原因仍无定论，世界范围内，仍有不少桥梁在服役过程中出现过肉眼可见的大幅度振动。例如 1997 年建成的日本东京湾大桥曾出现过振幅高达半米的上下振动，2010 年俄罗斯伏尔加格勒过河大桥桥面突然呈浪型翻滚（上下的弯曲振动），以及 2020 年我国虎门大桥振动等案例，这些情况都说明对于风致桥梁振动的机理、桥梁振动控制技术的研究尚需进一步加强。

第6章 弯曲内力

内容提要

本章主要学习弯曲变形杆件的弯曲内力计算原理及方法、内力图绘制原理及方法。内容包括梁弯曲的基本概念，梁的计算简图；剪力和弯矩的概念及其计算（截面法、直接法）；剪力图和弯矩图的概念，剪力方程与弯矩方程的表达，按剪力方程和弯矩方程作剪力图和弯矩图的方法；弯矩、剪力和荷载集度间的关系，按分布荷载集度、剪力、弯矩间的微分关系作剪力图和弯矩图的方法；用叠加法绘制内力图等。

本章重点为平面弯曲内力（剪力和弯矩）的求法；根据荷载集度、剪力及弯矩的微分关系，利用控制截面绘制梁的剪力图和弯矩图，确定其最大值出现的位置和数值。

本章难点为利用剪力方程、弯矩方程，及荷载集度、剪力、弯矩间的微分关系，画剪力图、弯矩图。

学习要求

1. 了解梁弯曲的概念。
2. 熟悉梁的计算简图基本形式。
3. 熟练掌握弯曲内力计算。
4. 熟练掌握剪力方程与弯矩方程的确定方法，能够按剪力方程和弯矩方程熟练绘制剪力图和弯矩图。
5. 理解内力图与分布荷载集度之间的微分关系，能够利用剪力、弯矩和荷载之间的关系画剪力图和弯矩图。
6. 能够合理利用叠加法绘制内力图。

6.1 概述

6.1.1 弯曲变形的工程实例及特征

构件在垂直于其轴线的外力（包括力偶矢）作用下，其任意两横截面绕垂直于其轴线的轴作相对转动，形成相对角位移，同时其轴线也将变成曲线，这种变形称为弯曲。

工程中有许多构件在外力作用下的主要变形是弯曲变形，如桥式起重机大梁（图6-1a）、火车轮轴（图6-1b）、受气流冲击的汽轮机叶片（图6-1c）、房屋建筑中的梁板（图6-1d）、桥梁的大梁（图6-1e）、闸门的叠梁（图6-1f）、挡水结构的木桩（图6-1g）等。

弯曲变形杆件的受力特征是作用于杆件上的外力垂直于杆件的轴线；其变形特征是杆

件的轴线由原来的直线变成曲线。习惯把以弯曲变形为主要变形的杆件称为梁，梁包括直梁和曲梁；垂直于杆轴的荷载称为横向荷载或横向力。

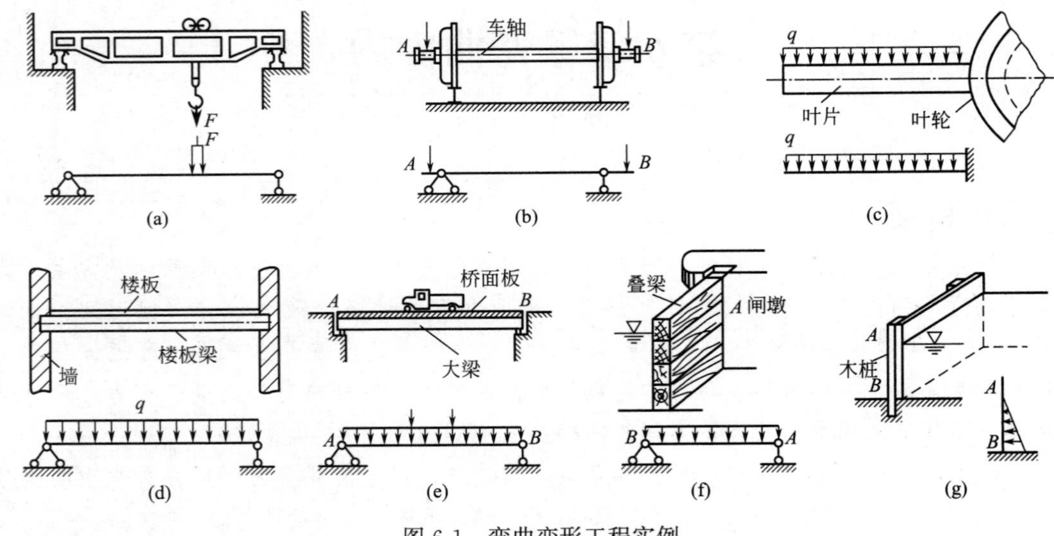

图 6-1　弯曲变形工程实例

6.1.2　平面弯曲、对称弯曲与非对称弯曲

工程中常见的梁，其横截面通常具有对称性，一般至少有一个对称轴，如图 6-2（a）所示。梁横截面的对称轴和梁的轴线所组成的平面称为纵向对称面，如图 6-2（b）所示，纵向对称面也可视为由梁各横截面的纵向对称轴所组成的平面。

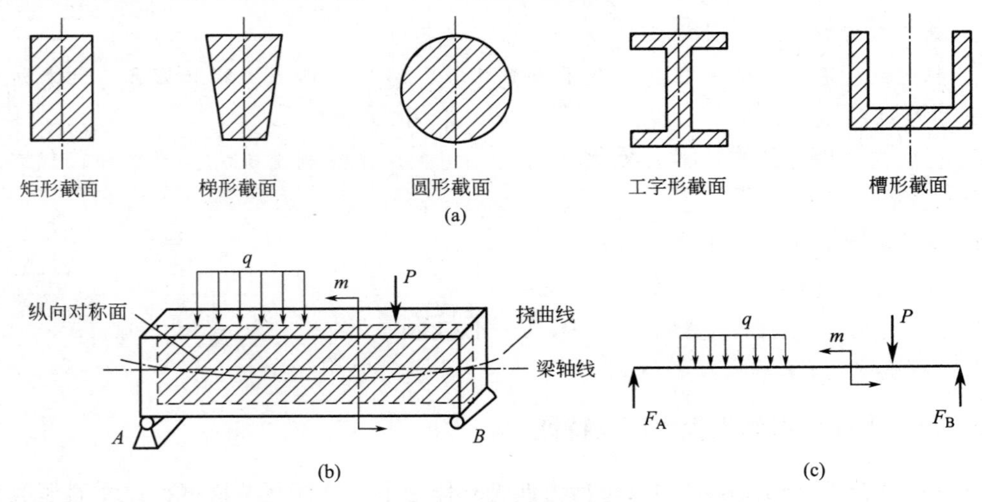

图 6-2　对称弯曲变形

如果梁上的所有外力（或外力的合力）和梁变形后的轴线处于同一平面内，即力的作用平面和梁轴变形平面重合，这样的弯曲称为平面弯曲。平面弯曲是最基本的弯曲问题。

如果梁上的外力和梁变形后的轴线正好处于梁的纵向对称面内，这样的弯曲称为对称弯曲。对称弯曲是平面弯曲的一种特例，是最简单、最基本的一种弯曲，上面提到的桥式起重机大梁、火车轮轴、受气流冲击的汽轮机叶片、房屋建筑中的梁板等的弯曲变形都属于这种情况。

若梁不具有纵向对称面，或者梁虽具有纵向对称面但外力并不作用在对称面内，这种弯曲则统称为非对称弯曲。在特定条件下，非对称弯曲的梁也会发生平面弯曲。

本章主要讨论受弯杆件发生对称弯曲时横截面上的内力，它是弯曲强度和刚度计算的重要基础。

6.2 梁的计算简图

实际工程中，受弯杆件的几何形状、支承条件和荷载情况通常都比较复杂。为了便于分析计算，需要作一些必要的、合理的简化，得到实际受弯杆件的计算简图，即力学模型。

6.2.1 梁的简化

由于所研究的受弯杆件大多为等截面直梁，且外力作用在梁的纵向对称面内，因此，在计算简图中通常用梁的轴线代表实际的梁，用一根粗实线来表示，这对内力计算没有影响。

6.2.2 荷载的简化

梁上的荷载按其作用方式可简化为集中荷载、集中力偶和分布荷载3种类型。

1. 集中荷载

集中荷载是指分布面积远小于物体的表面尺寸，或者沿杆件轴线分布范围远小于轴线长度的荷载，又称集中力。例如，火车车厢对轮轴的压力（见图6-1b）、桥梁上的车轮对大梁的压力（见图6-1e）等都可简化为集中力。

2. 集中力偶

集中力偶是指作用在梁的纵向对称面内的力偶。

3. 分布荷载

分布荷载是指连续作用在梁的全长或部分长度内的荷载。分布荷载的大小用荷载集度表示。设梁段 Δx 上分布荷载的合力为 ΔP，当 Δx 趋于零时，$\Delta P/\Delta x$ 的极限即称为分布荷载的荷载集度，用 q 表示，即

$$q=\lim_{\Delta x\to 0}\frac{\Delta P}{\Delta x} \tag{6-1}$$

显然，梁上任一点处的荷载集度是该点坐标 x 的函数，即 $q=q(x)$。若 $q(x)$ 为常数，则这种分布荷载称为均布荷载。例如，作用在汽轮机叶片上的气体压力（见图6-1c）、楼板传给大梁的荷载（见图6-1d）等都可简化为均布荷载。此外，桥式起重机大梁的自重、火车轮轴的自重等也是均布荷载。

若 $q(x)$ 按线性规律变化，则这种分布荷载称为线分布荷载。例如，水压力对坝体的荷载（见图6-1g）可简化为线分布荷载。

6.2.3 支座的基本形式

工程中常见的梁的支座，按其对梁的约束情况可简化为以下 3 种形式。

1. 可动铰支座

可动铰支座也称活动铰支座、链杆铰支座，如图 6-3（a）所示，其简化形式如图 6-3（c）所示。这种支座只能限制支座处的梁截面沿垂直于支座支承面方向移动，但允许截面绕铰链中心转动以及沿支承面内移动。因此，其约束力为 F_A 必然垂直于支承面（见图 6-3b），且通过铰链中心。滑动轴承、径向滚动轴承、滚轴支座等都可简化为可动铰支座。桥梁、屋架等结构中经常采用这种支座，如图 6-1（d）、（e）所示。

2. 固定铰支座

固定铰支座通过铰链与梁连接，是光滑铰链约束的一种形式，即用连接件（如销钉等）连接的两个钻有同样大小孔的构件中有一个是固定在地面或机架上的，如图 6-4（a）所示，其简图如图 6-4（b）所示。固定铰支座限制梁端截面在平面内的线位移，即限制梁在支座处的截面沿水平方向和垂直方向的移动，但允许截面绕铰链中心转动。因此，其约束力包含沿梁轴方向的水平反力 F_x 和垂直于梁轴方向的垂直反力 F_y 两个分量（见图 6-4c），且通过铰链中心。平面止推轴承、圆锥滚子轴承、向心推力球轴承等都可简化为固定铰支座。如图 6-1（d）、（e）所示，桥梁、屋架等结构中也有这种支座形式。

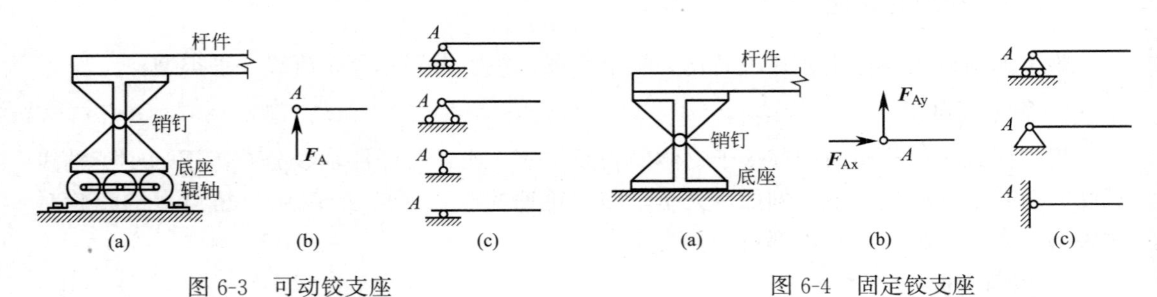

图 6-3　可动铰支座　　　　图 6-4　固定铰支座

3. 固定端

固定端约束中，构件的一端完全固定在另一物体上（见图 6-5a），其等效力系及其简化分别如图 6-5（b）、（c）所示。固定端限制梁端截面在支座处沿任何方向的线位移和角位移，因此，其约束力可由三个分量表示：水平反力 F_x、垂直反力 F_y 和位于梁轴平面的反力偶 M（见图 6-5b）。汽轮机的叶片支座（见图 6-1c）、水坝的下端支座（见图 6-1g）等都可简化为固定端。

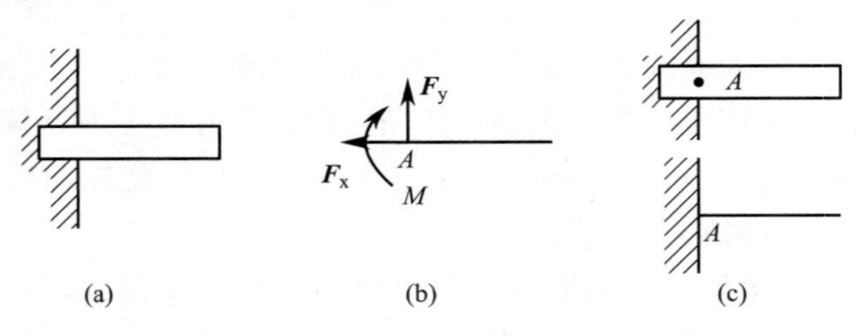

图 6-5　固定端

在实际问题中，梁的支撑究竟应当简化为哪种支座，需根据具体情况进行分析。需要注意，支座的简化往往与计算的精度要求有关，或与所有支座对整个梁的约束情况有关。例如，如图 6-6（a）所示的插入砖墙内的梁，由于插入端较短，因而梁端在墙内有微小转动的可能。此外，当梁有可能发生水平移动时，其一端与砖墙接触后，砖墙就限制了梁的水平移动。所以，两段约束一个简化为固定铰支座，另一个简化为可动铰支座，如图 6-6（b）所示。

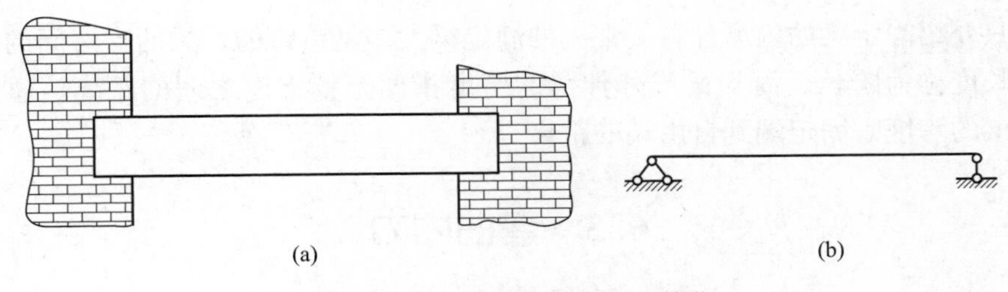

图 6-6　插入砖墙内梁的支座简化

6.2.4　静定梁的基本形式

有了对梁、荷载、支座的简化，就可以确定梁的计算简图。根据支座的类型及简化情况，工程中梁的基本形式主要有以下 3 种。

1. 简支梁

简支梁的一端为固定铰支座，另一端为可动铰支座，如图 6-7（a）所示。图 6-1（a）、（d）、（e）、（f）中桥式起重机大梁、房屋建筑中的梁、桥梁的大梁、闸门的叠梁等可视为简支梁。

2. 外伸梁

简支梁的一端或两端伸出支座之外，称为外伸梁，如图 6-7（b）所示。图 6-1（b）中火车轮轴可视为外伸梁。

3. 悬臂梁

悬臂梁的一端为固定端，另一端为自由端，如图 6-7（c）所示。图 6-1（g）所示的木桩可视为悬臂梁，其上端自由，下端埋入地基，地基限制了下端的移动和转动，可简化为固定端。

前面所提及的桥式起重机大梁、火车轮轴、受气流冲击的汽轮机叶片、房屋建筑中的楼板梁等的计算简图（见图 6-1）中，往往忽略了构件的自重，只画出了引起弯曲变形的荷载。

上述 3 种形式的梁，其支座反力均可由静力平衡方程完全确定，统称为静定梁。

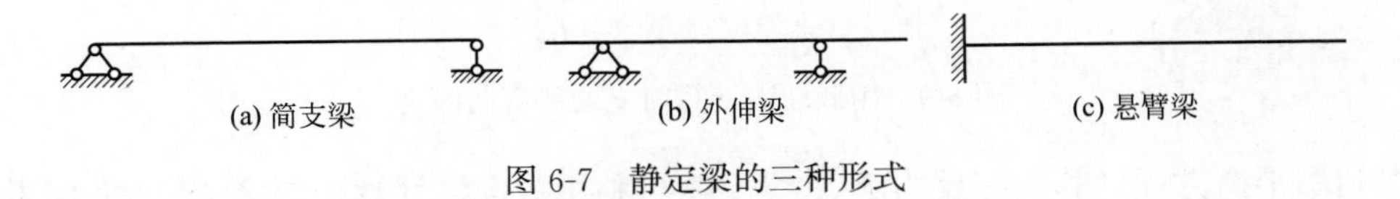

图 6-7　静定梁的三种形式

工程中为了提高结构的安全性，常常对梁施加较多的支座约束，如图 6-8 所示。此时，支座提供的支反力个数多于独立的平衡方程数，仅用静力平衡方程不能求出全部支座反力，这种梁称为超静定梁，又称为静不定梁。

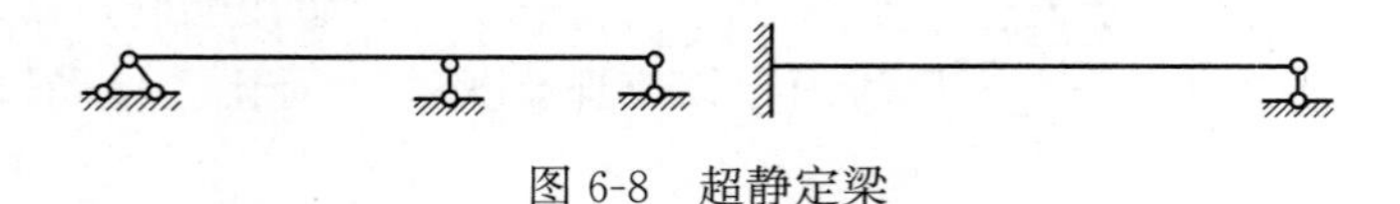

图 6-8　超静定梁

本章只介绍静定梁的内力计算。常见的静定梁大多是单跨的。梁的支座间的距离称为跨度，其长度称为跨长。简支梁或外伸梁的跨度指两个铰支座之间的距离，通常用 l 表示。悬臂梁的跨度是固定端到自由端的距离。

6.3　弯曲内力

与受拉压和受扭一样，杆件在弯曲变形时其横截面上也会产生内力，内力的大小将影响到其强度与刚度。为了计算梁的应力和变形，应先确定梁在外力作用下任一横截面上的内力。

6.3.1　截面法求解弯曲内力

1. 截面法与弯曲内力

当作用在梁上的所有外力（包括荷载和支反力）均已知时，可以利用截面法来确定弯曲内力。下面以图 6-9 所示的简支梁为例，说明梁的弯曲内力计算方法。

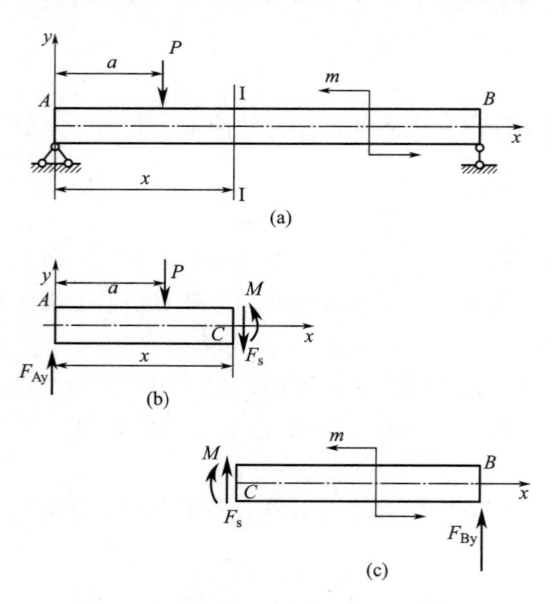

图 6-9　用截面法计算简支梁的弯曲内力

先利用平衡方程计算支座反力 F_{Ay}、F_{By}。再利用截面法计算距离 A 端 x 处 I-I 横截面上的内力，假想地将梁沿 I-I 截面截开，分成左、右两段，任取一段来研究。

取左段为研究对象，如图 6-9（b）所示。由于梁处于平衡状态，所以梁的左段也是平衡的，应满足 $\sum F_y=0$，即一般情况下，在 I-I 截面上应有一个与横截面相切、沿 y 方向上的内力 F_s，将其称为剪力。

由 $\sum F_y=0$，有 $F_{Ay}-P-F_s=0$，得

$$F_s=F_{Ay}-P \tag{6-2}$$

由式（6-2）可知，当 $F_{RA}=P$ 时，$F_s=0$。

同时，左段还应满足 $\sum M_C=0$，即左段上的所有的外力和内力对横截面形心 C 取矩，其力矩的代数和应为 0。一般来说，在横曲面 I-I 上还应存在一个内力偶，其矩为 M，称为弯矩。

由 $\sum M_C=0$，有 $M+P(x-a)-F_{Ay}x=0$，得

$$M=F_{Ay}x-P(x-a) \tag{6-3}$$

综上所述，一般情况下，水平梁横截面上存在两种内力：一是与垂直于梁轴的外力主矢平衡的内力，即剪力 F_s；二是与外力主矩平衡的内力偶矩，即弯矩 M。实际上，横截面上的内力是一分布力系，利用截面法计算出来的剪力和弯矩是该分布内力系向截面形心简化后的主矢和主矩。

在计算 I-I 截面上的弯曲内力（剪力和弯矩）时，也可取右段作为研究对象，其剪力、弯矩数值与取左段计算求得的结果相同，但其求得的剪力方向、弯矩转向与左段相反，符合作用力与反作用力定律，左段梁横截面 I-I 上的剪力和弯矩，实际上就是右段梁对左段梁的作用。

2. 弯曲内力正负符号规定

为了使由左、右梁段求得的同一横截面上的内力正负符号统一，联系变形情况，对剪力和弯矩的正负符号规定如下：

（1）剪力正负号：使所研究的梁段有顺时针方向转动的趋势，即能使所研究区段发生“左上右下”错动趋势的剪力 F_s 为正（图 6-10a）；反之为负（图 6-10b）。

（2）弯矩正负号：使所研究的梁段产生“上凹下凸”弯曲（即上边纵向受压，下边纵向受拉）时，横截面上的弯矩 M 为正（图 6-10c）；反之为负（图 6-10d）。

按上述规定，不论以左段还是右段为研究对象，图 6-10（a）、（c）所示截面上的剪力和弯矩均为正值；图 6-10（b）、（d）所示截面上的剪力和弯矩均为正值。

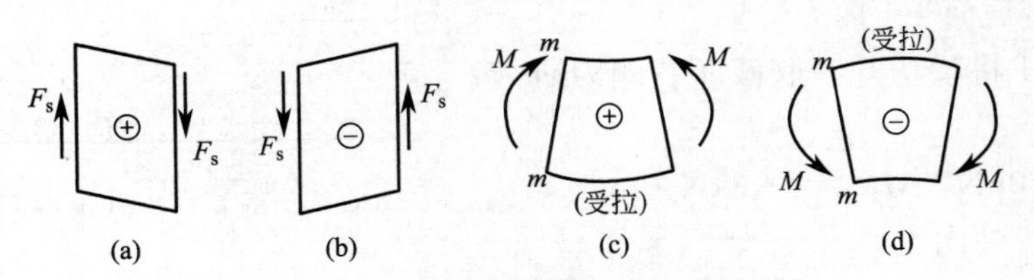

图 6-10　剪力、弯矩正负号规定

3. 截面法求解弯曲内力步骤

根据上述分析，计算剪力和弯矩的步骤为：

（1）求支座反力。

（2）在需求内力的横截面处，假想地将梁切开，并选切开后的任一段为研究对象。

（3）对所选梁段进行受力分析，图中剪力和弯矩可假设为正。

（4）根据平衡方程计算剪力和弯矩。

为了不引起正负号的混乱，在求解剪力和弯矩时最好按正向假设，这样求出的剪力和弯矩的正负号才具有工程上统一的意义。另外，在列力矩平衡方程时，一般取截面的形心为矩心。

6.3.2 直接法求解弯曲内力

为了简化计算，可不必将梁假想截开，而直接根据横截面的任意一侧梁上的外力求得该截面上的剪力和弯矩，这就是直接法。

由式（6-2）可看出：剪力等于所求截面左侧或右侧梁段上所有外力的代数和，即

$$F_s = \sum F_{左} \quad 或 \quad F_s = \sum F_{右} \tag{6-4}$$

由式（6-3）可看出：弯矩等于所求截面的左侧或右侧梁段上的所有外力对该截面形心之矩的代数和，即

$$M = \sum m_c(F_{左}) \quad 或 \quad M = \sum m_c(F_{右}) \tag{6-5}$$

由此也可将剪力和弯矩的正、负符号规则定为“左上右下，剪力为正；左顺右逆，弯矩为正”，即：

（1）左侧梁段上向上的外力或右侧梁段上向下的外力将引起正剪力；反之，引起负剪力。

（2）左侧梁段上外力对所求截面形心顺时针的力矩或右侧梁段上外力对所求截面形心逆时针的力矩将引起正弯矩；反之，引起负弯矩。

熟练掌握了剪力和弯矩的计算方法和正负号规定后，可直接从某一横截面的任意一侧梁上的外力计算该横截面上的剪力和弯矩。

6.3.3 例题解析

【例题 6-1】悬臂梁 AB 受荷载及尺寸如图 6-11 所示，用截面法计算截面 1-1、2-2 上的内力。

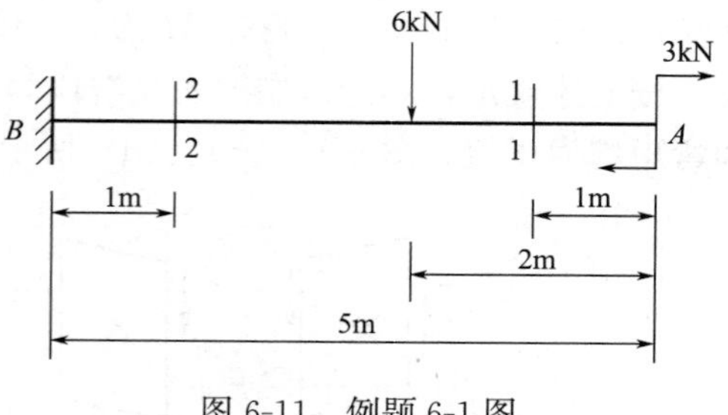

图 6-11 例题 6-1 图

【解】（1）截面 1-1 内力

沿截面 1-1 将梁切开，取截面右侧为研究对象。

$$F_{s1-1} = 0\text{kN}, M_{1-1} = -3\text{kN} \cdot \text{m}$$

（2）截面 2-2 内力

沿截面 2-2 将梁切开，取截面右侧为研究对象。

$$F_{s2-2} = 6\text{kN}, M_{2-2} = -3 - 6 \times 2 = -15\ \text{kN} \cdot \text{m}$$

【例题 6-2】如图 6-12（a）所示为一简支梁，全梁受线性变化的分布荷载作用。最大荷载集度为 q_0，试用截面法，求梁上与右端 B 点距离为 a 的截面 1-1 上的内力。

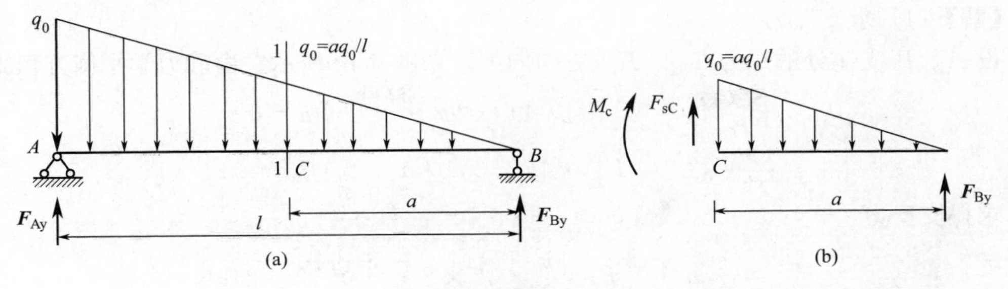

图 6-12　例题 6-2 图

【解】（1）求支反力

$$\sum M_A=0,\ F_{By}l-\frac{q_0 l}{2}\left(\frac{l}{3}\right)=0$$

$$\sum M_B=0,\ F_{Ay}l-\frac{q_0 l}{2}\left(\frac{2l}{3}\right)=0$$

得

$$F_{Ay}=\frac{q_0 l}{3},\ F_{By}=\frac{q_0 l}{6}$$

校核

$$\sum F_y=0,\ F_{Ay}+F_{By}-\frac{q_0 l}{2}=\frac{q_0 l}{3}+\frac{q_0 l}{6}-\frac{q_0 l}{2}=0,\ \text{求解正确}$$

（2）求截面 1-1 上的剪力和弯矩

取 C 点右部分为研究对象，如图 6-12（b）所示，即

$$\sum F_y=0,\ F_{By}-\frac{1}{2}\left(\frac{q_0 a}{l}\right)a+F_{sC}=0$$

$$\sum M_C=0,\ F_{By}a-\frac{1}{2}\left(\frac{q_0 a}{l}\right)a\left(\frac{a}{3}\right)-M_C=0$$

得

$$F_{sC}=\frac{3a^2-l^2}{6l}q_0$$

$$M_C=\frac{q_0 a(l^2-a^2)}{6l}$$

从上面两式可知，当 $3a^2-l^2>0$ 时，即 $3a^2>l^2$ 时，剪力为正值。当 $l^2-a^2>0$ 时，弯矩为正值。因为总有 $a<l$，故弯矩 M 总是正值。

【例题 6-3】某简支梁受荷载作用如图 6-13 所示，已知 $F=12\text{kN}$，$q=15\text{kN/m}$，$a=2\text{m}$，$b=3\text{m}$。用直接法求截面 1-1、2-2 上的内力。

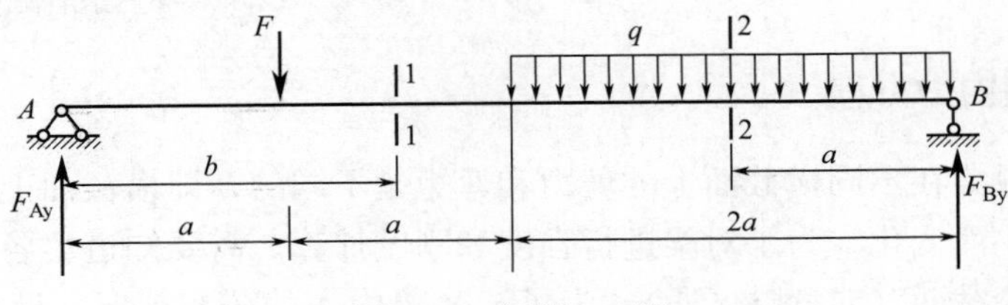

图 6-13　例题 6-3 图

【解】(1) 求支反力

设 A、B 支座处的反力 F_{Ay}、F_{By} 方向向上，如图 6-13 所示。由静力学平衡方程得

$$\sum M_A = 0,\ F_{By} \cdot 4a - 2qa \cdot 3a - Fa = 0$$

$$\sum M_B = 0,\ F_{Ay} \cdot 4a - 2qa \cdot a - F \cdot 3a = 0$$

求得支反力

$$F_{Ay} = \frac{1}{2}qa + \frac{3}{4}F = \frac{1}{2} \times 15 \times 2 + \frac{3}{4} \times 12 = 24\text{kN}$$

$$F_{By} = \frac{3}{2}qa + \frac{1}{4}F = \frac{3}{2} \times 15 \times 2 + \frac{1}{4} \times 12 = 48\text{kN}$$

应用 $\sum F_y = 0$ 条件进行校核，代入数据满足：

$$F_{Ay} + F_{By} - F - 2qa = 0$$

经验证，所求支反力正确。

(2) 1-1 截面上剪力和弯矩

取左段梁为研究对象，作用于这段梁上的外力有 F 和支反力 F_{Ay}，由 $F_s = \sum F_{左}$，$M = \sum m_c(F_{左})$， 根据剪力、弯矩正负符号规定，有

$$F_{s1-1} = F_{Ay} - F = 24 - 12 = 12\ \text{kN}$$

$$M_{1-1} = F_{Ay}b - F(b-a) = 24 \times 3 - 12 \times (3-2) = 60\ \text{kN} \cdot \text{m}$$

1-1 截面上剪力和弯矩均为正值，说明此截面上的剪力为顺时针方向（左上右下），弯矩使微段下部受拉（左顺右逆）。

(3) 2-2 截面上剪力和弯矩

取右段梁为研究对象，作用于这段梁上的外力有均布荷载 q 和支反力 F_{By}，由 $F_s = \sum F_{右}$，$M = \sum m_C(F_{右})$， 根据剪力、弯矩正负符号规定，于是有

$$F_{s2-2} = qa - F_{By} = 15 \times 2 - 48 = -18\ \text{kN}$$

$$M_{2-2} = F_{By}a - qa \cdot \frac{1}{2}a = 48 \times 2 - 15 \times 2 \times \frac{1}{2} \times 2 = 66\ \text{kN} \cdot \text{m}$$

2-2 截面上剪力为负值，弯矩为正值，说明此截面上的剪力为逆时针方向（左下右上），弯矩使微段下部受拉（左顺右逆）。

由本例题看到，采用直接法计算任一截面内力时，通常取外力比较简单的一侧，因解题过程省略了取隔离体及列平衡方程步骤，非常方便。

6.4 弯曲内力图

6.4.1 弯曲内力方程

工程中，一般梁在不同横截面上的剪力和弯矩是不同的，即横截面上的剪力和弯矩随横截面位置的变化而变化。为了对梁进行强度和刚度计算，需要知道梁各横截面上的内力情况，以判断危险截面（或危险区段）。为了清楚梁内力的分布情况，设坐标 x 表示横截

面在梁轴线上的位置，则横截面上的内力（剪力和弯矩）都可表示为 x 的函数，即

$$F_s = F_s(x) \tag{6-6}$$

$$M = M(x) \tag{6-7}$$

式（6-6）、式（6-7）分别称为梁的剪力方程、弯矩方程，统称为弯曲内力方程。

6.4.2　弯曲内力图

1. 弯曲内力图

与绘制轴力图或扭矩图一样，也可用图线来表示梁的各横截面上的剪力和弯矩随截面位置的变化情况。绘图时以平行于梁轴线的横坐标 x 表示横截面的位置，通常取向右为正，以纵坐标表示相应截面的剪力或弯矩，通常取向上为正。所画出的剪力和弯矩随截面位置的变化图线分别称为剪力图和弯矩图，统称为弯曲内力图。

弯曲内力图可以直观地反映出最大剪力和最大弯矩所在截面的位置及其对应的内力数值。对于等截面梁，这些截面往往就是危险截面。

2. 弯曲内力图绘制基本方法与步骤

分别写出梁的剪力方程和弯矩方程，再根据方程用数学中作函数图形的方法来绘制剪力图和弯矩图，这是绘制剪力图和弯矩图的最基本方法。

绘制弯曲内力图步骤如下：

（1）计算梁的支座反力（悬臂梁可不必计算）；

（2）根据梁所受到的外力对梁进行分段，一般而言，梁的两个端点、集中力作用点、集中力偶作用点、分布荷载的开始和结束处都要作为段与段之间的分界点；

（3）在每一段内取一距原点为 x 的横截面进行内力计算，并分段列出剪力方程和弯矩方程；

（4）根据剪力方程和弯矩方程分段画出剪力图和弯矩图。

3. 不同专业的表达差别

工程领域不同，剪力图的画法类似，但弯矩图的画法习惯有所不同。

（1）剪力图

各工程领域，一般均规定剪力图的纵坐标向上为正。

（2）弯矩图

在机械、航空等领域，弯矩图的纵坐标规定向上为正，把正弯矩画在 x 轴的上侧。

在土木工程领域，弯矩图的纵坐标规定向下为正，把正弯矩画在 x 轴的下侧，即把弯矩图画在梁受拉一侧。

在不同专业领域中弯矩图纵坐标正负向规定的这种差别，仅仅是表面上的不同，实际上弯矩的符号规定并无改变。

4. 弯曲内力图绘图规律

一般把外力的不连续点（如集中力作用点、集中力偶作用点、分布荷载的起点和终点等）的稍左和稍右截面称为控制截面，因为内力在这些截面处的变化趋势可能会发生改变。

在绘制剪力图和弯矩图时，应注意以下规律：

（1）在集中力作用截面处，其稍左、稍右横截面上的剪力有突变，其突变量等于该集中力的大小，突变的方向与该集中力引起剪力的正负方向一致，即若引起的剪力为正，则向上突变，反之向下突变；而其稍左、稍右两侧横截面上的弯矩无突变，但弯矩图有尖角出现。

（2）在集中力偶作用截面处，其稍左、稍右横截面上的弯矩有突变，其突变量等于该集中力偶矩的大小，突变方向与该集中力偶引起的弯矩的正负方向一致，即若引起的弯矩为正，则向上突变，反之向下突变；而其稍左、稍右横截面上的剪力无突变，且剪力图无任何变化。

（3）均布荷载作用的起点和终点处（无集中力和集中力偶作用），剪力图连续，但有尖角出现；弯矩图则光滑连续过渡。

（4）在梁的端面，若无集中荷载作用，该截面上的内力为零。

在绘制完图形后，上述绘图规律可作为检查图形正确与否的依据。

6.4.3 例题解析

【例题 6-4】 如图 6-14 所示，简支梁 AB 在 C 处受集中力 F 作用。试列出梁的剪力方程和弯矩方程，并绘制剪力图和弯矩图。

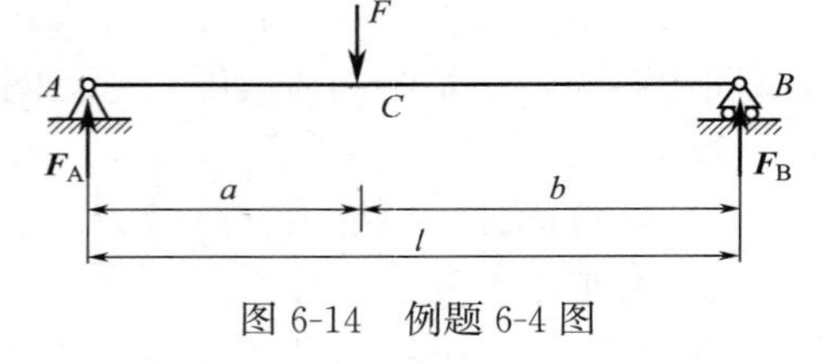

图 6-14　例题 6-4 图

【解】（1）求 A、B 处的支反力

建立静力平衡方程

$$\sum F_y = 0, \quad F_A - F + F_B = 0$$

$$\sum M_A = 0, \quad F \cdot a - F_B \cdot l = 0$$

得

$$F_A = \frac{b}{l}F, \quad F_B = \frac{a}{l}F$$

（2）列剪力方程和弯矩方程

由于 C 点受集中力 F 的作用，使得 AC、BC 两段剪力方程和弯矩方程各不相同，需分段列方程。

1）AC 段

以 A 为原点，取距原点为 x 的任意截面为研究对象，可得剪力方程和弯矩方程为

$$F_s(x) = F_A = \frac{b}{l}F \qquad (0 < x < a)$$

$$M(x) = F_A x = \frac{b}{l}Fx \qquad (0 \leqslant x \leqslant a)$$

2）BC 段

同理，对 BC 段可得剪力方程和弯矩方程分别为：

$$F_s(x) = F_A - F = \frac{b}{l}F - F = -\frac{a}{l}F \qquad (a < x < l)$$

$$M(x)=F_{A}x-F(x-a)=\frac{b}{l}Fx-F(x-a)=\frac{a}{l}(l-x)F \qquad (a\leqslant x\leqslant l)$$

（3）绘制剪力图和弯矩图

根据梁各段上的剪力方程和弯矩方程，绘出剪力图，如图6-15（a）所示；绘出弯矩图，如图6-15（b）所示。

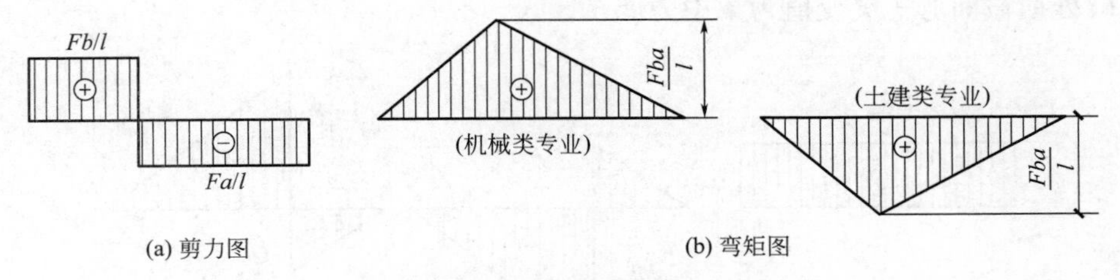

图6-15　例题6-4梁弯曲内力图

从剪力图和弯矩图中可以看出，在集中力F作用的C处，剪力图上会发生突变，突变值等于集中力F的大小；弯矩图上有转折点。

【例题6-5】 如图6-16所示简支梁AB在C处有集中力偶M_e作用。试列出梁的剪力方程和弯矩方程，并绘制剪力图和弯矩图。

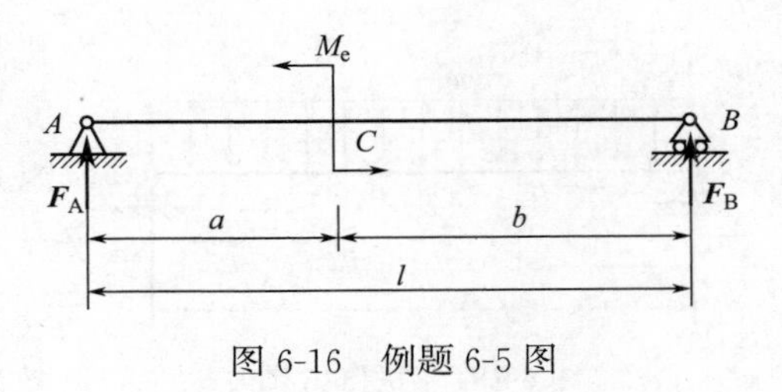

图6-16　例题6-5图

【解】（1）求梁支座约束力

列平衡方程，计算得

$$F_{A}=-F_{B}=\frac{M_{e}}{l}$$

（2）列剪力方程与弯矩方程

由于集中力偶作用于C处的弯矩有突变，因此梁的AC和BC两段内弯矩不能用同一方程表示，应分段考虑。

1）AC段内力方程

在AC段内选取距梁左端点A为x_1的任意横截面，用直接法可求得

$$F_{s}(x_{1})=F_{A}=\frac{M_{e}}{l} \qquad (0<x<a)$$

$$M(x_{1})=F_{A}x_{1}=\frac{M_{e}}{l}x_{1} \qquad (0\leqslant x<a)$$

2）CB段内力方程

在CB段内选取距梁左端点A为x_2的任意横截面，用直接法可求得

$$F_{s}(x_{2})=F_{A}=\frac{M_{e}}{l} \qquad (a\leqslant x<l)$$

$$M(x_{2})=F_{A}x_{2}-M_{e}=\frac{x_{2}}{l}M_{e}-M_{e} \qquad (a<x\leqslant l)$$

（3）画剪力图和弯矩图

在AC段，梁的剪力为常量，故剪力图为平行于轴x的水平线；弯矩方程为x轴的一次函数，弯矩图为斜直线。

同理可知，在 CB 段梁的剪力图为平行于轴 x 的水平线，弯矩图为斜直线。

简支梁 AB 的剪力图、弯矩图如图 6-17 所示。

由图 6-17 可见，简支梁在纯力偶作用下，剪力为定值。梁 AC 段最大弯矩值为 $M_{max}=\frac{a}{l}M_e$，位于 C 处横截面左侧；梁 CB 段最大弯矩值为 $|M_{max}|=\frac{b}{l}M_e$，位于 C 处横截面右侧。C 处横截面弯矩突变值为集中力偶 M_e。

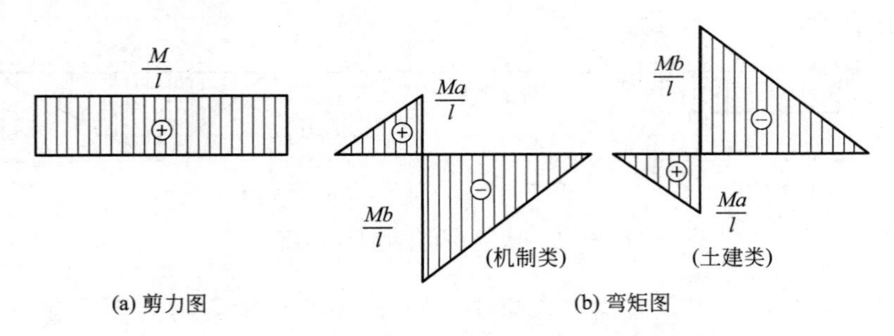

图 6-17　例题 6-5 简支梁 AB 弯曲内力图

【例题 6-6】 如图 6-18 所示简支梁，梁全长受集度为 q 的均布荷载作用。试列出梁的剪力方程和弯矩方程，并绘制剪力图和弯矩图。

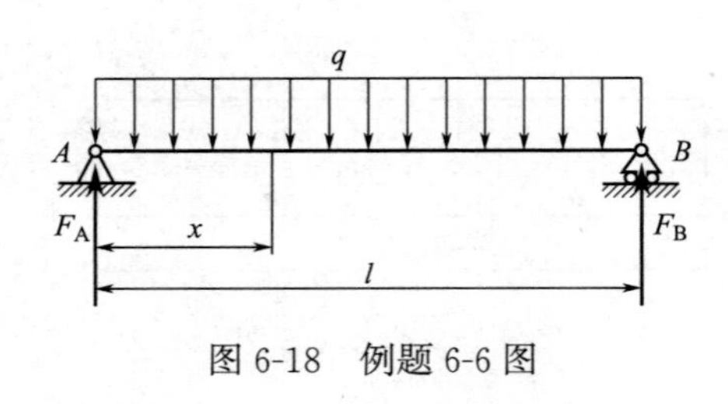

图 6-18　例题 6-6 图

【解】（1）求约束力

由静力平衡方程可求得简支梁 AB 两端支反力为：

$$F_A=\frac{ql}{2}，F_B=\frac{ql}{2}$$

（2）列出剪力方程和弯矩方程

以 A 点为坐标原点，建立坐标系。利用直接法，以左段为研究对象，列出距 A 点距离为 x 的任一截面上的剪力方程、弯矩方程分别为：

$$F_s(x)=\frac{ql}{2}-qx=q\left(\frac{l}{2}-x\right)$$

$$M(x)=\frac{ql}{2}x-qx\cdot\frac{x}{2}=\frac{q}{2}(lx-x^2)$$

（3）画剪力图和弯矩图

由剪力方程可知，剪力图为一直线，在 $x=\frac{l}{2}$ 处，$F_s=0$。

由弯矩方程可知，弯矩图为一抛物线，最高（或低）点在 $x=\frac{l}{2}$ 处，$M_{max}=\frac{ql^2}{8}$。

由剪力方程、弯矩方程可画出剪力图和弯矩图，如图 6-19 所示。

工程上，在弯矩图中画抛物线仅需注意极值和开口方向，画出简图。可求出抛物线上的若干特殊点后，用平滑曲线连成弯矩图，并在图上标明极值的大小。

【例题 6-7】 某外伸梁上荷载作用如图 6-20 所示，集中荷载 $F=6\text{kN}$，集中力偶 $M_e=6\text{kN}\cdot\text{m}$，均布荷载集度 $q=3\text{kN/m}$，$AD=DB=BC=a=2\text{m}$。试列出梁的剪力方程和弯

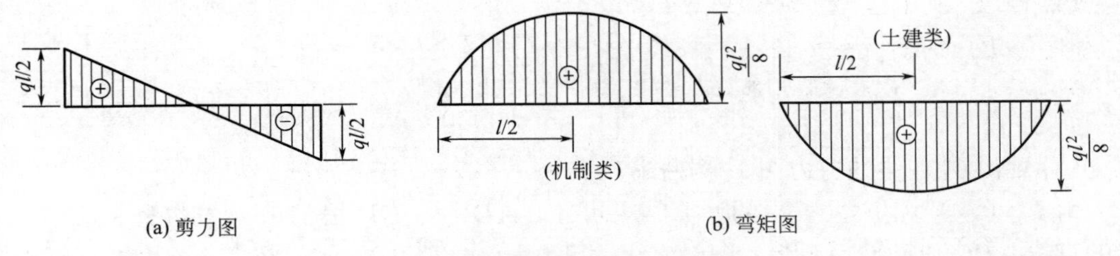

图 6-19　例题 6-6 梁弯曲内力图

矩方程，并绘制剪力图和弯矩图。

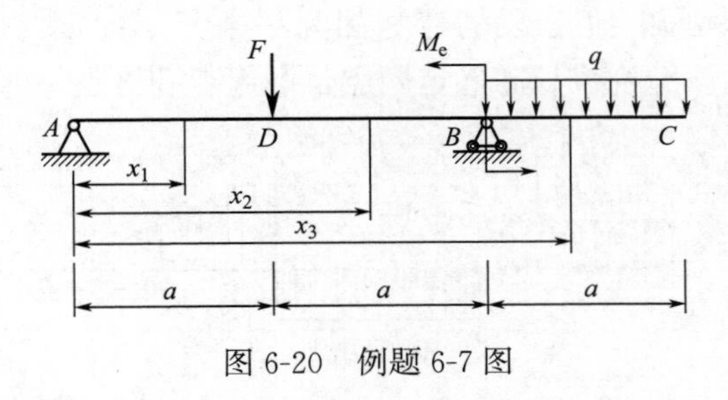

图 6-20　例题 6-7 图

【解】（1）由静力学平衡方程计算 A、B 支座的约束反力

$$M_A=0，F_B\cdot 2a+M_e-F\cdot a-qa\cdot\frac{5}{2}a=0$$

$$F_y=0，F_A+F_B-F-qa=0$$

解得

$$F_A=3\ \text{kN},F_B=9\ \text{kN}$$

校核

$$\sum M_B=F_A\cdot 2a-F\cdot a-M_e+qa\cdot\frac{a}{2}=3\times2\times2-6\times2-6+3\times2\times\frac{2}{2}=0$$

计算正确。

（2）外伸梁的剪力方程、弯矩方程

选定坐标系如图 6-20 所示。根据梁上荷载作用的情况，将梁分成 AD、DB、BC 共 3 段。

1）AD 段

在 AD 段内，任取一距原点距离为 x_1 的横截面，采用直接法写出 AD 段的剪力方程和弯矩方程如下：

$$F_s(x_1)=F_A=3\ \text{kN}\qquad(0<x_1<a)$$

$$M(x_1)=F_Ax_1=3x_1\qquad(0\leqslant x_1\leqslant a)$$

2）DB 段、BC 段

同理，在 DB 段、BC 段内，分别任取一距原点距离为 x_2、x_3 的横截面，同样采用直接法写出 DB 段、BC 段的剪力方程和弯矩方程。

DB 段

$$F_s(x_2)=F_A-F=3-6=-3\ \text{kN}\qquad(a<x_2<2a)$$

$$M(x_2)=F_Ax_2-F(x_2-a)=-3x_2+12\qquad(a\leqslant x_1<2a)$$

BC 段

$$F_s(x_3)=q(3a-x_3)=3(3\times2-x_3)=18-3x_3 \qquad (2a<x_3\leqslant 3a)$$

$$M(x_3)=-(3a-x_3)\cdot q\times\frac{1}{2}(3a-x_3)=-\frac{q}{2}(x_3-3a)^2=-\frac{3}{2}(x_3-6)^2 \qquad (2a<x_3\leqslant 3a)$$

（3）画出外伸梁的剪力图、弯矩图

由 F_s（x_1）和 F_s（x_2）的计算结果可知，AD 段、DB 段的剪力图均为一条平行于梁的直线；BC 段的剪力图为一条斜直线，可取 $x_3=2a$ 和 $x_3=3a$ 确定，剪力图见图 6-21（a）。

由 M（x_1）和 M（x_2）的计算结果可知，AD 段、DB 段的弯矩图均为一条斜直线；由 M（x_3）的计算结果可知，BC 段的弯矩图为一条开口向下（土建类：向上）的抛物线，且顶点在 C 点，画该抛物线只需确定两点，即起点和终点，弯矩图见图 6-21（b）。

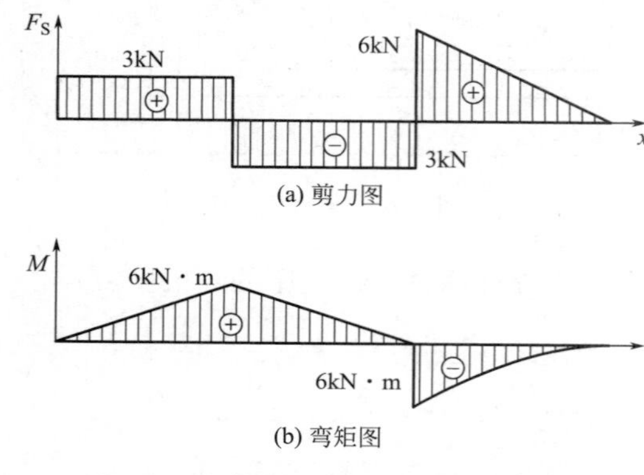

图 6-21　例题 6-7 外伸梁的弯曲内力图

6.5　弯矩、剪力和荷载集度间的关系

在外力作用下，梁内产生剪力和弯矩。本节研究剪力、弯矩与荷载集度三者间的关系，及其在绘制剪力图与弯矩图时的应用。

6.5.1　弯矩、剪力和荷载集度间的关系

以图 6-22（a）所示直梁为例，取梁的左端点为坐标原点，以轴线为 x 轴，y 轴向上为正，考虑仅在 xOy 平面内作用有外力的情形。梁上分布荷载集度为 $q=q$（x），假定 q（x）向下作用时为正值。为了研究剪力与弯矩沿梁轴的变化，用坐标分别为 x 与 $x+\mathrm{d}x$ 的两个横截面，从梁中切取一微段（图 6-22b）进行分析。如图 6-22 所示，设坐标为 x 的截面内力为 F_s 和 M，由于梁上仅作用连续变化的分布荷载，内力沿梁轴也应连续变化，因此坐标为 $x+\mathrm{d}x$ 的截面内力为 $F_s+\mathrm{d}F_s$ 与 $M+\mathrm{d}M$。此外，在该微段上还作用有集度为 q（x）的分布荷载。

在上述各力作用下，微段处于平衡状态，平衡方程为：

$$\sum F_y=0，q(x)\mathrm{d}x+(F_s+\mathrm{d}F_s)-F_s=0 \tag{6-8}$$

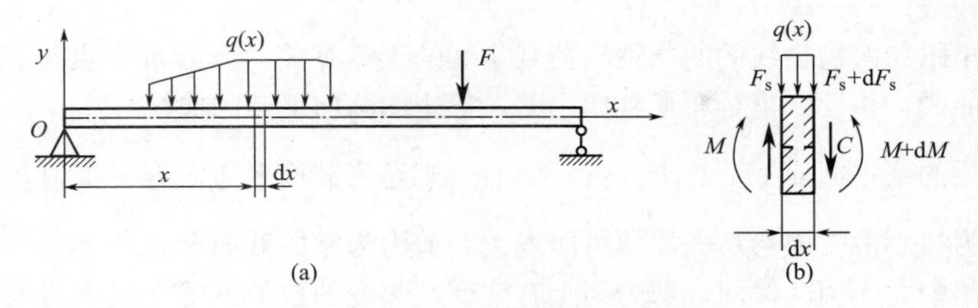

图 6-22　直梁受力分析

$$\sum M=0,\ M+\mathrm{d}M+q(x)\mathrm{d}x\cdot\frac{\mathrm{d}x}{2}-F_{\mathrm{s}}\mathrm{d}x-M=0 \tag{6-9}$$

由式（6-8）得

$$\frac{\mathrm{d}F_{\mathrm{s}}}{\mathrm{d}x}=-q(x) \tag{6-10}$$

由式（6-9）并略去二阶微量 $q(x)(\mathrm{d}x)^2/2$ 得

$$\frac{\mathrm{d}M}{\mathrm{d}x}=F_{\mathrm{s}} \tag{6-11}$$

将式（6-11）代入式（6-10）得

$$\frac{\mathrm{d}^2M}{\mathrm{d}x^2}=-q(x) \tag{6-12}$$

利用上述导数关系，经过积分可得到：

$$F_{\mathrm{s}}(x_2)-F_{\mathrm{s}}(x_1)=\int_{x_1}^{x_2}-q(x)\mathrm{d}x \tag{6-13}$$

$$M(x_2)-M(x_1)=\int_{x_1}^{x_2}F_{\mathrm{s}}(x)\mathrm{d}x \tag{6-14}$$

上述关系式揭示了直梁的剪力 $F_{\mathrm{s}}(x)$、弯矩 $M(x)$ 和荷载集度 $q(x)$ 之间的导数关系，其表明：剪力图某点处的切线斜率，等于相应截面处荷载集度的负值；弯矩图某点处的切线斜率，等于相应截面处的剪力；而弯矩图某点处的二阶导数（斜率变化率），等于相应截面处荷载集度的负值。还说明了剪力图和弯矩图的几何形状与作用在梁上的荷载集度相关。

需要注意的是，上述关系式所揭示的剪力 $F_{\mathrm{s}}(x)$、弯矩 $M(x)$ 和荷载集度 $q(x)$ 之间的关系只适用于直梁，且坐标系的选取和 $q(x)$、$F_{\mathrm{s}}(x)$ 及 $M(x)$ 的符号必须符合规定。

6.5.2　常见荷载的剪力图和弯矩图特征

由剪力 $F_{\mathrm{s}}(x)$、弯矩 $M(x)$ 和荷载集度 $q(x)$ 之间的关系式可以得出如下推论：

（1）如果梁上某一段没有分布荷载作用，即 $q(x)=0$，这一段梁上剪力的一阶导数等于零，弯矩的一阶导数等于常数。因此，这一段梁的剪力图为平行于 x 轴的水平直线，弯矩图为斜直线。

（2）如果梁上某一段作用有均布荷载，即 $q(x)=$常数，这一段梁上剪力的一阶导数等于常数，弯矩的一阶导数为 x 的线性函数。因此，这一段梁的剪力图为斜直线，弯矩图为二次抛物线。

(3) 弯矩图二次抛物线的凹凸性与荷载集度的正负有关：当分布荷载向下时，弯矩图为向上凸的曲线；相反，当分布荷载向上时，弯矩图为向下凸的曲线。

(4) 在梁的某一截面上，若 $F_s=\dfrac{dM}{dx}=0$，则这一截面上弯矩有一极值，可能为极大值，也可能为极小值。即弯矩的极值可能发生在剪力为零的截面上。

(5) 在集中力作用的截面，剪力图上有突变，突变的数值就等于集中力的大小，而突变的方向与集中力的方向有关。对于直梁段，从左至右绘制剪力图时，突变的方向与集中力的方向相同。同时，集中力作用的截面处弯矩图的斜率也会发生突然变化，成为一个转折点。

(6) 在集中力偶作用的截面，弯矩图上有突变，突变的数值等于集中力偶的大小，而突变的方向与集中力偶的方向有关。对于直梁段，从左至右绘制弯矩图时，逆时针方向的集中力偶反映在弯矩图上是向下突变，顺时针方向的集中力偶反映在弯矩图上是向上突变。而当从右至左绘制弯矩图时，这一规律恰恰相反。

(7) 最大弯矩可能发生在剪力等于零的截面处，也可能发生在集中力或集中力偶作用截面处（包括固定端截面处）。因此，在求最大弯矩时，应作全面分析。

(8) 在 $x=x_2$ 和 $x=x_1$ 两截面上，剪力之差等于两截面间荷载图的面积，弯矩之差等于两截面间剪力图的面积。

表 6-1 给出了剪力图、弯矩图与梁上荷载三者之间关系对应规律。

常见荷载的剪力图和弯矩图特征 **表 6-1**

荷载类型	$q(x)=0$			$q(x)=$ 常数		集中力		集中力偶	
				$q(x)$	$q(x)$	F C	C F	M_e C	M_e C
剪力图	水平线			斜直线		有突变		无影响	
						F	F		
弯矩图	$F_s>0$	$F_s=0$	$F_s<0$	二次抛物线 $F_s=0$ 有极值		在 C 处有转折		有突变	
	斜直线	水平线	斜直线						
						C	C	M_e	M_e

利用剪力图、弯矩图与梁上荷载三者关系对应规律，不仅可以校核剪力图和弯矩图的正确性，而且可以不必写出剪力方程与弯矩方程，即可直接在坐标系中相应控制面的点之间绘制出剪力图和弯矩图。

6.5.3 直接画弯曲内力图的基本步骤

不列内力方程而直接画弯曲内力图的基本步骤如下：

① 求支座反力；

② 根据梁上的荷载及支座情况，在荷载不连续处对梁进行分段；

③ 利用剪力 $F_s(x)$、弯矩 $M(x)$ 和荷载集度 $q(x)$ 之间的关系，判断各段剪力图和弯矩图的线形；

④ 根据内力图的线形，确定各段的控制截面；

⑤ 用截面法或直接法和突变规律确定各段端点和特征截面的剪力和弯矩值；

⑥ 按照各控制截面的内力值描点，分段连接各点，绘制剪力图和弯矩图，确定 $|F_s|_{max}$ 和 $|M|_{max}$。

6.5.4　例题解析

【例题 6-8】 某外伸梁上荷载作用如图 6-23 所示，均布荷载集度 $q=4\text{kN/m}$，集中力偶 $M_e=18\text{kN}\cdot\text{m}$，集中荷载 $F=5\text{kN}$，图中尺寸 $a=2\text{m}$。试列出梁的剪力方程和弯矩方程，并绘制剪力图和弯矩图（均以向上为正）。

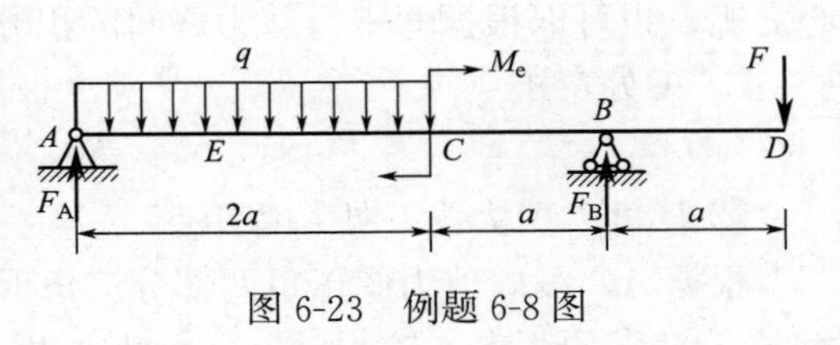

图 6-23　例题 6-8 图

【解】（1）求支座反力

由平衡方程求得支座反力为

$$F_A=6\ \text{kN},\ F_B=15\ \text{kN}$$

（2）作剪力图

1）分段

根据梁上荷载及支承情况，将梁分为 AC、CB、BD 三段。

AC 段：均布荷载方向向下，F_s 图为斜直线，斜率为负，向右下方倾斜；

CB、BD 段：$q=0$，F_s 图为水平直线。

2）控制截面处剪力特征

A 处：有 F_A 向上，F_s 图向上突变 F_A；

C 处：有 M_e，F_s 图无突变；

B 处：有 F_B 向上，F_s 图向上突变 F_B；

D 处：有 F 向下，F_s 图向下突变 F。

3）求特殊截面上的剪力

因 AC、CB、BD 三段的剪力图均为直线，根据各横截面一侧（左侧或右侧）梁上的外力，或者根据剪力与荷载集度间的积分关系，可得各段分界处的剪力值为

AC 段：$F_{sA}=F_A=6\text{kN}$，$F_{sC}=F_A-q\cdot 2a=6-4\times4=-10\text{kN}$

CB 段：$F_{sB左}=F_{sC}=-10\text{kN}$

BD 段：$F_{sB右}=F_{sD}=F=5\text{kN}$

4）作图

将以上各值标于坐标上，分别作倾斜直线或水平线，即得全梁的剪力图，如图 6-24（a）所示。由图 6-24 可见，在 CB 段的各截面上，$|F_s|_{max}=10\text{kN}$。

（3）作弯矩图

1）分段

根据梁上荷载及支承情况，同样将梁分为 AC、CB、BD 三段。

AC 段：均布荷载方向向下，剪力 F_s 由正渐变为负，弯矩 M 图为凸形曲线，斜率由

正渐减小至负。在 $F_s=0$ 处，M 有极值。

CB 段：$q=0$，$F_s<0$，M 图为斜直线，斜率为负，向右下方倾斜。

BD 段：$q=0$，$F_s>0$，M 图为斜直线，斜率为正，向右上方倾斜。

2）控制截面处弯矩特征

C 处：有 M_e，M 图突变 M_e（18kN · m）。

B 处：有 F_B 向上，F_s 图向上突变 F_B，M 图有一折角。

3）求特殊截面上的弯矩

为画出各段梁的弯矩图，需求以下各横截面上的弯矩，可根据截面一侧外力对截面形心之矩，也可以根据弯矩与剪力之间的积分关系求得。

① A 处弯矩

$$M_A=0\text{kN}\cdot\text{m}$$

② E 处（剪力为 0 处）弯矩

根据 AC 段内剪力图正负两部分三角形的比例关系，该段梁弯矩图的极值对应的 E 截面至 A 截面的距离 $AE=1.5$m，由此求得 AC 段内弯矩图的极值：

$$M_E=F_A\cdot AE-\frac{1}{2}q\cdot AE^2=6\times1.5-\frac{1}{2}\times4\times1.5^2=4.5\text{kN}\cdot\text{m}$$

③ C 处弯矩值

$$M_{C左}=F_A\cdot AC-\frac{1}{2}q\cdot AC^2=6\times4-\frac{1}{2}\times4\times4^2=-8\text{kN}\cdot\text{m}$$

$$M_{C右}=F_B\cdot CB-F\cdot CD=15\times2-5\times4=10\text{kN}\cdot\text{m}$$

④ B 处弯矩值

$$M_B=-F\cdot BD=-5\times2=-10\text{kN}\cdot\text{m}$$

⑤ D 处弯矩值

$$M_D=0\text{kN}\cdot\text{m}$$

4）作图

① AC 段：将 M_A、M_E、$M_{C左}$各值标于坐标上，按凸形二次曲线连接，即得 AC 段的弯矩图。

② CB、BD 段：将 $M_{C右}$、M_B、M_D 各值标于坐标上，分别以直线连接，得 CB、BD 段弯矩图。

全梁的弯矩图如图 6-24（b）所示。由图 6-24 可见，弯矩最大处在截面 C 右侧（正值）及 B 支座处（负值），$|M|_{max}=10$kN。

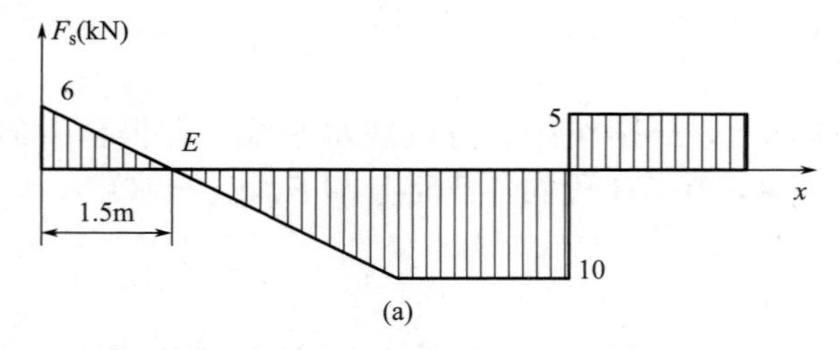

图 6-24 例题 6-8 外伸梁弯曲内力图（一）

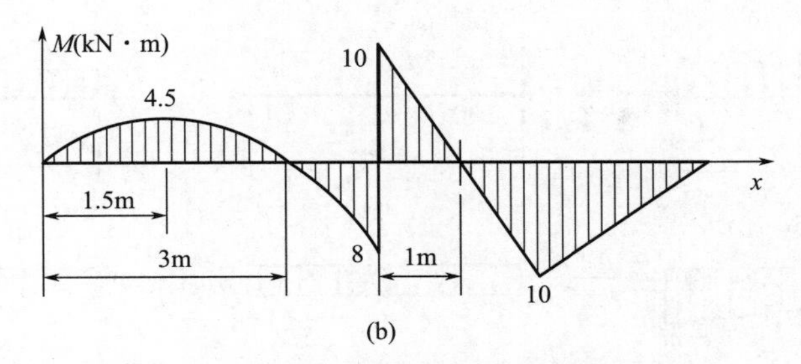

图 6-24　例题 6-8 外伸梁弯曲内力图（二）

6.6　叠加法作弯曲内力图

6.6.1　叠加法与叠加原理

当梁在荷载作用下的变形为微小变形时，其跨长的改变可忽略不计，在求梁的支座反力、弯矩和剪力时，均可按其原始尺寸和位置进行计算。由前面所学内容可知，梁在外荷载作用下所产生的内力（剪力和弯矩）与其所受外力（分布荷载、集中力和集中力偶）呈线性关系的，即内力是荷载的一次函数。因此，在小变形的前提下，当梁上同时作用几种荷载时，各个荷载所引起的内力是各自独立、互不影响的。

当梁上受多个荷载共同作用时，可以先分别算出各个荷载单独作用下梁的某一横截面的内力，然后将其叠加，即可得梁在所有荷载共同作用下该截面上的内力。如果要绘制多种荷载共同作用下梁的内力图，即可先绘制每种荷载单独作用下梁的内力图，然后将其相应的纵坐标代数相加，就可得到各种荷载共同作用下梁的内力图，这一方法称为叠加法。这里所谓内力图的叠加，是指内力图的纵坐标代数相加，而不是内力图的简单合并。

叠加法应用了具有普遍性的叠加原理，即：当作用因素（如荷载、变温等）和所引起的结果（如内力、应力、变形等）之间呈线性关系时，由几个因素共同作用所引起的某一结果，就等于每个因素单独作用时所引起结果的叠加。

叠加原理在材料力学中应用广泛，其限制条件是：需要计算的物理量（内力、应力、变形等）必须是荷载的线性函数。

在常见荷载作用下，梁的剪力图一般为直线图形，比较简单，所以通常不采用叠加原理绘制。

用叠加法作弯矩图，只在单个荷载作用下梁的弯矩图可以比较方便地作出，且梁上所受荷载也不复杂时才适用。如果梁上荷载复杂，还是按荷载共同作用的情况用前两节所述方法作弯矩图比较方便。此外，在分析荷载作用的范围内，用叠加法不能直接求出最大弯矩；如果求最大弯矩，还需用前述方法。

6.6.2　例题解析

【例题 6-9】 绘出图 6-25（a）所示悬臂梁的弯曲内力图。

【解】 采用叠加法，按如下步骤作图：

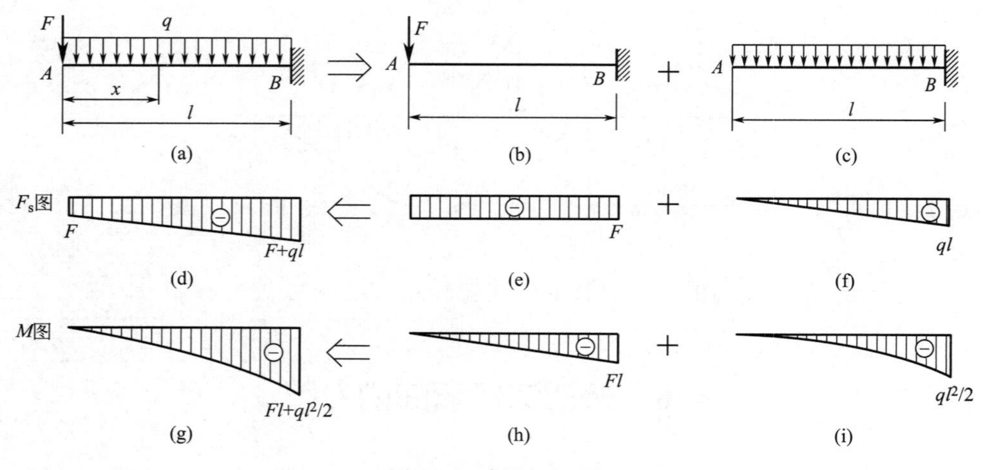

图 6-25　例题 6-9 图

（1）分解荷载。如图 6-25（a）所示，悬臂梁受集中力 F 和均布荷载 q 共同作用，将梁上荷载分解为集中力 F、均布荷载 q，使其分别单独作用于梁上，则图 6-25（a）所示梁的计算简图拆分为图 6-25（b）、（c）所示计算简图。

（2）绘制分解荷载单独作用对应的弯曲内力图。分别绘制出集中力 F 和均布荷载 q 单独作用下的剪力图（图 6-25e、f）、弯矩图（图 6-25h、i）所示。

（3）内力图叠加。将图 6-25（e）、（f）叠加得剪力图（图 6-25d），将图 6-25（h）、（i）叠加得弯矩图（图 6-25g）。

利用叠加法所得到的图 6-25（d）、（g）就是图 6-25（a）所示悬臂梁的剪力图和弯矩图。

【例题 6-10】绘出图 6-26（a）所示简支梁的弯矩图。

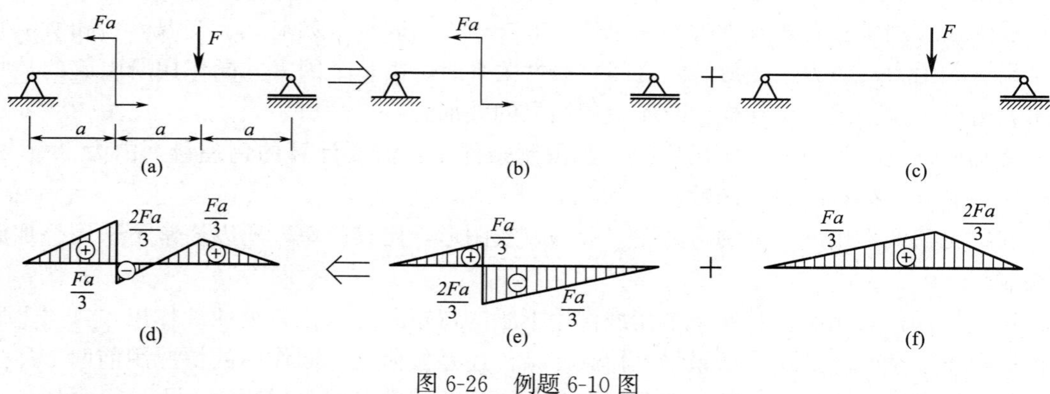

图 6-26　例题 6-10 图

【解】采用叠加法，按如下步骤作图：

（1）分解荷载。如图 6-26（a）所示，简支梁受集中力偶 Fa 和集中力 F 共同作用，将荷载分解为集中力偶 Fa、集中力 F，使其单独作用于梁上，如图 6-26（b）、（c）所示。

（2）绘制分解荷载单独作用对应的弯矩图。分别绘制出集中力偶 Fa、集中力 F 单独作用下的弯矩图，如图 6-26（e）、（f）所示。

(3) 内力图叠加。将图 6-26 (e)、(f) 所示弯矩图上分段处的纵坐标值在对应位置叠加，并用直线将弯矩对应的点相连即可得到叠加后的弯矩图（图 6-26d）。

利用叠加法所得到的图 6-26 (d) 就是图 6-26 (a) 所示简支梁的弯矩图。由于两个独立的荷载作用对应的弯矩图都是直线型图形，故叠加后的弯矩图也是直线型图形。

本章小结

本章主要学习了对称弯曲杆件——梁的弯曲内力的计算方法及剪力图、弯矩图的绘制方法。

1. 弯曲变形杆件的受力特征是作用于杆件上的外力垂直于杆件的轴线；其变形特征是杆件的轴线由原来的直线变成曲线。平面弯曲时，梁上的所有外力（或外力的合力）和梁变形后的轴线处于同一平面内。对称弯曲时，梁上的外力和梁变形后的轴线正好处于梁的纵向对称面内。

2. 在分析梁的内力和变形时，用梁的轴线来代替梁。梁上的作用荷载可简化为集中力、集中力偶和分布荷载。常见的梁的支座有固定端、固定铰支座及可动铰支座。工程中静定梁有简支梁、外伸梁、悬臂梁三种基本形式。

3. 梁在横向载荷作用下，横截面上的内力既有剪力又有弯矩。截面法是计算梁的内力即弯矩和剪力的基本方法。计算时主要是运用简化计算的方法，即直接法，通过指定截面一侧的全部外力直接计算该截面的弯矩和剪力。

$$F_s = \sum F_{左} \quad 或 \quad F_s = \sum F_{右}$$

$$M = \sum m_c(F_{左}) \quad 或 \quad M = \sum m_c(F_{右})$$

剪力的符号以微段梁左端向上，右端向下相对错动时为正，反之为负（或者使隔离体顺时针转动的剪力为正，反之为负）。弯矩的符号以使梁下面纤维受拉为正，反之为负。剪力和弯矩的符号是根据它们所引起的梁的变形而规定的，与坐标的选择无关。

4. 梁的内力方程与内力图。

剪力方程和弯矩方程是表示剪力和弯矩随横截面位置变化规律的数学方程。以平行于梁轴线的横坐标 x 表示横截面的位置，通常取向右为正，以纵坐标表示相应截面的剪力或弯矩，通常取向上为正。列出内力方程 $F_s = F_s(x)$，$M = M(x)$ 后，据此可画出梁的内力图，注意机械设计与制造类专业与土建类专业弯矩图正向不同。

内力图变化规律：集中力作用截面处剪力有突变，突变量等于该集中力的大小，弯矩图有尖角出现；集中力偶作用截面处，弯矩有突变，其突变量等于该集中力偶矩的大小，剪力图无任何变化。均布荷载作用的起点和终点处（无集中力和集中力偶作用），剪力图连续但有尖角出现，弯矩图则光滑连续过渡。梁的端面，若无集中荷载作用，该截面上的内力为零。

建立剪力方程和弯矩方程、绘制内力图时要注意分段。

5. 梁上分布荷载集度为 $q = q(x)$，设 $q(x)$ 向下作用时为正值，梁的内力与分布荷载之间的关系为：

$$\frac{dF_s}{dx} = -q(x), \quad \frac{dM}{dx} = F_s, \quad \frac{d^2M}{dx^2} = -q(x)$$

根据上述关系得到了一些重要结论，即在各种常见荷载下梁的弯矩图与剪力图的特征以及剪力图与弯矩图的关系特征。利用这些特征可以更加准确地画出并校核梁的内力图，这种方法较为简单。

6. 叠加法作弯矩图

在梁上同时作用若干荷载时产生的弯曲内力，等于各荷载单独作用时所产生弯曲内力的代数和。叠加法画弯矩图是一种有效实用的方法，由于梁的弯矩图在工程中非常重要，且梁的弯矩分布通常比较复杂，应当能够熟练地运用叠加法绘制弯矩图。

思考题

1. 何谓平面弯曲、对称弯曲？简述产生对称弯曲的条件。

2. 何谓剪力？何谓弯矩？

3. 梁的剪力、弯矩与下列哪些因素有关？

（1）荷载的类型、大小及其分布；（2）支座的类型及布置；（3）梁的材料；（4）横截面的形状及尺寸；（5）所求剪力、弯矩截面的位置；（6）分离体的取法；（7）所假设的剪力、弯矩的方向。

4. 如何确定梁横截面上的剪力、弯矩？其正负号是如何规定的？

5. 用截面法将梁分成两部分，计算梁截面上的内力时，下列说法是否正确？

（1）在截面的任一侧，向上的集中力产生正的剪力，向下的集中力产生负的剪力。

（2）在截面的任一侧，顺时针转向的集中力偶产生正弯矩，逆时针转向的集中力偶产生负弯矩。

6. 用截面法求梁的内力时，能否将截面恰好取在集中力或集中力偶的作用处？为什么？

7. 如图 6-27 所示的简支梁，在用截面法计算 m-m 截面的剪力、弯矩时，下列说法是否正确？为什么？

（1）若选取左段为分离体，则剪力、弯矩与荷载集度 q 的大小无关。

（2）若选取右段为分离体，则剪力、弯矩与集中力 F 的大小无关。

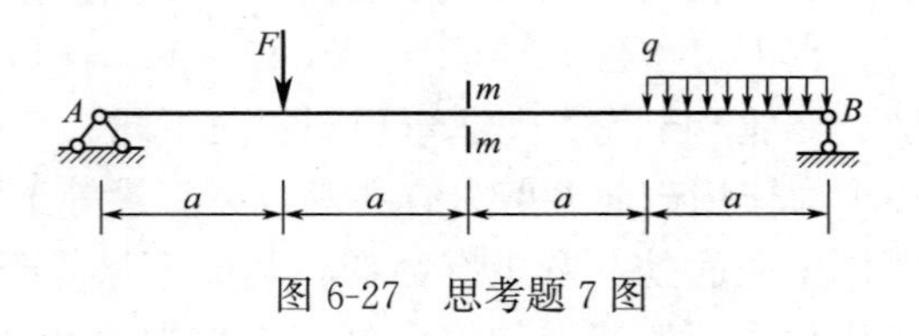

图 6-27　思考题 7 图

8. 在列剪力方程、弯矩方程时，在何处需要分段？

9. 如图 6-28 所示悬臂梁和简支梁的长度相等，它们的 F_s 图、M 图是否相同？

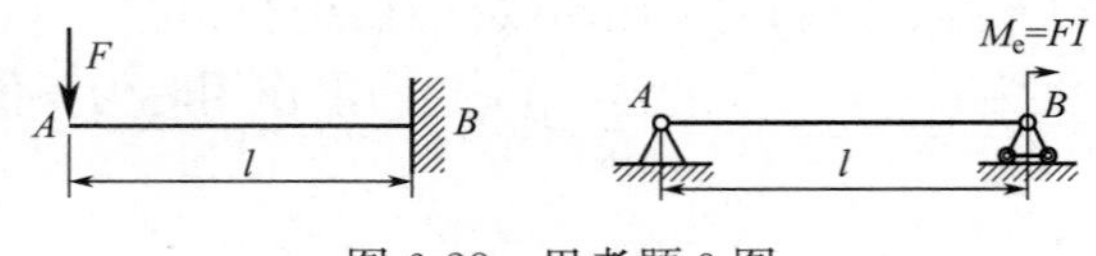

图 6-28　思考题 9 图

10. 梁分别承受 A、B 两组荷载，A 组荷载与 B 组荷载唯一的不同是多了一个集中力偶。有人认为，画剪力图时，集中力偶不影响剪力，因此，对应于这两组荷载的剪力图是完全一样的。这种看法对吗？为什么？

11. 梁的集中力作用截面处，其 F_s 图、M 图有何特点？梁的集中力偶作用截面处，F_s 图、M 图又有何特点？

12. 若对称梁的受力情况对称于中央截面，则该梁的 M 图、F_s 图有何特点？中央截面上的剪力、弯矩有何特点？

13. 若对称梁的受力关于中央截面反对称，则该梁的 M 图、F_s 图有何特点？中央截面上的剪力、弯矩有何特点？

14. 若应用理论力学中的外力平移定理，将梁上横向集中力左右平移，则梁的 F_s 图、M 图是否产生变化？若将梁上集中力偶左右平移，梁的 F_s 图、M 图是否变化？

15. 在弯矩、剪力与荷载集度之间的关系中，若将坐标原点选在梁的最右端，并使 x 轴正方向向左，则微分关系和积分关系有何变化？

16. 弯矩、剪力和荷载集度之间的微、积分关系的适用条件是什么？如果梁某段内有集中力或者集中力偶，是否仍然适用？

17. 试用荷载集度 q（x）、剪力 F_s（x）和弯矩 M（x）之间的关系解释：梁在集中力和集中力偶作用下，剪力图和弯矩图发生突变的规律。

18. 如何确定最大弯矩？最大弯矩是否一定发生在剪力为零的横截面上？

19. 如图 6-29 所示梁中，比较 AB、BC、CD 段：(1) 剪力图图线的斜率是否相同？为什么？(2) 弯矩图图线的切线斜率是否相同？为什么？(3) 弯矩图图线的凹凸朝向是否相同？为什么？

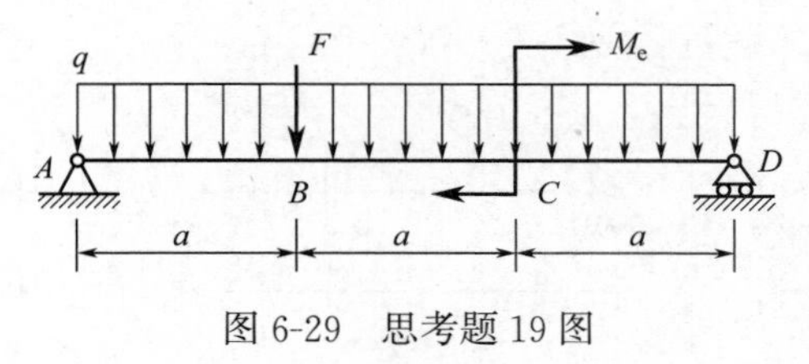

图 6-29 思考题 19 图

20. 根据剪力图绘制的弯矩图在什么情况下是唯一的？在什么情况下是不唯一的？根据弯矩图绘制剪力图是否唯一？

21. 用叠加法求弯曲内力的必要条件是什么？用叠加法可以作哪些内力图？

22. 某简支梁荷载作用如图 6-30（a）所示。利用叠加法绘制最终弯矩图时，有两种叠加方式。一是将对应截面处的弯矩（即纵坐标）相叠加，如图 6-30（b）所示，一种是以三角形斜边为底边叠加一抛物线，如图 6-30（c）所示。哪种正确？为什么？

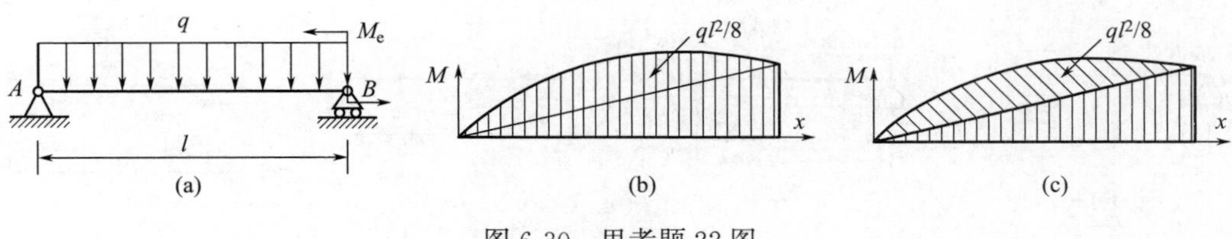

图 6-30 思考题 22 图

习题

1. 求图 6-31 中各梁截面 1-1、2-2 上的剪力和弯矩（指定截面无限接近于最近的荷载突变处或最近的支座）。

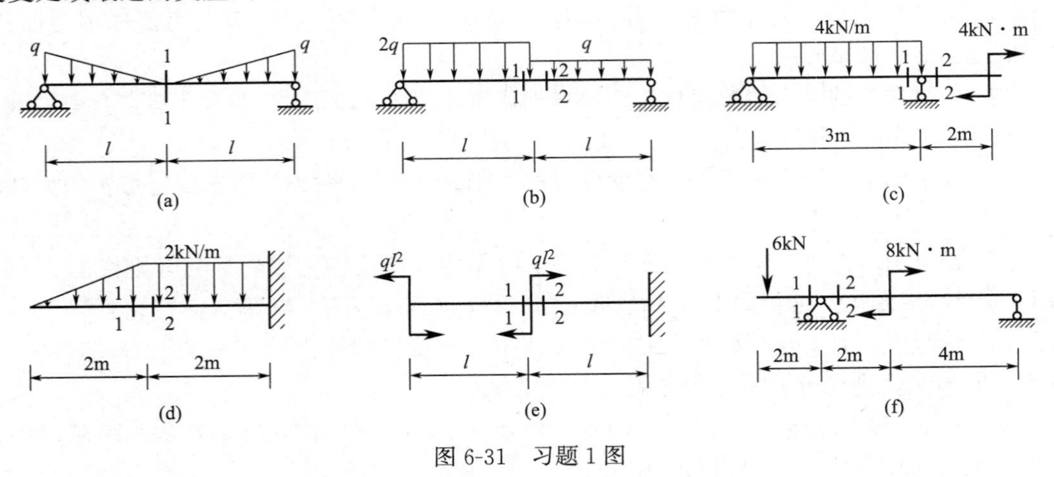

图 6-31　习题 1 图

2. 求图 6-32 中各梁截面 1-1、2-2、3-3 上的剪力和弯矩。设荷载 F、q、M_e 和尺寸 a、b 均为已知，指定截面无限接近于最近的端面，或最近的支座，或最近的力。

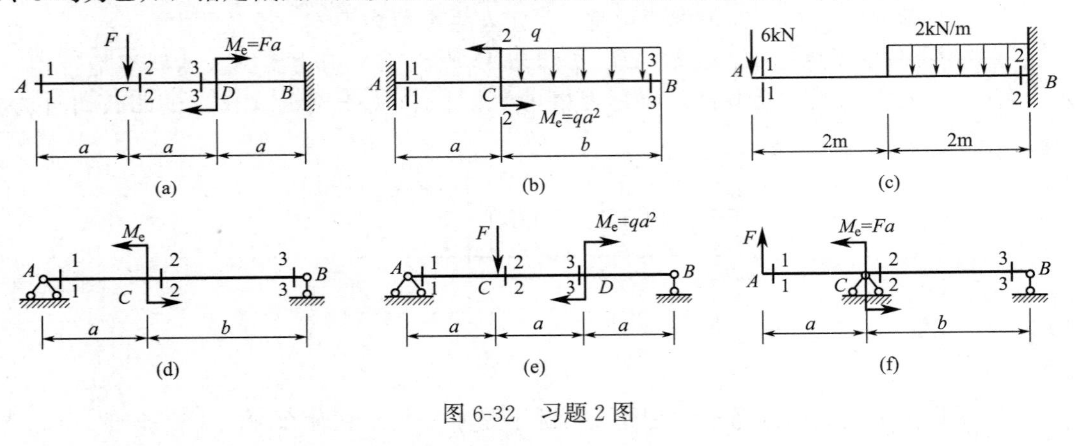

图 6-32　习题 2 图

3. 试列出图 6-33 中各梁的剪力方程和弯矩方程，并作剪力图和弯矩图。

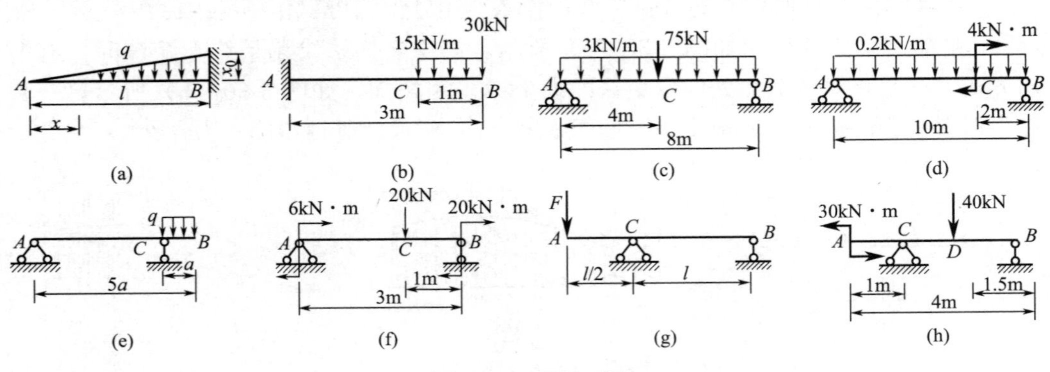

图 6-33　习题 3 图

4. 画出图 6-34 所示各梁的剪力图和弯矩图。

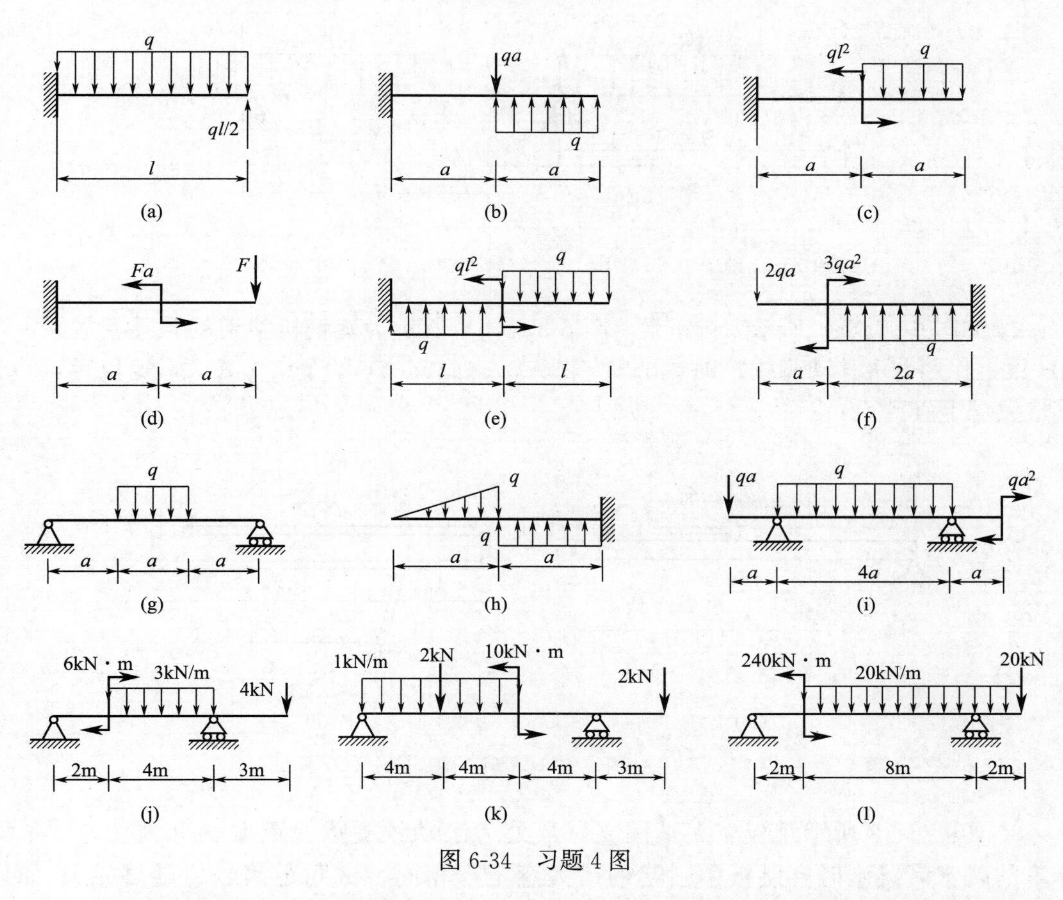

图 6-34　习题 4 图

5. 已知简支梁的剪力图如图 6-35 所示，试作梁的弯矩图和荷载图。已知梁上没有集中力偶作用。

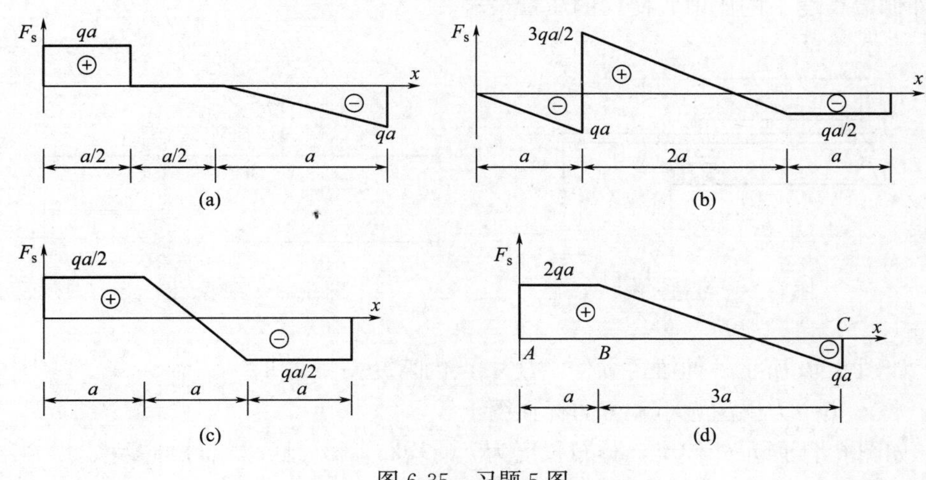

图 6-35　习题 5 图

6. 如图 6-36（a）、（b）所示两根梁的最大弯矩之比值 $M_{\max(a)}/M_{\max(b)}$ 等于多少？

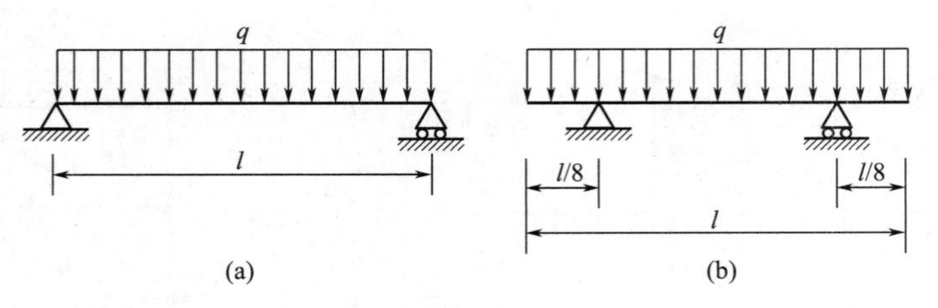

图 6-36　习题 6 图

7. 如图 6-37（a）所示为行车梁，图 6-37（b）所示为轧钢机滚道的升降台横梁。当 AB 梁上作用着可移动荷载 F 时，试确定图 6-37（a）、（b）两个梁上最大弯矩位置，并求其最大弯矩值。

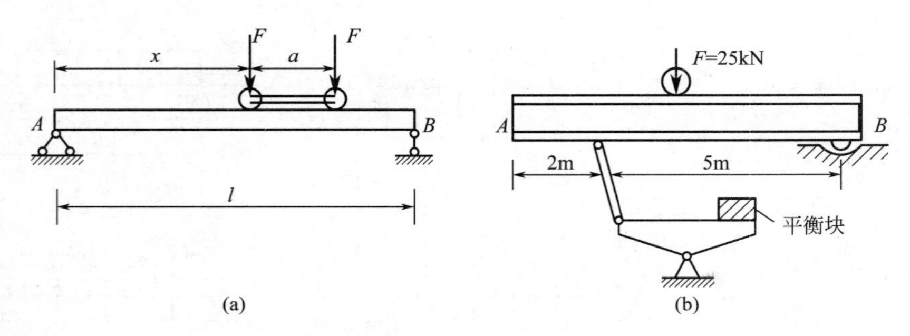

图 6-37　习题 7 图

8. 如图 6-38 所示跳板，A 端固支，B 处为滚动铰支承，距离 a 可调。为使不同体重的跳水者跳水时在跳板中引起的最大弯矩都相同，试问距离 a 应随体重 W 如何变化？

9. 如图 6-39 所示外伸梁，集中力 F 可在外伸梁 AC 上任意移动。试合理设计梁的总长 l 与外伸端长度 a 的比值，使梁的质量最轻。

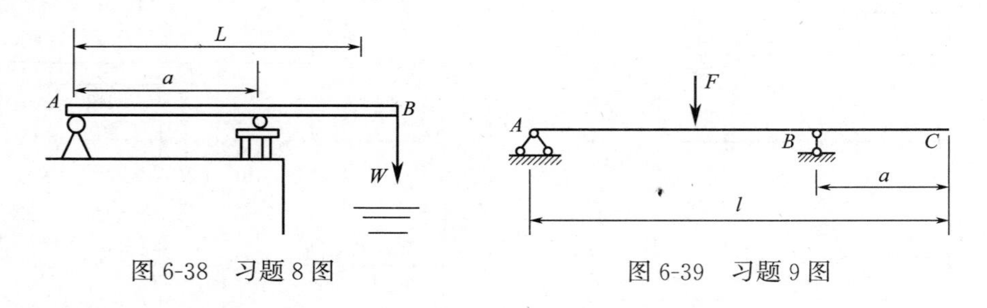

图 6-38　习题 8 图　　　　图 6-39　习题 9 图

10. 如图 6-40 所示外伸梁，欲使 AB 中点的弯矩等于零时，需在 A 端加多大的集中力偶矩？将该集中力偶的大小和方向标在图上。

11. 如图 6-41 所示外伸梁，分布长度为 l 的均布荷载 q 可以沿外伸梁移动。当距离 A 端为 x 的截面 C 及支座截面 B 上的弯矩绝对值相等时，x 值应为多少？求此时 B、C 截面上的弯矩值。

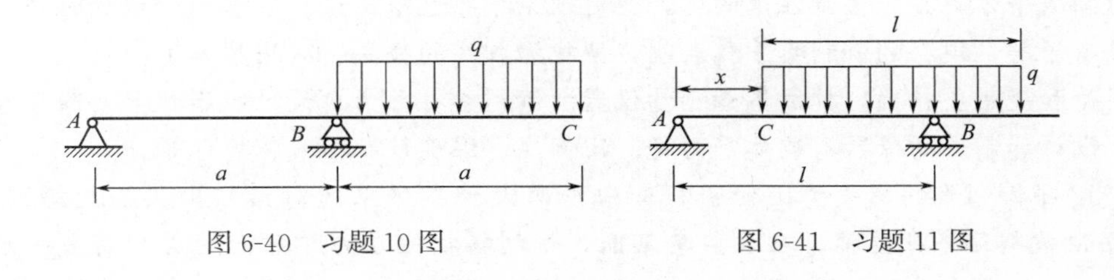

图 6-40　习题 10 图　　　图 6-41　习题 11 图

延伸阅读——力学家简介 I

伽利略·伽利雷

图 6-42　伽利略

伽利略·伽利雷（Galileo Galilei，1564 年 2 月 15 日—1642 年 1 月 8 日），是最伟大的科学家之一，欧洲近代自然科学的创始人（图 6-42）。被后世称为“观测天文学之父”“近代物理学之父”“科学方法之父”“近代科学之父”。

在伽利略的研究成果得到公认之前，物理学以至整个自然科学只不过是哲学的一个分支，没有独立地位。哲学家们被束缚在神学和亚里士多德教条的框框里，他们苦思巧辩，得不出符合实际的客观规律。伽利略敢于向传统的权威思想挑战，不是先臆测事物发生的原因，而是先观察自然现象，由此发现自然规律。基于这样新的科学思想，伽利略倡导了数学与实验相结合的研究方法。这种研究方法是他在科学上取得伟大成就的源泉，也是他对近代科学的最重要贡献。

用数学方法研究物理问题，远非伽利略首倡，可以追溯到公元前 3 世纪的阿基米德，14 世纪的牛津学派和巴黎学派以及 15、16 世纪的意大利学术界，在这方面都有一定成就，但他们并未将实验方法放在首位，因而在思想上未能有所突破。

从伽利略开始的实验科学，是近代自然科学的开始。伽利略重视实验的思想可见于 1615 年他写给克利斯廷娜公爵夫人的一封信上的话：“我要请求这些聪明细心的神父们认真考虑一下臆测性的原理和由实验证实了的原理二者之间的区别。要知道，做实验工作的教授们的主张并不是只凭主观愿望来决定的。”

伽利略的数学与实验相结合的研究方法，一般来说，分三个步骤：①先提取出从现象中获得的直观认识的主要部分，用最简单的数学形式表示出来，以建立量的概念；②再由此式用数学方法导出另一易于实验证实的数量关系；③然后通过实验来证实这种数量关系。他对落体匀加速运动规律的研究便是最好的证明。伽利略进行科学实验的目的主要是为了检验一个科学假设是否正确，而不是盲目地收集资料，归纳事实。

从伽利略开始的科学研究中，首先在力学的研究中，科学实验被放到重要的地位。无论在动力学、梁的弯曲或者是天文学的研究中，伽利略十分重视观察和实验的作用。他又善于在观测结果的基础上提出假设，运用数学工具进行演绎推理，看是否符合实验或观察结果。如在自由落体的实验中，他让水滴相继地从同一处下落，每两滴时间间隔相同。他观察到任何时刻相继两滴间的距离成等差级数。他运用数学中的抛物线性质，得出下落距离和时间成平方关系。值得注意的是，他对理论推导也很严谨。尽管抛物线的性质早在古希腊已有了解，现存的伽利略手稿表明，他把抛物线的公式又从头推算了一遍。

实验和观测要精确，就离不开测量仪器。伽利略往往亲自设计制造仪器。除了望远镜外，他设计和制造的仪器有流体静力秤、比例规、温度计、摆式脉搏计等。

1632 年伽利略的《关于托勒密和哥白尼两大世界体系的对话》出版，激怒了教会，1633 年他被判处终身监禁。在被监禁期间，伽利略把他在力学方面的成就写成一本力学著作——《关于力学和位置运动的两门新科学的对话》（1638 年出版）。该著作是物理学、力学、数学和哲学方面重要的经典文献，以对话的形式总结了伽利略在落体、抛体和动力学基本规律方面的研究成果，系统描述了如何通过大量实验为新科学（材料力学和动力学）奠定基础，提出了固体的强度问题，介绍了他最早进行的梁的强度实验，提出了等强度梁的概念，讨论了在重力作用下物体尺寸对强度的影响，提出了落体最速降落曲线问题，给出了重力场下能量守恒的早期叙述，给出了简单情形下的虚功原理，讨论了大气压力问题，叙述了摆的等时性现象，第一次将音乐的声调与物体的振动联系起来，提出了光传播速度的概念并且给出了一种测量光速的设想等。

伽利略在力学方面的贡献是多方面的。这在他力学著作《关于力学和位置运动的两门新科学的对话》中有详细的描述。在这本不朽著作中，除动力学外，还有不少关于材料力学的内容。例如，他阐述了关于梁的弯曲试验和理论分析，正确地断定梁的抗弯能力和几何尺寸的力学相似关系。他指出，对长度相似的圆柱形梁，抗弯力矩和半径立方成比例。他还分析过受集中载荷的简支梁，正确指出最大弯矩在载荷所在位置，且其大小与它到两支点的距离之积成比例。伽利略还对梁弯曲理论用于实践所应注意的问题进行了分析，指出工程结构的尺寸不能过大，因为它们会在自身重量作用下发生破坏。他根据实验得出，动物形体尺寸减小时，躯体的强度并不按比例减小。他还把这种关系用来说明为什么体格大的动物在负担自身重量方面不如体格小的动物，写道："一只小狗也许可以在它的背上驮两三只小狗，但我相信一匹马也许连一匹和它同样大小的马也驮不起。"

伽利略在人类思想解放和文明发展的过程中作出了划时代的贡献。在当时的社会条件下，为争取不受权势和旧传统压制的学术自由，为近代科学的生长，他进行了坚持不懈的斗争，并向全世界发出了振聋发聩的声音。因此，他是科学革命的先驱，也可以说是"近代科学之父"。虽然他晚年被剥夺了人身自由，但他开创新科学的意志并未动摇。他的追求科学真理的精神和成果，永远为后代所景仰。

第7章　弯曲应力

内容提要

本章主要研究梁应力在横截面上的分布规律，着重于弯曲应力的分析和计算，在此基础上讨论梁的强度计算及合理强度设计方法。内容包括梁弯曲的形式、纯弯曲梁横截面上的正应力、剪切弯曲梁截面上的应力、梁的强度条件及合理强度设计等。

本章重点为平面弯曲正应力的分布和计算；矩形截面弯曲切应力的分布和计算；平面弯曲梁危险截面和危险点的判断，梁的强度计算；提高弯曲强度的各种措施。

本章难点为弯曲正应力、剪应力推导过程；梁的危险截面和危险点的判断；根据弯曲正应力与切应力强度条件进行截面设计。

学习要求

1. 掌握纯弯曲梁截面上的正应力的计算。
2. 掌握剪切弯曲梁截面上的正应力和剪应力的计算。
3. 掌握弯曲梁的强度条件，熟练进行弯曲强度计算。
4. 了解提高梁弯曲强度的措施。

7.1　概述

第6章学习了梁弯曲内力（剪力和弯矩）的计算原理与方法、内力图的画法，根据所作内力图可以很快确定梁的危险截面。然而，若要进行梁的强度和刚度分析，还需要知道梁的应力分布规律。本章主要研究梁弯曲正应力和弯曲剪应力的分布规律及梁的弯曲强度计算。

7.1.1　纯弯曲和剪切弯曲

根据横截面上弯曲内力的情况，梁的弯曲可分为纯弯曲和剪切弯曲。

在荷载作用下，若梁段内各横截面上剪力为零，弯曲内力只有弯矩，这种弯曲称为纯弯曲。如图7-1（a）、（b）所示简支梁、外伸梁的CD段内剪力F_s为零，弯矩M为常量，CD段的弯曲属于纯弯曲。

在荷载作用下，若梁段内各横截面上同时存在弯矩和剪力，这种弯曲称为横力弯曲或剪切弯曲，如图7-1所示简支梁、外伸梁的AC段、DB段内既有剪力F_s又有弯矩M，AC段、DB段的弯曲均属于剪切弯曲。

7.1.2　弯曲正应力和弯曲剪应力

由前面的知识可知，一般情况下，梁在外力作用下发生弯曲变形时，横截面上同时存在

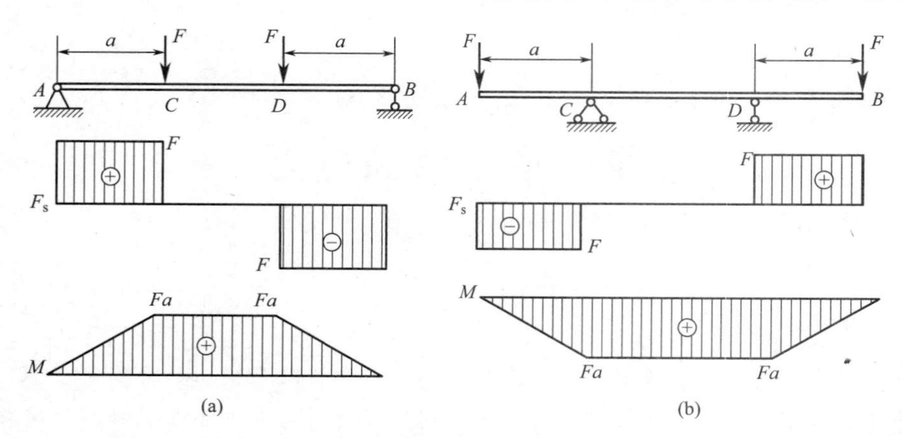

图 7-1　纯弯曲和剪切弯曲

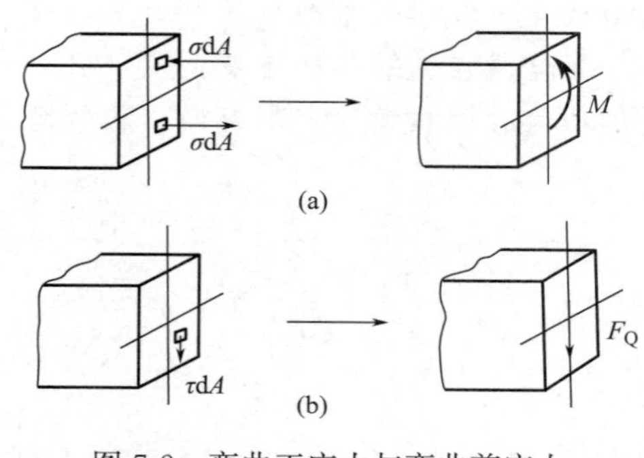

图 7-2　弯曲正应力与弯曲剪应力

剪力和弯矩。弯矩是垂直于横截面的内力系的合力偶矩，它是横截面上正应力的合成结果，只与横截面上的正应力有关。剪力是与横截面相切的内力系的合力，它是横截面上剪应力的合成结果，只与横截面上的剪应力有关。如图 7-2 所示，在面积为 dA 的微元上，有法向内力元素 σdA ，切向内力元素 τdA，σdA 所组成内力系的合力偶矩构成弯矩，τdA 所组成内力系的合力构成剪力。

梁弯曲时横截面上的正应力与剪应力，分别称为弯曲正应力与弯曲剪应力。

7.2　弯曲正应力

梁在纯弯曲时，横截面上无剪应力作用，应力情况较为简单，为研究弯曲正应力在横截面上的分布规律，本节从纯弯曲入手，分析梁内横截面上的弯曲正应力。

7.2.1　试验与假设

要确定梁在横截面上各点的弯曲正应力，必须知道其与弯矩、横截面的形状和尺寸之间的关系。由于不知梁横截面上正应力的分布规律，因此这是一个静不定问题，需通过试验观察梁的变形，找出变形规律，根据变形规律来推知梁横截面上的正应力分布。

1. 试验现象

试验采用易变形的材料制成一对称截面的梁（如矩形截面梁），在其表面画上等距的纵向线和横向线，如图 7-3（a）所示。在梁两端纵向对称面内，施加一对大小相等、方向相反的外力偶，使梁处于纯弯曲状态，其变形情况如图 7-3（b）所示。从试验中可以观察到以下变形现象：

（1）所有横向线仍保持为直线，且仍然垂直于弯曲变形后的纵向线，只是相对转过了一个角度。

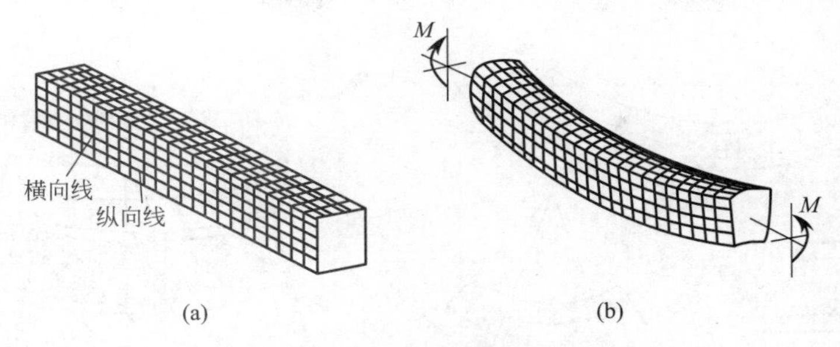

图 7-3　弯曲变形试验

(2) 所有纵向线由直线弯成了弧线，仍保持平行，靠近凸出一侧的弧长伸长，靠近凹入一侧的弧长缩短。

(3) 从横截面看，在纵向线伸长区，梁的宽度减少，而在纵向线缩短区，梁的宽度增加，变形情况与轴向拉、压时的变形相似。

2. 弯曲变形基本假设

从上述观察到的梁表面的变形情况，对其内部变形可做如下假设。

(1) 弯曲平面假设（平面假设）。为满足对称性和连续性的要求，变形前原为平面的横截面，在变形后仍保持为平面，且仍垂直于变形后的轴线，但要发生转动。

(2) 单向受力假设（纵向材料之间无挤压假设）。由于纯弯曲梁段上没有横向力作用，可假设纵向纤维之间无相互挤压，只受到轴向拉伸或压缩。

分析如图 7-4（a）所示梁，其横截面为矩形，两端承受大小为 M_e 的外力偶，根据截面法可知，该梁任何一横截面上剪力为零，弯矩 M 为常量。因此，该梁上任何一段的弯曲变形和受力情况皆相同，梁弯曲后将由直线变为圆弧线，各段具有相同的曲率半径。

在梁处于平直状态时，以横截面 m-m 和 n-n 从梁上截取出一微段，两截面间的梁轴线为 oo，纵线 aa 和 bb 与轴线平行，如图 7-4（b）所示。

根据实验观察和上述假设可知，在梁两端承受力偶发生弯曲变形时，该微段上横截面 m-m 和 n-n 相对转动一角度后仍保持为平面，如图 7-4（c）所示。原先相互平行的纵向直线段 oo、aa 和 bb 在弯曲后分别变成弧线 $o'o'$、$a'a'$ 和 $b'b'$，但仍然保持相互平行并且与截面 m'-m' 和 n'-n' 垂直，其中，纵线 aa 缩短（受压），纵线 bb 伸长（受拉），而轴线 oo 长度不变（既不受压也不受拉）。

3. 中性层与中性轴

从凸侧纤维的伸长过渡到凹侧纤维的缩短，由于材料和变形的连续性，其间必有一层既不伸长也不缩短的纵向纤维层，即梁中纵向纤维长度不变的过渡层，称为中性层；中性层和横截面的交线称为中性轴，如图 7-5 所示。梁弯曲时，横截面绕中性轴旋转。在对称弯曲中，中性轴与荷载作用的纵向对称面垂直。

7.2.2　纯弯曲梁横截面上的正应力

应力是物体内部一点处内力的集度，无法直接根据实验测得。研究梁纯弯曲时的正应力，同分析圆轴扭转时横截面上的应力一样，也要综合考虑变形几何关系、物理关系和静力平衡关系三个方面。

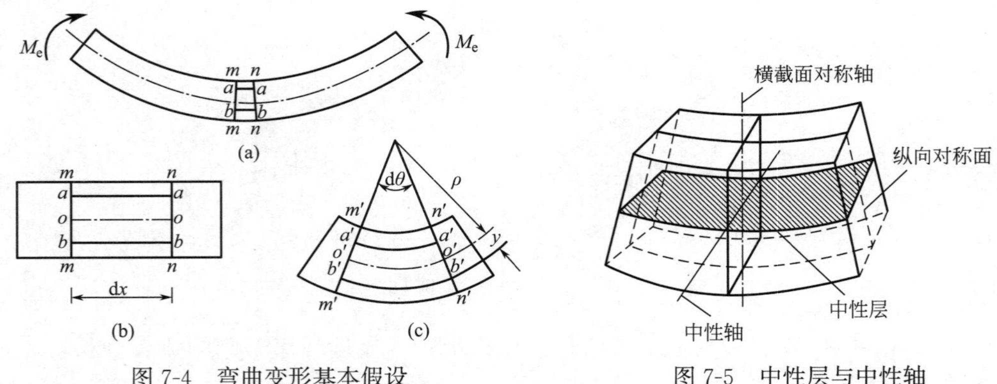

图 7-4　弯曲变形基本假设　　　　图 7-5　中性层与中性轴

首先从几何方面观察梁的变形特征，得到应变分布规律；进而根据物理方程（应力应变关系），得到应力分布规律；最后结合静力平衡条件，推导出梁弯曲正应力的计算公式。

1. 变形几何关系

如图 7-4 所示，梁弯曲后轴线变为圆弧线，横截面变形后仍为平面。将其微段两端横截面 m'-m' 和 n'-n' 延长可得到圆弧的圆心，该微段对应圆心角 $\mathrm{d}\theta$（见图 7-4c）。

设中性层对应曲率半径为 ρ，与中性层距离为 y 的纵线 $b'b'$ 对应的曲率半径为 $\rho+y$（假设坐标轴 y 的正方向向下）。

变形前微段长度 $\overline{oo}=\overline{aa}=\overline{bb}=\mathrm{d}x$，变形后，中性层长度不变，$\widehat{o'o'}=\widehat{oo}=\mathrm{d}x=\rho\mathrm{d}\theta$；变形后纵线 $b'b'$ 长度 $\overline{b'b'}=(\rho+y)\mathrm{d}\theta$，纵线 $b'b'$ 的线应变（正应变）为

$$\varepsilon=\frac{\overline{b'b'}-\overline{bb}}{\overline{bb}}=\frac{(\rho+y)\mathrm{d}\theta-\rho\mathrm{d}\theta}{\rho\mathrm{d}\theta}=\frac{y}{\rho} \tag{7-1}$$

当梁内各截面的弯矩一定时，中性层曲率半径 ρ 为常量。所以，式（7-1）表明纵向纤维的线应变 ε 与其到中性层的距离 y 成正比。

2. 物理关系

根据梁弯曲时的单向受力假设，可知梁在纯弯曲时横截面上各点均处于单向应力状态，横截面上只有正应力。于是，当材料处于线弹性范围内，由单轴应力状态下的胡克定律，得横截面上的正应力为

$$\sigma=E\varepsilon=E\frac{y}{\rho} \tag{7-2}$$

式（7-2）说明了截面上正应力的分布规律，表明正应力沿截面高度呈线性变化，距中性轴越远，应力值越大，在中性轴处（$y=0$）正应力为零（见图 7-6）。

3. 静力平衡关系

根据式（7-2）可知横截面上任意一点处的正应力与该点至中性轴的距离成正比，然而因为中性轴的位置没有明确，y 和 ρ 均是未知量，应力值的大小还无法求出。为此，必须考虑静力平衡条件，进一步确定应力与荷载之间的关系。

由图 7-6 可知，纯弯曲时梁横截面上仅存在正应力 σ，在横截面上任一点（距中性轴 z 轴距离为 y）取一面积为 $\mathrm{d}A$ 的微元，其上微内力为 $\sigma\mathrm{d}A$，各点的微内力组成一垂直于

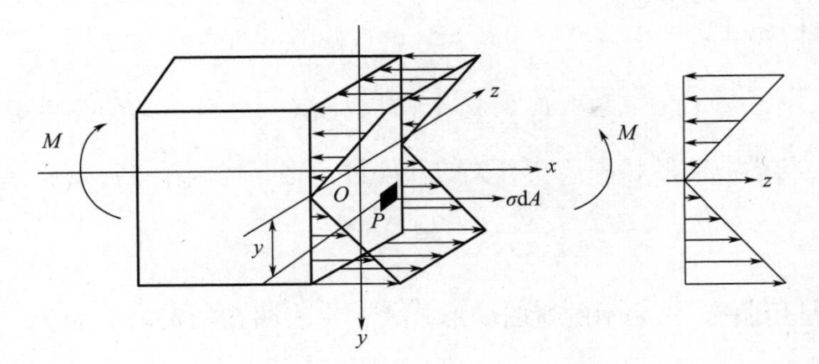

图7-6　弯曲正应力分布

横截面的空间平行力系，这一内力系可能组成三个内力分量：平行于 x 轴的 F_N，对 y 轴和 z 轴的力偶矩 M_y 和 M_z。它们分别为

$$F_N=\int_A \sigma dA\ ,M_y=\int_A z\sigma dA\ ,M_z=\int_A y\sigma dA \tag{7-3a}$$

梁纯弯曲时，横截面上只有 $M_z=M$，而轴力 F_N 和矢量方向沿 y 轴的弯矩 M_y 均为零，即

$$F_N=\int_A \sigma dA=0 \tag{7-3b}$$

$$M_y=\int_A z\sigma dA=0 \tag{7-3c}$$

$$M_z=\int_A y\sigma dA=M \tag{7-3d}$$

将式（7-2）代入以上三式，得：

$$F_N=\frac{E}{\rho}\int_A y dA=0 \tag{7-3e}$$

$$M_y=\frac{E}{\rho}\int_A zy dA=0 \tag{7-3f}$$

$$M_z=\frac{E}{\rho}\int_A y^2 dA=M \tag{7-3g}$$

以上三式中积分符号以内的部分均为只与截面几何性质相关的物理量。

式（7-3e）中，$\int_A y dA=y_c A=S_z$，为整个横截面对中性轴 z 轴的静矩，其中 y_c 表示该截面形心的坐标。因为 $\frac{E}{\rho}$ 不可能为零，所以 $S_z=0$，$y_c=0$，说明中性轴 z 轴必通过截面形心，从而可确定中性轴的位置。

由于截面的对称轴 y 轴也必定通过截面的形心，故截面上所选的坐标原点 O 就是截面形心。同时，也确定了 x 轴通过截面形心且垂直于截面，与变形前的梁轴重合。既然中性轴通过截面形心又包含在中性层内，所以，梁截面的形心连线（轴线）也在中性层内，变形后轴线的长度不变。

式（7-3f）中，$\int_A zy dA=I_{yz}$，称 I_{yz} 为横截面对 y 轴和 z 轴的惯性积，因为截面关于

y 轴对称，$I_y = \int_A zy\mathrm{d}A = 0$。

式（7-3g）中，令 $\int_A y^2 \mathrm{d}A = I_z$，称 I_z 为截面对中性轴 z 的惯性矩，常用单位为"mm^4"。I_z 只是与横截面形状和尺寸有关的几何量。将其代入式（7-3g），得

$$\frac{1}{\rho} = \frac{M}{EI_z} \tag{7-4}$$

式（7-4）是用曲率 $\frac{1}{\rho}$ 表示的弯曲变形公式，它表明在指定的截面处，梁轴线的曲率 $\frac{1}{\rho}$ 与弯矩 M 成正比，与 EI_z 成反比。当弯矩一定时，EI_z 越大，则 $\frac{1}{\rho}$ 越小，即弯曲程度越小。

EI_z 表征梁的材料和截面对弯曲变形的抵抗能力，通常称为梁的弯曲刚度。

4. 正应力计算公式

将式（7-4）代入式（7-2），得梁在纯弯曲时横截面上任一点的正应力为

$$\sigma = \frac{My}{I_z} \tag{7-5}$$

式中，M 为横截面上的弯矩；y 为所求应力点的纵坐标；I_z 为横截面对中性轴 z 的惯性矩。

以上由变形几何关系、物理关系和静力平衡关系三方面推导纯弯曲梁横截面上弯曲正应力公式的流程可参考图 7-7。

几何	$\varepsilon = \frac{y}{\rho}$	$\sigma = E\frac{y}{\rho}$	$\sigma = \frac{My}{I_z}$
物理	$\sigma = E\varepsilon$		
静力平衡	$M = \frac{E}{\rho}\int_A y^2 \mathrm{d}A = \frac{EI_z}{\rho}$		

图 7-7 纯弯曲梁弯曲正应力公式推导流程

在式（7-5）中，正应力 σ 的正负由弯矩 M 和坐标 y 的正负决定，比较麻烦。实际计算时可以简单根据梁的受力情况直接确定，梁凹侧受压正应力 σ 为负值，梁凸侧受拉正应力 σ 为正值。

由式（7-5）和图 7-6 可知，梁横截面上的最大弯曲正应力发生在横截面上最外缘处。对于对称于中性轴的横截面，例如矩形，以 $y_{\max}$ 表示横截面上最外缘处点到中性轴的距离，即 $y = y_{\max}$ 处，由此得横截面上最大正应力为

$$\sigma_{\max} = \frac{My_{\max}}{I_z} \tag{7-6}$$

5. 抗弯截面系数

定义横截面对中性轴 z 的抗弯截面系数 W_z 为

$$W_z = \frac{I_z}{y_{\max}} \tag{7-7}$$

抗弯截面系数 W_z 的值仅与截面的形状和尺寸有关，单位为"m^3"。对于常见的图形，如矩形、圆形和空心圆环形截面，可以通过 $I_z = \int_A y^2 \mathrm{d}A$ 和 $W_z = \frac{I_z}{y_{\max}}$ 分别计算其惯性矩以及抗弯截面系数，其结果见表 7-1。而对于非规则截面，如 T 形截面等，则需要依据定义

计算或查表得到。

将抗弯截面系数的定义式（7-7）代入式（7-6），得梁横截面上最大弯曲正应力计算公式为

$$\sigma_{\max}=\frac{M}{W_z} \tag{7-8}$$

常见截面的惯性矩及抗弯截面系数　　**表 7-1**

截面形状	（矩形截面 $b\times h$）	（圆形截面，直径 d）	（圆环截面，外径 D，内径 d）$\alpha=d/D=0.8$
惯性矩	$I_z=\frac{1}{12}bh^3$	$I_z=\frac{\pi d^4}{64}$	$I_z=\frac{\pi}{64}D^4(1-\alpha^4)$
抗弯截面系数	$W_z=\frac{1}{12}bh^2$	$W_z=\frac{\pi d^3}{32}$	$W_z=\frac{\pi}{32}D^3(1-\alpha^4)$
W/A	$0.167h$	$0.125d$	$0.205D$

用式（7-5）和式（7-8）可以分别计算出梁纯弯曲时横截面上任意一点的弯曲正应力与最大正应力。

7.2.3　剪切弯曲时梁横截面上的正应力

工程中常见的弯曲问题大多数是横截面上既有剪力又有弯矩的剪切弯曲。对于受剪切弯曲的梁，在弯曲时横截面不再保持为平面（会发生翘曲），其上除有正应力之外，还有剪应力，同时在与中性层平行的纵截面上还有由横向力引起的挤压应力。但是，试验和进一步的理论分析表明，对于跨长与横截面高度之比 $l/h>5$ 的细长梁，剪力对正应力分布的影响很小，因此可将弯曲正应力公式直接推广应用到剪切弯曲，其误差甚微。但应注意在剪切弯曲时，弯矩不是常量，在计算剪力弯曲直梁横截面上任一点的弯曲正应力和最大弯曲正应力时，用相应截面上的弯矩 $M(x)$ 代替上述弯曲正应力公式中的 M，即有

$$\sigma=\frac{M(x)}{I_z}y \tag{7-9}$$

$$\sigma_{\max}=\frac{M(x)}{W_z} \tag{7-10}$$

7.2.4　例题解析

【例题 7-1】 如图 7-8 所示简支梁，梁的横截面为矩形 $b\times h=120\text{mm}\times180\text{mm}$，跨长 $l=3\text{m}$，均布荷载 $q=40\text{kN/m}$，截面竖放时，求：(1) C 截面上 K 点的正应力；(2) C 截面上最大正应力；(3) 全梁的最大正应力；(4) (C 截面的曲率半径 ρ_C)。

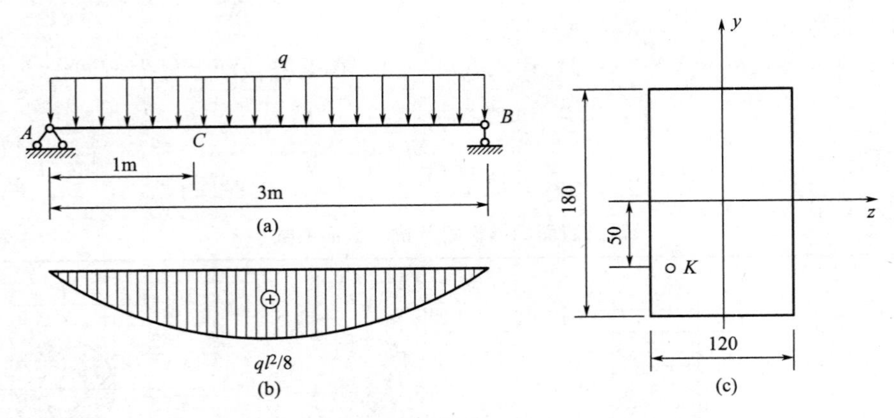

图 7-8 例题 7-1 图

【解】(1) 求支反力

根据平衡方程，可求得支座 A、B 处的支反力分别为

$$F_A = 60\text{kN}, F_B = 60\text{kN}$$

(2) 截面惯性矩

$$I_z = \frac{bh^3}{12} = \frac{120 \times 180^3}{12} = 5.832 \times 10^7 \text{mm}^4$$

(3) C 截面上 K 点的正应力

C 截面弯矩 M_C

$$M_C = 60 \times 1 - \frac{1}{2} \times 40 \times 1^2 = 40\text{kN} \cdot \text{m}$$

C 截面上 K 点的正应力

$$\sigma_K = \frac{M_C \cdot y_K}{I_z} = \frac{40 \times 10^6 \times 50}{5.832 \times 10^7} = 34.29\text{N/mm}^2 = 34.29\text{MPa(拉)}$$

(4) C 截面上最大正应力

$$\sigma_K = \frac{M_C \cdot y_{max}}{I_z} = \frac{40 \times 10^6 \times 90}{5.832 \times 10^7} = 61.73\text{N/mm}^2 = 61.73\text{MPa}$$

(5) 全梁最大正应力

全梁最大弯矩 M_{max}

$$M_{max} = \frac{1}{8}ql^2 = \frac{1}{8} \times 40 \times 3^2 = 45\text{kN} \cdot \text{m}$$

全梁最大正应力

$$\sigma_{max} = \frac{M_{max} \cdot y_{max}}{I_z} = \frac{45 \times 10^6 \times 90}{5.832 \times 10^7} = 69.44\text{N/mm}^2 = 69.44\text{MPa}$$

(6) C 截面的曲率半径 ρ_C

$$\rho_C = \frac{EI_z}{M_C} = \frac{210 \times 10^3 \times 5.832 \times 10^7}{40 \times 10^6} = 306.180 \times 10^3 \text{mm} = 306.18\text{m}$$

【例题 7-2】一简支梁，截面为工字形，截面尺寸如图 7-9 所示。上有集中荷载 $F_1 = 200\text{kN}$，$F_2 = 190\text{kN}$，作用点距支座间距 $a = 1\text{m}$。求全梁的最大拉应力和最大压应力，画

出其所在截面上正应力沿高度的分布规律图。

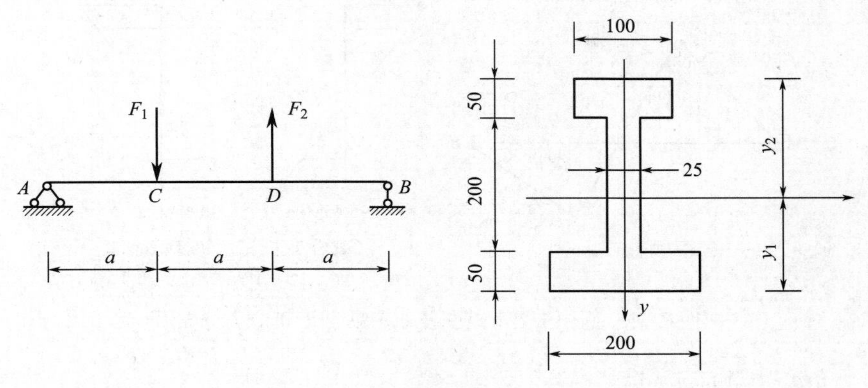

图 7-9　例题 7-2 图（单位：mm）

【解】（1）求 A、B 支座支反力，作梁的弯矩图

列平衡方程，可求得：

$$F_A = 70\text{kN},\ F_B = 60\text{kN}$$

梁的弯矩图如图 7-10（a）所示，梁最大正弯矩发生在 C 截面，最大负弯矩发生在 D 截面，其弯矩、弯矩绝对值分别为

$$M_C = 70\text{kN}\cdot\text{m},\ |M_D| = 60\text{kN}\cdot\text{m}$$

（2）确定中性轴的位置并计算截面对中性轴的惯性矩

1）中性轴的位置

截面形心距截面下边缘的距离为 y_C，则

$$y_C = \frac{\sum A_i y_i}{\sum A_i} = \frac{100\times50\times275 + 25\times200\times150 + 200\times50\times25}{100\times50 + 25\times200 + 200\times50} = 119\text{mm}$$

中性轴过形心并垂直于对称轴 y 轴，由此确定了中性轴。中性轴到上、下边缘的距离分别为 $y_1 = 181\text{mm}$，$y_2 = 119\text{mm}$。

2）截面对中性轴的惯性矩

$$I_z = \frac{100\times50^3}{12} + 100\times50\times156^2 + \frac{25\times200^3}{12} + 25\times200\times31^2 + \frac{200\times50^3}{12} + 200\times50\times94^2$$
$$= 23.5\times10^7\text{mm}^4$$

（3）计算最大拉应力和最大压应力

由图 7-10 的弯矩图可见，全梁的正负弯矩峰值不相等，梁的最大拉应力和最大压应力只可能发生在正负峰值弯矩所在截面的上边缘或下边缘处。由于此梁中性轴不是对称轴，所以同一截面上最大拉应力和最大压应力的数值并不相等。

1）最大正弯矩截面 C 上

$$\sigma^C_{t,\max} = \frac{M_C y_1}{I_z} = \frac{70\times10^6\times119}{23.5\times10^7} = 35.45\text{N/mm}^2 = 35.45\text{MPa}$$

$$\sigma^C_{c,\max} = \frac{M_C y_2}{I_z} = \frac{70\times10^6\times181}{23.5\times10^7} = 53.91\text{N/mm}^2 = 53.91\text{MPa}$$

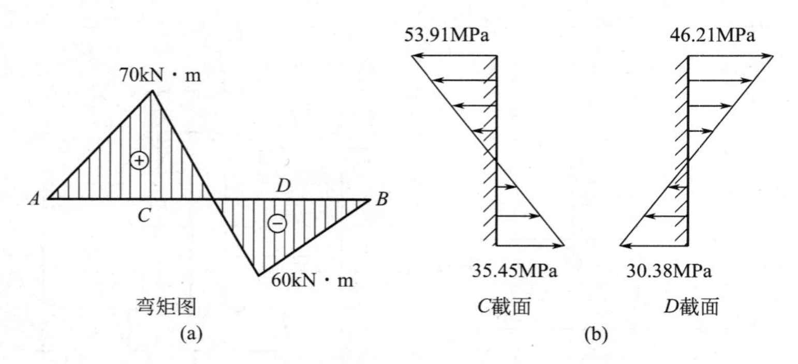

图 7-10　例题 7-2 弯矩图及 C、D 截面正应力分布

2）最大负弯矩截面 D 上

$$\sigma_{t,\max}^{D}=\frac{M_D y_1}{I_z}=\frac{60\times10^6\times181}{23.5\times10^7}=46.21\text{N/mm}^2=46.21\text{MPa}$$

$$\sigma_{c,\max}^{D}=\frac{M_D y_2}{I_z}=\frac{60\times10^6\times119}{23.5\times10^7}=30.38\text{N/mm}^2=30.38\text{MPa}$$

将上述正负弯矩所在截面 C、D 的上下边缘处的正应力加以比较可知，梁的最大拉应力发生在截面 D 的上边缘处，最大压应力发生在截面 C 的下边缘处，其值分别为

$$\sigma_{t,\max}=\sigma_{t,\max}^{D}=46.21\text{MPa}$$

$$\sigma_{c,\max}=\sigma_{c,\max}^{C}=53.91\text{MPa}$$

（4）绘制截面 C、D 上正应力分布图

弯曲正应力沿截面高度线性分布，可根据上述计算结果绘出截面上正应力沿高度的分布图，如图 7-10（b）所示。

7.3　弯曲正应力强度条件

为了保证梁的安全性，需对梁进行强度计算，要求梁内最大正应力不应超过一定限度。

7.3.1　弯曲正应力强度条件

根据正应力公式，梁横截面的最大正应力发生在距中性轴最远的位置，其值为

$$\sigma_{\max}=\frac{M}{W_z}$$

根据强度要求，同时考虑留有一定的安全储备，梁内最大弯曲正应力不能超过材料的许用应力，相应强度条件为

$$\sigma_{\max}=\left(\frac{M}{W_z}\right)_{\max}\leqslant[\sigma] \tag{7-11}$$

式中，$[\sigma]$ 为材料的弯曲许用正应力，在相关规范中有具体规定。在梁横截面的表面处剪应力一般均为零，因此梁的最大正应力处一般可视为处于单向受力状态。对抗拉和抗压强度相等的材料（塑形材料），只要使梁内绝对值最大的正应力不超过许用应力即可。对于

抗拉和抗压强度不相等的材料（脆性材料），则要求最大拉应力不超过材料的弯曲许用拉应力$[\sigma_t]$；同时最大压应力不超过材料的弯曲许用压应力$[\sigma_c]$。材料的弯曲许用应力可近似地用单向拉伸（或压缩）的许用应力来代替，实际上两者不同。在有些规范中，弯曲许用应力略高于拉（压）许用应力，因为弯曲时梁的横截面上应力并非均匀分布，强度条件仅以距中性轴最远点（危险点）的应力为依据，所以弯曲许用应力可以比轴向拉伸（或压缩）的略大些。

由式（7-11）可知，要确定梁内最大正应力需要同时考虑梁内弯矩和截面几何形状。对等直梁而言，其弯曲截面系数W_z为一定值，其最大正应力发生在弯矩最大截面（危险截面）距中性轴最远的各点处，式（7-11）可写为

$$\sigma_{max}=\frac{M_{max}}{W_z}\leqslant[\sigma] \tag{7-12}$$

7.3.2　弯曲正应力强度条件的应用

利用梁弯曲正应力强度条件可解决强度校核、截面设计和确定许可荷载三类问题。

1. 强度校核

当已知梁的截面形状和尺寸、梁所用的材料及梁上荷载时，可校核梁是否满足强度要求，即

$$\sigma_{max}=\frac{M_{max}}{W_z}\leqslant[\sigma]$$

2. 截面设计

当已知梁所用的材料及梁上荷载时，可根据强度条件，先算出所需的弯曲截面系数，即

$$W_z\geqslant\frac{M_{max}}{\sigma_{max}}$$

然后，依所选的截面形状，再由W_z值确定截面的尺寸。

3. 确定许可荷载

当已知梁所用的材料、梁的截面形状和尺寸时，根据强度条件，先算出梁所能承受的最大弯矩，即

$$M_{max}\leqslant W_z[\sigma]$$

再由M_{max}与梁上荷载的关系，计算出梁所能承受的最大荷载。

7.3.3　例题解析

【例题 7-3】已知条件同例题 7-2，若简支梁所用材料许用拉应力$[\sigma_t]=40\text{MPa}$，许用压应力$[\sigma_c]=165\text{MPa}$。试校核该梁的强度。

【解】第（1）～（3）步同例题 7-2。

梁的最大拉应力发生在截面D的上边缘处，最大压应力发生在截面C的下边缘处，其值分别为

$$\sigma_{t,max}=\sigma_{t,max}^{D}=46.21\text{MPa}$$

$$\sigma_{c,max} = \sigma^{C}_{c,max} = 53.91\text{MPa}$$

(4) 校核强度

铸铁为脆性材料，其许用拉应力 $[\sigma_t] = 40\text{MPa}$，远小于其许用压应力 $[\sigma_c] = 165\text{MPa}$。

$$\sigma_{c,\ max} = \sigma^{C}_{c,\ max} = 53.91\text{MPa} < [\sigma_c] = 165\text{MPa}\text{，满足强度要求。}$$

$$\sigma_{t,\ max} = \sigma^{D}_{t,\ max} = 46.21\text{MPa} > [\sigma_t] = 40\text{MPa}\text{，不能满足强度要求。}$$

故该梁的强度不能满足要求。

分析：

虽然 D 截面负弯矩绝对值小于 C 截面正弯矩（最大值），但截面上边缘受拉各点到中性轴的距离大于下边缘受压各点到中性轴的距离，其截面最大拉应力大于 C 截面的最大拉应力，全梁最大拉应力在 D 截面上。

比较：

1）C 截面

C 截面有最大正弯矩，截面的上、下边缘处对应的最大压、拉应力分别：

$$\sigma^{C}_{c,\ max} = 53.91\text{MPa} < [\sigma_c] = 165\text{MPa}\text{，满足强度要求。}$$

$$\sigma^{C}_{t,\ max} = 35.45\text{MPa} < [\sigma_t] = 40\text{MPa}\text{，满足强度要求。}$$

2）D 截面

D 截面上、下边缘处对应的最大拉、压应力分别为：

$$\sigma^{D}_{t,\ max} = 46.21\text{MPa} > [\sigma_t] = 40\text{MPa}\text{，不能满足强度要求。}$$

$$\sigma^{D}_{c,\ max} = 30.38\text{MPa} < [\sigma_c] = 165\text{MPa}\text{，满足强度要求。}$$

【例题 7-4】 一外伸梁及其所受荷载如图 7-11（a）所示，$a = 1\text{m}$。截面形状如图 7-11（b）所示。若材料为铸铁，容许应力为 $[\sigma_t] = 35\text{MPa}$，$[\sigma_c] = 150\text{MPa}$，试求 F 的容许值。

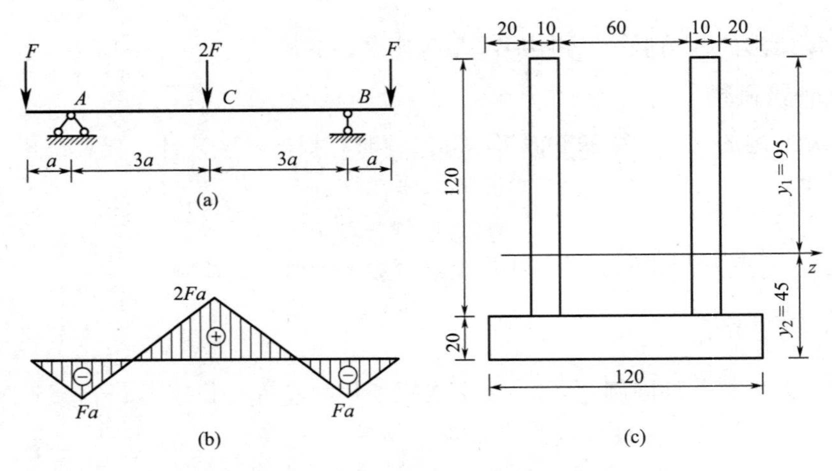

图 7-11　例题 7-4 图（单位：mm）

【解】（1）确定截面的形心位置和惯性矩

由 $y_c=\dfrac{\sum_{i=1}^{n}A_i y_{ci}}{\sum_{i=1}^{n}A_i}$ 求截面的形心位置，得：$y_1=95\text{mm}$，$y_2=45\text{mm}$，定出中性轴 z，如图 7-11（c）所示。

利用平行移轴公式，求得惯性矩为

$$I_z=\frac{1}{12}\times120\times20^3+20\times120\times35^2+2\left(\frac{1}{12}\times10\times120^3+10\times120\times35^2\right)=884\times10^4\text{mm}^4$$

（2）判断危险截面和危险点

因中性轴不是截面的对称轴，最大正负弯矩都是可能的危险截面，由弯矩图（图 7-11b）可见，A、B 截面的弯矩相等，为最大负弯矩截面；C 截面为最大正弯矩截面，即 A、B 和 C 三个截面都可能是危险截面，需分别计算，以求得 F 的容许值。

（3）危险截面的最大拉、压应力

1）C 截面

最大正弯矩截面 C 截面上、下边缘各点处产生最大压、拉应力。

由

$$\sigma_{c,\max}^{C}=\frac{M_C y_1}{I_z}=\frac{2Fa\cdot y_1}{I_z}=\frac{2\times1000\times95}{884\times10^4}F_1\leqslant150\text{N/mm}^2$$

求得：

$$[F_1]\leqslant6.98\times10^3\text{N}=6.98\text{kN}$$

由

$$\sigma_{t,\max}^{C}=\frac{M_C y_2}{I_z}=\frac{2Fa\cdot y_2}{I_z}=\frac{2\times1000\times45}{884\times10^4}F_2\leqslant35\text{N/mm}^2$$

求得：

$$[F_2]\leqslant3.44\times10^3\text{N}=3.44\text{kN}$$

2）A、B 截面

最大负弯矩截面 A、B 截面上、下边缘各点处产生最大拉、压应力。

由

$$\sigma_{t,\max}^{A/B}=\frac{M_{A/B}y_1}{I_z}=\frac{Fa\cdot y_1}{I_z}=\frac{1000\times95}{884\times10^4}F_3\leqslant35\text{N/mm}^2$$

求得：

$$[F_3]\leqslant3.26\times10^3\text{N}=3.26\text{kN}$$

由

$$\sigma_{c,\max}^{A/B}=\frac{M_{A/B}y_2}{I_z}=\frac{Fa\cdot y_2}{I_z}=\frac{1000\times45}{884\times10^4}F_4\leqslant150\text{N/mm}^2$$

求得：

$$[F_4]\leqslant29.47\times10^3\text{N}=29.47\text{kN}$$

（4）求 F 的容许值

比较 $[F_1]$ $[F_2]$ $[F_3]$ $[F_4]$ 取其最小值，该梁上荷载 F 的容许值为

$$[F]=3.26\text{kN}$$

【例题 7-5】 如图 7-12（a）所示简支梁，已知 $F=15\text{kN}$，$q=12\text{kN/m}$，$l=4\text{m}$，$l_1=1\text{m}$，$[\sigma]=180\text{MPa}$。试设计正方形截面和矩形截面（$h=2b$），并比较其截面面积的大小。

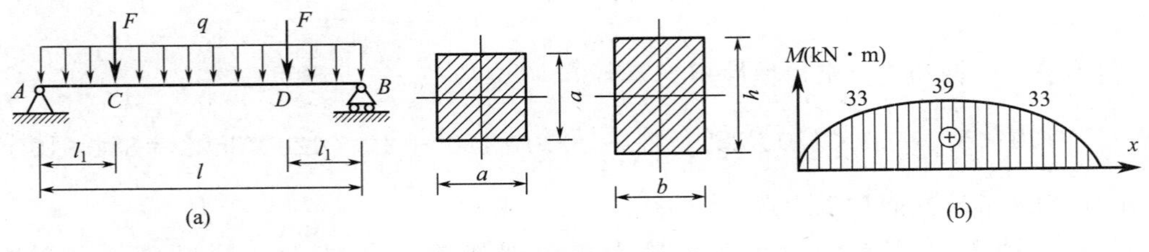

图 7-12　例题 7-5 图

【解】（1）作梁的弯矩图

梁的弯矩图如图 7-19（b）所示，最大弯矩在跨中截面，大小为 39kN · m。

（2）设计正方形截面

设正方形截面边长为 a，根据弯曲正应力强度条件有

$$\sigma_{\max}=\frac{M_{\max}}{W_z}=\frac{39\times10^6}{a^3/6}\leqslant[\sigma]=180\text{N/mm}^2$$

解得 $a\geqslant109.14\text{mm}$，面积 $A_{正方形}=11911.54\text{mm}^2$。

（3）设计矩形截面

矩形截面宽 b，高 $h=2b$，根据弯曲正应力强度条件有

$$\sigma_{\max}=\frac{M_{\max}}{W_z}=\frac{39\times10^6}{4b^3/6}\leqslant[\sigma]=180\text{N/mm}^2$$

解得 $b\geqslant68.75\text{mm}$，面积 $A_{矩形}=9453.13\text{mm}^2$。

（4）比较二者的面积

$A_{正方形}=11911.54\text{mm}^2>A_{矩形}=9453.13\text{mm}^2$，矩形截面能够节省材料。

7.4　弯曲剪应力

剪切弯曲时梁横截面上既有剪力又有弯矩，故其横截面上不仅有正应力，还有剪应力，即弯曲剪应力。弯曲剪应力分布较复杂，截面形状不同，分布规律也不相同，本节主要研究几种常见截面梁的弯曲剪应力。

7.4.1　矩形截面梁的弯曲剪应力

在轴向拉压、扭转和纯弯曲问题中，求横截面上的应力时，都是首先由平面假设，得到应变的变化规律，再结合物理关系得到应力的分布规律，最后利用静力学关系得到应力公式。但是分析梁在剪切弯曲下的剪应力时，无法用简单的几何关系确定与剪应力对应的剪应变的变化规律。

1. 关于横截面上弯曲剪应力的假设

取狭而高的矩形截面梁进行研究，梁侧面均为自由表面，根据剪应力互等定理，其横

截面左右两侧边缘处剪应力必平行于侧边，无垂直于边缘的分量；在对称弯曲情况下，对称轴 y 处的剪应力必沿 y 方向；同时，因为矩形截面狭而高，可以认为在相同高度上沿宽度方向剪应力的大小和方向没有明显变化。

为了简化分析，对于狭长矩形截面梁的弯曲剪应力，可有如下假设：

（1）横截面上各点处剪应力均平行于侧边，即均与剪力 F_s 的方向平行，如图 7-13（b）所示；

（2）横截面上剪应力沿宽度方向均布，即距中性轴等距各点处的剪应力相等，如图 7-13（b）所示。

通过比较上述假设所得到的解与弹性理论的解可知，上述假设对狭长矩形截面梁完全可用；宽高比越小的横截面，上述两个假设越接近实际情况。对一般高度大于宽度的矩形截面梁，上述两个假设在工程计算中也是适用的。

上述假设给出了弯曲剪应力沿截面宽度的变化规律及其方向，然后可直接根据静力平衡条件导出弯曲剪应力沿横截面高度方向的变化规律以及各点处剪应力的大小。

2. 弯曲剪应力沿横截面高度变化规律

由剪应力互等定理可知，如果横截面上某一高度处有竖向的剪应力 τ ，则在同一高度处，在梁的平行于中性层的纵截面上靠近横截面处必有与之大小相等的剪应力 τ' ，如图 7-13（c）所示。如果能够确定 τ' 的大小，就可确定 τ 的大小。

以图 7-13（a）所示简支梁为例，该梁任一横截面上都同时承受剪力和弯矩作用。假想用截面 m-m 和 n-n 在该梁上截出一微段，微段长度为 $\mathrm{d}x$ ，如图 7-13（c）所示。由截面法可知，微段两侧截面上剪力相等，设为 F_s ；弯矩不等，记左侧截面 m-m 上弯矩为 M，右侧截面 n-n 上弯矩为 $M+\mathrm{d}M$，如图 7-13（d）所示。

现在求坐标为 y 处的剪应力 $\tau(y)$ 。在该处沿纵向用截面 $abec$ 将微段截开，取截面下方部分作为研究对象，截出部分如图 7-13（e）、（f）所示。在该截出部分上，根据剪应力

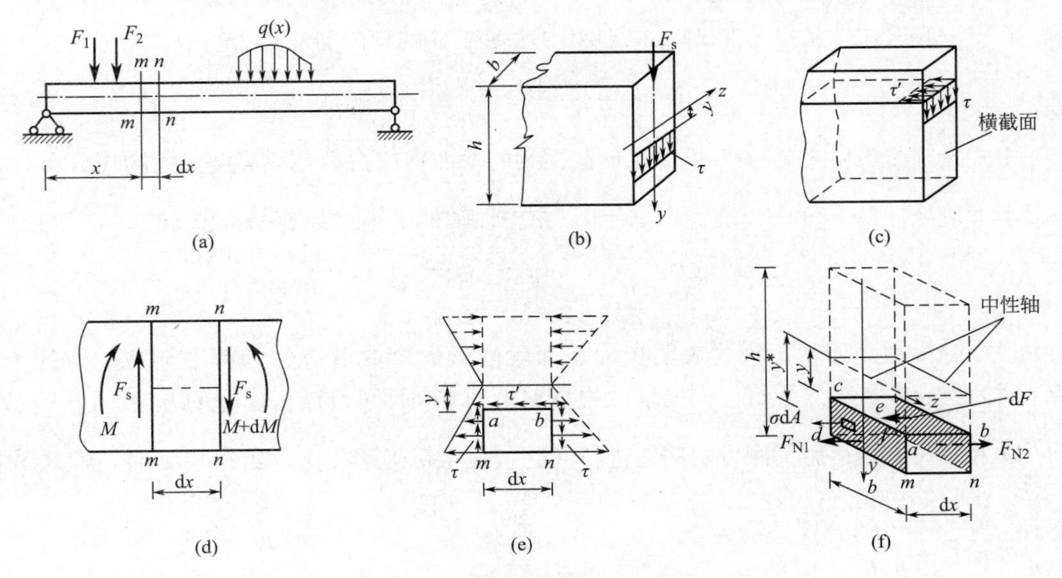

图 7-13　剪切弯曲梁微段受力分析

成对定理，$\tau(y)$ 等于上侧面内的剪应力 τ' 。微段长度 $\mathrm{d}x$ 很小，可认为 τ' 在上侧面内不变化，形成合力为 $\mathrm{d}F$ ，$\mathrm{d}F=\tau' b\mathrm{d}x=\tau(y)b\mathrm{d}x$ 。

考虑图 7-13（f）截出的微块左截面 $amdc$、右截面 $bnfe$ 上高度相同的点处的正应力不同，故左截面 $amdc$、右截面 $bnfe$ 上由法向微内力合成的内力 F_{N1}、F_{N2} 不相等。显然，该微块的平衡需满足：

$$F_{N1}+\tau(y)b\mathrm{d}x=F_{N2}$$

图 7-13（f）中微块的左侧截面上距离中性轴 y^* 处的弯曲正应力 $\sigma=\dfrac{My^*}{I_z}$ ，微块的右侧截面上距离中性轴 y^* 处的弯曲正应力 $\sigma'=\dfrac{M+\mathrm{d}M}{I_z}y^*$ ，则 F_{N1}、F_{N2} 为：

$$F_{N1}=\int_{\omega}\sigma\mathrm{d}A=\frac{M}{I_z}\int_{\omega}y^*\mathrm{d}A$$

$$F_{N2}=\int_{\omega}\sigma'\mathrm{d}A=\frac{M+\mathrm{d}M}{I_z}\int_{\omega}y^*\mathrm{d}A$$

式中，ω 为微块侧面面积。

注意到 $S_z(\omega)=\int_{\omega}y^*\mathrm{d}A$ ，$S_z(\omega)$ 为截面面积 ω 对中性轴的静矩（即面积矩），同时考虑弯矩和剪力的微分关系 $F_s=\dfrac{\mathrm{d}M}{\mathrm{d}x}$ ，于是有

$$\tau(y)=\frac{F_{N2}-F_{N1}}{b\mathrm{d}x}=\frac{\mathrm{d}M}{\mathrm{d}x}\cdot\frac{\int_{\omega}y^*\mathrm{d}A}{bI_z}=\frac{F_sS_z(\omega)}{bI_z} \tag{7-13}$$

对于图 7-13 所示矩形截面梁，距中性轴 y 处位置下方的面积对中性轴 z 轴的静矩为：

$$S_z(\omega)=b\left(\frac{h}{2}-y\right)\cdot\left(\frac{\frac{h}{2}-y}{2}+y\right)=\frac{b}{2}\left(\frac{h^2}{4}-y^2\right) \tag{7-14}$$

将式（7-14）代入式（7-13），得到距中性轴 y 处的弯曲剪应力为

$$\tau(y)=\frac{F_sS_z(\omega)}{bI_z}=\frac{3F_s}{2bh}\left(1-\frac{4y^2}{h^2}\right) \tag{7-15}$$

由式（7-15）和图 7-14 可见：矩形截面梁的弯曲剪应力沿截面高度呈抛物线分布，在截面上下边缘处$\left(y=\pm\dfrac{h}{2}\right)$剪应力 $\tau=0$；在中性轴处（$y=0$）有最大值 $\tau_{\max}$。

$$\tau_{\max}=\frac{3}{2}\frac{F_s}{bh}=\frac{3}{2}\frac{F_s}{A} \tag{7-16}$$

式中，A 为横截面面积。该式表明矩形截面梁的最大弯曲剪应力为其平均剪应力的 1.5 倍。因为剪应力与剪力平行、同向，故根据剪力的方向即可判断剪应力的方向。

以上公式虽然运用了假设对问题进行简化，但与精确解相比，当 $\dfrac{h}{b}\geqslant 2$ 时，解的误差极小；当 $\dfrac{h}{b}=2$ 时，误差约为 6%。

根据剪切胡克定律，剪应变 γ 在截面上也是非均匀分布，在中性轴处最大，在上、下

边缘处为零。由此可见，纯弯曲中的平截面假设在剪切弯曲中不再成立，由于剪应力的作用，截面将发生如图 7-15 所示的翘曲变形。若相邻横截面的剪力相同，则翘曲变形相同，各“纤维”的纵向应变不受剪力影响。但若相邻横截面的剪力不同，或一端截面被约束，翘曲变形受限，则纵向“纤维”将受到挤压或拉伸。

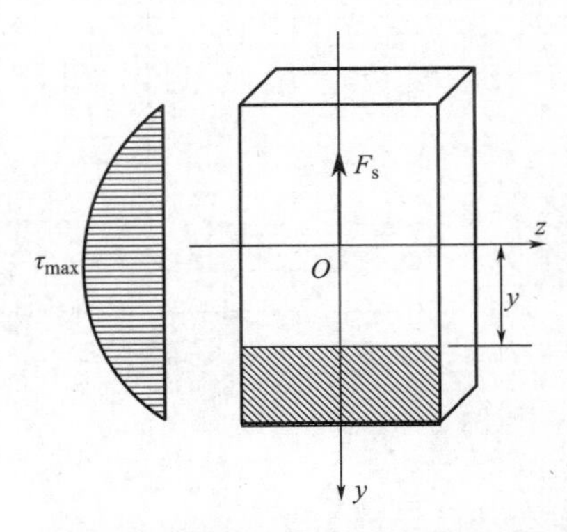

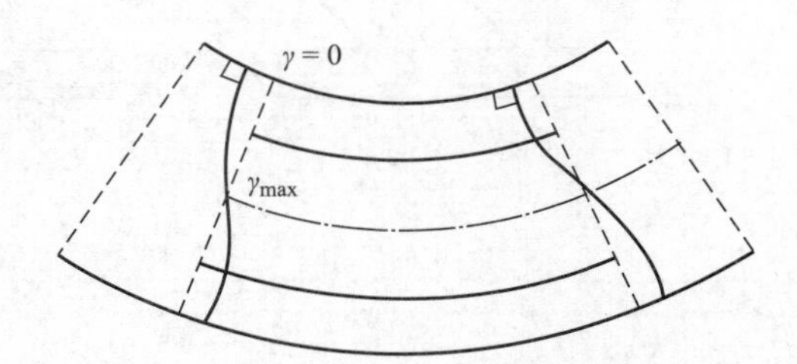

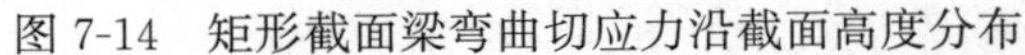

图 7-14　矩形截面梁弯曲切应力沿截面高度分布　　　图 7-15　剪切弯曲梁截面的翘曲变形

7.4.2　工字形截面梁的剪应力

工字形截面梁内腹板和上、下翼缘组成见图 7-16。剪应力约有 97%分布在腹板上。

1. 腹板上的剪应力

腹板为狭长矩形，故仍可假设腹板中弯曲剪应力平行于侧边，并沿厚度均匀分布，式(7-13) 仍然适用。由式 (7-13) 可知，腹板上距中性轴 y 处的剪应力为

$$\tau(y)=\frac{F_s S_z(\omega)}{bI_z} \tag{7-17}$$

式中　$S_z(\omega)$——距中性轴为 y 的横线以外部分的面积 ω（图 7-16 中截面阴影部分）的静矩；

b——腹板宽度；

I_z——整个工字截面对中性轴的惯性矩。

对于图 7-16 中阴影部分面积对中性轴的静矩 $S_z(\omega)$，由静矩的定义得：

$$S_z(\omega)=B\left(\frac{H}{2}-\frac{h}{2}\right)\left[\frac{h}{2}+\frac{1}{2}\left(\frac{H}{2}-\frac{h}{2}\right)\right]+b\left(\frac{h}{2}-y\right)\left[y+\frac{1}{2}\left(\frac{H}{2}-y\right)\right]$$

$$=\frac{B}{8}(H^2-h^2)+\frac{b}{2}\left(\frac{h^2}{4}-y^2\right)$$

在腹板范围内，$S_z(\omega)$ 是 y 的二次函数。于是有

$$\tau(y)=\frac{F_s}{bI_z}\left[\frac{B}{8}(H^2-h^2)+\frac{b}{2}\left(\frac{h^2}{4}-y^2\right)\right] \tag{7-18}$$

腹板内的弯曲剪应力沿腹板高度也是按二次抛物线规律变化，最大剪应力发生在中性轴处，最小剪应力发生在腹板和上、下翼缘交界处，如图 7-16 所示。

将 $y=0$ 和 $y=\pm\frac{h_0}{2}$ 分别代入式 (7-18) 中，可求出腹板上的最大剪应力和最小剪应

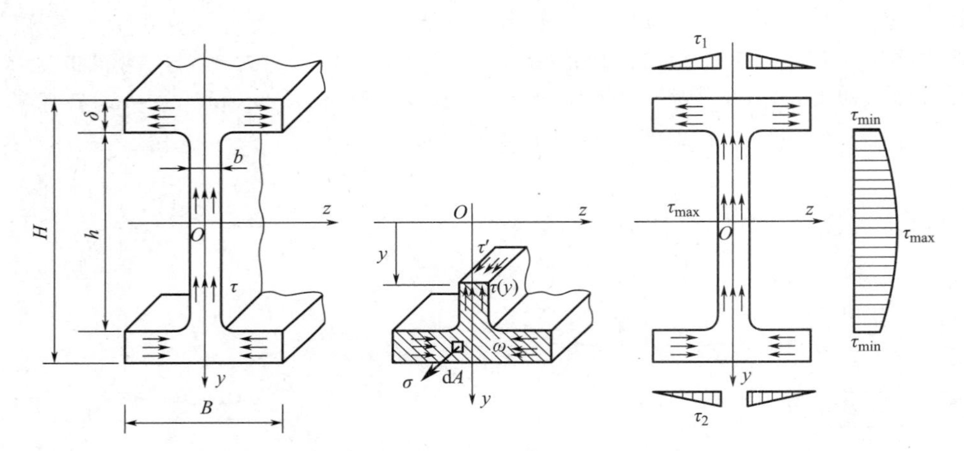

图 7-16　工字形截面剪应力的分布

力分别为：

$$\tau_{\max}=\frac{F_{s}}{bI_{z}}\left[\frac{BH^{2}}{8}-(B-b)\frac{h^{2}}{8}\right] \tag{7-19}$$

$$\tau_{\min}=\frac{F_{s}}{bI_{z}}\left[\frac{BH^{2}}{8}-\frac{Bh^{2}}{8}\right] \tag{7-20}$$

从以上两式看出，因为腹板的宽度 b 远小于翼缘的宽度 B，$\tau_{\max}$ 与 $\tau_{\min}$ 相差不大，故可以认为在腹板上剪应力大致是均匀分布的。若以图 7-16 中应力分布图的面积乘以腹板宽度 b，即可得到腹板上的总剪力 F_{s1}。计算结果表明，$F_{s1}\approx(0.95\sim0.97)F_{s}$。可见，横截面上的剪力 F_{s} 的绝大部分由腹板承担。既然腹板几乎承担了截面上的全部剪力，而且腹板上的剪应力又接近于均匀分布，于是就可以用腹板的截面面积除剪力 F_{s}，近似地得出腹板上的剪应力为：

$$\tau=\frac{F_{s}}{bh} \tag{7-21}$$

2. 翼缘上的剪应力

对于上、下翼缘，由于整个工字形横截面上剪力 F_{s} 的绝大部分为腹板所承担，所以其上竖向切向力（剪力 F_{s} 方向）很小，可忽略不计。剪应力主要沿平行于翼缘板方向分布。平行于翼缘板方向的剪应力可参照矩形截面内弯曲剪应力的方法求出，其最大剪应力远小于腹板内的最大剪应力，通常忽略不计。

3. 剪应力流

整个工字形截面上的剪应力形成“剪应力流”，如图 7-16 所示。横截面上弯曲剪应力的指向，犹如源于翼缘两端的两股水流，经由腹板，再分成两股流入另一翼缘的两端。所有薄壁截面杆其横截面上弯曲剪应力的指向均具有这一特性，除非某点的剪应力为零，否则决不会在该点相向或相背而流。通常把剪应力的这一特点称为剪应力流。因此，可以根据横截面上剪力 F_{s} 的指向确定腹板上剪应力的指向，再利用剪应力流的概念，就很容易确定翼缘上剪应力的指向。至于翼缘与腹板交界的局部区域，从剪应力流可以想象到在这里是有应力集中的。对于轧制的型钢，在该处采用圆角，可缓和应力集中现象。

4. 工字钢最大剪应力

工程中，常需要计算工字钢的最大剪应力。因为最大剪应力一般发生在中性轴处，所以，可以将式（7-17）变为

$$\tau_{max}=\frac{F_{s,max}}{b\dfrac{I_z}{S_z^*}} \tag{7-22}$$

式中，S_z^* 为工字钢中性轴一侧半个横截面对中性轴的静矩；$\dfrac{I_z}{S_z^*}$ 可以直接由型钢表查出，从而可以方便地计算出型钢的最大剪应力。

7.4.3　箱形截面梁的剪应力

箱形截面梁由腹板和翼缘组成（图 7-17），因为腹板和翼缘厚度均很小，因此剪应力须平行于腹板和翼缘的边缘。同时，剪应力的分布需要满足两个条件：

（1）沿 y 轴，剪应力的合力等于截面承受的剪力，即 $F_s=\int_A \tau(y)\mathrm{d}A$

（2）沿 z 轴，剪应力的合力为零。

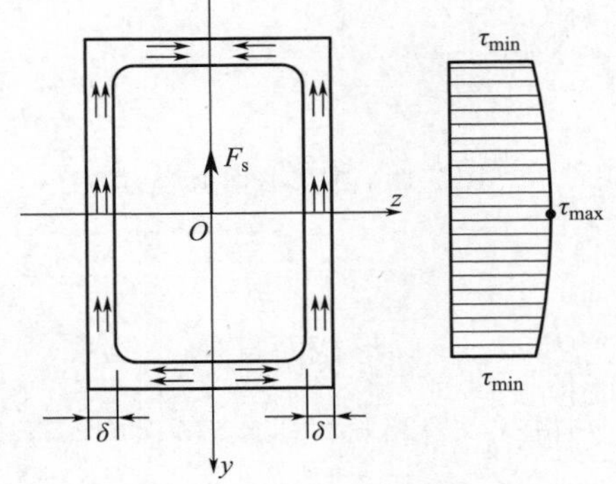

图 7-17　箱形截面剪应力的分布

综合以上条件，可以分析得出箱形截面梁内剪应力一定沿腹板和翼缘方向关于 y 轴对称分布，如图 7-17 所示。剪应力仍可由式（7-17）计算，但是因为箱形梁具有 2 个腹板，所以壁厚 $b=2\delta$，则

$$\tau(y)=\frac{F_s S_s(\omega)}{2\delta I_z} \tag{7-23}$$

与工字形梁类似，箱形梁最大剪应力发生在中性轴处，最小剪应力发生在腹板和翼缘交界处，上、下翼缘内的剪应力可以忽略。

7.4.4　圆形截面梁的剪应力

对于矩形截面梁的剪应力分布规律的两个基本假设不适用于圆形截面，需要重新讨论圆形截面梁剪应力的分布情况。

当梁的外表面无切向外荷载时，根据剪应力互等定理可知：横截面边缘各点处剪应力的方向必与周边相切。如图 7-18 所示，在 AB 的两个端点处的剪应力必然沿着 A、B 两点处圆的切线方向，两切线交于 y 轴上的 F 点。考虑到对称性，剪应力应关于 y 轴对称，AB 弦和 y 轴的交点 C 处的剪应力应沿 y 轴方向。据此分析，对圆截面上距中性轴距离为 y 的弦 AB 上的各点的剪应力做如下假设：

（1）AB 弦上各点剪应力的作用线都经过 F 点。

（2）AB 弦上各点剪应力的 y 向分量 τ_y 都相等。

圆形截面梁横截面内的剪应力分布如图 7-18（a）所示，在截面内各点处，剪应力的大小和方向一般都不相同。

根据上述两个假设，按照矩形截面梁剪应力计算公式的推导方法和步骤，可得到 AB 弦上任一点剪应力的 y 向分量 τ_y 的表达式为

$$\tau_y=\frac{F_s S_z(\omega)}{bI_z} \tag{7-24}$$

式中　b——AB 弦的长度；

$S_z(\omega)$——AB 弦以外的截面面积对中性轴 z 的静矩；

I_z——圆截面对中性轴的惯性矩。

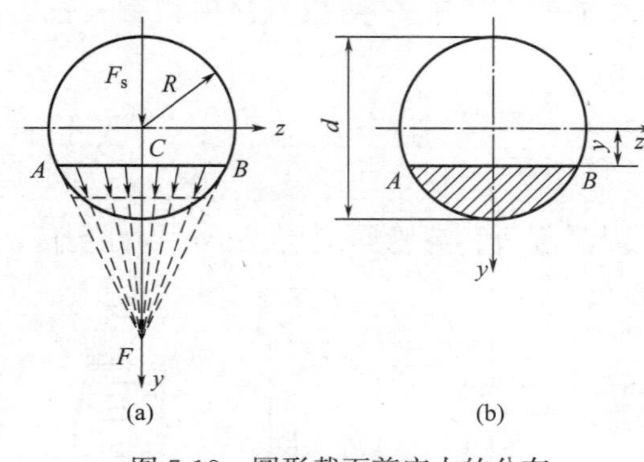

图 7-18　圆形截面剪应力的分布

在图 7-18 中，如果 AB 弦到中性轴 z 的距离 $y=0$，即 AB 弦和中性轴相重合时，F 点位于无穷远处。所以中性轴上各点的剪应力均平行于剪力，且大小相等，此时 τ_y 就是总剪应力。

圆形截面上的最大剪应力在中性轴上，此时 $b=d$。因为半圆形心到中性轴距离 $y^*=\frac{2d}{3\pi}$，中性轴一侧的半圆对中性轴的静矩 S_z^* 为

$$S_z^*=\frac{1}{2}\cdot\frac{\pi d^2}{4}\cdot\frac{2d}{3\pi}=\frac{d^3}{12} \tag{7-25}$$

式中　d——圆形截面直径。

将式（7-25）代入式（7-24），并由 $I_z=\frac{\pi d^4}{64}$ 得圆形截面梁的最大弯曲剪应力为

$$\tau_{\max}=\frac{F_s S_z^*}{\mathrm{d}I_z}=\frac{F_s\cdot\frac{d^3}{12}}{d\cdot\frac{\pi d^4}{64}}=\frac{4F_s}{3\times\frac{\pi d^2}{4}}=\frac{4F_s}{3A} \tag{7-26}$$

说明，圆形截面的最大弯曲剪应力为截面上平均剪应力的 4/3 倍。

7.4.5　薄壁圆环形截面梁的剪应力

如图 7-19 所示薄壁圆环形截面梁，平均半径 r_0，壁厚 δ。因为 δ 相比 r_0 非常小，所以可假设横截面上剪应力的大小沿壁厚无变化，方向与圆周相切。同时，剪应力的分布需满足下列条件：

（1）沿 y 轴，剪应力的合力等于截面承受的剪力，即 $F_s=\int_A\tau(y)\mathrm{d}A$；

（2）沿 z 轴，剪应力的合力为零。

剪应力沿薄壁轴线对称分布，如图 7-19 所示。中性轴处剪应力最大，考虑穿过中性轴的截面厚度为 2δ，则最大剪应力为

$$\tau_{\max}=\frac{F_s S_z^*}{2\delta I_z} \tag{7-27}$$

式中，I_z 为圆环对中性轴的惯性矩，$I_z=\pi r_0^3\delta$；S_z^* 为中性轴一侧的半圆环对中性轴的静

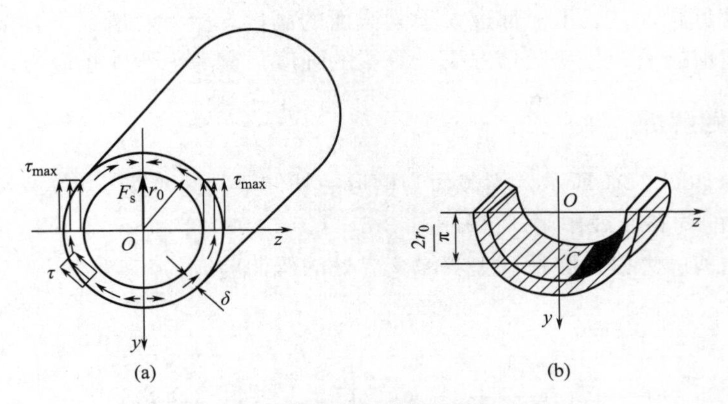

图 7-19　薄壁圆环形截面的剪应力

矩，即

$$S_z^* = \pi r_0 \delta \cdot \frac{2r_0}{\pi} = 2r_0^2 \delta \tag{7-28}$$

所以，薄壁圆环形截面最大剪应力为

$$\tau_{\max} = \frac{F_s S_z^*}{2\delta I_z} = \frac{F_s \cdot 2r_0^2 \delta}{2\delta \cdot \pi r_0^3 \delta} = \frac{F_s}{\pi r_0 \delta} = \frac{2F_s}{A} \tag{7-29}$$

可见，圆环形截面上的最大剪应力为平均剪应力的 2 倍。

7.4.6　弯曲正应力和弯曲剪应力的比较

由以上分析可知，在剪切弯曲变形中，梁的横截面一般同时存在正应力和剪应力。试想，哪一种应力数值较大，在变形中起主要作用？下面，通过一个简单的实例来比较。

一矩形截面悬臂梁如图 7-20 所示，自由端承受集中载荷 F 作用。易知，梁内剪力在整个梁长度上均为 $F_s = F$，最大弯矩发生在固定端，$M_{\max} = Fl$。则最大弯曲正应力和最大弯曲剪应力分别为

$$\sigma_{\max} = \frac{M_{\max}}{W_z} = \frac{Fl}{\frac{bh^2}{6}} = \frac{6Fl}{bh^2}$$

$$\tau_{\max} = \frac{3F_s}{2A} = \frac{3F}{2bh}$$

两者之比为

$$\frac{\sigma_{\max}}{\tau_{\max}} = \frac{6Fl}{bh^2} \cdot \frac{2bh}{3F} = \frac{4l}{h}$$

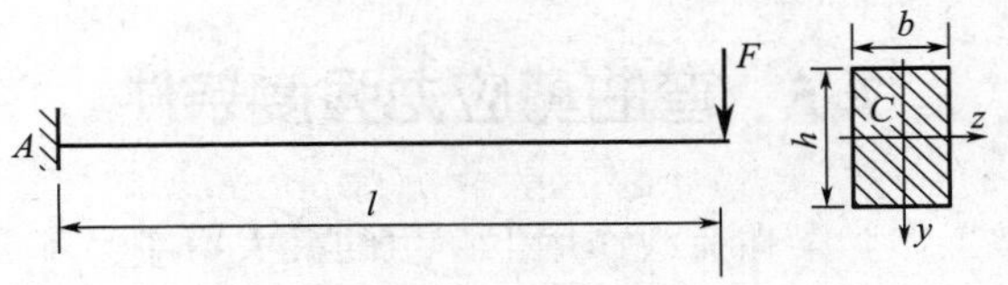

图 7-20　悬臂梁

工程中的常见梁，其长度 l 都远大于梁截面的高度 h。一般情况下，梁的最大弯曲正应力远大于弯曲剪应力，故多数情况下计算梁的强度只需考虑弯曲正应力。

7.4.7 例题解析

【例题 7-6】 如图 7-21 所示，横截面为槽形的外伸梁同时承受 $F=22\text{kN}$ 的集中载荷以及 $q=12\text{kN/m}$ 的均布荷载作用，已知 $a=3\text{m}$，$I_z=5493\times10^4\text{mm}^4$。试求该梁剪力最大截面内的最大弯曲剪应力以及腹板和上翼缘交界处的弯曲剪应力。

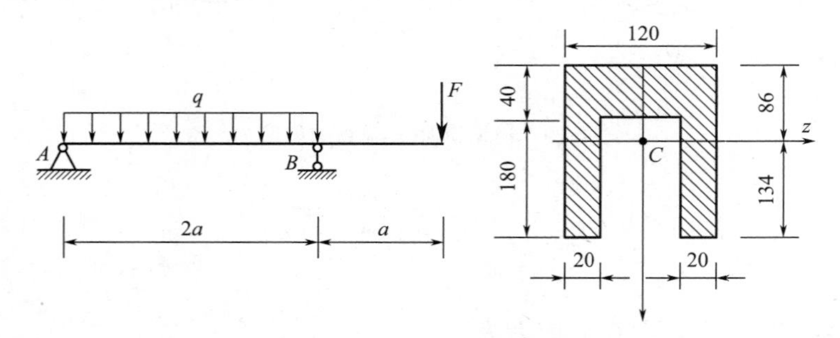

图 7-21　例题 7-6 图（单位：mm）

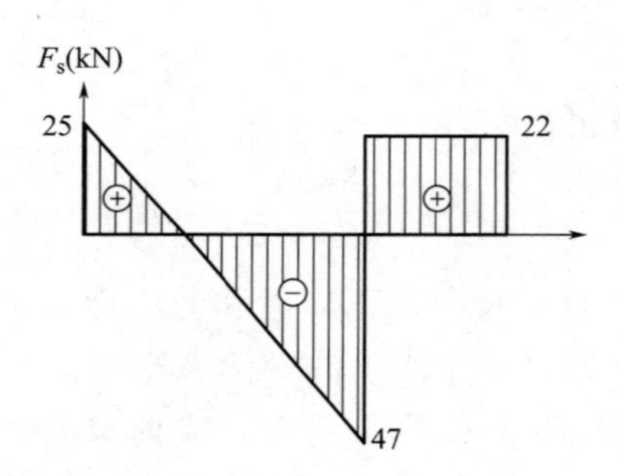

图 7-22　例题 7-6 剪力图

【解】（1）求梁内最大剪力

剪力图如图 7-22 所示，根据剪力图可知该梁内最大剪力发生在支座 B 处，最大值为 $F_{s,\max}=47\text{kN}$。

（2）最大弯曲剪应力

最大弯曲剪应力发生在中性轴处，中性轴下方截面对该轴的静矩为

$$S_{z,\max}=2\times134\times20\times\frac{134}{2}=359120\text{mm}^3$$

最大弯曲剪应力为

$$\tau_{\max}=\frac{F_{s,\max}S_{z,\max}}{2\delta I_z}=\frac{47\times10^3\times359120}{2\times20\times5493\times10^4}=7.68\text{N/mm}^2=7.68\text{MPa}$$

（3）腹板和翼缘交界处的弯曲剪应力

腹板和翼缘交界处横线以上部分的截面对中性轴的静矩为

$$S_z=120\times40\times(86-20)=316800\text{mm}^3$$

所以，该交界处的弯曲剪应力为 6.78MPa

$$\tau_{\max}=\frac{F_{s,\max}S_z}{2\delta I_z}=\frac{47\times10^3\times316800}{2\times20\times5493\times10^4}=6.78\text{N/mm}^2=6.78\text{MPa}$$

7.5　弯曲剪应力强度条件

为了保证梁的正常工作，梁在荷载作用下产生的最大剪应力不允许超过材料的许用剪应力。

7.5.1　弯曲剪应力强度条件

如前所述，梁最大弯曲剪应力通常发生在横截面中性轴处，其值为 $\tau_{\max}=\dfrac{F_{s}S_{z,\max}}{bI_{z}}$。该处的弯曲正应力一般为零，可视为处于纯剪切受力状态。

对全梁而言，最大剪应力发生在剪力最大的截面上，其相应强度条件为：

$$\tau_{\max}=\left(\frac{F_{s}S_{z,\max}}{bI_{z}}\right)_{\max}\leqslant[\tau] \tag{7-30}$$

即要求梁内的最大剪应力不超过材料在纯剪切时的许用剪应力 $[\tau]$。

对于等截面梁，式（7-30）变为

$$\tau_{\max}=\frac{F_{s,\max}S_{z,\max}}{bI_{z}}\leqslant[\tau] \tag{7-31}$$

在进行梁的强度计算时，必须同时满足正应力和剪应力的强度条件。由前述可知，一般情况下，梁的强度计算由弯曲正应力强度条件控制。工程中，按正应力强度条件设计的梁，剪应力强度条件大多可以满足。但在少数情况下，梁的剪应力强度条件也可能起控制作用。在选择梁的截面时，一般都是按正应力强度条件计算选择，之后可再按剪应力强度条件校核。在以下情况，需要验算梁的剪应力。

（1）梁的跨度很小或梁的支座附近有很大的集中力作用，此时梁的最大弯矩比较小，但是最大剪力很大。

（2）在焊接或铆接的组合截面（如工字形）钢梁中，当其横截面腹板部分的厚度与梁高之比小于型钢截面的相应比值。

（3）由于木材在其顺纹方向的剪切强度较差，木梁在剪切弯曲时可能因中性层上的剪应力过大而使梁沿中性层发生剪切破坏。

7.5.2　例题解析

【例题 7-7】某外伸木梁受力情况如图 7-23 所示。已知 $l=3\text{m}$，$a=1\text{m}$，梁截面为矩形，截面宽度 $b=120\text{mm}$；木材的许用弯曲正应力 $[\sigma]=10\text{MPa}$，顺纹许用剪应力 $[\tau]=2\text{MPa}$。（1）截面高度 $h=180\text{mm}$，$q=6\text{kN/m}$，校核梁的强度；（2）当 $q=9\text{kN/m}$ 时，求所需的截面高度。

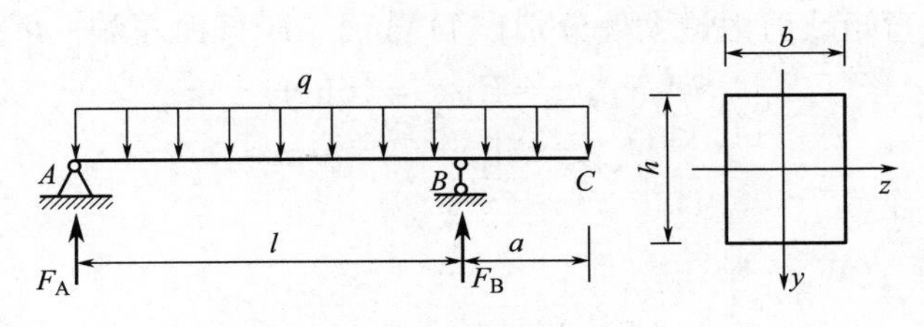

图 7-23　例题 7-7 图

【解】（1）截面高度 $h=150\text{mm}$，$q=6\text{kN/m}$，校核梁的强度

1）作梁的剪力图和弯矩图

① 求支反力

由静力平衡方程求得

$$F_A = 8\text{kN},\ F_B = 16\text{kN}$$

② 作梁的剪力图和弯矩图

梁的剪力图和弯矩图如图 7-24 所示。

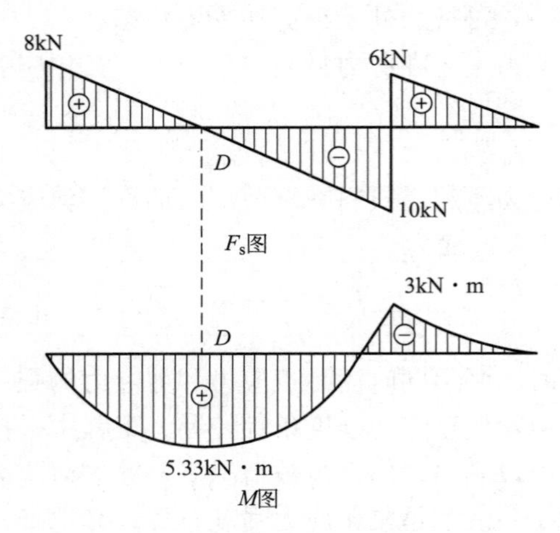

图 7-24　例题 7-7 内力图

由内力图可以看出：

$$F_{s,max} = F_{sB左} = 10\text{kN}$$

$$M_{max} = M_D = 5.33\text{kN} \cdot \text{m}$$

2）校核强度

$$\sigma_{max} = \frac{M_{max}}{W_z} = \frac{6M_{max}}{bh^2} = \frac{6 \times 5.33 \times 10^6}{120 \times 180^2} = 8.23\text{N/mm}^2 = 8.23\text{MPa} < [\sigma] = 10\text{MPa}$$

$$\tau_{max} = \frac{3}{2} \cdot \frac{F_{s,max}}{A} = \frac{3}{2} \times \frac{10 \times 10^3}{120 \times 180} = 0.69\text{N/mm}^2 = 0.69\text{MPa} < [\tau] = 2\text{MPa}$$

可见，正应力强度和剪应力强度均满足。

（2）当 $q = 9\text{kN/m}$ 时，求所需的截面高度

分析：先由正应力强度条件确定截面高度，再校核剪应力强度。

1）确定危险截面内力

由（1）可知，弯矩、剪力最大处分别在 D 截面、B 截面左侧，可求得

$$F_{s,max} = F_{sB左} = 15\text{kN}$$

$$M_{max} = M_D = 8\text{kN} \cdot \text{m}$$

2）正应力强度计算

计算截面抗弯系数 W_z

$$W_z \geqslant \frac{M_{max}}{[\sigma]} = \frac{8 \times 10^6}{10} = 8 \times 10^5 \text{mm}^3$$

对于矩形截面：

$$W_z = \frac{1}{6}bh^2 = \frac{1}{6} \times 120 \times h^2$$

由此得到

$$h \geqslant \sqrt{\frac{6 \times 8 \times 10^5}{120}} = 200\text{mm}$$

取 $h=200\text{mm}$。

3）剪应力强度校核

$$\tau_{\max} = \frac{3}{2}\frac{F_{s,\max}}{bh} = \frac{3}{2} \times \frac{15 \times 10^3}{120 \times 200} = 0.94\text{MPa} < [\tau] = 2\text{MPa}$$

可见，由正应力强度条件所确定的截面尺寸能满足剪应力强度要求。

【例题 7-8】如图 7-25 所示矩形截面悬臂梁，由 3 块木板胶合而成，每块胶合板截面为 100mm×50mm，两胶合缝关于梁横截面中性轴对称。梁长 $l=2\text{m}$，梁全长受均布荷载作用。设木板的容许正应力 $[\sigma]=10\text{MPa}$，容许剪应力 $[\tau]=1\text{MPa}$；胶层的容许剪应力 $[\tau]_{胶}=0.4\text{MPa}$。（1）试根据胶合缝的剪应力强度求均布荷载许可值 $[q]$（kN/m）；（2）在此均布荷载作用下，校核梁的正应力强度和剪应力强度。

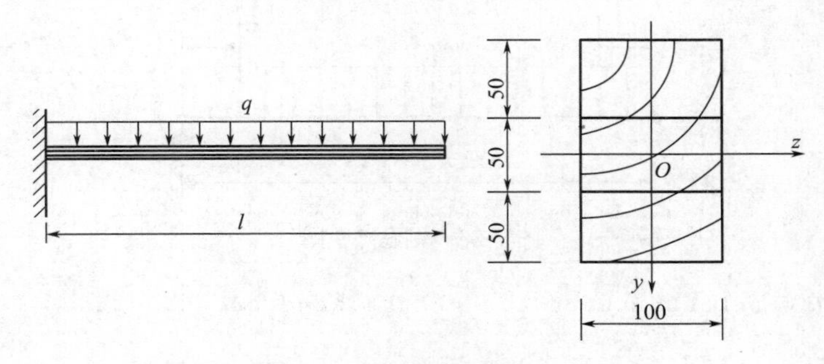

图 7-25　例题 7-8 图

【解】（1）最危险截面

固定端截面剪力最大、弯矩最大，其值为：

$$F_{s,\max} = ql = 2q$$

$$M_{\max} = \frac{1}{2}ql^2 = 2q$$

（2）根据胶合缝的剪应力强度求均布荷载许可值 $[q]$

由于两胶合缝关于中性轴对称，所以两胶合缝上的剪应力相等。胶合缝中的水平剪应力等于同一层处横截面上的剪应力。由

$$\tau = \frac{F_{s,\max} S_z(\omega)}{I_z b} \leqslant [\tau]_{胶}$$

$$\tau = \frac{2q \times 10^3 \times (50 \times 100 \times 50)}{\frac{1}{12} \times 100 \times 150^3 \times 100} \leqslant [\tau]_{胶} = 0.4\text{MPa}$$

解得

$$q \leqslant 2.25\text{kN/m}$$

取

$$q = 2.25\text{kN/m}$$

（3）在均布荷载 $q=2.25\text{kN/m}$ 作用下，校核梁的正应力强度和剪应力强度

1）梁的最大剪力、最大弯矩

$$F_{s,\max}=2q=2\times2.25=4.5\ \text{kN}$$

$$M_{\max}=2q=2\times2.25=4.5\ \text{kN}\cdot\text{m}$$

2）校核梁的正应力强度和剪应力强度

$$\sigma_{\max}=\frac{M_{\max}}{W_z}=\frac{6M_{\max}}{bh^2}=\frac{6\times4.5\times10^6}{120\times200^2}=5.625\text{MPa}<[\sigma]=10\text{MPa}$$

$$\tau=\frac{3}{2}\frac{F_{s,\max}}{A}=\frac{3}{2}\times\frac{4.5\times10^3}{120\times200}=0.28\text{MPa}<[\tau]=1\text{MPa}$$

可见，正应力强度和剪应力强度均满足要求。

【例题 7-9】 如图 7-26 所示简支梁 AB，$l=3\text{m}$，$a=0.3\text{m}$，均布荷载 $q=20\text{kN/m}$，集中荷载 $F=180\text{kN}$，所用工字钢材料的许用应力 $[\sigma]=160\text{MPa}$，$[\tau]=90\text{MPa}$，试选择工字钢的型号。

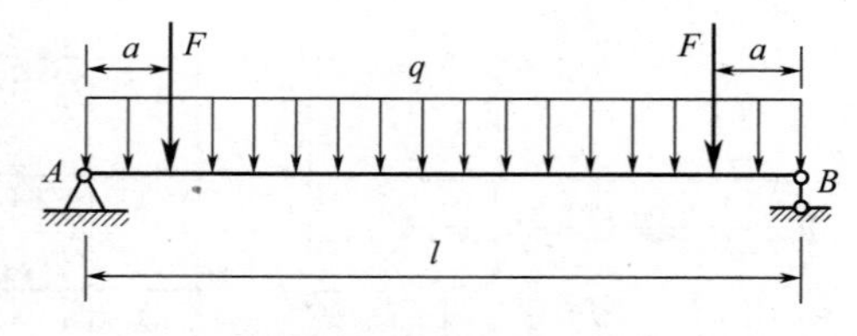

图 7-26　例题 7-9 图

【解】（1）求支反力

$$F_A=F_B=F+\frac{ql}{2}=180+\frac{20}{2}\times3=210\text{kN}$$

（2）作剪力图、弯矩图

剪力图、弯矩图如图 7-27 所示。

$$F_{s,\max}=210\text{kN}$$

$$M_{\max}=76.5\text{kN}\cdot\text{m}$$

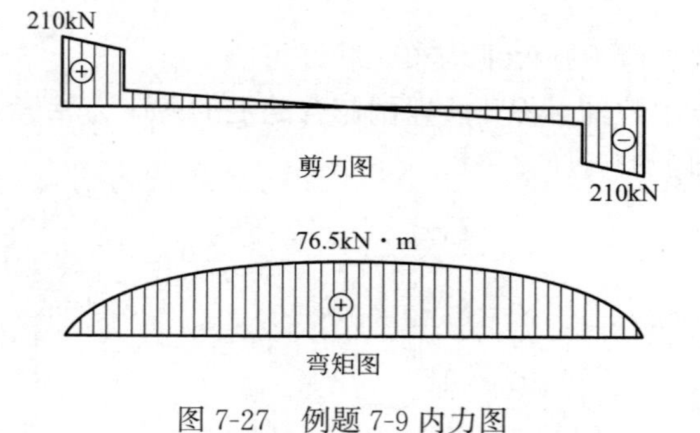

图 7-27　例题 7-9 内力图

（3）按正应力强度选择工字钢的型号

$$W_z\geqslant\frac{M_{\max}}{[\sigma]}=\frac{76.5\times10^6}{160}=4.78\times10^5\text{mm}^3=478\text{cm}^3$$

查型钢表，选 28a 号工字钢，$W_z=508\text{cm}^3$。

(4) 校核剪应力强度

由型钢表查得，28a 号工字钢的 $I_z/S_z(\omega)=24.6\text{cm}=246\text{mm}$，腹板厚度 $b=8.5\text{mm}$，得：

$$\tau=\frac{F_{s,\max}S_z^*}{I_z b}=\frac{F_{s,\max}}{b\dfrac{I_z}{S_z^*}}=\frac{210\times10^3}{8.5\times246}=100.43\text{MPa}>[\tau]=90\text{MPa}$$

按正应力强度条件选择的截面不满足剪应力强度条件，应加大截面尺寸。

查型钢表，重新选择 28b 号工字钢，$W_z=534\text{cm}^3$，$I_z/S_z^*=24.2\text{cm}=242\text{mm}$，腹板厚度 $b=10.5\text{mm}$，重新校核剪应力强度得：

$$\tau=\frac{F_{s,\max}S_z^*}{I_z b}=\frac{F_{s,\max}}{b\dfrac{I_z}{S_z^*}}=\frac{210\times10^3}{10.5\times242}=82.64\text{MPa}<[\tau]=90\text{MPa}$$

满足剪应力强度条件。

本例题选择 28b 号工字钢，能够同时满足正应力强度条件及剪应力强度条件。

7.6 提高梁弯曲强度的措施

通过对弯曲强度的研究和分析可知，弯曲正应力是控制梁弯曲强度的主要因素，因此，弯曲正应力的强度条件通常是设计梁的主要依据。从梁的弯曲正应力强度条件 $\sigma_{\max}=\dfrac{M_{\max}}{W_z}\leqslant[\sigma]$ 可以看出，通过采取适当措施以减小梁内最大弯矩 $M_{\max}$、提高梁的抗弯截面系数 W_z，可以降低梁的最大弯曲正应力，从而提高梁的弯曲强度。

7.6.1 合理布置荷载

通过合理布置荷载，可减小梁的最大弯矩。在结构允许的条件下，受集中力作用的简支梁，尽可能使荷载靠近一边的支座，或尽可能把集中力转变为分散的较小集中力，或者转变为均布荷载。设计齿轮传动时，尽量将齿轮安排得靠近轴承（支座），就是为了减小弯矩。

如图 7-28（a）所示，当一集中力作用在简支梁中间时，梁内最大弯矩 $M_{\max}=\dfrac{Fl}{4}$；将该集中力向一侧支座处偏移，梁内最大弯矩减小，如图 7-28（b）所示，当集中力距左侧支座 $l/6$ 长度时，梁最大弯矩已经减小到 $M_{\max}=\dfrac{5Fl}{36}$，是前者的 5/9；或者，如图 7-28（c）所示，在主梁上加一次梁将原集中力分散，这时最大弯矩减小为最初的一半；或者，将集中力均匀分布在整个梁长上，最大弯矩减小到 $M_{\max}=\dfrac{Fl}{8}$，为最初的一半，如图 7-28（d）所示。

7.6.2 合理设置支撑方式

合理安排梁的支撑方式也可以减小梁的最大弯矩。如图 7-29（a）所示简支梁上均布

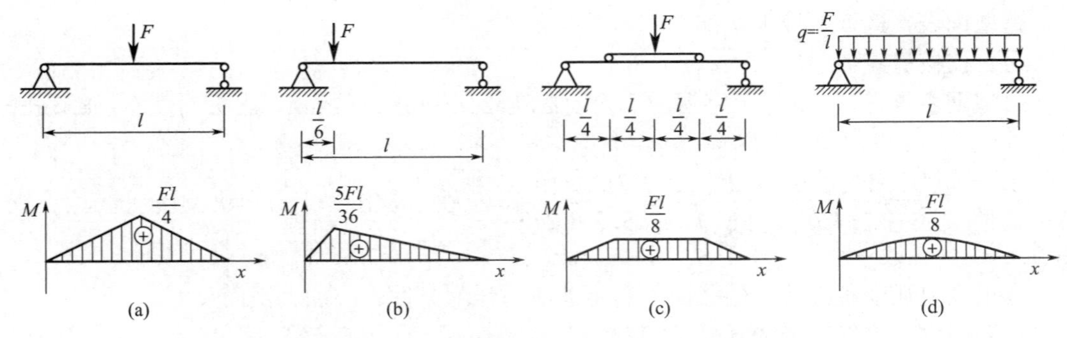

图 7-28　梁上荷载不同布置方式对应的弯矩

荷载产生的最大弯矩是 $\frac{ql^2}{8}$，将两边的支撑适当内缩，使之成为外伸梁，梁总长不变，可以发现如图 7-29（b）所示外伸梁最大弯矩减小到原先的 1/5；或者可在梁中增加一个支座，使结构变为超静定结构，梁最大弯矩减小到原先的 1/4。

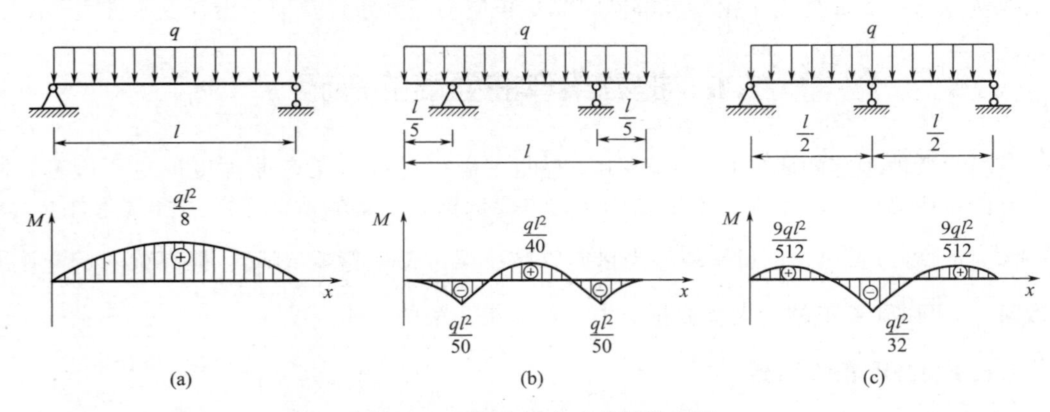

图 7-29　不同支承方式的梁的弯矩

在工程上，如锅炉筒体的安置、龙门吊车大梁的支承等，常将其支座向里移动，目的就是为了降低构件的最大弯矩（图 7-30）。

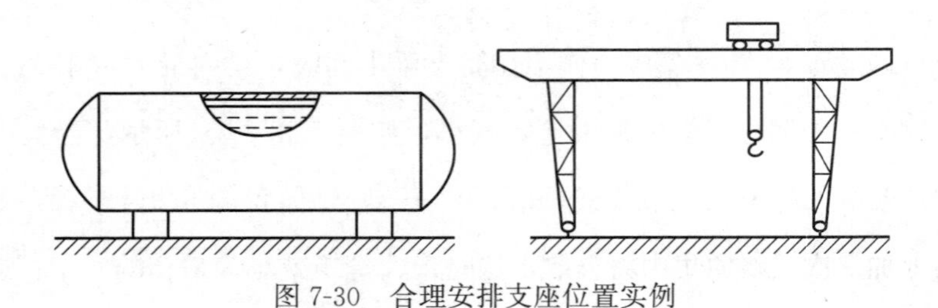

图 7-30　合理安排支座位置实例

7.6.3　合理设计梁的截面形状和尺寸

1. 增大单位面积的抗弯截面模量 $\frac{W_z}{A}$

从弯曲强度考虑，合理的截面设计应该是用较小的截面面积，获得较大的抗弯截面系数，即应使抗弯截面系数 W_z 与截面面积 A 的比值 $\frac{W_z}{A}$ 尽量增大。

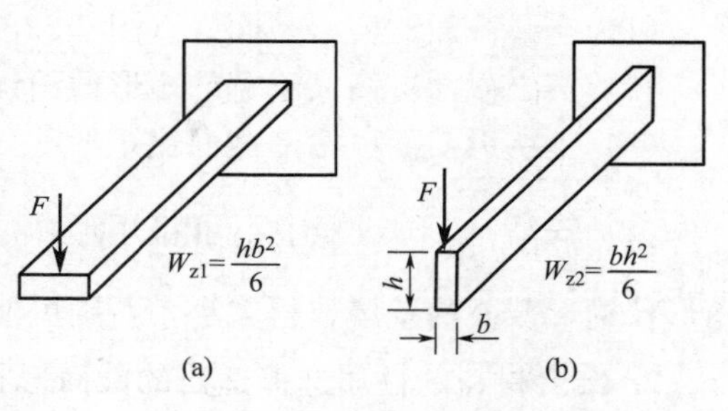

图 7-31　梁的放置方式

如图 7-31 所示两矩形梁截面面积、支承方式及加载方式相同，截面尺寸 h 大于 b，但是两梁横竖放置的方式不同，在垂直平面内发生弯曲变形时，图 7-31（a）中平放的梁 $W_z=\frac{hb^2}{6}$，图 7-31（b）中竖放的梁 $W_z=\frac{bh^2}{6}$，显然，竖放比平放更为合理。在一般截面中，梁的抗弯截面系数与梁的高度的平方成正比，工程设计中在同样截面面积的情况下，梁的截面高度取值应大于截面宽度，这样可获得较大的抗弯截面系数。

弯曲正应力沿截面高度呈线性分布，在离中性轴最远处达到许用应力值时，在截面中性轴附近应力值仍然很小，这表明，只有离中性轴较远的材料才能得到充分利用。因此，当截面面积一定时，应尽可能将中性轴附近的材料移到离中性轴较远的地方，以充分利用材料。工程中大量采用的工字形和箱形截面梁就是运用了这一原理。

对不同形状不同面积的截面进行比较时，常用 $\frac{W_z}{A}$ 来比较截面的合理性与经济性。截面的 $\frac{W_z}{A}$ 值越大，说明截面形状越合理，材料使用更加经济。表 7-2 列出了几种常见截面形状的 $\frac{W_z}{A}$ 值，以供参考。

几种常见截面形状的 $\frac{W_z}{A}$ 值　　**表 7-2**

截面形状	矩形	圆形	圆环形	槽钢	工字钢
$\frac{W_z}{A}$	$0.167h$	$0.125d$	$0.205D$	$(0.27\sim0.31)h$	$(0.27\sim0.31)h$

注：h 为截面高，D 为圆环外径，d 为圆形直径。

将不同的截面形状尺寸进行比较（图 7-32），可以看到：

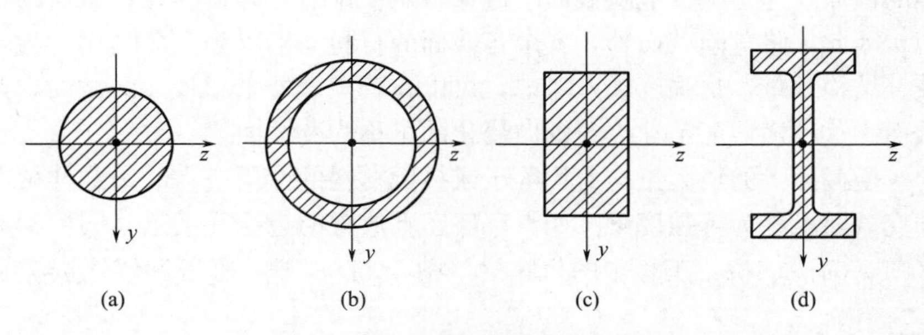

图 7-32　不同的截面形状比较

（1）空心截面比实心截面好（图 7-32 中空心圆环比实心圆的抗弯截面系数大）；

（2）实心截面，高大于宽的矩形截面优于圆截面；

（3）工字形截面、槽形截面比矩形截面合理。

（4）提高 $\frac{W_z}{A}$ 的过程中不可将矩形截面的宽度取得太小；也不可将空心圆、工字形、箱形及槽形截面的壁厚取得太小，否则可能出现失稳的问题。

2. 结合材料的性质选择适当的截面形状

塑性材料（如钢材）因其抗拉和抗压强度相等，一般宜采用对中性轴对称的截面，如工字形和箱形截面，这样可使截面两侧最大拉应力和最大压应力相等，并同时达到许用应力，使材料得到充分利用。

对于抗拉和抗压强度不等的脆性材料（如铸铁 $[\sigma_t]<[\sigma_c]$），一般宜采用非对称截面，如 T 形截面，且应使中性轴靠近受拉一侧（图 7-33），通过调整截面尺寸，如能使上下边缘到中性轴的距离 y_1 和 y_2 之比接近下列关系：

$$\frac{\sigma_{t,\max}}{\sigma_{c,\max}}=\frac{\dfrac{M_{\max}y_1}{I_z}}{\dfrac{M_{\max}y_2}{I_z}}=\frac{y_1}{y_2}=\frac{[\sigma_t]}{[\sigma_c]}$$

则可使得材料上下边缘最大拉应力（或最大压应力）同时接近于许用拉应力（或许用拉应力），充分发挥材料的潜能。

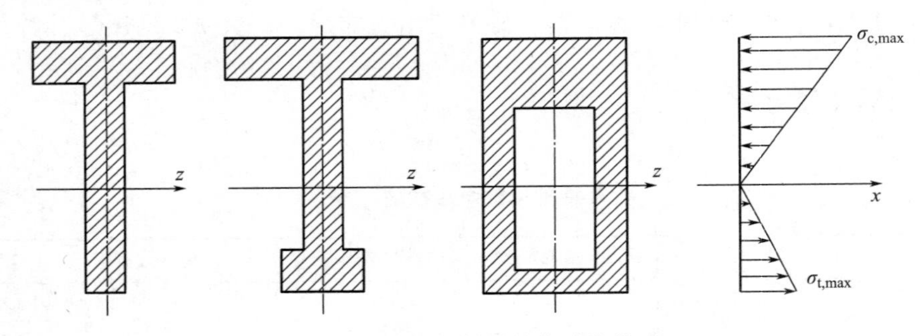

图 7-33　脆性材料梁的非对称截面

3. 结合弯矩分布特点设计变截面梁

等直梁的截面尺寸是根据危险截面上最大弯矩设计的，梁上其他各截面的弯矩值都小于最大弯矩。因此，除危险截面外，其余各截面的材料均未得到充分利用。为了合理地利用材料，减轻结构重量，从强度观点考虑，可以在弯矩大处采用较大的截面，弯矩小处采用较小的截面。这种横截面尺寸沿着轴向变化的梁称为变截面梁。

当梁的各横截面上的最大正应力均等于或接近材料的许用应力时，这样可以充分利用材料，这种变截面梁称为等强度梁。如汽车底座下放置的叠板弹簧梁（图 7-34a）、机器中的阶梯轴（图 7-34b）、桥梁工程中的鱼腹梁（图 7-34c）等，都是近似地按等强度原理设计的。

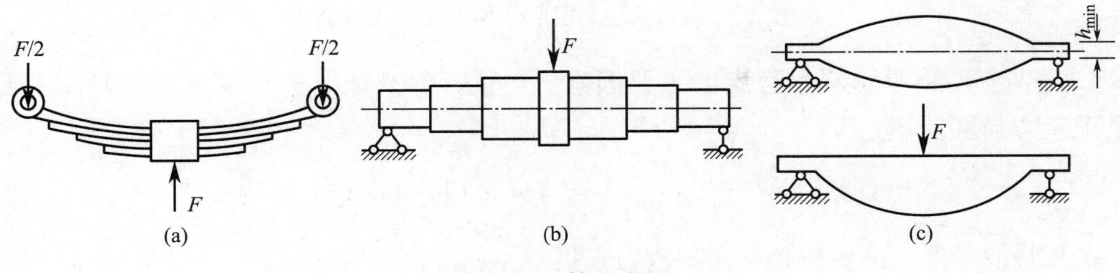

图 7-34　等强度梁

7.6.4　例题解析

【例题 7-10】悬臂梁受力如图 7-35 所示。若截面可能有图 7-35 所示四种形式，中空部分的面积 A 都相等，截面实心部分面积也相等。哪一种形式截面梁的强度最高？

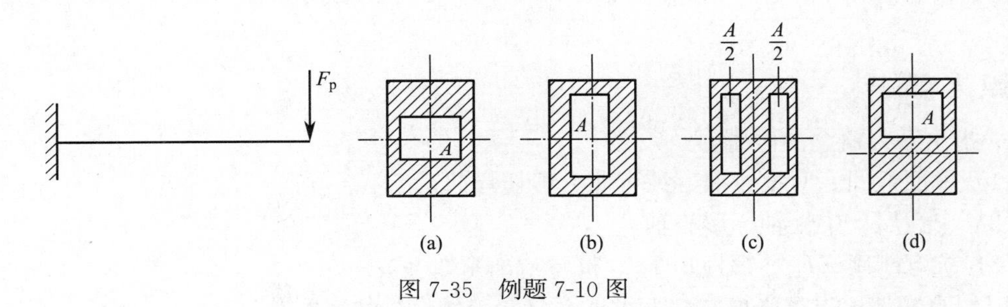

图 7-35　例题 7-10 图

【解】根据截面设计的原则，应使截面的面积尽量向远离中性轴的地方分布，靠近中性轴的区域尽量使用少的材料。根据该原则，A 截面最为合理。

本章小结

1. 纯弯曲构件横截面上只有弯矩而没有剪力，剪切弯曲（或横力弯曲）横截面上既有弯矩又有剪力。弯矩在横截面上产生正应力，剪力在横截面上产生剪应力。

梁弯曲变形时，中性层纵向纤维既不伸长也不缩短，各横截面均绕中性轴转动，横截面中性轴上各点的正应力等于零。

2. 梁在纯弯曲时的正应力计算公式是在平面假设和单向受力假设基础上，综合运用变形几何关系、物理关系和静力平衡关系推导出来的。其方法与推导圆轴扭转剪应力计算公式相似，是解决材料力学问题的基本方法。

梁横截面上的正应力计算公式是在纯弯曲情况下导出的，并被推广到剪切弯曲。弯曲正应力计算公式为

$$\sigma = \frac{My}{I_z}$$

梁凹侧受压正应力 σ 为负值，梁凸侧受拉正应力 σ 为正值。

3. 弯曲剪应力的计算公式不是综合变形几何关系、物理关系和静力平衡关系推导的，而是根据分析对弯曲剪应力的分布规律作出假定——平行于剪力且沿截面宽度均匀分布，然后利用平衡关系直接导出矩形截面弯曲剪应力公式为

$$\tau=\frac{F_{s}S_{z}(\omega)}{bI_{z}}$$

4. 弯曲正应力是影响梁强度的主要因素。对梁（等直梁）进行强度计算时，主要是满足正应力强度条件

$$\sigma_{\max}=\frac{M_{\max}}{W_{z}}\leqslant[\sigma]$$

在某些情况下，需要校核弯曲剪应力强度

$$\tau_{\max}=\frac{F_{s,\max}S_{z,\max}}{bI_{z}}\leqslant[\tau]$$

强度条件可应用于强度校核、截面设计、许用荷载确定。

5. 根据弯曲强度条件，提高构件弯曲强度应设法减小最大弯矩，提高抗弯截面系数和材料性能，所采取的主要措施有：合理布置荷载、合理设置支撑方式、合理设计梁的截面形状和尺寸等。

思考题

1. 指出下列概念的区别：

（1）平面弯曲、对称弯曲、纯弯曲、剪切弯曲；

（2）中性层、中性轴、形心轴；

（3）抗弯刚度 EI_{z}、惯性矩 I_{z}、抗弯截面系数 W_{z}。

2. 等直实体梁发生平面弯曲变形的充分必要条件是什么？

3. 梁纯弯曲时，其横截面上的内力有何特点？若直梁的抗弯刚度 EI 沿轴线为常量，则发生对称纯弯曲变形后梁的轴线有何特点？

4. 剪切弯曲时梁的横截面上有哪些内力？有哪些应力？

5. 如何考虑几何、物理与静力学3个方面的关系以建立弯曲正应力公式？弯曲平面假设与单向受力假设在建立上述公式时起什么作用？

6. 梁的弯曲正应力在横截面上如何分布？

7. 弯矩最大的截面就一定是最危险的截面吗？为什么？

8. 用梁的弯曲正应力强度条件可以解决哪三方面的问题？

9. 一根钢梁和一根木梁的受力情况、跨度、横截面均相同，其内力图是否相同？横截面上正应力变化规律是否相同？其对应点处的正应力和纵向应变是否相同？

10. T形截面铸铁梁受力如图7-36所示，采用两种放置方式，试画出危险截面上正应力沿截面高度的分布示意图，并判断哪种放置方式的承载能力大（只考虑正应力）。

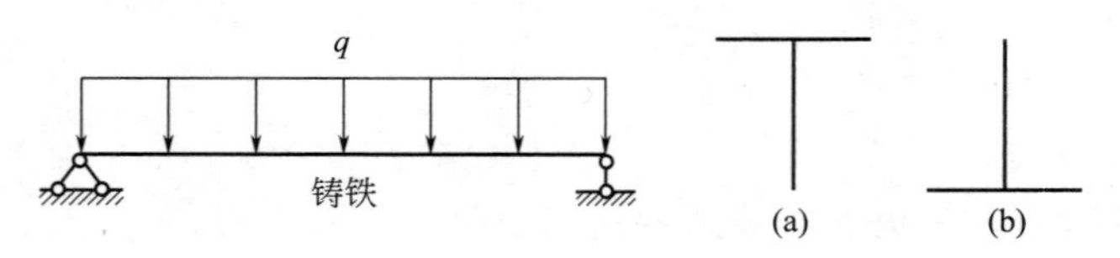

图7-36 思考题10图

11. 铸铁梁弯矩图和横截面形状如图7-37所示，其中，z 为中性轴。

(1) 画出图中各截面在 A、B 两处沿截面 1-1 和 2-2 的正应力分布。

(2) 从正应力强度考虑，哪种截面形状的梁最合理？

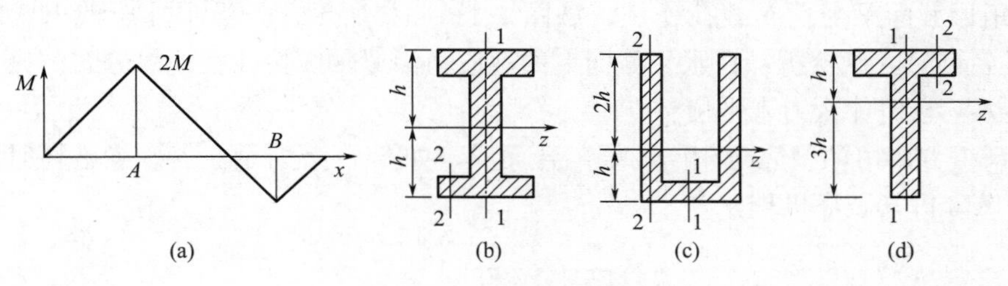

图 7-37 思考题 11 图

12. 如图 7-38 所示，梁由 4 根角钢焊接组合而成，在纯弯曲时图示各种组合形式中哪一种强度最大？哪一种最小？并说明其理由（外力平面为铅垂对称面）。

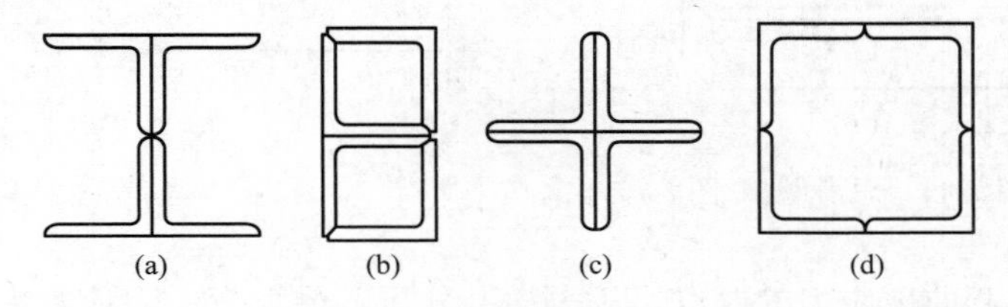

图 7-38 思考题 12 图

13. 承受均布荷载作用的矩形截面简支梁，如果需要在跨中截面开一圆形小孔，试从弯曲正应力强度出发分析如图 7-39 所示两种开孔方式中哪一种最合理（不考虑应力集中）？

14. 一根圆木绕 z 轴弯曲时，在其上下部位适当地削去一层（如图 7-40 所示阴影部分）后，在同样弯矩下反而降低了最大正应力，说明其中的原因。

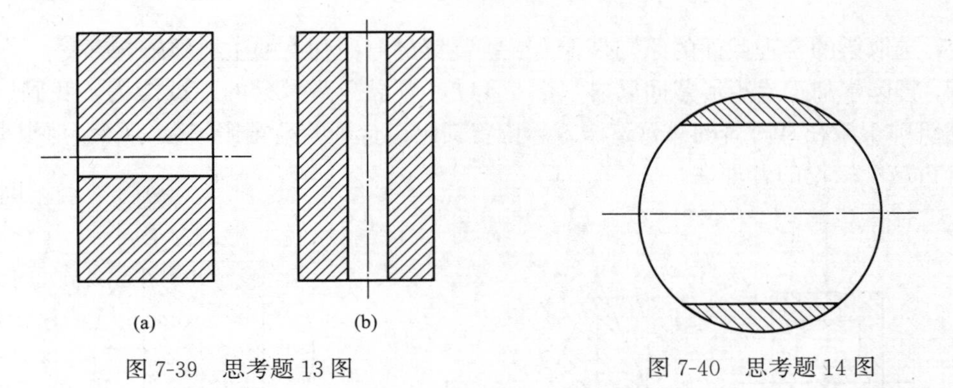

图 7-39 思考题 13 图

图 7-40 思考题 14 图

15. 在建立弯曲正应力与弯曲剪应力公式时，所用分析方法有何不同？

16. 在推导矩形截面梁的剪应力公式时做了哪些假设？剪应力在横截面上的分布规律如何？如何计算最大弯曲剪应力？

17. 为什么等直梁的最大剪应力一般都在最大剪力所在截面的中性轴上各点处，而横截面的上、下边缘各点处的剪应力为零？

18. T 形截面梁在剪切弯曲时，其横截面上的最大剪应力和最小剪应力分别出现在哪里？

19. 矩形截面梁受均布载荷作用，如图 7-41（a）所示，若沿中性层截出梁的下半部分（见图 7-41b），试分析：在水平截面上的剪应力沿梁轴线按什么规律分布？该截面上的剪力有多大？它由什么力来平衡？

20. 某组合梁由两根完全相同的梁黏合而成，如图 7-42 所示。若该梁破坏时胶合面纵向开裂，试分析其破坏机理。

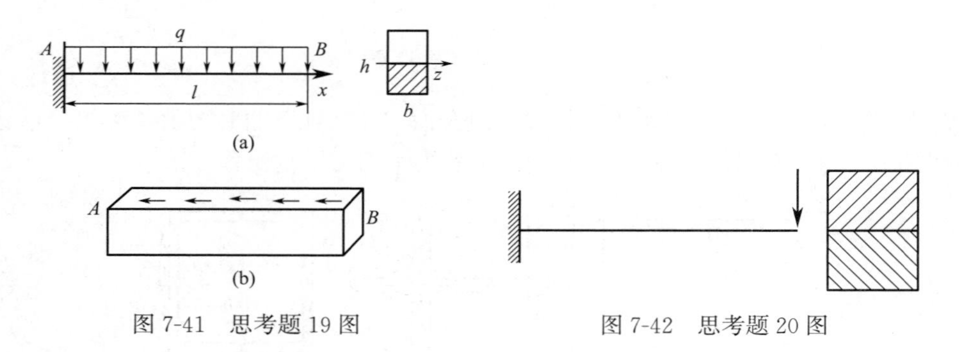

图 7-41　思考题 19 图　　　图 7-42　思考题 20 图

21. 根据推导弯曲剪应力的要点，从力学上分析，最大弯曲剪应力发生在中性轴上的条件是什么？对于如图 7-43 所示截面的梁，上述结论是否成立？

22. 弯曲正应力公式 $\sigma=\dfrac{My}{I_z}$ 和剪应力公式 $\tau=\dfrac{F_s S_z(\omega)}{bI_z}$ 的应用条件是什么？梁在剪切弯曲时，若应力超过材料的比例极限，则正应力公式和剪应力公式是否还适用？

23. 弯曲正应力与弯曲剪应力强度条件是如何建立的？依据是什么？

24. 对于矩形截面梁，若截面高度和宽度都增加 1 倍，则其强度将提高到原来的多少倍？

25. 选取梁的合理截面的原则是什么？提高梁的弯曲强度的主要措施有哪些？

26. 将圆木加工成矩形截面梁时（图 7-44），为了提高木梁的承载能力，我国宋代杰出的建筑师李诫在其所著的《营造法式》中曾提出：合理的高宽比应为 3∶2。请根据弯曲理论分析这个结论的合理性。

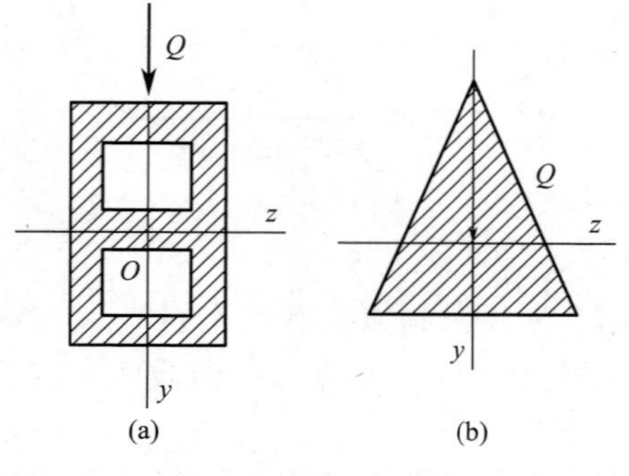

图 7-43　思考题 21 图

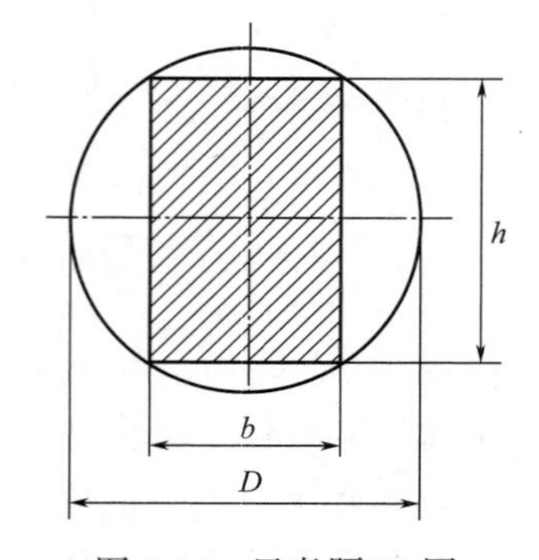

图 7-44　思考题 26 图

习题

1. 如图 7-45 所示矩形截面钢梁，测得 AB 长度（2m）内的伸长量 $l_{AB}=1.3\text{mm}$。求均布荷载集度 q 和最大正应力。已知 $E=200\text{GPa}$，截面尺寸单位为“mm”。

2. 如图 7-46 所示悬臂梁，由 16 号工字钢制成。已知 $l=4\text{m}$，$F=5\text{kN}$，试求弯矩最大处截面 a、b、c 和 d 点的弯曲正应力。

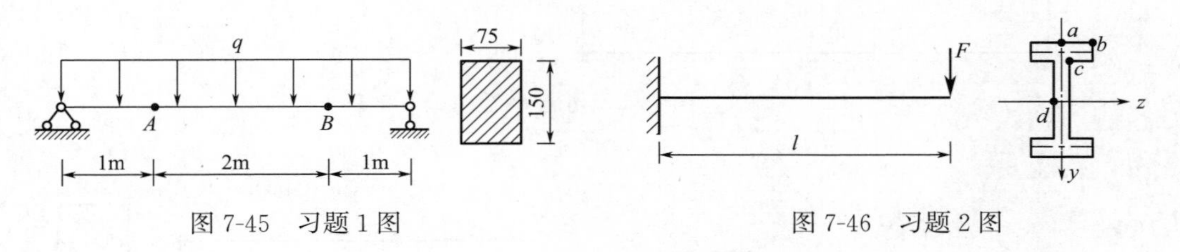

图 7-45　习题 1 图　　　　图 7-46　习题 2 图

3. 如图 7-47 所示跨长为 $l=4\text{m}$ 的简支梁，由 200mm×200mm×20mm 的等边角钢制成，在梁跨中受集中力 $F=25\text{kN}$ 作用。试求最大弯矩截面上 A、B 和 C 点处的正应力。

4. 某外伸梁受力情况如图 7-48 所示，该梁的材料为 25a 号工字钢。试求梁上的最大正应力。

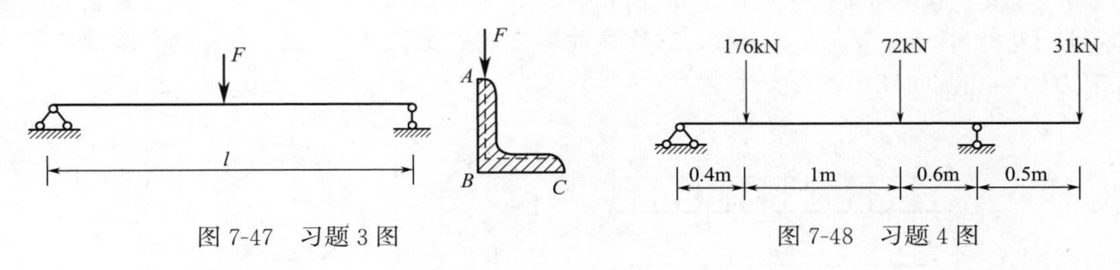

图 7-47　习题 3 图　　　　图 7-48　习题 4 图

5. 如图 7-49 所示圆轴的外伸部分是空心轴。试画出轴的弯矩图，并求轴内的最大正应力。

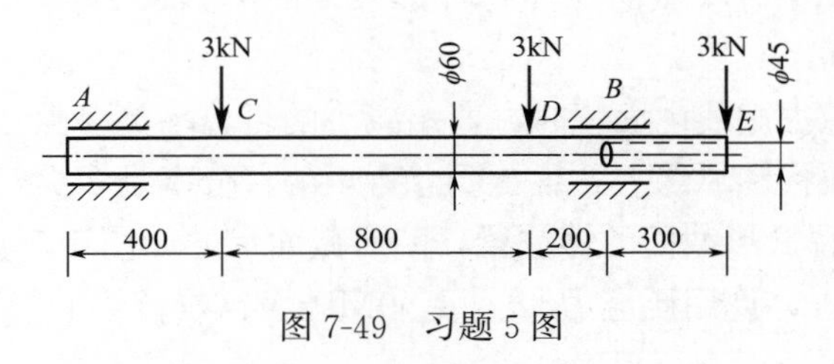

图 7-49　习题 5 图

6. 矩形截面悬臂梁如图 7-50 所示，具有如下 3 种截面形式：图 7-50（a）为整体；图 7-50（b）为两块上下叠合；图 7-50（c）为两块并排叠合。试分别计算 3 种情况下梁的最大正应力，并画出正应力沿截面高度的分布规律。

7. 由 16a 号钢制成的外伸梁，受力和尺寸如图 7-51 所示，试求梁的最大拉应力和最大压应力，并指出其所在位置。

8. 如图 7-52 所示简支梁，$l=2\text{m}$，图中截面尺寸单位为“mm”。求梁上截面 1-1 上点 D 处的正应力，并求梁的最大拉压力和最大压应力。

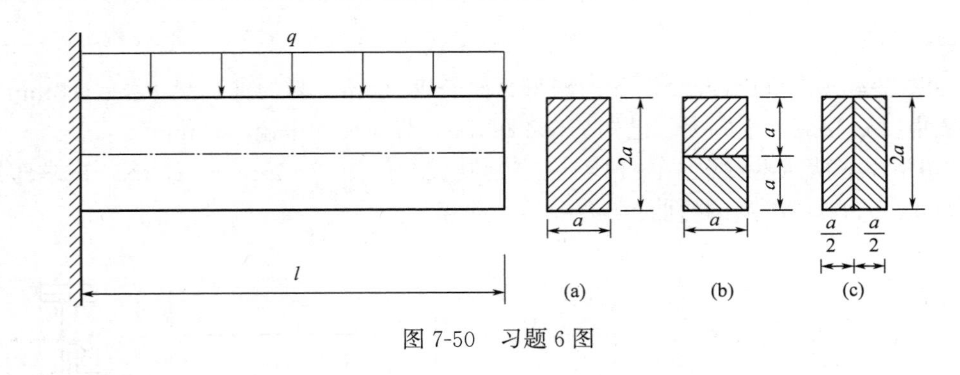

图 7-50　习题 6 图

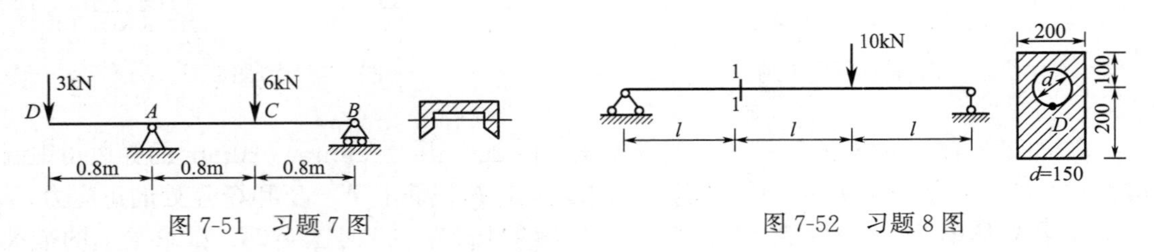

图 7-51　习题 7 图　　　　图 7-52　习题 8 图

9. 简支梁承受均布荷载如图 7-53 所示。若分别采用截面面积相等的实心和空心圆截面，且 $D_1=40\text{mm}$，$d_2/D_2=3/5$，试分别计算它们的最大正应力，并求空心截面的最大正应力比实心截面减小的百分率。

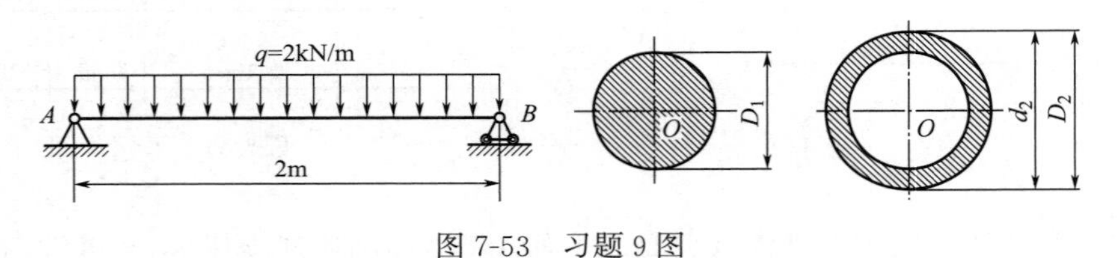

图 7-53　习题 9 图

10. 如图 7-54 所示梁的横截面，其上均受绕水平中性轴的弯矩作用。若截面上的最大正应力为 40MPa，试问：

（1）当矩形截面挖去虚线内面积时，弯矩减小的百分率是多少？

（2）工字形截面腹板和翼缘上，各承受总弯矩的百分率是多少？

11. 如图 7-55 所示 T 形截面的铸铁梁，T 形截面尺寸如图 7-55（b）所示。铸铁的许用拉应力 $[\sigma_t]=30\text{MPa}$，许用压应力 $[\sigma_c]=60\text{MPa}$。试校核梁的强度。

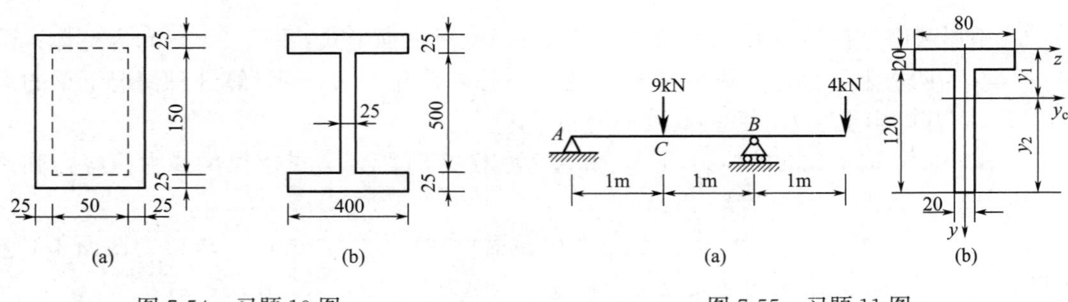

图 7-54　习题 10 图　　　　图 7-55　习题 11 图

12. 如图7-56所示的矩形截面梁受均布荷载作用，已知 $h/b=1.5$，$q=20\text{kN/m}$，$[\sigma]=20\text{MPa}$。试设计梁的截面尺寸。

13. 如图7-57所示横截面为倒T形的铸铁承受纯弯曲，材料的拉伸和压缩许用应力之比为 $[\sigma_t]/[\sigma_c]=1/4$。求水平翼缘的合理宽度 b。

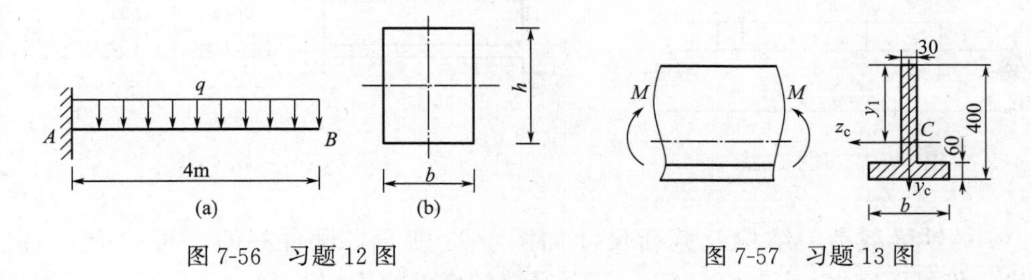

图7-56　习题12图　　　　图7-57　习题13图

14. 一矩形截面简支梁由圆柱体木料锯成，如图7-58所示。已知 $F=5\text{kN}$，$a=1.5\text{m}$，$[\sigma]=10\text{MPa}$。试确定弯曲截面系数为最大的矩形截面的高宽比 h/b，以及梁所需木料的最小直径 d。

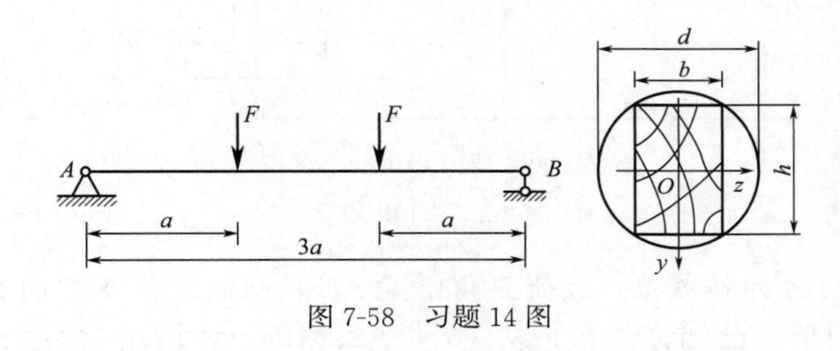

图7-58　习题14图

15. 如图7-59所示正方形截面木简支梁，许用应力 $[\sigma]=10\text{MPa}$。现需要在梁的截面 C 的中性轴处钻一直径为 d 的圆孔，请问在保证该梁强度的条件下，圆孔直径 d 最大为多少？

16. 当荷载 F 直接作用在跨长 $l=6\text{m}$ 的简支梁 AB 的中点时，梁的最大正应力超过许用值30%。为了消除此过载现象，配置了如图7-60所示的辅梁 CD，求此辅梁的最小跨长 a。

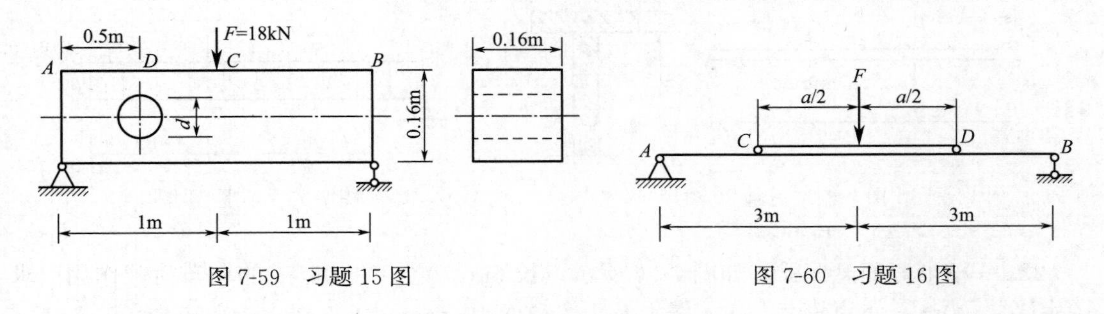

图7-59　习题15图　　　　图7-60　习题16图

17. 简支梁受力和尺寸如图7-61所示，材料的许用应力 $[\sigma]=160\text{MPa}$。试按正应力强度条件设计三种形状截面尺寸：（1）圆形截面直径 d；（2）$h/b=2$ 矩形截面的 b、h；（3）工字形截面，并比较三种截面的耗材量。

18. 如图 7-62 所示铸铁梁，容许拉应力为容许压应力的 1/3。

（1）已知图 7-62（a）中，$h=100\text{mm}$，$\delta=25\text{mm}$，求 x 值。

（2）若图 7-62（b）中，$b=80\text{mm}$，$h=160\text{mm}$，求 δ 值。

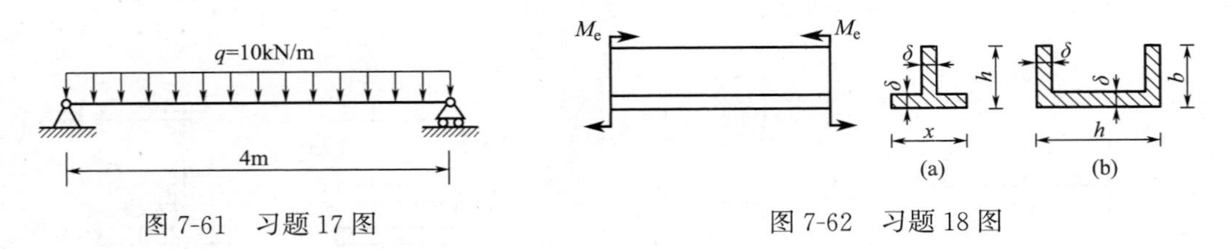

图 7-61　习题 17 图　　　　图 7-62　习题 18 图

19. 铸铁梁载荷、结构及截面尺寸如图 7-63 所示，设材料的许可拉应力 $[\sigma_t]=35\text{MPa}$，许可压应力 $[\sigma_c]=80\text{MPa}$。试计算梁的许可载荷 $[F]$。

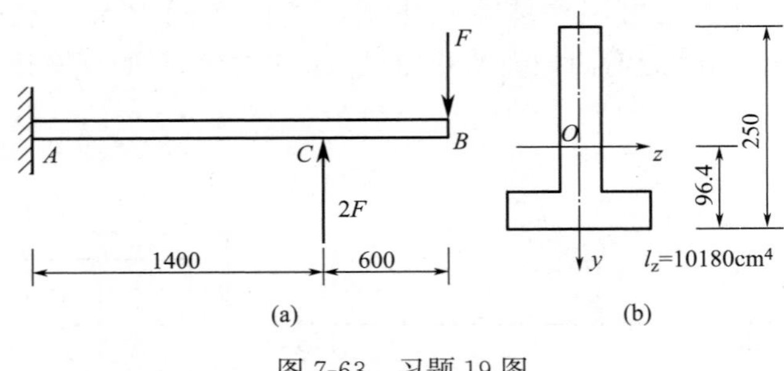

图 7-63　习题 19 图

20. 如图 7-64 所示铸铁梁，载荷 F 可沿梁 AC 从截面 A 水平移动到截面 C，试确定荷载 F 的许用值。已知许用拉应力 $[\sigma_t]=35\text{MPa}$，许用压应力 $[\sigma_c]=140\text{MPa}$，$l=1\text{m}$。

21. 由 10 号工字钢制成的 ADB 梁，如图 7-65 所示，左端 A 处为固定铰链支座，D 点处用铰链与钢制圆截面杆 CD 连接，CD 杆在 C 处用铰链悬挂。已知梁和杆的许用应力均为 $[\sigma]=160\text{MPa}$，试求：结构的许用均布荷载集度 $[q]$ 和圆杆直径 d。

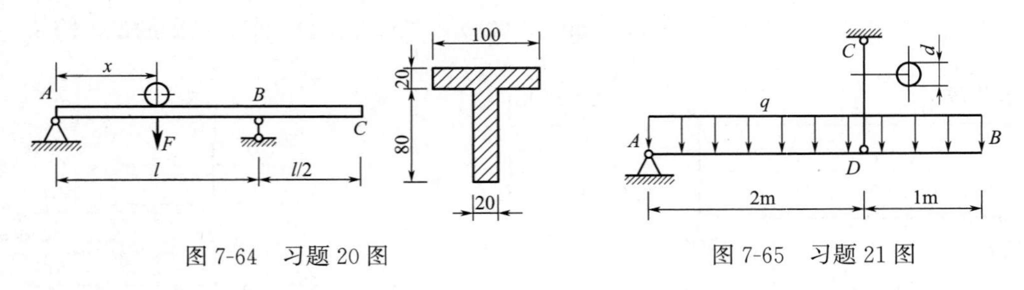

图 7-64　习题 20 图　　　　图 7-65　习题 21 图

22. 一槽形截面悬臂梁，如图 7-66 所示，长 6m，受 $q=5\text{kN/m}$ 的均布荷载作用。求距固定端 500mm 处的截面上 a-a 线上及距梁顶面 100mm 处 b-b 线上的剪应力。

23. T 形截面悬臂梁受力如图 7-67 所示，已知 $F=8\text{kN}$，$M_e=6\text{kN}\cdot\text{m}$，材料的许用拉应力为 $[\sigma_t]=10\text{MPa}$，许用压应力为 $[\sigma_c]=18\text{MPa}$，截面对中性轴的惯性矩为 $I_z=10000\text{cm}^4$。

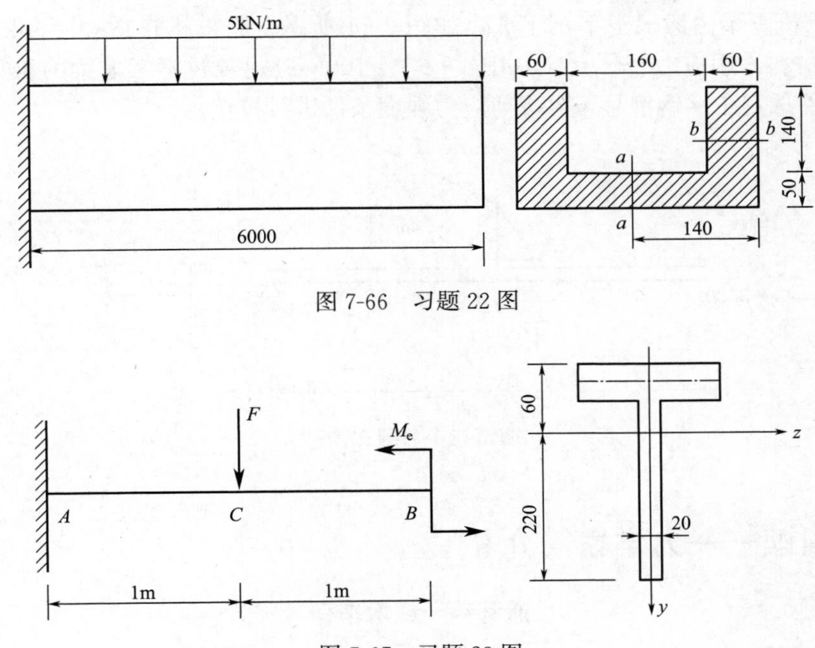

图 7-66　习题 22 图

图 7-67　习题 23 图

（1）求梁上的最大剪应力。

（2）此梁的截面如何放置才算合理？

（3）梁的截面经合理放置后，若 $M_e=6\text{kN}\cdot\text{m}$ 不变，试求许可荷载。

24. 计算如图 7-68 所示工字形截面梁内的最大弯曲正应力和最大剪应力。

25. 受均布荷载的变高度梁，如图 7-69 所示，其截面宽度 $b=150\text{mm}$，若容许正应力 $[\sigma]=10\text{MPa}$，容许剪应力 $[\tau]=1\text{MPs}$，求容许的 q 值。

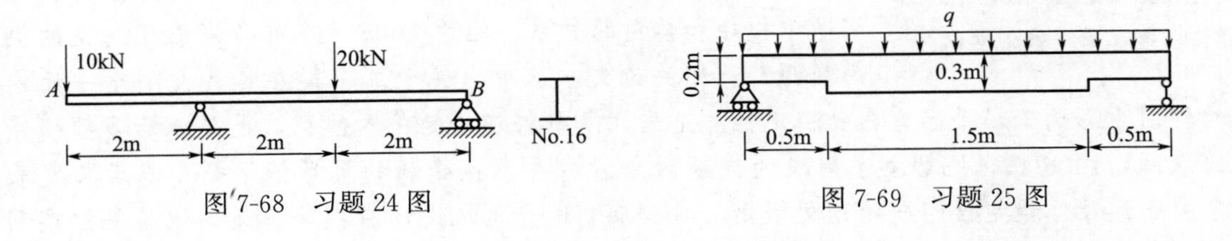

图 7-68　习题 24 图

图 7-69　习题 25 图

26. 求图 7-70 所示梁的最大容许荷载 q。已知梁的容许正应力为 3.5MPa，容许剪应力为 0.7MPa，胶结面的容许剪应力为 0.35MPa。

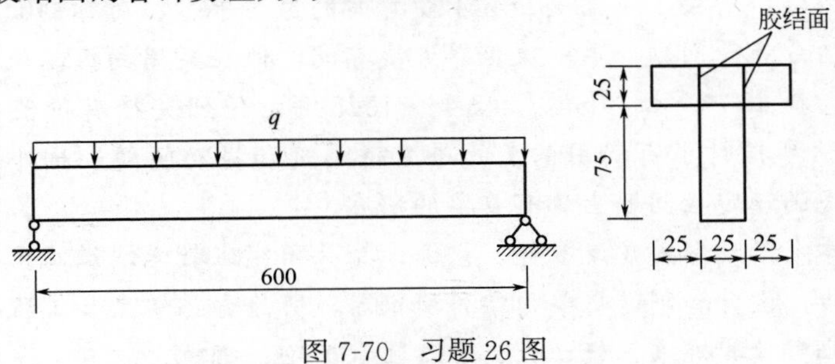

图 7-70　习题 26 图

27. 起重机下梁由两根工字钢组成，如图 7-71 所示，起重机自重 $Q=50\text{kN}$，起重量 $F=10\text{kN}$。材料许用应力 $[\sigma]=160\text{MPa}$，$[\tau]=100\text{MPa}$。若暂不考虑梁的自重，试按正应力强度条件选定工字钢型号，再按剪应力强度条件进行校核。

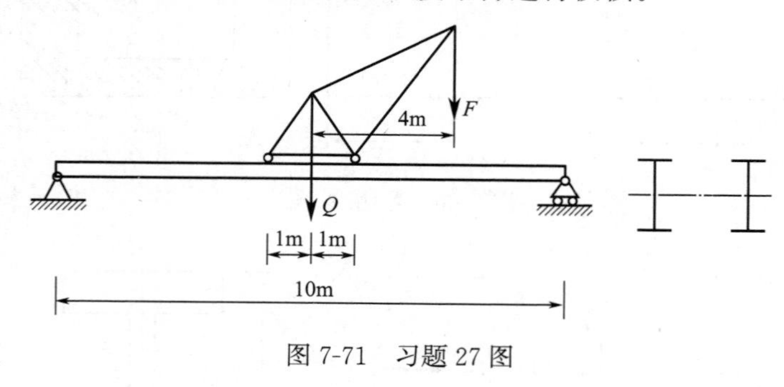

图 7-71　习题 27 图

延伸阅读——力学家简介Ⅱ

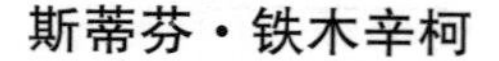

斯蒂芬·铁木辛柯

图 7-72　铁木辛柯

斯蒂芬·铁木辛柯（Stephen Prokofievitch Timoshenko，Степан Проко-фьевич Тимошенко，1878 年 12 月 23 日—1972 年 5 月 29 日），美籍俄罗斯力学家、工程结构大师（图 7-72）。

铁木辛柯在应用力学方面研究成果丰硕，著述甚多。1904 年他开始从事强度理论及实验研究，发表了第一篇论文《各种强度理论》。次年他发表论文《轴的共振现象》，在轴的扭振问题中，首次考虑质量分布的影响，并把瑞利方法应用于结构工程问题。他研究工字梁的侧向屈曲，发现开口剖面薄壁杆扭转问题中扭矩和转角的关系。他于 1905—1906 年发表了《梁的侧向屈曲》及相关论文，其中《关于工字梁在其最大刚度平面内的作用力影响下，平面弯曲的稳定性》是创立薄壁杆理论的根本依据，也是以后多项研究的基础。1906 年，他解决了用板的挠度微分方程去求板受压的临界值问题。以后又发表了关于弹性体稳定性问题的论文多篇，对船舶制造和飞机设计有指导意义。他最早把瑞利-里兹法应用到弹性稳定问题，从而获得十年一次的“茹拉夫斯基奖”。他不仅用能量原理解决了稳定性问题，还把它用到梁和板的弯曲问题和梁的受迫振动问题。1911 年以后，他主要研究弹性力学，解决了半圆剖面梁承受弯曲的剪力中心、对称剖面悬臂梁自由端承受横载荷的剪应力分布等问题。第一次世界大战期间，他在梁横向振动微分方程中考虑了旋转惯性和剪力，提出“铁木辛柯梁”模型。1925 年，他研究很有价值的圆孔周围的应力集中问题，1928 年探讨了有实用意义的吊索桥刚度和振动问题。此外他在薄壁杆件扭转问题和弹性系统的稳定性问题上都有重要的研究。

铁木辛柯的学术活动形式广泛多样，讲课，指导研究班教学，编写出版学术著作或教材，组织力学实验，设计和制造重要力学科研仪器，引导青年学生和工程界对结构强度问题进行研究等。他对计算桥梁、杆、板、管、圆盘车轮、钢轨、舰身、飞机结构零件设计等尤感兴趣，对特殊问题采取“得到共同结果—创立普遍的理论—给出自然的概念”的研究方法。

铁木辛柯是一位力学教育家，他主讲过很多重要的力学课程，培养了许多研究生，还编写了大量适合于大学力学教学用的优秀教材，如《材料力学》《高等材料力学》《结构力学》《工程力学》《工程中的振动问题》《弹性力学》《板壳理论》《弹性系统的稳定性》《高等动力学》《材料力学史》等 20 多部。这些教材影响很大，被翻译为多种文字出版，其中大部分有中文译本，有些书至今仍被教学采用。

铁木辛柯作为著名的科学家，在很多科技活动中有显著地位，对工程事业、技术教育和发展固体力学方面有巨大影响和贡献，被尊称为“现代工程力学之父”。

第8章　弯曲变形

内容提要

梁的弯曲变形计算是梁的刚度计算、求解超静定梁和稳定问题的基础。本章内容包括梁的挠曲线、挠度及转角的概念，梁的挠曲线微分方程，采用积分法、叠加法计算梁的弯曲变形（挠度及转角），提高梁刚度的措施及简单超静定梁的求解。

本章重点为梁弯曲变形与位移的概念；采用积分法和叠加法求梁的变形；梁的弯曲刚度的计算。

本章难点为采用叠加法求梁的变形；简单超静定梁的变形的计算。

学习要求

1. 明确梁的挠曲线、挠度、转角的概念。
2. 理解挠曲线近似微分方程的建立过程。
3. 熟练运用积分法和叠加法计算梁的位移。
4. 熟练应用梁的刚度条件，理解提高梁抗弯刚度的措施。
5. 掌握一次超静定梁的求解。

8.1　概述

在荷载作用下，受弯构件在产生内力的同时，还会产生弯曲变形。所谓弯曲变形，是指受弯构件在外力作用下所发生的轴线曲率变化。

在工程实际中，通常要求受弯构件弯曲变形不能过大，即要求受弯构件必须满足刚度的要求，以免影响正常工作。如在机械工程中，车床主轴的弯曲变形过大，会影响齿轮的啮合和轴承的配合，使传动不平稳，磨损加快，而且还会影响加工精度；轧钢机在轧制钢板时，若轧辊的弯曲变形过大，将使轧出的钢板沿宽度方向的厚度不匀，影响产品质量。又如在土木工程中，桥梁的变形过大，在机车通过时将会引起很大的振动，从而可能引起桥梁的破坏；楼板梁变形过大时，会使下面的灰层开裂、脱落；吊车梁变形过大时，将影响吊车的正常运行等。因此，为了保证正常工作，上述受弯构件的弯曲变形必须控制在工程规定的许可范围之内。

工程中虽然经常限制梁的弯曲变形，但在有些情况下，又常常利用弯曲变形来达到某种要求。例如，叠板弹簧应有较大的变形，才可以更好地起到缓冲减振作用；弹簧扳手要有明显的弯曲变形，才可以使测得的力矩更准确，对于高速工作的内燃机、离心机和压气机的主要构件，需要调节其变形使构件自身的振动频率避开外界周期力的频率，以免引起强烈的共振。此外，在求解弯曲超静定问题和冲击问题时，也需考虑利用梁的弯曲变形。

在外力作用下，梁弯曲变形时各横截面的位置将发生改变，梁的横截面将产生线位移和角位移，梁中任一横截面处的变形可以归结为：形心沿轴线 x 方向的位移、形心沿 y 方向的位移以及横截面的转动。在小变形情况下，工程上通常用横截面的挠度和转角这两个基本量来度量梁的弯曲变形。

求解弯曲变形的方法很多，主要有积分法、叠加法、奇异函数法、共轭梁法、能量法、有限差分法等，本章主要介绍基本的和常用的方法——积分法（或称解析法）和叠加法。

8.1.1　梁的挠曲线

梁弯曲变形后的轴线称为梁的挠曲轴，通常为一条连续、光滑的曲线，也称挠曲线（或挠度曲线）。当梁的变形在弹性范围时，挠曲线也称弹性曲线。

在平面弯曲情况下，梁的轴线在形心主惯性平面内弯曲成一条平面曲线。如图 8-1 所示，梁发生平面弯曲，以变形前梁的轴线（水平方向）为 x 轴，y 轴与 x 轴相交垂直向上，xy 平面为梁的主形心惯性平面，且荷载作用在该平面内，变形后梁的挠曲线为 xy 平面内一条曲线。

平面弯曲梁的挠曲线确定后，就可以确定各截面形心的位移以及截面转动的角度，截面形状的变化是由于纵向应力引起的横向变形。这样，梁上任意点的位移就可以确定了。

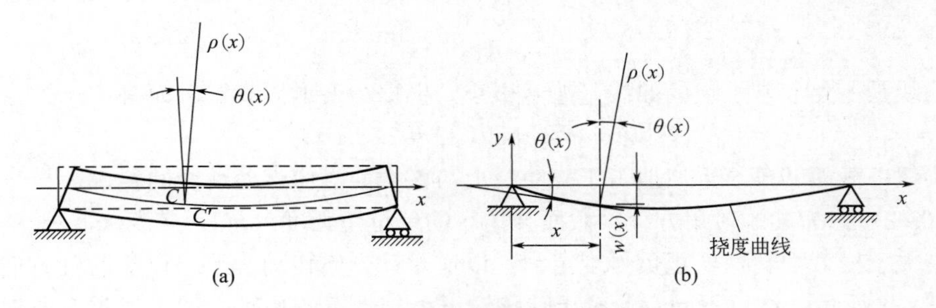

图 8-1　梁弯曲后的挠曲线

8.1.2　挠度

梁中任一横截面的形心在垂直于梁原轴线方向的位移称为该截面处的挠度。

如图 8-2 所示悬臂梁，在荷载作用下，产生弯曲变形。在图 8-2（b）所示坐标系中，w 为挠度，它代表坐标为 x 的横截面的形心 C 沿 y 轴方向的位移。

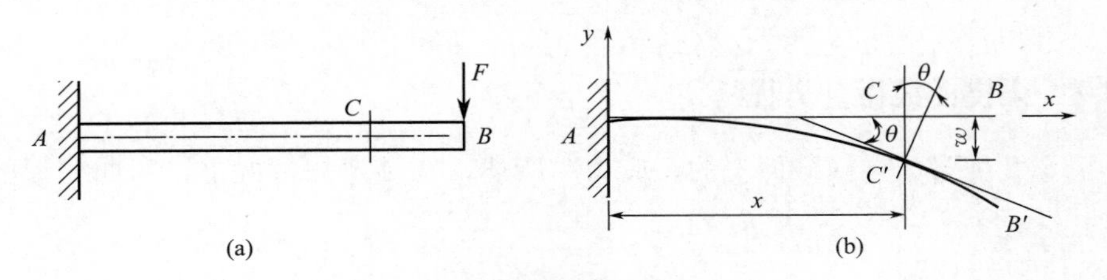

图 8-2　梁的弯曲变形

在工程实际中，梁的挠度一般都远小于跨度。在小变形情况下，梁的挠曲线变化是非常平缓的，截面沿 x 轴方向的位移相对于挠度属于高阶微量，故一般情况下，梁任一横截面的形心沿梁原轴线 x 轴方向的位移皆可略去不计。

梁中不同截面处的挠度一般是不同的，用 w 表示梁的挠度，则梁在坐标为 x 的横截面处的挠度可表示成

$$w=w(x) \tag{8-1}$$

式（8-1）称为梁的挠曲线方程，又称挠度方程。

本书关于挠度正负号规定：向上为正，向下为负，如图 8-1、图 8-2 所示。注意不同专业对于挠度正负号规定的差别，如土建类专业规定挠度曲线向下为正。

8.1.3 转角

梁在弯曲变形的过程中，其任一横截面相对其原来位置的角位移，即该横截面绕其中性轴转过的角度，称为该截面的转角，通常用 θ 表示。

不同横截面的转角不同，因此截面转角 θ 也是该截面位置 x 的函数。转角沿梁长度方向的变化规律可用转角方程表示。

如图 8-2 所示悬臂梁，根据平面假设，梁的横截面在变形前垂直于 x 轴，弯曲变形后其横截面仍垂直于挠曲线。所以，截面转角 θ 就是挠曲线的法线与 y 轴的夹角，它应与挠曲线的倾角相等。挠曲线某点切线方向的斜率就是相应截面转角的正切值，于是有

$$w'(x)=\frac{\mathrm{d}w(x)}{\mathrm{d}x}=\tan\theta(x)$$

挠曲线是一条非常平坦的曲线，故 θ 很小。根据小变形假设，因而有：

$$\theta(x)\approx\tan\theta(x)=w'(x) \tag{8-2}$$

即梁任一截面转角 θ 近似地等于挠曲线上与该截面对应点处切线的斜率。

式（8-2）称为梁的转角方程。截面转角 θ 的单位是弧度（rad）或度（°）。

本书关于横截面转角 θ 正负号规定为：以逆时针方向转动为正，以顺时针方向转动为负，如图 8-2 所示。注意不同专业对于转角 θ 正负号规定的差别，如土建类专业对于转角 θ 正负号规定与此相反。

由式（8-1）、式（8-2）可见，将某个横截面位置坐标 x 代入挠曲线方程和转角方程，便可求得该截面的挠度和转角。梁的变形计算关键在于确定梁的挠曲线方程，将其对 x 求一次导数，便可得到转角方程。

8.2 梁挠曲线微分方程

8.2.1 梁挠曲线微分方程

如“7.2.2 纯弯曲梁横截面上的正应力”所述，在纯弯曲情况下，弯曲变形的基本公式为

$$\frac{1}{\rho}=\frac{M}{EI_z}$$

式中，ρ 为梁中性层对应的曲率半径，$\frac{1}{\rho}$ 表示梁弯曲变形的曲率。上式表示了在弹性范围内的挠曲线在其上某点的曲率与该点处横截面上的弯矩、抗弯刚度之间的关系。

在剪切弯曲时，梁截面上既有弯矩也有剪力。工程上常用的梁，其跨长往往是横截面高度的 10 倍以上，对于跨度远大于截面高度的梁，剪力对弯曲变形的影响可以忽略，故上式也可用于剪切弯曲。此时 M 和 ρ 均为 x 的函数，上式变为

$$\frac{1}{\rho(x)}=\frac{M(x)}{EI_z}$$

由于 $\rho(x)\geqslant 0$，式中 $M(x)$ 取绝对值。由高等数学可知，平面曲线 $w=w(x)$ 上任一点的曲率为

$$\frac{1}{\rho(x)}=\pm\frac{w''}{(1+w'^2)^{3/2}}=\pm\frac{\dfrac{\mathrm{d}^2w}{\mathrm{d}x^2}}{\left[1+\left(\dfrac{\mathrm{d}w}{\mathrm{d}x}\right)^2\right]^{3/2}}$$

将上述关系用于分析梁的变形，于是得

$$\pm\frac{w''}{(1+w'^2)^{3/2}}=\frac{M(x)}{EI_z}$$

上式左边的正负号取决于坐标系的选择和弯矩的正负号规定。在本章所取的坐标系中，y 轴以向上为正，下凹曲线的 w'' 为正值，上凸曲线的 w'' 为负值，如图 8-3（a）所示；按弯矩正负号的规定，正弯矩对应着正的 w''，负弯矩对应着负的 w''。故上式可写为

$$\frac{w''}{(1+w'^2)^{3/2}}=\frac{\dfrac{\mathrm{d}^2w}{\mathrm{d}x^2}}{\left[1+\left(\dfrac{\mathrm{d}w}{\mathrm{d}x}\right)^2\right]^{3/2}}=\frac{M(x)}{EI_z} \tag{8-3}$$

式（8-3）称为梁的挠曲线微分方程，它是一个二阶非线性微分方程，适用于弯曲变形的任何情况。求解这一微分方程，即可得到梁的挠曲线方程，从而求得梁任意横截面的挠度和转角。

8.2.2　梁挠曲线近似微分方程

如前所述，在工程实际中，梁的转角 θ 均很小，即在小变形情况下，$w'=\frac{\mathrm{d}w}{\mathrm{d}x}\approx\theta$ 是一个很小的量，w'^2 远小于 1，故在式（8-3）中 w'^2 可略去不计，式（8-3）可简化为

$$w''=\frac{\mathrm{d}^2w}{\mathrm{d}x^2}=\frac{M(x)}{EI_z} \tag{8-4}$$

式（8-4）称为梁的挠曲线近似微分方程，适用于求解理想线弹性材料制成的细长梁的小变形问题。

由式（8-4）求解得到的挠曲线方程是近似的，其误差较小，在工程上是允许的。由挠曲线近似微分方程求解得到的挠度与转角能满足工程实际的需要。

注意不同专业 $w''=\frac{\mathrm{d}^2w}{\mathrm{d}x^2}$ 与弯矩 M 的正负号关系，如图 8-3 所示。机械类专业以 y 轴

（w 轴）向上为正，$w''=\dfrac{d^2w}{dx^2}$ 与弯矩 M 正负号相同。土建类专业以 y 轴（w 轴）向下为正，$w''=\dfrac{d^2w}{dx^2}$ 与弯矩 M 正负号不同。本章选用 y 轴（w 轴）向上的坐标系，则弯矩 M 与 $w''=\dfrac{d^2w}{dx^2}$ 的正负号总是相同。

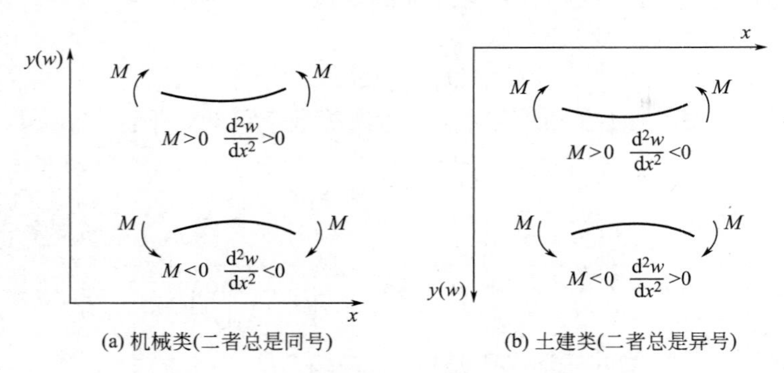

(a) 机械类(二者总是同号)　　(b) 土建类(二者总是异号)

图 8-3　挠曲线与弯矩 M 正负号关系

8.3　积分法求弯曲变形

梁弯曲变形计算的关键是确定梁的挠曲线方程。在给定位移边界条件下，可用积分求解挠曲线近似微分方程，计算梁的转角和挠度，这种方法通常称为计算梁位移的积分法，它是计算梁弯曲变形的一种最基本方法。

8.3.1　转角方程和挠度方程

对挠曲线近似微分方程式（8-4）积分一次，得转角方程

$$\theta=\frac{dw}{dx}=\int\frac{M(x)}{EI_z}dx+C \tag{8-5}$$

再积分一次，得挠度方程

$$w=\iint\frac{M(x)}{EI_z}dx\,dx+Cx+D \tag{8-6}$$

式中，C 与 D 为积分常数，可利用梁位移（挠度、转角）的边界条件和连续性条件来确定。

积分常数确定后，将其代入式（8-5）或式（8-6），即得到梁的转角方程和挠曲线方程，可表达为

$$\theta=\frac{dw}{dx}=f'(x) \tag{8-7}$$

$$w=f(x) \tag{8-8}$$

由式（8-7）、式（8-8）可求出任一截面的挠度和转角。

8.3.2　边界条件和连续性条件

梁的位移不仅与梁的弯曲刚度及弯矩有关，而且与梁的边界条件及位移连续条件有关。

梁截面的已知位移条件或用位移表述的约束条件，一般称为梁的位移边界条件。例如，在固定端处，横截面的挠度与转角均为零，即

$$w=0\ ,\ \theta=0$$

在铰支座处，横截面的挠度为零，即

$$w=0$$

梁位移的连续性条件是指梁的挠曲线是一条光滑连续的曲线，在挠曲线上的任一点处，有唯一确定的转角和挠度（中间铰除外）。即使当弯矩方程需分段建立时，各梁段的挠度、转角方程各不相同，但在相邻梁段的交接处，相连两截面应具有相同的挠度和转角（中间铰除外），即应满足连续光滑条件。

常见的梁位移的边界条件和连续性条件如表 8-1 所示。

常见的梁位移的边界条件和连续性条件　　表 8-1

横截面位置	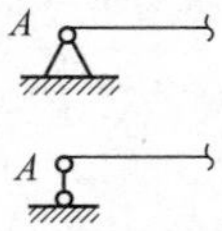 A A	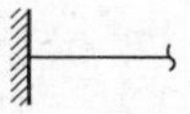 A	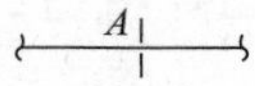 A	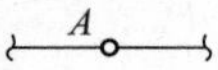 A
位移条件	$w_A=0$	$w_A=0$ $\theta_A=0$	$w_{A,L}=w_{A,R}$ $\theta_{A,L}=\theta_{A,R}$	$w_{A,L}=w_{A,R}$ $\theta_{A,L}\neq\theta_{A,R}$

8.3.3　积分法求解梁变形的基本步骤

利用积分法求解梁变形的基本步骤如下：

（1）列静力平衡方程求支座反力，并分段（n 个区段）列出弯矩方程。

（2）分别列出各区段的挠曲线近似微分方程并积分，得到带有 $2n$ 个积分常数的转角方程和挠度方程。

（3）利用已知边界位移条件和各区段之间的连续光滑条件，确定积分常数。

（4）将积分常数代入由步骤（2）所得的方程中，得到转角方程和挠度方程。

（5）利用方程求梁上任一截面的转角和挠度，用数学方法分析确定梁的最大挠度与最大转角。

8.3.4　常见简单荷载作用下梁的变形

积分法的优点是可以求得梁的转角和挠度的普遍表达式，但当只需确定某些特定截面的转角和挠度，而并不需求出转角和挠度的普遍方程时，积分法就显得过于复杂；当梁上的荷载较多时，挠曲线分段较多，往往要确定很多积分常数，运算过程较为冗繁。

在各种常见荷载作用下，简单梁的转角和挠度计算公式及挠曲线的表达式均可采用积分法确定出来并编制成表格，这种表格又称变形表或挠度表。工程中将这种变形表列于设计手册，方便直接查用。当荷载比较复杂时，利用梁在简单荷载作用下的变形表，也便于采用叠加法计算一些弯曲变形问题。

表 8-2 列举了一些常见的简单荷载作用下悬臂梁、简支梁的挠曲线方程、最大挠度及

最大转角。

简单荷载作用下梁的变形表　　表 8-2

序号	梁的简图	挠曲线方程	最大挠度	最大转角
1		$w=-\frac{Fx^2}{6EI}(3l-x)$	$w_B=-\frac{Fl^3}{3EI}$	$\theta_B=-\frac{Fl^2}{2EI}$
2		$w=-\frac{Fx^2}{6EI}(3a-x)\quad(0\leqslant x\leqslant a)$ $w=-\frac{Fa^2}{6EI}(3x-a)\quad(a\leqslant x\leqslant l)$	$w_B=-\frac{Fa^2}{6EI}(3l-a)$	$\theta_B=-\frac{Fa^2}{2EI}$
3		$w=-\frac{qx^2}{24EI}(6l^2+x^2-4lx)$	$w_B=-\frac{ql^4}{8EI}$	$\theta_B=-\frac{ql^3}{6EI}$
4		$w=-\frac{M_e x^2}{2EI}$	$w_B=-\frac{M_e l^2}{2EI}$	$\theta_B=-\frac{M_e l}{EI}$
5		$w=-\frac{M_e x^2}{2EI}\quad(0\leqslant x\leqslant a)$ $w=-\frac{M_e a}{EI}\left(x-\frac{a}{2}\right)\quad(a\leqslant x\leqslant l)$	$w_B=-\frac{M_e a}{EI}\left(l-\frac{a}{2}\right)$	$\theta_B=-\frac{M_e a}{EI}$
6		$w=-\frac{Fx}{12EI}\left(-x^2+\frac{3l^2}{4}\right)$ $\left(0\leqslant x\leqslant\frac{l}{2}\right)$	$w_C=-\frac{Fl^3}{48EI}$	$\theta_A=-\theta_B$ $=-\frac{Fl^2}{16EI}$
7		$w=\frac{Fbx}{6lEI}(x^2-l^2+b^2)$ $(0\leqslant x\leqslant a)$ $w=\frac{Fa(l-x)}{6lEI}(x^2+a^2-2lx)$ $(a\leqslant x\leqslant l)$	$w_{max}=-\frac{Fb(l^2-b^2)^{3/2}}{9\sqrt{3}\,lEI}$ （$a\geqslant b$ 时， $x=\sqrt{\frac{l^2-b^2}{3}}$ 处）	$\theta_A=-\frac{Fb(l^2-b^2)}{6lEI}$ $\theta_B=\frac{Fa(l^2-a^2)}{6lEI}$
8		$w=\frac{qx}{24EI}(2lx^2-x^3-l^3)$	$w_{l/2}=-\frac{5ql^4}{384EI}$	$\theta_A=-\theta_B$ $=-\frac{ql^3}{24EI}$
9		$w=-\frac{M_e x}{6lEI}(l^2-x^2)$	$w_{l/2}=-\frac{M_e l^2}{16EI}$ $w_{max}=-\frac{M_e l^2}{9\sqrt{3}EI}$ （$x=l/\sqrt{3}$ 处）	$\theta_A=-\frac{M_e l}{6EI}$ $\theta_B=\frac{M_e l}{3EI}$

续表

序号	梁的简图	挠曲线方程	最大挠度	最大转角
10		$w=\frac{M_e x}{6lEI}(l^2-3b^2-x^2)$ $(0\leqslant x\leqslant a)$ $w=\frac{M_e(l-x)}{6lEI}(3a^2-2lx+x^2)$ $(a\leqslant x\leqslant l)$	$w_{1\max}=\frac{M_e(l^2-3b^2)^{3/2}}{9\sqrt{3}lEI}$ $(x=\sqrt{l^2-3b^2}/\sqrt{3}$ 处$)$ $w_{2\max}=-\frac{M_e(l^2-3a^2)^{3/2}}{9\sqrt{3}lEI}$ $(x=\sqrt{l^2-3a^2}/\sqrt{3}$ 处$)$	$\theta_A=\frac{M_e(l^2-3b^2)}{6lEI}$ $\theta_B=\frac{M_e(l^2-3a^2)}{6lEI}$ $\theta_C=$ $-\frac{M_e(l^2-3a^2-3b^2)}{6lEI}$

8.3.5　例题解析

【例题 8-1】 一简支梁如图 8-4 所示，受均布荷载 q 作用，梁的弯曲刚度为 EI_z。试用积分法确定梁的转角方程和挠度方程，并求其最大转角、最大挠度。

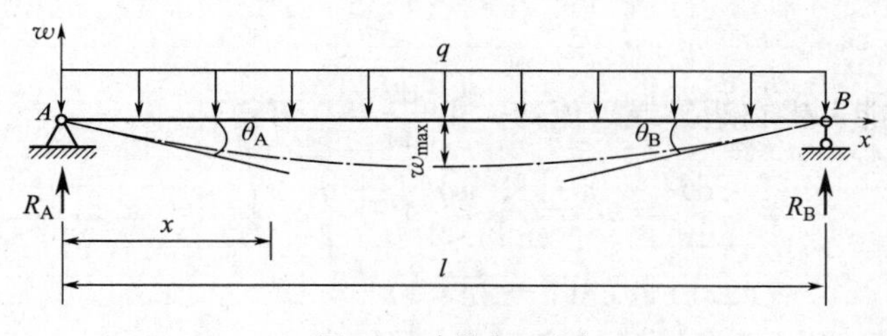

图 8-4　例题 8-1 图

【解】 建立如图 8-4 所示坐标系。

（1）求梁的支反力

由对称关系可得

$$R_A=R_B=\frac{ql}{2}$$

（2）列出梁的弯矩方程

$$M(x)=\frac{ql}{2}x-\frac{q}{2}x^2$$

（3）列出梁的挠曲线近似微分方程并积分

$$EI_z w''=M(x)=\frac{ql}{2}x-\frac{q}{2}x^2$$

两次积分，得

$$EI_z\theta=EI_z w'=\frac{ql}{4}x^2-\frac{q}{6}x^3+C \tag{8-9a}$$

$$EI_z w=\frac{ql}{12}x^3-\frac{q}{24}x^4+Cx+D \tag{8-9b}$$

（4）确定积分常数

简支梁在两个支座处的挠度等于零，即

在 $x=0$ 处 $\qquad w=0$

在 $x=l$ 处 $\qquad w=0$

将以上两式分别代入式（8-9b），可求得

$$D=0\ ,C=-\frac{ql^3}{24}$$

（5）建立转角方程和挠度方程

将积分常数 C、D 代入式（8-9a）和式（8-9b），得梁的转角方程和挠度方程分别为

$$\theta=-\frac{q}{24EI_z}(l^3-6lx^2+4x^3)$$

$$w=-\frac{qx}{24EI_z}(l^3-2lx^2+x^3)$$

（6）求最大转角、最大挠度

由于梁的荷载及支座的对称性，变形后梁的挠曲线也是对称的（图 8-4），可判断出最大转角在梁的支座处，最大挠度在梁的中点处。也可通过数学求极值方法判断最大转角、最大挠度所在位置。

1）最大转角

转角最大值可能发生在边界或极值处。由 $\frac{d\theta}{dx}=0$ 可得

$$\frac{d\theta}{dx}=w''=\frac{1}{EI_z}\left(\frac{ql}{2}x-\frac{q}{2}x^2\right)=0$$

解得 $\qquad x_1=0$ 或 $x_2=l$

当 $x=x_1=0$ 时 $\qquad \theta_A=-\frac{ql^3}{24EI_z}$

当 $x=x_2=l$ 时 $\qquad \theta_B=-\frac{q}{24EI_z}(l^3-6l\cdot l^2+4l^3)=\frac{ql^3}{24EI_z}$

支座 A 截面处转角为负值，说明 A 截面角位移为顺时针方向；支座 B 截面处转角为正值，说明 B 截面角位移为逆时针方向。

最大转角为 $\qquad \theta_{max}=|\theta_B|=|\theta_A|=\frac{ql^3}{24EI_z}$

2）求最大挠度

同样，挠度最大值可能发生在边界或极值处，由图 8-4 可知，边界处即支座 A、B 截面处挠度为零，故最大挠度发生在 $\frac{dw}{dx}=0$ 处，即 $\theta=0$ 时，有

$$\theta=\frac{dw}{dx}=-\frac{q}{24EI_z}(l^3-6lx^2+4x^3)=0$$

解得 $\qquad x_3=\frac{l}{2}$

当 $x=x_3=\frac{l}{2}$ 时

$$w\mid_{x=\frac{l}{2}}=-\frac{q\times\frac{l}{2}}{24EI_z}\left[l^3-2l\left(\frac{l}{2}\right)^2+\left(\frac{l}{2}\right)^3\right]=-\frac{5ql^4}{384EI_z}$$

梁中点的挠度为负值，说明其挠度方向向下。

最大挠度为：
$$w_{\max}=\left|w\right|_{x=\frac{l}{2}}\left|=\frac{5ql^4}{384EI_z}\right.$$

【例题 8-2】 如图 8-5 所示为一等截面梁，试用积分法确定梁的挠度方程和转角方程，并计算梁端 B 截面的挠度 w_B 和转角 θ_B 。

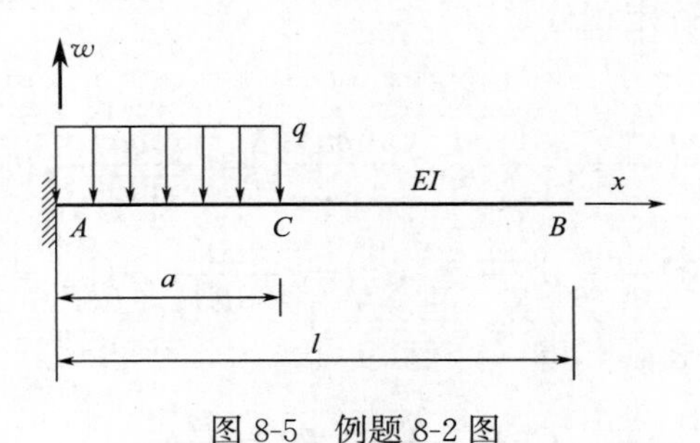

图 8-5　例题 8-2 图

【解】（1）列出梁的弯矩方程

AC 段：
$$M(x)=-\frac{q}{2}x^2+qax-\frac{qa^2}{2}$$

CB 段：
$$M(x)=0$$

（2）列出梁的挠曲线近似微分方程并积分

AC 段：
$$w''=\frac{M(x)}{EI_z}=\frac{1}{EI_z}\left(-\frac{q}{2}x^2+qax-\frac{qa^2}{2}\right)$$

CB 段：
$$w''=\frac{M(x)}{EI_z}=0$$

积分一次，得转角方程

AC 段：$w'=\frac{1}{EI_z}\int\left(-\frac{q}{2}x^2+qax-\frac{qa^2}{2}\right)\mathrm{d}x=\frac{1}{EI_z}\left(-\frac{q}{6}x^3+\frac{qa}{2}x^2-\frac{qa^2}{2}x+C_1\right)$

CB 段：
$$w'=\frac{C_2}{EI_z}$$

再积分一次，得挠度方程

AC 段：
$$w=\frac{1}{EI_z}\int\left(-\frac{q}{6}x^3+\frac{qa}{2}x^2-\frac{qa^2}{2}x+C_1\right)\mathrm{d}x=\frac{1}{EI_z}\left(-\frac{q}{24}x^4+\frac{qa}{6}x^3-\frac{qa^2}{4}x^2+C_1x+D_1\right)$$

CB 段：
$$w=\frac{1}{EI_z}(C_2x+D_2)$$

（3）由边界条件确定积分常数

因为截面 A 处的挠度和转角都为 0，所以有边界条件：

$x=0$ 时
$$w(0)=0\text{ , }w'(0)=0$$

可求得积分常数
$$C_1=0\text{ , }D_1=0$$

得 AC 段转角方程、挠度方程：

$$\theta=\frac{1}{EI_z}\left(-\frac{q}{6}x^3+\frac{qa}{2}x^2-\frac{qa^2}{2}x\right)$$

$$w=\frac{1}{EI_z}\left(-\frac{q}{24}x^4+\frac{qa}{6}x^3-\frac{qa^2}{4}x^2\right)$$

（4）由光滑连续条件确定积分常数

在梁上 C 处

$$\theta_{C左}=\frac{1}{EI_z}\left(-\frac{q}{6}a^3+\frac{qa}{2}a^2-\frac{qa^2}{2}a\right)=-\frac{qa^3}{6EI_z},\ \theta_{C右}=\frac{C_2}{EI_z}$$

$$w_{C左}=\frac{1}{EI_z}\left(-\frac{q}{24}a^4+\frac{qa}{6}a^3-\frac{qa^2}{4}a^2\right)=-\frac{qa^4}{8EI_z},\ w_{C右}=\frac{1}{EI_z}(C_2a+D_2)$$

由 $\theta_{C左}=\theta_{C右}$，$w_{C左}=w_{C右}$，得

$$C_2=-\frac{qa^3}{6},\ D_2=\frac{qa^4}{24}$$

得 CB 段转角方程、挠度方程：

$$\theta=-\frac{qa^3}{6EI_z}$$

$$w=\frac{1}{EI_z}\left(-\frac{qa^3}{6}x+\frac{qa^4}{24}\right)$$

（5）梁转角方程、挠度方程

转角方程：

$$\theta=\frac{1}{EI_z}\left(-\frac{q}{6}x^3+\frac{qa}{2}x^2-\frac{qa^2}{2}x\right)\quad(0\leqslant x\leqslant a)$$

$$\theta=-\frac{qa^3}{6EI_z}\quad(a\leqslant x\leqslant l)$$

挠度方程：

$$w=\frac{1}{EI_z}\left(-\frac{q}{24}x^4+\frac{qa}{6}x^3-\frac{qa^2}{4}x^2\right)\quad(0\leqslant x\leqslant a)$$

$$w=\frac{1}{EI_z}\left(-\frac{qa^3}{6}x+\frac{qa^4}{24}\right)\quad(a\leqslant x\leqslant l)$$

（6）梁端 B 截面的转角 θ_B 和挠度 w_B

$x=l$ 时

$$\theta_B=-\frac{qa^3}{6EI}\quad（顺时针）$$

$$w_B=\frac{1}{EI_z}\left(-\frac{qa^3}{6}l+\frac{qa^4}{24}\right)=\frac{qa^3}{24EI_z}(a-4l)\quad（向下）$$

【例题 8-3】一简支梁受力如图 8-6 所示，梁的弯曲刚度为 EI_z。试用积分法求梁的挠度方程和转角方程，并求其最大转角、最大挠度。

【解】取坐标系如图 8-6 所示。

（1）求出梁的支反力

由静力平衡方程求得

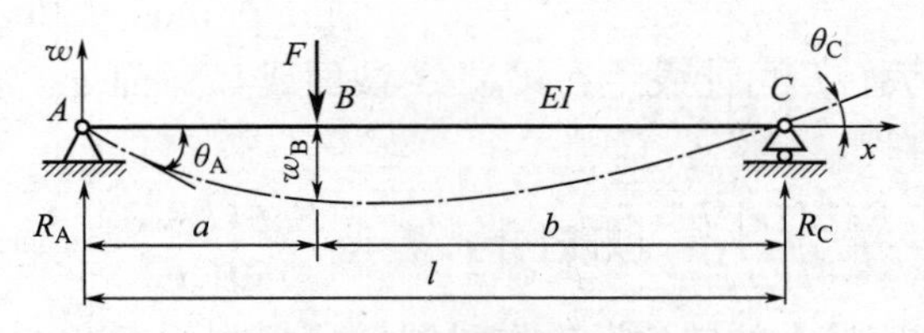

图 8-6　例题 8-3 图

$$R_A = \frac{b}{l}F\ ,\ R_C = \frac{a}{l}F$$

（2）列出梁的弯矩方程

AB 段：

$$M_1(x) = \frac{b}{l}Fx \quad (0 \leqslant x \leqslant a)$$

BC 段：

$$M_2(x) = \frac{b}{l}Fx - F(x-a) \quad (a \leqslant x \leqslant l)$$

（3）列挠曲线近似微分方程并积分

两段梁的弯矩方程不同，因而要分别列出挠曲线近似微分方程，并分别积分如下：

梁段	AB 段（$0 \leqslant x \leqslant a$）	BC 段（$a \leqslant x \leqslant l$）
挠曲线近似微分方程	$EI_z w''_1 = M_1(x) = \frac{b}{l}Fx$	$EI_z w''_2 = M_2(x) = \frac{b}{l}Fx - F(x-a)$
一次积分	$EI_z\theta_1 = \frac{b}{2l}Fx^2 + C_1$	$EI_z\theta_2 = \frac{b}{2l}Fx^2 - \frac{1}{2}F(x-a)^2 + C_2$
二次积分	$EI_z w_1 = \frac{b}{6l}Fx^3 + C_1 x + D_1$	$EI_z w_2 = \frac{b}{6l}Fx^3 - \frac{1}{6}F(x-a)^3 + C_2 x + D_2$

（4）由挠曲线边界条件及光滑连续条件确定积分常数

在 $x=a$ 处　　$\theta_1 = \theta_2\ ,\ w_1 = w_2$

在 $x=0$ 处　　$w_1 = 0$

在 $x=l$ 处　　$w_1 = w_2$

求得：　　$C_1 = C_2 = -\frac{Fb}{6l}(l^2 - b^2)\ ,\ D_1 = D_2 = 0$

（5）建立转角方程和挠度方程

梁段	AB 段（$0 \leqslant x \leqslant a$）	BC 段（$a \leqslant x \leqslant l$）
转角方程	$\theta_1 = -\frac{Fb}{6lEI_z}(l^2 - b^2 - 3x^2)$	$\theta_2 = -\frac{Fb}{6lEI_z}[l^2 - b^2 - 3x^2 + \frac{3l}{b}(x-a)^2]$
挠度方程	$w_1 = -\frac{Fbx}{6lEI_z}(l^2 - b^2 - x^2)$	$w_2 = -\frac{Fb}{6lEI_z}[(l^2 - b^2)x - x^3 + \frac{l}{b}(x-a)^3]$

（6）求最大转角

由图 8-6 可见，最大转角可能发生在梁端 A 截面或 C 截面处。将 $x=0$、$x=l$ 分别代入 AB 段、BC 段转角方程，得

$$\theta_A=-\frac{Fab(l+b)}{6lEI_z}\text{（顺时针）},\ \theta_C=\frac{Fab(l+a)}{6lEI_z}\text{（逆时针）}$$

当 $a<b$ 时，绝对值最大的转角发生在梁端 A 截面处，其值为

$$\theta_{max}=|\theta_A|=\frac{Fab(l+b)}{6lEI_z}$$

当 $a>b$ 时，绝对值最大的转角发生在梁端 C 截面处，其值为

$$\theta_{max}=\theta_C=\frac{Fab(l+a)}{6lEI_z}$$

当 $a=b$ 时，集中荷载 F 作用在简支梁中点截面处，则绝对值最大的转角发生在梁端 A 截面及 C 截面处，其值为

$$\theta_{max}=|\theta_A|=\theta_C=\frac{Fl^2}{16EI_z}$$

（7）求最大挠度

当 $\theta=w'=0$ 时，挠度 w 取极值。

1）当 $a>b$ 时

AB 段（$0\leqslant x\leqslant a$）　$\theta_1=-\frac{Fb}{6lEI_z}(l^2-b^2-3x^2)=0$

解得发生最大挠度的截面位置为

$$\bar{x}=\sqrt{\frac{l^2-b^2}{3}}=\sqrt{\frac{a(a+2b)}{3}}$$

由上式可知 $\bar{x}<a$，最大挠度发生在 AB 梁段中，其值为：

$$w_{max}=|w_1|_{x=\bar{x}}|=\left|\frac{Fb\sqrt{\frac{l^2-b^2}{3}}}{6lEI_z}\left(l^2-b^2-\frac{l^2-b^2}{3}\right)\right|=\frac{Fb}{9\sqrt{3}lEI_z}\sqrt{(l^2-b^2)^3}$$

当集中力 F 无限靠近 C 端支座（$b\to 0$）时

$$\lim_{b\to 0}\bar{x}=\lim_{b\to 0}\sqrt{\frac{l^2-b^2}{3}}=\frac{l}{\sqrt{3}}=0.577l$$

这说明即使荷载非常靠近梁端支座，梁最大挠度的所在位置仍与梁的中点非常靠近。可以近似地用梁中点的挠度来代替梁的实际最大挠度，这样引起的误差不超过 3%。将 $x=\frac{l}{2}$ 代入挠度方程，求得梁中点的挠度为

$$|w|_{x=\frac{l}{2}}|=\frac{Fb}{48EI_z}(3l^2-4b^2)$$

在简支梁中，只要挠曲线上无拐点，总可以用梁中点的挠度代替最大挠度，并且不会引起很大的误差。

2）当 $a<b$ 时

当 $\bar{x}>a$ 时，最大挠度发生在 BC 梁段中。

$$BC\text{ 段}(a \leqslant x \leqslant l) \quad \theta_2 = -\frac{Fb}{6lEI_z}\left[l^2 - b^2 - 3x^2 + \frac{3l}{b}(x-a)^2\right] = 0$$

相应地，发生最大挠度的截面位置应为

$$\bar{x} = l - \sqrt{\frac{l^2 - a^2}{3}} = l - \sqrt{\frac{b(b+2a)}{3}}$$

其值为：

$$w_{\max} = |\, w_2 \,|_{x=\bar{x}}\, | = \frac{Fa}{9\sqrt{3}\,lEI_z}\sqrt{(l^2 - a^2)^3}$$

3）当 $a = b$ 时

集中荷载 F 作用在简支梁中点截面处，则绝对值最大的挠度发生在梁跨中 B 处，其值为

$$w_{\max} = |\, w_B \,| = \frac{Fl^3}{48EI_z}$$

8.4　叠加法求弯曲变形

8.4.1　叠加法求弯曲变形原理

当梁上荷载比较复杂时，应用叠加原理与叠加法可以较方便地解决一些弯曲变形问题。

在第 6.6 节中介绍过叠加法与叠加原理。在小变形和材料为线弹性的条件下，只要所计算的物理量（内力、应力、变形等）与所施加的荷载呈线性关系，叠加原理是普遍适用的，即当构件或结构上同时作用多个荷载时，各荷载产生的效果（支座反力、内力、应力、变形等）互不影响，它们共同作用产生的效果等于各个荷载单独作用时产生的效果之和（代数和或矢量和，由所求量的性质决定）。

在小变形和梁内应力不超过比例极限的前提下，挠曲线近似微分方程为

$$\frac{\mathrm{d}^2 w}{\mathrm{d}x^2} = \frac{M(x)}{EI}$$

在小变形情况下，由于横截面形心的轴向位移可以忽略不计，计算弯矩时可用梁变形前的位置，因而梁内任一横截面的弯矩与外加荷载呈线性齐次关系，上式是一个线性微分方程。

以图 8-7 所示悬臂梁为例，其上任一截面上的弯矩为

$$M(x) = M_e - Fx - \frac{qx^2}{2}$$

由上式可见，弯矩 $M(x)$ 与荷载 M_e、F 及 q 呈线性齐次关系，则该梁的挠曲线近似微分方程为线性微分方程。

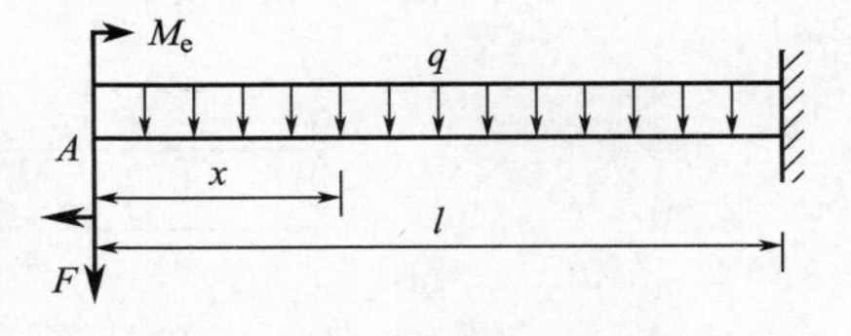

图 8-7　叠加法求悬臂梁变形

挠曲线微分方程是线性的，而由它所求解的变形与荷载也呈线性关系，因而可以应用叠加原理计算梁

的位移。

当梁上同时作用有多个荷载时，如果梁的变形很小，且应力不超过比例极限，在计算梁在多个荷载共同作用下引起的变形时，可分别求出各个荷载单独作用时引起的变形，然后计算其代数和，即可得到多个荷载同时作用时梁的变形，这就是计算梁弯曲变形的叠加法。

如图 8-7 所示悬臂梁，当荷载 q 、F 、M_e 单独作用时，截面 A 的挠度分别为 w_q 、w_F 和 w_{M_e}，则当这些荷载共同作用时，截面 A 的挠度为

$$w = w_q + w_F + w_{M_e}$$

简单荷载单独作用下的转角和挠度可通过查梁的变形表得到。显然，利用叠加法可以方便地求出某些特定截面的挠度和转角，而不必求出挠曲线方程及转角方程。

叠加法不仅可用于求解梁的变形，也可用于计算支座反力、内力、应力；其不仅适用于梁，也适用于杆、轴和其他结构。

8.4.2 分段叠加法

变刚度梁、外伸梁等在荷载作用下的变形，不能直接应用叠加法确定，通常采用分段叠加法求得。

1. 分段叠加法

一般而言，梁中不同部分的变形对所求截面的挠度和转角都有影响。分段叠加法，又称间接叠加法，它是将梁视为两个或两个以上部分组成，梁在某一截面处的变形可视为梁各组成部分的变形所引起的该截面处变形的叠加。因此，将某梁段其荷载引起的变形与其边界位移（转角、挠度）引起的变形相叠加，即可求得该梁段任意截面处的转角或挠度。

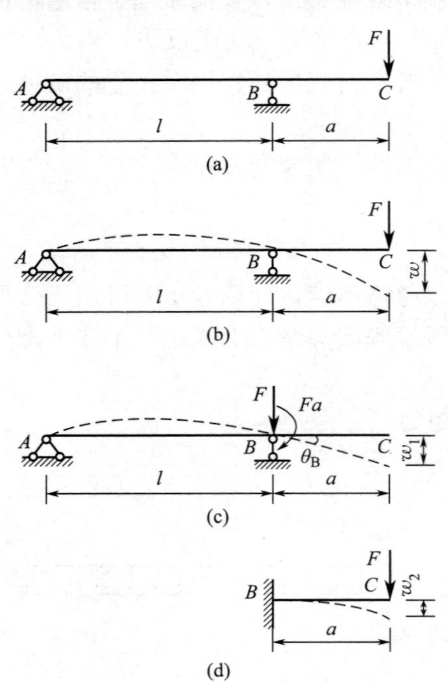

图 8-8　分段叠加法求挠度

分段叠加法的要点为：首先计算各梁段的变形在需求位移处引起的位移，然后计算其总和（代数和或矢量和），即得所求的位移。在分析各梁段的变形在需求位移处引起的位移时，通常将所研究的梁段视为变形体，将其余各梁段均视为刚体。

在变截面梁、外伸梁以及组合结构的变形计算中，常常将整个结构分成基本部分和附属部分。附属部分上任意截面处的位移可以视为两部分的叠加：一是基本部分的变形使附属部分产生的刚体位移，称为牵连位移；二是附属部分自身变形（如荷载所致）引起的位移，称为附加位移。

2. 实例分析

以图 8-8（a）所示的外伸梁为例，该梁由 AB 和 BC 两个梁段组成，梁段 AB 为基本部分，而梁段 BC 为附属部分。外伸梁的挠曲线大致形状如图 8-8（b）虚线所示。因为截面 B 发生了转动，所以截面 C 的挠度可以看作是由基本部分 AB 和附属

部分 BC 的变形共同引起的。

基本部分 AB 的变形使附属部分 BC 的截面 C 产生的挠度（牵连位移）为 w_1，如图 8-8（c）所示；附属部分 BC 自身变形（荷载所致）引起截面 C 产生的挠度（附加位移）为 w_2，如图 8-8（d）所示。w_1 与 w_2 叠加即可得到截面 C 的挠度 w 。

在计算挠度 w_1 时，将梁 AB 段视作变形体，而将梁段 BC 视为刚体。为了分析梁 AB 段的变形，将其视为简支梁，将荷载 F 平移到截面 B ，得到作用在该截面的集中力 F 和附加力偶 Fa ，如图 8-8（c）所示，于是得截面 B 的转角为

$$\theta_{\mathrm{B}}=\frac{Fal}{3EI}$$

由此得截面 C 的相应挠度为

$$w_1=\theta_{\mathrm{B}}a=\frac{Fa^2l}{3EI}\text{（向下）}$$

在计算挠度 w_2 时，将梁段 AB 视为刚体，而将梁段 BC 视作变形体，视为固定在横截面 B 的悬臂梁，如图 8-8（d）所示。在荷载 F 作用下，悬臂梁 BC 的端点挠度为

$$w_2=\frac{Fa^3}{3EI}\text{（向下）}$$

于是，截面 C 的总挠度为

$$w_{\mathrm{C}}=w_1+w_2=\frac{Fa^2}{3EI}(a+l)\text{（向下）}$$

3. 叠加法与分段叠加法的比较

叠加法与分段叠加法有共同点，即都是综合应用已有的计算结果，来求解梁中某一指定截面的变形。两种方法不同的是，前者是分解荷载，后者是分解梁段；前者的理论基础是力作用的独立性原理，而后者的根据则是梁段的局部变形与梁总体位移间的几何关系。在实际求解中，常常将两种方法联合应用。

应用叠加法与分段叠加法时，应注意掌握“分”与“叠”的技巧。“分”要将荷载和变形等效，分后变形已知或易查表。“叠”要将矢量标量化，求其代数和。叠加要全面，特别是刚体位移部分不可漏掉，叠加时要注意避免正负号错误。

8.4.3　例题解析

【例题 8-4】如图 8-9（a）所示的简支梁受均布荷载 q 和集中力偶 M_{e} 作用，$M_{\mathrm{e}}=ql^2$。试用叠加法求跨中截面 C 处的挠度和支座处 A 、B 截面的转角。

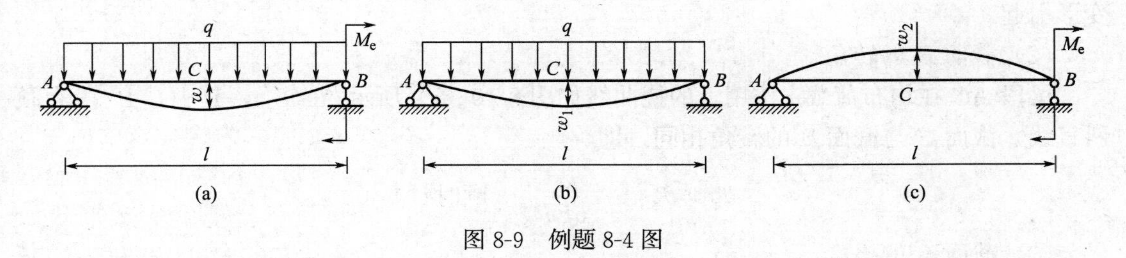

图 8-9　例题 8-4 图

【解】（1）荷载分解

将图 8-9（a）所示荷载分解为图 8-9（b）、（c）。

（2）简支梁在均布荷载 q 单独作用下的变形

查表 8-2 可得，简支梁在均布荷载 q 单独作用下的变形为

$$w_{C1}=-\frac{5ql^4}{384EI}\text{（向下）}$$

$$\theta_{A1}=-\theta_{B1}=-\frac{ql^3}{24EI}\text{（顺时针）}$$

（3）简支梁在集中力偶 M_e 单独作用下的变形

$$w_{C2}=\frac{M_e l^2}{16EI}\text{（向上）}$$

$$\theta_{A2}=\frac{M_e l}{6EI}\text{（逆时针）},\theta_{B2}=-\frac{M_e l}{3EI}\quad\text{（顺时针）}$$

（4）简支梁在均布荷载 q 和集中力偶 M_e 共同作用下的变形

应用叠加法可求得：

$$w=w_{C1}+w_{C2}=-\frac{5ql^4}{384EI}+\frac{M_e l^2}{16EI}=-\frac{5ql^4}{384EI}+\frac{ql^2\cdot l^2}{16EI}=\frac{19ql^4}{384EI}\quad\text{（向上）}$$

$$\theta_A=\theta_{A1}+\theta_{A2}=-\frac{ql^3}{24EI}+\frac{M_e l}{6EI}=-\frac{ql^3}{24EI}+\frac{ql^2\cdot l}{6EI}=\frac{ql^3}{8EI}\text{（逆时针）}$$

$$\theta_B=\theta_{B1}+\theta_{B2}=\frac{ql^3}{24EI}-\frac{M_e l}{3EI}=-\frac{7ql^3}{24EI}\text{（顺时针）}$$

【例题 8-5】一悬臂梁弯曲刚度为 EI，梁上荷载如图 8-10（a）所示，条件同例题 8-2。试用叠加法求截面 B 的挠度和转角。

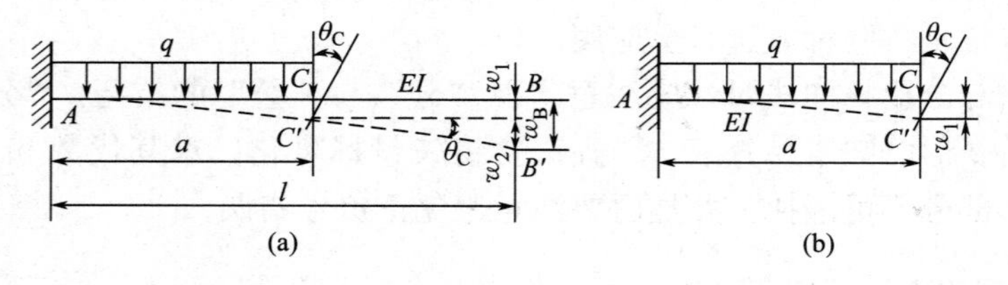

图 8-10　例题 8-5 图

【解】（1）分解梁段

将悬臂梁 AB 分解为梁段 AC 与梁段 CB。梁段 CB 上无荷载作用，其变形由梁段 AC 变形引起。

（2）截面 B 的转角

梁段 AC 在均布荷载 q 作用下的挠曲线如图 8-10（a）所示 $AC'B'$，其中 $C'B'$ 段为倾斜直线，截面 C 与截面 B 的转角相同，即

$$\theta_C=\theta_B=-\frac{qa^3}{6EI}\quad\text{（顺时针）}$$

（3）截面 B 的挠度

截面 B 的挠度可视为由 w_1 和 w_2 两部分组成，如图 8-10（a）所示。

1）根据图 8-10（b）所示的简图，可求得

$$w_1 = w_C = -\frac{qa^4}{8EI} \quad （向下）$$

2）由截面 C 转角 θ_C 引起的截面 B 的挠度 w_2

因梁的变形很小，有

$$w_2 = \theta_C(l-a) = -\frac{ql^3}{6EI}(l-a) \quad （向下）$$

3）截面 B 的挠度

$$w_B = w_1 + w_2 = \frac{qa^3}{24EI}(a-4l) \quad （向下）$$

与例题 8-2 求解过程相对比，可以看到采用叠加法求解时过程更为简便。

【例题 8-6】 如图 8-11（a）所示变截面简支梁，跨中 C 处受集中荷载 F 作用，试求其跨中 C 处的挠度。

【解】 分析：变截面梁在各段内截面二次矩不同。若用积分法，应按二次矩的变化分段进行积分，计算较为麻烦；本题采用叠加法求解。

该变截面梁结构及荷载对称，故其变形对称，跨度中点截面 C 的转角为 0，挠曲线在 C 点的切线是水平的。若将变截面梁 CB 部分视为固定在截面 C 处的悬臂梁，如图 8-11（b）所示，则其自由端 B 的挠度 w_B 与图 8-11（a）所示简支梁跨中 C 点的挠度 w_C 应数值相等、方向相反。采用叠加法求出 w_B 后，即可确定 w_C。

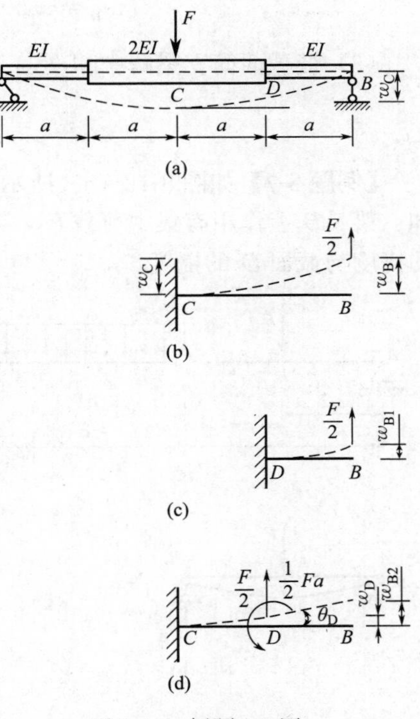

图 8-11　例题 8-6 图

（1）分段刚化求变形分量

将图 8-11（b）中的悬臂梁 CB 按其截面二次矩大小分成 CD 段、DB 段。

1）将 CD 段刚化，求 DB 段端部 B 位移 w_{B1}

将 CD 刚化，将 DB 段视为固定在截面 D 处的悬臂梁，截面 B 作用有集中力 $\frac{F}{2}$，如图 8-11（c）所示。查表 8-2 得 DB 段端部 B 位移 w_{B1}：

$$w_{B1} = \frac{\frac{F}{2}a^3}{3EI} = \frac{Fa^3}{6EI}$$

2）将 DB 刚化，求由 CD 段变形引起的截面 B 的挠度 w_{B2}

将 DB 刚化，将 CD 段视为固定在截面 C 处的悬臂梁，其截面 D 作用有集中力 $\frac{F}{2}$ 和集中力偶 $\frac{1}{2}Fa$，如图 8-11（c）所示。查表 8-2，得截面 D 的转角和挠度：

$$\theta_{\mathrm{D}}=\frac{\frac{1}{2}Fa\cdot a}{2EI}+\frac{\frac{F}{2}a^{2}}{2\times 2EI}=\frac{3Fa^{2}}{8EI}$$

$$w_{\mathrm{D}}=\frac{\frac{1}{2}Fa\cdot a^{2}}{2\times 2EI}+\frac{\frac{F}{2}\cdot a^{3}}{3\times 2EI}=\frac{5Fa^{3}}{24EI}$$

由 θ_{D} 和 w_{D} 引起的截面 B 的挠度 w_{B2} 为

$$w_{\mathrm{B2}}=w_{\mathrm{D}}+\theta_{\mathrm{D}}\cdot a=\frac{5Fa^{3}}{24EI}+\frac{3Fa^{2}}{8EI}\cdot a=\frac{7Fa^{3}}{12EI}$$

(2) 叠加求变形 w_{B}

叠加 w_{B1} 和 w_{B2} 得截面 B 挠度 w_{B} 为

$$w_{\mathrm{B}}=w_{\mathrm{B1}}+w_{\mathrm{B2}}=\frac{Fa^{3}}{6EI}+\frac{7Fa^{3}}{12EI}=\frac{3Fa^{3}}{4EI}$$

(3) 变截面简支梁跨中 C 处挠度 w_{C}

$$w_{\mathrm{C}}=-w_{\mathrm{B}}=-\frac{3Fa^{3}}{4EI}\quad(向下)$$

【例题 8-7】 如图 8-12（a）所示组合梁 AC，由梁 AB 与梁 BC 用铰链 B 连接而成，已知：梁 AB 上作用有集中荷载 F，梁 BC 上作用有均布荷载 q，且 $F=2qa$。试求截面 B 的挠度与截面 D 的挠度。

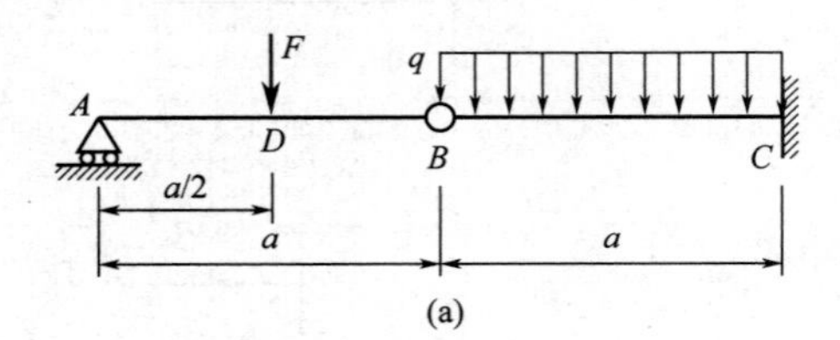

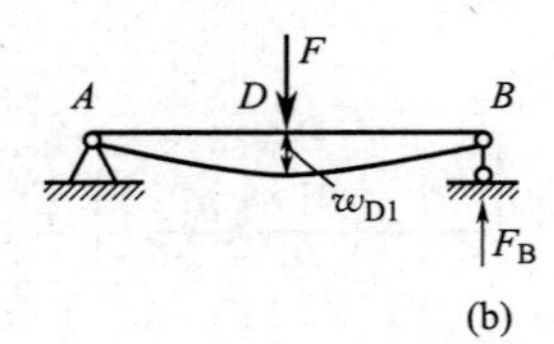

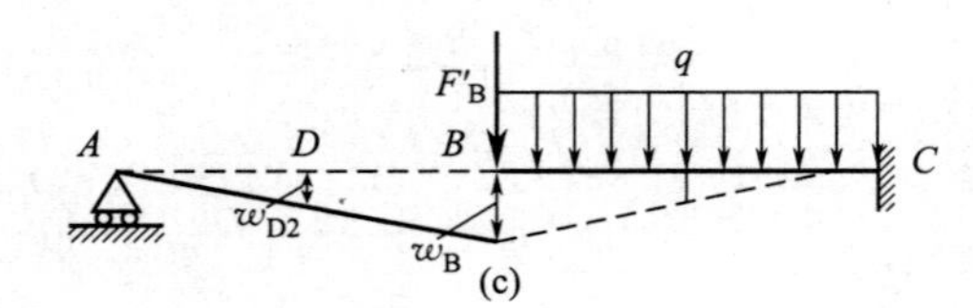

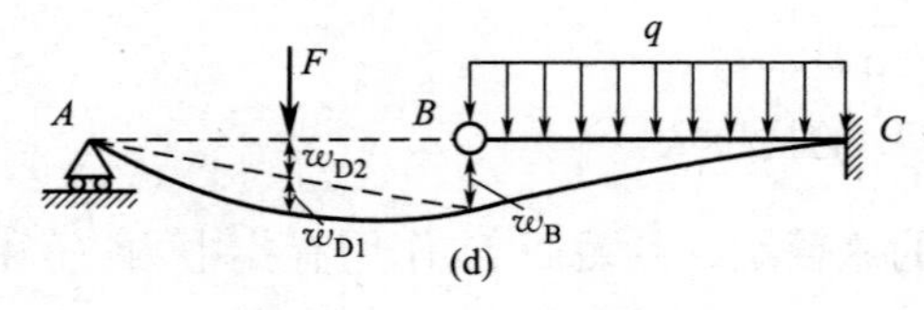

图 8-12　例题 8-7 图

【解】 将组合梁 AC 视为由简支梁 AB 与悬臂梁 BC 组成，两部分受力分别如图 8-12（b）、（c）所示。

(1) 简支梁 AB 支座反力 F_{B} 及铰链 B 对悬臂梁 BC 的作用力 F'_{B}

$$F'_{\mathrm{B}}=F_{\mathrm{B}}=\frac{F}{2}=qa$$

(2) 截面 B 的挠度

1）简支梁 AB 截面 B 的挠度为 0。

2）悬臂梁 BC 在 F'_{B} 作用下截面 B 的挠度

$$w_{\mathrm{B}}=-\frac{Fa^{3}}{3EI}=-\frac{qa^{4}}{3EI}\quad(向下)$$

3）悬臂梁 BC 在均布荷载 q 作用下截面 B 的挠度

$$w_{\mathrm{B}}=-\frac{qa^{4}}{8EI}\quad(向下)$$

4）截面 B 的总挠度

$$w_{\mathrm{B}}=-\frac{qa^{4}}{3EI}-\frac{qa^{4}}{8EI}=-\frac{11qa^{4}}{24EI}\quad(向下)$$

(3) 截面 D 的挠度

1）简支梁 AB 在集中力 F 作用下截面 D 的

挠度 w_{D1}

简支梁 AB 在集中力 F 作用下截面 D 的挠度如图 8-12（b）所示，查表 8-2 有

$$w_{D1}=-\frac{2qa^4}{48EI}\quad（向下）$$

2）由截面 B 的挠度引起的截面 D 相应挠度 w_{D2}

由截面 B 的挠度引起的截面 D 相应挠度如图 8-12（c）所示，其值为

$$w_{D2}=0.5w_B=-\frac{11qa^4}{48EI}\quad（向下）$$

3）截面 D 的总挠度

截面 D 的总挠度由 w_{D1}、w_{D2} 两部分叠加而成，见图 8-12（d），可得

$$w_D=w_{D1}+w_{D2}=-\frac{2qa^4}{48EI}-\frac{11qa^4}{48EI}=-\frac{13qa^4}{48EI}\quad（向下）$$

8.5　梁弯曲刚度计算及提高刚度措施

8.5.1　梁弯曲刚度条件

在工程实际中，为了保证某些构件的刚度要求，必须限制梁的最大挠度和最大转角，或者限制指定截面的挠度和转角，使其不超过某一规定的数值。

梁的刚度条件表示为

$$|w|_{max}\leqslant[w]\tag{8-10}$$

$$|\theta|_{max}\leqslant[\theta]\tag{8-11}$$

式中，$|w|_{max}$ 和 $|\theta|_{max}$ 分别为梁的最大挠度和最大转角；$[w]$ 和 $[\theta]$ 分别为规定的许可挠度和许可转角。各类梁的挠度及转角的许用值，可以从有关设计规范或手册中查得。表 8-3 中列出了常见零件或构件的许用挠度和许用转角数值。

工程中不同零件或构件弯曲变形限值　　**表 8-3**

对挠度的限制	
零件或构件类型	许用挠度 $[w]$
起重机大梁	$(0.001\sim0.002)l$
普通机床主轴	$(0.0001\sim0.0005)l$
一般传动轴	$(0.0003\sim0.0005)l$
刚度要求较高的轴	$0.0002l$
齿轮轴	$(0.01\sim0.03)m$
涡轮轴	$(0.02\sim0.05)m$
对转角的限制	
零件或构件类型	许用转角 $[\theta]$（rad）
普通机床主轴	0.001～0.005
滑动轴承	0.001
向心球轴承	0.005
向心球面轴承	0.005
圆柱滚子轴承	0.0025
圆锥滚子轴承	0.0016
安装齿轮的轴	0.001

注：表中 l 为梁的跨度；m 为齿轮模数。

利用式（8-10）和式（8-11），可对梁进行刚度计算，包括校核刚度、设计截面或求容许荷载。

梁在承受外荷载作用时应同时满足强度条件和刚度条件。梁的设计一般是先按强度条件选择截面尺寸，然后根据需要再进行刚度校核，若变形超过了容许值，应按刚度条件重新选择梁的截面尺寸。在机械工程中，一般对梁的挠度和转角都要进行校核。而在土木工程中，常常只需校核挠度。

8.5.2 提高梁抗弯刚度的措施

工程设计中，提高梁的抗弯刚度，主要是为了减小梁的弹性位移（挠度、转角）。从梁的挠曲线近似微分方程、挠度方程、转角方程等可以看出，梁的弯曲变形与截面的弯曲刚度、梁上荷载及其作用方式、梁的跨度长短及其支承条件等因素有关。因此，应根据这些因素，采取合理的措施来提高梁的抗弯刚度。

1. 提高截面的弯曲刚度

通过合理选择材料、截面形状及局部加强等方式，可达到提高截面弯曲刚度的目的。

（1）合理选择材料

影响梁强度的材料性能是极限应力 σ_u ，而影响梁刚度的材料性能则是弹性模量 E 。因而，从提高梁的刚度角度可考虑选择弹性模量较高的材料。

但要注意的是，材料的选择不仅要考虑力学性能，同时还应考虑经济合理性。各种钢材（或各种铝合金）的极限应力虽然差别很大，但它们的弹性模量十分接近。例如，低碳钢 Q235 与合金钢 30 铬锰硅的强度极限分别为 $\sigma'_b = 400\text{MPa}$ 与 $\sigma''_b = 1100\text{MPa}$ ，而它们的弹性模量则分别为 $E'_b = 200\text{GPa}$ 与 $E''_b = 210\text{GPa}$ 。因此，在设计中，若选择普通钢材已经满足强度要求，这时仅为了进一步提高梁的刚度而改用优质钢材，显然是不合理的。

（2）合理选择截面形状

影响梁强度的截面几何性质是抗弯截面系数 W ，而控制梁刚度的截面几何性质是惯性矩 I 。与提高弯曲强度的措施相同，应使用较小的截面面积 A ，获得较大惯性矩 I 。故一般来说 $\dfrac{I}{A}$ 越大，截面形状越合理，对提高截面弯曲刚度有利。例如，起重机大梁一般采用工字形或箱形截面，这样有利于提高其弯曲刚度。

（3）梁的合理局部加强

为了提高梁的强度和刚度，都可采用局部加强的措施，但两者间有区别。

梁的最大弯曲正应力取决于危险截面的弯矩与抗弯截面系数，对于梁的危险区采用局部加强的措施就可提高梁的强度；但梁的弯曲变形则与梁内所有微段的位移均有关，是多梁段的变形累加的结果，因此，必须在更大范围内（梁的全长或绝大部分长度上）加大惯性矩的数值，才能有效地增加梁的弯曲刚度。

2. 合理安排梁的约束与加载方式

提高梁刚度的另一重要措施是合理安排梁的约束与加载方式，如将集中力变为分布力，适当地调整荷载或支座的位置，在结构允许的情况下，将力的作用位置尽可能靠近支座。

(1) 合理安排梁的加载方式

弯矩是引起弯曲变形的主要因素，降低弯矩数值并使弯矩分布趋于均匀将提高梁的弯曲刚度。在条件允许的情况下，适当调整梁的加载方式，可以起到降低弯矩值，使弯矩分布更趋均匀，从而提高梁的抗弯刚度的作用。

例如，图 8-13 (a) 所示的简支梁，其跨中点 C 挠度为 $|w|=\frac{Fl^3}{48EI_z}$。如将集中力 F 分散为均布力，其集度为 $q=\frac{F}{l}$ (图 8-13b)，则此梁跨中点 C 挠度为

$$|w|=\frac{5\left(\frac{F}{l}\right)l^4}{384EI_z}=\frac{5Fl^3}{384EI_z}$$

仅为集中力 F 作用时的 62.5%。

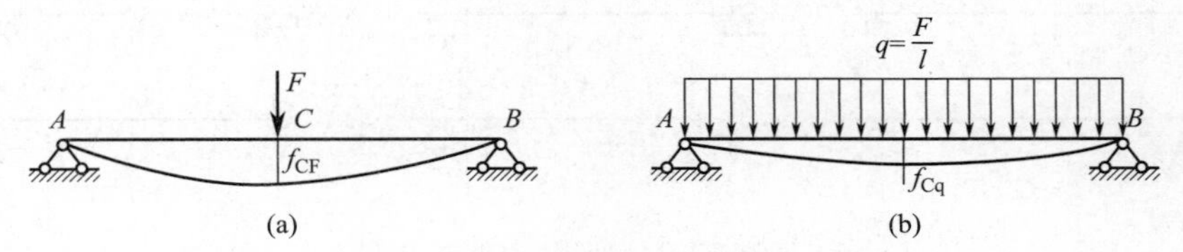

图 8-13　加载方式对梁挠度的影响

(2) 减小梁的跨长

在不改变荷载的条件下，梁的挠度和转角与其跨长的 n 次幂 (n 可取 1、2、3 或 4) 成正比。因此，在实际工程中，在条件允许的情况下，应尽可能地减小梁的跨长，从而显著减小其挠度和转角。例如，在设计造型机时，将其横臂支点位置加以改变，由图 8-14 (a) 图示位置改为图 8-14 (b) 图示位置，则横臂跨度和外伸长度变短了，其弯曲刚度增大了。又如，在土木工程中，出于强度和刚度的考虑，在运输或者吊装大型杆状预制构件时，不应将两个垫块或者两个起吊点放置在构件两端，如图 8-14 (c) 所示。

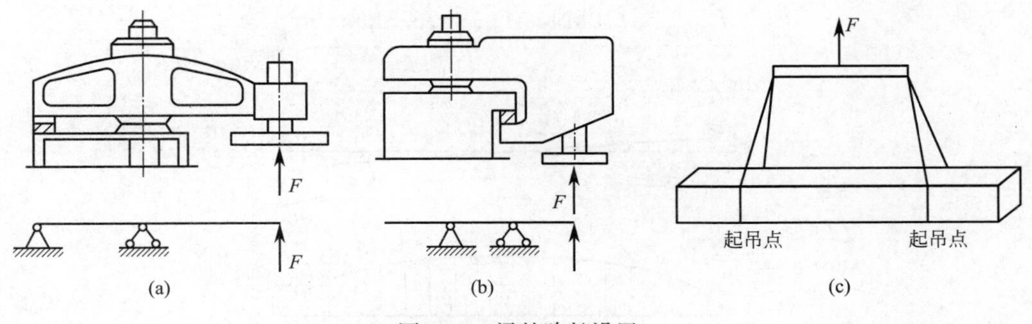

图 8-14　梁的跨长设置

(3) 增加约束，采用超静定结构

当静定梁的弯曲刚度不能满足要求时，有时也可以采取增加约束形成超静定梁的方式来提高其弯曲刚度。

例如，车削细长杆时，加上顶尖支承 (图 8-15)，以减小工件的最大挠度。

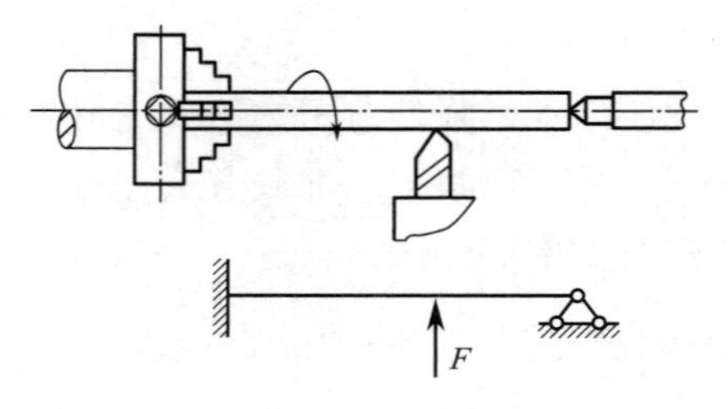

图 8-15　增加约束 1

又如，原用两个短轴承支承的轴（图 8-16a），若在其左端增加一个短轴承（图 8-16b），或者将其左端改为长轴承（图 8-16c），使其约束接近于固定端，则可减小轴的变形，提高其弯曲刚度。

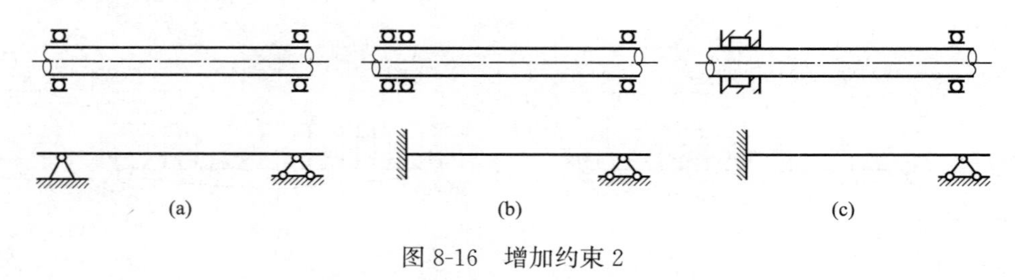

图 8-16　增加约束 2

8.5.3　例题解析

【例题 8-8】 已知条件同例题 7-9，如图 7-26 所示简支梁 AB，$l=3\text{m}$，$a=0.3\text{m}$，均布荷载 $q=20\text{kN/m}$，集中荷载 $F=180\text{kN}$，所用工字钢材料的许用应力 $[\sigma]=160\text{MPa}$，$[\tau]=90\text{MPa}$。又知材料的弹性模量 $E=200\text{GPa}$。（1）若梁的许可挠度 $[w]=10\text{mm}$；（2）若梁的许可挠度 $[w]=5\text{mm}$。试选择工字钢的型号。

【解】（1）剪力图、弯矩图

剪力图、弯矩图如图 8-17 所示。

$$F_{\text{s,max}}=210\text{kN},\ M_{\max}=76.5\text{kN}\cdot\text{m}$$

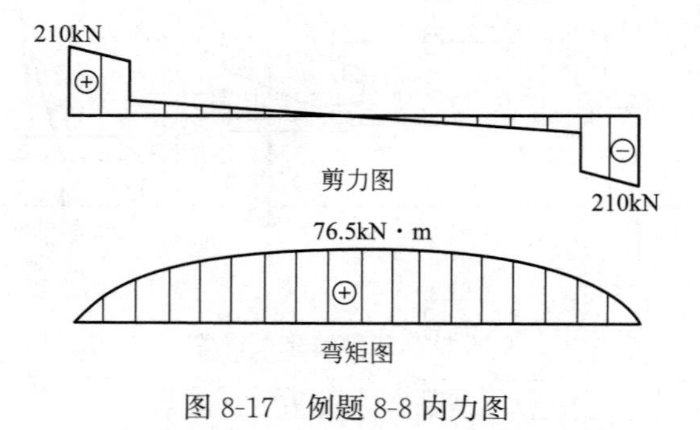

图 8-17　例题 8-8 内力图

（2）按强度要求设计

根据例题 7-9 的计算分析，选择 28b 号工字钢，能够同时满足正应力强度条件及剪应力强度条件。

(3) 按刚度条件验算

1) 梁的最大挠度

由于梁的荷载及支座的对称性，变形后梁的挠曲线也是对称的，可判断出梁的最大挠度在其中点处。

查表8-2，采用叠加法求得梁中点处挠度为

$$w_{\max}=w_{x=\frac{l}{2}}=2\times\frac{Fax}{6lEI_z}(x^2-l^2+a^2)+\frac{qx}{24EI_z}(2lx^2-x^3-l^3)$$
$$=\frac{Fa}{24EI_z}(4a^2-3l^2)-\frac{5ql^4}{384EI_z}$$

2) 验算刚度条件

当选择28b号工字钢时，查型钢表，有 $I_z=7480\times10^4\text{mm}^4$，则

$$w_{\max}=\frac{Fa}{24EI_z}(4a^2-3l^2)-\frac{5ql^4}{384EI_z}$$
$$=\frac{180\times10^3\times300}{24\times200\times10^3\times7480\times10^4}\times(4\times300^2-3\times3000^2)-\frac{5\times20\times3000^4}{384\times200\times10^3\times7480\times10^4}$$
$$\approx-5.42\text{mm}$$

当梁的许可挠度 $[w]=10\text{mm}$ 时，选择28b号工字钢，$|w_{\max}|=5.42\text{mm}<[w]=10\text{mm}$，刚度满足要求。

当梁的许可挠度 $[w]=5\text{mm}$ 时，选择28b号工字钢，$|w_{\max}|=5.42\text{mm}>[w]=5\text{mm}$，刚度不能满足要求，需按刚度条件进行设计，重新选择工字钢的型号。

(4) 许可挠度 $[w]=5\text{mm}$ 时按刚度条件设计

$$w_{\max}=\frac{Fa}{24EI_z}(4a^2-3l^2)-\frac{5ql^4}{384EI_z}$$
$$=\frac{180\times10^3\times300}{24\times200\times10^3\times I_z}\times(4\times300^2-3\times3000^2)-\frac{5\times20\times3000^4}{384\times200\times10^3\times I_z}\leqslant[w]=5\text{mm}$$

求得：$I_z\geqslant8103.3750\times10^4\text{mm}^4=8103.375\text{cm}^4$

选择32a号工字钢，$I_z=11100\text{cm}^4$，可满足刚度要求，且能同时满足强度要求。

8.6　简单超静定梁

在前面的章节中，已经介绍了超静定轴向拉压构件、超静定扭转构件的计算，本节讨论简单超静定梁的计算。

8.6.1　静定梁与超静定梁

工程实际中，为了减小构件的应力和变形，往往会在静定结构上增加支座或约束，使静定结构变成超静定结构，以提高结构的强度和刚度，如图8-15、图8-16所示。

静定梁是指用静力平衡方程就可以解出所有未知力的梁。当在静定梁上增加约束时，仅仅由静力平衡方程已无法解得所有未知力，这种梁称为超静定梁或静不定梁。一次超静定梁称作简单超静定梁。

8.6.2 超静定梁基本求解方法

分析超静定梁的基本方法和分析超静定拉压构件或超静定扭转构件相类似。求解时，关键在于建立变形补充方程。

求解超静定梁的基本步骤如下：

（1）建立平衡方程，确定梁的超静定次数。

（2）解除多余约束，将超静定梁转化为静定梁，建立原超静定系统的等效结构。即选择合适的多余约束，将该多余约束解除并代以相应支反力，得到等效结构。

在选择多余约束时，可以选择任意一个合适的约束。如图 8-18（a）所示梁，可将 B 端支座视为多余约束，将其解除并代以相应支反力 F_{By}，得到等效结构，如图 8-18（b）所示；也可将 A 端固定端处限制梁转动的约束视为多余约束并拆除，代以相应支反力偶 M_A，建立如图 8-18（c）所示的等效结构。

（3）根据选取的多余约束建立变形协调条件。对比解除多余约束前后的梁，找出解除约束后该处需要满足的变形条件，根据多余约束对位移的限制，建立各部分位移之间的几何方程即变形协调方程。

（4）确定补充方程。建立力与位移之间的物理方程或者本构方程，将变形协调方程（几何方程）和物理方程进行联立，得到求解超静定问题所需要的补充方程。

（5）联立求解平衡方程、补充方程，解出全部未知力，最后进行强度与刚度的计算。

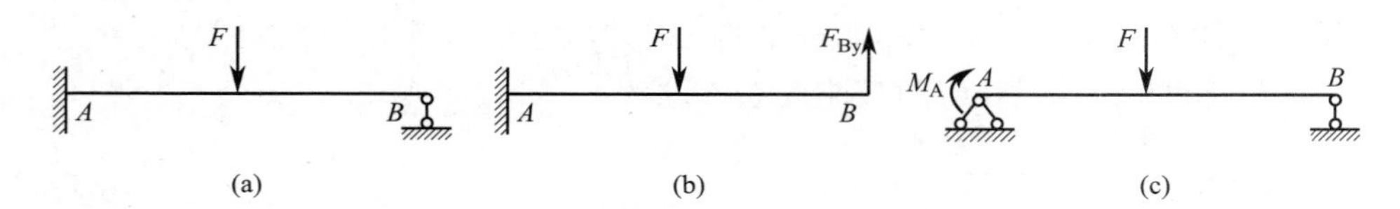

图 8-18　超静定梁与其等效结构

上述求解超静定梁的方法为选取适当的基本静定梁，利用相应的变形协调条件和物理关系建立补充方程，然后与平衡方程联立解出全部未知力，这种解超静定梁的方法称为变形比较法。变形比较法以力为未知量，属于力法的一种。

在采用变形比较法求解超静定梁时，若选取的多余约束不同，则相应的基本静定梁的形式和变形条件也随之而变。选择哪个约束作为多余约束并不是固定的，可根据解题时的情况而定。

8.6.3 例题解析

【例题 8-9】 一悬臂梁 AB，承受集中荷载 F 作用，因其刚度不够，用一短梁加固，如图 8-19（a）所示，且设二梁各截面的弯曲刚度均为 EI。试计算梁 AB 最大挠度的减少量。

【解】 分析：单独看梁 AB 与梁 AC，两者均为静定梁，但由于两梁在截面 C 处用铰链相连，即增加了一约束，因而由它们组成的结构属于一次超静定，需要建立一个补充方程才能求解。

（1）求解超静定

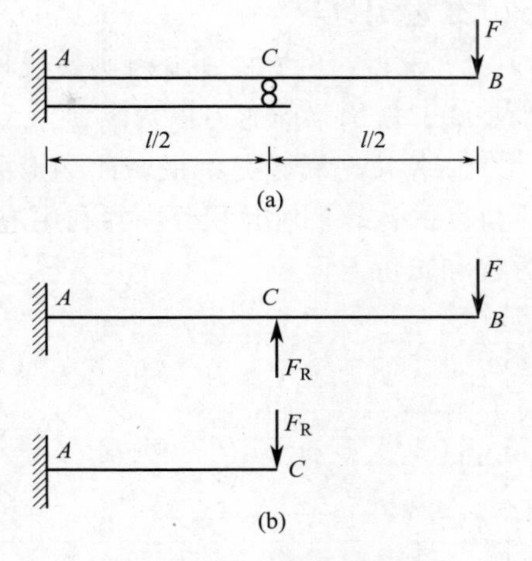

图 8-19　例题 8-9 图

1）解除多余约束，建立原超静定系统的等效系统

选择铰链 C 为多余约束，将其解除，并以相应约束力 F_R 代替其作用，则原结构的等效基本系统如图 8-19（b）所示。

2）建立变形协调条件

在约束力 F_R 作用下，梁 AC 的截面 C 铅垂下移，设其位移为 w_1；在荷载 F 与约束力 F_R 作用下，梁 AB 的截面 C 也铅垂下移，设其位移为 w_2，则变形协调条件为

$$w_1 = w_2$$

查表 8-2 并应用叠加法，可求得 w_1 和 w_2 分别为

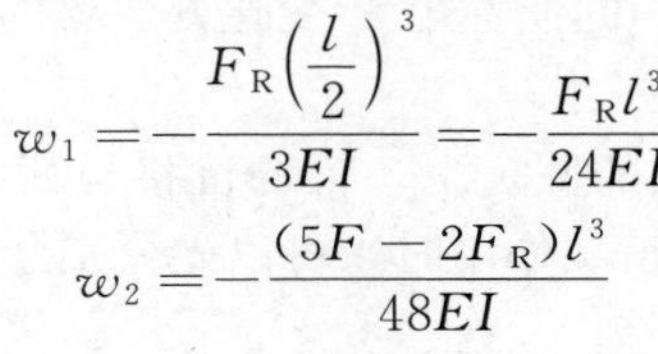

$$w_1 = -\frac{F_R\left(\frac{l}{2}\right)^3}{3EI} = -\frac{F_R l^3}{24EI}$$

$$w_2 = -\frac{(5F - 2F_R)l^3}{48EI}$$

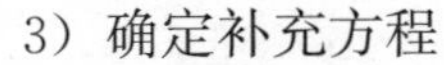

3）确定补充方程

将以上两式代入 $w_1 = w_2$，得到补充方程为

$$\frac{F_R l^3}{8EI} = \frac{(5F - 2F_R)l^3}{48EI}$$

4）求解多余约束处相应约束力 F_R

化简上式得

$$F_R = \frac{5}{4}F$$

（2）刚度比较

梁 AB 最大挠度为 B 端挠度。

1）未加梁 AC 时

$$w_B = \frac{Fl^3}{3EI}$$

2）加梁 AC 后

$$w'_B = \frac{Fl^3}{3EI} - \frac{5F_R l^3}{48EI} = \frac{13Fl^3}{64EI}$$

3）梁 AB 最大挠度的减少量

$$\frac{w_B - w'_B}{w_B} = \frac{\frac{Fl^3}{3EI} - \frac{13Fl^3}{64EI}}{\frac{Fl^3}{3EI}} = 39.1\%$$

经加固后，梁 AB 的最大挠度显著减小，减小量为 39.1%。

本章小结

1. 本章在小变形和材料为线弹性的条件下研究梁平面弯曲时的变形，并且忽略剪力的影响，认为平面假设仍然成立。

2. 挠度与转角是度量弯曲变形的两个基本量。梁的挠曲线近似微分方程，只适用于小挠度的计算，对其积分，并利用边界条件、连续条件确定积分常数，进而可得到挠曲线方程和转角方程。

$$w''=\frac{M(x)}{EI_z}$$

$$\theta=w'=\int\frac{M(x)}{EI_z}\mathrm{d}x+C$$

$$w=\iint\left(\frac{M(x)}{EI_z}\mathrm{d}x\right)\mathrm{d}x+Cx+D$$

凡弯矩方程 $M(x)$ 需要分段列出处（如集中力、集中力偶处，分布荷载的始、终点处）、材料的弹性模量 E 或横截面的惯性矩 I_z 变化处、梁的中间铰处，挠曲线近似微分方程均应分段建立并积分。

3. 在小变形和材料线性弹性的假定下，梁的位移与荷载为线性关系，可以利用叠加法求解梁的位移。当梁受到几个荷载作用时，可以先分别计算各个荷载单独作用下梁的位移，再求位移的代数和，即总位移。

4. 梁的刚度条件

$$w_{\max}\leqslant[w]$$
$$\theta_{\max}\leqslant[\theta]$$

5. 提高抗弯刚度的措施

根据挠曲线的近似微分方程及其积分计算可以看出，提高梁刚度主要措施为：提高梁的抗弯刚度 EI_z（合理选择材料；合理选择截面形状；梁的合理加强等）；减小梁的跨度和弯矩（合理安排梁的约束与加载方式等）。

6. 简单超静定梁的求解

假想地解除多余约束，代之以多余未知力，将超静定梁转化为静定梁；利用变形协调条件建立补充方程；通过补充方程求出多余未知力，进而求出其他约束反力和内力。

思考题

1. 什么是挠曲线？定性地画出如图 8-20 所示各等截面梁的挠曲线大致形状。

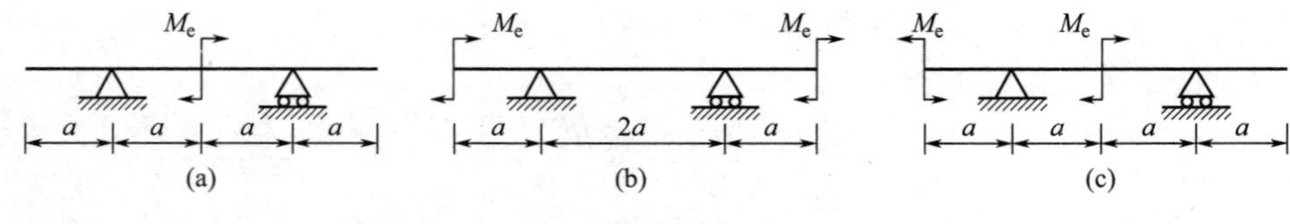

图 8-20　思考题 1 图

2. 挠曲线近似微分方程是如何建立的？作了哪些近似计算？应用条件是什么？

3. 挠曲线方程与坐标轴 x 与 w 的选取有何关系？

4. 如何用积分法计算梁的变形？如何用梁的边界条件和连续条件确定积分常数？

5. 在利用积分法计算梁位移时，待定的积分常数反映了什么因素对梁变形的影响？

6. 如何根据挠度与转角的正负判断挠度和转角的方向？

7. 最大挠度处的横截面转角是否一定为零？

8. 在哪些截面挠度可能取得极值？在哪些截面转角可能取得极值？

9. 如图 8-21 所示悬臂梁，若分别采用两种坐标系，则由积分法分别求得的挠度和转角的正负号是否一致？

10. 试根据图 8-22 所示荷载及支座情况，写出由积分法求解时，积分常数的数目及确定积分常数的条件。

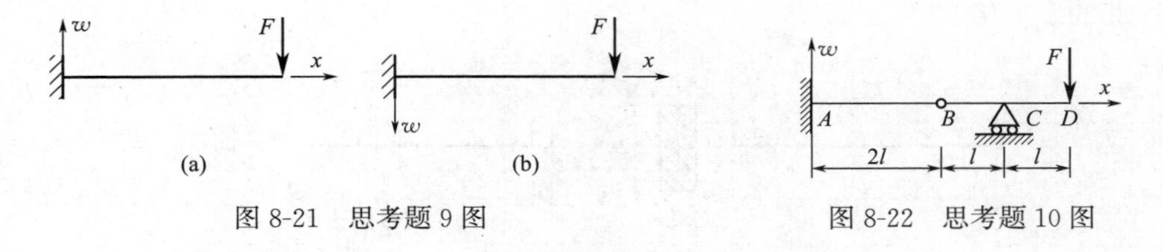

图 8-21　思考题 9 图　　图 8-22　思考题 10 图

11. 用积分法求图 8-23 所示梁的挠曲线方程时，边界条件是什么？连续条件又是什么？

12. 如图 8-24 所示，梁 AB 的挠曲线方程为 $w=-\dfrac{qx}{360lEI}(7l^4-10l^2x^3+3x^4)$。其中 q 为最大荷载集度，向上为正。画出梁的支承形式及荷载分布。

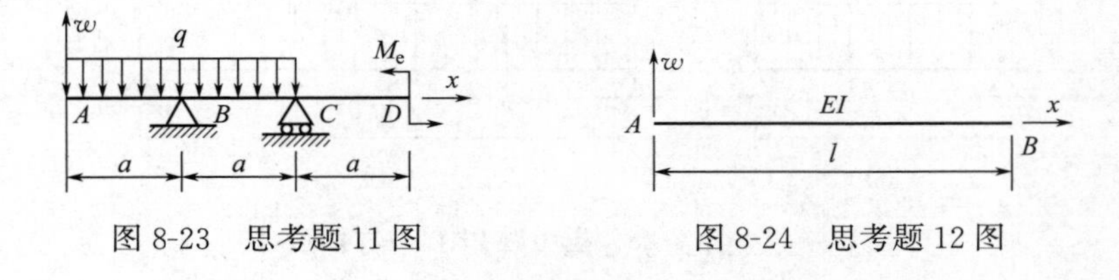

图 8-23　思考题 11 图　　图 8-24　思考题 12 图

13. 梁的抗弯刚度 EI 为常数，跨度为 l，变形后该梁的挠曲线方程为 $w(x)=-\dfrac{1}{48EI}qx^2(x-l)(2x-15l)$，试确定该梁上的荷载及其支承条件，并画出梁的剪力图、弯矩图。

14. 如图 8-25 所示二梁弯曲刚度 EI 相同，荷载 q 相同，两梁对应点 A、B、C 的内力和位移的关系如何？

15. 如图 8-26 所示简支梁的左右支座截面上分别作用有外力偶矩 M_{e1} 和 M_{e2}。若使该梁挠曲线的拐点位于距左端支座 $l/3$ 处，试问 M_{e1} 与 M_{e2} 应保持何种关系？

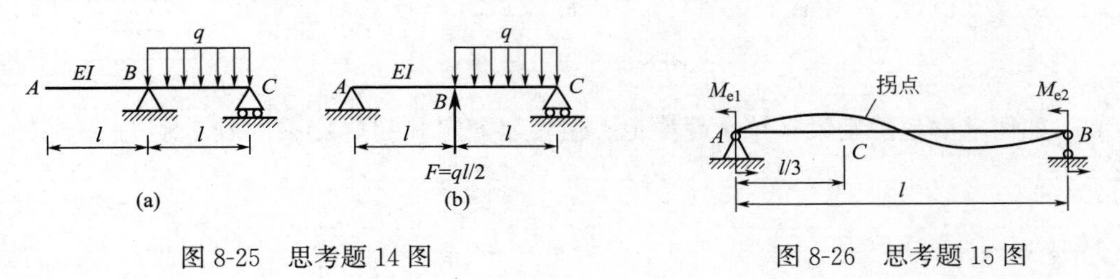

图 8-25　思考题 14 图　　图 8-26　思考题 15 图

16. 何谓求解梁变形的叠加法？其成立的条件是什么？如何利用叠加法求梁的变形？

17. 如何进行梁的刚度校核？梁的刚度条件有哪三方面的应用？

18. 提高梁的刚度条件的主要措施有哪些？

19. 提高梁的刚度条件与提高梁的强度条件有哪些相同点和不同点？

20. 当圆截面梁的直径增加 1 倍时，梁的强度为原梁的几倍？梁的刚度为原梁的几倍？

21. 两根材料相同的矩形梁，第 2 根梁横截面的各尺寸是第 1 根梁相应尺寸的 n 倍。两根梁支座情况及长度相同，且承受的荷载仅为自重。这两根梁相应挠度的比值 w_1/w_2 为多少？

22. 材料相同的悬臂梁Ⅰ、Ⅱ，所受荷载及截面尺寸如图 8-27 所示。问梁Ⅰ的最大挠度是梁Ⅱ的多少倍？

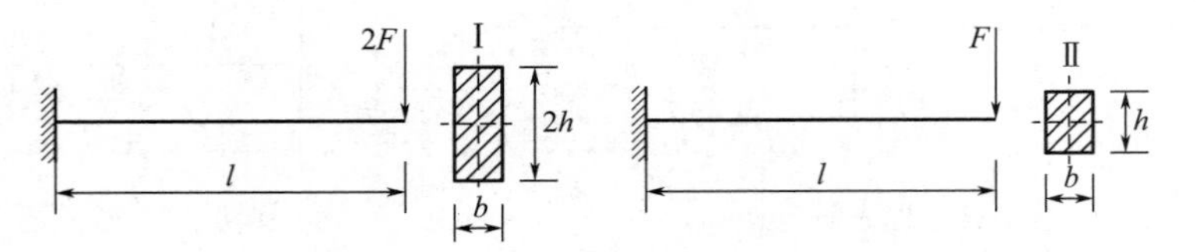

图 8-27　思考题 22 图

23. 如图 8-28（a）、（b）所示简支梁受均布荷载 q 作用，已知两梁的弯曲刚度 EI 相同，则 CD 梁的最大挠度应为 AB 梁的最大挠度的多少倍？

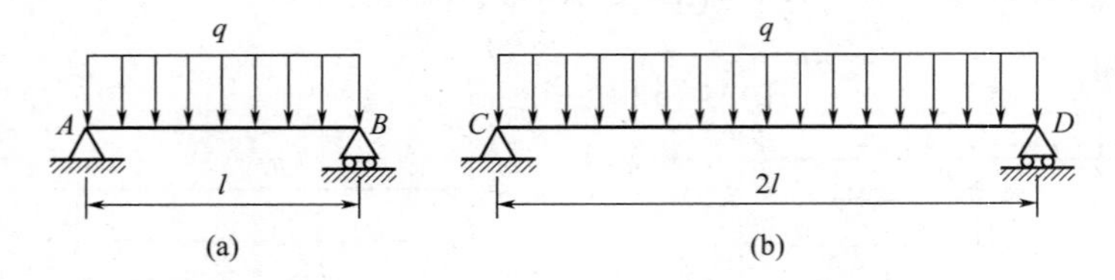

图 8-28　思考题 23 图

24. 梁的横截面积一定，若分别采用圆形、正方形、矩形（高大于宽）截面，如图 8-29 所示，梁上荷载由上向下作用，则哪种截面梁的刚度最好？哪种截面梁的刚度最差？

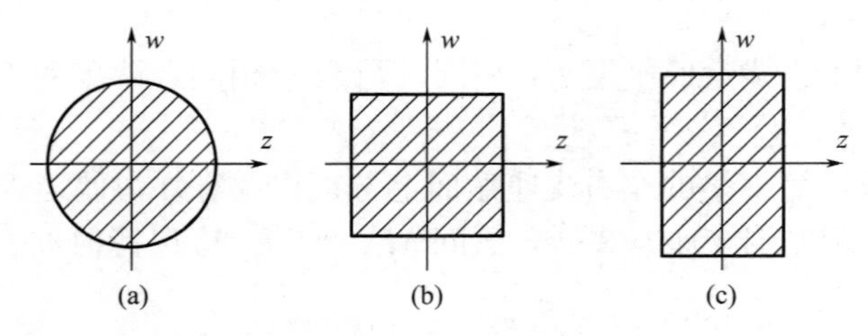

图 8-29　思考题 24 图

25. 如何求解超静定梁？拉压超静定、扭转超静定和超静定梁问题求解的共同特点是什么？

习题

1. 用积分法计算如图 8-30 所示各悬臂梁自由端挠度与转角，设 EI 为常数。

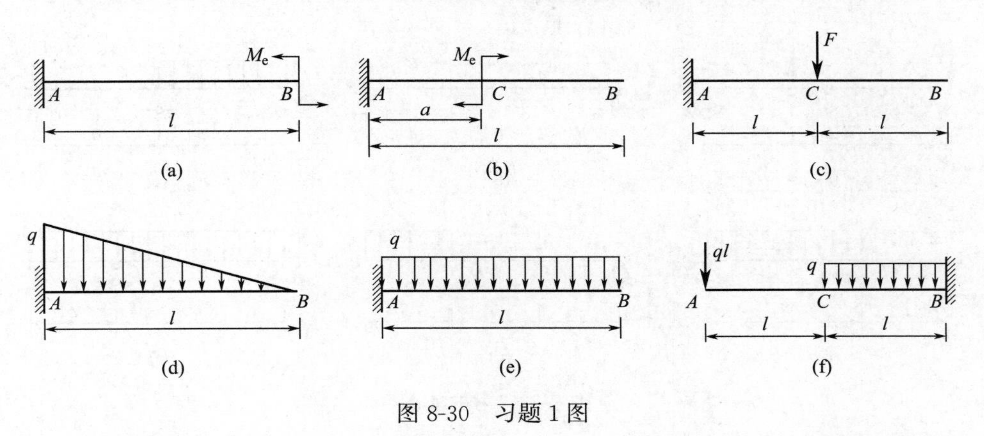

图 8-30　习题 1 图

2. 用积分法求如图 8-31 所示各梁指定截面处的转角与挠度，设 EI 为常数。

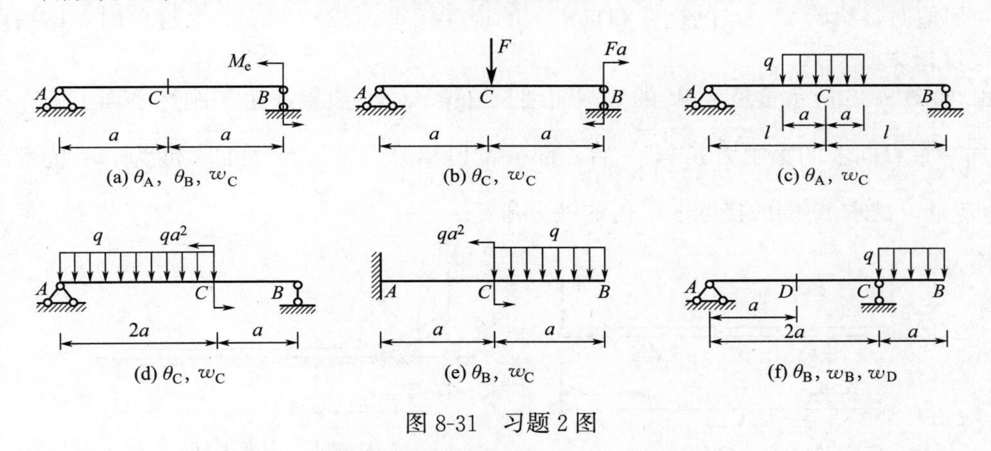

图 8-31　习题 2 图

3. 用叠加法求图 8-32 中各梁指定截面上的转角和挠度。

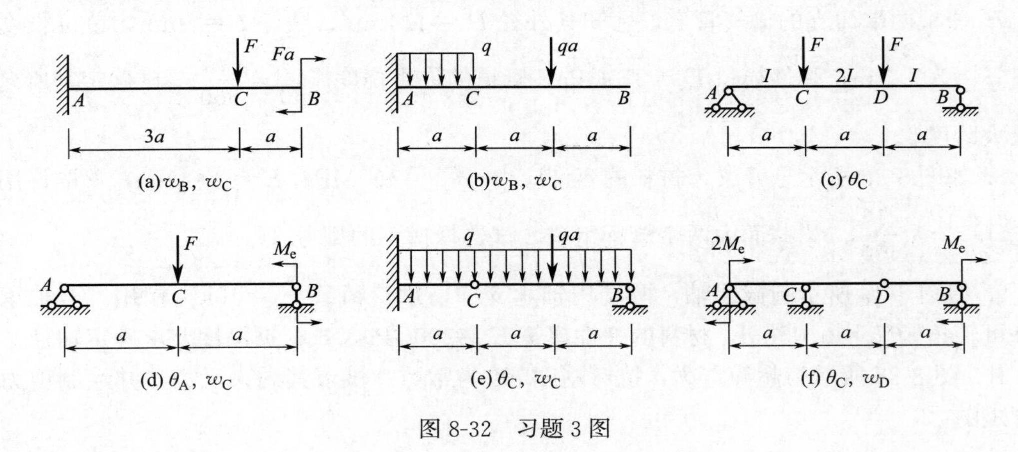

图 8-32　习题 3 图

4. 如图 8-33 所示外伸梁，设梁的抗弯刚度 EI 为已知常数。试用叠加法求各梁自由端截面的挠度和转角。

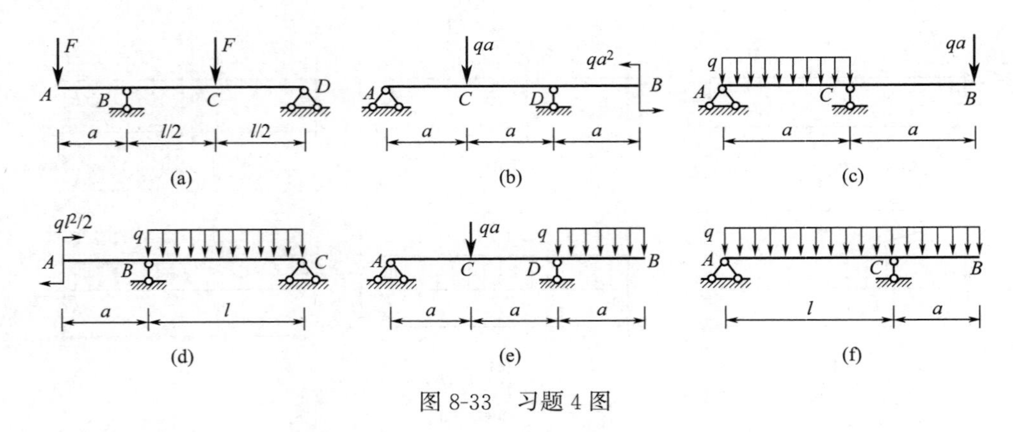

图 8-33 习题 4 图

5. 如图 8-34 所示外伸梁，两端受集中荷载 F 作用，抗弯刚度 EI 为常数。试求：(1) 当 x/l 为何值时，梁跨度中点的挠度和自由端的挠度相等。(2) 当 x/l 为何值时，梁跨度中点的挠度最大。

6. 如图 8-35 所示重量为 W 的等截面细长直梁 AC，放置在水平刚性平面上。在梁端 A 施加一垂直向上的集中力 $F=\dfrac{W}{3}$ 后，部分梁段离开台面。设梁的长度为 l，抗弯刚度 EI 为常量，试求 A 端的挠度、梁内的最大弯矩。

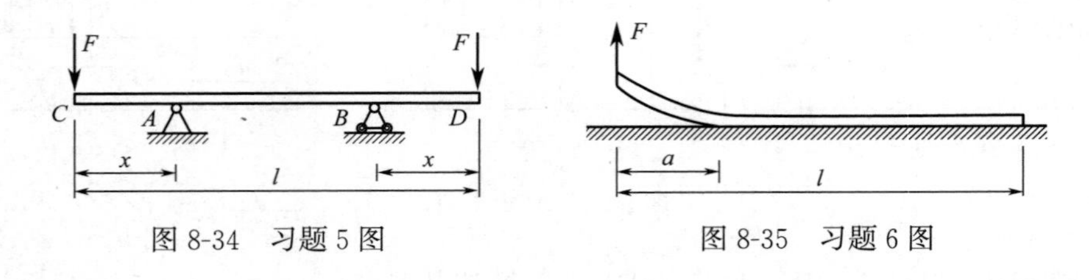

图 8-34 习题 5 图　　图 8-35 习题 6 图

7. 一根两端简支的输气管道，已知其外径 $D=114\text{mm}$，壁厚 $t=4\text{mm}$，单位长度的重量 $q=10^6\text{N/m}$，弹性模量 $E=210\text{GPa}$，管道的许可挠度 $[w]=\dfrac{l}{500}$。试确定其所允许的最大跨度 l。

8. 如图 8-36 所示悬臂梁，材料的容许应力 $[\sigma]=160\text{MPa}$，$E=200\text{GPa}$，梁的许用挠度比 $\left[\dfrac{w}{l}\right]\leqslant\dfrac{1}{400}$，梁截面由两个槽钢组成，试选择槽钢的型号。

9. 如图 8-37 所示圆截面轴，两端用轴承支撑，承受荷载 $F=10\text{kN}$ 作用。若轴承处的许可转角 $[\theta]=0.05\text{rad}$，材料的弹性模量 $E=200\text{GPa}$，试根据刚度要求确定轴径 d。

10. 图 8-38 所示为超静定梁，抗弯刚度 EI 为常数。试求其约束反力，并绘制剪力图和弯矩图。

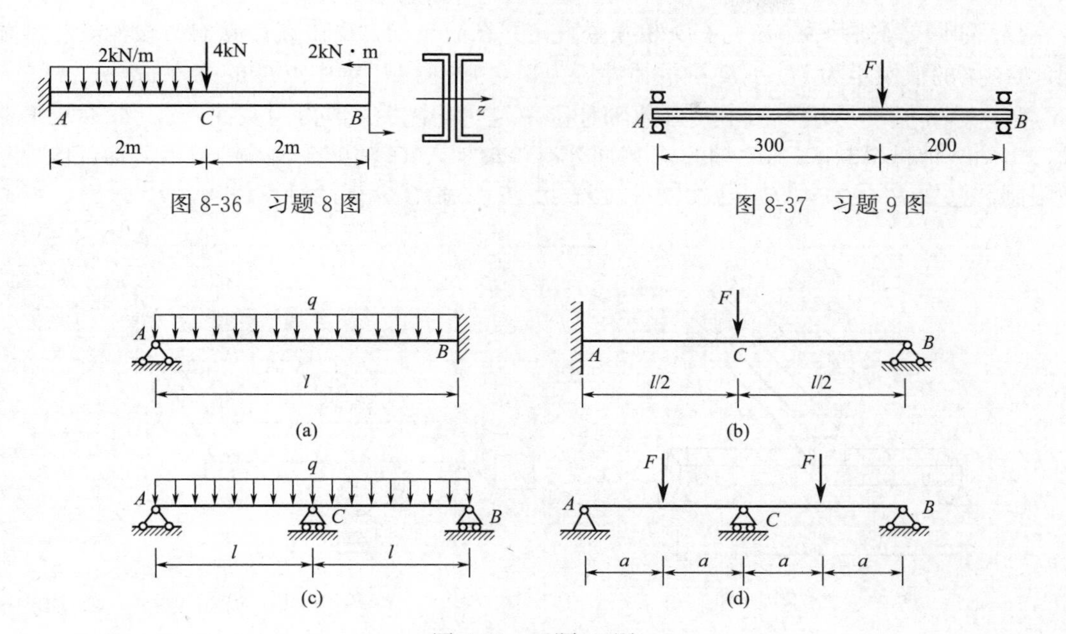

图 8-36　习题 8 图

图 8-37　习题 9 图

图 8-38　习题 10 图

11. 如图 8-39 所示悬臂梁，在其右端加有支撑，试导出其挠曲线方程。

12. 如图 8-40 所示，一直梁在承受荷载前搁置在支座 A 和 B 上，梁与中间支座 C 间有一微小间隙 δ；当加上均布荷载 q 后，梁在中点处与支座 C 接触，因而三个支座都产生约束力。(1) 若使三个支座约束力相等，其 δ 应为何值？(2) 若使得梁中点 C 处弯矩为零，δ 应为何值？

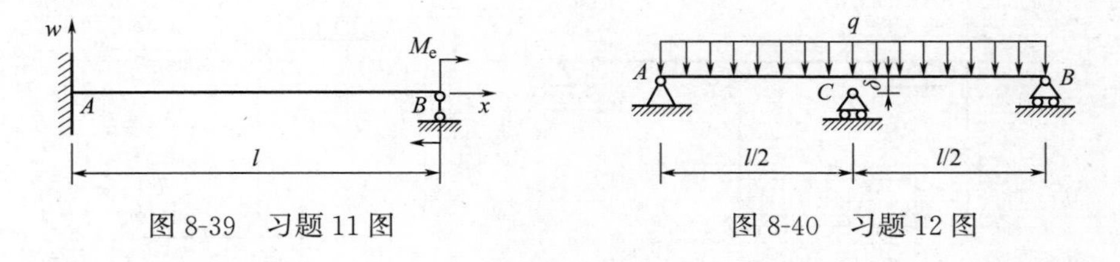

图 8-39　习题 11 图

图 8-40　习题 12 图

13. 外伸梁 AB，在外伸端 A 处用材料、截面相同的短悬臂梁 CA 加固，如图 8-41 所示，试问加固后 AB 梁的最大挠度和最大弯矩减少多少？

14. 如图 8-42 所示等截面梁，已知其 F、l 和 EI。(1) 求 C 点的挠度 w_C；(2) 若 $l=3\text{m}$，梁的许可应力 $[\sigma]=160\text{MPa}$，矩形截面尺寸为 $50\text{mm}\times120\text{mm}$。求梁的许可荷载 $[F]$。

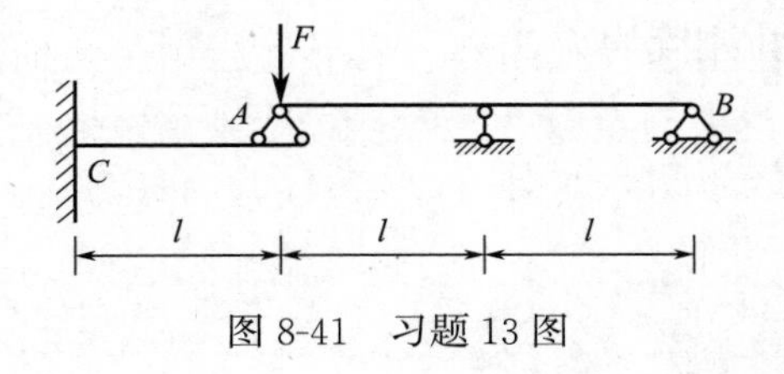

图 8-41　习题 13 图

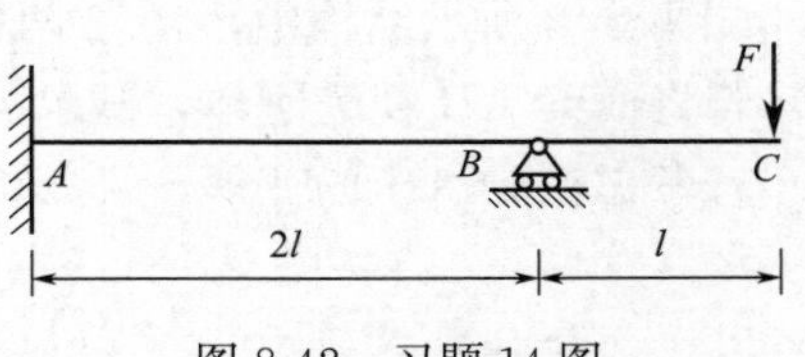

图 8-42　习题 14 图

15. 如图 8-43 所示 AB 与 CD 相互垂直，并在简支梁 AB 中点 C 接触。设两梁材料相同，AB 梁的惯性矩为 I_1，CD 梁的惯性矩为 I_2， 试求 AB 梁中点 C 的挠度 w_C。

16. 如图 8-44 所示结构中，直角轴杆 BAC， 其中 AC 轴为圆截面，AB 轴为矩形截面，由同一种材料制成。AC 轴的 A 截面处有一轴承，AC 轴可在轴承中自由转动，但位移被限制。已知 $F=60\text{N}$，$E=210\text{GPa}$，$G=0.4E$。求 B 截面的垂直位移。

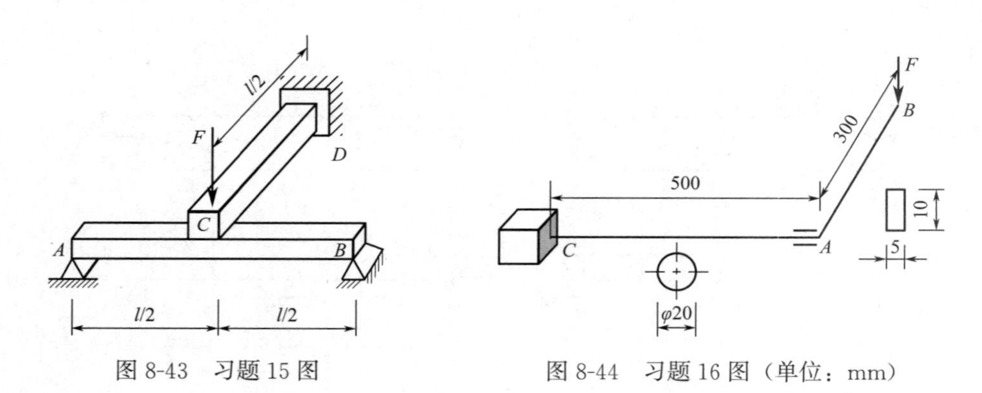

图 8-43　习题 15 图　　　图 8-44　习题 16 图（单位：mm）

17. 如图 8-45 所示结构中 CD 为刚性杆，梁 AB 与 DE 的弯曲刚度 EI 相同。试求点 D 的垂直位移。

18. 如图 8-46 所示，悬臂梁 AD 和 BE 的抗弯刚度同为 $EI=24\times10^6\text{N}\cdot\text{m}^2$，由钢杆 CD 相连接。CD 杆 $l=5\text{m}$，$A=3\times10^{-4}\text{m}^2$，$E=200\text{GPa}$。若 $F=50\text{kN}$，试求悬臂梁 AD 在 D 点的挠度。

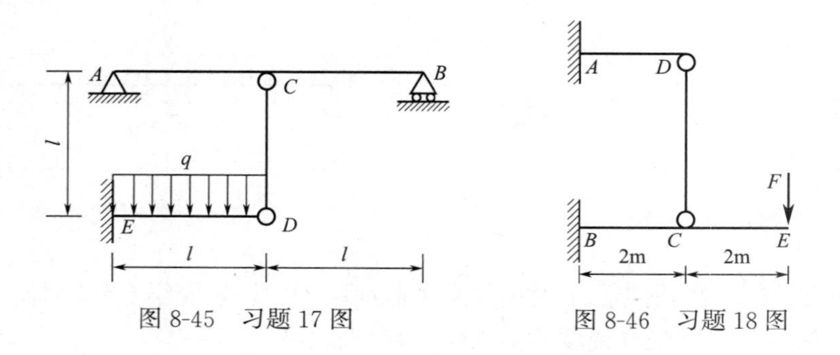

图 8-45　习题 17 图　　　图 8-46　习题 18 图

19. 如图 8-47 所示结构中，AC 为刚性水平横梁，杆长为 l；AB 为铜杆，CD 为钢杆，两杆截面面积分别为 A_1、A_2， 弹性模量分别为 E_1、E_2。 欲使在变形后 AC 杆仍保持水平，求 F 力作用线至 A 点的水平距离 x。

20. 如图 8-48 所示结构中，1、2 两杆的抗拉刚度均为 EA。

（1） 若将横梁 AB 视为刚体，试求 1、2 两杆的内力。

（2） 若考虑横梁 AB 的变形，且其抗弯刚度为 EI， 试求 1、2 两杆的拉力。

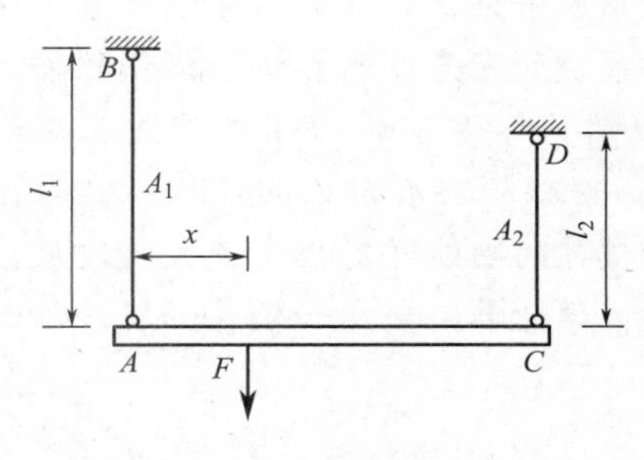

图 8-47　习题 19 图

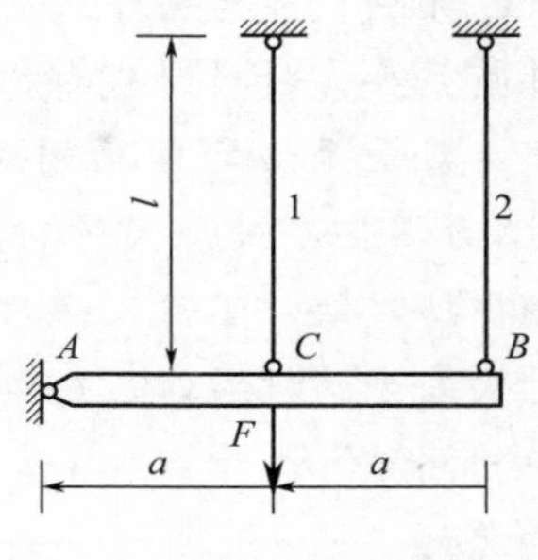

图 8-48　习题 20 图

延伸阅读——力学家简介Ⅲ

钱令希

图 8-49　钱令希

钱令希（1916 年 7 月 16 日—2009 年 4 月 20 日），工程力学家，中国计算力学工程结构优化设计的开拓者，同时也是将结构力学与现代科学技术密切结合的先行者和奠基人（图 8-49）。

钱令希毕生从事工程力学及其应用的研究，在结构力学、板壳理论、极限分析、变分原理、结构优化设计等方面有深入研究和重要成果。他在科学研究方面的贡献可以概括为理论方法、工程应用、计算力学和结构优化 4 个方面。

（1）理论方法

钱令希在理论方法方面的贡献包括：①梁拱响应函数族的内在微分关系；②悬索桥结构分析的实用简化方法；③开创变分原理研究热的余能原理；④结合壳的稳定性理论与应用研究；⑤极限分析的变分原理与规划解法；⑥复杂结构系统实用优化设计算法等。

（2）工程应用

钱令希在工程应用方面的贡献包括：①铁路桥梁的施工与设计；②2 座长江大桥的规划；③拱坝的设计与力学分析；④核潜艇结合壳的力学计算；⑤全焊空腹桁架钢桥的设计；⑥赵州桥的弹塑性分析计算等。

（3）计算力学

早在 20 世纪 60 年代初，钱令希已敏锐地觉察到电子计算机的应用将会影响到各门学科的进程，会给科学技术的发展带来深刻变革。他在力学界竭力倡导把古典的结构力学和现代化的电子计算机结合起来，致力于在我国创建“计算力学”学科。在他的积极倡导下，我国计算力学很快起步，并成立了中国力学学会。为推动力学与工程结合，钱令希创办了《计算结构力学及其应用》杂志并担任主编。在钱令希等前辈的倡导下，中国力学学会直属的计算力学学会成为有重要国际影响的学术团体，并在国内多次举办重大国际学术会议。他还是国际计算力学协会的发起人之一。

他在 1995 年发表的论文《谈计算力学》中讲到“计算力学有很大的能动作用，它拓展了设计分析的领域，成为力学通向工程应用的桥梁”。“计算力学的任务，就是要结合计算机功能的日新月异，针对时代对力学的要求，研究先进的算法并提供软件，以解答力学过去难以处理，甚至无法处理的问题，还要为力学开拓新的领域提供理论与方法上的条件”，他呼吁“力学要应对时代对它的挑战，就必须发展自己的理论、实验、计算三大支柱。三者互相扶持，缺一不可。今后计算机硬件的功能肯定将有更大的发展，力学必须充分利用这种时代给予的机遇，应该加强计算力学的算法研究和软件开发，以回答理论探索和实际建设中的问题”

（4）结构优化

钱令希是我国计算力学工程结构优化设计的开拓者。20 世纪 70 年代，他开始倡导研究最优化设计理论与方法。在为工程界的服务中，开创性地研发用于工程设计的应用软件，培养了计算力学队伍；提出力学要突破仅做分析的老传统，要以综合研究工程优化设计的理论和方法，进一步为工程服务；带领团队研制出了通用性很强的大型组合结构分析程序 JIGFEX，这项成果已被广泛地运用到土木、桥梁、船舶、航空、航天、铁路、汽车、机械和材料等各个领域；他领导开发出了多单元、多工况、多约束的结构优化设计——DDDU 程序系统，把力学概念同数学规划方法相结合，成功地克服了一些传统难点，在为火车、汽车、特种车及雷达天线等进行优化设计时均取得良好效果，在实用性上处于国际领先地位。

钱令希一贯认为：从工程观点出发，结构分析中最关键的问题是，把握结构在给定荷载环境下的极限承载能力，因此才能估计一个结构方案的真实安全度。通常，工程设计依靠的弹性分析只能给出在工作状态下的应力和变形，按许用应力和许用变形校核设计，通常忽视了材料塑性赋予结构的承载能力，不仅得出的结构安全系数不真实，而且造成材料资源的浪费。因此，长期以来，他总想为工程师提供一种方便而又实用的极限分析方法，包括复杂加载下的安定分析方法。

作为中国结构优化研究的发起人，钱令希采用点面相合、走出去和请进来相辅、培养人才与研发成果相成的做法，迅速打开局面。在钱令希的带动下，当时各行业出现了一批著名学者投身结构优化研究的现象，促使中国结构优化研究的学术与产业的综合水平在1970—1990 年处于亚洲领先。中国学者的研究在世界的结构与多学科优化领域里占有了重要地位。

钱令希是从桥梁、土木走向力学的力学家，他深谙力学与工程的关系，主张将力学与现代科学技术结合起来，力学为工程服务。1990 年 5 月，钱令希在《力学与实践》杂志上发表《力学与工程》一文。他认为，力学一开始是物理学科的基础，从基础研究到实践应用，特别是与工程结合后，逐渐形成了应用力学这门独立的技术科学中的骨干学科。它服务于自然科学，但更重要的是为工程技术服务，并且服务对象极其广泛。

钱令希极其重视并亲自从事工程实践，他在我国桥梁工程、水利工程、舰船工程、港湾工程等领域作出重要贡献。在半个多世纪的科研生涯中，钱令希参与和设计建造的工程项目不胜枚举，武汉长江大桥、南京长江大桥、长江三峡水利枢纽、我国第一艘核潜艇、大连油港的栈桥工程等，都凝聚着他的心血。

钱令希是力学家和工程师，也是教育家。他从事教育工作长达半个多世纪。他善于教书育人，诲人不倦，为祖国培养了一批又一批的科技人才，并培养和带领出一支优秀的计算力学队伍。在他亲自选拔教育下，有一大批杰出的年轻有为的力学家在国内成长起来，其中有国家重量级人物，如潘家铮、胡海昌、钟万勰、邱大洪、杨锦宗、程耿东等多名院士，他们在各自的领域里都取得了骄人的业绩，钱令希也因此获得了“伯乐院士”的美誉。

钱令希不仅编写了中华人民共和国成立后第一批结构力学教材，如《静定结构学》《超静定结构学》，还创立了独树一帜的“启发式认真教”模式，为学生开启了走向力学世界的大门。课堂上，钱令希用讨论交流的方式进行教学，他把讲稿提纲给学生们看，然后把学生们有意义的新见解吸收到自编教材中。他还率先在学生中倡导“创造性自觉学”的教育，这也是钱令希对高等教育界的又一大贡献。在学习方法上，钱令希特别强调自学能力的培养，“通过自己的总结才能提高，这才是真才实学”。

钱令希写的一首自勉诗是他科教人生最好的注释：“献身科教效春蚕，岂容华发待流年，翘首中华崛起日，更喜英才满人间!”这首诗，写出了这位教育家和力学家对祖国的热爱，写出了他献身科教、执着追求的品格。

钱令希是我国力学界的杰出代表，是中国知识分子的榜样。他一生潜心钻研，开拓创新，在学术研究、工程技术及应用、人才培养等诸多方面成就卓越，被誉为“大师级”科学家和教育家，为我国社会主义建设做出了不可磨灭的贡献。

第9章　应力状态与强度理论

内容提要

本章的应力状态理论在材料力学中的地位很重要，是学习强度理论的基础，也是进一步学习弹性力学等课程所必需的知识，而强度理论又为建立复杂应力状态下构件的失效判据和强度条件奠定了基础。本章内容有应力状态的概念及分类、强度理论的概念，二向与三向应力状态分析方法，广义胡克定律，复杂应力状态下的应变能，常用的强度理论及强度理论的应用等。

本章重点为平面应力状态下应力的分析方法（解析法和图解法），通过分析一点的应力情况，得出一点处任意截面上的应力，说明主应力、主平面和最大剪应力的计算方法；学习广义胡克定律，建立一点处的应力-应变关系；学习复杂应力状态下的强度条件，即四种常用强度理论和莫尔强度理论。

本章难点为点的应力状态与单元体的概念；平面应力状态分析中主应力方位的确定；广义胡克定律应用；应用强度理论解决复杂应力状态下的强度问题。

学习要求

1. 理解一点的应力状态、单元体、主平面、主方向、主应力等基本概念。

2. 掌握解析法和图解法，能够计算确定平面应力状态下任意斜截面上的应力、主应力和主平面方位。

3. 掌握三向应力状态下单元体最大剪应力的计算方法。

4. 掌握广义胡克定律，能够求解三维均匀变形问题。

5. 了解应变能密度、体积改变能密度和畸变能密度的概念。

6. 理解强度理论的概念，掌握常用强度理论的强度条件。

7. 能够应用四个经典强度理论进行强度计算。

9.1　概述

回顾前面各章所学习的构件基本变形的强度问题，我们是用横截面上危险点处的正应力或剪应力来建立强度条件并进行强度计算。研究表明，有些情况下构件破坏确实发生在横截面上，如铸铁杆件的拉伸、低碳钢圆轴的扭转都是沿横截面发生破坏；但在很多情况下，构件的破坏或失效并不一定都是沿着横截面发生的，如低碳钢拉伸时，屈服首先发生在与轴线约成45°角的斜截面上；铸铁试件受压时沿与轴线大致成45°的斜截面破坏；铸铁圆轴扭转时沿45°螺旋面破坏；钢筋混凝土梁受横向力作用后，除跨中底部产生竖向裂缝外，在支座附近还出现斜向裂缝等。因而，为了使受力构件不沿任何截面发生破坏，必须进一步研究受力构件内的所有点所有截面上的应力情况，以便建立更普遍的强度条件，使构件的强度得到全面保证。

9.1.1　应力状态概述

研究应力状态的目的，就是要了解构件受力后，在哪一点沿哪个方位截面上的应力最大，为进一步建立强度条件提供依据。

构件上不同的点其应力一般是不相同的，即使是同一点其沿不同方位截面上的应力一般也不相同，例如直梁弯曲时横截面上不同点的应力与到中性轴的距离有关，直杆拉伸时斜截面上的应力与斜截面倾角有关等。因此在说明一点的应力时，必须首先指出是哪一点的应力，还要指明是该点沿哪个方向截面上的应力。

1. 一点的应力状态

所谓“一点的应力状态”，是指通过受力构件内某一点的不同方向截面上应力的集合。

在受力构件内，过任一点可以作若干个方向不同的平面，这些平面简称为“方向面”。把构件内任意一点的各个方向面上应力的全部情况，称为该点处的应力状态。

为了表示“一点的应力状态”，一般情况下总是围绕所讨论点作一个正六面体，当六面体的边长充分小时，它便趋于宏观上的“点”。这种六面体称为单元体。由于单元体各棱边长度很小，因而各方向面上的应力可以认为是均匀分布的。用单元体表示一点应力状态，如图 9-1 所示。图 9-1（a）表示空间应力状态一般形式。

单元体方向面以其法线命名。以 x 为法线的方向面称为 x 平面；以 y 为法线的方向面称为 y 平面；以 z 为法线的方向面称为 z 平面。不同方向面上的应力用不同的脚标加注表示，其第一个脚标表示应力所在平面，第二个脚标表示应力所指的方向；重复脚标以一个脚标表示；例如 τ_{xy} 表示在 x 平面指向 y 方向的剪应力，σ_x 表示在 x 平面指向 x 方向的正应力。

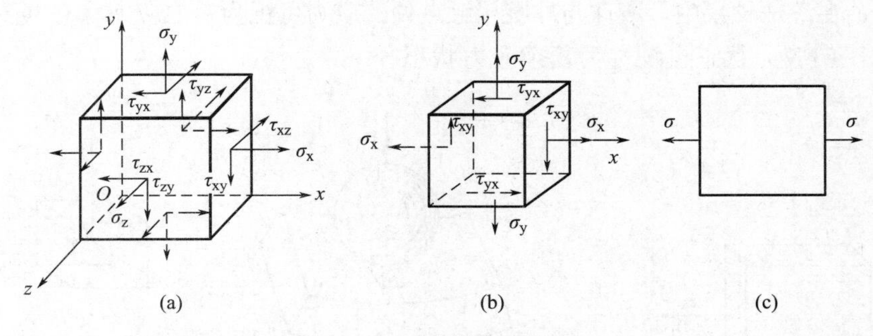

图 9-1　一点的应力状态

2. 应力分量

由图 9-1（a）可见，单元体一共有 9 个应力分量：

$$\begin{bmatrix} \sigma_x & \tau_{xy} & \tau_{xz} \\ \tau_{yx} & \sigma_y & \tau_{yz} \\ \tau_{zx} & \tau_{zy} & \sigma_z \end{bmatrix}$$

根据剪应力互等定理，$\tau_{xy}=\tau_{yx}$，$\tau_{xz}=\tau_{zx}$，$\tau_{yz}=\tau_{zy}$，因而只有 6 个应力分量是独立的。

图 9-1（b）表示平面应力状态的一般形式，共有 4 个应力分量：

$$\begin{bmatrix}\sigma_x & \tau_{xy}\\ \tau_{yx} & \sigma_y\end{bmatrix}$$

由剪应力互等定理，$\tau_{xy}=\tau_{yx}$，因而只有 3 个应力分量是独立的。

图 9-1（c）表示简单应力状态，只有 1 个应力分量。

3. 主平面与主应力

当单元体的方向面取向改变时，其上应力也随之而改变，因此总可以使单元体找到这样一个取向——单元体各方向面上只有正应力而无剪应力，如图 9-2 所示。

只有正应力而无剪应力的方向面称为主平面。主平面上的正应力称为主应力，而主平面外法线的方向称为主方向。对于各方向面上只有主应力的单元体称为主单元体。

主单元体上的 3 个主应力分别以 σ_1、σ_2、σ_3 表示，并且按其代数值大小排列，即 $\sigma_1 \geqslant \sigma_2 \geqslant \sigma_3$。用主应力 σ_1、σ_2、σ_3 表示一点处的应力状态具有普遍意义。

4. 应力状态分类

根据主应力的数值，可将应力状态分为 3 类：

（1）单向应力状态。3 个主应力中只有 1 个主应力不为零的应力状态称为单向应力状态，又称简单应力状态。例如，轴向拉（压）杆内各点为单向应力状态；直梁横力弯曲时，梁上、下边缘的点为单向应力状态。

（2）二向应力状态。3 个主应力中有 2 个主应力不为零的应力状态称为二向应力状态，又称平面应力状态。例如，圆轴扭转时，轴内各点为二向应力状态；直梁横力弯曲时，除梁上、下边缘的点外，梁内其他各点均为二向应力状态。

（3）三向应力状态。3 个主应力都不为零的应力状态称为三向应力状态，又称空间应力状态。例如，在滚珠轴承中，滚珠与外圈接触点处的应力可视为三向应力状态（图 9-3）。

二向和三向应力状态也统称为复杂应力状态。

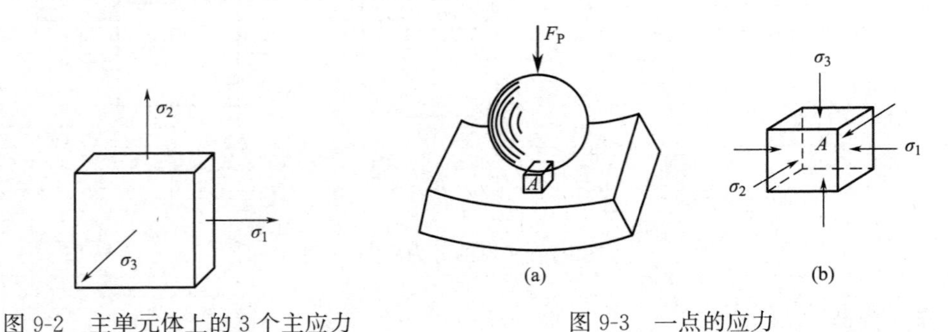

图 9-2　主单元体上的 3 个主应力

图 9-3　一点的应力

9.1.2　强度理论的概念

在单向应力状态或纯剪切应力状态下，4 种基本变形杆件的破坏条件和强度条件可以完全建立在试验的基础上，其可能危险点的强度条件表达为：

$$\sigma_{\max} \leqslant [\sigma] = \frac{\sigma_u}{n} \text{ 或 } \tau_{\max} \leqslant [\tau] = \frac{\tau_u}{n} \tag{9-1}$$

式中，极限应力 σ_u 或 τ_u 可以通过杆件基本变形试验直接测定，强度条件的建立非常简单。

在工程实际中，大多数受力构件的可能危险点处于复杂应力状态，3 个主应力 σ_1、σ_2、σ_3 可能有无穷多种组合，若要在每一种组合下，通过对材料的直接试验来确定其极限应力值，建立相应的强度条件，那么直接试验工作量非常大且难以得到一般规律。因此，直接试验只能作为辅助手段。如何建立材料在复杂应力状态下的强度条件，成为人们长期以来研究的一个重要课题。

研究表明，在常温、静载下，不论材料破坏的表面现象如何复杂，其破坏形式主要是脆性断裂和屈服失效两种类型。不同的材料因强度不足引起失效或破坏现象是不同的，例如，低碳钢的拉伸破坏表现为塑性屈服，其失效的标志为出现塑性变形；铸铁的拉伸破坏表现为脆性断裂，破坏现象是突然断裂。随着应力状态的改变，材料的失效或者破坏形式也将会发生变化，例如，拉伸带有切口的低碳钢试件（图 9-4a）发生脆性断裂，是因为切口尖端的材料处于三向拉应力状态（图 9-4b），断口为平面，如图 9-4（c）所示。又如，压缩大理石时加围压，如图 9-5（a）所示，保持围压小于轴向压应力，使得材料处于三向压应力状态（图 9-5b），正立方体试件将被压缩成如图 9-5（c）所示的鼓形。可见，应力状态的改变会影响同一种材料的破坏形式，不能认为某一种材料只会发生塑性屈服或脆性断裂。

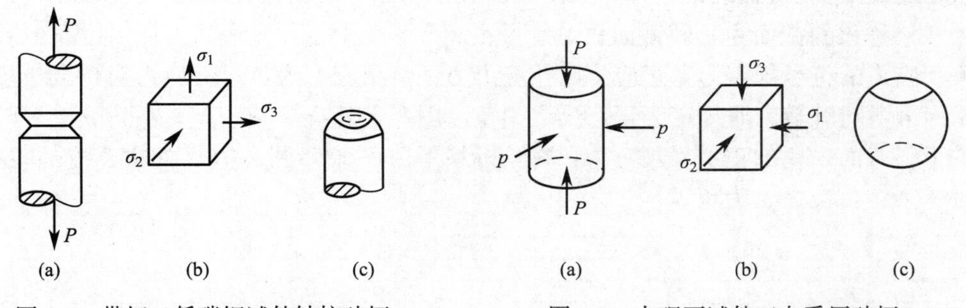

图 9-4　带切口低碳钢试件轴拉破坏　　　　图 9-5　大理石试件三向受压破坏

针对材料脆性断裂和屈服失效这两种破坏形式，人们分析推测引起材料破坏的原因，提出了各种假说，认为材料的某一类型破坏（或失效）是由某一特定因素引起的。这种关于材料破坏原因的假说称为强度理论。强度理论的任务就是研究和分析复杂应力状态下材料破坏的原因，用简单应力状态下的试验结果建立复杂应力状态下的破坏（失效）准则；再经过实践的验证，证明这一破坏（失效）准则是比较符合实际的，从而建立复杂应力状态下的强度条件。

目前，解释材料发生脆性断裂的强度理论主要包括最大拉应力理论和最大伸长线应变理论，解释材料发生塑性屈服的强度理论主要包括最大剪应力理论和畸变能密度理论等。这些强度理论分别假设材料发生某种类型的破坏，是由某一主要因素（最大拉应力、最大伸长线应变、最大剪应力或形状改变能密度等）所引起的；不论材料处于何种应力状态（简单的或复杂的），某种类型的破坏都是由同一因素引起的。这样，就可利用简单应力状态下的试验结果（或个别复杂应力状态下的试验结果），去推断各种复杂应力状态下材料的强度，从而建立起相应的强度条件。当然，这些强度理论之所以能成立，是被复杂应力状态下的试验结果证实是基本正确的，或者在一定条件下是基本正确的。

本章主要学习各向同性材料在常温、静荷载条件下常用的强度理论。

9.2 平面应力状态分析之解析法

工程实际中许多问题属于平面应力状态或可以近似看成是平面应力状态的。本节将学习在平面应力状态下，已知通过一点的某些截面上的应力后，如何确定通过该点其他截面上的应力，从而确定该点的主应力、主平面及最大剪应力。

9.2.1 平面应力状态

设从受力构件内某点处取出一单元体，其前后两个方向面上的应力等于零，其他两对互相垂直的方向面（x 平面、y 平面）上分别作用着已知的应力，即在 x 平面作用有 σ_x、τ_{xy}，在 y 平面作用有 σ_y、τ_{yx}，这些应力均与 xy 平面相平行，如图 9-6（a）所示，这种应力状态即为平面应力状态一般形式。

如图 9-6（b）所示平面图为图 9-6（a）所示单元体的正投影，为方便起见，可用平面图表示单元体。

取任意斜截面 ef 截取单元体，如图 9-6（b）所示，设斜截面 ef 的外法线 n 与 x 轴的夹角为 α，称该斜截面为 α 斜截面。

关于应力的符号规定为：正应力以拉应力为正，压应力为负；剪应力对单元体内任一点取矩当为顺时针转向时规定为正，反之为负。图 9-6 中，σ_x、σ_y、τ_{xy} 为正，τ_{yx} 为负。

关于斜截面 α 角的正负号规定为：在坐标系下由 x 轴转到 α 斜截面外法线 n，逆时针转向时 α 为正，反之 α 为负。

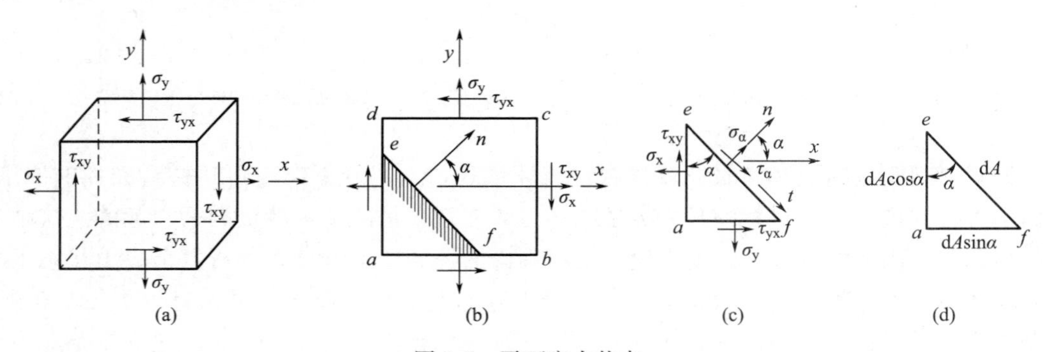

图 9-6 平面应力状态

9.2.2 任意斜截面上的应力

α 斜截面上的正应力和剪应力分别用 σ_α 及 τ_α 表示。为了求得 α 斜截面的正应力和剪应力，利用截面法，沿斜截面 ef 将单元体分成两部分，并研究下半部分 aef 的平衡（图 9-6c）。设斜截面 ef 面积为 $\mathrm{d}A$，则截面 ae 和 af 的面积分别为 $\mathrm{d}A\cos\alpha$ 和 $\mathrm{d}A\sin\alpha$，如图 9-

6（d）所示。把作用于 aef 部分上的力投影于 ef 面的外法线 n 和切线 t 的方向，可得其平衡方程为

$$\sum F_n = 0 \qquad \sigma_\alpha dA + (\tau_{xy} dA\cos\alpha)\sin\alpha - (\sigma_x dA\cos\alpha)\cos\alpha + (\tau_{yx} dA\sin\alpha)\cos\alpha - (\sigma_y dA\sin\alpha)\sin\alpha = 0$$

$$\sum F_t = 0 \qquad \tau_\alpha dA - (\tau_{xy} dA\cos\alpha)\cos\alpha - (\sigma_x dA\cos\alpha)\sin\alpha + (\tau_{yx} dA\sin\alpha)\sin\alpha + (\sigma_y dA\sin\alpha)\cos\alpha = 0$$

由剪应力互等定理，τ_{xy} 与 τ_{yx} 数值上相等，以 τ_{xy} 代替 τ_{yx}，化简以上两式得

$$\sigma_\alpha = \sigma_x \cos^2\alpha + \sigma_y \sin^2\alpha - 2\tau_{xy}\sin\alpha\cos\alpha$$

$$\tau_\alpha = (\sigma_x - \sigma_y)\sin\alpha\cos\alpha + \tau_{xy}(\cos^2\alpha - \sin^2\alpha)$$

由三角函数公式

$$\cos^2\alpha = \frac{1+\cos2\alpha}{2},\ \sin^2\alpha = \frac{1-\cos2\alpha}{2},\ \sin2\alpha = 2\sin\alpha\cos\alpha$$

σ_α、τ_α 可进一步简化为

$$\sigma_\alpha = \frac{\sigma_x+\sigma_y}{2} + \frac{\sigma_x-\sigma_y}{2}\cos2\alpha - \tau_{xy}\sin2\alpha \tag{9-2}$$

$$\tau_\alpha = \frac{\sigma_x-\sigma_y}{2}\sin2\alpha + \tau_{xy}\cos2\alpha \tag{9-3}$$

式（9-2）、式（9-3）即为斜截面应力的一般公式。公式表明斜截面上的正应力 σ_α 和剪应力 τ_α 随 α 的改变而变化，即 α 为变量，而 σ_α 和 τ_α 都是以 α 为变量的函数。

当 σ_x、σ_y 和 τ_{xy} 已知时，可以利用式（9-2）、式（9-3）求出 α 为任意值时斜截面上的应力，这种方法称为解析法。

9.2.3　应力极值及其平面方位

利用斜截面应力的一般公式，通过求极值的方法，可以确定正应力和剪应力的极大值或极小值，并确定它们所在平面的方位。

1. 主应力与主平面

令 $\frac{d\sigma_\alpha}{d\alpha} = 0$，可求得正应力的极值，即

$$\frac{d\sigma_\alpha}{d\alpha} = -2\left(\frac{\sigma_x-\sigma_y}{2}\sin2\alpha + \tau_{xy}\cos2\alpha\right)$$

若 $\alpha = \alpha_0$ 时，正应力取得极值，则

$$\frac{\sigma_x-\sigma_y}{2}\sin2\alpha_0 + \tau_{xy}\cos2\alpha_0 = 0$$

对照式（9-2），可见满足正应力取得极值的 α_0 恰好使得剪应力为零。因此，由 α_0 所确定的方向为主平面，而其上的正应力为主应力。

由上式可得主平面方位

$$\tan2\alpha_0 = -\frac{2\tau_{xy}}{\sigma_x - \sigma_y} \tag{9-4}$$

由式（9-4）可以确定单元体的 4 个主平面位置。对于互相垂直的两个主平面方位，可由 α_0 和 $\alpha_0+\dfrac{\pi}{2}$ 确定。

从式（9-4）求出 $\sin 2\alpha_0$ 和 $\cos 2\alpha_0$，代入式（9-2）可以求得主应力，即

$$\left.\begin{array}{l}\sigma_{\max}\\ \sigma_{\min}\end{array}\right\}=\frac{\sigma_x+\sigma_y}{2}\pm\sqrt{\left(\frac{\sigma_x-\sigma_y}{2}\right)^2+\tau_{xy}^2} \tag{9-5}$$

式中，$\sigma_{\max}$ 表示 σ_1 或 σ_2；$\sigma_{\min}$ 表示 σ_2 或 σ_3。按照约定 $\sigma_1\geqslant\sigma_2\geqslant\sigma_3$，所求得的极值正应力，其极大值可能为 σ_1 或 σ_2，而极小值可能为 σ_2 或 σ_3，在垂直于 xy 平面方向上还有一正应力为零。

主应力方向可采用直接判定法来确定。即把单元体对称分为四个象限，剪应力箭头指向两平面交线象限内的 α_0 或 $\left(\alpha_0+\dfrac{\pi}{2}\right)$ 对应的主应力为极大值；剪应力箭头背离两平面交线象限内的 α_0 或 $\left(\alpha_0+\dfrac{\pi}{2}\right)$ 对应的主应力为极小值。

2. 剪应力极值及其所在平面

与求主应力方法完全相似，同理可以确定极大剪应力和极小剪应力。

若 $\alpha=\alpha_1$ 时，可使 $\dfrac{d\tau_\alpha}{d\alpha}=0$，则

$$(\sigma_x-\sigma_y)\cos2\alpha_1-2\tau_{xy}\sin2\alpha_1=0$$

由此得到

$$\tan2\alpha_1=\frac{\sigma_x-\sigma_y}{2\tau_{xy}} \tag{9-6}$$

由式（9-6）可确定 4 个平面，两个相互垂直的平面由 α_1 和 $\left(\alpha_1+\dfrac{\pi}{2}\right)$ 确定。

由式（9-6）求出 $\sin2\alpha_1$ 利 $\cos2\alpha_1$，代入式（9-2）得

$$\left.\begin{array}{l}\tau_{\max}\\ \tau_{\min}\end{array}\right\}=\pm\sqrt{\left(\frac{\sigma_x-\sigma_y}{2}\right)^2+\tau_{xy}^2} \tag{9-7}$$

由式（9-7）可求得平面应力状态下剪应力的极值。

3. 正应力、剪应力的极值及其所在平面间关系

比较式（9-4）和式（9-6）可得

$$\tan2\alpha_0=-\frac{1}{\tan2\alpha_1}$$

故

$$\alpha_1=\alpha_0\pm\frac{\pi}{4}$$

还可以解出

$$\tau_{\max}=\frac{\sigma_{\max}-\sigma_{\min}}{2}$$

极值剪应力所在平面与主平面的夹角为 45°；极值剪应力等于两个主应力之差的二分

之一。

4. 过一点任意两相互垂直面上的正应力之和

若以 $\beta=\alpha+\frac{\pi}{2}$ 代换式（9-2）中的 α，化简后得

$$\sigma_{\beta}=\frac{\sigma_{x}+\sigma_{y}}{2}-\frac{\sigma_{x}-\sigma_{y}}{2}\cos 2\alpha+\tau_{xy}\sin 2\alpha$$

与式（9-2）和式（9-5）共同解出

$$\sigma_{\alpha}+\sigma_{\beta}=\sigma_{x}+\sigma_{y}=\sigma_{max}+\sigma_{min}=常值$$

上式说明，通过受力构件内一点任意两相互垂直面上的正应力之和为一常量。

9.2.4　例题解析

【例题 9-1】 已知某构件上一点各方向面上的应力分别为 $\sigma_{x}=-120MPa$，$\sigma_{y}=70MPa$，$\tau_{xy}=-80MPa$，$\tau_{yx}=80MPa$。（1）画出单元体的应力状态；（2）求 $\alpha=-30°$ 时斜截面上的应力；（3）求主应力大小及其方向，并画出主单元体。

【解】（1）根据正应力和剪应力的符号规定，画单元体的应力状态，如图 9-7（a）所示。

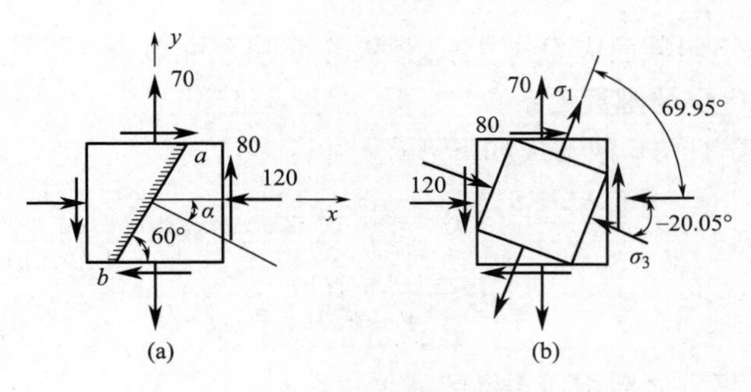

图 9-7　例题 9-1 图

（2）当 $\alpha=-30°$ 时，斜截面上的应力

由式（9-2）和式（9-3）得

$$\sigma_{-30°}=\frac{-120+70}{2}+\frac{-120-70}{2}\cos(-60°)-(-80)\sin(-60°)=-142MPa（压应力）$$

$$\tau_{-30°}=\frac{-120-70}{2}\sin(-60°)+(-80)\cos(-60°)=42MPa$$

（3）主应力大小及其方向

1）主应力大小

由式（9-5）可得

$$\left.\begin{matrix}\sigma_{1}\\ \sigma_{3}\end{matrix}\right\}=\frac{-120+70}{2}\pm\sqrt{\left(\frac{-120-70}{2}\right)^{2}+80^{2}}=-25\pm 124=\begin{cases}99\\ -149\end{cases}MPa$$

即主应力 $\sigma_{1}=99MPa$，$\sigma_{2}=0MPa$，$\sigma_{3}=-149MPa$

2）主应力方向

由式（9-4）得

$$\tan2\alpha_0=-\frac{2\times(-80)}{-120-70}=-0.8421$$

$$\alpha_0=-20.05°，\alpha_0+90°=69.95°$$

3）画主单元体

由于 $\alpha_0+90°=69.95°$，在第一象限，为剪应力箭头指向两截面交线的象限，为 σ_1 所在主平面位置；$\alpha_0=-20.05°$，则为 σ_3 所在主平面位置，见图 9-7（b）。

9.3 平面应力状态分析之图解法

平面应力状态下，除了可用解析法进行应力状态分析外，还可以运用由解析法演变而来的图解法进行应力状态分析。相比解析法，图解法的特点是简便、直观，可省去复杂的计算。

9.3.1 应力圆及其作法

1. 应力圆原理

由平面应力状态下斜截面应力式（9-2）和式（9-3）可知，σ_α 和 τ_α 都是 α 的函数，说明 σ_α 和 τ_α 之间存在一定的函数关系。

将式（9-2）和式（9-3）改写成如下形式：

$$\sigma_\alpha-\frac{\sigma_x+\sigma_y}{2}=\frac{\sigma_x-\sigma_y}{2}\cos2\alpha-\tau_{xy}\sin2\alpha$$

$$\tau_\alpha-0=\frac{\sigma_x-\sigma_y}{2}\sin2\alpha+\tau_{xy}\cos2\alpha$$

将以上两式各自平方之后相加，得到

$$\left(\sigma_\alpha-\frac{\sigma_x+\sigma_y}{2}\right)^2+(\tau_\alpha-0)^2=\left(\frac{\sigma_x-\sigma_y}{2}\right)^2+\tau_{xy}^2$$

当 σ_x、σ_y、τ_{xy} 均为已知量时，上式是一个以 σ_α、τ_α 为变量的圆周方程。当斜截面随方位角 α 变化时，其上应力 σ_α、τ_α 在 σ-τ 直角坐标系内的轨迹是一个圆，如图 9-8 所示。其圆心 C 位于横坐标轴（σ 轴）上，圆心的横坐标为 $\left(0,\ \frac{\sigma_x+\sigma_y}{2}\right)$，半径 R 为 $\sqrt{\left(\frac{\sigma_x-\sigma_y}{2}\right)^2+\tau_{xy}^2}$，圆周上任一点 E（σ_α，τ_α）的横坐标 σ_α 和纵坐标 τ_α 分别代表与 x 平面夹角为 α 角度的斜截面上的正应力和剪应力，这个圆称为应力圆。应力圆最早由德国工程师莫尔提出，故又称为莫尔应力圆，简称莫尔圆。

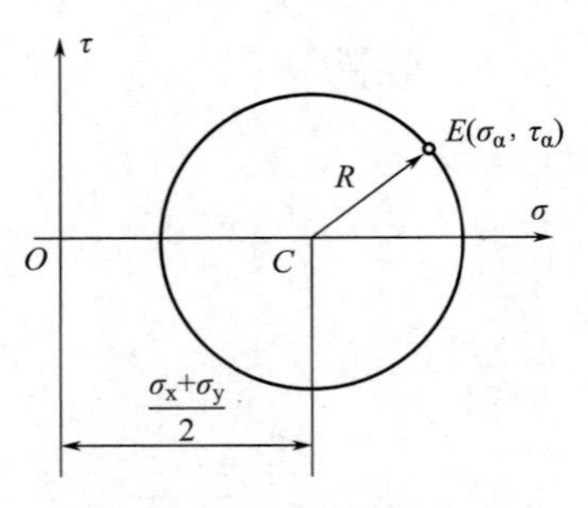

图 9-8 应力圆（莫尔圆）

2. 应力圆作法

以图 9-9（a）所示平面应力状态为例，说明应力圆作法。

(1) 建立 σ-τ 坐标系，选定比例尺。

(2) 确定 x 平面及其应力大小对应的 D 点。按比例量取 $\overline{OA}=\sigma_x$，$\overline{AD}=\tau_{xy}$，确定 D 点。

(3) 确定 y 平面及其应力大小对应的 D' 点。按比例量取 $\overline{OB}=\sigma_y$，$\overline{BD'}=\tau_{yx}$，确定 D' 点。

(4) 确定圆心位置，画应力圆。连接 $\overline{DD'}$，交 σ 轴于 C 点，以 C 点为圆心，$\overline{CD}$ 为半径画圆，即为应力圆。

应力圆圆心与原点间距 $\overline{OC}=\dfrac{1}{2}(\overline{OA}+\overline{OB})=\dfrac{1}{2}(\sigma_x+\sigma_y)$，其半径 $\overline{CD}=\sqrt{\overline{CA}^2+\overline{AD}^2}=\sqrt{\left(\dfrac{\sigma_x-\sigma_y}{2}\right)^2+\tau_{xy}^2}$，如图 9-9 (b) 所示。

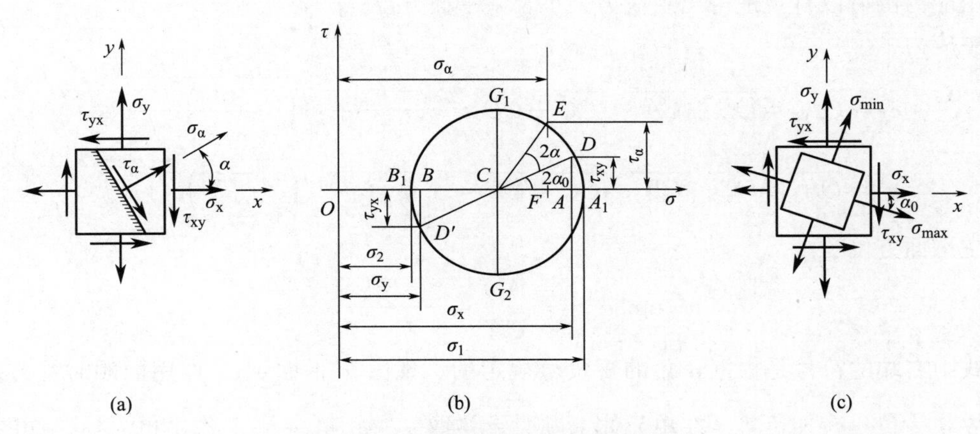

图 9-9　平面应力状态应力圆的画法

9.3.2　应力圆应用

1. 确定单元体任一斜截面上的应力值

如欲求与 x 平面夹角为 α 的斜截面的应力，则在应力圆上，从 D 点沿圆周按与 α 相同的转向转 2α 角度至 E 点，E 点的横坐标和纵坐标则分别代表 α 斜截面上的正应力 σ_α 和剪应力 τ_α，如图 9-9 (b) 所示。

证明如下：

由图 9-9 (b) 可知

$$\overline{CA}=\frac{\overline{OA}-\overline{OB}}{2}=\frac{\sigma_x-\sigma_y}{2}$$

$$\begin{aligned}\overline{OF}&=\overline{OC}+\overline{CE}\cos(2\alpha_0+2\alpha)\\&=\overline{OC}+\overline{CD}\cos2\alpha_0\cos2\alpha-\overline{CD}\sin2\alpha_0\sin2\alpha\\&=\overline{OC}+\overline{CA}\cos2\alpha-\overline{AD}\sin2\alpha\end{aligned}$$

$$=\frac{\sigma_x+\sigma_y}{2}+\frac{\sigma_x-\sigma_y}{2}\cos2\alpha-\tau_{xy}\sin2\alpha$$

$$=\sigma_\alpha$$

$$\overline{EF}=\overline{CE}\sin(2\alpha_0+2\alpha)$$

$$=\overline{CD}\sin2\alpha_0\cos2\alpha+\overline{CD}\cos2\alpha_0\sin2\alpha$$

$$=\overline{AD}\cos2\alpha+\overline{CA}\sin2\alpha$$

$$=\tau_{xy}\cos2\alpha+\frac{\sigma_x-\sigma_y}{2}\sin2\alpha$$

$$=\tau_\alpha$$

即 E 点的横坐标和纵坐标分别等于 α 面上的正应力和剪应力。

2. 确定主应力大小及主平面方位

由应力圆可以直观地得出主应力大小及主平面方位。

主应力

$$\sigma_1=\overline{OA_1}=\overline{OC}+\overline{CA_1}=\overline{OC}+\overline{CD}=\frac{\sigma_x+\sigma_y}{2}+\sqrt{\left(\frac{\sigma_x-\sigma_y}{2}\right)^2+\tau_{xy}^2}$$

$$\sigma_2=\overline{OB_1}=\overline{OC}-\overline{CB_1}=\overline{OC}-\overline{CD}=\frac{\sigma_x+\sigma_y}{2}-\sqrt{\left(\frac{\sigma_x-\sigma_y}{2}\right)^2+\tau_{xy}^2}$$

主平面方位

$$\tan2\alpha_0=-\frac{\overline{AD}}{\overline{CA}}=-\frac{2\tau_{xy}}{\sigma_x-\sigma_y}$$

式中右端的符号是根据 α 角的正负号规定的，现由 x 平面到 σ_1 作用面顺时针方向旋转，故 α 为负，应加负号。在单元体上顺时针量取 α_0 和 $\left(\alpha_0+\frac{\pi}{2}\right)$ 作主单元体，如图 9-9（c）所示。

3. 确定剪应力极值及作用平面方位

应力圆上 G_1 和 G_2 两点的纵坐标分别是 τ 的极大值和极小值，其绝对值均等于半径。

$$\left.\begin{matrix}\tau_{max}\\ \tau_{min}\end{matrix}\right\}=\pm\overline{CD}=\pm\sqrt{\left(\frac{\sigma_x-\sigma_y}{2}\right)^2+\tau_{xy}^2}$$

或

$$\tau_{max}=\frac{\sigma_1-\sigma_2}{2}$$

其方位

$$\tan2\alpha_1=\frac{\overline{CA}}{\overline{AD}}=\frac{\sigma_x-\sigma_y}{2\tau_{xy}}$$

剪应力极值方位与主应力方位，在应力圆上相差 $\frac{\pi}{2}$，在单元体上相差 $\frac{\pi}{4}$。

4. 应力圆与单元体的对应关系

应力圆与单元体之间“点面对应，转向一致，倍角关系，相同基准”的规律如图 9-10

所示。

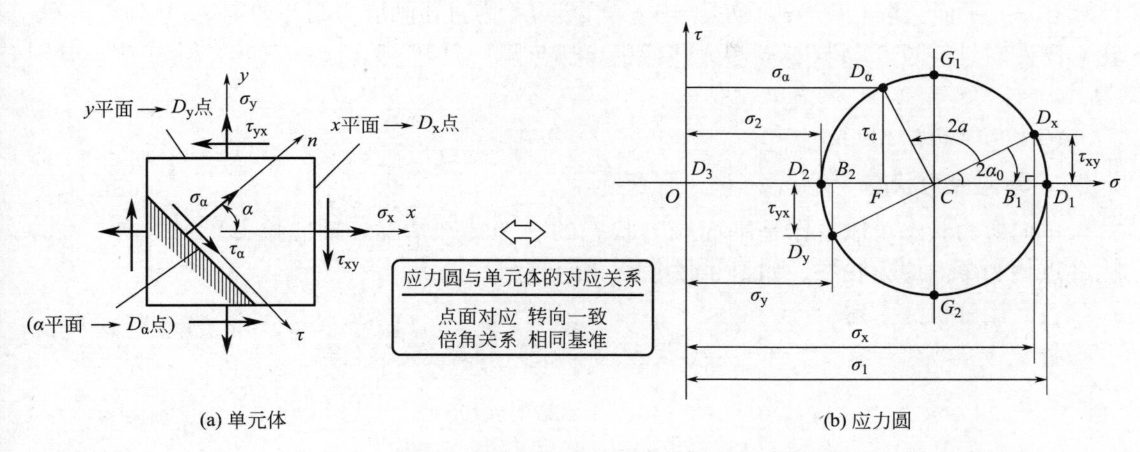

(a) 单元体　　(b) 应力圆

图 9-10　平面应力状态下应力圆与单元体的对应关系

用图解法对平面应力状态分析时，需特别注意应力圆与单元体之间以下对应关系：

（1）应力圆上一点的坐标对应着单元体某一截面上的应力，即圆上一个点，单元体上一个面。

（2）单元体内互相垂直截面上的应力，对应应力圆上直径的两端点的坐标，即直径两端点，垂直二平面。

（3）应力圆上两点圆弧所对应的圆心角 2α，对应着单元体两截面外法线之间的夹角 α，且转向相同，即转向相同，转角 2 倍。

为了便于记忆，可将应力圆与单元体之间的对应关系概括为："圆上一个点，体上一个面。直径两端点，垂直二平面。转向相同，转角 2 倍"。

9.3.3　两个重要特例

在讨论了平面应力状态一般情况之后，下面讨论两个重要的特例。

1. 纯剪切应力状态

单元体各方向面上只有剪应力而无正应力称为纯剪切应力状态。如图 9-11（a）所示圆轴受扭转时，轴内各点（除轴线上的点）均为纯剪切应力状态，如图 9-11（b）所示。

（1）用解析法求解

将 $\sigma_x=0$，$\tau_{xy}=\tau$，$\sigma_y=0$，$\tau_{yx}=-\tau$ 代入式（9-2）和式（9-3）得

$$\sigma_\alpha=-\tau\sin2\alpha$$

$$\tau_\alpha=\tau\cos2\alpha$$

当 $\alpha=\pm45^\circ$ 时，$\sigma_{\pm45^\circ}=\mp\tau$，$\tau_{\pm45^\circ}=0$，按主应力代数值排列：$\sigma_1=\sigma_{-45^\circ}=\tau$，$\sigma_2=0$，$\sigma_3=\sigma_{+45^\circ}=-\tau$。

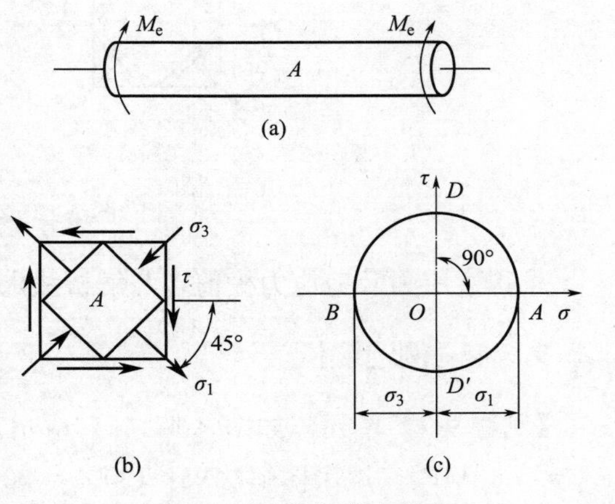

(a)　(b)　(c)

图 9-11　纯剪切应力状态

（2）用图解法求解

在 σ-τ 平面，取 $\overline{OD}=\tau$，$\overline{OD'}=-\tau$，以 $\overline{DD'}$ 为直径画应力圆，如图 9-11（c）所示。由 $\overline{OD}$ 顺时针转过 90°到 OA，单元体应由 x 方向顺时针转 45°到 σ_1 方向，3 个主应力分别为：$\sigma_1=\tau$，$\sigma_2=0$，$\sigma_3=-\tau$。

结果与解析法相同。

2. 单向应力状态

单向应力状态可以看作是平面应力状态的一个特殊情况，轴向拉、压杆（图 9-12a）内各点均为单向应力状态，如图 9-12（b）所示。

（1）用解析法求解

将 $\sigma_x=\sigma$，$\sigma_y=0$，$\tau_{xy}=\tau_{yx}=0$ 代入式（9-2）和式（9-3）得

$$\sigma_\alpha=\frac{\sigma}{2}(1+\cos2\alpha)=\sigma\cos^2\alpha$$

$$\tau_\alpha=\frac{\sigma}{2}\sin2\alpha$$

当 $\alpha=\pm45°$ 时，$\sigma_{\pm45°}=\frac{\sigma}{2}$，$\tau_{\pm45°}=\pm\frac{\sigma}{2}$。

解得：

$$\sigma_1=\sigma，\sigma_2=0，\sigma_3=0$$

$$\tau_{max}=\frac{\sigma}{2}，\tau_{min}=-\frac{\sigma}{2}$$

（2）用图解法求解

在 σ-τ 坐标内取 $\overline{OA}=\sigma_x=\sigma$，以 $\overline{OA}$ 为直径画图得应力圆，如图 9-12（c）所示。

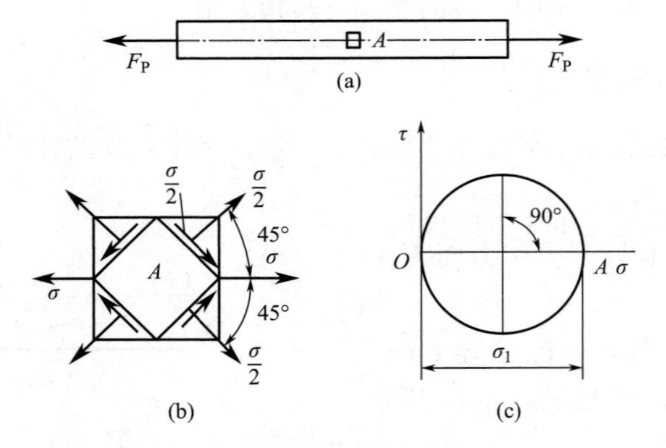

图 9-12 单向应力状态

求得主应力及剪应力极值，与解析法求得结果相同。

9.3.4 例题解析

【例题 9-2】 单元体如图 9-13（a）所示。已知，$\sigma_x=-80$MPa，$\tau_{xy}=30$MPa，$\sigma_y=0$，$\tau_{yx}=-30$MPa。试用图解法求：（1）$\alpha=30°$斜截面上的应力；（2）主应力大小及其所在截面的方位，并在单元体上画出。

【解】（1）画应力圆

在 σ-τ 坐标平面内，按选定比例尺，由坐标（$\sigma_x=-80$MPa，$\tau_{xy}=30$MPa）和（$\sigma_y=0$MPa，$\tau_{yx}=-30$MPa）分别确定 D 和 D' 点。连接 DD'，与横坐标轴交于 C 点。以 C 点为圆心，DD' 为直径画圆，即得所求应力图，如图 9-13（b）所示。

（2）求 $\alpha=30°$ 斜截面上的应力

从应力圆半径 CD 顺时针转 $2\alpha=60°$ 至 CE 处，所得 E 点的坐标对应与 x 轴成 30°的法线所决定的截面上的应力 $\sigma_{30°}$ 和 $\tau_{30°}$，量得

$$\sigma_{30°}=\overline{OF}=-86\ \text{MPa}$$

$$\tau_{30°}=\overline{FE}=-19.6\ \text{MPa}$$

其方向如图 9-13（b）所示。

（3）求主应力

应力图与 σ 轴交于 A_1、B_1 两点，量得 $\overline{OA_1}=10$MPa，$\overline{OB_1}=-90$MPa。按主应力代数值排列：

$$\sigma_1=10\text{MPa},\sigma_2=0\text{MPa},\sigma_3=-90\text{MPa}$$

在应力圆上由 $\overline{CD}$ 到 $\overline{CA_1}$，为顺时针转过 $2\alpha_0=143.2°$（量得），对应单元体应从 x 轴顺时针转到 σ_1 所在平面的外法线 n，转角 $\alpha_0=71.6°$，主单元体如图 9-13（c）所示。

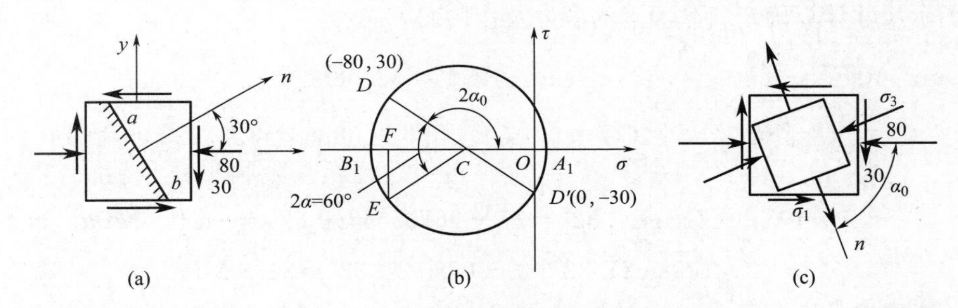

图 9-13　例题 9-2 图

【例题 9-3】单元体 $abcd$ 如图 9-14（a）所示，用应力圆求：（1）图 9-14（a）所示斜截面上的应力情况；（2）主应力和主平面方向；（3）主剪应力作用平面的位置及该平面上的应力情况。

【解】（1）画应力圆

画出 σ-τ 坐标轴。在 σ-τ 坐标平面内，按选定比例尺，画出代表 σ_x、τ_{xy} 的点 A（-50，-60）；代表 σ_y、τ_{yx} 的点 B（100，60）。连接 A、B，与水平 σ 轴交于 C 点。以 C 点为圆心，以 $\overline{AB}$ 为应力圆直径，作应力圆。

圆心 C 点横坐标：$\overline{OC}=\dfrac{100-50}{2}=25$MPa

应力圆的半径：$\overline{CB}=\overline{CA}=\sqrt{\overline{CD}^2+\overline{BD}^2}=\sqrt{\left(\dfrac{100+50}{2}\right)^2+60^2}=96.05$MPa

（2）斜截面上的应力

在应力圆上，自点 A 沿圆周顺时针转过 60°，到达 G 点后，G 点在 σ-τ 坐标系内的坐

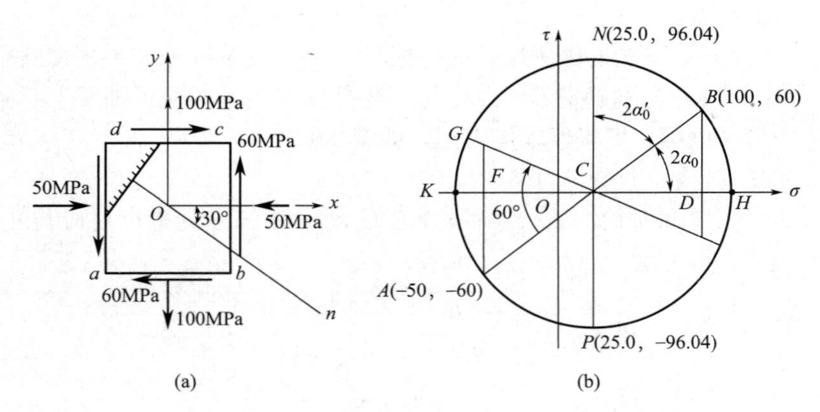

图 9-14 例题 9-3 图

标即为斜截面上的应力。

方法一：直接量取图中数值

自 G 点向水平轴作垂线，可量得：$\sigma_{-30^\circ}=-64.5\text{MPa}$，$\tau_{-30^\circ}=34.9\text{MPa}$

$$\angle FCG=21.32^\circ$$

方法二：计算图中数值

由图示尺寸计算确定斜截面上的应力及作用面方向：

由 $\sin\angle ACF=\dfrac{60}{96.05}=0.625$，得：$\angle ACF=38.68^\circ$

$$\angle FCG=\angle ACG-\angle ACF=60^\circ-38.68^\circ=21.32^\circ$$

则：

$$\sigma_{-30^\circ}=\overline{OC}-\overline{CG}\cos21.32^\circ=25-96.05\cos21.32^\circ=-64.5\ \text{MPa}$$

$$\tau_{-30^\circ}=\overline{CG}\sin21.32^\circ=96.05\sin21.32^\circ=34.9\ \text{MPa}$$

（3）主应力与主方向

应力圆图上 H 点横坐标 $\overline{OH}$ 为第一主应力，K 点的横坐标 $\overline{OK}$ 为第三主应力，第一主应力方向为由 B 点顺时针转过 $2\alpha_0$。

方法一：直接量取图中数值

可量得：$\sigma_1=\overline{OH}=121.05\text{MPa}$，$\sigma_3=\overline{OK}=-71.05\text{MPa}$，$\alpha_0=19.34^\circ$（顺时针）。

在单元体上，第三主应力方向为由 x 轴顺时针转过 19.34°；对应于应力圆图上由 A 点顺时针转到 K 点，转角为 38.68°。

方法二：计算图中数值

由图示尺寸计算确定主应力及主方向：

$$\sigma_1=\overline{OH}=\overline{OC}+\overline{CH}=\overline{OC}+\overline{CB}=25.0+96.05=121.05\ \text{MPa}$$

$$\sigma_3=\overline{OK}=\overline{OC}-\overline{CK}=\overline{OC}-\overline{CB}=25.0-96.05=-71.05\ \text{MPa}$$

$$\sin2\alpha_0=\frac{\overline{BD}}{\overline{CB}}=\frac{60}{96.05}=0.625,\ \alpha_0=19.34^\circ\text{（顺时针）}$$

（4）主剪应力作用面的位置及其上的应力

由应力圆上 N、P 两点可以确定主剪应力作用面的相对方位及其上的应力。注意到

$$\angle HCN = 2\alpha_0 - 2\alpha'_0 = 90°$$

故

$$2\alpha'_0 = 90° - 2\alpha_0 = 90° - 38.68° = 51.32°，\alpha'_0 = 25.66°$$

在应力圆上由 B 到 N 逆时针转过 51.32°，且

$$\tau_{max} = -\tau_{min} = \overline{CB} = 96.05 \text{ MPa}$$

相应于 τ_{max} 和 τ_{min} 作用面上的法应力均为 25.0MPa。

9.4　三向应力状态分析

3 个主应力都不为零的应力状态为三向应力状态。对于危险点处于三向应力状态下的构件进行强度计算，通常需要确定其最大正应力和最大剪应力。

三向应力状态应力分析比较复杂，本节主要讨论当 3 个主应力已知时，任意斜截面上的应力计算。对于单元体各面上既有正应力，又有剪应力的三向应力状态，可以用弹性力学方法求得 3 个主应力。

9.4.1　斜截面上的应力

在图 9-15（a）的主单元体中，用任意斜截面 ABC 截取四面体，如图 9-15（b）所示。设 ABC 截面的外法线 n 与 x、y、z 之间的夹角分别为 α、β、γ，该面的总应力 p 沿 x、y、z 轴的分量分别为 p_x、p_y、p_z。

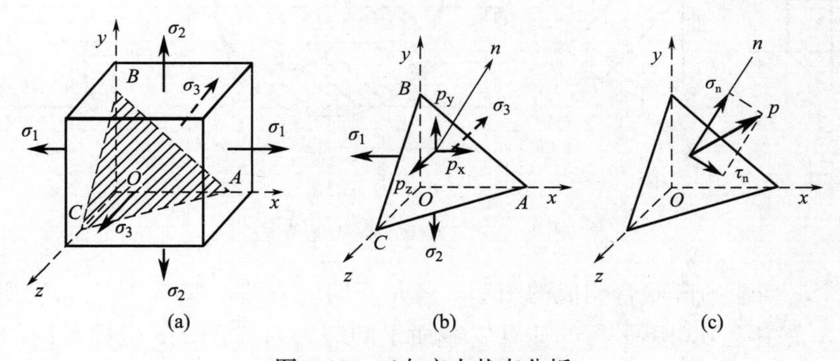

图 9-15　三向应力状态分析

设截面 ABC 的面积为 dA，侧面 OBC、OAC、OAB 的面积分别为 $dA\cos\alpha$、$dA\cos\beta$、$dA\cos\gamma$，由四面体 $OABC$ 的平衡条件

$$\sum F_x = 0 \qquad p_x dA - \sigma_1 dA\cos\alpha = 0，p_x = \sigma_1\cos\alpha$$

同理

$$\sum F_y = 0，p_y = \sigma_2\cos\beta$$

$$\sum F_z = 0，p_z = \sigma_3\cos\gamma$$

因而，斜截面上的正应力为

$$\sigma_n = p_x\cos\alpha + p_y\cos\beta + p_z\cos\gamma \tag{9-8a}$$

或

$$\sigma_n = \sigma_1\cos^2\alpha + \sigma_2\cos^2\beta + \sigma_3\cos^2\gamma \tag{9-8b}$$

斜截面上的剪应力由图 9-15（c）得

$$\tau_{\rm n}=\sqrt{p^2-\sigma_{\rm n}^2}=\sqrt{p_{\rm x}^2+p_{\rm y}^2+p_{\rm z}^2-\sigma_{\rm n}^2} \tag{9-9a}$$

或

$$\tau_{\rm n}=\sqrt{\sigma_1^2\cos^2\alpha+\sigma_2^2\cos^2\beta+\sigma_3^2\cos^2\gamma-\sigma_{\rm n}^2} \tag{9-9b}$$

9.4.2 三向应力状态的应力圆

对于主单元体（图 9-16a），可以分别用平行于主应力的斜截面截取三棱柱部分为研究对象。所截取的三棱柱斜截面上的应力与平行于斜截面的主应力无关，于是可以按平面应力状态应力圆的画法，画出其相应的应力圆。

用平行于 σ_3 的斜截面截得三棱柱，如图 9-16（b）所示。前后两个三角形面上，应力 σ_3 的合力自相平衡，不影响斜面上的应力。因此，斜截面 $abcd$ 上的应力与 σ_3 无关，该斜面上的应力只由 σ_1 和 σ_2 决定，在 σ-τ 坐标平面以（$\sigma_1-\sigma_2$）为直径，C_1 为圆心作应力圆 I，如图 9-16（c）所示。该圆上的各点对应于垂直于 σ_3 主平面的所有方向面，圆上各点的横坐标和纵坐标即表示对应方向面上的正应力和剪应力。

同理，可以画出以（$\sigma_2-\sigma_3$）为直径、C_2 为圆心的应力圆Ⅱ和以（$\sigma_1-\sigma_3$）为直径、C_3 为圆心的应力圆Ⅲ，如图 9-16（c）所示。

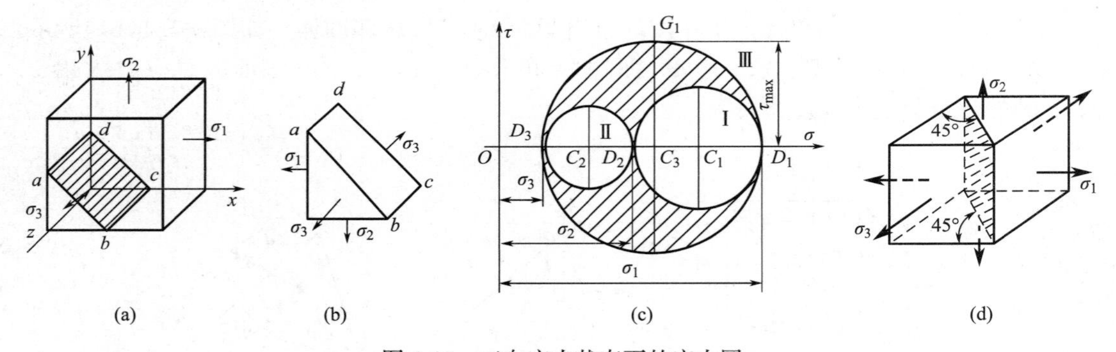

图 9-16 三向应力状态下的应力圆

上述 3 个二向应力圆联合构成的图形，就是三向应力圆，如图 9-16（c）所示。

对于与 3 个主应力均不平行的任意斜截面上的应力对应于 σ-τ 坐标系内的点必位于 3 个应力圆所构成的阴影区域内。

9.4.3 应力极值

由应力圆或主应力代数值排列可知，如一点处于三向应力状态下，则该点处最大正应力为 σ_1，最小正应力为 σ_3，即

$$\sigma_{\max}=\sigma_1,\ \sigma_{\min}=\sigma_3 \tag{9-10}$$

从组成三向应力圆的 3 个二向应力圆可看出，对应的 3 组方向面中，都有各自的最大剪应力。对应于垂直 σ_3 或 σ_2 或 σ_1 主平面的所有方向面中，其最大剪应力分别为

$$\tau_{12}=\frac{\sigma_1-\sigma_2}{2},\ \tau_{13}=\frac{\sigma_1-\sigma_3}{2},\ \tau_{23}=\frac{\sigma_2-\sigma_3}{2} \tag{9-11}$$

τ_{12}、τ_{13}、τ_{23} 称为 3 个主剪应力，它们分别在与 σ_1 和 σ_2 主平面成 45°角，或与 σ_1 和 σ_3

主平面成 45°角，或与 σ_2 和 σ_3 主平面成 45°角的斜面上。

3 个主剪应力中的最大者 τ_{13} 为其中最大值。故处于三向应力状态下的一点，其最大剪应力为

$$\tau_{\max}=\frac{\sigma_1-\sigma_3}{2} \tag{9-12}$$

$\tau_{\max}$ 所在平面即为图 9-16（d）所示的阴影面。

9.4.4　例题解析

【例题 9-4】 试用解析法和图解法求图 9-17（a）所示单元体的主应力和最大剪应力（应力单位为“MPa”），并作三向应力圆。

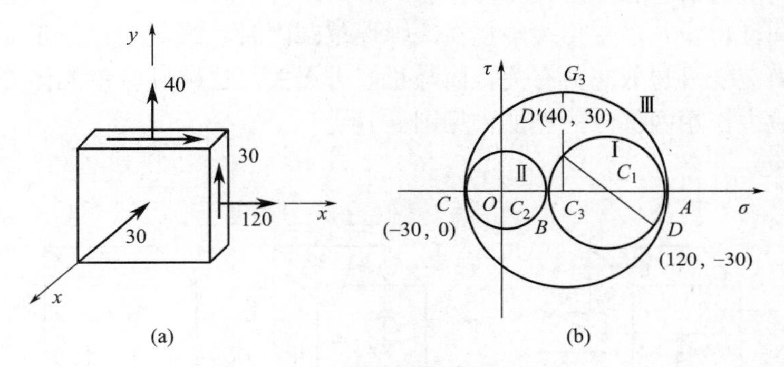

图 9-17　例题 9-4 图

【解】 单元体 z 面为主平面，-30MPa 为主应力之一，需求与 x、y 面应力有关的另两个主应力。

（1）解析法

将 $\sigma_x=120$MPa，$\tau_{xy}=-30$MPa，$\sigma_y=40$MPa 代入式（9-5），得

$$\left.\begin{matrix}\sigma_1\\\sigma_2\end{matrix}\right\}=\frac{\sigma_x+\sigma_y}{2}\pm\sqrt{\left(\frac{\sigma_x-\sigma_y}{2}\right)^2+\tau_{xy}^2}=\frac{120+40}{2}\pm\sqrt{\left(\frac{120-40}{2}\right)^2+(-30)^2}$$

$$=80\pm50=\begin{cases}130\\30\end{cases}\text{MPa}$$

主应力为：$\sigma_1=130$MPa，$\sigma_2=30$MPa，$\sigma_3=-30$MPa

最大剪应力：$\tau_{\max}=\dfrac{\sigma_1-\sigma_3}{2}=\dfrac{130-(-30)}{2}=80$MPa

（2）图解法

在 σ-τ 坐标平面内（图 9-17b），按比例确定 D 点（120，-30），对应 x 面应力和 D' 点（40，30），对应 y 面应力，连接 DD' 与横坐标轴交于 C_1 点，以 C_1 点为圆心，$\overline{DD'}$ 为直径作圆，得应力圆Ⅰ，交横坐标轴上 A、B 两点。z 平面应力（-30，0）对应 σ-τ 平面上 C 点，以 $\overline{BC}$ 为直径，C_2 为圆心作应力圆Ⅱ。以横坐标轴 $\overline{AC}$ 为直径，C_3 为圆心作应力圆Ⅲ。三向应力圆如图 9-17（b）所示。按比例量得主应力。

主应力：$\sigma_1=\overline{OA}=130$MPa，$\sigma_2=\overline{OB}=30$MPa，$\sigma_3=\overline{OC}=-30$MPa

最大剪应力（大圆半径）：$\tau_{\max}=\overline{C_3G_3}=80$MPa

9.5 广义胡克定律

9.5.1 广义胡克定律

1. 广义胡克定律

一般情况下，描述受力构件内一点的应力状态需要 9 个应力分量。从受力构件任一点处取出一单元体，其上 9 个应力分量如图 9-18（a）所示，考虑到剪应力互等定理，τ_{xy} 与 τ_{yx}、τ_{yz} 与 τ_{zy}、τ_{zx} 与 τ_{xz} 数值相等，则 9 个应力分量中有 6 个是独立的。这种应力状态可以看作是三组单向应力状态和三组纯剪切应力状态的组合。

对于各向同性材料，当变形很小且在线弹性范围内时，线应变只与正应力有关，而与剪应力无关；剪应变只与剪应力有关，而与正应力无关。这样可将单元体分成只有正应力作用和只有剪应力作用两部分的叠加，见图 9-18。

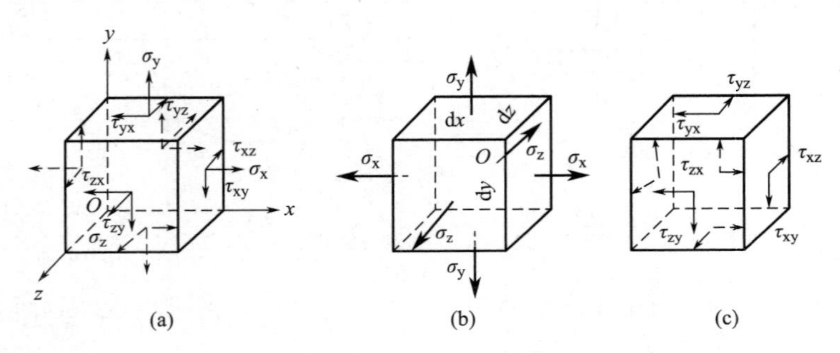

图 9-18　一点应力状态

（1）只有正应力作用部分

对于只有正应力作用部分，如图 9-18（b）所示，正应力作用只引起单元体棱边的改变，不会引起剪应变。例如，σ_x 单独作用在 x 方向引起的线应变为 $\frac{\sigma_x}{E}$，σ_y 和 σ_z 单独作用，在 x 方向引起的线应变为 $-\mu\frac{\sigma_y}{E}$ 和 $-\mu\frac{\sigma_z}{E}$，叠加得 x 方向的线应变为

$$\varepsilon_x=\frac{\sigma_x}{E}-\mu\frac{\sigma_y}{E}-\mu\frac{\sigma_z}{E}=\frac{1}{E}[\sigma_x-\mu(\sigma_y+\sigma_z)]$$

同理可求得 y 方向线应变 ε_y 和 z 方向线应变 ε_z。

于是得到

$$\begin{cases}\varepsilon_x=\dfrac{1}{E}[\sigma_x-\mu(\sigma_y+\sigma_z)]\\ \varepsilon_y=\dfrac{1}{E}[\sigma_y-\mu(\sigma_z+\sigma_x)]\\ \varepsilon_z=\dfrac{1}{E}[\sigma_z-\mu(\sigma_x+\sigma_y)]\end{cases}\tag{9-13}$$

（2）只有剪应力作用部分

对于只有剪力作用部分，如图 9-18（c）所示，在 xOy、yOz 和 zOx 平面剪应变与剪应力之间的关系为

$$\begin{cases}\gamma_{xy}=\dfrac{\tau_{xy}}{G}\\[2ex]\gamma_{yz}=\dfrac{\tau_{yz}}{G}\\[2ex]\gamma_{zx}=\dfrac{\tau_{zx}}{G}\end{cases}\tag{9-14}$$

式（9-13）和式（9-14）称为广义胡克定律。应用公式时要注意应力、应变的正负。若为压应力或压应变，则应以负值代入。

2. 主单元体三向应力状态

当单元体为主单元体时（图 9-19），属于只有正应力作用的情况，x、y、z 的方向分别与 σ_1、σ_2、σ_3 的方向一致，$\sigma_x=\sigma_1$，$\sigma_y=\sigma_2$，$\sigma_z=\sigma_3$，$\tau_{xy}=0$，$\tau_{yz}=0$，$\tau_{xz}=0$，则广义胡克定律简化为

$$\begin{cases}\varepsilon_1=\dfrac{1}{E}[\sigma_1-\mu(\sigma_2+\sigma_3)]\\[2ex]\varepsilon_2=\dfrac{1}{E}[\sigma_2-\mu(\sigma_3+\sigma_1)]\\[2ex]\varepsilon_3=\dfrac{1}{E}[\sigma_3-\mu(\sigma_1+\sigma_2)]\\[2ex]\gamma_{xy}=0,\ \gamma_{yz}=0,\ \gamma_{xz}=0\end{cases}\tag{9-15}$$

式（9-15）是由主应力表示的胡克定律。其中，ε_1、ε_2 和 ε_3 分别表示沿 3 个主应力方向的应变，称为主应变。

3. 平面应力状态一般情况

当单元体为平面应力状态一般情况（图 9-20）时，$\sigma_z=0$，$\tau_{xz}=0$，$\tau_{yz}=0$，广义胡克定律可简化为

$$\begin{cases}\varepsilon_x=\dfrac{1}{E}(\sigma_x-\mu\sigma_y)\\[2ex]\varepsilon_y=\dfrac{1}{E}(\sigma_y-\mu\sigma_x)\\[2ex]\gamma_{xy}=\dfrac{\tau_{xy}}{G}\end{cases}\tag{9-16}$$

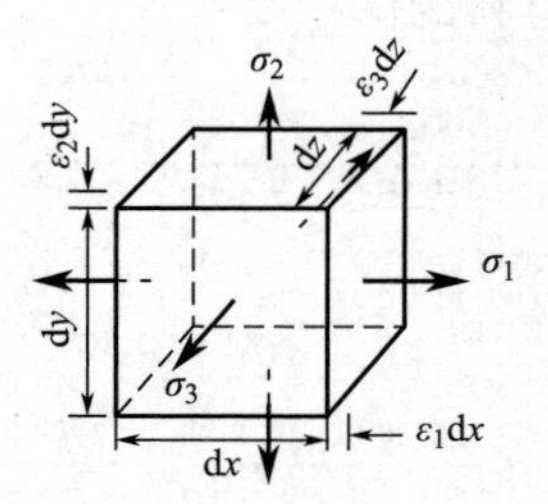

图 9-19　主单元体应力状态

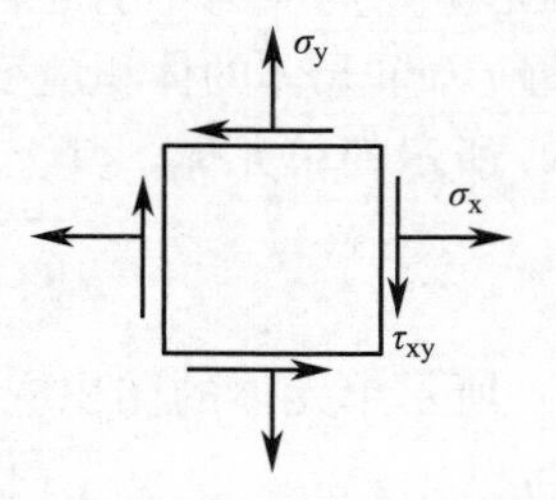

图 9-20　平面应力状态

9.5.2 体积应变

1. 体积应变

从以上讨论可以看出，单元体各棱边产生伸长或缩短，那么单元体的体积也可能发生改变。如图 9-20 所示主单元体，设单元体变形前各棱边长度为 $\mathrm{d}x$、$\mathrm{d}y$ 和 $\mathrm{d}z$，则其体积为

$$V_0 = \mathrm{d}x\mathrm{d}y\mathrm{d}z$$

设变形后 $\mathrm{d}x$、$\mathrm{d}y$ 和 $\mathrm{d}z$ 的线应变分别为 ε_1、ε_2 和 ε_3，则体积变为

$$\begin{aligned} V &= \mathrm{d}x(1+\varepsilon_1)\cdot\mathrm{d}y(1+\varepsilon_2)\cdot\mathrm{d}z(1+\varepsilon_3) \\ &= V_0(1+\varepsilon_1)(1+\varepsilon_2)(1+\varepsilon_3) \end{aligned}$$

展开上式并略去高阶小量 $\varepsilon_1\varepsilon_2$、$\varepsilon_2\varepsilon_3$、$\varepsilon_3\varepsilon_1$……，则得变形后的体积为

$$V = V_0(1+\varepsilon_1+\varepsilon_2+\varepsilon_3)$$

单位体积的体积改变量，称为体积应变，用 θ 表示，则

$$\theta = \frac{V-V_0}{V_0} = \varepsilon_1+\varepsilon_2+\varepsilon_3 \tag{9-17}$$

将式（9-16）代入式（9-17）并化简得

$$\theta = \frac{1-2\mu}{E}(\sigma_1+\sigma_2+\sigma_3) = \frac{3(1-2\mu)}{E}\cdot\frac{\sigma_1+\sigma_2+\sigma_3}{3} \tag{9-18}$$

引入符号

$$K = \frac{E}{3(1-2\mu)},\quad \sigma_{\mathrm{m}} = \frac{\sigma_1+\sigma_2+\sigma_3}{3}$$

则式（9-18）变为

$$\theta = \frac{\sigma_{\mathrm{m}}}{K} \tag{9-19}$$

式中，K 为体积弹性模量；σ_{m} 为 3 个主应力的平均值，称为平均主应力。

由此说明，任一点处的体积应变 θ 与该点处的平均应力 σ_{m} 或 3 个主应力之和成正比，此即体积胡克定律。

2. 两种特殊情况

（1）纯剪切应力状态下的体积应变

若受力构件某一点为纯剪切应力状态，即 $\sigma_1=-\sigma_3=\tau_{xy}$，$\sigma_2=0$，代入式（9-18）可知，其体积应变 $\theta=0$。

可见，在小变形下，剪应力不引起各向同性材料的体积改变。

（2）三向等值应力单元体的体积应变

如图 9-21（a）所示的单元体，其上 3 个主应力相等，均为 σ_{m}，令 σ_{m} 为

$$\sigma_{\mathrm{m}} = \frac{\sigma_1+\sigma_2+\sigma_3}{3}$$

则图 9-21（a）所示单元体的体积应变为

$$\theta = \frac{1-2\mu}{E}(\sigma_{\mathrm{m}}+\sigma_{\mathrm{m}}+\sigma_{\mathrm{m}}) = \frac{(1-2\mu)}{E}\cdot 3\sigma_{\mathrm{m}} = \frac{3(1-2\mu)}{E}\cdot\frac{\sigma_1+\sigma_2+\sigma_3}{3}$$

对比上式与式（9-17）可见，图 9-21（a）与图 9-21（b）所示单元体的体积应变相等。

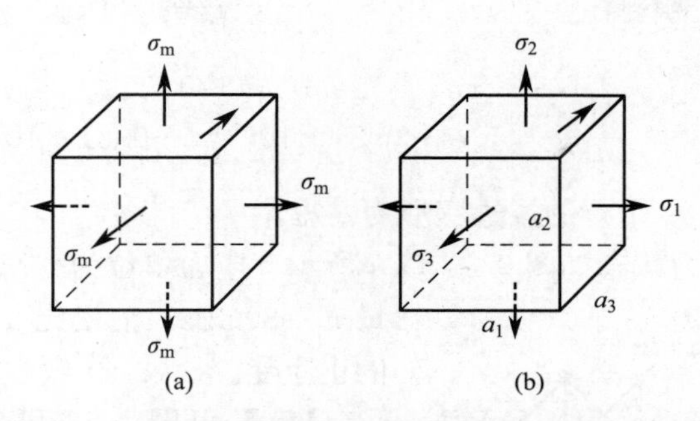

图 9-21　三向等值应力状态与非等值应力状态单元体

因此，可以得到如下两点结论：

（1）在任意形式的应力状态下，一点处的体积应变与剪应力无关，而与通过该点任意 3 个相互垂直平面上的正应力之和成正比；

（2）通过受力构件上任意一点的任意 3 个相互垂直平面上的正应力之和为常数。

9.5.3　例题解析

【例题 9-5】 平面应力状态如图 9-22 所示，已知主应力 $\sigma_1 \neq 0, \sigma_2 \neq 0, \sigma_3 = 0$，主应变 $\varepsilon_1 = 1.6 \times 10^{-4}$，$\varepsilon_2 = 0.3 \times 10^{-4}$，泊松比 $\mu = 0.3$。试求主应变 ε_3。

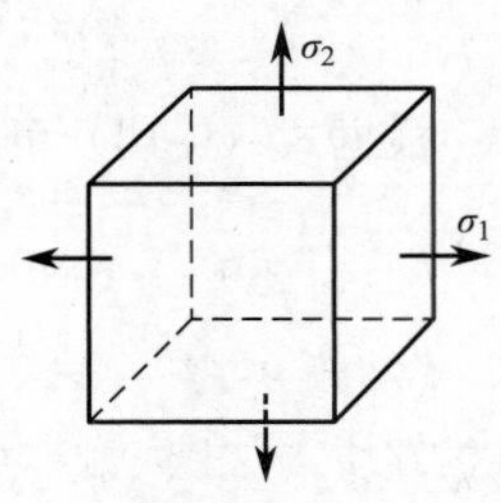

图 9-22　例题 9-5 图

【解】 利用广义胡克定律得

$$\begin{cases} \varepsilon_1 = \dfrac{1}{E}[\sigma_1 - \mu(\sigma_2 + \sigma_3)] \\ \varepsilon_2 = \dfrac{1}{E}[\sigma_2 - \mu(\sigma_3 + \sigma_1)] \\ \varepsilon_3 = \dfrac{1}{E}[\sigma_3 - \mu(\sigma_1 + \sigma_2)] \end{cases}$$

把 $\sigma_3 = 0$ 代入上式得

$$\varepsilon_1 = \frac{1}{E}(\sigma_1 - \mu\sigma_2)$$

$$\varepsilon_2 = \frac{1}{E}(\sigma_2 - \mu\sigma_1)$$

$$\varepsilon_3 = \frac{1}{E}[0 - \mu(\sigma_1 + \sigma_2)] = -\frac{\mu(\sigma_1 + \sigma_2)}{E}$$

将 ε_1 与 ε_2 相加，得

$$\varepsilon_1 + \varepsilon_2 = \frac{\sigma_1 + \sigma_2}{E}(1 - \mu)$$

则

$$\sigma_1 + \sigma_2 = \frac{E}{1 - \mu}(\varepsilon_1 + \varepsilon_2)$$

将上式代入 ε_3 得

$$\varepsilon_3=-\frac{\mu}{E}\cdot\frac{E}{1-\mu}(\varepsilon_1+\varepsilon_2)=-\frac{\mu}{1-\mu}(\varepsilon_1+\varepsilon_2)$$

代入已知数据得

$$\varepsilon_3=-\frac{0.3}{1-0.3}(1.6+0.3)\times10^{-4}=-0.81\times10^{-4}$$

ε_3 为负值，表明与 σ_3 平行的棱边变形为缩短。

【例题 9-6】 已知应力状态如图 9-23（a）所示（应力单位为“MPa”），材料的弹性模量 $E=80\text{GPa}$，泊松比 $\mu=0.31$。试求 45°方位的正应变。

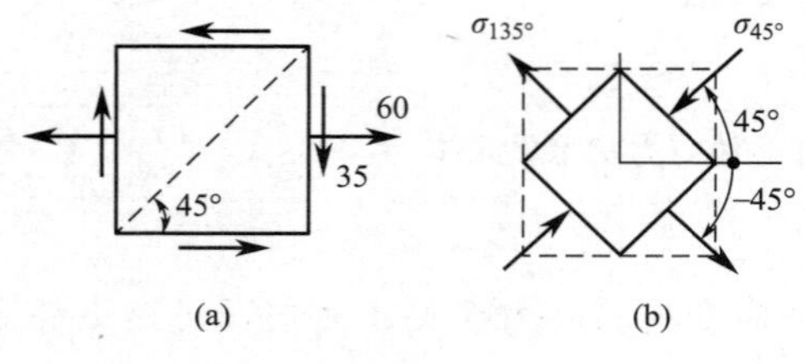

图 9-23　例题 9-6 图

【解】 由图 9-23 可知，x 与 y 截面的应力为

$$\sigma_x=60\text{MPa}，\sigma_y=0\text{MPa}，\tau_{xy}=35\text{MPa}$$

由 $\sigma_\alpha=\dfrac{\sigma_x+\sigma_y}{2}+\dfrac{\sigma_x-\sigma_y}{2}\cos2\alpha-\tau_{xy}\sin2\alpha$，则 45°与 135°斜截面上的正应力如图 9-23（b）所示，分别为

$$\sigma_{45°}=\frac{60+0}{2}+\frac{60-0}{2}\cos90-35\sin90=-5\text{MPa}$$

$$\sigma_{135°}=\frac{60+0}{2}+\frac{60-0}{2}\cos270°-35\sin270°=65\text{MPa}$$

根据式（9-16）可知 45°方位的正应变为

$$\varepsilon_{45°}=\frac{1}{E}(\sigma_{45°}-\mu\sigma_{135°})=\frac{1}{80\times10^3}(-5-0.31\times65)=-3.14\times10^{-4}$$

【例题 9-7】 一体积较大的槽形刚体，槽内紧密无隙地嵌入一边长为 $a=10\text{mm}$ 的铜合金立方块，如图 9-24（a）所示。铜合金的弹性模量 $E=80\text{GPa}$，$\mu=0.35$。铜合金块顶部承受合力为 $F=8\text{kN}$ 的均布压力作用。试求铜合金块的 3 个主应力及相应的变形（不计铜合金块与槽形刚体间的摩擦）。

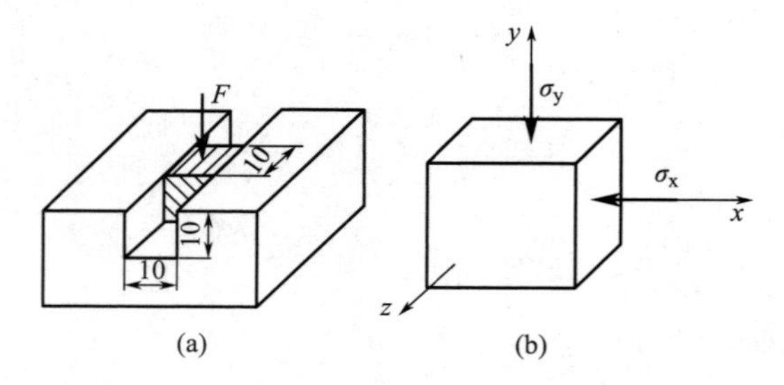

图 9-24　例题 9-7 图（尺寸单位：mm）

【解】（1）建立如图 9-24（b）所示坐标系。

（2）铜合金块 y 向横截面上应力

铜合金块在 y 向轴向受压，其横截面上的压应力为

$$\sigma_y = -\frac{F}{A} = -\frac{8\times10^3}{10\times10} = -80\ \text{MPa}$$

（3）铜合金块在 z 向横截面上应力

铜合金块在 z 方向为自由边界，其横截面上应力为

$$\sigma_z = 0$$

（4）铜合金块在 x 向横截面上应力

铜合金块在 x 方向受刚性约束，应用广义胡克定律得

$$\varepsilon_x = \frac{1}{E}[\sigma_x - \mu(\sigma_y + \sigma_z)] = 0$$

解得

$$\sigma_x = \mu(\sigma_y + \sigma_z) = 0.35\times(-80) = -28\ \text{MPa}$$

（5）铜合金块 3 个主应力

$$\sigma_1 = 0\text{MPa},\ \sigma_2 = -28\ \text{MPa},\ \sigma_3 = -80\ \text{MPa}$$

（6）铜合金块 3 个主应变

$$\varepsilon_1 = \frac{1}{E}[\sigma_1 - \mu(\sigma_2 + \sigma_3)] = \frac{1}{80\times10^3}\times[0 - 0.35\times(-28-80)] = 4.725\times10^{-4}$$

$$\varepsilon_2 = \frac{1}{E}[\sigma_2 - \mu(\sigma_3 + \sigma_1)] = \frac{1}{80\times10^3}\times[-28 - 0.35\times(-80+0)] = 0$$

$$\varepsilon_3 = \frac{1}{E}[\sigma_3 - \mu(\sigma_1 + \sigma_2)] = \frac{1}{80\times10^3}\times[-80 - 0.35\times(0-28)] = -8.775\times10^{-4}$$

（7）铜合金块 3 个主应力方向的变形

$$\Delta l_1 = \varepsilon_1 l_1 = 4.725\times10^{-4}\times10 = 4.725\times10^{-3}\ \text{mm}$$

$$\Delta l_2 = \varepsilon_2 l_2 = 0\ \text{mm}$$

$$\Delta l_3 = \varepsilon_3 l_3 = -8.775\times10^{-4}\times10 = -8.775\times10^{-3}\ \text{mm}$$

9.6　复杂应力状态的应变能密度

9.6.1　应变能与应变能密度的概念

弹性体在外力作用下将产生变形。在变形过程中，外力将在其相应的位移上做功，使得弹性体由于变形而储存有能量，这种由于弹性变形而积蓄在弹性体内的能量，称为弹性变形能或弹性应变能，简称应变能，用符号 V_ε 表示。弹性体每单位体积内积蓄的应变能，称为应变能密度，又称弹性比能。用符号 v_ε 表示。

如果不考虑能量损耗，积蓄在弹性体内的应变能 V_ε 在数值上应等于外力在弹性体变形过程中所做的功 W，即 $V_\varepsilon = W$。

9.6.2　单向应力状态的应变能密度

设单元体各棱边长度为 $\mathrm{d}x$、$\mathrm{d}y$ 和 $\mathrm{d}z$，在单向应力状态时，如图 9-25（a）所示。

作用在单元体上的外力 $\sigma\mathrm{d}y\mathrm{d}z$ 在其作用方向的位移 $\varepsilon\mathrm{d}x$ 上所做的功为

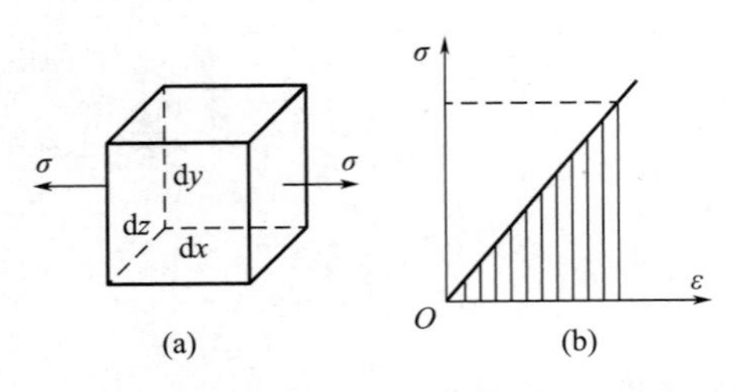

图 9-25　单向应力状态的应变能密度

$$dW=\int_0^{\varepsilon}\sigma dydz\cdot d\varepsilon dx$$

对于线性弹性材料，$\sigma=E\varepsilon$，故

$$dW=Edxdydz\int_0^{\varepsilon}\varepsilon d\varepsilon=\frac{1}{2}E\varepsilon^2dxdydz$$

不考虑动力效应和能量损失，根据能量守恒定律，外力功全部积蓄到弹性体内，转换为弹性体的应变能。于是

$$dV_{\varepsilon}=dW=\frac{1}{2}E\varepsilon^2dxdydz$$

单元体的应变能密度为

$$v_{\varepsilon}=\frac{dV_{\varepsilon}}{dV}=\frac{dW}{dV}=\frac{1}{2}\frac{E\varepsilon^2dxdydz}{dxdydz}$$

于是

$$v_{\varepsilon}=\frac{1}{2}E\varepsilon^2=\frac{1}{2}\sigma\varepsilon=\frac{\sigma^2}{2E}\tag{9-20}$$

可见，单向应力状态下弹性体内所积蓄的应变能密度数值为正应力 σ 在线应变 ε 上所做的功，可用如图 9-25（b）所示 σ-ε 关系图中阴影部分面积表示。

同理，对于纯剪切应力状态，应变能密度为

$$v_{\varepsilon}=\frac{1}{2}\tau\gamma=\frac{\tau^2}{2G}=\frac{G}{2}\gamma^2\tag{9-21}$$

式中，G 为材料的剪切弹性模量。

9.6.3　复杂应力状态的应变能密度

在三向应力状态下，弹性体应变能与外力功在数值上仍然相等。对于线弹性范围内，小变形条件下的弹性体，所积蓄的应变能只取决于外力和变形的最终值，而与加载次序无关。因为，若以不同加载顺序可以得到不同的应变能，那么，按一个储存能量较多的顺序加载，而按一个储存能量较少的顺序卸载，则完成一个循环后，弹性体内将增加能量。显然，这与能量守恒定律相矛盾。为便于分析，这里假设单元体各面上的应力都是按一定比例由零增加到终值。

如图 9-26（a）所示主单元体，在线弹性情况下，每一个主应力与相应主应变之间仍保持线性关系，因而与每一主应力相应的应变能密度仍可由式（9-20）计算。

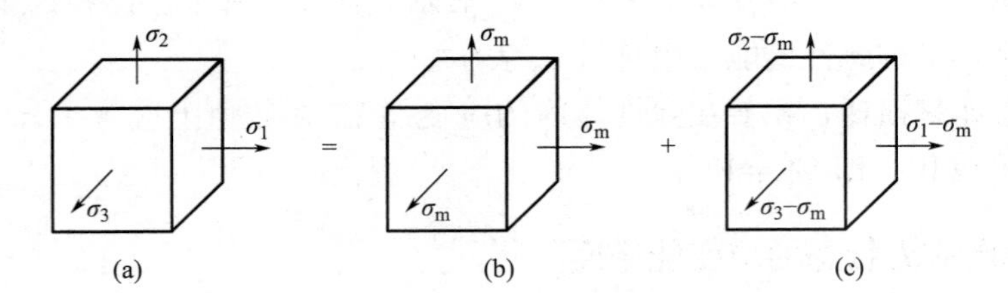

图 9-26　主单元体的应变能密度

于是，三向应力状态的应变能密度为

$$v_{\varepsilon}=\frac{1}{2}(\sigma_1\varepsilon_1+\sigma_2\varepsilon_2+\sigma_3\varepsilon_3) \tag{9-22}$$

将广义胡克定律代入式（9-22），并经整理后得

$$v_{\varepsilon}=\frac{1}{2E}[\sigma_1^2+\sigma_2^2+\sigma_3^2-2\mu(\sigma_1\sigma_2+\sigma_2\sigma_3+\sigma_3\sigma_1)] \tag{9-23}$$

9.6.4　体积改变能密度和畸变能密度

一般情况下，单元体将同时发生体积改变和形状改变。与单元体体积改变对应的那一部分应变能密度称为体积改变能密度，用 v_V 表示；而与形状改变对应的应变能密度称为形状改变能密度，又称畸变能密度，用 v_d 表示。

即

$$v_{\varepsilon}=v_V+v_d \tag{9-24}$$

将图 9-26（a）所示单元体表示为图 9-26（b）、（c）两部分叠加。图 9-26（b）中的三个主应力相等，其值为平均应力值。

$$\sigma_m=\frac{1}{3}(\sigma_1+\sigma_2+\sigma_3)$$

由于图 9-26（a）与图 9-26（b）所示单元体的体应变 ε_V 相等，且变形后的形状与原来的形状相似，即只发生体积改变而无形状改变，因而全部应变能密度为体积改变能密度 v_V。由式（9-24）得

$$v_V=\frac{1}{2E}[\sigma_m^2+\sigma_m^2+\sigma_m^2-2\mu(\sigma_m^2+\sigma_m^2+\sigma_m^2)]=\frac{1-2\mu}{6E}(\sigma_1+\sigma_2+\sigma_3)^2 \tag{9-25}$$

结合式（9-23）～式（9-25），整理后得三向应力状态下单元体的畸变能密度为

$$v_d=v_{\varepsilon}-v_V=\frac{1+\mu}{6E}[(\sigma_1-\sigma_2)^2+(\sigma_2-\sigma_3)^2+(\sigma_3-\sigma_1)^2] \tag{9-26}$$

式（9-26）可在强度理论中应用。

9.7　常用强度理论

17 世纪主要使用砖、石与灰口铸铁等脆性材料，观察到的破坏现象也多属于脆性断裂，从而出现了以断裂作为失效标志的强度理论，主要包括最大拉应力理论与最大伸长线应变理论。到了 19 世纪，由于生产的发展，科学技术的进步，工程中大量使用钢、铜等塑性材料，并对塑性变形的机理有了较多认识，于是，又相继出现了以屈服或显著塑性变形为失效标志的强度理论，主要包括最大剪应力理论与畸变能理论。

最大拉应力理论、最大伸长线应变理论、最大剪应力理论与畸变能密度理论，是当前最常用的强度理论。此外，莫尔理论也是一个重要的强度理论。它们适用于均匀、连续、各向同性材料，而且工作在常温、静载条件下。

9.7.1 关于脆性断裂的强度理论

1. 最大拉应力理论（第一强度理论）

最大拉应力理论又称第一强度理论。该理论认为：最大拉应力 σ_1 是引起材料脆断的主要因素。即不论材料处于何种应力状态，只要最大拉应力 σ_1 达到材料在单向拉伸发生脆断时的极限拉应力值 σ_b， 材料就会发生脆断破坏。按此理论，材料发生脆断破坏的条件是

$$\sigma_1 = \sigma_b$$

将极限拉应力 σ_b 除以安全因数，得到材料的许用拉应力 $[\sigma]$。 所以，按此理论建立的强度条件为

$$\sigma_1 \leqslant [\sigma] \tag{9-27}$$

如前所述，铸铁等脆性材料在单向拉伸和纯剪切应力状态下发生脆断破坏的断裂面，都是最大拉应力所在平面，这些破坏现象是与该理论相符合的。

人们曾用铸铁制成封闭的薄壁圆筒，并在内压力、轴向拉（压）力和外扭矩的联合作用下进行试验（图 9-27），调整这些作用力之间的比例，对筒壁上一点 C 处可得各种各样的平面应力状态，试验结果如图 9-28 所示。图中的“＋”号表示试验得到的脆断点；竖直线 AB 表示该理论的脆断条件，与试验结果基本相符。

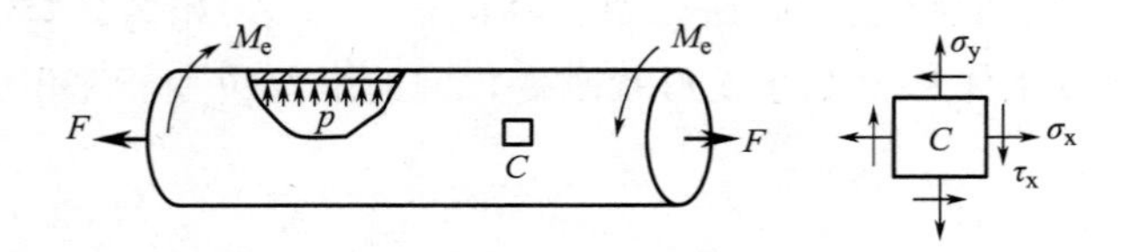

图 9-27　薄壁圆筒试验

试验研究表明，脆性材料在两向或三向受拉断裂时，最大拉应力理论与试验结果相当接近；而当存在压应力的情况下，则只要最大压应力值不超过最大拉应力值或超过不多，最大拉应力理论也是适用的。但该理论未考虑其他两个主应力对材料发生脆断破坏的影响。该理论在没有拉应力的状态（如单向压缩、三向压缩等）无法应用，例如，它无法解释石料等脆性材料在单向压缩试验（试件两端涂有润滑剂）下沿纵向开裂的现象（图 9-29）。

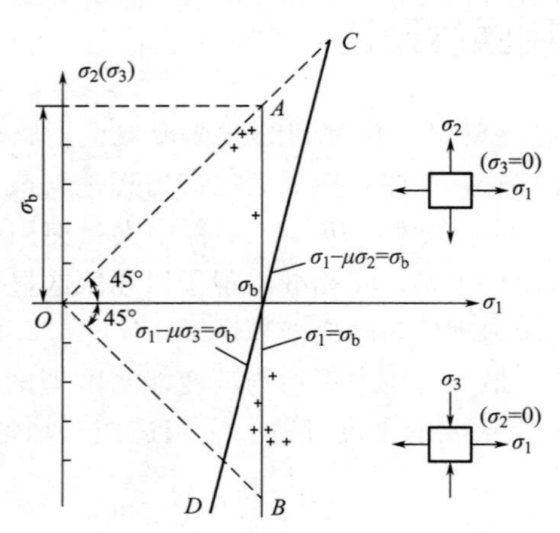

图 9-28　薄壁圆筒试验结果

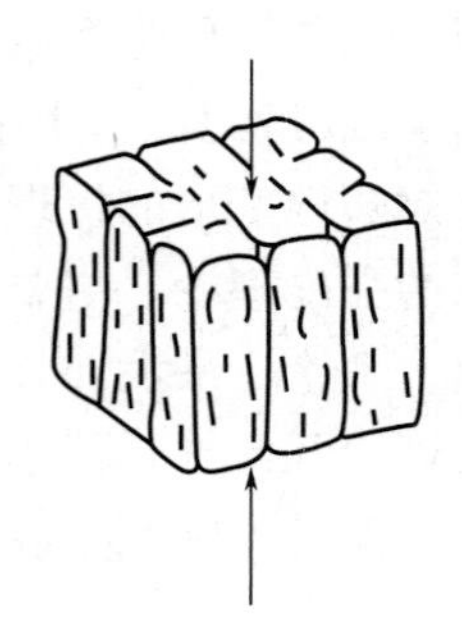

图 9-29　脆性材料的单向压缩

对于低碳钢和普通低合金钢等塑性材料，其在单向拉应力作用下的破坏形式为塑性屈服，单向拉伸试验是测不到脆断破坏的极限拉应力的，这类材料可采用图9-4（a）所示的试件，将拉断时的荷载除以削弱面的面积，作为其发生脆断破坏的极限拉应力的近似值。

2. 最大伸长线应变理论（第二强度理论）

最大伸长线应变理论又称最大拉应变理论、第二强度理论。该理论认为：最大伸长线应变 ε_1 是引起材料脆断的主要因素。不论材料处于何种应力状态，只要最大拉应变 ε_1 达到材料在单向拉伸脆断时的极限拉应变值 ε_u，材料就会发生脆断破坏。

假设材料在单向拉伸下直至脆断破坏都可近似地应用胡克定律，则材料的极限伸长线应变值为

$$\varepsilon_u=\frac{\sigma_b}{E}$$

按此理论，材料发生脆断破坏的条件是

$$\varepsilon_1=\varepsilon_u=\frac{\sigma_b}{E}$$

将广义胡克定律公式中的第一式

$$\varepsilon_1=\frac{1}{E}[\sigma_1-\mu(\sigma_2+\sigma_3)]$$

代入上式，得到用主应力表示的脆断破坏条件为

$$\sigma_1-\mu(\sigma_2+\sigma_3)=\sigma_b$$

将上式右边的极限拉应力 σ_b 除以安全因数，得到材料的许用拉应力 $[\sigma]$。于是，按最大伸长线应变理论建立的强度条件为

$$\sigma_1-\mu(\sigma_2+\sigma_3)\leqslant[\sigma] \tag{9-28}$$

该理论可较好地解释石料等脆性材料在单向压缩试验下沿纵向开裂的现象，因为在单向压缩下，其最大伸长线应变发生在横向。铸铁在平面应力状态下的试验结果如图9-28所示，图中的 CD 直线表示该理论的脆断条件（取铸铁的泊松比 $\mu=0.25$ 绘出）。

研究结果表明，脆性材料在双向拉伸-压缩应力状态下，当两个主应力中一个为拉应力、另一个为压应力时，该理论是稍偏于安全的；但在二向拉伸时该理论与试验结果并不相符。

9.7.2 关于塑性屈服的强度理论

1. 最大剪应力理论（第三强度理论）

最大剪应力理论是工程中广泛使用的塑性定律之一。它最早由法国科学家库伦于1773年提出，是关于剪断的强度理论，并用于建立土的强度条件；1864年特雷卡通过挤压试验研究屈服和屈服准则，将剪断准则发展为屈服准则，又称为特雷斯卡（Tresca）屈服准则。

最大剪应力理论又称第三强度理论。该理论认为：最大剪应力 τ_{max} 是引起材料屈服的主要因素，即不论材料处于何种应力状态，只要其最大剪应力 τ_{max} 达到与材料性质有关的

某一极限值（材料在单向拉伸试验下发生屈服时的极限剪应力值 τ_u），材料就发生屈服破坏。

单向拉伸试验下，当拉应力达到材料的屈服极限 σ_s（横截面上的正应力为 σ_s）时，与拉应力成 45°斜截面上的极限剪应力 τ_u 值为

$$\tau_u = \frac{\sigma_s}{2}$$

因为这一极限值与应力状态无关，在任意应力状态下，只要最大剪应力 τ_{max} 达到 $\tau_u = \frac{\sigma_s}{2}$，就能引起材料屈服破坏。

按此理论，材料发生屈服破坏的条件是

$$\tau_{max} = \tau_u = \frac{\sigma_s}{2}$$

由应力状态相关理论可知，材料在复杂应力状态下的最大剪应力为

$$\tau_{max} = \frac{\sigma_1 - \sigma_3}{2}$$

由以上两式可得用主应力表示的屈服破坏条件为

$$\sigma_1 - \sigma_3 = \sigma_s$$

将上式右边的屈服极限 σ_s 除以安全因数，得到材料的许用应力 $[\sigma]$。于是，按最大剪应力理论建立的强度条件为

$$\sigma_1 - \sigma_3 \leqslant [\sigma] \tag{9-29}$$

最大剪应力理论较为满意地解释了塑性材料的屈服现象。如前所述，抛光的低碳钢拉伸（压缩）试件在屈服时，可以看到与轴线成 45°的滑移线，这是材料内部沿这一方向滑移的痕迹；而沿这一方向的斜截面上剪应力恰为最大值。

对于拉、压屈服极限相同的塑性材料，最大剪应力理论与试验结果很接近。钢材在平面应力状态下的试验结果如图 9-30 所示，图中的“○”表示试验得到的屈服破坏点，直线 AB 及 BC 表示该理论的屈服条件，可见该理论与试验结果基本相符。在二向应力状态下，几种塑性材料的薄壁圆筒试验结果如图 9-31 所示，图中以 σ_1/σ_s 和 σ_2/σ_s 为坐标，可以看出，该理论与试验结果比较吻合，代表试验数据的点落在六角形之外，说明这一理论偏于安全。

最大剪应力理论未考虑第二主应力 σ_2 的作用，使得在平面应力状态下按该理论所得的结果与试验结果相比稍偏于安全，两者的差异最高达 15%。试验表明，第二主应力对材料屈服确实存在一定影响。此外，该理论只适用于拉、压屈服极限相同的塑性材料。

2. 畸变能密度理论（第四强度理论）

畸变能密度理论又称形状改变能密度理论、第四强度理论。该理论认为：畸变能密度 v_d 是引起材料屈服的主要因素。不论材料处于何种应力状态，只要单元体中的畸变能密度 v_d 达到材料在单向拉伸试验下发生屈服时的极限畸变能密度值 v_{du}，材料就会发生屈服破坏。

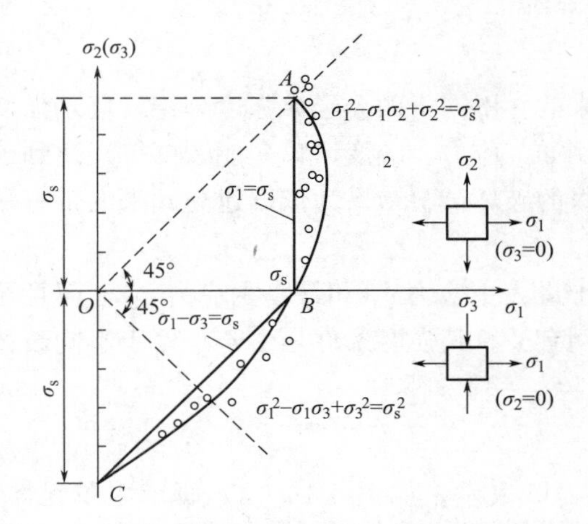

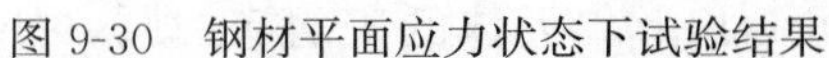
图 9-30　钢材平面应力状态下试验结果

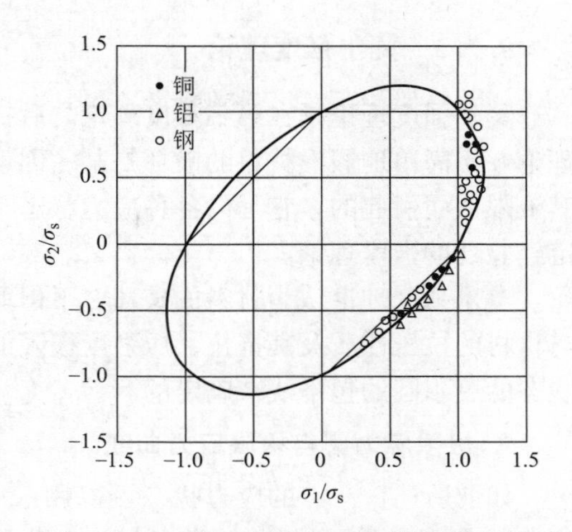

图 9-31　几种塑性材料薄壁圆筒试验结果

假设材料在单向拉伸下直至屈服都可近似地应用胡克定律，则材料的极限畸变能密度值为

$$v_{\mathrm{du}}=\frac{1+\mu}{6E}(2\sigma_{\mathrm{s}}^{2})$$

按此理论，材料发生屈服破坏的条件是

$$v_{\mathrm{d}}=v_{\mathrm{du}}=\frac{1+\mu}{6E}(2\sigma_{\mathrm{s}}^{2})$$

将畸变能密度的计算公式

$$v_{\mathrm{d}}=\frac{1+\mu}{6E}[(\sigma_1-\sigma_2)^2+(\sigma_2-\sigma_3)^2+(\sigma_3-\sigma_1)^2]$$

代入上式，经化简后，得到用主应力表示的屈服破坏条件为

$$\sqrt{\frac{1}{2}[(\sigma_1-\sigma_2)^2+(\sigma_2-\sigma_3)^2+(\sigma_3-\sigma_1)^2]}=\sigma_{\mathrm{s}}$$

这是材料开始出现屈服的条件，通常称为密息斯（Mises）屈服准则。它也是被广泛应用的塑性定律之一。

将 $\sigma_1-\sigma_3=\sigma_{\mathrm{s}}$ 右边的屈服极限 σ_{s} 除以安全因数，得到材料的许用应力 $[\sigma]$。这样，按此理论建立的强度条件是

$$\sqrt{\frac{1}{2}[(\sigma_1-\sigma_2)^2+(\sigma_2-\sigma_3)^2+(\sigma_3-\sigma_1)^2]}\leqslant[\sigma] \tag{9-30}$$

钢材在平面应力状态下的试验结果如图 9-30 所示，图中的曲线 $\overset{\frown}{AB}$ 及 $\overset{\frown}{BC}$ 表示畸变能密度理论的屈服条件。可以看出，与最大剪应力理论相比畸变能密度理论的计算结果更接近试验结果。此外，对铜、铝在平面应力状态下的试验表明，该理论（对应图 9-31 中的曲线）比第三强度理论更符合试验结果。

在纯剪切的情况下，由畸变能密度理论屈服准则得出的结果比第三强度理论屈服准则得出的结果大 15%，这是两者差异最大的情况。

畸变能密度理论也只适用于拉、压屈服极限相同的材料。

9.7.3 莫尔强度理论

莫尔强度理论是在第三强度理论之后提出来的。不同于四个经典强度理论，莫尔强度理论并不简单地假设材料的破坏是某一因素（例如，应力、应变、畸变能密度等）达到了其极限值而引起的，它是以各种应力状态下材料的破坏试验结果为依据建立起来的带有一定经验性的强度理论。

莫尔强度理论认为材料的破坏，不但取决于最大主应力 σ_1 和最小主应力 σ_3，而且还与材料的拉压性质及其抗拉、压强度极限的比例有关。其强度条件是由若干处于不同破坏状态的莫尔圆的包络线来确定的。

1. 极限应力圆与极限应力曲线

如前所述，一点的应力状态可以用 3 个应力圆表示。如图 9-16（a）所示主单元体，其上 3 个主应力分别为 σ_1、σ_2 和 σ_3，根据主应力可画出此单元体的三向应力圆，如图 9-16（c）所示。由图 9-16（c）可见，代表一点处应力状态中最大正应力和最大剪应力的点均在由 σ_1 和 σ_3 所决定的最大应力圆上。因此，莫尔认为由最大应力圆就可以决定极限应力状态，即开始发生屈服或脆断时的应力状态，而不必考虑中间主应力 σ_2 对材料强度的影响。

按材料在破坏时的主应力 σ_1 和 σ_3 所作的应力圆，称为极限应力圆。莫尔对给定的材料做了 3 种破坏试验：单向拉伸破坏试验、单向压缩破坏试验、薄壁圆管扭转（即纯剪应力状态）破坏试验。根据试验测得的极限应力，在 σ-τ 坐标系中作出 3 个极限应力圆，如图 9-32 所示，其中，圆Ⅰ、圆Ⅱ和圆Ⅲ分别是按单轴拉伸、单轴压缩和纯剪破坏的极限应力作出的极限应力圆。3 个极限应力圆的包络线称为极限应力曲线，即图 9-32 中的 AB 和 $A'B'$，它们对称于 σ 轴。莫尔认为，根据试验所得的在各种应力状态下的极限应力圆具有一条公共的极限包络线（极限应力曲线）。不同材料具有不同的极限应力曲线。

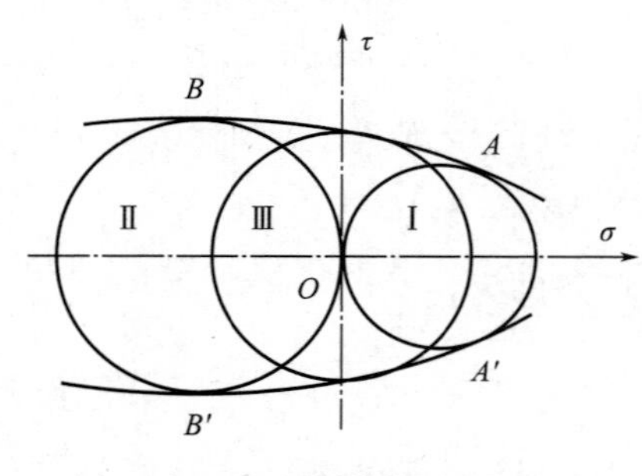

图 9-32　极限应力圆

设想拥有 1 台材料万能试验机，它能使试件处于任意的应力状态，并且 3 个主应力（σ_1，σ_2，σ_3）可以根据需要按任意给定的比例改变。如果再做其他应力状态下的破坏试验，又可作出相应的极限应力圆，再作所有极限应力圆的包络线，将得到更为精确的极限应力曲线。显然极限应力曲线可以表征材料的强度，不同材料的极限应力曲线是不一样的，但对于同一材料则认为它是唯一的。

若以构件危险点的 σ_1 和 σ_3 作出的应力圆位于材料的极限包络线之内，则此危险点就不会破坏；若这个应力圆与包络线相切，则此危险点就会发生破坏，相应切点所代表的单元体平面就是破坏面。

从理论上讲，只要找到了同一材料在不同应力状态下的极限包络线（极限应力曲线），建立这种材料失效准则的问题就变简单了。然而，要按照试验数据绘出一系列极限应力圆并确定出极限包络线并不容易。即使绘出了这种包络线，要应用它来确定某一应力状态下的极限应力圆也很不方便。

2. 许用应力圆及其应满足的条件

在工程应用中，一般用轴向拉伸许用应力 $[\sigma_t]$ 和轴向压缩许用应力 $[\sigma_c]$ 分别画出应力圆，并以其公切线作为实际应用大的许用包络线，如图 9-33 所示。于是，如果由主应力 σ_1 和 σ_3 所画出的应力圆与该公切线相切，即得相应的许用应力圆。

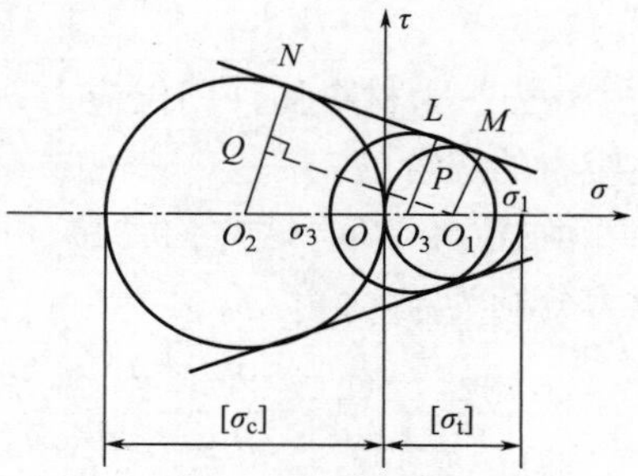

由图 9-33 可见，当由主应力 σ_1 和 σ_3 所画应力圆与许用包络线相切时，下述关系成立：

$$\frac{\overline{O_3P}}{\overline{O_2Q}}=\frac{\overline{O_3O_1}}{\overline{O_2O_1}} \tag{a}$$

$$\overline{O_3P}=\overline{O_3L}-\overline{O_1M}=\frac{\sigma_1-\sigma_3}{2}-\frac{[\sigma_t]}{2}$$

$$\overline{O_2Q}=\overline{O_2N}-\overline{O_1M}=\frac{[\sigma_c]}{2}-\frac{[\sigma_t]}{2}$$

$$\overline{O_3O_1}=\overline{OO_1}-\overline{OO_3}=\frac{[\sigma_t]}{2}-\frac{\sigma_1+\sigma_3}{2}$$

$$\overline{O_2O_1}=\overline{O_2O}-\overline{OO_1}=\frac{[\sigma_c]}{2}+\frac{[\sigma_t]}{2}$$

图 9-33　许用应力圆

将上述四式代入式（a）得

$$\sigma_1-\frac{[\sigma_t]}{[\sigma_c]}\sigma_3=[\sigma_t]$$

此即 σ_1 和 σ_3 的许用值所应满足的条件，若莫尔强度理论的相当应力用 σ_{rM} 表示，则相应的强度条件为

$$\sigma_{rM}=\sigma_1-\frac{[\sigma_t]}{[\sigma_c]}\sigma_3\leqslant[\sigma_t] \tag{9-31}$$

对于抗拉强度与抗压强度不同的脆性材料，例如铸铁与岩石等，莫尔理论往往能给出较为满意的结果。

对于拉压屈服极限相同的塑性材料，公切线与横坐标轴平行，式（9-31）即转化为式（9-29），破坏条件转化为 $\sigma_1-\sigma_3=\sigma_s$，强度条件转化为最大剪应力强度条件。

莫尔强度理论可看作是最大剪应力理论的发展。但是，与最大剪应力理论不同，莫尔理论考虑了破坏断面上正应力的影响。从本质上讲，莫尔理论也属于剪切型强度理论，所以该理论只能提供关于材料剪切或屈服的准则。

莫尔强度理论一般适用于脆性材料和低塑性材料，特别适用于抗拉和抗压强度不等的脆性材料。莫尔强度理论在土力学和岩石力学中得到广泛应用。

9.8　强度理论的应用

9.8.1　强度条件统一形式

由 4 个常用强度理论和莫尔强度理论建立的强度条件，等式的左端是复杂应力状态下

3 个主应力的组合。不同的强度理论则具有不同的组合，此组合称为相当应力。

相当应力是个抽象的概念，并不是真实存在的应力。它只是按不同强度理论得出的主应力的综合值，是与复杂应力状态危险程度相当的单轴拉应力。由此，可将各强度条件归纳为如下统一的形式：

$$\sigma_r \leqslant [\sigma] \tag{9-32}$$

式中，$[\sigma]$ 为材料的许用拉应力；σ_r 为相当应力，即按不同强度理论所得到的单元体内各主应力的综合值。

由式（9-27）～式（9-31）可见，与常用的 4 个强度理论和莫尔强度理论对应的相当应力分别为：

$$\begin{cases} \sigma_{r1} = \sigma_1 \\ \sigma_{r2} = \sigma_1 - \mu(\sigma_2 + \sigma_3) \\ \sigma_{r3} = \sigma_1 - \sigma_3 \\ \sigma_{r4} = \sqrt{\dfrac{1}{2}[(\sigma_1 - \sigma_2)^2 + (\sigma_2 - \sigma_3)^2 + (\sigma_3 - \sigma_1)^2]} \\ \sigma_{rM} = \sigma_1 - \dfrac{[\sigma_t]}{[\sigma_c]}\sigma_3 \end{cases} \tag{9-33}$$

9.8.2 强度理论的应用

1. 强度理论的选用

在常温和静荷载的条件下，对于脆性材料如铸铁、石料等，在二向以及三向拉伸应力状态下，其破坏形式均为脆性断裂，宜采用最大拉应力理论（第一强度理论）；在二向或三向应力状态下而最大和最小主应力分别为拉应力和压应力时，可采用莫尔强度理论或者最大伸长线应变理论（第二强度理论）；在三向压缩应力状态下宜采用莫尔强度理论。

而对于拉、压屈服极限相同的塑性材料如低碳钢，除了三向拉伸应力状态而外，在其余的应力状态下，其破坏形式均为塑性屈服，这时宜采用畸变能密度理论（第四强度理论），也可应用最大剪应力理论（第三强度理论）。

根据材料性质选择强度理论，在多数情况下是合适的。但是，材料的失效形式是与应力状态有关的。即使是同一材料，其破坏形式也会随应力状态的不同而不同。无论是塑性材料或是脆性材料，在三向拉应力相近的情况下，都以断裂的形式失效，宜采用最大拉应力理论（第一强度理论）或最大伸长线应变理论（第二强度理论）。在三向压力相近的情况下，都可以引起塑性变形，宜采用最大剪应力理论（第三强度理论）或畸变能密度理论（第四强度理论）。

2. 解题步骤

强度理论应用的解题步骤如下：

（1）外力分析：确定所需的外力值。

（2）内力分析：画内力图，确定可能的危险面。

（3）应力分析：画危险面应力分布图，确定危险点并画出单元体，计算出 3 个主应力。

（4）强度分析：选择适当的强度理论，计算相当应力。把复杂应力状态转换为具有等效的单向应力状态。

（5）强度校核：确定材料的许用拉应力，将其与相当应力进行比较。

9.8.3　例题解析

【例题 9-8】已知低碳钢类塑性材料在单轴拉、压时的屈服极限 σ_s，试根据强度理论，求其在纯剪切应力状态（图 9-34）下的剪切屈服极限 τ_s。

【解】（1）纯剪切应力状态下的三个主应力分别为

$$\sigma_1 = \tau，\sigma_2 = 0，\sigma_3 = -\tau$$

低碳钢类塑性材料在纯剪切应力状态下发生屈服，即 $\tau = \tau_s$ 时，有

$$\sigma_1 = \tau_s，\sigma_2 = 0，\sigma_3 = -\tau_s$$

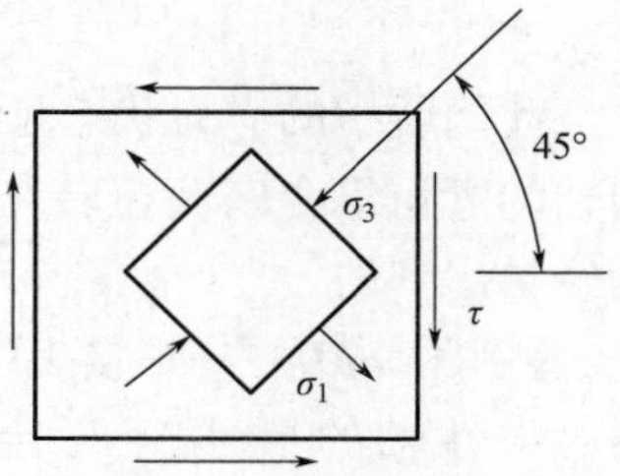

图 9-34　例题 9-8 图

（2）按第三强度理论屈服准则，有

$$\sigma_1 - \sigma_3 = \sigma_s$$

$$\tau_s - (-\tau_s) = \sigma_s$$

得

$$\tau_s = \frac{\sigma_s}{2}$$

（3）按第四强度理论屈服准则，有

$$\sqrt{\frac{1}{2}[(\tau_s - 0)^2 + (0 - \tau_s)^2 + (-\tau_s - \tau_s)^2]} = \sigma_s$$

$$\sqrt{3}\tau_s = \sigma_s$$

得

$$\tau_s = \frac{\sigma_s}{\sqrt{3}} = 0.577\sigma_s \approx 0.6\sigma_s$$

（4）综上所述，按第三强度理论得 $\tau_s = \frac{\sigma_s}{2}$；按第四强度理论得 $\tau_s \approx 0.6\sigma_s$。

$[\tau] \approx 0.6[\sigma]$ 这一关系被低碳钢的拉伸试验及薄壁圆筒的扭转试验结果证实。因此，一些规范中对于拉、压屈服极限相同的塑性材料，其许用剪应力 $[\tau]$ 常取为许用拉、压应力 $[\sigma]$ 的 0.6 倍。

【例题 9-9】某危险点处的应力状态如图 9-35（a）所示。试列出第三强度理论和第四强度理论的相当应力的表达式。

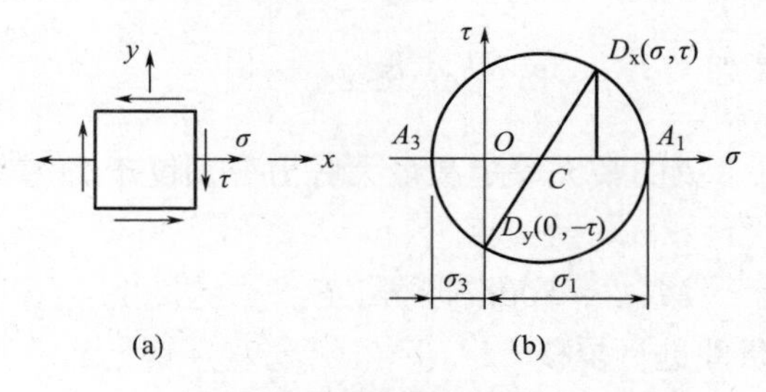

图 9-35　例题 9-9 图

【解】 首先根据单元体的 x 和 y 方向上的应力作出应力圆，如图 9-35（b）所示。计算 A_1 和 A_3 点的横坐标值，即可得到该点处的主应力

$$\begin{matrix}\sigma_1\\ \sigma_3\end{matrix}=\frac{\sigma}{2}\pm\sqrt{\left(\frac{\sigma}{2}\right)^2+\tau^2}，\sigma_2=0$$

将以上的主应力分别代入式（9-33）中的第三和第四式，经化简后得到

$$\sigma_{r3}=\sqrt{\sigma^2+4\tau^2} \tag{9-34}$$

$$\sigma_{r4}=\sqrt{\sigma^2+3\tau^2} \tag{9-35}$$

此例所举的应力状态是一种常见的平面应力状态，不仅在梁的弯曲问题中会遇到，在圆轴的弯扭组合以及扭转与拉伸的组合等问题中也会遇到，因而式（9-34）和式（9-35）是经常用到的。

【例题 9-10】 一焊接工字形简支梁，其尺寸和所受荷载如图 9-36（a）所示。已知横截面对中性轴的惯性矩 $I_z=2041\times10^6\text{mm}^4$，梁的材料为 Q235 钢，其 $[\sigma]=170\text{MPa}$，$[\tau]=100\text{MPa}$。试全面校核该梁的强度。

【解】（1）画剪力图和弯矩图

梁的剪力图和弯矩图如图 9-36（b）所示。

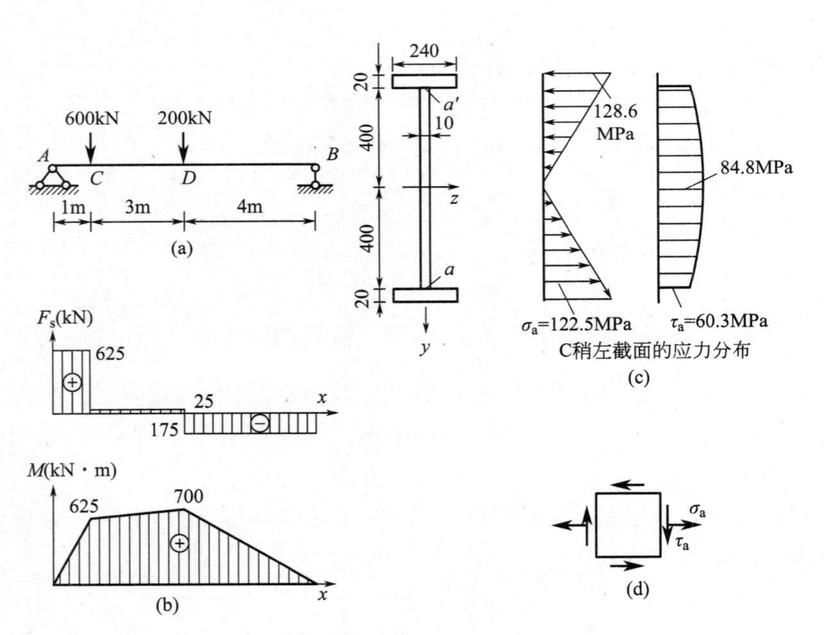

图 9-36　例题 9-10 图

由图 9-36（b）可见，梁的最大弯矩和最大剪力分别位于 D 横截面和 C 稍左的各横截面上，其值为

$$M_{max}=700\text{kN}\cdot\text{m}，F_{s,max}=625\text{kN}$$

（2）按正应力强度条件进行校核

$$\sigma_{max}=\frac{M_{max}y_{max}}{I_z}=\frac{700\times10^6\times420}{2041\times10^6}=144\text{N/mm}^4=144\text{MPa}<[\sigma]=170\text{MPa}$$

(3) 按剪应力强度条件进行校核

中性轴以下半个横截面面积对中性轴的静面矩为

$$S_{z,\max}=(240\times20)\times\left(400+\frac{20}{2}\right)+10\times400\times\frac{400}{2}=2768\times10^{3}\ \text{mm}^{3}$$

于是有

$$\tau_{\max}=\frac{F_{s,\max}S_{z,\max}}{bI_z}=\frac{625\times10^{3}\times2768\times10^{3}}{10\times2041\times10^{6}}=84.8\text{N/mm}^2=84.8\text{MPa}<[\tau]=100\text{MPa}$$

(4) 按强度理论进行校核

在本例中，C 稍左的横截面上既有最大剪力同时又有相当大的弯矩，该截面上的正应力和剪应力的分布如图 9-36 (c) 所示。可以看出，在腹板接近与翼缘交界处，正应力和剪应力都相当大。因而交界线处的任一点也是可能的危险点，还需对这些点进行强度校核。为此，从 a 点处（或 a' 点处）取出一个单元体（图 9-36d），其上的正应力和剪应力分别为

$$\sigma_a=\frac{M_C y_a}{I_z}=\frac{625\times10^{6}\times400}{2041\times10^{6}}=122.5\text{N/mm}^2=122.5\text{MPa}$$

$$\tau_a=\frac{F_{s,C左}S_z}{bI_z}=\frac{625\times10^{3}\times\left[240\times20\times\left(400+\frac{20}{2}\right)\right]}{10\times2041\times10^{6}}=60.3\text{N/mm}^2=60.3\text{MPa}$$

由于材料为 Q235 钢，同时危险点处于平面应力状态，故应按第四强度理论进行强度校核。

在这种特定的应力状态下，该理论的相当应力可直接应用式 (9-35)。于是有

$$\sigma_{r4}=\sqrt{\sigma_a^2+3\tau_a^2}=\sqrt{122.5^2+3\times60.3^2}=161\text{MPa}<[\sigma]=170\text{MPa}$$

考虑到 C 稍左横截面上的正应力和剪应力都是非均分布的，因此，在对腹板与翼缘交界处的点用强度理论进行校核时，一些规范规定对钢材的许用正应力可适当加以提高。但应当指出，在腹板与翼缘交界处是有应力集中的，按上述方法作强度校核只能看作是一种实用计算方法。

一般而言，对于工字型钢并不需要对腹板与翼缘交界处的点用强度理论进行强度校核。因为型钢截面在该处有圆弧过渡，从而增加了交界处的截面厚度。只要最外边缘处的最大正应力以及中性轴处的最大剪应力满足强度条件后，一般就不会在交界点处发生强度不足。

【例题 9-11】 受内压力作用的圆筒形薄壁容器如图 9-37 (a) 所示，压强 $p=3.4$MPa，圆筒部分的内径 $D=1000$mm，壁厚 $\delta=10$mm。材料为低碳钢，其 $[\sigma]=180$MPa。试求筒壁内任意点处的 3 个主应力；校核圆筒部分的强度。

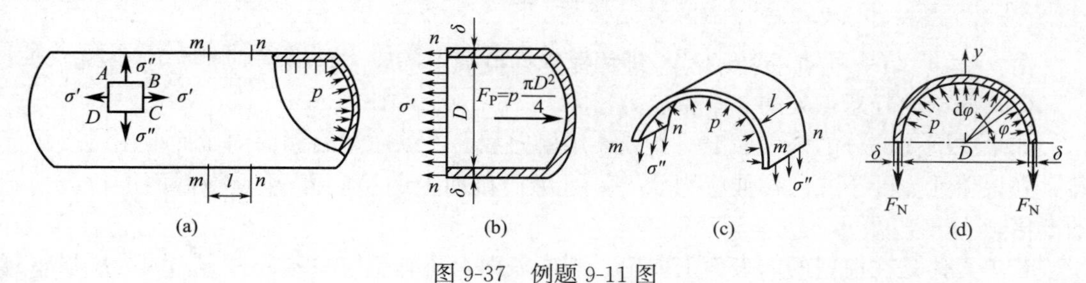

图 9-37 例题 9-11 图

【解】(1) 作用在圆筒封端压力 F_p

假想用一横截面将圆筒截分为二，并取右段为隔离体（图 9-37b）。因为内压力是轴对称的，所以，作用于圆筒封端的内压力之合力 F_p 的作用线与圆筒的轴线重合，其值等于压强 p 乘以封端的内表面在圆筒横截面平面内的投影面积，即

$$F_p = p \cdot \frac{\pi D^2}{4}$$

(2) 圆筒横截面上拉应力 σ'

$$\sigma' = \frac{F_p}{A} = \frac{p \cdot \frac{\pi D^2}{4}}{\pi\delta(D+\delta)} \approx \frac{pD}{4\delta}$$

(3) 筒壁纵向截面上的内力 F_N

假想用相距 l 的两个横截面截出长为 l 的一段圆筒，再用一包括直径的纵向平面将该段圆筒截分为二，取上半部分作为隔离体（图 9-37c）。由于内压力是轴对称的，所以，筒壁的纵向截面上没有切向内力而只有法向内力 F_N。

由于壁厚 δ 远小于内径 D，故可近似地认为筒壁在纵向截面上的拉应力沿壁厚 δ 均匀分布（若 $\delta \leqslant d/20$，这种近似计算足够精确）。设筒壁纵向截面上的应力为 σ''，则

$$F_N = \sigma''\delta l$$

(4) 筒壁内压力在 y 方向投影的合力 F_y

在图 9-37（c）隔离体内壁微面积 $l \cdot \frac{D}{2}d\varphi$ 上径向压力为 $pl \cdot \frac{D}{2}d\varphi$，其在 y 方向的投影为

$$dF_y = pl \cdot \frac{D}{2}d\varphi\sin\varphi$$

通过积分求出微面积上压力在 y 方向投影的总和 F_y 为

$$F_y = \int_0^\pi pl \cdot \frac{D}{2}\sin\varphi d\varphi = plD$$

积分结果表明，隔离体在纵向平面上的投影面积 lD 与 p 的乘积，就等于其内压力的合力。

(5) 筒壁纵向截面上的应力 σ''

对于图 9-37（c）中的隔离体，由平衡方程 $\sum F_y = 0$，得

$$2F_N - F_y = 0$$

$$2\sigma''\delta l - plD = 0$$

$$\sigma'' = \frac{pD}{2\delta}$$

由 σ' 和 σ'' 结果可知，$\sigma'' = 2\sigma'$，即筒壁纵向截面上的应力是横截面上应力的 2 倍。

(6) 筒壁内任意点处的 3 个主应力

如果在圆筒部分的外表面上一点处，用横向截面、纵向截面和周向截面取出一个单元体，则该单元体处于二向拉伸应力状态，且纵向截面上的拉应力 σ'' 是横截面上拉应力 σ' 的 2 倍。

若单元体是在筒壁的内表面上取出，则内表面上还有主应力 $\sigma_3 = -p$。因为压强 p 远

小于σ''和σ'，所以可认为$\sigma_3 \approx 0$。这样，对圆筒部分的任一点均可认为其处于二向拉伸应力状态，其主应力为：

$$\sigma_1 = \frac{pD}{2\delta}，\sigma_2 = \frac{pD}{4\delta}，\sigma_3 = 0$$

代入有关数据，得：

$$\sigma_1 = \frac{pD}{2\delta} = \frac{3.4 \times 1000}{2 \times 10} = 170\ \text{MPa}$$

$$\sigma_2 = \frac{pD}{4\delta} = \frac{3.4 \times 1000}{4 \times 10} = 85\ \text{MPa}$$

$$\sigma_3 = 0\text{MPa}$$

（7）强度校核

按第三强度理论校核

$$\sigma_{r3} = \sigma_1 - \sigma_3 = 170 - 0 = 170\ \text{MPa} < [\sigma] = 180\text{MPa}$$

按第四强度理论校核

$$\sigma_{r4} = \sqrt{\frac{1}{2}[(\sigma_1 - \sigma_2)^2 + (\sigma_2 - \sigma_3)^2 + (\sigma_3 - \sigma_1)^2]}$$

$$= \sqrt{\frac{1}{2}[(170 - 85)^2 + (85 - 0)^2 + (0 - 170)^2]} = 147.2\text{MPa} \leqslant [\sigma] = 180\text{MPa}$$

安全。

本章小结

1. 应力状态的概念

（1）一点的应力状态。对于受力构件，通过其一点所有方向截面上的应力集合，称为一点的应力状态。

（2）主平面、主应力。主平面是单元体上无剪应力作用的平面；主应力为主平面上的正应力。主应力记为σ_1、σ_2、σ_3，且规定$\sigma_1 \geqslant \sigma_2 \geqslant \sigma_3$。

（3）应力状态分类。根据主应力的数值，可将应力状态分为：单向应力状态（简单应力状态）、二向应力状态（平面应力状态）、三向应力状态（空间应力状态）。二向和三向应力状态统称为复杂应力状态。

2. 平面应力状态应力分析的解析法

（1）斜截面上的应力分析

平面应力状态下斜截面上应力的一般公式：

$$\sigma_\alpha = \frac{\sigma_x + \sigma_y}{2} + \frac{\sigma_x - \sigma_y}{2}\cos 2\alpha - \tau_{xy}\sin 2\alpha$$

$$\tau_\alpha = \frac{\sigma_x - \sigma_y}{2}\sin 2\alpha + \tau_{xy}\cos 2\alpha$$

应用公式时要注意应力及斜截面方位角的正负。

（2）主应力及主平面位置

$$\left.\begin{matrix}\sigma_{max}\\ \sigma_{min}\end{matrix}\right\} = \frac{\sigma_x + \sigma_y}{2} \pm \sqrt{\left(\frac{\sigma_x - \sigma_y}{2}\right)^2 + \tau_{xy}^2}$$

$$\tan 2\alpha_0 = -\frac{2\tau_{xy}}{\sigma_x - \sigma_y}$$

α_0 的大小确定了主平面的位置。

（3）剪应力极值及其作用平面的方位

$$\left.\begin{matrix}\tau_{max}\\ \tau_{min}\end{matrix}\right\} = \pm\sqrt{\left(\frac{\sigma_x - \sigma_y}{2}\right)^2 + \tau_{xy}^2} \quad 或 \quad \begin{matrix}\tau_{max}\\ \tau_{min}\end{matrix} = \pm\frac{\sigma_{max} - \sigma_{min}}{2}$$

$$\tan 2\alpha_1 = \frac{\sigma_x - \sigma_y}{2\tau_{xy}}$$

且

$$\alpha_1 = \alpha_0 + \frac{\pi}{2}$$

α_1 的大小确定了剪应力极值所在平面的位置。

3. 平面应力状态应力分析的图解法

（1）应力圆方程

$$\left(\sigma_\alpha - \frac{\sigma_x + \sigma_y}{2}\right)^2 + (\tau_\alpha - 0)^2 = \left(\frac{\sigma_x - \sigma_y}{2}\right)^2 + \tau_{xy}^2$$

（2）应力圆作法

① 以适当的比例尺，建立 σ-ε 直角坐标系；

② 由单元体 x、y 面上的应力在坐标系中分别确定两点，以其连线为直径作圆，即得应力圆；

③ 应力圆的圆心坐标为$\left(\frac{\sigma_x + \sigma_y}{2},\ 0\right)$，半径为 $R = \sqrt{\left(\frac{\sigma_x - \sigma_y}{2}\right)^2 + \tau_{xy}^2}$。

（3）平面应力状态单元体与其应力圆的点面对应、转向对应、两倍角对应。即圆上一个点，体上一个面。直径两端点，垂直二平面。转向相同，转角 2 倍。

4. 三向应力状态

$$\sigma_{max} = \sigma_1,\ \sigma_{min} = \sigma_3,\ \tau_{max} = \frac{\sigma_1 - \sigma_3}{2}$$

5. 广义胡克定律

（1）一般空间应力状态的广义胡克定律

$$\begin{cases}\varepsilon_x = \frac{1}{E}[\sigma_x - \mu(\sigma_y + \sigma_z)]\\ \varepsilon_y = \frac{1}{E}[\sigma_y - \mu(\sigma_z + \sigma_x)]\\ \varepsilon_z = \frac{1}{E}[\sigma_z - \mu(\sigma_x + \sigma_y)]\end{cases} \qquad \begin{cases}\gamma_{xy} = \frac{\tau_{xy}}{G}\\ \gamma_{yz} = \frac{\tau_{yz}}{G}\\ \gamma_{zx} = \frac{\tau_{zx}}{G}\end{cases}$$

（2）各向同性材料在弹性范围内、小变形条件下，主应变分量与主应力分量之间的关系是

$$\begin{cases}\varepsilon_1=\dfrac{1}{E}[\sigma_1-\mu(\sigma_2+\sigma_3)]\\ \varepsilon_2=\dfrac{1}{E}[\sigma_2-\mu(\sigma_3+\sigma_1)]\\ \varepsilon_3=\dfrac{1}{E}[\sigma_3-\mu(\sigma_1+\sigma_2)]\end{cases}$$

6. 复杂应力状态的应变能密度

(1) 单向应力状态的应变能密度

$$v_\varepsilon=\frac{1}{2}E\varepsilon^2=\frac{1}{2}\sigma\varepsilon=\frac{\sigma^2}{2E}$$

(2) 复杂应力状态的应变能密度

$$v_\varepsilon=\frac{1}{2E}[\sigma_1^2+\sigma_2^2+\sigma_3^2-2\mu(\sigma_1\sigma_2+\sigma_2\sigma_3+\sigma_3\sigma_1)]$$

(3) 体积改变能密度和畸变能密度

$$v_V=\frac{1-2\mu}{6E}(\sigma_1+\sigma_2+\sigma_3)^2$$

$$v_d=\frac{1+\mu}{6E}[(\sigma_1-\sigma_2)^2+(\sigma_2-\sigma_3)^2+(\sigma_3-\sigma_1)^2]$$

7. 强度理论

强度理论是关于材料破坏原因的假说。

(1) 强度条件

本章所提到 4 种常用强度理论和莫尔强度理论，其强度条件如下：

$$\sigma_r\leqslant[\sigma]$$

(2) 相当应力 σ_r

对于不同的强度理论其 σ_r 表达式不同。对应于最大拉应力理论（第一强度理论）、最大伸长线应变理论（第二强度理论）、最大剪应力理论（第三强度理论）、畸变能密度理论（第四强度理论）、莫尔强度理论的相当应力 σ_r 分别表达如下：

$$\begin{cases}\sigma_{r1}=\sigma_1\\ \sigma_{r2}=\sigma_1-\nu(\sigma_2+\sigma_3)\\ \sigma_{r3}=\sigma_1-\sigma_3\\ \sigma_{r4}=\sqrt{\dfrac{1}{2}[(\sigma_1-\sigma_2)^2+(\sigma_2-\sigma_3)^2+(\sigma_3-\sigma_1)^2]}\\ \sigma_{rM}=\sigma_1-\dfrac{[\sigma_t]}{[\sigma_c]}\sigma_3\end{cases}$$

(3) 强度理论的应用

第一、第二强度理论适用于脆性断裂，第三、第四强度理论适用于塑性屈服破坏，但在特殊情况下，强度理论的选择要发生变化。莫尔强度理论对于抗拉强度和抗压强度不等的脆性材料，能给出较为满意的结果。

(4) 复杂应力状态下的强度计算步骤

外力分析→内力分析→应力分析→强度分析→强度校核。

思考题

1. 何谓一点的应力状态？为什么要研究一点的应力状态？

2. 单元体的三维尺寸必须为无穷小吗？在单元体上，是否可以认为每个面上的应力是均匀分布的，且任一对平行面上的应力相等？

3. 什么是主平面和主应力？主应力和正应力有什么区别？如何确定平面应力状态的3个主应力及其作用面？

4. 何谓单向、二向与三向应力状态？何谓复杂应力状态？

5. 平面应力状态任一斜截面的应力公式是如何建立的？关于应力与方位角的正负符号有何规定？如果应力超出弹性范围，或材料为各向异性材料，应力公式是否可用？

6. 如何画应力圆？应力圆方法的适用范围是什么？

7. 如何利用应力圆确定平面应力状态任一斜截面的应力？如何确定最大正应力与最大剪应力？

8. 平面应力状态的最大剪应力按什么公式计算？利用平面应力状态的应力圆可以求出最大剪应力，它是单元体真正的最大剪应力吗？

9. 说明扭转破坏形式与应力间的关系，及扭转破坏与轴向拉压破坏的共同点。

10. 在三向应力状态中，如果$\sigma_1=\sigma_2=\sigma_3$，并且都是拉应力，它的应力圆是怎样的？又如果都是压应力，它的应力圆又是怎样的？

11. 三向应力圆在什么情况下：（1）成为1个圆；（2）成为1个点圆；（3）成为3个圆。

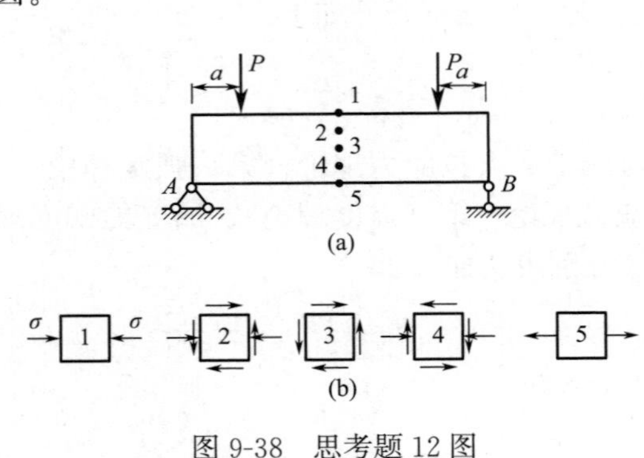

图 9-38　思考题 12 图

12. 矩形截面简支梁受力如图9-38所示，请判断横截面上各点的应力状态的正确性。

13. 何谓广义胡克定律？该定律是如何建立的？其应用条件是什么？各向同性材料的主应变与主应力之间有何关系？

14. 受力杆件“有正应力作用的方向必定有线应变”“无线应变的方向必定无正应力”“线应变最大的方向正应力也最大”，这些提法是否都正确？为什么？

15. 一圆柱体在单向拉伸变形过程中，纵向伸长、横向收缩，但其体积不变，其泊松比应为何值？

16. 薄壁圆管扭转时壁厚是否会改变？为什么？

17. 平面应力状态的单元体如图9-39所示，已知其主应变$\varepsilon_1=0.00017$，$\varepsilon_2=0.00004$，$\mu=0.3$。试问$\varepsilon_3=-\mu(\varepsilon_1+\varepsilon_2)=-0.000063$对否？为什么？

18. 在如图9-40所示梁的A点测得梁在弹性范围内的纵横方向的线应变ε_x、ε_y后，能否计算E、μ和G？

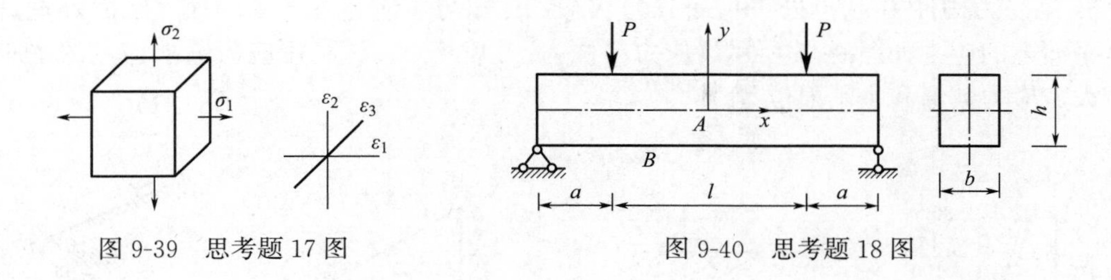

图 9-39　思考题 17 图　　　图 9-40　思考题 18 图

19. 4 种常用强度理论的基本观点是什么？如何建立相应的强度条件？各适用于何种情况？

20. 强度理论中相当应力的意义是什么？它相当于怎样的应力？是否真的有这样的应力存在？

21. 强度理论是否只适用于复杂应力状态，不适用于单向应力状态？

22. 如何确定塑性与脆性材料在纯剪切时的许用应力？

习题

1. 试分别用解析法、图解法求如图 9-41 所示单元体指定斜截面上的应力，并把它们的方向标在单元体上（应力单位为“MPa”）。

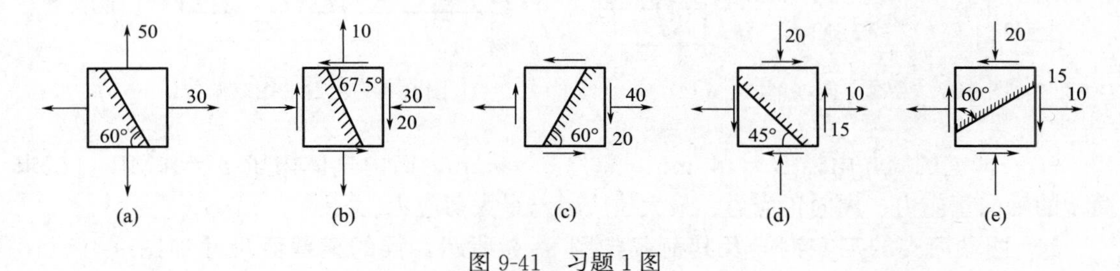

图 9-41　习题 1 图

2. 已知单元体如图 9-42 所示，应力单位为“MPa”。试求单元体主应力的大小及所在截面方位，并画出主单元体。

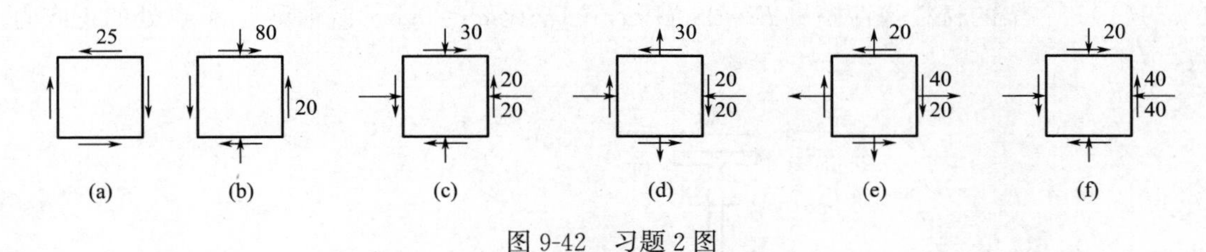

图 9-42　习题 2 图

3. 如图 9-43 所示单元体，已知应力 $\sigma_x = 100\text{MPa}$，$\tau_{xy} = 0\text{MPa}$。在 $\alpha = 15°$ 斜截面上的正应力 $\sigma_\alpha = 80\text{MPa}$，求单元体上的 σ_y、τ_α 及单元体的主应力和最大剪应力。

4. 如图 9-44 所示 K 点处为二向应力状态，已知过 K 点的两个截面上的应力如图 9-44 所示（应力单位为“MPa”）。试分别用解析法与图解法确定该点的主应力。

5. 如图 9-45 所示菱形单元上，$\sigma_x = 60\text{MPa}$，AC 面上无应力。试求 σ_y 及 τ_{xy}。

6. 某受力构件中 A 点处于平面应力状态，已知与主应力等于零的面（纸面）垂直的两个平面上的应力如图 9-46 所示（应力单位为“MPa”），试利用应力圆求该点的主应力及最大剪应力数值和主平面位置。

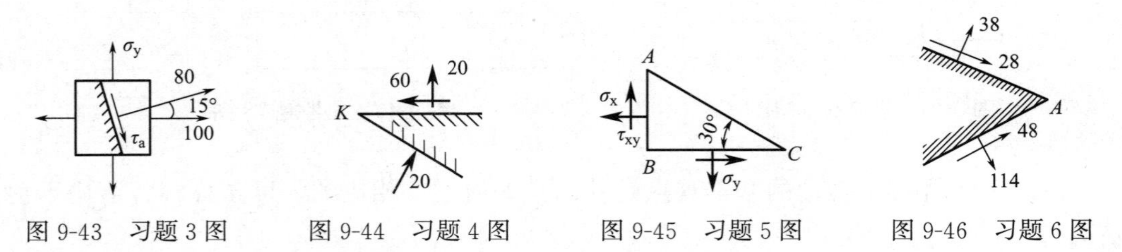

图 9-43　习题 3 图　　图 9-44　习题 4 图　　图 9-45　习题 5 图　　图 9-46　习题 6 图

7. 如图 9-47 所示的矩形截面梁，$b=50$mm，$h=100$mm。试绘截面 A-A 上的 1～4 点的应力状态单元体，并求其主应力。

8. 如图 9-48 所示悬臂梁，承受荷载 $F=20$kN，试绘微元体 A、B、C 的应力图，并确定主应力的大小及方位。

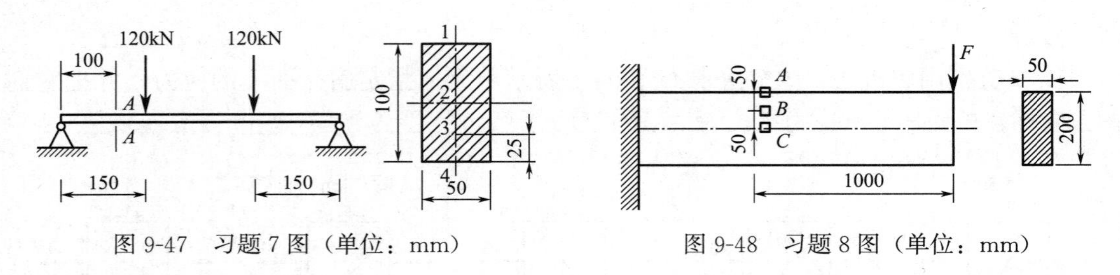

图 9-47　习题 7 图（单位：mm）　　图 9-48　习题 8 图（单位：mm）

9. 一薄壁圆筒，内径 $D=140$mm，壁厚 $\delta=6$mm，筒内气体内压 $p=15$MPa。试求筒壁的轴向正应力、周向正应力、最大拉应力与最大剪应力。

10. 两端简支的工字钢梁及其荷载如图 9-49 所示，梁的横截面尺寸如图 9-49（b）所示，$F=120$kN，$l=6$m。试求出梁危险截面上 a 点处的主应力，并绘出主应力单元体。

11. 对如图 9-50 所示的梁进行试验时，测得梁上 A 点处的应变 $\varepsilon_x=0.5\times10^{-3}$，$\varepsilon_x=1.65\times10^{-4}$。梁的材料弹性模量 $E=210$GPa，泊松比 $\mu=0.3$。试求梁上 A 点处的正应力 σ_x、σ_y。

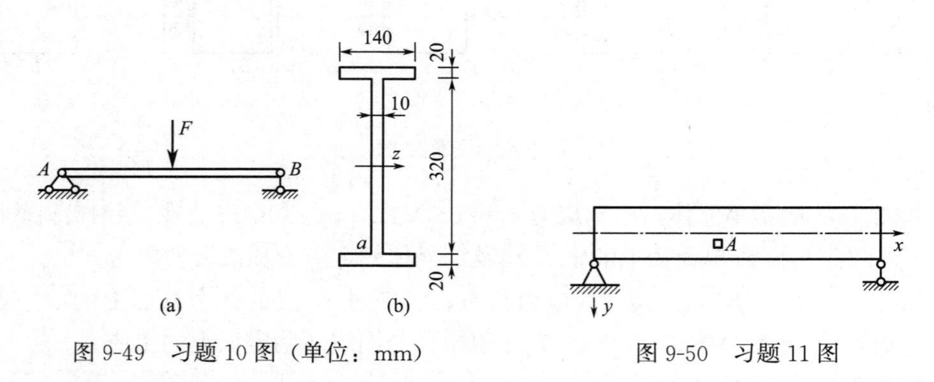

图 9-49　习题 10 图（单位：mm）　　图 9-50　习题 11 图

12. 在二向应力状态下，已知最大剪应变 $\gamma_{\max}=5\times10^{-4}$，两个相互垂直的正应力之和为 27.5MPa，材料的弹性模量 $E=200$GPa，$\mu=0.25$。试计算主应力的大小。

13. 如图 9-51 所示拉杆，F、b、h 及材料的弹性常数 E、μ 均为已知。试求线段 AB 的正应变和转角。

14. 如图 9-52 所示矩形截面钢拉伸试样，在轴向拉力达到 $F=20$kN 时，测得试样中段 B 点处与其轴线成 30°方向的线应变为 $\varepsilon_{30^\circ}=3.25\times10^{-4}$。已知材料的弹性模量 $E=200$GPa，试求泊松比 μ。

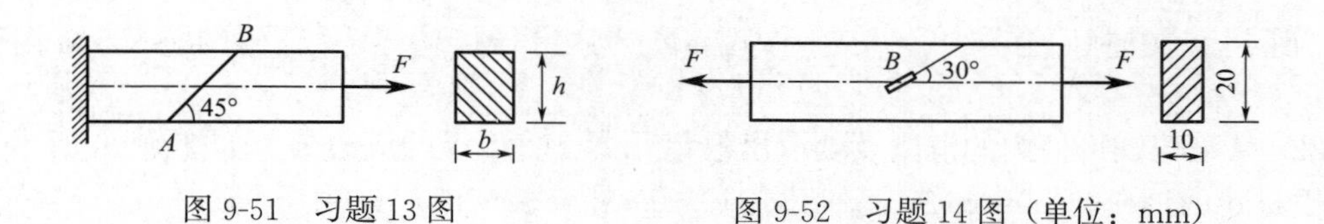

图 9-51 习题 13 图　　图 9-52 习题 14 图（单位：mm）

15. 纯剪应力状态单元体如图 9-53 所示。（1）已知 $\tau_x=\tau$，材料的弹性常数 E、μ，试求 ε_x、ε_{45°、$\gamma_{\max}$；（2）若单元体边长 $l=5$cm，$\tau=80$MPa，$E=72$MPa，$\mu=0.34$，试求对角线 AC 的伸长量。

16. 如图 9-54 所示悬臂梁在 C 截面作用向上集中力 F，在 BC 段作用向下均布荷载 q。在 A 截面的顶部测得沿轴向线应变 $\varepsilon_1=5\times10^{-4}$，在中性层与轴线成 −45°角方向的线应变 ε_2 为 $=3\times10^{-4}$。材料的弹性模量 $E=200$GPa，泊松系数 $\mu=0.3$，试求荷载 F 及 q 的大小。

17. 如图 9-55 所示钢质圆杆，直径 $d=20$mm，$E=210$GPa，$\mu=0.3$。已知 A 点处与水平线成 60°角方向上的正应变 $\varepsilon_{60^\circ}=4.1\times10^{-4}$。求荷载 F。

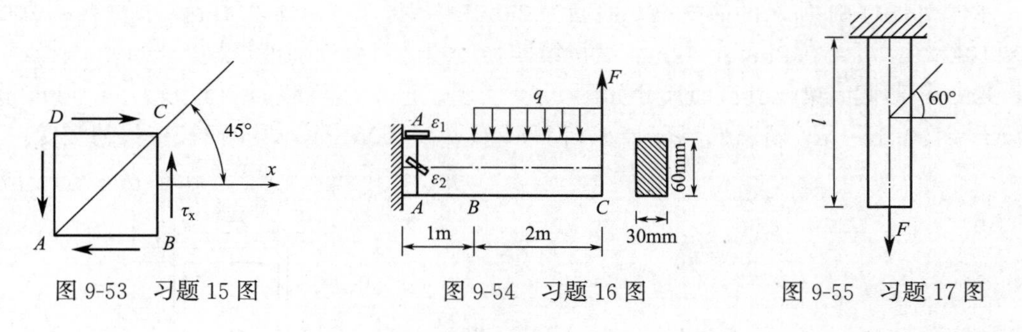

图 9-53 习题 15 图　　图 9-54 习题 16 图　　图 9-55 习题 17 图

18. 有一直径 $d=30$mm 的实心钢球，已知钢球的 $E=210$GPa，$\mu=0.3$。若使它承受均匀的静水压力，压强为 14MPa，它的体积会减少多少?

19. 如图 9-56 所示，列车通过钢桥时，用变形仪测得钢桥横梁 A 点的纵横应变分别为 $\varepsilon_x=0.0004$，$\varepsilon_y=-0.00012$。设 $E=200$GPa，$\mu=0.3$。试求 A 点在 x 和 y 方向的正应力。

20. 已知应力状态如图 9-57 所示（应力单位：MPa）。若 $\mu=0.3$，试分别用 4 种常用强度理论计算其相当应力。

21. 铸铁构件危险点处受力如图 9-58 所示（应力单位：MPa），$[\sigma]=30\text{MPa}$。试按第一强度理论校核强度。

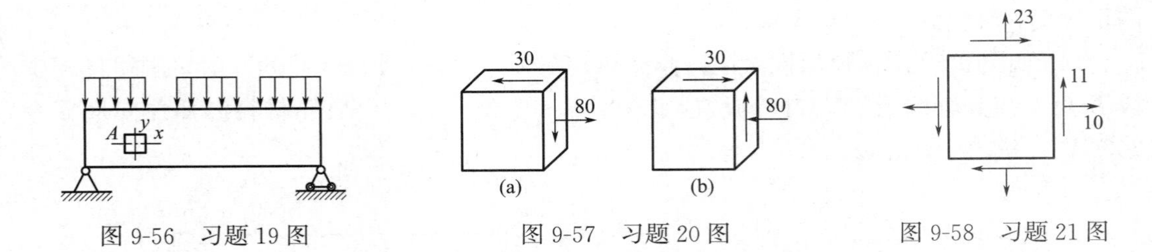

图 9-56　习题 19 图　　图 9-57　习题 20 图　　图 9-58　习题 21 图

22. 从某铸铁构件内的危险点处取出的单元体，各面上的应力分量如图 9-59 所示。已知铸铁材料的泊松比 $\mu=0.25$，许用拉应力 $[\sigma_t]=30\text{MPa}$，许用压应力 $[\sigma_c]=90\text{MPa}$，试分别按第一和第二强度理论校核其强度。

23. 铸铁薄管如图 9-60 所示。管的外径为 200mm，壁厚 $\delta=15\text{mm}$，内压 $p=4\text{MPa}$，$F=200\text{kN}$。铸铁的抗拉及抗压许用应力分别为 $[\sigma_t]=30\text{MPa}$，$[\sigma_c]=120\text{MPa}$，$\mu=0.25$。试用第二强度理论及莫尔强度理论校核薄管的强度。

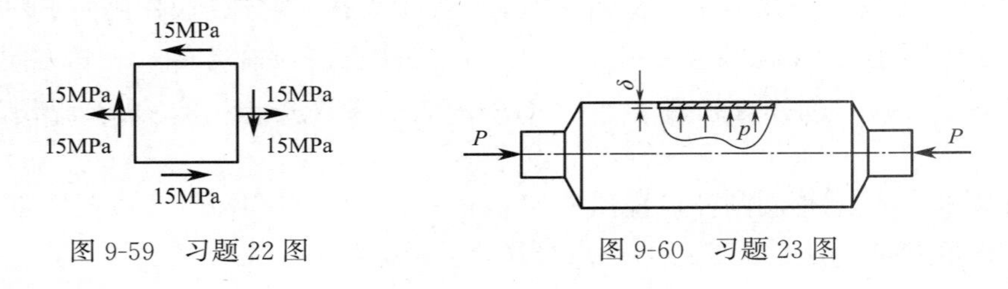

图 9-59　习题 22 图　　图 9-60　习题 23 图

24. 如图 9-61 所示的简支梁，截面为 25b 工字钢，$[\sigma]=160\text{MPa}$。已知 $P=200\text{kN}$，$q=10\text{kN/m}$，$a=0.2\text{m}$，$l=2\text{m}$。试按第四强度理论对梁作强度校核。

25. 箱形截面梁，其截面尺寸如图 9-62 所示。已知危险截面上剪力 $F_s=480\text{kN}$，弯矩 $M=150\text{kN}\cdot\text{m}$，材料的 $[\sigma]=170\text{MPa}$，$[\tau]=100\text{MPa}$，试全面校核梁的强度。

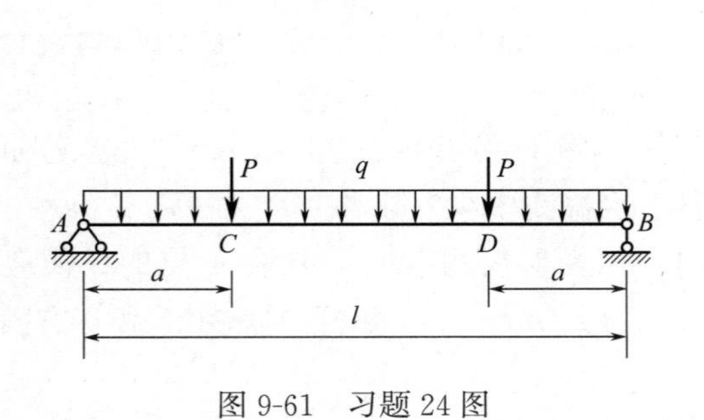

图 9-61　习题 24 图

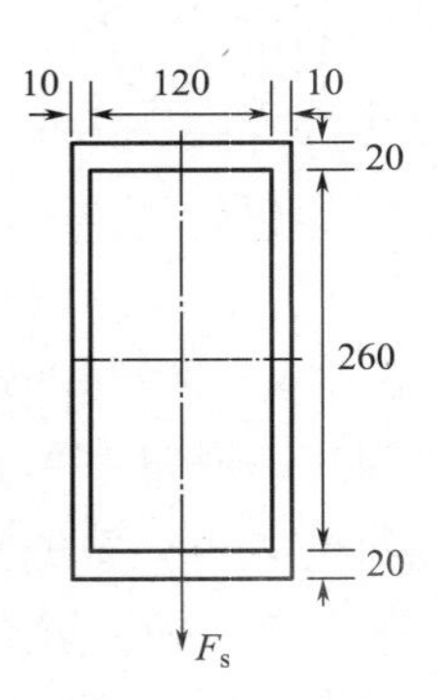

图 9-62　习题 25 图（单位：mm）

延伸阅读——力学家简介Ⅳ

钱学森

图 9-63　钱学森

钱学森（1911 年 12 月 11 日—2009 年 10 月 31 日），世界著名空气动力学家，系统科学家，工程控制论的创始人，应用数学和应用力学领域杰出的科学家，20 世纪最为闪耀的科学巨匠之一（图 9-63）。

曾获中科院自然科学奖一等奖、国家科技进步奖特等奖、小罗克韦尔奖章和世界级科学与工程名人称号；获国务院、中央军委授予的“国家杰出贡献科学家”荣誉称号，获中共中央、国务院、中央军委颁发的“两弹一星”功勋奖章；被誉为“中国航天之父”“中国导弹之父”“火箭之王”“中国自动化控制之父”。

1938 年 7 月至 1955 年 8 月，钱学森在美国从事空气动力学、固体力学和火箭、导弹等领域研究，并与导师共同完成高速空气动力学问题研究课题、建立“卡门-钱近似”公式，在风华正茂之时即奠定了自己在力学和喷气推进领域的领先地位，成为世界知名的空气动力学家，达到职业和科学生涯的第一座创造高峰。

在 1950 年至 1955 年间，钱学森为争取回国，忍辱负重，历经磨难，终于在 1955 年 10 月回到祖国怀抱。

1955—1980 年，钱学森服从国家安排，自愿服务国家需要，以技术领导人的身份，凭借自己超凡的科学智慧、坚定的技术自信和深邃的战略眼光，承担起创建新中国航天事业的重任。以其在总体、动力、制导、气动力、结构、材料、计算机、质量控制和科技管理等领域的丰富知识，对中国火箭、导弹和航天事业的发展做出了重大贡献。作为中国航天事业的奠基人，钱学森主持完成了“喷气和火箭技术的建立”规划，参与了近程导弹、中近程导弹和中国第一颗人造地球卫星的研制，直接领导了用中近程导弹运载原子弹“两弹结合”试验……对中国火箭、导弹和航天事业的发展做出了不可磨灭的巨大贡献，铸就了他第二座创造高峰。

1980—2009 年，钱学森进入晚年以后，他从工程、技术、科学直到哲学的不同层次上，在跨学科、跨领域和跨层次的研究中，特别是在不同学科、不同领域的相互交叉、结合与融合的综合集成研究方面，都做出了许多开创性的独特贡献，并创造性地提出了现代科学技术体系论，铸就了科学生涯中的第三座创造高峰。

在长期的科学生涯中，钱学森在科学技术的诸多领域纵横驰骋，硕果累累，贡献卓著。力学是他涉猎最早并以在此领域取得的杰出成就，步入国际学术殿堂、名扬科学界的学科。钱学森作为国际知名的力学大师，他的许多力学著作堪称经典文献。中国力学界公认钱学森是“我国近代力学的奠基人”“对发展我国力学事业有全面而深刻的影响”。

钱学森对近代力学以至技术科学的内涵和发展方向，发表过全面系统的论述，对于指导我国实现科学和技术的现代化具有重要的现实意义。他大力倡导力学要走技术科学的道路，其核心理念是力学研究必须与国民经济和国防建设紧密结合，为实现国家目标服务。

他的这一主张，在他作为创始人或领导者的国防部第五研究院、中国科学院与清华大学合办的力学研究班、中国空气动力研究与发展中心、中国科技大学近代力学系的科研与教学实践中，尤其是在他回国后创办的第一个研究机构——中国科学院力学研究所的科研实践中得到了体现。

“在近代力学里，把理论和实际紧密结合起来的要求，是十分明显的。我们可以说，近代力学离开了理论基础，就解决不了问题，而离开了生产实践，就将失去其生命力”。这既是对国内外力学研究中正反两方面的经验教训的准确概括，也是这位有着丰富研究经验的力学大师的经验之谈。

钱学森在其1961年发表的论文“近代力学的内容和任务”中，系统论述了近代力学的任务、工作方法、内容和发展方向等。关于近代力学的任务，钱学森将其概括为三项：

第一，运用力学理论协助工程师、设计师解决在工程和生产实践中遇到的、超出其知识范围的新问题。第二，从工程技术和生产实践所发生的具体问题中提炼出具有一般性的课题加以研究，通过解决这些带有普遍意义的理论课题从而使一系列具体问题迎刃而解。第三，在具备了生产实践知识和精辟的力学理论的条件下，认识自然界的规律，进一步提出新的科学创见，改进工程技术，改造生产。不难看出，上述三项任务的最终目标都是为工程技术和生产实践服务，但又不仅仅拘泥于具体问题的解决，而是要求力学工作者面向工程与生产实际，从各种具体问题中提炼出带有普遍性的力学课题，深入探求其机理，进行理论创新，为工程技术和生产的变革与进步提供新概念、新理论、新方法。钱学森指出这也是“力学工作者的光荣任务”。

钱学森的力学任务观完全符合力学学科20世纪以来的发展状况，而且鲜明地体现出了力学的技术科学特性。技术科学的核心目标是解决各类工程技术中带普遍性、规律性的问题，从具体问题入手最终达到新学科的建立，为国家工业技术进步提供超前性的技术科学理论基础。钱学森长期以来大力倡导的这种思想，对我国的力学及相关技术科学研究机构起到了指导、引领作用。

钱学森总结力学的研究方法，认为理论分析需要正确的抽象和概括，使分析得到简化而解决全局性的问题；必须讲究数学方法和演算技巧，需要与数学家和计算技术专家合作；必须掌握实验技术，需要与物理学家和仪器专家合作。总而言之，“分析实验分析，再实验，再分析，这便是力学的研究方法”。

在20世纪末期，钱学森在总结整个20世纪力学发展情况的基础上，发表了对力学的性质和对象以及力学的研究方法的精辟见解。他认为“力学是一门处理宏观问题的学问”。“（力学）是用理论，通过具体数字计算解答一个个实际问题，这些问题在过去都来自工程技术；但今后也会来自自然科学的研究”。为了能够“对实际问题做出数字解答，当然要用电子计算机。计算方法非常重要”。他还谈到另一个手段是“巧妙设计的实验”“用实验来验证理论的关键部分”“有了对理论的把握，就可以心中有数地去解决实际问题了”。

钱学森一直强调：研究力学要熟悉工程实践，解决实际问题，要走在生产前面，要理论和实验相结合，要充分应用电子计算机的模拟手段，要与数学家、物理学家、计算技术专家和仪器专家合作，最终则是要给工程界以数字解答。

钱学森强调技术科学研究离不开数学，但同时他又提醒青年注意，数学并不是技术科学的关键。真正的关键是对所研究问题的认识，要认识和分清现象的主要因素和次要因素。先要收集有关问题的资料，特别是实验室和现场的观测数据，在分析资料的过程中充分依靠自然科学的规律，将它当作摸索道路的指南针，经过多次反复的理论和实验交错认识的过程，找出解决问题的途径。在问题认识清楚的基础上就可以建立模型，模型不等于现象本身，却吸收了一切主要因素，略去了次要因素，而能反映现象的内在机理。下一步乃是由模型演算得到具体的数据结果。最后还需要将理论结果和事实相对照，经受考验。

钱学森的科学工作早已越出力学这个领域。为了研究实现高速飞机和远程火箭的可能性，他把力学与其他学科结合起来，在空气动力学、固体力学、稀薄气体力学和飞行力学等应用力学领域做出了杰出的贡献，开创了喷气推进学、工程控制论和物理力学等技术科学新分支，并提倡化学流体力学、电磁流体力学、流变学、土和岩石力学、核反应堆理论、计算技术、工程光谱学、运用学（即运筹学）等其他技术科学。他不但是一位造诣广博而精深的应用力学家和技术科学家，而且是一位具有远见卓识的战略科学家。他的深远的科学思想为我们这个时代的科学事业提供了丰硕的宝藏。

钱学森的科学领域广泛，学科跨度大且跨层次。他一生贡献卓越，取得了卓著超凡的科学成就，形成了内涵丰富、体系完备的学术思想。其学术思想涉及自然科学、社会科学、数学科学、系统科学、思维科学、人体科学、军事科学、行为科学、地理科学、建筑科学和文艺理论11个科学大类。他发表过上百篇学术论文，出版过丰硕的学术著作，主要有《工程控制论》《物理力学讲义》《星际航行概论》《论系统工程》《关于思维科学》《论地理科学》《科学的艺术与艺术的科学》《人体科学与现代科技发展纵横观》《创建系统学》《论宏观建筑与微观建筑》《论第六次产业革命通信集》《钱学森书信》（十卷本）等。

钱学森人生历程不同凡响，科学成就举世瞩目，学术思想博大精深，精神风范卓尔不群，其根本动因集中体现为“爱国”“奉献”“求真”“创新”4个人格维度。引用钱学森在纪念和赞扬他的挚友郭永怀的一段话“一方面是精深的理论，一方面是火热的斗争，是冷与热的结合，是理论与实践的结合。这里没有胆小鬼的藏身处，也没有自私者的活动地。这里需要的是真才实学和献身精神”。这也十分恰当地反映了他本人的敬业精神和高尚情操。

“科学无国界，但科学家却有自己的祖国”。钱学森是一位具有高度爱国主义精神的科学家，他具有高尚的民族自尊心、民族自信心和民族气节。其一生不仅为人类的科学事业做出了巨大贡献，同时也为社会主义中国的建设事业付出了毕生心血。钱学森是当代中国优秀知识分子的杰出代表和光辉典范，在中国科技界和全社会树起了一座精神的丰碑，他为中国科技事业、为国防和军队现代化建设建立的卓越功勋将永载史册。

第10章　组合变形

内容提要

组合变形是工程实际中最常见的变形。本章主要介绍组合变形的概念和叠加原理，研究斜弯曲、拉伸（压缩）与弯曲组合变形、弯曲与扭转组合变形杆件的应力及变形计算原理和方法，进而设计组合变形杆件的强度，以保证杆件的安全可靠。

本章重点为组合变形的概念及处理组合变形的方法；拉伸（压缩）与弯曲组合、扭转与弯曲组合的应力和强度计算。

本章难点为扭转与弯曲组合的应力和强度计算；危险点应力状态的单元体；第三、四强度理论计算相当应力时公式的应用。

学习要求

1. 理解组合变形的概念和叠加原理。
2. 学会正确判断组合变形，掌握组合变形强度计算原理和方法。
3. 掌握斜弯曲杆件的正应力计算方法。
4. 掌握杆件的拉伸（压缩）与弯曲、弯曲与扭转组合变形的应力与强度计算。
5. 了解偏心拉伸（压缩）和截面核心的概念。

10.1　概述

10.1.1　组合变形的概念和实例

前面各章节分别讨论了杆件在拉伸（压缩）、剪切、扭转和弯曲等基本变形下的应力、变形以及强度和刚度计算。在实际工程中，有很多杆件在外力作用下往往同时产生两种或两种以上的基本变形。如果其中一种变形是主要的，其他变形的影响很小，可以忽略，则杆件仍可以按基本变形进行计算。当杆件某一截面或某一段内，包含两种或两种以上的基本变形内力成分，并且内力所对应的应力或变形属于同数量级时，其变形称为组合变形。

如图10-1（a）所示的烟囱，在自重和水平风力作用下，将产生压缩和弯曲；如图10-1（b）所示的厂房柱子，在偏心外力作用下，将产生偏心压缩（压缩和弯曲）；如图10-1（c）所示的传动轴，在两端皮带拉力作用下，将产生弯曲和扭转。这些杆件同时发生两种或两种以上基本变形，其基本变形所产生的影响（如应力、应变）属于同一数量级，这些杆件的变形就属于组合变形，这些杆件可称为组合变形杆件。

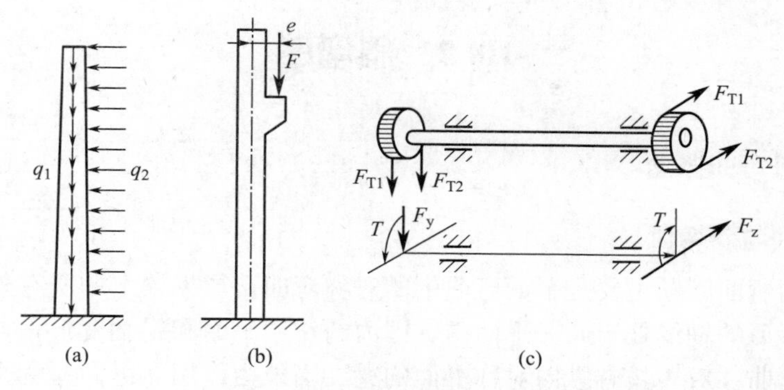

图 10-1　组合变形

10.1.2　组合变形的求解方法

在线弹性和小变形的条件下，可以认为每一种内力引起的应力或变形是各自独立、互不影响的，即任一基本变形都不会改变另一种变形所引起的应力和应变。因此，可以应用叠加原理，采取先分解后综合的方法，计算组合变形构件的应力和变形。理论研究和大量实践证明，由叠加法计算出来的结果与实际情况是符合的。

叠加法基本步骤为：

（1）荷载的分解和简化。将作用在杆件上的荷载按静力等效分解和简化，将产生同种基本变形的荷载归为一组，形成若干组荷载，每组荷载各对应一种基本变形。

（2）基本变形下的应力计算。对每种基本变形进行内力计算，判断危险截面及危险点，计算相应的应力。

（3）叠加求解。将各基本变形在同一点上产生的应力（或变形）叠加，得到构件在组合变形时的应力（或变形）。

上述叠加原理成立的前提为“线弹性和小变形的条件”。当不能保证内力、应力、应变和位移等与外力呈线性关系时，就不能应用叠加原理。另一方面，当构件不满足小变形条件时，计算时就不能使用原始尺寸，须用构件变形以后的尺寸进行计算，也会导致外力与内力、变形间的非线性关系。如图 10-2 所示压弯组合变形杆件，其抗弯刚度较小，变形较大，弯矩应按杆件变形后的位置计算，轴向压力 F 除引起轴力外，还将产生弯矩 Fw，而挠度 w 又受 F 及 q 的共同影响。显然，轴向压力 F 及横向荷载 q 的作用并不是各自独立的。在这种情况下，尽管杆件仍然是线弹性的，但叠加原理也不能成立。

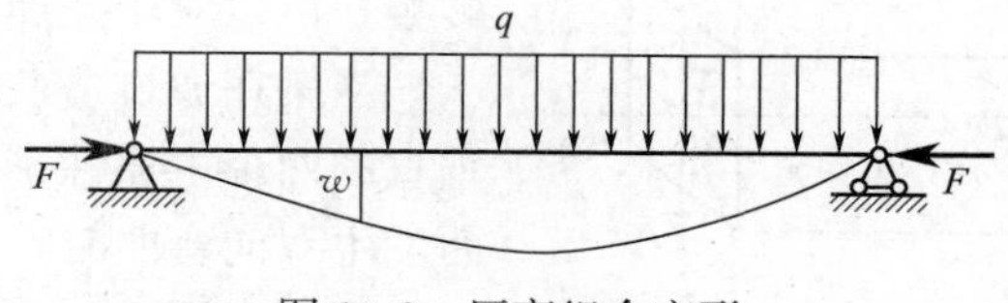

图 10-2　压弯组合变形

本章研究的组合变形主要包括斜弯曲、拉伸或压缩与弯曲组合、弯扭组合变形。

10.2　斜弯曲

10.2.1　斜弯曲概念

1. 平面弯曲与斜弯曲

前面研究的弯曲问题主要是平面弯曲中的对称弯曲。如果梁上的所有外力（或外力的合力）和梁变形后的轴线处于同一平面内，即力的作用平面和梁轴变形平面重合，这样的弯曲称为平面弯曲。对于具有纵向对称平面的梁，当外力作用在纵向对称平面内时，梁变形后轴线仍在外力作用平面内，此种弯曲称为对称弯曲，属于平面弯曲，如图 10-3（a）所示。而对于不具有纵向对称平面的梁，只有当外力作用在通过弯曲中心且与形心主惯性平面平行的弯心平面内时，梁才会发生平面弯曲，如图 10-3（b）所示。

工程中常有一些梁，不论梁是否具有纵向对称平面，外力虽然经过弯曲中心（或形心），但其作用面与形心主惯性平面既不重合也不平行，如图 10-3（c）、（d）所示，变形后杆件轴线与外力将不在同一纵向平面内，这种弯曲称为斜弯曲，可视为两向平面弯曲的组合。显然，斜弯曲是一种非对称弯曲。

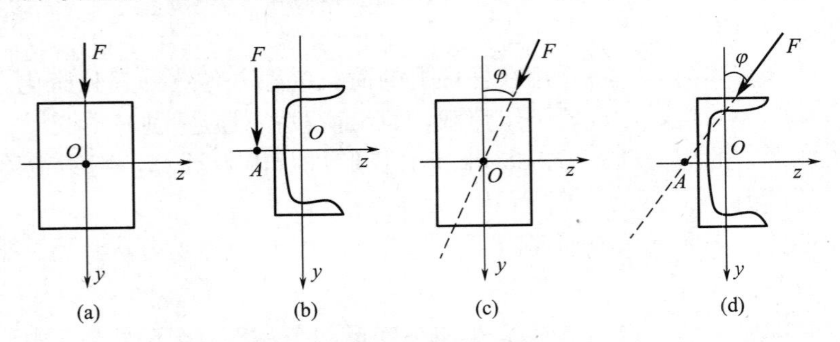

图 10-3　平面弯曲与斜弯曲

2. 斜弯曲问题解法

分析解决斜弯曲问题时，一般是将横向力向截面的两个形心主惯性轴的方向分解。这样在材料服从胡克定律且小变形的前提下，构件虽然同时沿两个垂直的方向发生平面弯曲，但每一弯曲变形都是各自独立的，互不影响，可以应用叠加原理。

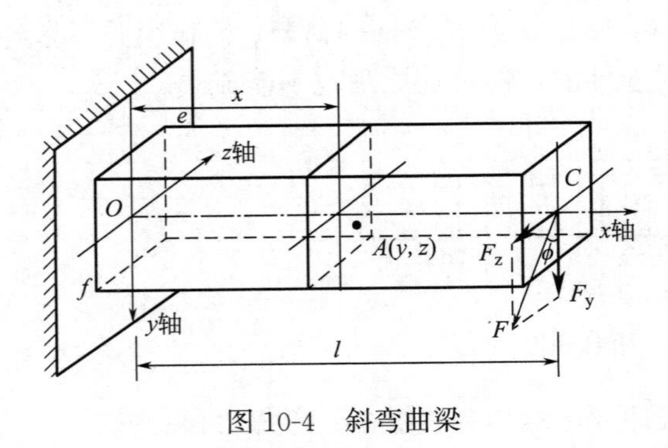

图 10-4　斜弯曲梁

当梁在通过弯曲中心（或形心）的互相垂直的两个主惯性平面内分别有横向力作用而发生双向弯曲时，分析的方法完全相同。

下面以图 10-4 所示矩形截面悬臂梁为例，研究具有两个相互垂直的对称面的梁在斜弯曲情况下的应力和强度计算。

10.2.2 横截面上的内力及正应力

设力 F 作用在梁自由端截面的形心，其与竖向形心主轴（平行于 y 轴）夹角为 φ。

现将力 F 沿两形心主轴分解，得

$$F_y = F\cos\varphi,\ F_z = F\sin\varphi$$

梁在 F_y 和 F_z 单独作用下，将分别在 xy 平面和 xz 平面内产生平面弯曲。可将斜弯曲视为两个相互正交的平面弯曲的组合。

在距固定端为 x 的横截面上，由 F_y 和 F_z 引起的弯矩分别为

$$M_z = F_y(l-x) = F(l-x)\cos\varphi = M\cos\varphi$$

$$M_y = F_z(l-x) = F(l-x)\sin\varphi = M\sin\varphi$$

式中，$M = F(l-x)$，表示力 F 引起的弯矩。

为了分析横截面上正应力及其分布规律，现分析 x 横截面上任一点（y，z）处的正应力。由 F_y 和 F_z 在该点处引起的正应力分别为

$$\sigma' = \frac{M_z y}{I_z} = \frac{M\cos\varphi}{I_z}y$$

$$\sigma'' = \frac{M_y z}{I_y} = \frac{M\sin\varphi}{I_y}z$$

显然，σ' 和 σ'' 沿高度和宽度均是线性分布的。至于 σ' 和 σ'' 这两种正应力的正负号，由梁的变形情况确定比较方便。在该梁中，由于 F_y 的作用，横截面上水平形心主轴以上的各点处产生拉应力，以下的各点处产生压应力；由于 F_z 的作用，横截面上竖向形心主轴以右的各点处产生拉应力，以左的各点处产生压应力。

在图10-4中，A 点处由 F_y 和 F_z 引起的正应力分别为压应力和拉应力。由叠加原理得 A 点处的正应力为

$$\sigma = \sigma' + \sigma'' = -\frac{M_z}{I_z}y + \frac{M_y}{I_y}z = M\left(-\frac{\cos\varphi}{I_z}y + \frac{\sin\varphi}{I_y}z\right) \tag{10-1}$$

由梁的强度计算可知，横截面上由剪力引起的剪应力与由弯矩引起的正应力相比为次要因素，因此，在组合变形中可不考虑剪力的影响。

10.2.3 中性轴位置

由式（10-1）可见，横截面上的正应力是 y 和 z 的线性函数，即在横截面上，正应力为平面分布。

由于每一平面弯曲都会在截面上同时引起拉应力和压应力，因而在两向平面弯曲组合时，截面上一定有一些点的正应力等于零，这些点的连线就是中性轴（又称为零线）。

为了确定该截面的最大正应力，首先要确定中性轴的位置。

设中性轴上任一点的坐标为（y_0，z_0）。因中性轴上各点处的正应力为零，所以将 y_0 和 z_0 代入式（10-1）得

$$\sigma = M\left(-\frac{\cos\varphi}{I_z}y_0 + \frac{\sin\varphi}{I_y}z_0\right) = 0$$

因 $M \neq 0$，故

$$-\frac{\cos\varphi}{I_z}y_0+\frac{\sin\varphi}{I_y}z_0=0$$

这就是中性轴的方程。它是一条通过横截面形心的直线。设中性轴与 z 轴夹角为 α，则由上式得到

$$\tan\alpha=\frac{y_0}{z_0}=\frac{I_z}{I_y}\tan\varphi \tag{10-2}$$

上式表明，中性轴和外力作用线在相邻的象限内，如图 10-5（a）所示。

由式（10-2）可见，对于像矩形截面这类 $I_y\neq I_z$ 的截面，$\alpha\neq\varphi$，即中性轴与 F 力作用方向不垂直。这是斜弯曲的一个重要特征。

对圆形、正方形等截面，由于任意一对形心轴都是主轴，且截面对任一形心轴的惯性矩都相等，所以 $\alpha=\varphi$，即中性轴与力作用方向垂直。这表明，对这类截面，通过截面形心的横向力，不管作用在什么方向，梁只产生平面弯曲，而不可能发生斜弯曲。

中性轴把横截面划分成拉伸和压缩两个区域，其位置确定以后，即可画出横截面上的正应力分布图，如图 10-5（b）所示。

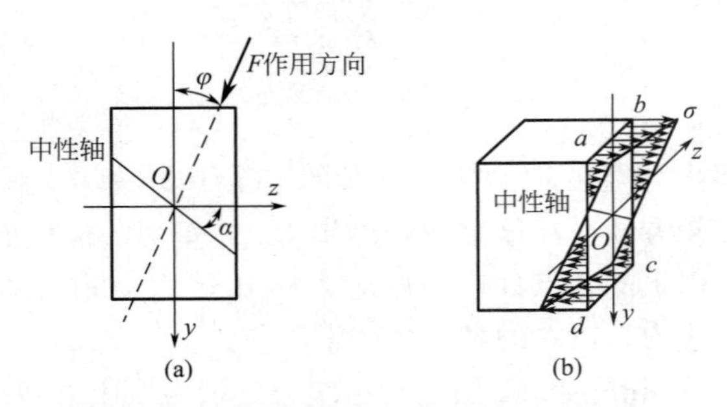

图 10-5　有棱角截面中性轴与应力分布

10.2.4　最大正应力和强度条件

1. 横截面上最大正应力

由应力分布图可见，在中性轴一侧的横截面上，各点发生拉应力；在中性轴另一侧的横截面上，各点发生压应力。横截面上的最大正应力，发生在离中性轴最远的点处。

对于有棱角的截面，危险点应是 M_y 和 M_z 引起的正应力都达到最大值的点。如图 10-5 所示的矩形截面，由应力分布图可见，角点 b 产生最大拉应力，角点 d 产生最大压应力，由式（10-1），它们分别为

$$\sigma_{\mathrm{tmax}}=M\left(\frac{\cos\varphi}{I_z}y_{\max}+\frac{\sin\varphi}{I_y}z_{\max}\right)=\frac{M_z}{W_z}+\frac{M_y}{W_y} \tag{10-3a}$$

$$\sigma_{\mathrm{cmax}}=-\left(\frac{M_z}{W_z}+\frac{M_y}{W_y}\right) \tag{10-3b}$$

实际上，对于有棱角的截面，例如矩形、工字形截面，根据斜弯曲是两个平面弯曲组合的情况，最大正应力显然发生在角点处。根据变形情况，即可确定发生最大拉应力和最大压应力的点。

对于没有棱角的截面，可用作图法确定发生最大正应力的点。如图 10-6 所示的椭圆形截面，当确定了中性轴位置后，作平行于中性轴并切于截面周边的两条直线，切点 D_1 和 D_2 即为发生最大正应力的点。以该点的坐标代入式（10-1），即可求得最大拉应力和最大压应力。

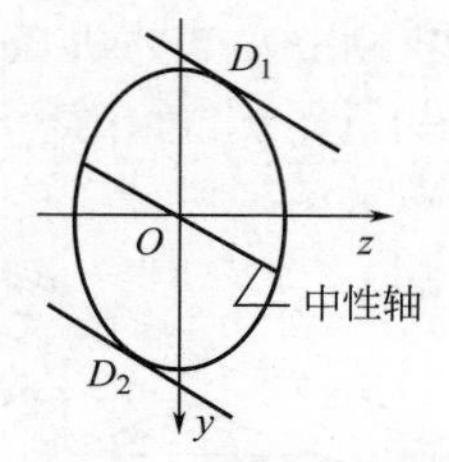

图 10-6　无棱角截面最大正应力点

2. 强度条件

斜弯曲在建立强度条件时，首先确定危险截面，然后在危险截面上，针对不同的截面形式，求出最大正应力。对于如图 10-4 所示的悬臂梁，在固定端截面上弯矩最大，固定端截面为危险截面；该截面上的角点 e 和 f 为危险点，由于角点处剪应力为零，故危险点处于单向应力状态。

危险点的应力状态视为单向应力状态或近似当作单向应力状态，故其强度条件为

$$\sigma_{\max} \leqslant [\sigma] \tag{10-4a}$$

若材料的抗拉和抗压强度不同时，需分别校核最大拉应力和最大压应力：

$$\sigma_{\mathrm{tmax}} \leqslant [\sigma_{\mathrm{t}}] \tag{10-4b}$$

$$\sigma_{\mathrm{cmax}} \leqslant [\sigma_{\mathrm{c}}] \tag{10-4c}$$

10.2.5　变形

仍以图 10-4 所示悬臂梁为例。该梁在 F_y 和 F_z 作用下，自由端截面的形心 C 在 xy 平面和 xz 平面内的挠度分别为

$$w_y = \frac{F_y l^3}{3EI_z},\ w_z = \frac{F_z l^3}{3EI_y}$$

由于 w_y 和 w_z 方向不同且相互正交，故得 C 点的总挠度为

$$w = \sqrt{w_y^2 + w_z^2}$$

设总挠度方向与 y 轴的夹角 β，则

$$\tan\beta = \frac{\omega_z}{\omega_y} = \frac{I_z}{I_y}\tan\varphi \tag{10-5}$$

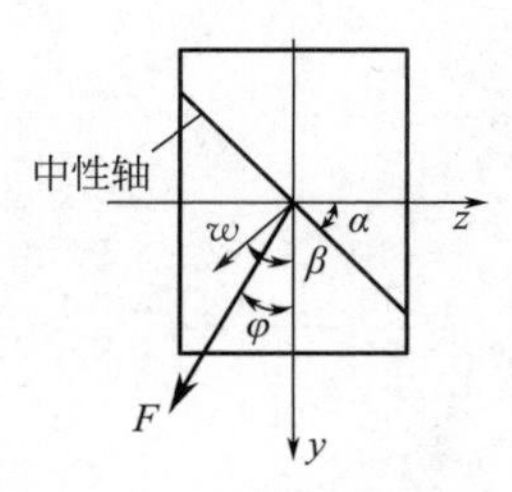

图 10-7　斜弯曲梁的变形特点

因截面 $I_y \neq I_z$，故 $\beta \neq \varphi$，即 C 点的总挠度方向与 F 力作用方向不重合（图 10-7），即变形后梁的挠曲线与 F 力不在同一纵向平面内，所以称为“斜弯曲”。

比较式（10-5）和式（10-2）可见，中性轴与 z 轴夹角 α 等于总挠度方向与 y 轴夹角 β（图 10-7），挠度方向垂直于中性轴，故中性轴总是垂直于挠度所在平面，这是斜弯曲的又一特征。

对圆形、正方形等截面，$\beta = \varphi$，即挠度方向和 F 力作用方向重合，均垂直于中性轴。

10.2.6　例题解析

【例题 10-1】 有一房屋屋顶桁架结构如图 10-8（a）所示。已知：屋面与水平面的夹角 $\varphi = 30°$。两桁架之间的距离为 4m，木檩条的间距为 1.5m，屋面重（包括檩条）为

2.0kN/m。若木檩条采用 $b\times h=160\text{mm}\times240\text{mm}$ 的矩形截面，所用木料的弹性模量为 $E=10\text{GPa}$，许用应力 $[\sigma]=10\text{MPa}$，试校核木檩条的强度。

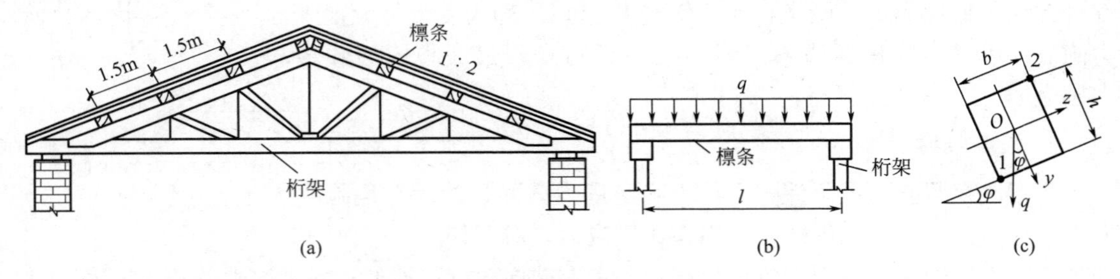

图 10-8　例题 10-1 图

【解】（1）确定计算简图

屋面的重量是通过檩条传递给桁架的。檩条简支在桁架上，其计算跨度等于两桁架之间的距离 $l=4\text{m}$，檩条上承受的均布荷载 $q=2\times1.5=3\text{kN/m}$。

其计算简图如图 10-12（b）、（c）所示。

（2）内力计算

$$M_{\max}=\frac{ql^2}{8}=\frac{3\times4^2}{8}=6\text{kN}\cdot\text{m}$$

显然，危险截面在跨中截面。这一截面上的 1 点和 2 点是危险点，它们分别发生最大拉应力和最大压应力，且数值相等，故可校核 1 点或 2 点中的任一点。现校核 1 点。

（3）相关数据计算

屋面坡度 $\varphi=30°$，$\sin\varphi=0.5$，$\cos\varphi=0.866$

截面对 z 轴惯性矩

$$I_z=\frac{bh^3}{12}=\frac{160\times240^3}{12}=1.8432\times10^8\text{mm}^4$$

$$I_y=\frac{hb^3}{12}=\frac{240\times160^3}{12}=0.8192\times10^8\text{mm}^4$$

横截面上

$$y_{\max}=\frac{h}{2}=\frac{240}{2}=120\text{mm},\quad z_{\max}=\frac{b}{2}=\frac{160}{2}=80\text{mm}$$

（4）强度校核

$$\begin{aligned}\sigma_{\text{tmax}}&=M\left(\frac{\cos\varphi}{I_z}y_{\max}+\frac{\sin\varphi}{I_y}z_{\max}\right)\\&=6\times10^6\times\left(\frac{0.866}{1.8432\times10^8}\times120+\frac{0.5}{0.8192\times10^8}\times80\right)\\&=6.31\text{MPa}<[\sigma]=10\text{MPa}\end{aligned}$$

满足强度要求。

【例题 10-2】 如图 10-9 所示悬臂梁，$l=3\text{m}$，由 32a 号工字钢制成。在竖直方向受均布荷载 $q=4\text{kN/m}$ 作用。在自由端受水平集中力 $F=3\text{kN}$ 作用。材料的弹性模量 $E=2\times10^5\text{MPa}$。试求：

（1）梁的最大拉应力和最大压应力。

（2）固定端截面和 $l/2$ 截面上的中性轴位置。

（3）自由端的挠度。

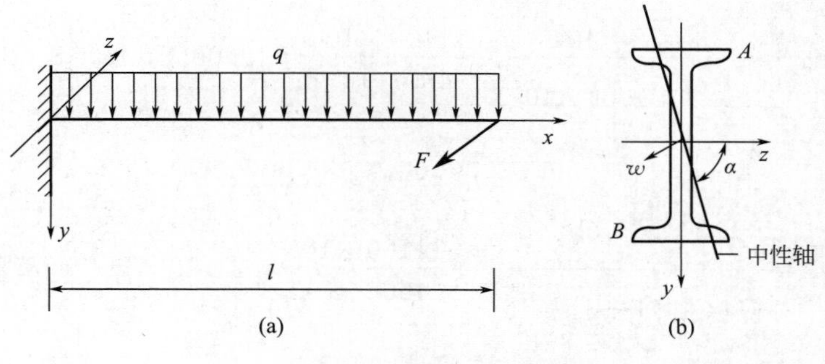

图 10-9　例题 10-2 图

【解】（1）截面的几何性质

对于 32a 号工字钢，查型钢表得，$I_z=11100\text{cm}^4$，$W_z=692\text{cm}^3$；$I_y=460\text{cm}^4$，$W_y=70.8\text{cm}^3$。

（2）判断组合变形类型

均布荷载 q 使梁在 xy 平面内弯曲，集中力 F 使梁在 xz 平面内弯曲，故为双向弯曲。

（3）判断危险截面、危险点位置

两种荷载均使固定端截面产生最大弯矩，所以固定端截面是危险截面。

由变形情况可知，在该截面上的 A 点处发生最大拉应力，B 点处发生最大压应力，且两点处应力的数值相等。

（4）计算危险点处正应力

$$\sigma_A=\frac{M_z}{W_z}+\frac{M_y}{W_y}=\frac{\frac{1}{2}ql^2}{W_z}+\frac{Fl}{W_y}=\frac{\frac{1}{2}\times 4\times 3^2\times 10^6}{692\times 10^3}+\frac{3\times 3\times 10^6}{70.8\times 10^3}=153.13\text{MPa}$$

$$\sigma_B=-\frac{M_z}{W_z}-\frac{M_y}{W_y}=-153.13\text{MPa}$$

（5）确定中性轴

因中性轴上各点处的正应力为零，故由 $\sigma=0$ 的条件可确定中性轴的位置。首先列出任一横截面右下方（即图 10-9（b）中 yz 坐标系第一象限内）任一点处的应力表达式

$$\sigma=\frac{M_y}{I_y}z-\frac{M_z}{I_z}y$$

令中性轴上各点的坐标为（y_0，z_0），则

$$\sigma=\frac{M_y}{I_y}z_0-\frac{M_z}{I_z}y_0=0$$

设中性轴与 z 轴的夹角为 α，见图 10-9（b），则由上式得

$$\tan\alpha=\frac{y_0}{z_0}=\frac{M_y}{M_z}\frac{I_z}{I_y}$$

由上式可见，因不同截面上 $\frac{M_y}{M_z}$ 不是常量，故不同截面上的中性轴与 z 轴的夹角不同。

固定端截面：

$$\tan\alpha_1 = \frac{3\times3\times10^6}{\frac{1}{2}\times4\times3^2\times10^6}\times\frac{11100\times10^4}{460\times10^4}=12.0652,\ \alpha_1=85.26°$$

$l/2$ 截面：

$$\tan\alpha_2 = \frac{3\times\frac{3}{2}\times10^6}{\frac{1}{2}\times4\times\left(\frac{3}{2}\right)^2\times10^6}\times\frac{11100\times10^4}{460\times10^4}=24.1304,\ \alpha_1=87.63°$$

(6) 自由端的总挠度

自由端的总挠度由自由端在 xy 平面内和 xz 平面内的挠度 w_y 和 w_z 合成。

$$w_y=\frac{ql^4}{8EI_z}=\frac{4\times10^3\times3^4\times10^9}{8\times2\times10^5\times11100\times10^4}=1.82\text{mm}$$

$$w_z=\frac{Fl^3}{3EI_y}=\frac{3\times10^3\times3^3\times10^9}{3\times2\times10^5\times460\times10^4}=29.35\text{mm}$$

自由端总挠度为

$$w=\sqrt{w_y^2+w_z^2}=\sqrt{1.824^2+29.348^2}=29.41\text{mm}$$

10.3 拉伸（压缩）与弯曲的组合

10.3.1 常见类型及分析方法

拉伸（压缩）与弯曲组合变形是工程中常见的组合变形，一般有两种情况：杆件承受轴向力与横向力的共同作用产生的拉伸（压缩）与弯曲的组合变形；杆件上外力作用线与其轴线平行但不重合引起的变形，即偏心拉伸或偏心压缩。

1. 拉伸（压缩）与弯曲组合变形一般情况

如图 10-10（a）所示矩形截面梁，受横向力和轴向力作用。6 个内力分量中只有 $M_x=0$，M_y、M_z、F_N、F_{sy}、F_{sz} 均不为 0，如图 10-10（b）所示。对于细长梁，剪力 F_{sy}、F_{sz} 相比 F_N 很小，不属于同数量级，可略去剪力 F_{sy}、F_{sz} 不计。拉伸（压缩）与弯曲的组合变形的一般情况只考虑内力 M_y、M_z、F_N。

在小变形的前提下，拉伸（压缩）与弯曲组合变形杆件弯曲刚度较大，横向力引起的挠度与横截面的尺寸相比很小，可忽略轴向力在杆件横向变形（挠度 y）上所引起的附加弯矩 ΔM（$\Delta M=F_Ny$）。这样，对于轴向力只考虑其引起的压缩变形，外力与杆件内力和应力的关系仍然是线性的，可以应用叠加原理解决问题。应注意到，如果是大变形情况，应考虑横向力和轴向力的相互影响，附加弯矩不能忽略，不能应用叠加原理。

按照叠加法，可先将荷载分解成轴向拉伸（压缩）和 xy、xz 两个平面内的平面弯曲，再分别计算各种基本变形下的应力$\sigma'=\frac{F_N}{A}$、$\sigma''=\frac{M_y z}{I_y}$和$\sigma'''=\frac{M_z y}{I_z}$，并画出应力分布图。最后将各点应力叠加得到组合变形下的应力情况，如10-10（c）所示。

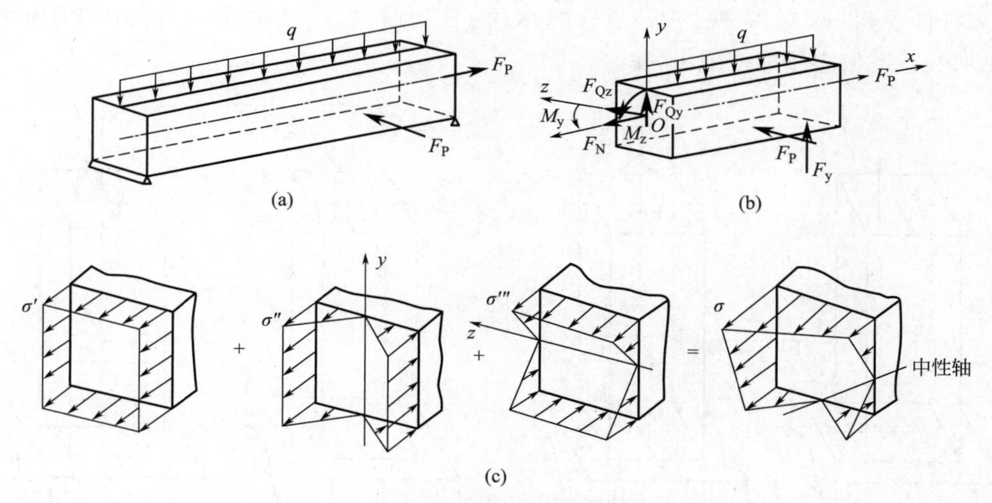

图10-10　拉伸（压缩）与弯曲组合变形

拉伸（压缩）与弯曲组合变形下横截面各点的应力为

$$\sigma=\frac{F_N}{A}+\frac{M_y z}{I_y}+\frac{M_z y}{I_z} \tag{10-6}$$

由式（10-6）可见，横截面上的正应力为平面分布。

对于具有两个对称轴的截面，式（10-6）可写成

$$\sigma^{\pm}=\frac{F_N}{A}\pm\frac{M_y}{W_y}\pm\frac{M_z}{W_z} \tag{10-7}$$

假设危险点为单向应力状态（忽略横截面上的剪应力），其强度条件的一般形式为

$$\sigma_{max}\leqslant[\sigma] \tag{10-8}$$

对于抗拉、抗压强度不等的材料，其强度条件为

$$\sigma_{t,max}\leqslant[\sigma_t]，\sigma_{c,max}\leqslant[\sigma_c] \tag{10-9}$$

2. 拉伸（压缩）与弯曲组合变形特殊情况

（1）拉伸（压缩）与单向平面弯曲组合

若只在xy平面内发生平面弯曲，式（10-6）变为

$$\sigma=\frac{F_N}{A}+\frac{M_z y}{I_z} \tag{10-10}$$

对有水平对称轴（z轴）的截面，式（10-10）变为

$$\sigma^{\pm}=\frac{F_N}{A}\pm\frac{M_z}{W_z} \tag{10-11}$$

（2）斜弯曲

若无轴力N，只有弯矩M_y、M_z，则受力变形为斜弯曲情况，属于双向平面弯曲组合，式（10-6）变为

$$\sigma=\frac{M_y z}{I_y}+\frac{M_z y}{I_z} \tag{10-12}$$

3. 偏心拉伸或偏心压缩

当杆件受到与其轴线平行但不重合的外力（压力或拉力）作用时，杆件产生偏心拉伸（图 10-11a）或偏心压缩（图 10-11c）。

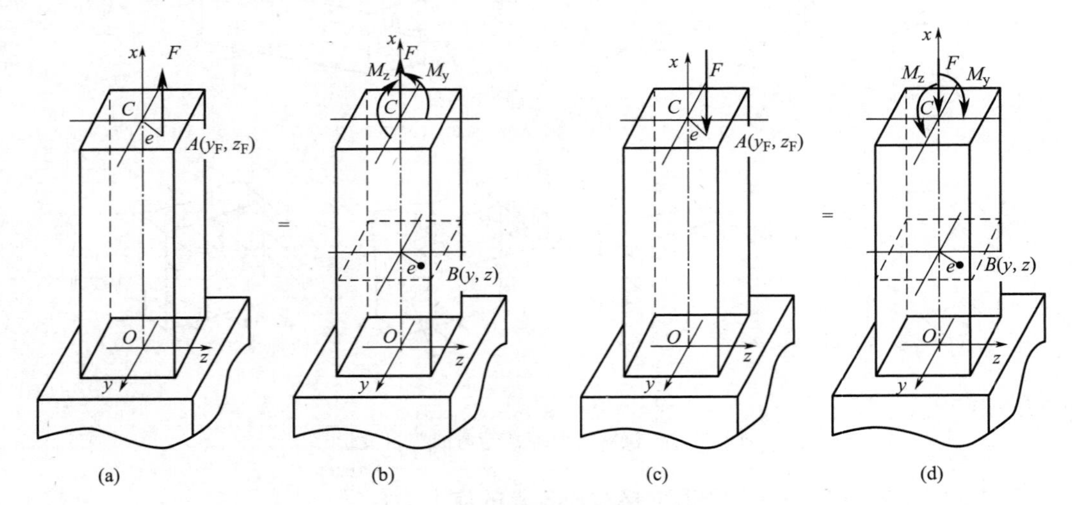

图 10-11　偏心拉伸或偏心压缩

图 10-11 是下端固定的矩形截面杆，xy 和 xz 平面为两个形心主惯性平面。设在杆的上端截面的 A（y_F，z_F）点处作用一平行于杆轴线的力 F（图 10-11a、c）。A 点到截面形心 C 的距离 e 称为偏心距。

如图 10-11（a）、（c）所示杆的情况，分别对应拉力或压力 F 在 y 和 z 两个方向偏心（$y_F\neq0$，$z_F\neq0$），称为双向偏心拉伸或双向偏心压缩。当拉力或压力 F 只在 y 或 z 一个方向偏心（$y_F=0$ 或 $z_F=0$），称为单向偏心拉伸或双向偏心压缩。

将 F 力向 C 点简化，得到通过杆轴线的压力和力偶矩。再将力偶矩矢量沿 y 轴和 z 轴分解，可分别得到作用于 xz 平面内的力偶矩 $M_y=Fz_F$ 和作用于 xy 平面内的力偶矩 $M_z=Fy_F$，如图 10-11（b）、（d）所示。

由此可知，杆将产生轴向拉伸或压缩和在 xz 平面及 xy 平面内的平面弯曲（纯弯曲）。杆各横截面上的内力为：

$$F_N=F,\ M_y=Fz_F,\ M_z=Fy_F \tag{10-13}$$

由此可见，偏心拉伸或偏心压缩变形也属于拉伸（压缩）与弯曲组合变形，求解方法同前。当材料在线弹性范围内工作时，在离力作用点稍远的那些横截面上，将三个内力所对应的正应力叠加起来，即得任一横截面上任一点 B（y，z）的应力表达式，同式（10-6），也可表达为

$$\sigma=F\left(\frac{1}{A}+\frac{z_F z}{I_y}+\frac{y_F y}{I_z}\right) \tag{10-14}$$

偏心拉伸杆件任意横截面上的正应力变化规律如图 10-12 所示。

由图 10-12（d）可见，σ_{tmax} 和 σ_{cmax} 分别在角点 E 及 F 处。

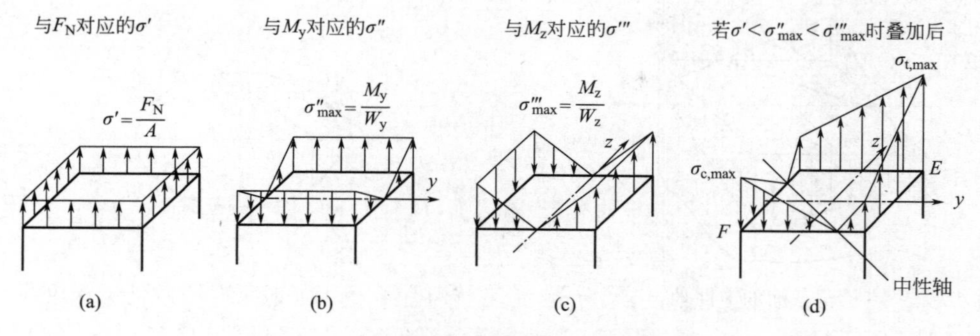

图 10-12　偏心拉伸杆件横截面正应力变化规律

10.3.2　中性轴的确定

为了确定横截面上正应力分布及最大值，需确定中性轴的位置。

由式（10-6）可知，截面形心处 $y=0$，$z=0$，但该处 $\sigma=\frac{F_N}{A}\neq 0$，说明在拉（压）弯曲组合变形中，中性轴（零应力线）恒不通过横截面形心。

1. 拉伸（压缩）与弯曲组合一般情况

中性轴位置可以通过组合应力为零的点来确定。设 y_0 和 z_0 为中性轴上任一点到形心主轴的距离，将 y_0 和 z_0 代入式（10-6）得

$$\frac{F_N}{A}+\frac{M_y z_0}{I_y}+\frac{M_z y_0}{I_z}=0 \tag{10-15a}$$

这就是中性轴方程。中性轴是一条不通过横截面形心的直线。分别令式（10-15a）中的 $z_0=0$、$y_0=0$，可以得到中性轴在 y 轴和 z 轴上的截距 a_y、a_z：

$$a_y=y_0|_{z_0=0}=-\frac{F_N I_z}{M_z A},\ a_z=z_0|_{y_0=0}=-\frac{F_N I_y}{M_y A} \tag{10-15b}$$

横截面上中性轴的位置及正应力分布如图 10-13 所示。中性轴一边的横截面上产生拉应力，另一边产生压应力。最大正应力发生在离中性轴最远的点处。

对于有棱角的截面，最大正应力一定发生在角点处。角点 D_1 产生最大压应力，角点 D_2 产生最大拉应力（见图 10-13）。实际上，对于有棱角的截面，可不必求中性轴的位置，而根据变形情况，确定发生最大拉应力和最大压应力的角点。

对于没有棱角的截面，当中性轴位置确定后，作与中性轴平行并切于截面周边的两条直线，切点 D_1 和 D_2 即为发生最大压应力和最大拉应力的点，如图 10-14 所示。

2. 拉伸（压缩）与单向平面弯曲组合

拉伸（压缩）与弯曲组合时，若只在 xy 平面内发生平面弯曲，设中性轴到形心主轴的距离为 y_0， 在式（10-10）中，令 $\sigma=0$，则

$$y_0=-\frac{F_N I_z}{M_z A} \tag{10-16}$$

F_N 和弯矩 M_z 的比例不同，y_0 可有不同的值，即中性轴可能在截面之外，或刚好与截面边界相切，截面上正应力均同号，或在截面之内，截面上正应力均异号。

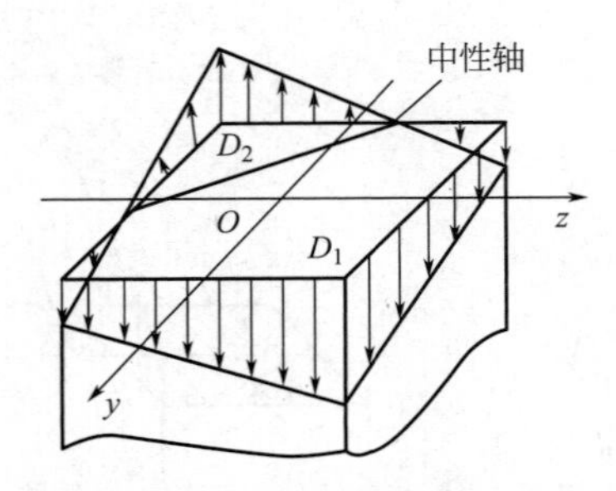

图 10-13　有棱角截面的中性轴与应力分布

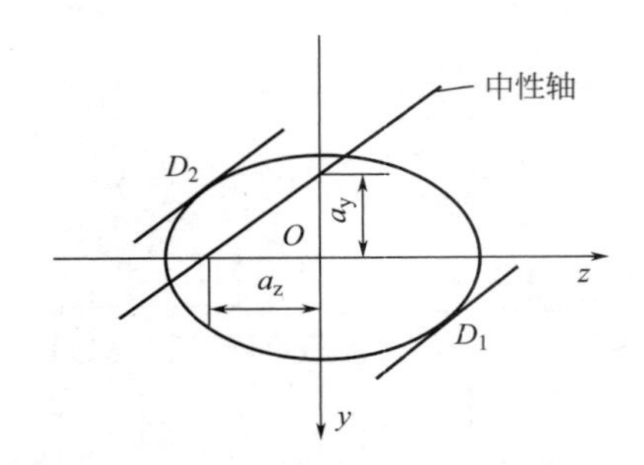

图 10-14　无棱角截面的中性轴与最大应力点

为充分发挥材料的作用，在设计截面时，应合理安排中性轴的位置，使截面上的最大拉应力和最大压应力分别接近各自的许用应力。

3. 偏心拉伸或偏心压缩变形

对于偏心拉伸或偏心压缩杆件，如果横截面没有外棱角，如图 10-15 所示的截面，y、z 轴为形心主轴，这时，危险点难以观察确定，需先找到中性轴的位置。

以 y_0 和 z_0 表示中性轴上任一点到形心主轴的距离，将 y_0 和 z_0 代入式（10-6）得

$$\frac{F_N}{A}+\frac{M_y z_0}{I_y}+\frac{M_z y_0}{I_z}=0$$

即

$$F\left(\frac{1}{A}+\frac{z_F\cdot z_0}{I_y}+\frac{y_F\cdot y_0}{I_z}\right)=0 \tag{10-17}$$

为了简便，引入公式，令

$$i_y^2=\frac{I_y}{A},\ i_z^2=\frac{I_z}{A}$$

式中，i_y、i_z 分别为横截面对 y 轴和 z 轴的惯性半径。于是由式（10-17）得到中性轴的方程式：

$$1+\frac{z_F\cdot z_0}{i_y^2}+\frac{y_F\cdot y_0}{i_z^2}=0 \tag{10-18}$$

中性轴在 y、z 轴上的截距分别为：

$$a_y=y_0\big|_{z_0=0}=-\frac{i_z^2}{y_F},\quad a_z=z_0\big|_{y_0=0}=-\frac{i_y^2}{z_F} \tag{10-19}$$

中性轴确定后，作两条与中性轴平行而与截面周边相切的直线，其切点就是危险点，如图 10-15 所示。将两个切点的坐标分别代入式（10-6）或式（10-14），就可求得横截面上的最大拉应力和最大压应力。

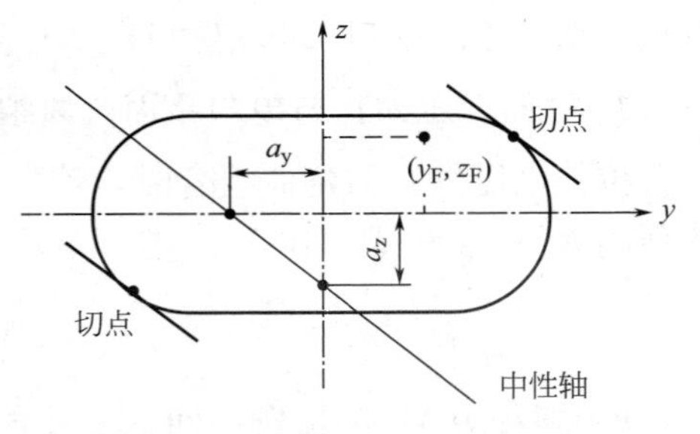

图 10-15　横截面上的最大正应力

10.3.3　偏心拉伸（压缩）变形截面核心

1. 截面核心

对于偏心拉伸（压缩）变形，由式（10-15b）

可知 $a_y=y_0\big|_{z_0=0}=-\dfrac{i_z^2}{y_F}$，$a_z=z_0\big|_{y_0=0}=-\dfrac{i_y^2}{z_F}$，中性轴在 y、z 轴上的截距 a_y、a_z 与偏心力作用点的坐标（y_F，z_F）符号相反，所以中性轴与偏心力的作用点总是位于形心的两侧。同时，a_y 与 y_F、a_z 与 z_F 的绝对值分别成反比，表明偏心力作用点离形心越近，中性轴就离形心越远。作为极端情况，当偏心距为零时，中性轴就位于无穷远处。

对于偏心拉伸或压缩杆件，在其截面上总可以找到一个区域（包含截面形心），当偏心力作用点位于此区域之内或其边界上时，横截面上只出现一种性质的应力（偏心拉伸时为拉应力，偏心压缩时为压应力）。截面形心附近的这样一个区域就称为截面核心。

因而，当偏心力的作用点位于截面核心的限界上时，可以使得中性轴恰与截面的周边相切，这时横截面上只出现一种性质的应力（偏心拉伸时为拉应力，偏心压缩时为压应力）。

在工程上，常用的脆性材料（如砖、石、混凝土、铸铁等）抗压性能好而抗拉性能差，因而由这些材料制成的偏心受压构件，应当力求使其全截面出现压应力而不出现拉应力，即外力应尽量作用于截面核心区域之内。因此，有必要确定截面核心及其限界。

2. 截面核心的边界

利用求解中性轴截距的式（10-15a），只要作一系列与截面周边相切的直线作为中性轴，由每一条中性轴在 y、z 轴上的截距，即可求得与其对应的偏心力作用点的坐标，有了一系列这样的点以后，便能描出截面核心的边界。

10.3.4　例题解析

【例题 10-3】一起重机架如图 10-16（a）所示，最大起吊重量为 $F=40\text{kN}$，F 作用在横梁 AB 的中点。横梁由 20a 号工字钢制成，材料的许用应力 $[\sigma]=120\text{MPa}$。不考虑杆件自重，试校核横梁 AB 的强度。

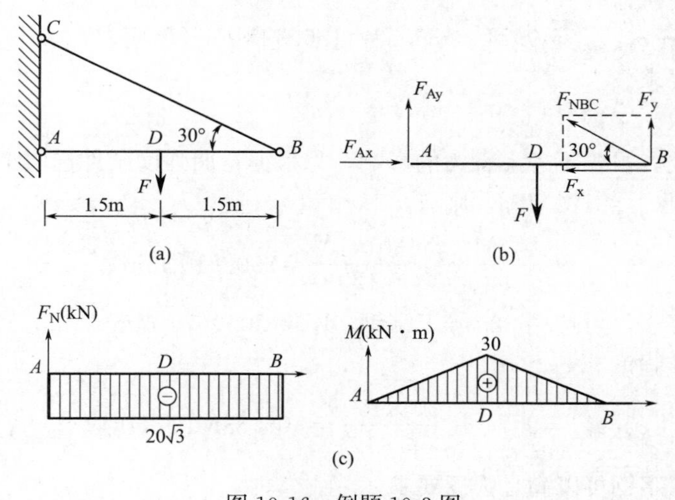

图 10-16　例题 10-3 图

【解】（1）受力分析

横梁 AB 的受力简图如图 10-16（b）所示。

1）由平衡方程 $\sum m_A = 0$ 得 $F_{NBC} \cdot \sin 30^\circ \times 3 - 1.5F = 0$

解得 $$F_{NBC} = F = 40\text{kN}$$

2）将 F_{NBC} 按图 10-16（b）所示分解为 F_x、F_y。

$$F_x = F_{NBC}\cos 30^\circ = F\cos 30^\circ = 20\sqrt{3}\text{kN}$$

$$F_y = F_{NBC}\sin 30^\circ = F\sin 30^\circ = 20\text{kN}$$

可见，轴向力使横梁发生轴向压缩变形，横向力使横梁发生平面弯曲变形，故横梁 AB 产生轴向压缩与平面弯曲的组合变形。

（2）内力分析

忽略剪力的影响，作横梁 AB 的轴力图、弯矩图如图 10-16（c）所示。由图 10-16（c）可见，中间截面 D 为危险截面。

$$F_{N,max} = 20\sqrt{3}\text{kN}，M_{max} = 20 \times 1.5 = 30\text{kN} \cdot \text{m}$$

（3）应力计算与强度校核

1）20a 号工字钢截面几何参数

由型钢规格表查得，截面面积 $A = 3558\text{mm}^2$，抗弯截面系数 $W_z = 237 \times 10^3\text{mm}^3$

2）危险截面上均匀分布的轴向压缩正应力

$$\sigma_{N,max} = \frac{F_{N,max}}{A} = \frac{20\sqrt{3} \times 10^3}{3558} = 9.74\text{N/mm}^2 = 9.74\text{MPa}（压应力）$$

3）危险截面上最大弯曲正应力

$$\sigma_{M,max} = \frac{M_{max}}{W_z} = \frac{30 \times 10^6}{237 \times 10^3} = 126.58\text{N/mm}^2 = 126.58\text{MPa}（压应力）$$

4）危险点最大正应力

由于该梁材料的抗拉和抗压强度相同，故横梁 AB 危险截面 D 边缘各点是危险点，此处的压应力最大，其值为

$$\sigma_{max} = \sigma_{N,max} + \sigma_{M,max} = 9.74 + 126.58 = 136.32\text{MPa}（压应力）> [\sigma] = 120\text{MPa}$$

强度不满足要求。

（4）重新选取工字钢

为了计算方便，可先不考虑轴力的影响，只根据弯曲强度条件选取工字钢

令 $\sigma_{M,max} \leqslant [\sigma] = 120\text{MPa}$，则有

$$W_z \geqslant \frac{M_{max}}{[\sigma]} = \frac{30 \times 10^6}{120} = 250 \times 10^3\text{mm}^3$$

再查型钢规格表，可选用 22a 号工字钢，$W_z = 309 \times 10^3\text{mm}^3$

（5）重新校核强度

$$\sigma_{max} = \sigma_{N,max} + \sigma_{M,max} = 9.74 + \frac{30 \times 10^6}{309 \times 10^3} = 106.83\text{MPa}（压应力）< [\sigma] = 120\text{MPa}$$

选用 22a 号工字钢可以满足强度要求。

【例题 10-4】小型压力机的铸铁框架如图 10-17（a）所示。已知材料的许用拉应力 $[\sigma_t] = 35\text{MPa}$，许用压应力 $[\sigma_c] = 120\text{MPa}$。试按立柱的强度确定压力机的许可压力 F。

【解】（1）截面几何性质

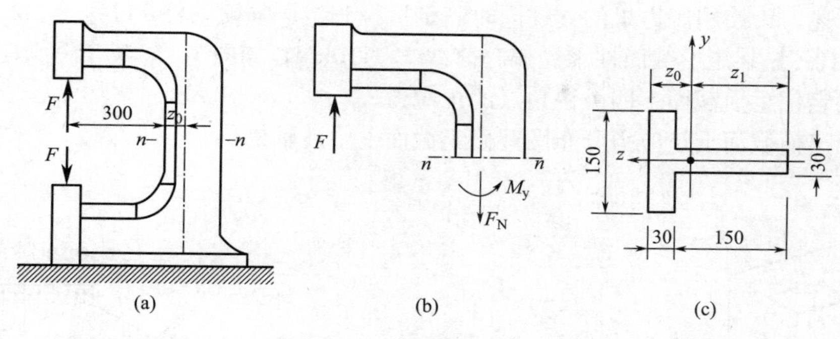

图 10-17　例题 10-4 图

根据立柱横截面的形状和尺寸，计算横截面面积，确定截面形心的位置并计算截面对形心轴 y 轴的惯性矩 I_y。计算结果如下：

$$A = 2 \times 150 \times 30 = 9000\text{mm}^2$$

$$z_0 = \frac{30 \times 150 \times 15 + 150 \times 30 \times (30 + 75)}{2 \times 150 \times 30} = 60\text{mm}，z_1 = 90\text{mm}$$

$$I_y = \frac{1}{12} \times 150 \times 30^3 + 45^2 \times 150 \times 30 + \frac{1}{12} \times 30 \times 150^3 + 45^2 \times 150 \times 30 = 2700 \times 10^4\text{mm}^4$$

（2）立柱横截面上内力

取截面 n-n 上半部分为研究对象，其受力如图 10-17（b）所示。由此可知，在力 F 作用下，压力机的立柱发生拉伸与弯曲的组合变形。求得立柱任意横截面上的弯矩和轴力分别为

$$F_N = F，M_y = 360F$$

（3）立柱横截面上正应力

1）横截面上由轴力引起正应力为均布拉应力，其值为

$$\sigma_{F_N} = \frac{F_N}{A} = \frac{F}{9000} = \frac{F}{9000}\text{（拉应力）}$$

2）由弯矩 M_y 引起的最大弯曲正应力为

$$\sigma_{My,tmax} = \frac{M_y z_0}{I_y} = \frac{360F \times 60}{2700 \times 10^4} = \frac{216F}{27 \times 10^4}\text{（拉应力）}$$

$$\sigma_{My,cmax} = \frac{M_y z_1}{I_y} = \frac{360F \times 90}{2700 \times 10^4} = \frac{324F}{27 \times 10^4}\text{（压应力）}$$

3）叠加应力，可得 n-n 截面左侧的最大拉应力 σ_{tmax} 及 n-n 截面右侧的最大压应力

$$\sigma_{tmax} = \sigma_{F_N} + \sigma_{My,tmax} = \frac{F}{9000} + \frac{216}{27 \times 10^4}F = \frac{246}{27 \times 10^4}F$$

$$\sigma_{cmax} = -\sigma_{F_N} + \sigma_{My,cmax} = -\frac{F}{9000} + \frac{324}{27 \times 10^4}F = \frac{294}{27 \times 10^4}F$$

（4）由强度条件计算许可压力 F

由 $\sigma_{tmax} = \frac{246}{27 \times 10^4}F \leqslant [\sigma_t] = 35\text{MPa}$，得 $F \leqslant 38.41 \times 10^3\text{N} = 38.41\text{kN}$

由 $\sigma_{cmax} = \frac{294}{27 \times 10^4}F \leqslant [\sigma_c] = 120\text{MPa}$，得 $F \leqslant 110.20 \times 10^3\text{N} = 110.20\text{kN}$

综上所述，为使用压力机的立柱同时满足抗拉和抗压强度条件，[F] =38.41kN。

【例题 10-5】 某矩形截面柱承受偏心荷载 $F=10\text{kN}$，如图 10-18（a）所示。

（1）确定任意横截面上四个棱角点的正应力。

（2）画出横截面上正应力分布图并确定截面上中性轴的位置。

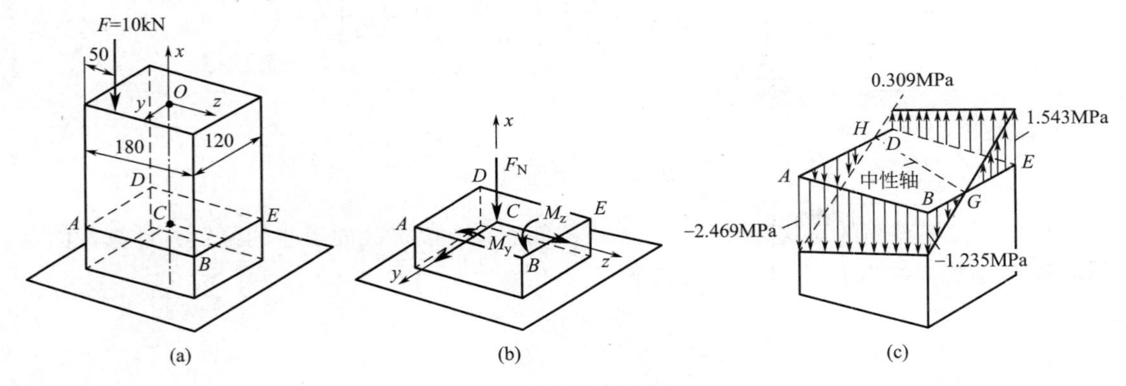

图 10-18　例题 10-5 图

【解】（1）内力分析

将荷载向作用面形心简化，确定横截面上的内力分量，有

$$F_N = F = 10\text{kN}$$

$$M_y = 10\times10^3\times(90-50) = 400\text{kN}\cdot\text{mm}$$

$$M_z = 10\times10^3\times60 = 600\text{kN}\cdot\text{mm}$$

用任一横截面 $ABED$ 截取隔离体，其横截面上内力分量如图 10-18（b）所示。

（2）计算横截面几何参数

横截面面积　　$A = 180\times120 = 21600\text{mm}^2$

弯曲截面系数　　$W_y = \dfrac{120\times180^2}{6} = 648\times10^3\text{mm}^3$

$$W_z = \frac{180\times120^2}{6} = 432\times10^3\text{mm}^3$$

（3）各内力分量在截面棱边处分别产生的最大正应力

$$\sigma' = \frac{F_N}{A} = \frac{10\times10^3}{21600} = 0.4630\text{N/mm}^2 = 0.4630\text{MPa}$$

$$\sigma'' = \frac{M_y}{W_y} = \frac{400\times10^3}{648\times10^3} = 0.6173\text{N/mm}^2 = 0.6173\text{MPa}$$

$$\sigma''' = \frac{M_z}{W_z} = \frac{600\times10^3}{432\times10^3} = 1.3888\text{N/mm}^2 = 1.3888\text{MPa}$$

（4）确定任意横截面上 A、B、D、E 点的正应力

根据各内力分量的实际方向，判断其在四个角点所产生应力的拉压性质，于是有：

$$\sigma_A = -[\sigma' + \sigma'' + \sigma'''] = -(0.463 + 0.617 + 1.389) = -2.469\text{MPa}$$

$$\sigma_B = -\sigma' + \sigma'' - \sigma''' = -0.463 + 0.617 - 1.389 = -1.235\text{MPa}$$

$$\sigma_D = -\sigma' - \sigma'' + \sigma''' = -0.463 - 0.617 + 1.389 = 0.309\text{MPa}$$

$$\sigma_E = -\sigma' + \sigma'' + \sigma''' = -0.463 + 0.617 + 1.389 = 1.543\text{MPa}$$

（5）画出横截面上正应力分布图，确定中性轴位置

横截面上正应力分布图如图 10-18（c）所示。应力矢量末端组成一个平面，该平面与横截面的交线 HG 即为中性轴。

根据中性轴正应力等于零的条件，从应力分布图可得如下关系：

$$\frac{\overline{BG}}{\overline{GE}} = \frac{|\sigma_B|}{\sigma_E} = \frac{1.235}{1.543} = 0.8，且\ \overline{GE} = 120 - \overline{BG}$$

$$\frac{\overline{AH}}{\overline{HD}} = \frac{|\sigma_A|}{\sigma_D} = \frac{2.469}{0.309} = 8.0，且\ \overline{HD} = 120 - \overline{AH}$$

解出：$\overline{BG} = 53.33\text{mm}$，$\overline{GE} = 66.67\text{mm}$；$\overline{AH} = 106.67\text{mm}$，$\overline{HD} = 13.33\text{mm}$。

从而确定了中性轴的位置。

10.4　弯曲与扭转的组合变形

在工程实际中，有很多构件同时受到横向力和扭转力偶的作用，其变形属于弯曲与扭转组合变形，简称弯扭组合变形。例如，房屋建筑中雨篷梁（图 10-19a）、框架结构边梁（图 10-19b），机械中的曲柄（图 10-19c）、传动轴（图 10-19d）等都是在弯曲与扭转组合变形下工作的。当这类构件中的弯曲作用很小时，可以将其视为只受扭转作用的杆件来分析。但是，在多数情况下，这类构件的弯曲作用不能忽略，就要将其作为弯曲与扭转组合变形构件来研究。

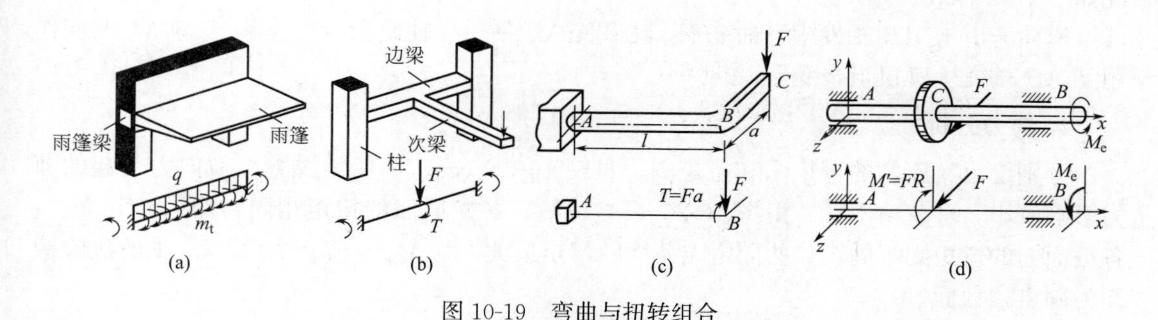

图 10-19　弯曲与扭转组合

10.4.1　弯扭组合杆件内力

在横向力和扭转力偶的作用下，弯曲与扭转组合变形杆件的 6 个内力分量中无轴力 F_N，其他 5 个内力分量 $M_x(T)$、M_y、M_z、F_{sy}、F_{sz} 会同时存在。对于细长梁，剪力 F_{sy}、F_{sz} 所引起的应力和变形与 $M_x(T)$、M_y、M_z 引起的应力和变形相比很小，可略去剪力 F_{sy}、F_{sz} 不计。

弯曲（M_y、M_z）在杆件横截面上产生正应力，扭转（T）在横截面上产生剪应力。因此，弯曲和扭转的组合变形要更加复杂，需要结合叠加原理、应力状态以及强度理论来分析。

10.4.2 单向弯曲与扭转组合

现以如图 10-20（a）所示直角曲拐中直径 d 的等圆直杆 AB 为例，研究单向弯曲与扭转组合变形下应力和强度计算的方法。

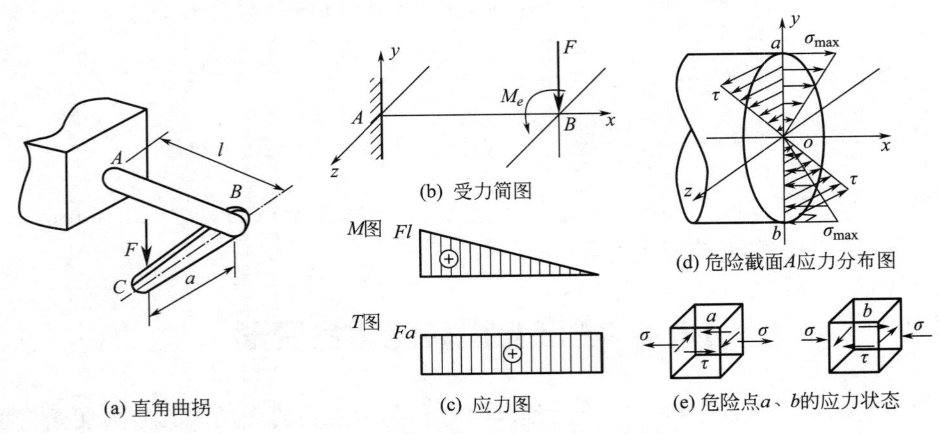

图 10-20　单向弯曲与扭转组合变形

1. 外力分析

图 10-20（a）中拐轴 AB 段 A 端为固定端约束。将力 F 向 AB 轴 B 截面的形心简化，得到一横向力 F 和作用在轴端平面内的力偶 $M_e=Fa$。在外力 F 作用下，AB 轴的受力情况如图 10-20（b）所示。

横向力 F 使 AB 轴发生弯曲变形，力偶矩 M_e 使 AB 轴发生扭转变形。F 和 M_e 共同作用下 AB 轴发生弯扭组合变形。

2. 内力分析

分别绘出 AB 轴的弯矩图和扭矩图，见图 10-20（c）。一般情况下，横向力引起的剪力影响较小，可忽略不计。由图 10-20（c）可知，各横截面的扭矩相同，均为 $T=Fa$，各截面上的弯矩则不同，显然固定端截面的弯矩最大，为 $M_z=Fl$。所以 AB 轴的危险截面为固定端截面。

3. 应力分析

危险截面 A 上同时作用有弯矩 M 和扭矩 T。根据叠加原理，可将两个内力分开考虑。该横截面上正应力 σ 由弯矩决定，沿截面高度按线性规律变化，最大弯曲正应力发生在截面的上、下端点 a 和 b；横截面上的剪应力 τ 由扭矩决定，沿半径按线性规律变化，最大剪应力发生在截面圆周上各点。危险截面上与弯矩和扭矩对应的正应力 σ 和剪应力 τ 分布情况如图 10-20（d）所示。

综合考虑正应力和剪应力可知，危险截面上离中性轴最远的上、下两点 a、b 是危险点。其应力为：

$$\sigma=\frac{M_z}{W_z},\ \tau=\frac{T}{W_t} \tag{10-20}$$

式中，直径为 d 的圆截面抗弯截面系数 $W_z=\frac{\pi}{32}d^3=W$，抗扭截面系数 $W_t=\frac{\pi}{16}d^3=2W$。

对于抗拉与抗压性能相同的塑性材料杆件，这两点同等危险。危险点 a、b 应力状态如图 10-20（e）所示，该两点均为平面应力状态。求得这两点的主应力均为

$$\sigma_1=\frac{\sigma}{2}+\frac{1}{2}\sqrt{\sigma^2+4\tau^2},\ \sigma_2=0,\ \sigma_3=\frac{\sigma}{2}-\frac{1}{2}\sqrt{\sigma^2+4\tau^2} \tag{10-21}$$

4. 强度计算

若轴由抗拉和抗压强度相当的塑性材料制成，则可选用第三或第四强度理论进行强度计算。

若按第三强度理论，其强度条件为

$$\sigma_{r3}=\sigma_1-\sigma_3=\sqrt{\sigma^2+4\tau^2}<[\sigma] \tag{10-22}$$

若按第四强度理论，其强度条件为

$$\sigma_{r4}=\sqrt{\frac{1}{2}[(\sigma_1-\sigma_2)^2+(\sigma_2-\sigma_3)^2+(\sigma_3-\sigma_1)^2]}=\sqrt{\sigma^2+3\tau^2}<[\sigma] \tag{10-23}$$

将式（10-20）代入式（10-22），得圆轴弯曲与扭转组合变形按第三强度理论的强度条件为

$$\sigma_{r3}=\frac{1}{W}\sqrt{M^2+T^2}\leqslant[\sigma] \tag{10-24}$$

将式（10-20）代入式（10-23），得圆轴弯曲与扭转组合变形按第四强度理论的强度条件为

$$\sigma_{r4}=\frac{1}{W}\sqrt{M^2+0.75T^2}\leqslant[\sigma] \tag{10-25}$$

由式（10-24）和式（10-25）可知，对于弯曲和扭转组合变形，在求得危险截面的弯矩（或合成弯矩）M 和扭矩 T 后，即可直接利用式（10-24）和式（10-25）进行强度计算。

注意：式（10-22）和式（10-23）适用于如图 10-20（e）所示的平面应力状态，而发生这一应力状态的组合变形可以是弯曲与扭转的组合变形，也可以是拉伸与扭转组合变形，还可以是拉伸、弯曲和扭转的组合变形。而式（10-24）和式（10-25）只能用于圆轴（包括空心圆轴，将式中的 W 改为空心圆截面的抗弯截面系数）的弯曲与扭转的组合变形。但由于非圆截面轴 $W_t\neq 2W$，所以式（10-24）和式（10-25）不适用于非圆截面轴的弯曲与扭转的组合变形。

10.4.3　双向弯曲与扭转组合

当杆件横截面上有扭矩 T 及弯矩 M_y 和 M_z 同时作用时，可将其视为双向弯曲与扭转组合杆件。由以上分析可知，对承受弯扭组合作用的杆件作强度计算时，一般需先由弯矩图和扭矩图确定危险截面。

工程中弯扭杆件多为圆形截面构件。现仍以圆截面杆件为例进行介绍。圆截面杆件包含轴线的任意纵向面都是纵向对称面，当横截面上有两个弯矩 M_y 和 M_z 同时作用时（图 10-21a），将 M_y 和 M_z 按矢量求和所得的总弯矩 M（图 10-21b）的作用平面仍然是纵向对称面。此时，总弯矩的大小为

$$M=\sqrt{M_y^2+M_z^2} \tag{10-26}$$

因此，可由各截面的总弯矩 M 及扭矩 T 确定危险截面。

危险点的位置及其应力状态，可根据危险截面上的总弯矩和扭矩的实际方向以及它们分别产生的正应力和剪应力而定，如图 10-21（c）所示的情况，其危险点为点 D_1 和 D_2。此时，强度计算仍可采用式（10-24）或式（10-25），即

$$\sigma_{r3}=\frac{1}{W}\sqrt{M^2+T^2}=\frac{\sqrt{M_y^2+M_z^2+T^2}}{W}\leqslant[\sigma] \tag{10-27}$$

$$\sigma_{r4}=\frac{1}{W}\sqrt{M^2+0.75T^2}=\frac{\sqrt{M_y^2+M_z^2+0.75T^2}}{W}\leqslant[\sigma] \tag{10-28}$$

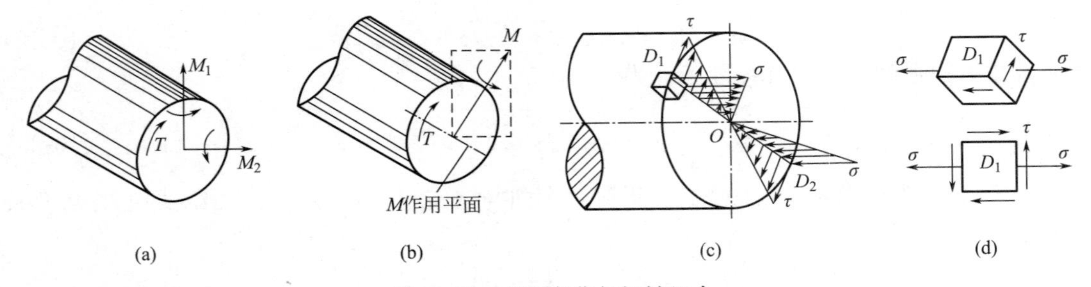

图 10-21　双向弯曲与扭转组合

10.4.4　弯拉（压）扭组合

除弯扭外，轴还受轴向拉（压）作用的情况，即发生弯拉扭或弯压扭组合变形。对于这类杆件，其危险点的应力状态仍属于如图 10-21（d）所示的应力状态，如果这类杆件由塑性材料制成，则仍可应用第三强度理论、第四强度理论的强度条件进行强度计算，只需注意其中的正应力 σ 是弯曲正应力 σ_M 和拉（压）正应力 σ_N 之和，即强度条件为

$$\sigma_{r3}=\sqrt{\sigma^2+4\tau^2}=\sqrt{(\sigma_M+\sigma_N)^2+4\tau^2}<[\sigma] \tag{10-29}$$

$$\sigma_{r4}=\sqrt{\sigma^2+3\tau^2}=\sqrt{(\sigma_M+\sigma_N)^2+3\tau^2}<[\sigma] \tag{10-30}$$

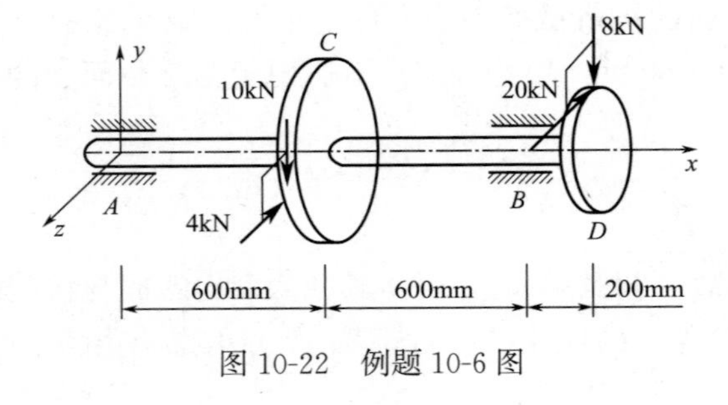

图 10-22　例题 10-6 图

10.4.5　例题解析

【例题 10-6】图 10-22 所示一钢制实心圆轴，齿轮 C 上作用有铅垂切向力 10kN，径向力 4kN；齿轮 D 上作用有水平切向力 20kN，径向力 8kN。齿轮 C 的节圆直径 $d_1=600$mm，齿轮 D 的节圆直径 $d_2=300$mm。设许用应力 $[\sigma]=150$MPa，试按第四强度理论确定轴的直径。

【解】（1）外力分析

为了分析该轴的基本变形，将每个齿轮上的外力向该轴的截面形心简化，其结果如图 10-23（a）所示。

可知："沿 z 方向的力"使圆轴在 xz 纵对称面内产生弯曲；"沿 y 方向的力"使轴在 xy 纵对称面内产生弯曲；力偶 M_e 使轴产生扭转。

$$M_e = 10 \times 0.3 = 3\text{kN} \cdot \text{m}$$

（2）内力分析

根据图10-23（a）所示受力简图，绘制轴的内力图见图10-23（b）、（c）、（d）。

$$M_{Cy} = 2.2\text{kN} \cdot \text{m}，M_{By} = -1.6\text{kN} \cdot \text{m}$$

$$M_{Cz} = -0.8\text{kN} \cdot \text{m}，M_{Bz} = -4\text{kN} \cdot \text{m}$$

$$T_C = T_B = -3\text{kN} \cdot \text{m}$$

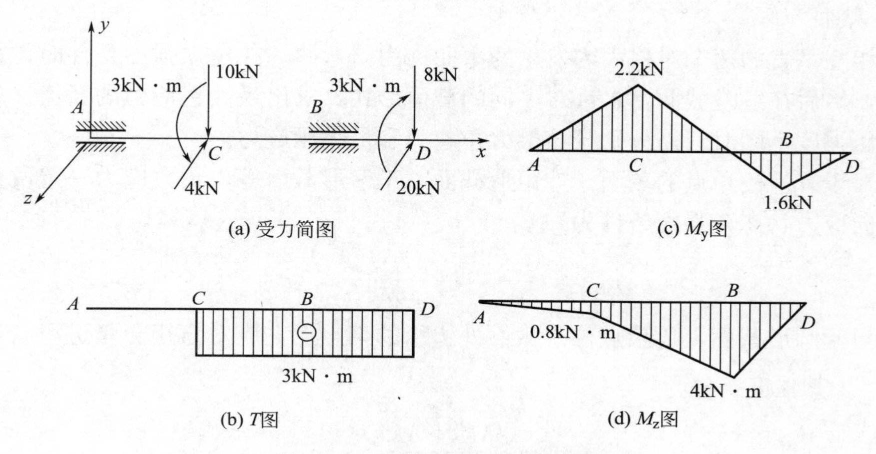

图10-23　例题10-6内力分析图

由此可知，该圆杆分别在 xy 和 xz 平面内分别发生平面弯曲，同时发生扭转变形，由于通过圆轴轴线的任一平面都是纵向对称平面，故轴在 xy 和 xz 两平面内弯曲的合成结果仍为平面弯曲，从而可用合成弯矩来计算相应截面弯曲正应力。则 B、C 截面的合成弯矩分别为

$$M_C = \sqrt{M_{Cy}^2 + M_{Cz}^2} = \sqrt{2.2^2 + 0.8^2} = 2.34\text{kN} \cdot \text{m}$$

$$M_B = \sqrt{M_{By}^2 + M_{Bz}^2} = \sqrt{1.6^2 + 4^2} = 4.31\text{kN} \cdot \text{m}$$

因 $M_B > M_C$，$T_B = T_C$，可判定 B 截面是危险截面。

（3）确定相当应力

$$\sigma_{r4} = \frac{\sqrt{M_B^2 + 0.75T_B^2}}{W} = \frac{\sqrt{4.31^2 + 0.75 \times 3^2} \times 10^6}{W} = \frac{5.03 \times 10^6}{W}$$

（4）计算 AB 轴的直径

对于危险截面 B，由第四强度理论相应强度条件，即可确定出 AB 轴的直径。

$$\sigma_{r4} = \frac{5.03 \times 10^6}{W} \leqslant [\sigma] = 150\text{MPa}$$

其中 $W = \frac{\pi d^3}{32}$，解得：$d \geqslant \sqrt[3]{\frac{32 \times 5.03 \times 10^6}{\pi \times 150}} = 69.91\text{mm}$

AB 轴需要的直径 d 取整为70mm。

本章小结

1. 当杆件某一截面或某一段内，包含两种或两种以上的基本变形内力成分，并且内力所对应的应力或变形属于同数量级时，其变形形式称为组合变形。对于组合变形的分析计算的基本方法为叠加法，其步骤主要有：外力分析（静力等效分解，每一组荷载对应一种基本变形，确定组合变形类型）→内力分析（作每一种基本变形的内力图，确定危险截面）→应力分析（确定每种基本变形产生的应力，危险点应力叠加）→强度及变形计算（危险点应力状态，选用适当强度理论）。应注意掌握计算原理和方法，而非简单地记公式。

2. 斜弯曲

梁在相互垂直的两个对称面内发生的弯曲称为斜弯曲。在建立强度条件时，首先确定危险截面，然后在危险截面上，针对不同的截面形式，求出最大正应力的数值。若材料的抗拉和抗压强度不同时，需分别校核最大拉应力和最大压应力。

（1）对于有外棱角点的截面，如矩形截面、工字形截面等，最大应力一定发生在角点处，为单向应力状态，强度条件为

$$\sigma_{\max}=\frac{M_{y,\max}}{W_y}+\frac{M_{z,\max}}{W_z}\leqslant[\sigma]$$

（2）对于圆形截面，危险点位于截面外边缘的某点上，应对弯矩分量进行合成，$M=\sqrt{M_y^2+M_z^2}$。其强度条件为

$$\sigma_{\max}=\frac{\sqrt{M_y^2+M_z^2}}{W}\leqslant[\sigma]$$

3. 拉伸（压缩）与弯曲组合变形

拉伸（压缩）与弯曲组合变形的危险截面通常由弯矩分析决定，危险点为单向应力状态。强度条件为

$$\sigma_{\max}=\sigma_{N}+\sigma_{M\max}=\frac{F_N}{A}+\frac{M_{\max}}{W}\leqslant[\sigma]$$

4. 弯曲与扭转组合变形

弯曲与扭转组合变形的危险截面通常由弯矩分析决定。危险点处于两向应力状态，应采用适当的强度理论进行计算。对于用塑性材料杆件，强度条件通常为

$$\sigma_{r3}=\sqrt{\sigma^2+4\tau^2}\leqslant[\sigma]$$

$$\sigma_{r4}=\sqrt{\sigma^2+3\tau^2}\leqslant[\sigma]$$

如果弯扭组合变形杆件为圆形截面杆件，则其强度条件为

$$\sigma_{r3}=\frac{\sqrt{M^2+T^2}}{W}\leqslant[\sigma]$$

$$\sigma_{r4}=\frac{\sqrt{M^2+0.75T^2}}{W}\leqslant[\sigma]$$

如果危险截面存在 M_y、M_z 两个弯矩分量，应对其进行合成，合成弯矩 $M=\sqrt{M_y^2+M_z^2}$，再代入强度条件进行计算。注意计算式的适用条件。

思考题

1. 何谓组合变形？分析组合变形的基本方法是叠加法，它的应用条件是什么？为什么？

2. 将组合变形分解为基本变形时，对纵向外力和横向外力如何进行简化和分解？

3. 如何计算组合变形杆件截面上任一点的应力？

4. 什么是斜弯曲？杆件受到什么样的外力可以发生斜弯曲？

5. 斜弯曲与平面弯曲有何区别？

6. 横力弯曲梁的横向力作用在梁的形心主惯性平面内，梁是否只产生平面弯曲？

7. 悬臂梁在自由端受集中力 F 作用。若采用如图 10-24 所示的四种截面形式，图中虚线表示 F 力的作用线，C 为形心，A 为弯心。试指出这几种截面梁将产生的变形形式。

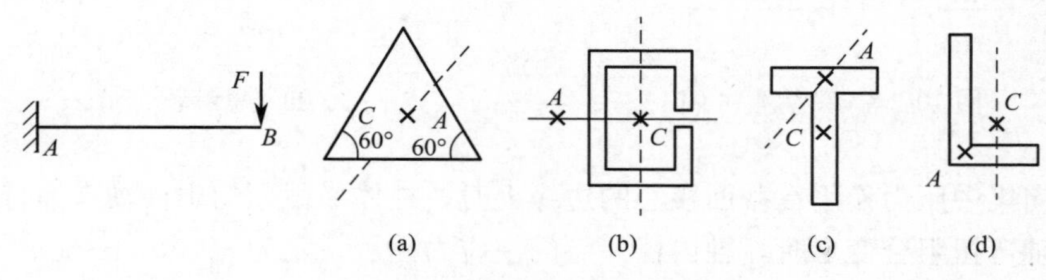

图 10-24 思考题 7 图

8. 圆轴在 M_y 和 M_z 共同作用下，最大弯曲正应力发生在截面上的哪一点？

9. 正方形和圆形截面梁能否产生斜弯曲？为什么？

10. 圆形截面、正多边形截面梁在两个相互垂直的平面内发生对称弯曲时，是否可以按 $\sigma_{\max}=\left|\frac{M_z}{I_z}y+\frac{M_y}{I_y}z\right|_{\max}$ 对两个弯曲正应力进行叠加，计算最大正应力？为什么？

11. 如图 10-25 所示，Z 字形截面悬臂梁受集中力作用，试简述强度计算的具体步骤。

12. 斜弯曲时，梁的挠度曲线仍是一条平面曲线，只是并不在外力作用的纵向平面内。这种说法是否正确？

13. 矩形截面杆处于双向弯曲与拉伸的组合变形时，危险点位于何处？

14. 偏心压缩时，中性轴是一条不通过截面形心的直线。这种说法是否正确？

15. 如图 10-26（a）所示平板，上边切了一深度为 $h/5$ 的槽口；如图 10-26（b）所示平板，上边和下边各切了一深度为 $h/5$ 的槽口。在图示外力作用下，哪块平板的强度高？

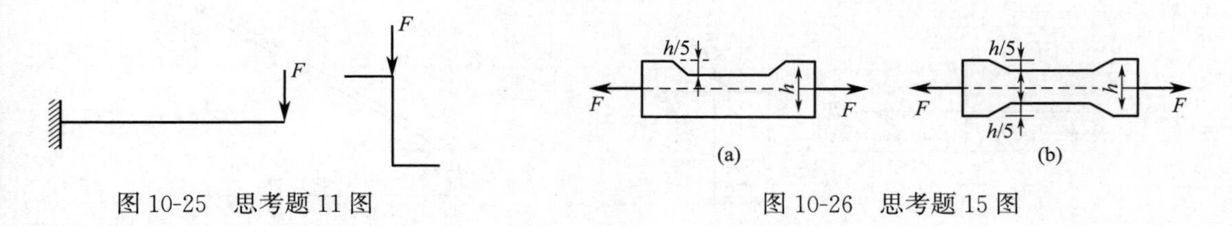

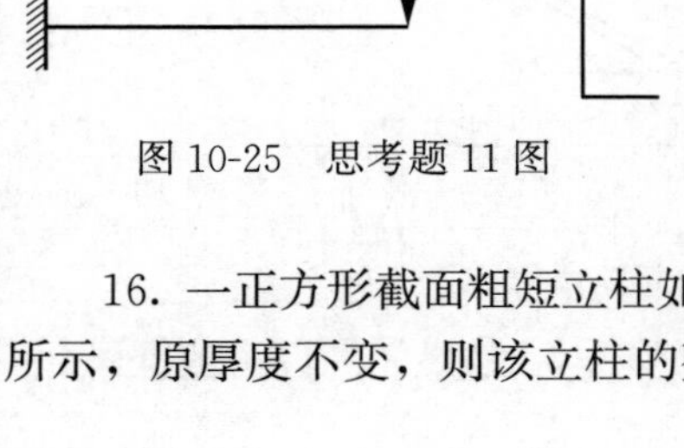

图 10-25 思考题 11 图

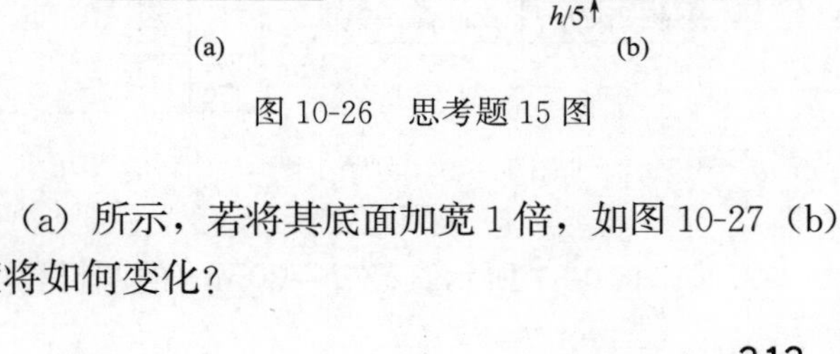

图 10-26 思考题 15 图

16. 一正方形截面粗短立柱如图 10-27（a）所示，若将其底面加宽 1 倍，如图 10-27（b）所示，原厚度不变，则该立柱的整体强度将如何变化？

17. 如图 10-28 所示横截面为槽钢的柱，四边形 1234 是其截面核心，若有一作用线平行于柱轴线的集中力 F 作用于 12 边和 34 边延长线的交点 A。试确定中性轴的大致位置，并说明理由。

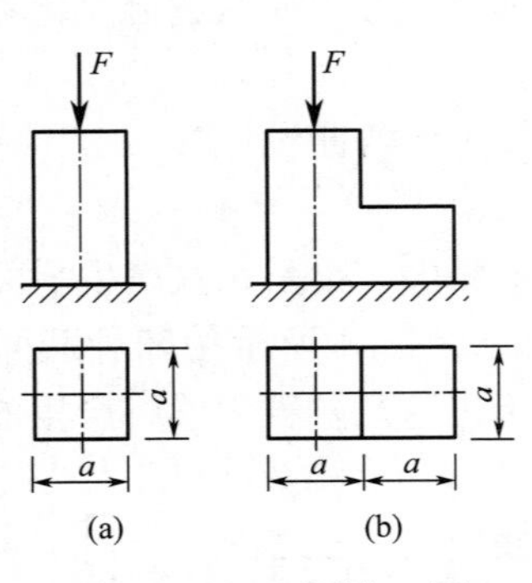

图 10-27　思考题 16 图

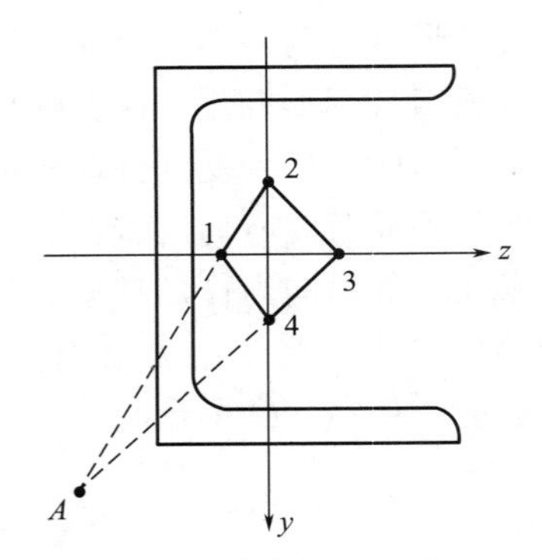

图 10-28　思考题 17 图

18. 纵向集中压力作用在截面核心的边缘上时，柱体横截面的中性轴有何特点？

19. 圆轴弯扭组合变形时，轴内任一点的主应力是否一定为 $\sigma_1 \geqslant 0$，$\sigma_3 \leqslant 0$？

20. 当承受弯、扭组合的圆截面构件上，又附有轴向力时，如果是塑性材料，其强度条件应如何选择？若改为脆性材料其强度条件又如何选择？

21. 对弯扭组合变形杆件进行强度计算时，应用了强度理论，而在斜弯曲、拉（压）弯曲组合及偏心拉伸（压缩）时，都没有应用强度理论，为什么？

22. 下列第三强度理论的强度条件各在何种条件下适用？

（1）$\sigma_{r3}=\sigma_1-\sigma_3 \leqslant [\sigma]$；（2）$\sigma_{r3}=\sqrt{\sigma^2+4\tau^2} \leqslant [\sigma]$；（3）$\sigma_{r3}=\dfrac{1}{W}\sqrt{M^2+M_T^2} \leqslant [\sigma]$。

习题

1. 如图 10-29 所示简支梁，图中尺寸单位均为“mm”。跨中作用有外力 $F=10\text{kN}$。试确定：（1）危险截面上中性轴的位置；（2）最大正应力。

2. 工字钢斜梁尺寸如图 10-30 所示。在梁中点 C 处受力 $F=20\text{kN}$ 作用。试求梁内的最大应力及所在位置。

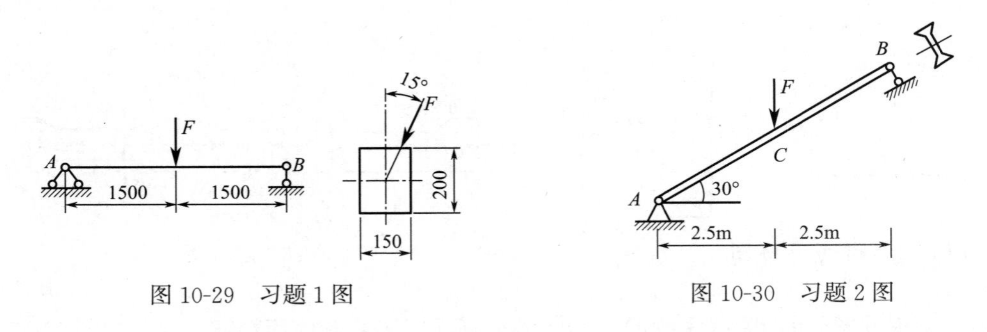

图 10-29　习题 1 图

图 10-30　习题 2 图

3. 如图 10-31 所示直径 $d=30\text{mm}$ 的圆杆，$[\sigma]=170\text{MPa}$，试求 F 的许可值。

4. 如图 10-32 所示矩形截面简支梁，受集度为 $q=10\text{kN/m}$ 的均布荷载作用，其荷载作用面与梁的纵向对称面间的夹角为 $\alpha=30°$。已知该梁材料的弹性模量 $E=10\text{GPa}$，梁的尺寸为 $l=4\text{m}$，$h=160\text{mm}$，$b=120\text{mm}$；许用应力 $[\sigma]=12\text{MPa}$；许可挠度 $[w]=l/500$。试校核梁的强度和刚度。

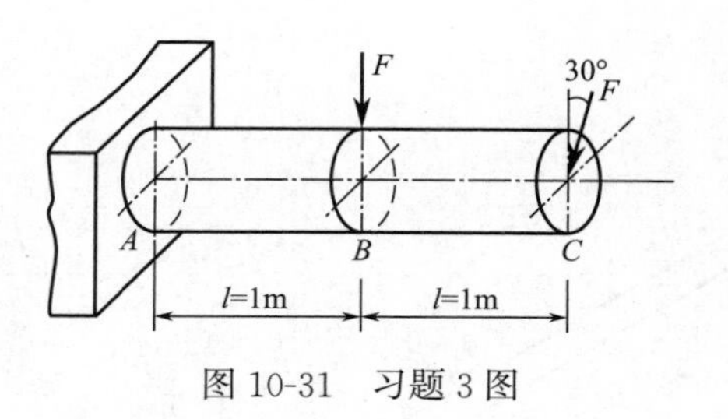

图 10-31　习题 3 图

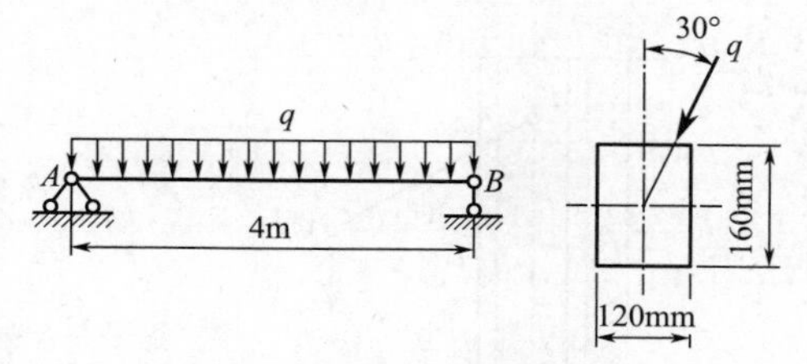

图 10-32　习题 4 图

5. 如图 10-33 所示矩形截面悬臂梁，自由端承受 yz 平面内的集中力 $F=500\text{N}$，$\varphi=30°$，弹性模量 $E=210\text{GPa}$。试求：(1) 最大正应力；(2) 最大挠度及其与 z 轴的夹角。

6. 矩形截面杆受力如图 10-34 所示，图中尺寸单位均为 "mm"。求固定端截面上 A、B、C、D 各点的正应力。

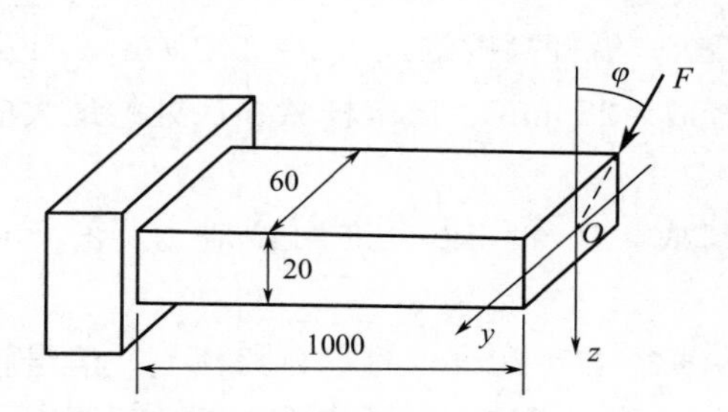

图 10-33　习题 5 图（尺寸单位：mm）

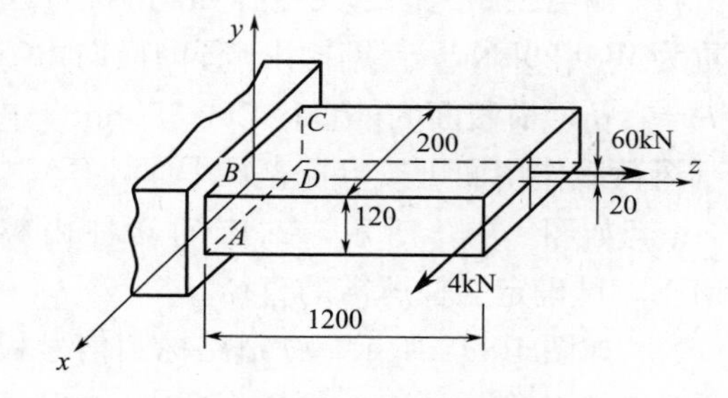

图 10-34　习题 6 图

7. 木梁 BE 截面为矩形，宽度 $b=100\text{mm}$，高度 $h=200\text{mm}$，其余尺寸如图 10-35 所示，材料的 $[\sigma]=10\text{MPa}$，A 点作用力 $P=10\text{kN}$，试校核此梁的强度。

8. 如图 10-36 所示。钢支架所受荷载 $P=45\text{kN}$。(1) 试绘出杆 AB 的内力图；(2) 设许可荷载 $[\sigma]=160\text{MPa}$，试为杆 AB 选一工字钢。

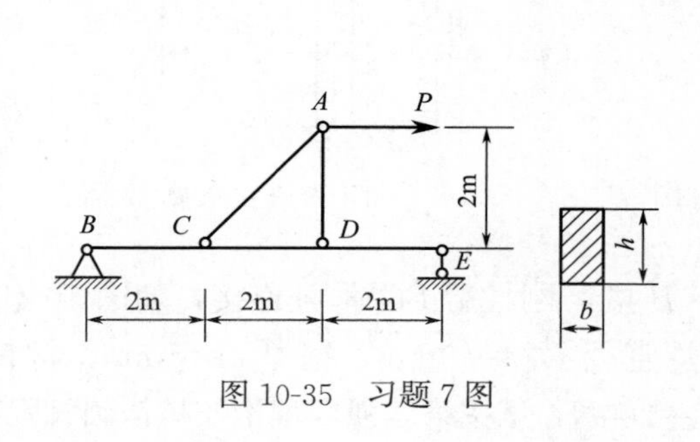

图 10-35　习题 7 图

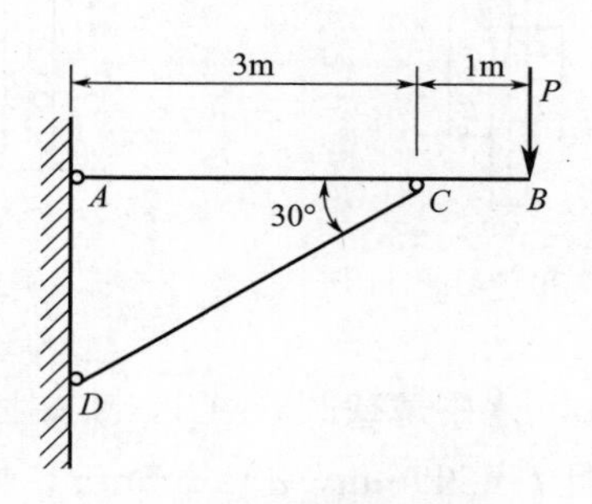

图 10-36　习题 8 图

9. 如图 10-37 所示，构架的立柱用 20a 号工字钢制成。已知：$F=10\text{kN}$，$[\sigma]=150\text{MPa}$，试校核立柱的强度。

10. 如图 10-38 所示，起重机的最大起吊重量（包括行走小车等）为 $F=40\text{kN}$，横梁 AC 由两根 18b 号槽钢组成，材料许用应力 $[\sigma]=130\text{MPa}$，试校核横梁的强度。

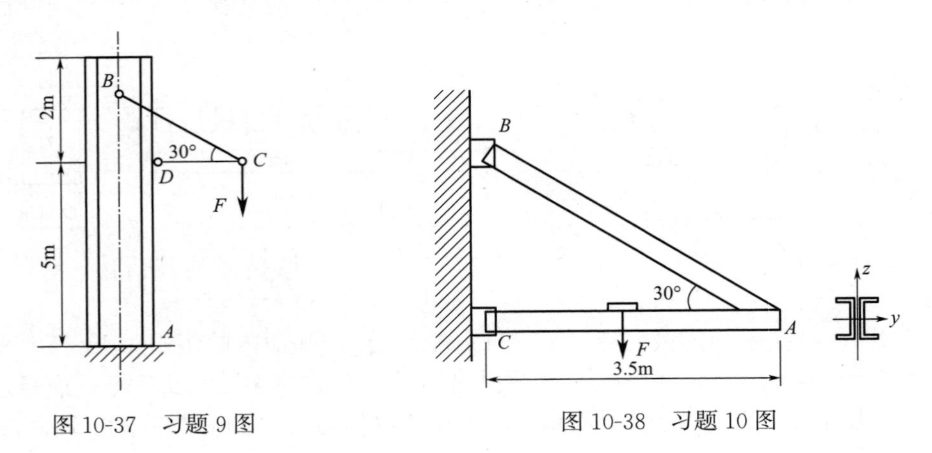

图 10-37　习题 9 图

图 10-38　习题 10 图

11. 输电线路上的水泥电杆如图 10-39 所示，导线作用于杆的轴向压力 $P=5\text{kN}$，杆自重为 $W=20\text{kN}$，导线作用于杆的横向力 $F=1\text{kN}$，沿杆高度的风载 $q=50\text{N/m}^2$，杆高为 $h=12\text{m}$，横截面的外直径 $D=350\text{mm}$，内直径 $d=270\text{mm}$，试求杆 A、B 处的最大应力（风荷载作用面可按电杆直径平面计算）。

12. 如图 10-40 所示，钻床的立柱由铸铁制成，$P=15\text{kN}$，许用拉应力 $[\sigma_t]=35\text{MPa}$，试确定立柱所需的直径 d。

13. 如图 10-41 所示，铁道路标圆信号板装在直径 $D=60\text{mm}$ 的空心圆柱上，信号板所受的最大均布风压 $P=2\text{kPa}$，$[\sigma]=60\text{MPa}$。试按第三强度理论选定空心圆柱的厚度。

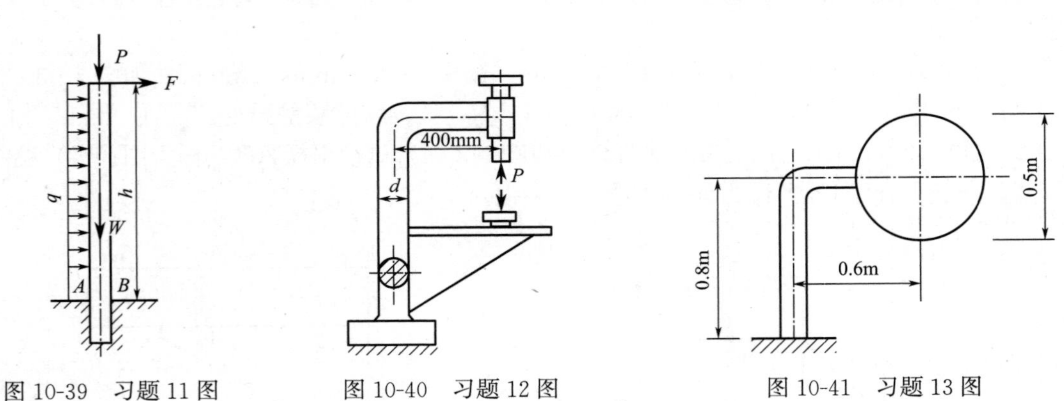

图 10-39　习题 11 图

图 10-40　习题 12 图

图 10-41　习题 13 图

14. 水平薄壁圆管 AB，A 端固定支承，B 端与刚性臂 BC 垂直连接，如图 10-42 所示，且 $l=800\text{mm}$，$a=300\text{mm}$。圆管的平均直径 $D_0=40\text{mm}$，壁厚 $t=5\text{mm}$。材料的 $[\sigma]=100\text{MPa}$，若在 BC 段作用铅垂荷载 $F=200\text{N}$，试按第三强度理论校核该圆管强度。

15. 如图 10-43 所示为钢制实心圆轴，其齿轮 C 上作用铅直剪应力 5kN，径向力为

1.83kN；齿轮 D 上作用有水平切向力 10kN，径向力为 3.64kN。齿轮 C 的直径 d_C＝400mm，齿轮 D 的直径 d_D＝200mm。圆轴的容许应力 ［σ］＝100MPa，试按第三强度理论求轴的直径。

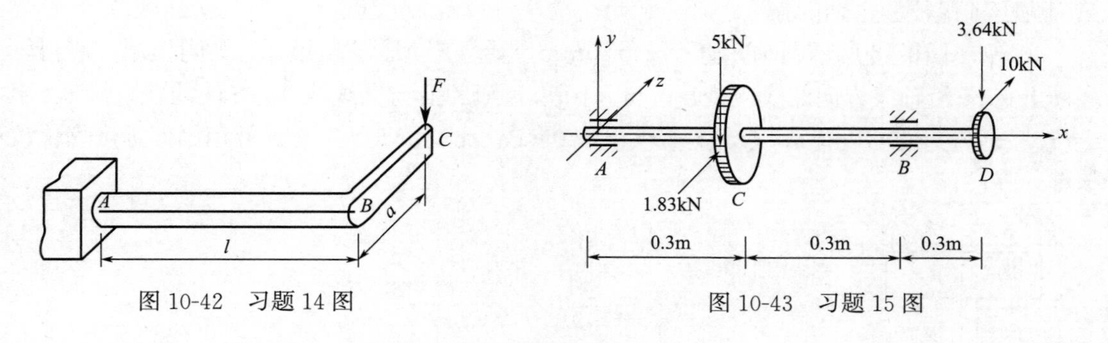

图 10-42　习题 14 图　　　　图 10-43　习题 15 图

16. 手摇绞车如图 10-44 所示，d＝30mm，D＝360mm，AC＝BC＝400mm，［σ］＝100MPa。按第三强度理论计算最大起重量 Q。

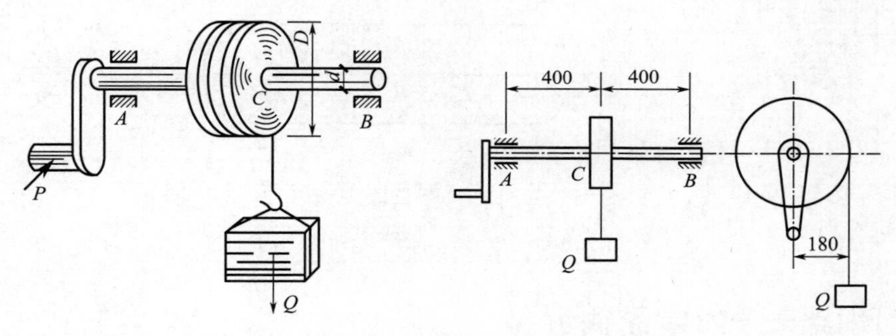

图 10-44　习题 16 图（尺寸单位：mm）

17. 如图 10-45 所示为传动轴，C 轮皮带处于水平位置，D 轮皮带处于铅垂位置，皮带拉力 F_1＝3.9kN，F_2＝1.5kN，两轮的直径均为 600mm，轴材料的许用应力 ［σ］＝80MPa，试按第三强度理论选择轴的直径（轴及皮带的自重不计）。

18. 如图 10-46 所示为一传动轴，转速 n＝120r/min，轮 A 输出的功率 N_A＝10kW。两轮上紧边皮带的拉力为松边皮带的 2 倍。轮 A 的直径 D_A＝1000mm，重量 G_A＝1kN；轮 B 的直径 D_B＝500mm，重量 G_B＝800N。设许可应力 ［σ］＝80MPa，试按第三强度理论确定轴的直径。

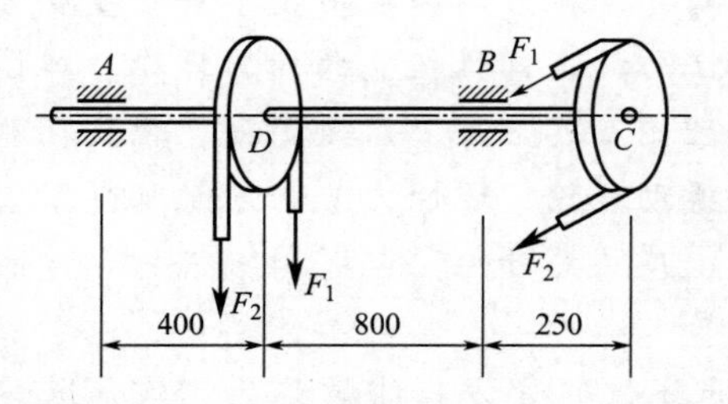

图 10-45　习题 17 图（尺寸单位：mm）

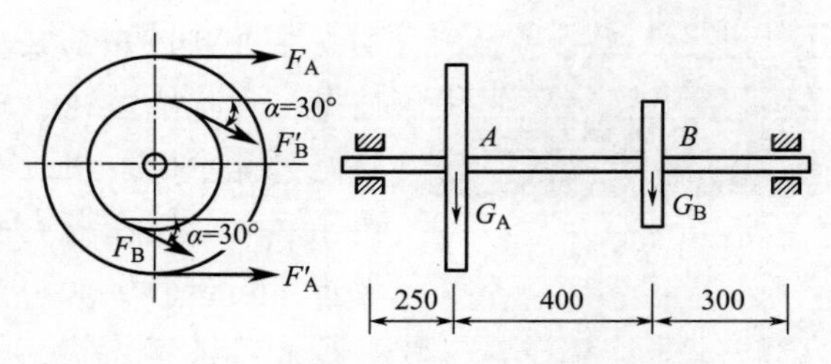

图 10-46　习题 18 图（尺寸单位：mm）

19. 某水轮机主轴的示意图如图 10-47 所示。水轮机组的输出功率为 37500kW，转速 $n=150\text{r/min}$。已知轴向推力 $F=4800\text{kN}$，转轮重 $W_1=390\text{kN}$；主轴的内径 $d=34\text{cm}$，外径 $D=75\text{cm}$，自重 $W=285\text{kN}$。主轴材料为 45 号钢，其容许应力 $[\sigma]=80\text{MPa}$。试按第四强度理论校核主轴的强度。

20. 如图 10-48 所示圆轴，直径 $d=20\text{mm}$，受弯矩 M_y 与扭矩 M_x 共同作用。测得轴表面上点 A 沿轴线方向的线应变 $\varepsilon_{0°}=6\times10^{-4}$，点 B 沿与轴线成 45°方向的线应变 $\varepsilon_{45°}=4\times10^{-4}$。$E=200\text{GPa}$，$\mu=0.25$，$[\sigma]=170\text{MPa}$。试求 M_x 与 M_y，并用第四强度理论校核轴的强度。

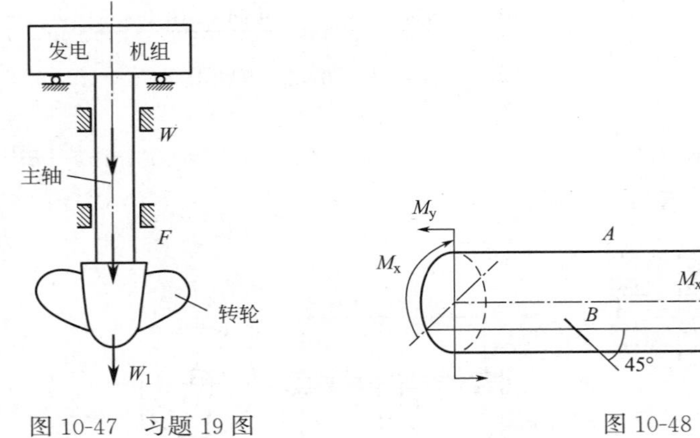

图 10-47　习题 19 图

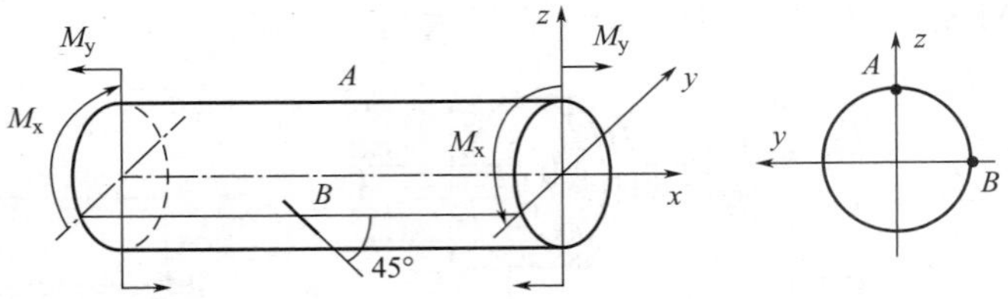

图 10-48　习题 20 图

延伸阅读——力学家简介Ⅴ

钱伟长

图 10-49　钱伟长

钱伟长（1912 年 10 月 9 日—2010 年 7 月 30 日），世界著名科学家、教育家，杰出的社会活动家，兼长应用数学、力学、物理学、中文信息学，在弹性力学、变分原理、摄动方法等领域有重要成就，为中国的机械工业、土木建筑、航空航天和军工事业建立了不朽的功勋，被人称为中国近代“力学之父”“应用数学之父”（图 10-49）。

钱伟长长期从事力学研究，在力学和应用数学若干重要方面做了开创性和奠基性的工作，在弹性板壳的内禀理论、弹性圆薄板大挠度理论、环壳理论及其应用、广义变分原理及在有限元计算中的应用、奇异摄动理论、理性力学等方面取得了重要学术成就，在板壳问题、广义变分原理、环壳解析解等方面做出了突出的贡献。

1941 年，钱伟长提出“板壳内禀理论”，其中非线性微分方程组被称为“钱伟长方程”。板壳内禀理论是 20 世纪固体力学领域中最重大的研究成果之一。他在弹性板壳的内禀理论方面的系列性工作奠定了其在国际力学界，特别是固体力学界的学术地位。

关于弹性圆薄板大挠度问题的研究，是钱伟长回国后的最重要的学术成果之一，是对固体力学学科领域的重要贡献。其有关弹性圆板大挠度问题的研究工作和相应的求解方法，都是一些开创性工作，他用合成展开法求解弹性圆薄板大挠度问题，比国际上同类工作领先了8年，成为后来被称为合成展开法、奇异摄动方法的创始人，有钱伟长法、合成展开法流传于世。

钱伟长在环壳理论及其应用方面的工作，显示了他解析建模分析、解析求解的功力，也表现了他理论联系实际的卓越能力。他给出的圆环壳的一般解，解决了几十年来求解圆环壳方程的难题，人们普遍认为这是钱伟长的又一重要贡献。钱伟长把所获得的关于轴对称圆环壳的理论成果直接应用于波纹壳和波纹管等工程技术领域，解决了这些领域中长期未能解决或者未能很好解决的关键技术问题，成为相关技术领域的新起点。

钱伟长对广义变分原理的研究是他另一项享誉世界的成就，这些广义变分原理为相应的有限元方法奠定了理论基础，而广义变分原理在科学技术领域中的许多问题的数值求解中有着非常重要的作用。钱伟长还把广义变分原理推广到大位移和非线性弹性体。除了应用于固体力学，他还将广义变分原理广泛应用于流体力学、传热学、电磁学、振动、断裂力学以及一般力学的理论和实践问题。

钱伟长对有限元方法有许多建树，特别是他于1984年发表于《应用力学进展》的“以广义变分原理为基础的非协调薄板有限元”专稿，更有特殊的意义。他在非协调元中采用识别了的拉格朗日乘子法，从而减少了与待定乘子有关的自由度，是一项国际上重要的进展和贡献。

钱伟长在奇异摄动理论与方法方面取得的成就，是他在应用数学方面的重要贡献。目前奇异摄动理论已成为应用数学的一个重要方法，它不仅在力学的多个分支中有着广泛的应用，而且在理论物理的各个分支也起着日益重要的作用。钱伟长在奇异摄动理论及其在力学中的应用方面进行过开创性和奠基性的工作，对推动我国奇异摄动理论的发展做出了重要贡献。

钱伟长是我国理性力学的倡导者、开拓者和推动者，是理性力学和力学中的数学方法专业委员会的奠基人。作为一位力学家和应用数学家，他是我国最早涉足于理性力学和非线性力学，用近代数学的工具来获得非线性问题解的奠基人之一，为推动我国理性力学和非线性力学的发展、促进现代数学和力学的结合做出了突出贡献。

钱伟长对力学和应用数学的贡献是全面的，除了以上几个方面外，他在流体力学、穿甲力学、三角级数的求和、微分方程的理论及其解法等方面也做过很多重要工作。

钱伟长在推动我国力学和应用数学的发展、培养我国力学和应用数学的人才等方面做出了巨大贡献。钱伟长开创了中国大学里第一个力学专业；招收中华人民共和国的第一批力学研究生；出版了中国第一本《弹性力学》专著；开设了中国第一个力学研究班和力学师资培养班；创建了上海市应用数学与力学研究所；创立了中国力学学会理性力学和力学中的数学方法专业组；创办了中国最早的学术期刊《应用数学和力学》；开创了全国现代数学与力学系列学术会议，开创了理论力学的研究方向和非线性力学的学术方向。

作为一名教育家，钱伟长提出了一套完整、丰富、系统、科学的中国高等教育理论，对中国高等教育理论做出了突出贡献。他提出了“拆除四堵墙”（拆除学校与社会之间的墙、学科之间的墙、教学与科研之间的墙、教与学之间的墙）的办学理念；坚持“三制”（学分制、选课制、短学期制）；注重培养学生的科学思想和人文思想；提倡和谐教育思想和美育思想，追求兴国的教育目标。

钱伟长曾有一句广为人知的口头禅：“我 36 岁学力学，44 岁学俄语，58 岁学电池知识。我学计算机是在 64 岁以后，我现在也搞计算机了。”只因为一个最简单的理由：“国家需要我干，我就学”。钱伟长一生学过十几个专业，科研生涯涉足几十个行业，有选择，也有放弃。每一次重大的改变和选择，都是因为国家的需要，“为了祖国的繁荣富强”。为了科技强国的梦想，他弃文从理。为了报效祖国，放弃国外高薪工作。在人生重要关口的选择和放弃，诠释了这位老人贯穿一生的爱国情怀。他说：“回顾我这一辈子，归根到底，我是一个爱国主义者。”

“从义理到物理，从固体到流体，顺逆交替，委屈不曲，荣辱数变，老而弥坚，这就是他人生的完美力学！无名无利无悔，有情有义有祖国。”钱伟长为世人留下的丰碑将永远屹立于人们的心中！

第 11 章　压杆稳定

内容提要

稳定性是对构件进行设计时需要满足的三方面要求之一，压杆稳定是所有稳定问题中最基本、最简单、最常见的问题。本章通过研究理想细长压杆的稳定性特征，提出了临界力的概念、稳定性条件的建立和计算的基本方法。主要内容包括压杆稳定性的概念、临界力和临界应力的计算、欧拉公式的适用范围、压杆稳定条件的建立、稳定计算及提高压杆稳定性的措施。

本章重点为各种支座条件下细长压杆的临界压力的计算；欧拉公式的适用范围、经验公式；压杆的稳定性校核；提高压杆稳定性的措施。

本章难点为压杆稳定的概念；两端铰支细长压杆临界力计算公式的推导；欧拉公式或经验公式的正确选择。

学习要求

1. 理解压杆稳定的概念。
2. 掌握不同支座条件下细长压杆的欧拉公式及其适用范围。
3. 掌握不同柔度压杆的临界应力的计算。
4. 能够应用安全系数法、折减系数法进行稳定性计算。
5. 理解并能够应用提高压杆稳定性的措施。

11.1　压杆稳定性的概念

在工程设计中要求构件应具有足够的强度、刚度和稳定性。在前述章节中，对于杆件在各种基本变形以及常见的组合变形下的强度和刚度问题已作了较详细的阐述，但未涉及稳定性问题。

所谓稳定性，是指物体平衡的性质。刚体和弹性体的平衡都有稳定和不稳定问题。在稳定性计算中，需要对构件的平衡状态作更深层次地分析。构件的稳定性就是其在荷载作用下，保持其原有平衡状态的能力。

11.1.1　平衡的稳定性

从稳定性角度考察，构件的平衡状态实际上有 3 种不同的情况：稳定平衡状态、不稳定平衡状态和临界平衡状态。

处于平衡状态的构件，受到微小的外力扰动其平衡状态发生改变，扰动除去后原来的平衡状态仍能恢复，其原来的平衡状态称为“稳定平衡”；若扰动除去后，其原来的平衡状态不能恢复，则原来的平衡状态称为“不稳定平衡”；由稳定平衡向不稳定平衡过渡的状态即为临界状态，又称“随遇平衡”，处于随遇平衡状态的构件在外界作用下，其平衡状态不随时间和坐标的变化而改变。

从能量的观点看，处于重力场环境下的稳定平衡是指物体处于势能最小位置，当稍有微小扰动，令其离开平衡位置，外界必须对它作功，势能增加，在扰动消除后物体将自动回到原来势能最小的位置；所谓不稳定平衡是指物体处于势能最大时的平衡，任何微小的扰动即能引起重力对它作功，势能继续减小，不能再自动恢复原状；介于前二者之间的随遇平衡是指物体受到扰动时其势能将保持不变，物体在任意位置可继续保持平衡。三种平衡状态如图 11-1 所示。

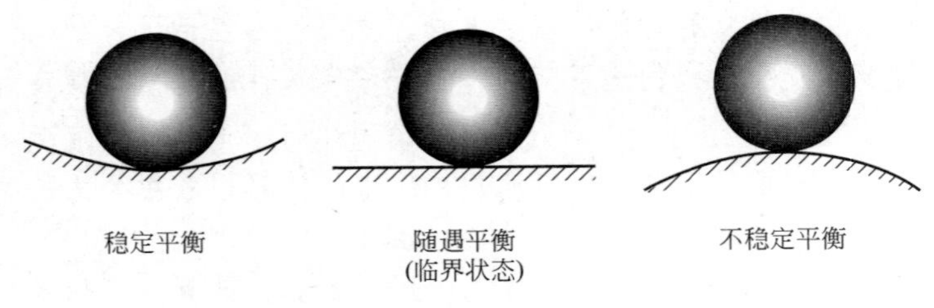

图 11-1　平衡的稳定性

11.1.2　压杆的稳定性

前面的章节讨论过轴向拉伸（压缩）杆件的强度问题，轴向拉（压）力作用下的杆件当其横截面上的正应力达到材料的极限应力（屈服极限或强度极限）时，将发生塑性变形或断裂从而失效，这种破坏是因强度不足而引起的，属于强度破坏问题。长细比很小的受压短杆的破坏，如低碳钢短柱被压扁、铸铁短柱被压碎等，都属于强度破坏。

工程结构中有很多受压杆件为细长压杆，实践表明，细长压杆的破坏与强度破坏问题迥然不同。例如，内燃机配气机构中的挺杆（图 11-2a），在它推动摇臂打开气阀时，就受到压力作用；磨床液压装置的活塞杆（图 11-2b），当驱动工作台向右移动时，油缸活塞上的压力和工作台的阻力使活塞杆受到压缩；其他如简易起重机的起重臂（图 11-2c）、螺旋千斤顶的螺杆（图 11-2d）、内燃机的连杆（图 11-2e），及空气压缩机、蒸汽机的连杆等，这些杆件长细比较大，都为细长压杆。对于这些细长压杆，当其发生破坏时，其原因并不是强度不够，而是荷载增大到一定数值后，压杆不能保持其原有的直线平衡形式而失效。

压杆保持其原来直线平衡状态的能力称为压杆稳定性。压杆不能保持其原来直线平衡状态而突然变弯的现象，即压杆的直线平衡状态丧失了稳定，称为压杆失稳，也称为压杆屈曲。

为了便于研究，把实际细长压杆设想为理想压杆，即杆由均质材料制成，轴线为直线，外力的作用线与压杆完全重合。下面以图 11-3 所示的细长受压直杆为例，分析细长压杆平衡的稳定性。

在图 11-3 中，当外压力 F 通过杆轴线时，通常称其为理想中心压杆。当轴向压力 F 较小时，压杆在力 F 作用下将保持其原有的直线平衡形式（图 11-3a）。即使给予其微小侧

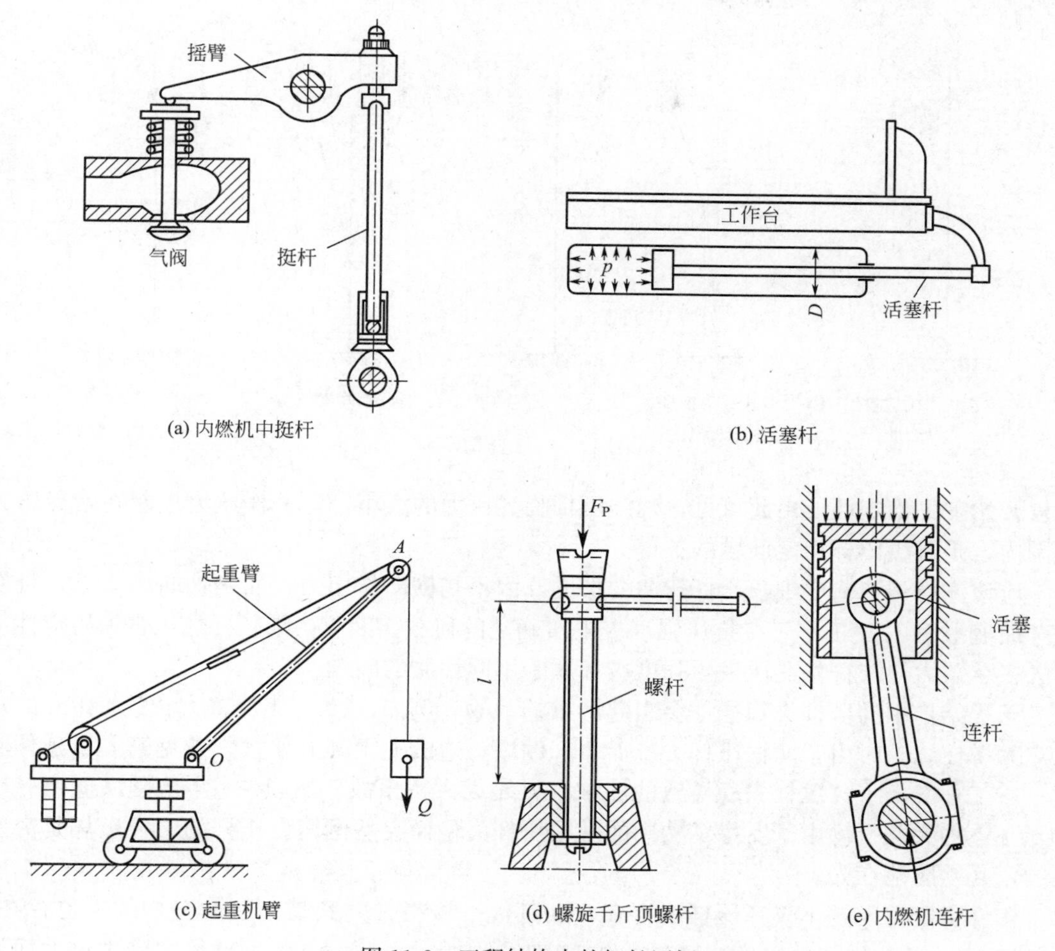

(a) 内燃机中挺杆　(b) 活塞杆　(c) 起重机臂　(d) 螺旋千斤顶螺杆　(e) 内燃机连杆

图 11-2　工程结构中的细长压杆

向干扰力作用使其微弯，如图 11-3（b）所示，当干扰力撤除，杆在往复摆动几次后，最终必将恢复其直线形状的平衡状态，如图 11-3（c）所示。可见，此时压杆在直线形状下的平衡是稳定的。

当轴向压力增大到某一定值（F_{cr}）时，杆件仍可在直线形状下保持平衡。但若再给杆件一个微小的侧向干扰力使其轻微弯曲，在撤除干扰力后，压杆将处于某一（任意）微弯平衡状态，而不能恢复其原有的直线平衡状态，如图 11-3（d）所示，即压杆原有的直线状态下的平衡是不稳定的。

当轴向压力超过某一数值（F_{cr}）时，稍加扰动，压杆就会突然弯下去，完全失去原有的平衡，如图 11-3（e）所示，此种情况下压杆原有的直线平衡形式也是不稳定的，称其为非稳定平衡。

随着轴向力逐渐增大，压杆由稳定平衡状态过渡到非稳定平衡状态，丧失原有稳定平衡形式，出现失稳现象。压杆从稳定平衡过渡到非稳定平衡时的压力临界值称为临界压力，以 F_{cr} 表示。压杆在临界压力下的平衡称为临界平衡。

显然，压杆能否保持稳定，与压力 F 的大小有着密切的关系。随着压力 F 逐渐增大，轴向压力 F 的量变将引起压杆平衡状态的质变。当压杆所受的压力达到临界压力 F_{cr} 时，

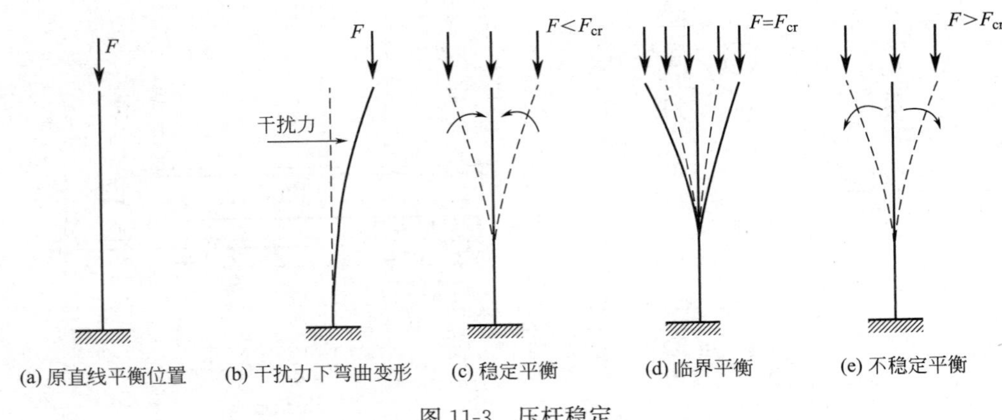

图 11-3　压杆稳定

压杆开始丧失稳定性。由此可见，确定压杆临界压力的大小，将工作压力控制在临界压力范围内，是解决压杆稳定问题的关键。

应该注意到，造成细长压杆弯曲变形的原因不是横向作用力，而是轴向压力 F，且发生弯曲变形时压力 F 小于按抗压强度极限所确定的荷载。因此，细长杆受压丧失稳定性从而失去承载力，与杆件受压发生强度破坏属于不同性质的问题。

工程结构中的压杆失稳往往会引起严重的事故。例如，1907 年加拿大长达 548m 的魁北克大桥在施工时由于两根压杆失稳而引起倒塌，造成七十多人死亡（参见第 4 章延伸阅读——工程案例Ⅰ“压杆失稳导致的加拿大魁北克大桥事故”）；1909 年德国汉堡市一个 60 万 m^3 的大贮气罐由于支撑结构中的一根压杆失稳而突然倒塌。压杆的失稳破坏是突发性的，必须防范在先。

构件稳定性问题不仅在压杆中存在，在其他一些构件尤其是一些薄壁构件中也存在。图 11-4 表示了几种构件失稳的情况。图 11-4（a）所示一薄而高的悬臂梁因受力过大而发生侧向失稳，图 11-4（b）所示一薄壁圆环因受外压力过大而失稳，图 11-4（c）所示一薄拱受过大的均布压力而失稳。本章只介绍压杆的稳定性问题。

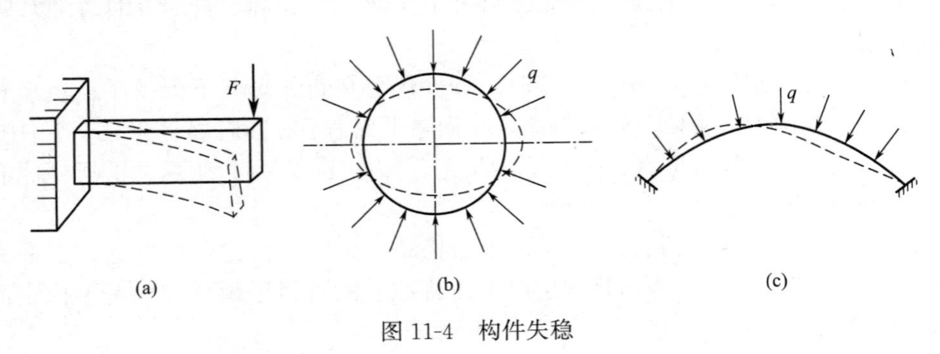

图 11-4　构件失稳

11.2　细长压杆临界力的欧拉公式

分析压杆的稳定问题实际上就是确定临界压力 F_{cr} 的一个过程。在临界力分析中，压杆随遇平衡状态是由稳定平衡向不稳定平衡过渡的临界平衡状态，因此可以通过研究处于随遇平衡状态的压杆来确定压杆临界力。

压杆临界力 F_{cr} 的大小不但与材料的力学件能、杆件横截面的几何形状大小以及杆件的长度有关，还与压杆两端的支承形式有关。

为简化分析，且能得到可应用于工程的、简明的表达式，在确定压杆的临界荷载时做如下简化：

（1）剪切变形的影响可以忽略不计；

（2）不考虑杆的轴向变形。

临界力可认为是压杆处于微弯平衡状态，当挠度趋向于零时承受的压力。对于一般截面形状、荷载及支座情况不复杂的细长杆，可根据压杆处于微弯平衡状态下的挠曲线近似微分方程式进行求解，这一方法称为静力法。

下面对几种不同支承形式的细长杆的临界压力进行讨论。

11.2.1　两端铰支细长压杆的临界力

如图 11-5 所示端部铰支轴向受压细直杆，在横向力扰动下产生微弯曲，当压力达到临界值 F_{cr} 时，压杆处于随遇平衡状态，横向力扰动消失后，F_{cr} 仍能使杆件维持微弯曲平衡状态。

为便于研究，选取坐标系 xoy 如图 11-5 所示。由图 11-5 可知，压杆距原点 x 处任意截面弯矩为

$$M(x)=-Fw(x) \tag{11-1}$$

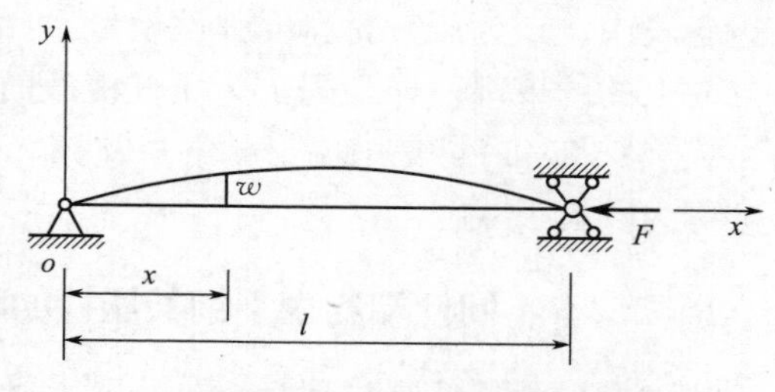

图 11-5　两端铰支细长压杆的稳定性

式中的负号，是因为杆件所受压力取为正值时，弯矩 $M(x)$ 与挠度 $w(x)$ 正负符号相反，$w(x)$ 为正时 $M(x)$ 为负，$w(x)$ 为负时 $M(x)$ 为正。

杆件处于微弯状态时，其挠曲线近似微分方程为

$$\frac{\mathrm{d}^2w(x)}{\mathrm{d}x^2}=\frac{M(x)}{EI} \tag{11-2}$$

将式（11-1）代入式（11-2）得

$$\frac{\mathrm{d}^2w(x)}{\mathrm{d}x^2}=-\frac{F}{EI}w(x)$$

令

$$k^2=\frac{F}{EI}$$

得

$$\frac{\mathrm{d}^2w(x)}{\mathrm{d}x^2}+k^2w(x)=0$$

上式的通解为

$$w(x)=C_1\sin kx+C_2\cos kx$$

式中，C_1 和 C_2 为两个待定积分常数；由于压力 F 数值未知，系数 k 也是一个待定值。

根据杆端的约束情况，有两个边界条件：在 $x=0$ 处，$w=0$；在 $x=l$ 处，$w=0$。于是有 $C_2=0$，则

$$w(x)=C_1\sin kx$$

$$C_1\sin kl=0$$

考虑到杆件处于微弯状态，故 $C_1\neq0$，则有

$$\sin kl=0$$

满足上式有

$$kl=n\pi(n=0，1，2\cdots\cdots)$$

联立 $k^2=\dfrac{F}{EI}$ 和上式，得

$$F=\frac{n^2\pi^2EI}{l^2}$$

压杆临界力 F_{cr} 是使压杆在微弯状态下保持平衡的最小轴向压力，故在上式中取 $n=1$，即得两端铰支细长压杆的临界力计算公式为

$$F_{cr}=\frac{\pi^2EI}{l^2} \tag{11-3}$$

上述各式中，E 为压杆材料的弹性模量；I 为压杆横截面的形心主惯性距，若杆两端在各个方向上的约束都一样，则 I 为压杆横截面的最小形心主惯性距。

式（11-3）最早是由瑞士科学家欧拉（L. Euler）于 1774 年推导得出的，因此，该式又被称为欧拉公式。

11.2.2 不同杆端约束下细长压杆的临界力

压杆的约束情况除两端铰支外，还有其他约束情况，如一端固定一端自由；一端固定一端铰支；两端均为固定等情况。压杆两端的约束情况不同时，其临界力值也不同，但仍可采用与两端铰支相同的方法进行推导；也可将它们微弯后的挠曲线形状与两端铰支细长压杆微弯后的挠曲线形状类比，利用已经推导出的两端铰支压杆的临界力，较简便地求出其他情况下的临界力。

对于细长压杆，其临界力公式通用形式可以写为

$$F_{cr}=\frac{\pi^2EI}{(\mu l)^2} \tag{11-4}$$

式（11-4）又称为欧拉公式的一般形式。其中 μl 称为有效长度或相当长度，是不同压杆失稳后挠曲线上正弦半波的长度，表示把长度为 l 的压杆折算成两端铰支压杆后的长度；μ 称为长度系数或长度因数，是反应不同约束影响的系数，可由失稳后的正弦半波长度与两端铰支压杆初始失稳时的正弦半波长度的比值确定。

长度为 l 的细长压杆，一端固定一端自由，失稳后挠曲线上正弦半波的长度 $\mu l=2l$，故 $\mu=2$；两端固定，失稳后挠曲线上正弦半波的长度 $\mu l=0.5l$，故 $\mu=0.5$；一端固定一端铰支，失稳后挠曲线上正弦半波的长度 $\mu l=0.7l$，故 $\mu=0.7$，见表 11-1。

不同杆端约束下细长压杆的临界力与长度系数 μ　　表11-1

约束情况	两端铰支	一端固定 一端自由	两端固定 （挠曲线拐点）	一端固定 一端铰支
失稳时挠曲线形状	F_{cr}, l	F_{cr}, l, $2l$	F_{cr}, l, $0.5l$	F_{cr}, l, $0.7l$
临界力	$F_{cr}=\frac{\pi^2 EI}{l^2}$	$F_{cr}=\frac{\pi^2 EI}{(2l)^2}$	$F_{cr}=\frac{\pi^2 EI}{(0.5l)^2}$	$F_{cr}=\frac{\pi^2 EI}{(0.7l)^2}$
长度系数	$\mu=1.0$	$\mu=2.0$	$\mu=0.5$	$\mu=0.7$

由欧拉公式的一般形式及表11-1可知，细长压杆的临界力 F_{cr} 与杆的抗弯刚度 EI 成正比，与杆的长度平方成反比，同时还与杆端的约束情况有关。显然，临界力 F_{cr} 越大，压杆的稳定性越好，即越不容易失稳。

11.2.3　欧拉公式应用中应注意的问题

1. 压杆的失稳方向与杆端约束情况有关

在推导欧拉公式时，均假定杆已在 x-y 面内失稳而微弯，实际上杆的失稳方向与杆端约束情况有关。

若杆端约束情况在各个方向均相同，例如球铰或嵌入式固定端，压杆只可能在最小刚度平面内失稳。所谓最小刚度平面，就是形心主惯性矩 I 为最小的纵向平面。如图11-6所示的矩形截面压杆，其 I_y 为最小，故纵向平面 x-z 即为最小刚度平面，该压杆将在这个平面内失稳。所以在计算其临界力时应取 $I=I_y$。因此，在这类杆端约束情况下，式（11-4）中的 I 应取 I_{min}。

若杆端约束情况在各个方向不相同，则应分别计算各个方向相应的临界力，并进行比较，取其中的较小者。如图11-7所示轴销约束（也称柱状铰），在 x-y 平面内，杆端约束接近于固定端；但在 x-z 平面内，杆端可绕轴销自由转动，约束相当于铰支。对于这两种情况，在计算杆在不同方向失稳相应的临界压力时，应分别采用其各自的长度系数 μ 及不同平面相应的惯性矩 I 进行计算，并取两个计算结果中的较小者，然后由此判断压杆将在哪个平面内失稳。

2. 压杆长度系数应根据实际约束情况分析确定

理想的固定端和铰支端约束是不多见的。实际杆端的连接情况，往往介于固定端与铰支端之间。而工程实际中压杆杆端约束情况往往会更复杂，有时很难简单地将其归结为哪一种理想约束，如可能是弹性支座或介于铰支和固定端之间等。因此，应根据实际约束情况作出具体分析，看其与哪种理想情况接近，从而定出近乎实际的长度系数 μ，再按式（11-4）计算其临界力。

如图 11-8 所示螺母和丝杠连接，其简化将由支撑套（螺母）长度 l_0 与支撑套直径 d_0（螺母的螺纹平均直径）的比值而确定。当 $l_0/d_0 \leqslant 1.5$ 时，该连接可简化为铰支端；当 $l_0/d_0 \geqslant 3$ 时，可简化为固定端；当 $1.5 < l_0/d_0 < 3$ 时，可简化为非完全铰，若两端均为非完全铰，取 $\mu = 0.75$。

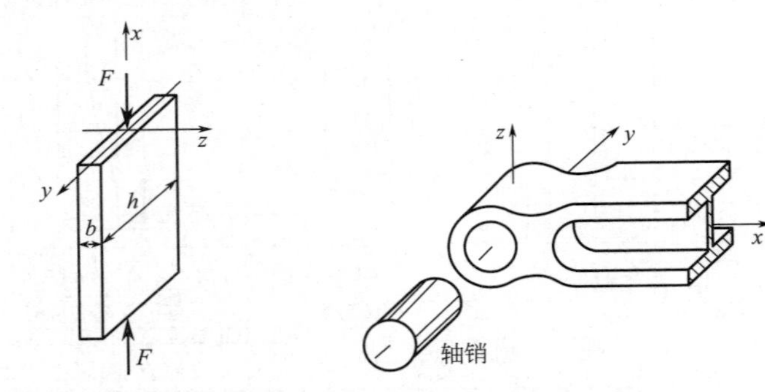

图 11-6　最小刚度平面

图 11-7　柱状铰

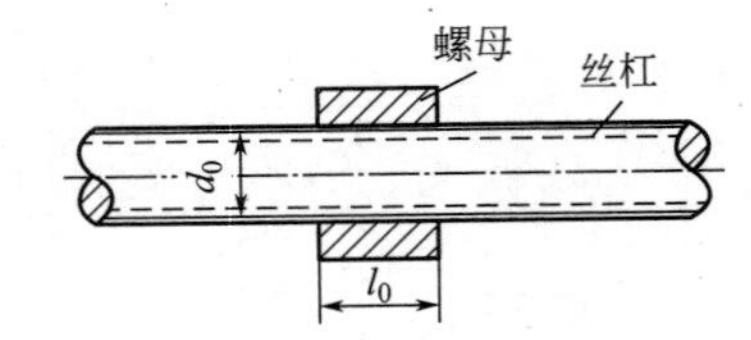

图 11-8　螺母和丝杠连接

在实际计算中，为了简单起见，有时将有一定固结程度的杆端简化为铰支端，这样简化是偏于安全的。对应于各种实际的杆端约束情况，压杆的长度系数 μ 在有关的设计手册或规范中有规定。

3. 欧拉公式计算出的临界力理论值大于压杆实际承载力

在推导细长压杆的临界力公式时，压杆都处于理想状态，即为均质的直杆，受轴向压力作用。由式（11-4）所计算得到的临界力仅是理论值，是实际压杆承载能力的上限值。

实际工程中的压杆，不可避免地存在材料不均匀、有微小的初曲率及压力微小的偏心等现象，因而在压力小于临界力时，压杆就会发生弯曲。随着压力的增大，弯曲迅速增加，以致压力在未达到临界力时，压杆就会发生弯折破坏。

在采用欧拉公式进行压杆稳定计算时，应考虑采用安全系数以消除实际情况与理想情况的差异所带来的不利影响。

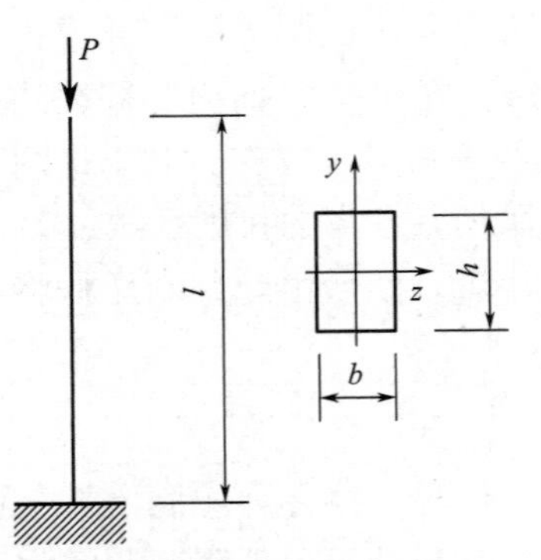

图 11-9　例题 11-1 图

11.2.4　例题解析

【例题 11-1】如图 11-9 所示，矩形截面细长压杆，上端自由，下端固定。已知 $b = 20\text{mm}$，$h = 30\text{mm}$，$l = 1.0\text{m}$，材料的弹性模量 $E = 200\text{GPa}$。试用欧拉公式计算压杆的临界压力。

【解】（1）判断失稳形式

由于 $h > b$，则

$$I_y = \frac{hb^3}{12} < I_z = \frac{bh^3}{12}$$

取压杆轴线为 x 轴，则压杆在 xoz 平面内失稳，取

$$I = I_y = \frac{hb^3}{12}$$

（2）确定长度系数 μ

根据此压杆两端约束条件（一端为固定端，一端为自由端），由表 11-1 查得 $\mu=2$。

（3）计算临界力

由式（11-4）得

$$F_{cr} = \frac{\pi^2 EI_y}{(\mu l)^2} = \frac{\pi^2 E\dfrac{h\times b^3}{12}}{(\mu l)^2} = \frac{\pi^2\times 200\times 10^3\times\dfrac{30\times 20^3}{12}}{(2\times 1000)^2}$$

$$\approx 9.870\times 10^3\text{N} = 9.87\text{kN}$$

【例题 11-2】如图 11-10 所示，一矩形截面的细长压杆，其两端为柱形铰约束。若压杆是弹性范围内工作，试确定压杆截面尺寸 b 和 h 之间应有的合理关系。

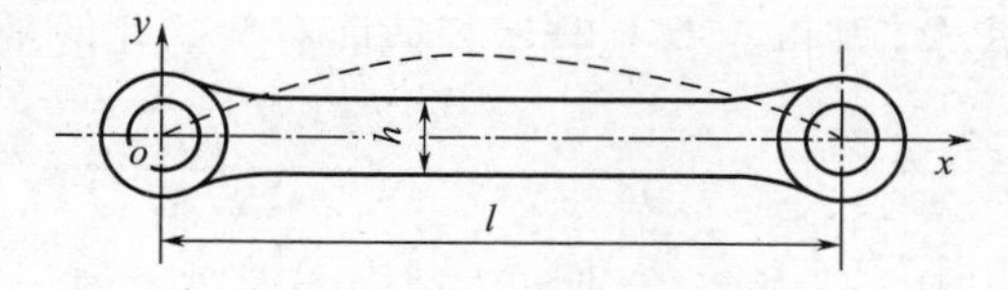

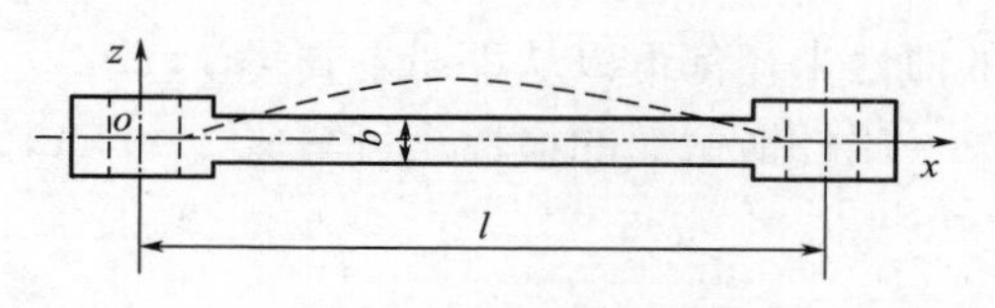

图 11-10　例题 11-2 图

【解】（1）假定压杆在 xoy 平面内失稳

1）长度系数 μ_1

在 xoy 面内，压杆可视为两端铰支，则长度系数 $\mu_1=1$

2）截面对中性轴的惯性矩

$$I = I_z = \frac{bh^3}{12}$$

3）临界力 F'_{cr}

$$F'_{cr} = \frac{\pi^2 EI_z}{(\mu l)^2} = \frac{\pi^2 E\dfrac{b\times h^3}{12}}{l^2} = \frac{\pi^2 Ebh^3}{12l^2}$$

（2）假定压杆在 xoz 平面内失稳

1）长度系数 μ_2

在 xoz 面内，压杆可视为两端固定，则长度系数 $\mu_2=0.5$

2）截面对中性轴的惯性矩

$$I = I_y = \frac{hb^3}{12}$$

3）临界力 F''_{cr}

$$F''_{cr} = \frac{\pi^2 EI_y}{(\mu l)^2} = \frac{\pi^2 E\dfrac{h\times b^3}{12}}{(0.5l)^2} = \frac{\pi^2 Ehb^3}{3l^2}$$

（3）压杆截面尺寸 b 和 h 之间应有的合理关系

压杆截面尺寸 b 和 h 之间应有的合理关系应使得 $F'_{cr}=F''_{cr}$，即

$$\frac{\pi^2 Ebh^3}{12l^2} = \frac{\pi^2 Ehb^3}{3l^2}$$

从而，解得压杆截面尺寸 b 和 h 之间应有的合理关系为

$$h=2b$$

11.3 压杆的临界应力

11.3.1 临界应力的欧拉公式

在临界力作用下压杆横截面上的平均应力，称为临界应力，用 σ_{cr} 表示。临界应力 σ_{cr} 可以用临界压力 F_{cr} 除以杆件的横截面面积 A 求得，即

$$\sigma_{cr}=\frac{F_{cr}}{A}=\frac{\pi^2 EI}{A(\mu l)^2}$$

式中，I 和 A 都是与压杆截面有关的几何量，可用惯性半径 i 表示两者的组合，有

$$i=\sqrt{\frac{I}{A}} \text{ 或 } i_x=\sqrt{\frac{I_x}{A}}, \ i_y=\sqrt{\frac{I_y}{A}}$$

式中，i_x 和 i_y 分别称为截面图形对 x 和 y 轴的惯性半径，其量纲为长度。各种几何图形的惯性半径都可以从手册上查得。

压杆横截面的惯性矩可写成 $I=i^2 A$，于是 σ_{cr} 的计算式可写成

$$\sigma_{cr}=\frac{\pi^2 E}{\left(\frac{\mu l}{i}\right)^2}$$

令

$$\lambda=\frac{\mu l}{i}$$

式中，λ 称为压杆的柔度或长细比，为无量纲参数。λ 可综合反映压杆长度、约束条件、截面形状和尺寸对压杆临界应力的影响。

于是，压杆的临界应力可表示为

$$\sigma_{cr}=\frac{\pi^2 E}{\lambda^2} \tag{11-5}$$

式（11-5）称为临界应力的欧拉公式。式中 $\pi^2 E$ 为常数，因此，临界应力 σ_{cr} 的大小取决于长细比 λ。随着 λ 的增大，σ_{cr} 减小，压杆更容易失稳。

11.3.2 欧拉公式适用范围

欧拉公式是根据挠曲线近似微分方程建立的，而该方程式是基于胡克定律求出的。因此，欧拉公式需满足胡克定律的要求，换言之，欧拉公式求出的临界荷载是构件在弹性阶段的最大承载力值，即欧拉公式的适用范围为

$$\sigma_{cr}=\frac{\pi^2 E}{\lambda^2}\leqslant\sigma_p \tag{11-6}$$

由上式得

$$\lambda=\pi\sqrt{\frac{E}{\sigma_{cr}}}\geqslant\pi\sqrt{\frac{E}{\sigma_p}}=\lambda_p \tag{11-7}$$

式中，λ_p 为与 σ_p 对应的比例极限柔度，它是能够应用欧拉公式的柔度界限值，即当 $\lambda \geqslant \lambda_p$ 时，欧拉公式才适用。由式（11-7）可知，λ_p 值仅与材料的弹性模量 E 及比例极限 σ_p 有关，其值仅随材料而异。

通常将 $\lambda \geqslant \lambda_p$ 的压杆称为大柔度压杆或细长压杆。对于大柔度压杆（细长压杆）而言，其临界应力 σ_{cr}、临界力 F_{cr} 可应用欧拉公式求得。

11.3.3　临界应力经验公式与临界应力总图

在工程实际中，常见压杆的柔度 λ 往往小于 λ_p，即 $\lambda < \lambda_p$，这样的压杆称为非细长压杆，其临界应力超过材料的比例极限，属于弹塑性稳定问题。这类压杆的临界应力可通过解析方法求得，但通常采用基于试验与分析而建立的经验公式进行计算。

1. 非细长压杆临界应力经验公式

非细长压杆临界应力常见的经验公式有直线公式与抛物线公式等。

直线公式

$$\sigma_{cr} = a - b\lambda \tag{11-8}$$

抛物线公式

$$\sigma_{cr} = a - b\lambda^2 \tag{11-9}$$

式中，a 和 b 是与材料有关的常数，其单位均为“MPa”。a 和 b 随材料不同而不同，具体参看相关设计规范。以直线公式为例，表 11-2 中列举了几种材料的 a 和 b 值。

a、b 取值　　**表 11-2**

材料	a(MPa)	b(MPa)
Q235 钢，$\sigma_s = 235$MPa，$\sigma_b \geqslant 373$MPa	304	1.12
优质碳钢，$\sigma_s = 306$MPa，$\sigma_b \geqslant 471$MPa	461	2.568
硅钢，$\sigma_s = 353$MPa，$\sigma_b \geqslant 510$MPa	578	3.744
硬铝	373	2.15
铸铁	332	1.454
松木	28.7	0.199

对于柔度很小的短柱，如压缩试验用的金属短柱或水泥块，受压时并不会像大柔度压杆那样出现弯曲变形，主要是因压应力达到屈服极限（塑性材料）或强度极限（脆性材料）而破坏，是强度不足引起的失效。

对于塑性材料低柔度短柱，按式（11-8）或式（11-9）计算出的临界应力最高只能等于 σ_s。以直线公式为例，设与 σ_s 对应的屈服极限柔度为 λ_s，应用直线公式可求得

$$\lambda_s = \frac{a - \sigma_s}{b} \tag{11-10}$$

由式（11-10）确定的屈服极限柔度 λ_s 是使用直线公式时柔度的最小值。

若 $\lambda < \lambda_s$，应按照第 2 章压缩强度计算，则

$$\sigma_{cr} = \frac{P}{A} \leqslant \sigma_s \tag{11-11}$$

对于脆性材料低柔度短柱，只需把式（11-10）、式（11-11）中的 σ_s 改为 σ_b，并将 σ_{cr} 用 σ 表示，其强度条件为

$$\sigma=\frac{P}{A}\leqslant[\sigma] \tag{11-12}$$

2. 临界应力总图

综上所述，根据压杆柔度（长细比）λ 大小可将压杆分为三类，并可分别按不同方式确定其临界应力。

（1）当 $\lambda\geqslant\lambda_p$ 时，压杆被称为大柔度杆或细长压杆，其临界应力 σ_{cr}、临界力 P_{cr} 用欧拉公式计算。

（2）当 $\lambda_s<\lambda<\lambda_p$ 时，压杆被称为中柔度杆或中长杆，其临界应力 σ_{cr} 用直线公式或抛物线等经验公式计算，而临界力 $P_{cr}=\sigma_{cr}A$。

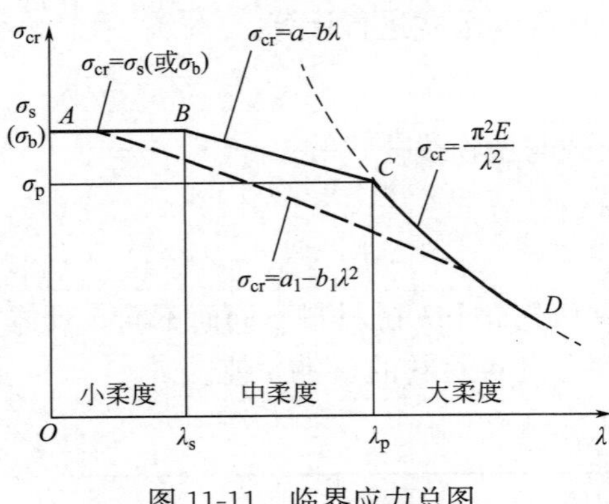

图 11-11 临界应力总图

（3）当 $\lambda\leqslant\lambda_s$ 时，压杆被称为小柔度杆或粗短杆，属于压缩强度问题。

将各类压杆的临界应力（或极限应力）σ_{cr} 与柔度 λ 的关系绘制成曲线图，称为临界应力总图，如图 11-11 所示。

必须指出，小柔度杆的临界应力 σ_{cr} 和 λ 无关，说明小柔度杆不存在压杆失稳，而属于杆件轴向压缩的强度问题。中、大柔度杆的临界应力 σ_{cr} 与 λ 有关，且随 λ 的增加而减小，故只有中、大柔度杆才存在压杆稳定性问题。

11.3.4 例题解析

【例题 11-3】矩形截面压杆其支承情况为：在 xoz 平面内，两端固定，如图 11-12（a）所示；在 xoy 平面内，下端固定，上端自由，如图 11-12（b）所示。已知 $l=3$m，$b=100$mm，材料的弹性模量 $E=20$GPa，比例极限 $\sigma_p=200$MPa。试计算该压杆的临界压力。

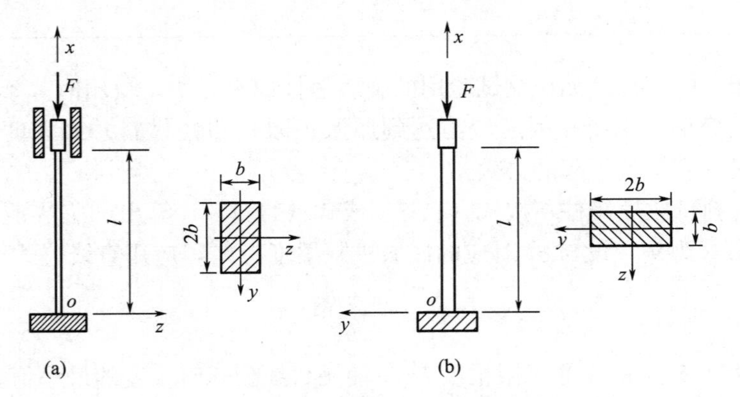

图 11-12 例题 11-3 图

【解】分析：$I_y=\frac{2b\cdot b^3}{12}=\frac{b^4}{6}<I_z=\frac{b(2b)^3}{12}=\frac{2b^4}{3}$，$xoz$ 为最小刚度平面，但因压杆上端在最小和最大刚度平面内的支承情况不同，所以压杆在两个平面内的柔度 λ_y、λ_z 也不

同。对同一种材料的压杆，随着柔度的增加，临界应力相应减小，故压杆将首先在柔度 λ 最大的平面内失稳。

（1）判断失稳方向

1）惯性半径

$$i_y=\sqrt{\frac{I_y}{A}}=\sqrt{\frac{b^4}{6(b\cdot 2b)}}=\frac{b}{\sqrt{12}},\ i_z=\sqrt{\frac{I_z}{A}}=\sqrt{\frac{2b^4}{3(b\cdot 2b)}}=\frac{b}{\sqrt{3}}$$

2）两个平面内的柔度

在 xoz 面内，y 轴为中性轴

$$\lambda_y=\frac{\mu_y l}{i_y}=\frac{\mu_y l}{b/\sqrt{12}}=\frac{0.5\times 3000}{100/\sqrt{12}}=51.96$$

在 xoy 面内，z 轴为中性轴

$$\lambda_z=\frac{\mu_z l}{i_z}=\frac{\mu_z l}{b/\sqrt{3}}=\frac{2\times 3000}{100/\sqrt{3}}=103.92$$

3）失稳方向

因 $\lambda_z>\lambda_y$，所以杆若失稳，将首先发生在 xoy 内，绕 z 轴失稳。

（2）判定压杆类型

$$\lambda_p=\pi\sqrt{\frac{E}{\sigma_p}}=\pi\sqrt{\frac{20\times 10^3}{200}}=31.42$$

因 $\lambda_z>\lambda_y>\lambda_p$，故该压杆在两个平面均为大柔度杆。

（3）临界压力

在 xoy 内，$\mu_z=2$，将相关数据代入欧拉公式求临界压力

$$P_{cr}=\frac{\pi^2 EI_z}{(\mu_z\cdot l)^2}=\frac{\pi^2\times 20\times 10^3\times\frac{2}{3}\times 100^4}{(2\times 3000)^2}=365.54\times 10^3\mathrm{N}=365.54\mathrm{kN}$$

【例题 11-4】 如图 11-13 所示，由 Q235 钢制成的三根压杆，两端均为铰链支承；其横截面为圆形，直径 $d=50\mathrm{mm}$；长度分别为 $l_1=0.5\mathrm{m}$、$l_2=1\mathrm{m}$、$l_3=1.5\mathrm{m}$；材料的弹性模量 $E=206\mathrm{GPa}$，比例极限 $\sigma_p=200\mathrm{MPa}$，屈服极限 $\sigma_s=235\mathrm{MPa}$。比较这 3 根压杆的临界应力、临界力的大小。

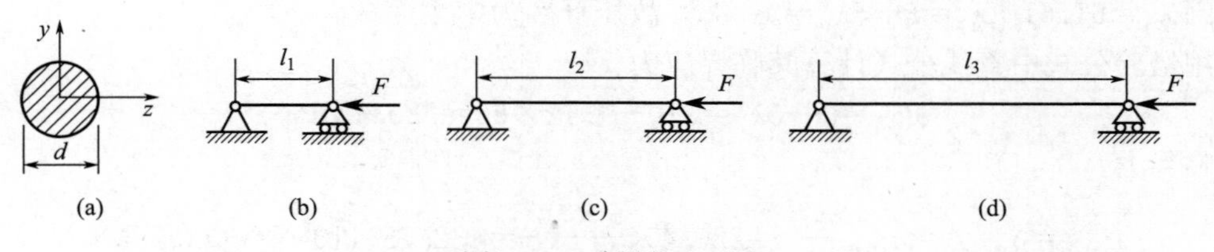

图 11-13　例题 11-4 图

【解】（1）圆形截面惯性矩、惯性半径

圆形截面对 y 轴和 z 轴的惯性矩相等，均为

$$I_y=I_z=I=\frac{\pi d^4}{64}$$

故圆形截面的惯性半径为

$$i_y = i_z = i = \sqrt{\frac{I}{A}} = \sqrt{\frac{\frac{\pi d^4}{64}}{\frac{\pi d^2}{4}}} = \frac{d}{4} = \frac{50}{4} = 12.5$$

（2）计算各压杆的柔度

因压杆两端为铰链支承，查表 11-1 得长度系数 $\mu = 1$。各压杆的柔度为

$$\lambda_1 = \frac{\mu l_1}{i} = \frac{1 \times 500}{12.5} = 40$$

$$\lambda_2 = \frac{\mu l_2}{i} = \frac{1 \times 1000}{12.5} = 80$$

$$\lambda_3 = \frac{\mu l_3}{i} = \frac{1 \times 1500}{12.5} = 120$$

（3）压杆柔度界限值

1）应用欧拉公式压杆柔度界限值

$$\lambda_p = \pi \sqrt{\frac{E}{\sigma_p}} = \pi \sqrt{\frac{200 \times 10^3}{200}} \approx 99.35$$

2）屈服极限柔度为 λ_s

查表 11-2 得 $a = 304$，$b = 1.12$，则

$$\lambda_s = \frac{a - \sigma_s}{b} = \frac{304 - 235}{1.12} = 61.61$$

（4）计算各压杆的临界应力和临界力

1）压杆 1

因 $\lambda_1 = 40 < \lambda_s = 61.61$，故压杆 1 为小柔度杆。又因 Q235 钢为塑性材料，故其临界应力、临界力分别为

$$\sigma_{cr,1} = \sigma_s = 235\text{MPa}$$

$$F_{cr,1} = \sigma_{cr,1} A = \sigma_s \frac{\pi d^2}{4} = 235 \times \frac{\pi \times 50^2}{4} = 461.42 \times 10^3\text{N} = 461.42\text{kN}$$

2）压杆 2

因 $\lambda_s = 61.61 < \lambda_2 = 80 < \lambda_p = 99.35$，故压杆 2 为中柔度杆。

用经验公式中直线公式计算其临界应力：

$$\sigma_{cr,2} = a - b\lambda_2 = 310 - 1.12 \times 80 = 220.4\text{MPa}$$

临界力：

$$F_{cr,2} = \sigma_{cr,2} A = \sigma_{cr,2} \frac{\pi d^2}{4} = 220.4 \times \frac{\pi \times 50^2}{4} = 432.75 \times 10^3\text{N} = 432.75\text{kN}$$

3）压杆 3

因 $\lambda_3 = 120 > \lambda_p = 99.35$，故压杆 3 为大柔度杆，应用欧拉公式计算其临界应力、临界力：

$$\sigma_{cr,3} = \frac{\pi^2 E}{\lambda_3^2} = \frac{\pi^2 \times 200 \times 10^3}{120^2} = 137.08\text{MPa}$$

$$F_{cr,3}=\sigma_{cr,3}A=\sigma_{cr,3}\ \frac{\pi d^2}{4}=137.08\times\frac{\pi\times50^2}{4}=269.16\times10^3\text{N}=269.16\text{kN}$$

(5) 比较三压杆的临界应力和临界力大小

$$\sigma_{cr,1}>\sigma_{cr,2}>\sigma_{cr,3}，F_{cr,1}>F_{cr,2}>F_{cr,3}$$

由本例题可以看出，在其他条件均相同的情况下，压杆长度越大，则其临界应力和临界力越小，压杆的稳定性越差。

11.4　压杆的稳定性计算

工程中为保证受压杆件具有足够的稳定性，需建立压杆的稳定性条件，对压杆进行稳定计算。稳定性计算与构件的强度或刚度计算相类似，但又有着本质区别，因为三者对保证构件安全所提出的要求是不同的。

如前所述，压杆的临界压力（应力）是压杆具有稳定性的极限压力（应力）。但是，工程实际中存在的一些难以避免的因素，如初弯曲、压力偏心、材料不均匀和支座缺陷等，都会造成临界压力（应力）的降低，严重影响压杆稳定。为了保证压杆不失稳，工程上常采用安全因数法或折减系数法进行压杆稳定性计算，其中，安全系数法在机械类工程中应用较广，而折减系数法则更常应用于土建类工程中。

根据压杆的稳定条件，可以进行压杆稳定性校核、截面设计和许可荷载确定。

在压杆稳定计算中，对于有局部削弱的压杆，如油孔、螺钉孔、沟槽等，应进行强度和稳定两方面的计算。进行强度计算时，必须对削弱面进行强度校核，因为强度问题是对危险点的计算。进行稳定计算时不考虑削弱面，因为压杆稳定是对整体，削弱面对临界力影响可以不计。只有两种情况都进行计算，才能保证压杆正常工作。

11.4.1　安全因数法

为了保证压杆具有足够的稳定性，要求作用于压杆上的轴向荷载或工作应力不仅不能超过其极限值，而且还要考虑留有足够的安全储备，即应有足够的稳定安全因数 n_{st}。因此，压杆的稳定条件为

$$n'=\frac{F_{cr}}{F_N}\geqslant n_{st}=\frac{F_{cr}}{[F_{st}]}\text{或}\ F_N\leqslant\frac{F_{cr}}{n_{st}}=[F_{st}]\tag{11-13a}$$

若压杆的实际工作横截面上的应力为 $\sigma=\frac{F_N}{A}$，则压杆的稳定条件可改写为

$$n'=\frac{\sigma_{cr}}{\sigma}\geqslant n_{st}=\frac{\sigma_{cr}}{[\sigma_{st}]}\text{或}\ \sigma\leqslant\frac{\sigma_{cr}}{n_{st}}=[\sigma_{st}]\tag{11-13b}$$

式中，F_N、σ 分别为压杆的工作压力、工作应力；F_{cr}、σ_{cr} 分别为压杆的临界压力、临界应力；$[F_{st}]$、$[\sigma_{st}]$ 分别为压杆的稳定容许压力、稳定容许应力；n' 为压杆的工作安全因数或工作稳定因数；n_{st} 为规定的稳定安全因数，一般可在相关专业设计手册、规范中查到。

稳定安全因数 n_{st} 一般比强度安全系数 $n=\sigma_u/[\sigma]$ 大，其原因是压杆的一些不可避免的影响因素，如初曲率、荷载偏心、材料不完全均匀、约束简化差异等，导致实际的临

界应力总是低于理论值。压杆柔度 λ 越大，n_{st} 也应越大。常用零件稳定安全系数如表 11-3 所示。

常用零件稳定安全系数　　表 11-3

常用零件	稳定安全系数 n_{st}
金属结构中的压杆	1.8～3.0
矿山和冶金设备中压杆	4～8
机床走刀丝杆	2.5～4.0
水平长丝杠或精密丝杠	>4
拖拉机转向纵、横推杆	>5
磨床油缸活塞杆	4～6
低速发动机挺杆	4～6
高速发动机挺杆	2～5
起重螺旋	3.5～5.0

利用式（11-13a）或式（11-13b）对压杆进行稳定计算的方法，称为稳定安全因数法。用这种方法进行压杆稳定计算时，必须计算压杆的临界力 F_{cr}，而且应给出规定的稳定安全因数。为了计算 F_{cr}，应首先计算压杆的柔度 λ，再按不同的范围选用合适的公式计算 F_{cr}。

11.4.2　折减系数法

由式（11-13b）

$$\frac{\sigma_{cr}}{\sigma} \geqslant n_{st} \text{ 或 } \sigma \leqslant \frac{\sigma_{cr}}{n_{st}} = [\sigma_{st}]$$

则有

$$\sigma \leqslant [\sigma_{st}] = \frac{\sigma_{cr}}{n_{st}} = \frac{\sigma_{cr}}{[\sigma]} \cdot \frac{[\sigma]}{n_{st}} = \frac{\sigma_{cr}}{\sigma_u} \cdot \frac{n}{n_{st}} \cdot [\sigma] = \varphi \cdot [\sigma]$$

$$\varphi = \frac{[\sigma_{st}]}{[\sigma]} = \frac{n\sigma_{cr}}{n_{st}\sigma_u}$$

式中，σ 为压杆横截面上的实际工作应力；［σ］为强度许用应力；σ_u 为强度极限应力；$n=\sigma_u/[\sigma]$，为强度安全因数；n_{st} 为稳定安全因数；φ 称为折减系数，它是一个大于 0 且小于 1 的系数，可在土建类工程相关规范或手册中查找得到。

折减系数 φ 与压杆柔度 λ、材料有关，其具体取值还需考虑实际压杆可能存在的初曲率、压力偏心度以及杆内残余应力等因素。设计规范中，常常是结合实际压杆的稳定试验数据给出不同柔度和不同材料压杆的折减系数值。

于是，简化得到用折减系数表示的压杆稳定条件：

$$\sigma = \frac{F_N}{A} \leqslant \varphi[\sigma] \text{ 或 } F_N \leqslant \varphi[\sigma]A \tag{11-14}$$

利用折减系数对压杆进行稳定计算的方法，称为折减系数法。用这种方法进行稳定计算时，不需要计算临界力或临界应力，也不需要查找稳定安全因数，因为在折算系数图表的编制中，已考虑了稳定安全因数的影响。

我国《钢结构设计标准》GB 50017—2017 按照构件的截面形式、截面尺寸、加工方法及弯曲方向等因素，将钢结构轴心受压构件划分为 a、b、c、d 四类截面，这四类截面的轴心受压构件的折减系数 φ 与压杆柔度 λ 的关系如图 11-14 所示。钢结构轴心受压构件的稳定系数（取截面两主轴稳定系数中的较小者），根据构件的长细比（或换算长细比）、钢材屈服强度及截面分类，按《钢结构设计标准》GB 50017—2017 附录 D 采用。

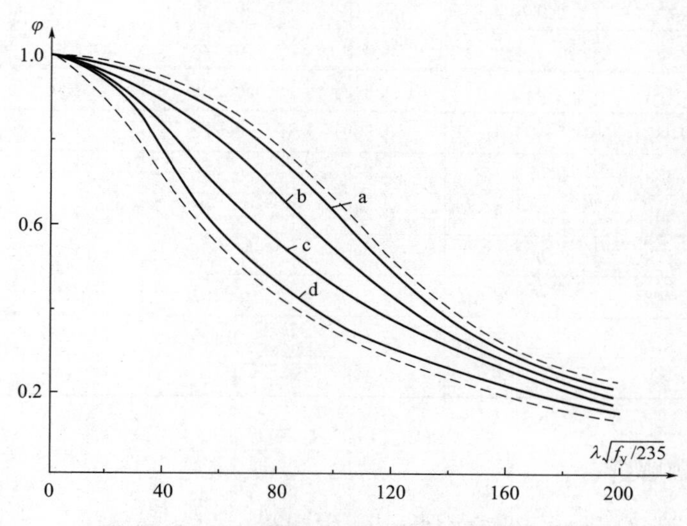

图 11-14　钢结构轴心受压构件 φ 与 λ 曲线关系

表 11-4 列出了常见材料轴心受压构件折减系数 φ 值。表中 ε_k 为钢号修正系数，$\varepsilon_k=\sqrt{\frac{235}{f_y}}$；$f_y$ 为钢材牌号中屈服点数值。当计算出的 λ/ε_k 或 λ 不是表中的整数时，可通过查规范或用线性内插的近似方法计算确定 φ。

不同材料压杆的折减系数 φ　　**表 11-4**

钢材					铸铁	
λ/ε_k	φ				$\lambda=\frac{\mu l}{i}$	φ
	a 类截面	b 类截面	c 类截面	d 类截面		
0	1.000	1.000	1.000	1.000	0	1.000
10	0.995	0.992	0.992	0.984	10	0.97
20	0.981	0.970	0.966	0.937	20	0.91
30	0.963	0.936	0.902	0.848	30	0.81
40	0.941	0.899	0.839	0.766	40	0.69
50	0.916	0.856	0.774	0.690	50	0.57
60	0.883	0.807	0.709	0.618	60	0.44
70	0.839	0.751	0.642	0.552	70	0.34

续表

λ/ε_k	钢材				铸铁	
	φ				$\lambda=\frac{\mu l}{i}$	φ
	a类截面	b类截面	c类截面	d类截面		
80	0.783	0.687	0.578	0.492	80	0.26
90	0.713	0.621	0.517	0.439	90	0.20
100	0.637	0.555	0.462	0.393	100	0.16
110	0.562	0.492	0.419	0.359	110	—
120	0.494	0.436	0.379	0.328	120	—
130	0.434	0.387	0.342	0.298	130	—
140	0.382	0.344	0.309	0.272	140	—
150	0.339	0.308	0.279	0.248	150	—
160	0.302	0.276	0.253	0.227	160	—
170	0.270	0.248	0.230	0.208	170	—
180	0.243	0.225	0.210	0.191	180	—
190	0.219	0.204	0.192	0.175	190	—
200	0.199	0.186	0.176	0.162	200	—

11.4.3 例题解析

【例题 11-5】 空气压缩机的活塞杆由 45 钢制成，$\sigma_{cr}=306\text{MPa}$，$\sigma_p=280\text{MPa}$，$E=210\text{GPa}$。长度 $l=705\text{mm}$，直径 $d=40\text{mm}$，最大压力 $F_{max}=40\text{kN}$。规定安全系数 $n_{st}=8$。试校核其稳定性。

【解】 分析：本题属于机械类工程问题，宜采用安全系数法求解。

（1）判断压杆类型

1）求出比例极限柔度 λ_p

$$\lambda_p=\pi\sqrt{\frac{E}{\sigma_p}}=\pi\sqrt{\frac{210\times10^3}{280}}=86.04$$

2）求出压杆柔度 λ

活塞杆两端可简化为铰支座，故 $\mu=1$。

活塞杆横截面为圆形，其惯性半径为

$$i=\sqrt{\frac{I}{A}}=\sqrt{\frac{\pi d^4/64}{\pi d^2/4}}=\frac{d}{4}$$

故压杆柔度为

$$\lambda=\frac{\mu l}{i}=\frac{1\times705}{40/4}=70.5<\lambda_p=86.04$$

则该压杆为非细长压杆，不能用欧拉公式计算临界应力。

3）求出屈服极限柔度 λ_s

应用直线公式求出屈服极限柔度 λ_s。45 号钢为优质碳钢，由表 11-2 查得 $a=$

461MPa，$b=2.568$MPa。

$$\lambda_s=\frac{a-\sigma_s}{b}=\frac{461-306}{2.568}=60.36<\lambda=70.5$$

4）判断压杆类型

因为$\lambda_s<\lambda<\lambda_p$，所以该杆为中柔度压杆。

（2）计算压杆临界应力、临界力

由直线公式得临界应力为

$$\sigma_{cr}=a-b\lambda=461-2.568\times70.5=279.96\text{MPa}$$

临界力

$$F_{cr}=\sigma_{cr}A=279.96\times\frac{\pi}{4}\times40^2=351.81\times10^3\text{N}=351.81\text{kN}$$

（3）校核稳定性

求出该压杆工作安全系数最小值或该压杆的稳定容许压力：

$$n'_{min}=\frac{F_{cr}}{F_{max}}=\frac{351.81}{40}=8.8>n_{st}=8$$

或

$$[F_{st}]=\frac{F_{cr}}{n_{st}}=\frac{351.81}{8}=43.98\text{kN}>F_{max}=40\text{kN}$$

说明稳定性满足要求。

【例题11-6】一两端铰支的圆截面压杆，长度$l=4$m，材料的弹性模量$E=200$GPa，比例极限$\sigma_p=200$MPa，最大的轴向压力$F_{max}=15$kN，规定的稳定安全因数$n_{st}=3$。采用安全因数法，按稳定条件设计压杆的直径d。

【解】分析：因压杆的直径d未知，无法确定杆件的柔度，故不能确定临界应力的计算公式，只能采用试算法，即先假设可应用欧拉公式计算，待求出直径后，再求出柔度并验证是否满足欧拉公式的应用条件。

（1）假设可应用欧拉公式求压杆的直径d

1）长度因数μ

两端铰支的压杆，长度因数$\mu=1$。

2）临界压力

由欧拉公式，其临界压力为

$$F_{cr}=\frac{\pi^2EI}{(\mu l)^2}=\frac{\pi^2\times200\times10^3\times\pi d^4}{64\times(1.0\times4000)^2}=\frac{\pi^3d^4}{5120}$$

3）采用安全因数法求压杆直径

$$n'=\frac{F_{cr}}{F_{max}}=\frac{\pi^3d^4/5120}{15\times10^3}\geqslant n_{st}=3$$

解得$d\geqslant52.2$mm，取$d=53$mm。

（2）验证是否满足欧拉公式的应用条件

1）压杆的惯性半径

$$i=\sqrt{\frac{I}{A}}=\sqrt{\frac{\pi d^4/64}{\pi d^2/4}}=\frac{d}{4}=\frac{53}{4}=13.25$$

2）比例极限柔度 λ_{p}

$$\lambda_{\mathrm{p}}=\pi\sqrt{\frac{E}{\sigma_{\mathrm{p}}}}=\pi\sqrt{\frac{200\times10^{3}}{200}}=99.3$$

3）压杆柔度

$$\lambda=\frac{\mu l}{i}=\frac{1\times4000}{13.25}=301.9>\lambda_{\mathrm{p}}=99.3$$

可见，满足应用欧拉公式的条件，试算是正确的。

综上所述，取压杆直径 $d=53\mathrm{mm}$。

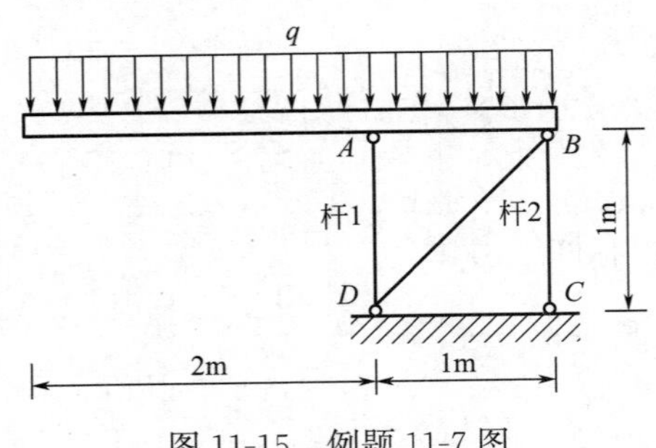

图 11-15 例题 11-7 图

【例题 11-7】 图 11-15 所示结构，其中杆 1 为铸铁圆杆，且 $d_1=50\mathrm{mm}$，$[\sigma_{\mathrm{c}}]=120\mathrm{MPa}$；杆 2 为钢圆杆，且 $d_2=15\mathrm{mm}$，$[\sigma]=180\mathrm{MPa}$；AB 梁为刚性梁。采用折减系数法求许可分布荷载 q。

【解】（1）求两杆的轴力

对 AB 梁作受力分析，可知杆 1、杆 2 均为拉压杆件。求得

$$F_{\mathrm{N1}}=-4.5q(\text{压}),\ F_{\mathrm{N1}}=-1.5q(\text{拉})$$

可见，杆 1 受压，进行稳定计算；而杆 2 受拉，进行强度计算。

（2）由杆 1 的稳定条件，确定许可分布荷载 $[q_1]$

1）杆 1 柔度

杆 1 两端铰支，$\mu=1$，$i=\sqrt{\dfrac{I}{A}}=\sqrt{\dfrac{\pi d^4/64}{\pi d^2/4}}=\dfrac{d}{4}$，杆 1 柔度为：

$$\lambda=\frac{\mu l}{i}=\frac{4\mu l}{d}=\frac{4\times1\times1\times10^{3}}{50}=80$$

2）折减系数 φ

查表 11-4，得折减系数 $\varphi=0.26$

3）许用荷载 $[q_1]$

由压杆稳定条件式（11-14），有

$$F_{\mathrm{N1}}=4.5q_1\leqslant\varphi[\sigma_{\mathrm{c}}]A=0.26\times120\times\frac{\pi\times50^2}{4}=61.26\times10^3\mathrm{N}=61.26\mathrm{kN}$$

解得许用荷载

$$[q_1]=13.61\mathrm{kN/m}$$

（3）由杆 2 的强度条件，确定许可分布荷载 $[q_2]$

$$F_{\mathrm{N2}}=1.5q_2\leqslant A_2[\sigma]=\frac{\pi d^2}{4}[\sigma]=\frac{\pi\times15^2}{4}\times180=31.81\times10^3\mathrm{N}=31.81\mathrm{kN}$$

解得许用荷载

$$[q_2]=21.21\mathrm{kN/m}$$

（4）结构的许可分布荷载 q

许可分布荷载

$$q = \min\{q_1, q_2\} = \min\{13.61, 21.21\} = 13.61\text{kN/m}$$

11.5　提高压杆稳定性的措施

提高压杆稳定性的关键在于提高其临界应力（或临界力）。由压杆的临界力及临界应力公式$\left(F_{cr}=\dfrac{\pi^2 EI}{l^2}、\sigma_{cr}=\dfrac{\pi^2 E}{\lambda^2}或\sigma_{cr}=a-b\lambda 或\sigma_{cr}=a-b\lambda^2等\right)$及压杆临界应力总图可知，压杆的临界应力与压杆的材料机械性质和压杆的柔度 λ 有关。而柔度又与压杆的长度、横截面的形状尺寸以及杆端约束条件有关。因此，通过综合考虑上述各因素，采取适当措施，就可提高压杆的稳定性。

1. 合理选择材料

对于大柔度杆（细长杆），材料对临界应力（临界力）的影响只与弹性模量 E 有关，而各种钢材的 E 值很接近，约为 200GPa。如果仅从稳定性角度考虑，选用合金钢、优质钢并不比普通碳素钢优越，且不经济。

对于中、小柔度压杆，临界应力与材料的强度有关，材料的强度越高，σ_{cr} 就越大，优质合金钢的抗失稳能力在一定程度上优于普通钢。因此选用高强度钢材，可提高其稳定性。

2. 合理选择截面形状

无论对于大柔度杆还是中柔度杆，压杆的柔度 λ 越小，其临界应力就越大。稳定性也就越好。

由柔度公式 $\lambda=\dfrac{\mu l}{i}=\dfrac{\mu l}{\sqrt{I/A}}$ 可知，在压杆的其他条件相同的情况下，应尽可能增大截面的惯性半径 i 或惯性矩 I 。在横截面面积相同的情况下，应尽可能使截面材料远离截面的中性轴，采用空心截面比实心截面更合理（壁厚也不宜太薄，以防止局部失稳）；同时，压杆的截面形状应使压杆各个纵向平面内的柔度相等或基本相等，即压杆在各纵向平面内的稳定性相同，即所谓的等稳定设计；若压杆在各个方向的约束情况相同，就应使截面对任一形心轴的惯性矩或惯性半径相等，即采用圆形、圆环形式或正方形等截面形式，如图 11-16 所示。若压杆在两个主弯曲平面内的约束情况不同，如连杆，则采用矩形、工字形或组合截面。

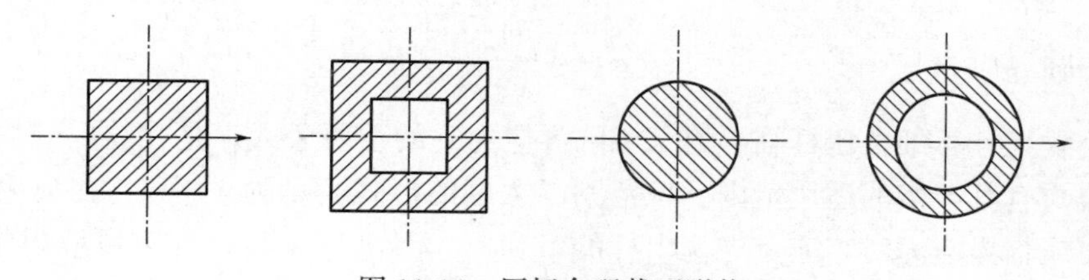

图 11-16　压杆合理截面形状

3. 适当减小压杆长度，增强支承的刚性

由柔度公式可见，λ 与 μl 成正比。在工作条件允许的前提下，应尽量减小压杆的长度

l，还可以利用增加中间支承的办法来提高压杆的稳定性。如图 11-17（a）所示两端铰支的细长压杆，在压杆中点处增加一铰支座，如图 11-17（b）所示，其临界应力增大至原来的 4 倍。

压杆的杆端约束刚性越强，则长度系数 μ 越小，柔度 λ 就越小，其临界力或临界应力就越大，压杆的稳定性就越好。例如，将图 11-17（a）所示压杆的两端铰支约束加固为两端固定约束，如 11-17（c）所示，其临界应力增大至原来的 4 倍。

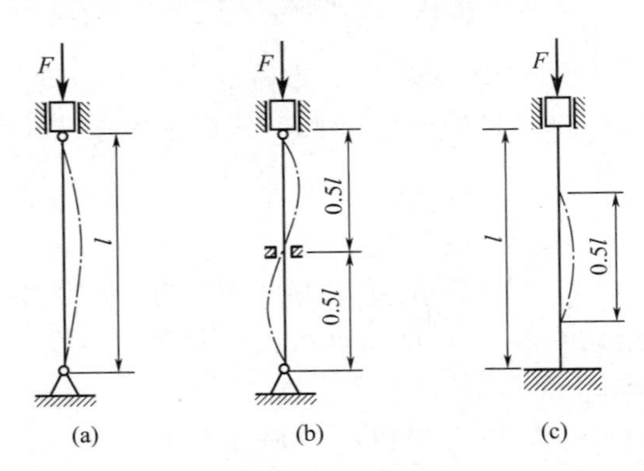

图 11-17　压杆长度与支承形式

压杆在与其他构件连接时，应尽可能制成刚性连接或采用较紧密连接，以提高其稳定性。

本章小结

1. 压杆失稳的概念

压杆失稳是指压杆不能保持其原有的直线平衡形式而发生弯曲，即由稳定平衡状态过渡到非稳定平衡状态，又称为压杆屈曲。

压杆稳定问题不同于强度问题。压杆失稳时，并非抗压强度不足被压坏，而是由于丧失稳定。

压杆从稳定平衡过渡到非稳定平衡的压力的临界值称为临界压力 F_{cr}（简称临界力）。

2. 各种约束条件下细长压杆临界力（或临界应力）的欧拉公式

压杆的临界力 $$F_{cr}=\frac{\pi^2 EI}{(\mu l)^2}$$

压杆的临界应力 $$\sigma_{cr}=\frac{\pi^2 E}{\lambda^2}$$

欧拉公式是计算细长压杆临界力（或临界应力）的重要公式，是在 $\sigma \leqslant \sigma_p$ 的条件下导出的，该公式有其严格的适用范围。该范围以柔度的形式表示为 $\lambda \geqslant \lambda_p$，在应用欧拉公式计算临界力或临界应力时，应首先算出杆的 λ 和 λ_p，且满足 $\lambda \geqslant \lambda_p$ 时方可应用此公式。

从欧拉公式可知，细长压杆的临界力与杆件的长度（l）、横截面的形状和尺寸（I）、杆两端的支承情况（μ）、杆件所用材料（E）有关。设计压杆时，应综合考虑这些因素。

3. 压杆柔度 λ

柔度 λ 是压杆稳定性的重要指标。不论是计算压杆的临界力（或临界应力），还是根据稳定条件对压杆进行稳定计算，都需要先算出 λ 值。

$$\lambda=\frac{\mu l}{i}$$

式中，长度因数 μ 与压杆的杆端约束有关；相当长度 μl 的物理意义是在各种不同约束条件下挠曲线两拐点之间的长度；i 为截面的惯性半径。

从物理意义上看，柔度 λ 值综合地反映了压杆的长度、截面的形状和尺寸、杆两端支承情况对临界力（或临界应力）的影响。

压杆的 λ 值越大，越容易失稳。当两个方向的 λ 值不同时，压杆沿 λ 值大的方向失稳。

4. 临界应力 σ_{cr} 的计算

临界应力 σ_{cr} 的计算与压杆柔度所处的范围有关。以塑性材料制成的压杆为例：

对于 $\lambda \geqslant \lambda_p$ 的大柔度杆，用欧拉公式 $\sigma_{cr}=\frac{\pi^2 E}{\lambda^2}$ 计算其临界应力；

对于 $\lambda_s < \lambda < \lambda_p$ 的中柔度杆，可用经验公式（直线或抛物线）计算其临界应力；

对于 $\lambda \leqslant \lambda_s$ 的小柔度杆，其临界应力就等于材料的屈服极限，属强度问题。

5. 压杆的稳定计算

（1）安全系数法

$$n=\frac{F_{cr}}{F} \geqslant n_{st}$$

（2）稳定系数法

$$\sigma=\frac{F}{A} \leqslant \varphi[\sigma] \text{ 或 } \frac{F}{\varphi A} \leqslant [\sigma]$$

利用稳定条件可以解决稳定计算中的三类典型问题，即校核稳定性、选择（设计）截面及确定许可荷载。

6. 提高压杆稳定性的措施

提高压杆稳定性的措施主要有：合理选用材料；选择合理的截面形状；减小压杆的支承长度；改善杆端的约束情况等。

思考题

1. 对于理想细长压杆，稳定的平衡、临界平衡及不稳定的平衡如何区分？其特点分别是什么？

2. 压杆的稳定性是根据其受到某一横向干扰力作用而偏移原来的直线平衡形态后，能否恢复到原有的平衡形态来判别的，因此，压杆失稳的主要原因是由于受外界干扰力的影响。上述结论是否正确，为什么？

3. 对于一细长压杆，当轴向压力 $F=F_{cr}$ 时发生失稳而处于微弯平衡状态。此时若解除压力 F，则压杆的微弯变形是否会完全消失？

4. 在线弹性、小变形条件下，通过建立挠曲线微分方程，推出的细长杆临界力的表达式与所选取的坐标系和假设的压杆微弯程度有关吗？

5. 什么是柔度？它集中地反映了压杆的哪些因素对临界应力的影响？

6. 什么是大、中、小柔度杆？它们的临界应力如何确定？如何绘制临界应力总图？

7. 欧拉公式的适用条件是什么？$\lambda \geqslant \lambda_p$ 代表的本质含义是什么？

8. 压杆失稳在什么纵向平面内发生？如果压杆横截面 $I_y > I_z$，那么杆件失稳时，横截面一定绕 z 轴转动而失稳吗？

9. 两端为球铰支承的等直压杆，其横截面分别如图 11-18 所示，试问压杆失稳时，杆件将绕横截面上哪一根轴转动？

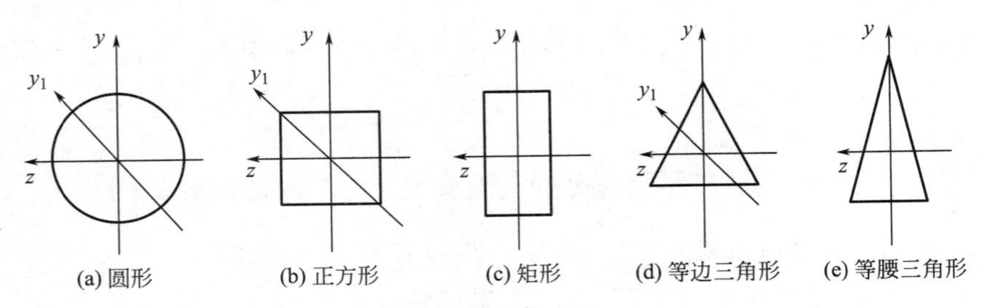

图 11-18　思考题 9 图

10. 有两根压杆，其材料、截面尺寸及支承情况均相同，长压杆的长度是短压杆长度的 2 倍。试问在什么条件下才能确定两压杆临界力之比，为什么？

11. 有 3 根钢制细长圆柱，其直径、长度均相同，但其两端约束不同：第一根为两端球铰；第二根为两端固定；第三根为一端固定，另一端自由。哪一根柱的临界力最大？哪一根柱的临界荷载最小？

12. 在稳定性计算中有可能发生两种情况：一是用细长杆的公式计算中长杆的临界压力；二是用中长杆的公式计算细长杆的临界压力。从安全的角度看，其后果分别是什么？

13. 将低碳钢改用优质高强度钢后，是否一定能提高压杆的承压能力？为什么？

14. 由低碳钢制成的细长压杆，经过冷作硬化后，其稳定性、强度是否均得以提高？

15. 圆截面细长压杆的材料和杆端约束保持不变，若将其直径缩小一半，则其临界压力与原压杆的临界压力有何关系？

16. 三根压杆的横截面面积相等，其形状分别为实心圆形、空心圆形和薄壁圆环形。试问哪一根杆的截面形状更合理？为什么？

17. 压杆具有如图 11-19 所示的不同截面形状。各截面面积相同，各杆长度以及约束均相同，试按欧拉公式判断各杆稳定性的好坏。

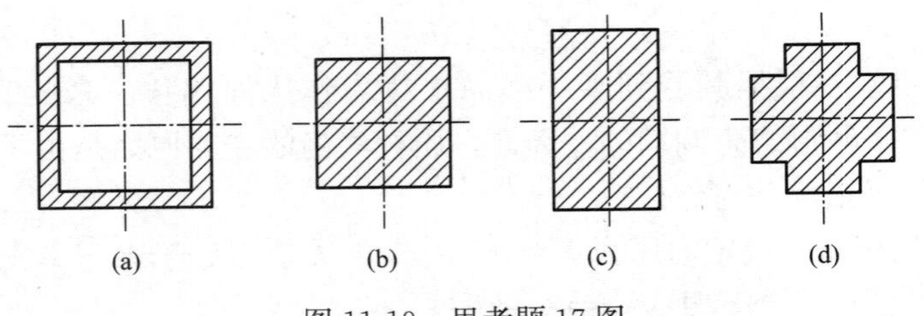

图 11-19　思考题 17 图

18. 试从受压杆的稳定角度比较如图 11-20 所示两种桁架结构的承载力，并分析承载力大的结构采用的提高其受压构件稳定性的措施。

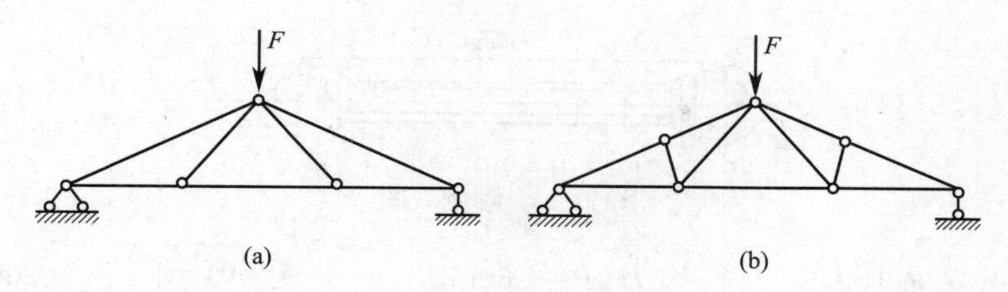

图11-20　思考题18图

习题

1. 某细长压杆两端为球形铰支，弹性模量 $E=200\text{GPa}$，当其截面及尺寸分别为：(1) 圆形截面，$d=25\text{mm}$，$l=1\text{m}$；(2) 矩形截面，$h=2b=40\text{mm}$，$l=1\text{m}$；(3) 16号工字钢截面，$l=2\text{m}$ 时，试用欧拉公式计算其临界力。

2. 如图11-21所示3根细长圆压杆直径 d 相同，所用材料均为Q235钢，$E=210\text{GPa}$。其中，图11-21 (a) 所示圆杆两端铰支；图11-21 (b) 所示圆杆一端固定，一端铰支；图11-21 (c) 所示圆杆两端固定。试判别这三根圆杆的临界力大小顺序。若圆杆直径 $d=160\text{mm}$，试求最大的临界力 F_{cr}。

3. 如图11-22所示铰接杆系 ABC 中，AB 和 BC 皆为细长杆，且截面、材料均相同。若杆件在 ABC 平面内失稳而失效，并规定 $0<\theta<\dfrac{\pi}{2}$，试确定 F 为最大值时的 θ 角。

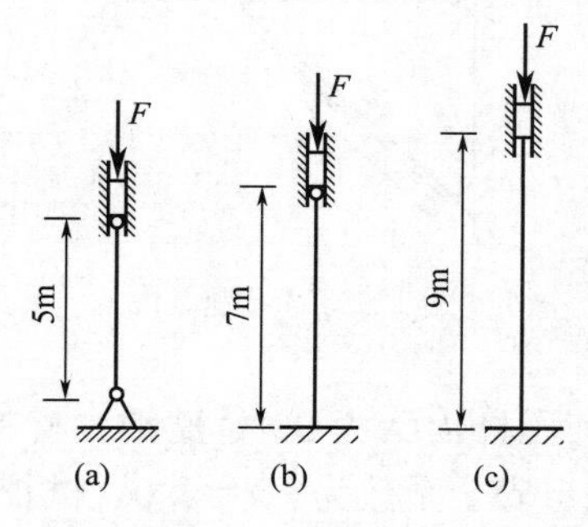

图11-21　习题2图

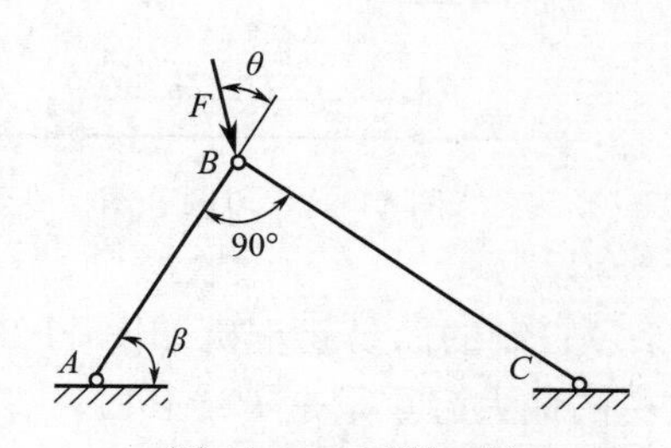

图11-22　习题3图

4. 如果压杆分别由下列材料制成：

(1) 比例极限 $\sigma_p=220\text{MPa}$，弹性模量 $E=190\text{GPa}$ 的钢；

(2) 比例极限 $\sigma_p=490\text{MPa}$，弹性模量 $E=215\text{GPa}$ 的镍钢；

(3) 比例极限 $\sigma_p=20\text{MPa}$，弹性模量 $E=11\text{GPa}$ 的松木。

试求上述3种情况下，可用欧拉公式计算临界力的压杆的最小柔度。

5. 某钢材的比例极限 $\sigma_p=230\text{MPa}$，屈服应力 $\sigma_s=274\text{MPa}$，弹性模量 $E=200\text{GPa}$，直线公式 $\sigma_{cr}=331-1.09\lambda$。试求 λ_p 和 λ_s，并在 $0\leqslant\lambda\leqslant150$ 范围内，绘出临界应力总图。

6. 如图11-23所示为某型号飞机起落架中承受轴向压力的斜撑杆（两端视为铰支）。杆为空心圆杆，外径 $D=52\text{mm}$，内径 $d=44\text{mm}$，长 $l=950\text{mm}$。材料的 $\sigma_p=1200\text{MPa}$，$E=210\text{GPa}$。试求斜撑杆的临界应力和临界力。

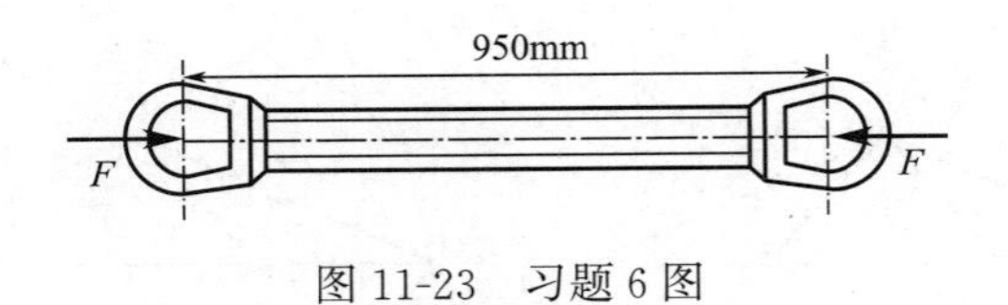

图 11-23　习题 6 图

7. 三根圆截面压杆，直径均为 $d=160$mm，材料为 A3 钢，$E=200$GPa，$\sigma_s=240$MPa。两端均为铰支，长度分别为 l_1、l_2 和 l_3，又 $l_1=2l_2=4l_3=5$m。试求各杆的临界力 F_{cr}。

8. 如图 11-24 所示蒸汽机的活塞杆 AB，所受力 $F=120$kN，$l=180$cm，横截面为圆形，直径 $d=7.5$cm。材料为 A5 号钢，$E=210$GPa，$\sigma_p=240$MPa，规定 $n_{st}=8$，试校核活塞杆的稳定性。

9. 如图 11-25 所示托架中杆 AB 的直径 $d=4$cm，长度 $l=0.8$m，两端可视为铰支，材料是 Q235 钢。

（1）试按杆 AB 的稳定条件求托架的临界力 F_{cr}。

（2）若已知实际荷载 $F=70$kN，稳定安全系数 $n_{st}=2$，问此托架是否安全？

（3）若横梁为 18 号普通热轧工字钢，[σ] $=160$MPa，则托架所能承受的最大荷载有没有变化？

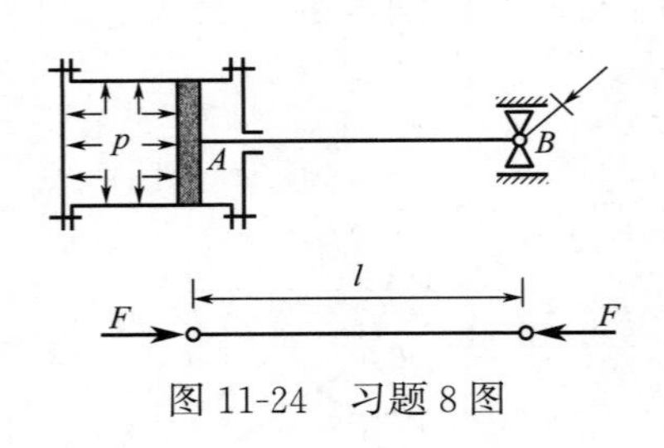

图 11-24　习题 8 图

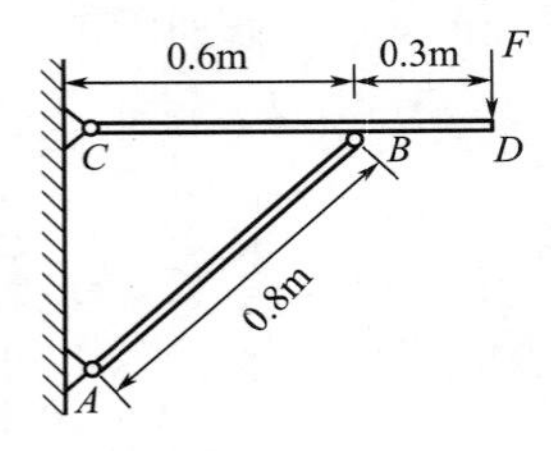

图 11-25　习题 9 图

10. 某厂自制的简易起重机如图 11-26 所示，其压杆 BD 为 20 号槽钢，材料为 Q235 钢。起重机的最大起重量是 $P=40$kN。若规定的稳定安全系数为 $n_{st}=5.0$，试校核 BD 杆的稳定性。

11. 如图 11-27 所示结构中 AC 与 CD 杆均用 Q235 钢制成，C、D 两处均为球铰。已知 $d=20$mm，$b=100$mm，$h=180$mm；$E=200$GPa，$\sigma_s=235$MPa，$\sigma_b=400$MPa；强度安全系数 $n=2.0$，稳定安全系数 $n_{st}=3.0$。试确定该结构的最大许可荷载。

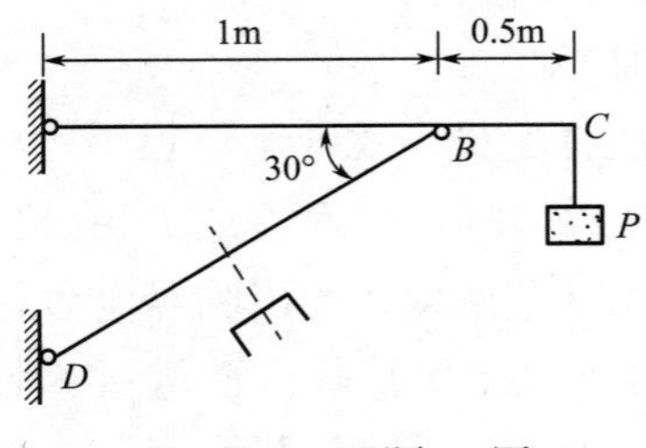

图 11-26　习题 10 图

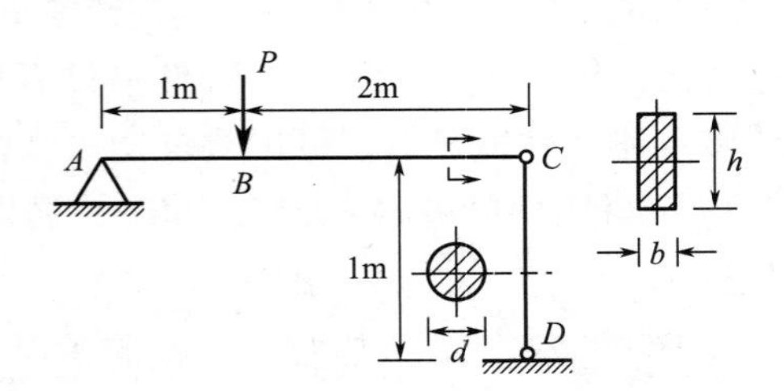

图 11-27　习题 11 图

12. 一硬铝圆管长 $l=1.06\text{m}$，其一端固定、一端铰支，承受的轴向压力 $F=7.6\text{kN}$。材料的 $\sigma_p=270\text{MPa}$，$E=70\text{GPa}$。若安全系数 $n_{st}=2$。试按外径 D 与壁厚 δ 的比值 $D/\delta=25$，设计铝圆管的外径。

13. 如图11-28所示，4根等长圆杆相互铰接成正方形 $ABCD$，并与 BD 杆铰接，正方形边长 $a=1\text{m}$。各杆均为圆杆，$d=35\text{mm}$。材料均为Q235钢，$[\sigma]=160\text{MPa}$。试求：(1) 图11-28 (a) 的许可荷载 $[P_1]$；(2) 图11-28 (b) 的许可荷载 $[P_2]$。

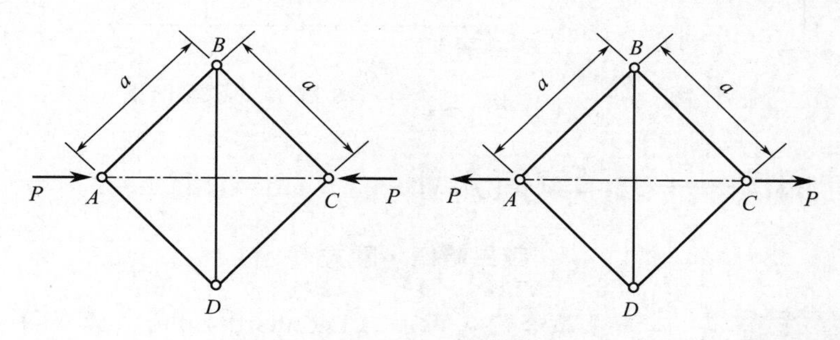

图11-28　习题13图

14. 由Q335钢制成的圆截面钢杆，长度 $l=1\text{m}$，其下端固定，上端自由，承受轴向压力100kN。已知材料的容许应力 $[\sigma]=170\text{MPa}$，试求杆的直径 d。

15. 某压杆由两根10号槽钢焊接而成，其下端固定、上端铰支，长 $l=4\text{m}$，如图11-29所示。已知杆的材料为Q235钢，强度许用应力 $[\sigma]=160\text{MPa}$，试求压杆的许可荷载。

16. 如图11-30所示结构，AB 是16号工字钢梁，立柱 CD 是由3根连成一体的空心钢管组成，钢管外径 $D=50\text{mm}$，内径 $d=40\text{mm}$。均布荷载 $q=48\text{kN/m}$。梁柱材料均为Q235钢，其强度许用应力 $[\sigma]=160\text{MPa}$，$E=210\text{GPa}$。试校核该结构是否安全。

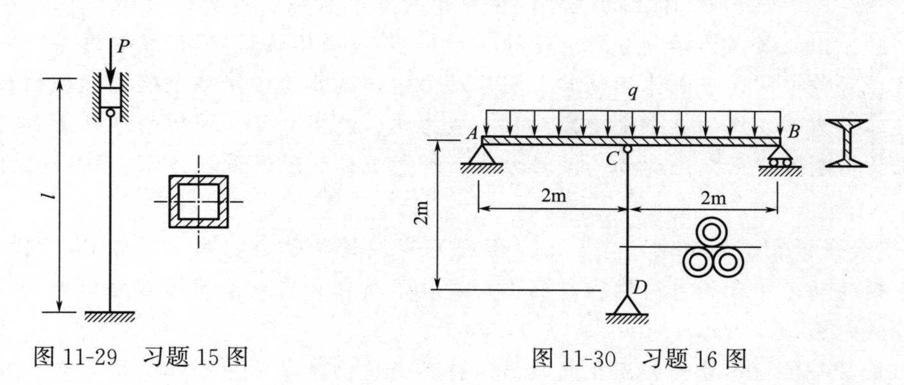

图11-29　习题15图

图11-30　习题16图

17. 如图11-31所示立柱由两根10号槽钢组成，立柱上端为球铰，下端固定，柱长 $l=6\text{m}$。已知材料的弹性模量 $E=200\text{GPa}$，比例极限 $\sigma_p=200\text{MPa}$。试求：两槽钢的距离 a 值取多少时立柱的临界力最大？该立柱最大临界力是多少？

18. 如图11-32所示桁架中，上弦杆 AB 为Q235工字钢，截面类型为b类，材料的容许应为 $[\sigma]=170\text{MPa}$，已知该杆受250kN的轴向压力作用，试选择工字钢型号。

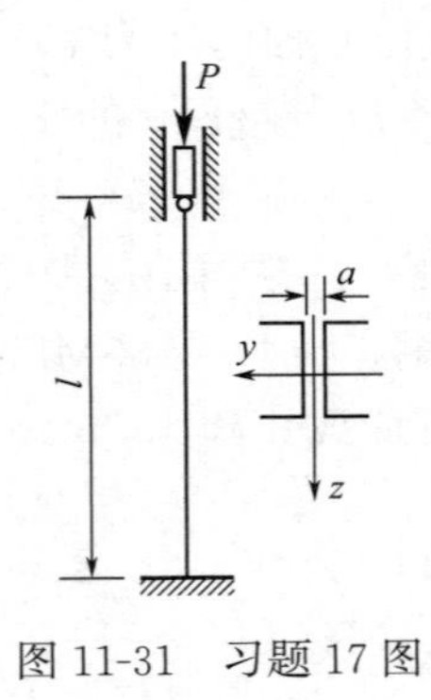

图 11-31　习题 17 图

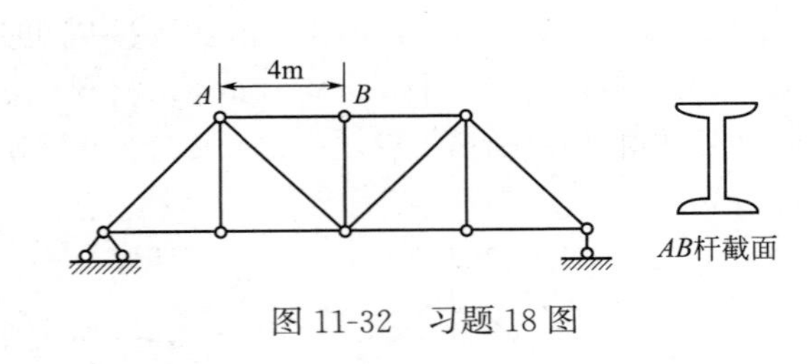

图 11-32　习题 18 图

延伸阅读——力学家简介Ⅵ

莱昂哈德·欧拉

图 11-33　欧拉

莱昂哈德·欧拉（Leonhard Euler，1707 年 4 月 15 日—1783 年 9 月 18 日），瑞士著名数学家、科学家（图 11-33）。在历史上，欧拉被赋予数学分析化身的桂冠，被誉为有史以来最伟大的数学家之一，近代数学先驱之一。

欧拉是数学史上最多产的数学家，平均每年写出八百多页的论文，还写了大量的力学、分析学、几何学、变分法等的教材，《无穷小分析引论》《微分学原理》《积分学原理》等都成为数学界中的经典著作。

欧拉是继牛顿以后对力学贡献最多的科学家，他是一位力学上的通才，在力学的各个领域都有突出贡献。在力学领域的研究中，欧拉出版了《力学或分析表述的运动科学》《刚体运动理论》《航海学》等多部著作，并且在著作中阐述了刚体运动学、刚体动力学、流体力学等多个研究领域的最基本的结论，在其后力学发展的 3 个主要方向（一般力学、流体力学、固体力学）上都做出了奠基性的工作：刚体绕固定点运动的欧拉方程、理想流体运动的欧拉方程、非线性弹性杆理论等。

《力学或分析表述的运动科学》（1736 年）曾经轰动整个欧洲。在书中，欧拉运用微积分把牛顿的动力学理论系统化和精确化，发展了质点和质点系的动量分析方法，提出了力的冲量概念。

欧拉是第一位把各要素相互之间距离保持不变的物体定义为刚体的研究者，并且针对各个形状的物体计算了惯性矩。在 1750 年，欧拉提出了刚体绕定点运动的位移定理，由该定理出发可推出刚体绕定点运动的任一瞬间都存在着瞬时转动轴和瞬时角速度，且这种角速度遵循平行四边形法则。

《刚体运动理论》（1765 年）总结了作者的研究成果，奠定了刚体动力学的基础；在运动学方面，提出了刚体运动分解的思路，事实上也应用了运动参考系，给出了刚体转动的描述方法（欧拉角）；在动力学方面，有了动量矩定理的思想，引入惯性矩的概念并给出计算实例，提出了刚体运动动力学方程（欧拉方程），并求出一种特殊条件下的积分解。

欧拉在1775年发表的论文中，将动量定理和动量矩定理并列为动力学基本原理。因此，基于动量和动量矩进行动力学系统建模的矢量力学方法现在称为牛顿-欧拉法。

欧拉在航海领域也颇有建树，著有《航海学》《船舶制造和结构全论》等著作。欧拉在研究舰船运行过程中涉及海水、风等流体的计算时创立了理论流体力学，奠定了理想流体力学的基础，为后人研究航空、航天事业中涉及的弹性力学和流体力学打下了坚实的基础。

欧拉在其老师雅可夫·伯努利对梁的弹性曲线研究基础上，在1744年建立了梁的挠曲线方程，完成了梁的弯曲理论，所以平面假设又被称为伯努利-欧拉假设。欧拉对受压柱承载力的研究，在概念上和方法论上做出了真正开创性的工作，使后续工作形成了稳定的研究方向。从弯曲到屈曲，当别人还停留在弯曲的范畴深入发掘时，欧拉一下子跨越到稳定的领域中，进行了超前开拓；以初始变形代替干扰力，摒弃垂直于受压柱轴线的荷载分量，廓清轴向压力与横向干扰力的界限，而干扰力的作用以初始变形代替。他于1744年、1757年先后出版《曲线的变分法》《关于柱的承载能力》，用变分的方法并建立了挠曲线微分方程，研究出一端固定另一端自由的压杆临界力公式，提出了压杆理论。

欧拉在力学上的研究是对牛顿经典力学的继承，对后人的研究具有启示作用，在力学发展史上有其独特的地位。

欧拉不仅是杰出的数学家，而且是理论联系实际的巨匠。“一语不能践，万卷徒空虚”。他着眼实践，在社会与科学实践需要的推动下，从事数学研究；反过来，又用数学理论促进了多门自然科学的发展。欧拉倾向于用数学工具去解决社会生活中的实际问题。其一生的研究，除了我们熟知的数学、物理学、力学多个领域外，还涉猎了诸如人口统计学、建筑学、天文学、弹道学等多个领域，其研究与社会生活实际息息相关。

欧拉的非凡，还在于他在不幸遭遇种种磨难时，仍不放弃科学研究工作，且更加勤奋地投身于数学和力学的开拓性探索，工作进度没有减慢，仍以惊人的高速度在多个学科领域里做出重要贡献。欧拉不幸于1735年28岁时右眼失明，1766年59岁时双目失明。在完全失明之后，他仍以惊人的毅力与黑暗搏斗，用坚强的意志以及训练有素的计算能力，凭着记忆，解决了难以胜数的数学和力学难题，在助手协助下完成学术论文400余篇。1771年一场大火把他的书房和大量研究成果化为灰烬。这些沉重打击并没有使欧拉倒下，他发誓要把损失夺回来，继续凭着记忆和心算从事研究。例如，在1775年他平均每周发表一篇论文；在逝世当天下午，他还在进行数学演算并讨论新发现的天王星轨道方案的计算问题。

欧拉的智慧在数学、力学及相邻的很多领域里闪耀着光辉。欧拉从19岁开始写作到76岁逝世，其专著和论文共886部（篇），其成果遍布在数学、力学的每一个方向。彼得堡科学院为了整理他的著作，足足忙碌了47年。这不仅在18世纪是首屈一指的，而且在整个科学史上也是罕见的。据统计，欧拉著作中分析学、代数学、数论占40%；几何学占18%；物理学、力学占20%；天文学占11%；弹道学、航海学及其他占11%。这些宝贵的遗产现已成为全人类共有的财富，被译成许多种文字出版。

欧拉的一生命途多舛，双目相继失明，但他仍然在数学、物理学、力学等多个领域中做出了卓越的贡献，获得辉煌成就，为我们后世树立了一座丰碑。其生命不止、研究不息的科学探索精神永远鼓舞后人勇往直前！

附录　型钢规格表（《热轧型钢》GB/T 706—2016）

热轧工字钢　　　　附表 1

图示	符号含义
斜度1∶6	h——截面高度 b——翼缘宽度 d——腹板厚度 t——翼缘平均厚度 r——内圆弧半径 r_1——翼缘端圆弧半径 A——截面面积 I——惯性矩 i——惯性半径(回转半径) W——截面模数

型号	截面尺寸(mm)						截面面积(cm^2)	理论重量(kg/m)	惯性矩(cm^4)		惯性半径(cm)		截面模数(cm^3)	
	h	b	d	t	r	r_1	A	q	I_x	I_y	i_x	i_y	W_x	W_y
10	100	68	4.5	7.6	6.5	3.3	14.33	11.3	245	33.0	4.14	1.52	49.0	9.72
12	120	74	5.0	8.4	7.0	3.5	17.80	14.0	436	46.9	4.95	1.62	72.7	12.7
12.6	126	74	5.0	8.4	7.0	3.5	18.10	14.2	488	46.9	5.20	1.61	77.5	12.7
14	140	80	5.5	9.1	7.5	3.8	21.50	16.9	712	64.4	5.76	1.73	102	16.1
16	160	88	6.0	9.9	8.0	4.0	26.11	20.5	1130	93.1	6.58	1.89	141	21.2
18	180	94	6.5	10.7	8.5	4.3	30.74	24.1	1660	122	7.36	2.00	185	26.0

续表

型号	截面尺寸(mm)						截面面积 (cm^2)	理论重量 (kg/m)	惯性矩 (cm^4)		惯性半径 (cm)		截面模数 (cm^3)	
	h	b	d	t	r	r_1	A	q	I_x	I_y	i_x	i_y	W_x	W_y
20a	200	100	7.0	11.4	9.0	4.5	35.55	27.9	2370	158	8.15	2.12	237	31.5
20b		102	9.0				39.55	31.1	2500	169	7.96	2.06	250	33.1
22a	220	110	7.5	12.3	9.5	4.8	42.10	33.1	3400	225	8.99	2.31	309	40.9
22b		112	9.5				46.50	36.5	3570	239	8.78	2.27	325	42.7
24a	240	116	8.0	13.0	10.0	5.0	47.71	37.5	4570	280	9.77	2.42	381	48.4
24b		118	10.0				52.51	41.2	4800	297	9.57	2.38	400	50.4
25a	250	116	8.0				48.51	38.1	5020	280	10.2	2.40	402	48.3
25b		118	10.0				53.51	42.0	5280	309	9.94	2.40	423	52.4
27a	270	122	8.5	13.7	10.5	5.3	54.52	42.8	6550	345	10.9	2.51	485	56.6
27b		124	10.5				59.92	47.0	6870	366	10.7	2.47	509	58.9
28a	280	122	8.5				55.37	43.5	7110	345	11.3	2.50	508	56.6
28b		124	10.5				60.97	47.9	7480	379	11.1	2.49	534	61.2
30a	300	126	9.0	14.4	11.0	5.5	61.22	48.1	8950	400	12.1	2.55	597	63.5
30b		128	11.0				67.22	52.8	9400	422	11.8	2.50	627	65.9
30c		130	13.0				73.22	57.5	9850	445	11.6	2.46	657	68.5
32a	320	130	9.5	15.0	11.5	5.8	67.12	52.7	11100	460	12.8	2.62	692	70.8
32b		132	11.5				73.52	57.7	11600	502	12.6	2.61	726	76.0
32c		134	13.5				79.92	62.7	12200	544	12.3	2.61	760	81.2
36a	360	136	10.0	15.8	12.0	6.0	76.44	60.0	15800	552	14.4	2.69	875	81.2
36b		138	12.0				83.64	65.7	16500	582	14.1	2.64	919	84.3
36c		140	14.0				90.84	71.3	17300	612	13.8	2.60	962	87.4

续表

型号	截面尺寸(mm)						截面面积 (cm^2)	理论重量 (kg/m)	惯性矩 (cm^4)		惯性半径 (cm)		截面模数 (cm^3)	
	h	b	d	t	r	r_1	A	q	I_x	I_y	i_x	i_y	W_x	W_y
40a	400	142	10.5	16.5	12.5	6.3	86.07	67.6	21700	660	15.9	2.77	1090	93.2
40b		144	12.5				94.07	73.8	22800	692	15.6	2.71	1140	96.2
40c		146	14.5				102.1	80.1	23900	727	15.2	2.65	1190	99.6
45a	450	150	11.5	18.0	13.5	6.8	102.4	80.4	32200	855	17.7	2.89	1430	114
45b		152	13.5				111.4	87.4	33800	894	17.4	2.84	1500	118
45c		154	15.5				120.4	94.5	35300	938	17.1	2.79	1570	122
50a	500	158	12.0	20.0	14.0	7.0	119.2	93.6	46500	1120	19.7	3.07	1860	142
50b		160	14.0				129.2	101	48600	1170	19.4	3.01	1940	146
50c		162	16.0				139.2	109	50600	1220	19.0	2.96	2080	151
55a	550	166	12.5	21.0	14.5	7.3	134.1	105	62900	1370	21.6	3.19	2290	164
55b		168	14.5				145.1	114	65600	1420	21.2	3.14	2390	170
55c		170	16.5				156.1	123	68400	1480	20.9	3.08	2490	175
56a	560	166	12.5				135.4	106	65600	1370	22.0	3.18	2340	165
56b		168	14.5				146.4	115	68500	1490	21.6	3.16	2450	174
56c		170	16.5				157.8	124	71400	1560	21.3	3.16	2550	183
63a	630	176	13.0	22.0	15.0	7.5	154.6	121	93900	1700	24.5	3.31	2980	193
63b		178	15.0				167.2	131	98100	1810	24.2	3.29	3160	204
63c		180	17.0				179.8	141	102000	1920	23.8	3.27	3300	214

热轧槽钢

附表 2

图示	符号含义
	h——截面高度 b——翼缘宽度 d——腹板厚度 t——翼缘平均厚度 r——内圆弧半径 r_1——翼缘端圆弧半径 A——截面面积 I——惯性矩 i——惯性半径(回转半径) W——截面模数 W_y——对应于翼缘肢尖的截面模数 z_0——重心距离($y-y$ 与 y_1-y_1 轴间距)

型号	截面尺寸(mm)						截面面积(cm²)	理论重量(kg/m)	惯性矩(cm⁴)			惯性半径(cm)		截面模数(cm³)		重心距离(cm)
	h	b	d	t	r	r_1	A	q	I_x	I_y	I_{y1}	i_x	i_y	W_x	W_y	z_0
5	50	37	4.5	7.0	7.0	3.5	6.925	5.44	26.0	8.30	20.9	1.94	1.10	10.4	3.55	1.35
6.3	63	40	4.8	7.5	7.5	3.8	8.446	6.63	50.8	11.9	28.4	2.45	1.19	16.1	4.50	1.36
6.5	65	40	4.3	7.5	7.5	3.8	8.292	6.51	55.2	12.0	28.3	2.54	1.19	17.0	4.59	1.38
8	80	43	5.0	8.0	8.0	4.0	10.24	8.04	101	16.6	37.4	3.15	1.27	25.3	5.79	1.43
10	100	48	5.3	8.5	8.5	4.2	12.74	10.0	198	25.6	54.9	3.95	1.41	39.7	7.80	1.52
12	120	53	5.5	9.0	9.0	4.5	15.36	12.1	346	37.4	77.7	4.75	1.56	57.7	10.2	1.62
12.6	126	53	5.5	9.0	9.0	4.5	15.69	12.3	391	38.0	77.1	4.95	1.57	62.1	10.2	1.59
14a	140	58	6.0	9.5	9.5	4.8	18.51	14.5	564	53.2	107	5.52	1.70	80.5	13.0	1.71
14b		60	8.0				21.31	16.7	609	61.1	121	5.35	1.69	87.1	14.1	1.67

续表

型号	截面尺寸(mm)						截面面积(cm^2)	理论重量(kg/m)	惯性矩(cm^4)			惯性半径(cm)		截面模数(cm^3)		重心距离(cm)
	h	b	d	t	r	r_1	A	q	I_x	I_y	I_{y1}	i_x	i_y	W_x	W_y	z_0
16a	160	63	6.5	10.0	10.0	5.0	21.95	17.2	866	73.3	144	6.28	1.83	108	16.3	1.80
16b		65	8.5				25.15	19.8	935	83.4	161	6.10	1.82	117	17.6	1.75
18a	180	68	7.0	10.5	10.5	5.2	25.69	20.2	1270	98.6	190	7.04	1.96	141	20.0	1.88
18b		70	9.0				29.29	23.0	1370	111	210	6.84	1.95	152	21.5	1.84
20a	200	73	7.0	11.0	11.0	5.5	28.83	22.6	1780	128	244	7.86	2.11	178	24.2	2.01
20b		75	9.0				32.83	25.8	1910	144	268	7.64	2.09	191	25.9	1.95
22a	220	77	7.0	11.5	11.5	5.8	31.83	25.0	2390	158	298	8.67	2.23	218	28.2	2.10
22b		79	9.0				36.23	28.5	2570	176	326	8.42	2.21	234	30.1	2.03
24a	240	78	7.0	12.0	12.0	6.0	34.21	26.9	3050	174	325	9.45	2.25	254	30.5	2.10
24b		80	9.0				39.01	30.6	3280	194	355	9.17	2.23	274	32.5	2.03
24c		82	11.0				43.81	34.4	3510	213	388	8.96	2.21	293	34.4	2.00
25a	250	78	7.0				34.91	27.4	3370	176	322	9.82	2.24	270	30.6	2.07
25b		80	9.0				39.91	31.3	3530	196	353	9.41	2.22	282	32.7	1.98
25c		82	11.0				44.91	35.3	3690	218	384	9.07	2.21	295	35.9	1.92
27a	270	82	7.5	12.5	12.5	6.2	39.27	30.8	4360	216	393	10.5	2.34	323	35.5	2.13
27b		84	9.5				44.67	35.1	4690	239	428	10.3	2.31	347	37.7	2.06
27c		86	11.5				50.07	39.3	5020	261	467	10.1	2.28	372	39.8	2.03

续表

型号	截面尺寸(mm)						截面面积 (cm^2)	理论重量 (kg/m)	惯性矩 (cm^4)			惯性半径 (cm)		截面模数 (cm^3)		重心距离 (cm)
	h	b	d	t	r	r_1	A	q	I_x	I_y	I_{y1}	i_x	i_y	W_x	W_y	z_0
28a		82	7.5				40.02	31.4	4760	218	388	10.9	2.33	340	35.7	2.10
28b	280	84	9.5	12.5	12.5	6.2	45.62	35.8	5130	242	428	10.6	2.30	366	37.9	2.02
28c		86	11.5				51.22	40.2	5500	268	463	10.4	2.29	393	40.3	1.95
30a		85	7.5				43.89	34.5	6050	260	467	11.7	2.43	403	41.1	2.17
30b	300	87	9.5	13.5	13.5	6.8	49.89	39.2	6500	289	515	11.4	2.41	433	44.0	2.13
30c		89	11.5				55.89	43.9	6950	316	560	11.2	2.38	463	46.4	2.09
32a		88	8.0				48.50	38.1	7600	305	552	12.5	2.50	475	46.5	2.24
32b	320	90	10.0	14.0	14.0	7.0	54.90	43.1	8140	336	593	12.2	2.47	509	49.2	2.16
32c		92	12.0				61.30	48.1	8690	374	643	11.9	2.47	543	52.6	2.09
36a		96	9.0				60.89	47.8	11900	455	818	14.0	2.73	660	63.5	2.44
36b	360	98	11.0	16.0	16.0	8.0	68.09	53.5	12700	497	880	13.6	2.70	703	66.9	2.37
36c		100	13.0				75.29	59.1	13400	536	948	13.4	2.67	746	70.0	2.34
40a		100	10.5				75.04	58.9	17600	592	1070	15.3	2.81	879	78.8	2.49
40b	400	102	12.5	18.0	18.0	9.0	83.04	65.2	18600	640	1140	15.0	2.78	932	82.5	2.44
40c		104	14.5				91.04	71.5	19700	688	1220	14.7	2.75	986	86.2	2.42

附表 3

热轧等边角钢

图示	符号含义
	b——边宽度 d——边厚度 r——圆弧半径 A——截面面积 I——惯性矩 i——惯性半径(回转半径) W——截面模数 z_0——重心距离($x-x$ 与 x_1-x_1 轴间距)

型号	截面尺寸(mm)			截面面积(cm²)	理论重量(kg/m)	惯性矩(cm⁴)				惯性半径(cm)			截面模数(cm³)			重心距离(cm)
	b	d	r	A	q	I_x	I_{x1}	I_{x0}	I_{y0}	i_x	i_{x0}	i_{y0}	W_x	W_{x0}	W_{y0}	z_0
2	20	3	3.5	1.132	0.89	0.40	0.81	0.63	0.17	0.59	0.75	0.39	0.29	0.45	0.20	0.60
		4		1.459	1.15	0.50	1.09	0.78	0.22	0.58	0.73	0.38	0.36	0.55	0.24	0.64
2.5	25	3		1.432	1.12	0.82	1.57	1.29	0.34	0.76	0.95	0.49	0.46	0.73	0.33	0.73
		4		1.859	1.16	1.03	2.11	1.62	0.43	0.74	0.93	0.48	0.59	0.92	0.40	0.76
3.0	30	3	4.5	1.749	1.37	1.46	2.71	2.31	0.61	0.91	1.15	0.59	0.68	1.09	0.51	0.85
		4		2.276	1.79	1.84	3.63	2.92	0.77	0.90	1.13	0.58	0.87	1.37	0.62	0.89
3.6	36	3		2.109	1.66	2.58	4.68	4.09	1.07	1.11	1.39	0.71	0.99	1.61	0.76	1.00
		4		2.756	2.16	3.29	6.25	5.22	1.37	1.09	1.38	0.70	1.28	2.05	0.93	1.04
		5		3.382	2.65	3.95	7.84	6.24	1.65	1.08	1.36	0.7	1.56	2.45	1.00	1.07
4	40	3	5	2.359	1.85	3.59	6.41	5.69	1.49	1.23	1.55	0.79	1.23	2.01	0.96	1.09
		4		3.086	2.42	4.60	8.56	7.29	1.91	1.22	1.54	0.79	1.60	2.58	1.19	1.13
		5		3.792	2.98	5.53	10.7	8.76	2.30	1.21	1.52	0.78	1.96	3.10	1.39	1.17

续表

型号	截面尺寸(mm)			截面面积(cm^2)	理论重量(kg/m)	惯性矩(cm^4)				惯性半径(cm)			截面模数(cm^3)			重心距离(cm)
	b	d	r	A	q	I_x	I_{x1}	I_{x0}	I_{y0}	i_x	i_{x0}	i_{y0}	W_x	W_{x0}	W_{y0}	z_0
4.5	45	3	5	2.659	2.09	5.17	9.12	8.20	2.14	1.40	1.76	0.89	1.58	2.58	1.24	1.22
		4		3.486	2.74	6.65	12.2	10.6	2.75	1.38	1.74	0.89	2.05	3.32	1.54	1.26
		5		4.292	3.37	8.04	15.2	12.7	3.33	1.37	1.72	0.88	2.51	4.00	1.81	1.30
		6		5.077	3.99	9.33	18.4	14.8	3.89	1.36	1.70	0.80	2.95	4.64	2.06	1.33
5	50	3	5.5	2.971	2.33	7.18	12.5	11.4	2.98	1.55	1.96	1.00	1.96	3.22	1.57	1.34
		4		3.897	3.06	9.26	16.7	14.7	3.82	1.54	1.94	0.99	2.56	4.16	1.96	1.38
		5		4.803	3.77	11.2	20.9	17.8	4.64	1.53	1.92	0.98	3.13	5.03	2.31	1.42
		6		5.688	4.46	13.1	25.1	20.7	5.42	1.52	1.91	0.98	3.68	5.85	2.63	1.46
5.6	56	3	6	3.343	2.62	10.2	17.6	16.1	4.24	1.75	2.20	1.13	2.48	4.08	2.02	1.48
		4		4.39	3.45	13.2	23.4	20.9	5.46	1.73	2.18	1.11	3.24	5.28	2.52	1.53
		5		5.415	4.25	16.0	29.3	25.4	6.61	1.72	2.17	1.10	3.97	6.42	2.98	1.57
		6		6.42	5.04	18.7	35.3	29.7	7.73	1.71	2.15	1.10	4.68	7.49	3.40	1.61
		7		7.404	5.81	21.2	41.2	33.6	8.82	1.69	2.13	1.09	5.36	8.49	3.80	1.64
		8		8.367	6.57	23.6	47.2	37.4	9.89	1.68	2.11	1.09	6.03	9.44	4.16	1.68
6	60	5	6.5	5.829	4.58	19.9	36.1	31.6	8.21	1.85	2.33	1.19	4.59	7.44	3.48	1.67
		6		6.914	5.43	23.4	43.3	36.9	9.60	1.83	2.31	1.18	5.41	8.70	3.98	1.70
		7		7.977	6.26	26.4	50.7	41.9	11.0	1.82	2.29	1.17	6.21	9.88	4.45	1.74
		8		9.02	7.08	29.5	58.0	46.7	12.3	1.81	2.27	1.17	6.98	11.0	4.88	1.78
6.3	63	4	7	4.978	3.91	19.0	33.4	30.2	7.89	1.96	2.46	1.26	4.13	6.78	3.29	1.70
		5		6.143	4.82	23.2	41.7	36.8	9.57	1.94	2.45	1.25	5.08	8.25	3.90	1.74
		6		7.288	5.72	27.1	50.1	43.0	11.2	1.93	2.43	1.24	6.00	9.66	4.46	1.78

续表

型号	截面尺寸(mm)			截面面积(cm^2)	理论重量(kg/m)	惯性矩(cm^4)				惯性半径(cm)			截面模数(cm^3)			重心距离(cm)
	b	d	r	A	q	I_x	I_{x1}	I_{x0}	I_{y0}	i_x	i_{x0}	i_{y0}	W_x	W_{x0}	W_{y0}	z_0
6.3	63	7	7	8.412	6.60	30.9	58.6	49.0	12.8	1.92	2.41	1.23	6.88	11.0	4.98	1.82
		8		9.515	7.47	34.5	67.1	54.6	14.3	1.90	2.40	1.23	7.75	12.3	5.47	1.85
		10		11.66	9.15	41.1	84.3	64.9	17.3	1.88	2.36	1.22	9.39	14.6	6.36	1.93
7	70	4	8	5.570	4.37	26.4	45.7	41.8	11.0	2.18	2.74	1.40	5.14	8.44	4.17	1.86
		5		6.876	5.40	32.2	57.2	51.1	13.3	2.16	2.73	1.39	6.32	10.3	4.95	1.91
		6		8.160	6.41	37.8	68.7	59.9	15.6	2.15	2.71	1.38	7.48	12.1	5.67	1.95
		7		9.424	7.40	43.1	80.3	68.4	1708	2.14	2.69	1.38	8.59	13.8	6.34	1.99
		8		10.67	8.37	48.2	91.9	76.4	20.0	2.12	2.68	1.37	9.68	15.4	6.98	2.03
7.5	75	5	9	7.412	5.82	40.0	70.6	63.3	16.6	2.33	2.92	1.50	7.32	11.9	5.77	2.04
		6		8.797	6.91	47.0	84.6	74.4	19.5	2.31	2.90	1.49	8.64	14.0	6.67	2.07
		7		10.16	7.98	53.6	98.7	85.0	22.2	2.30	2.89	1.48	9.93	16.0	7.44	2.11
		8		11.50	9.03	60.0	113	95.1	24.9	2.28	2.88	1.47	11.2	17.9	8.19	2.15
		9		12.83	10.1	66.1	127	105	27.5	2.27	2.86	1.46	12.4	19.8	8.89	2.18
		10		14.13	11.1	72.0	142	114	30.1	2.26	2.84	1.46	13.6	21.5	9.56	2.22
8	80	5		7.912	6.21	48.8	85.4	77.3	20.3	2.48	3.13	1.60	8.34	13.7	6.66	2.15
		6		9.397	7.38	57.4	103	91.0	23.7	2.47	3.11	1.59	9.87	16.1	7.65	2.19
		7		10.86	8.53	65.6	120	104	27.1	2.46	3.10	1.58	11.4	18.4	8.58	2.23
		8		12.30	9.66	73.5	137	117	30.4	2.44	3.08	1.57	12.8	20.6	9.46	2.27
		9		13.73	10.8	81.1	154	129	33.6	2.43	3.06	1.56	14.3	22.7	10.3	2.31
		10		15.13	11.9	88.4	172	140	36.8	2.42	3.04	1.56	15.6	24.8	11.1	2.35

续表

型号	截面尺寸(mm)			截面面积(cm^2)	理论重量(kg/m)	惯性矩(cm^4)				惯性半径(cm)			截面模数(cm^3)			重心距离(cm)
	b	d	r	A	q	I_x	I_{x1}	I_{x0}	I_{y0}	i_x	i_{x0}	i_{y0}	W_x	W_{x0}	W_{y0}	z_0
9	90	6	10	10.64	8.35	82.8	146	131	34.3	2.79	3.51	1.80	12.6	20.6	9.95	2.44
		7		12.30	9.66	94.8	170	150	39.2	2.78	3.50	1.78	14.5	23.6	11.2	2.48
		8		13.94	10.9	106	195	169	44.0	2.76	3.48	1.78	16.4	26.6	12.4	2.52
		9		15.57	12.2	118	219	187	48.7	2.75	3.46	1.77	18.3	29.4	13.5	2.56
		10		17.17	13.5	129	244	204	53.3	2.74	3.45	1.76	20.1	32.0	14.5	2.59
		12		20.31	15.9	149	294	236	62.2	2.71	3.41	1.75	23.6	37.1	16.5	2.67
10	100	6	12	11.93	9.37	115	200	182	47.9	3.10	3.90	2.00	15.7	25.7	12.7	2.67
		7		13.80	10.8	132	234	209	54.7	3.09	3.89	1.99	18.1	29.6	14.3	271
		8		15.64	12.3	148	267	235	61.4	3.08	3.88	1.98	20.5	33.2	15.8	2.76
		9		17.46	13.7	164	300	260	68.0	3.07	3.86	1.97	22.8	36.8	17.2	2.80
		10		19.26	15.1	180	334	285	74.4	3.05	3.84	1.96	25.1	40.3	18.5	2.84
		12		22.80	17.9	209	402	331	86.8	3.03	3.81	1.95	29.5	46.8	21.1	2.91
		14		26.26	20.6	237	471	374	99.0	3.00	3.77	1.94	33.7	52.9	23.4	2.99
		16		29.63	23.3	263	540	414	111	2.98	3.74	1.94	37.8	58.6	25.6	3.06
11	110	7	12	15.20	11.9	177	311	281	73.4	3.41	4.30	2.20	22.1	36.1	17.5	2.96
		8		17.24	13.5	199	355	316	82.4	3.40	4.28	2.19	25.0	40.7	19.4	3.01
		10		21.26	16.7	242	445	384	100	3.38	4.25	2.17	30.6	49.4	22.9	3.09
		12		25.20	19.8	283	535	448	117	3.35	4.22	2.15	36.1	57.6	26.2	3.16
		14		29.06	22.8	321	625	508	133	3.32	4.18	2.14	41.3	65.3	29.1	3.24
12.5	125	8	14	19.75	15.5	297	521	471	123	3.88	4.88	2.50	32.5	53.3	25.9	3.37
		10		24.37	19.1	362	652	574	149	3.85	4.85	2.48	40.0	64.9	30.6	3.45

续表

型号	截面尺寸(mm)			截面面积(cm^2)	理论重量(kg/m)	惯性矩(cm^4)				惯性半径(cm)			截面模数(cm^3)			重心距离(cm)
	b	d	r	A	q	I_x	I_{x1}	I_{x0}	I_{y0}	i_x	i_{x0}	i_{y0}	W_x	W_{x0}	W_{y0}	z_0
12.5	125	12	14	28.91	22.7	423	783	671	175	3.83	4.82	2.46	41.2	76.0	35.0	3.53
		14		33.37	26.2	482	916	764	200	3.80	4.78	2.45	54.2	86.4	39.1	3.61
		16		37.74	29.6	537	1050	851	224	3.77	4.75	2.43	60.9	96.3	43.0	3.68
14	140	10		27.37	21.5	515	915	817	212	4.34	5.46	2.78	50.6	82.6	39.2	3.82
		12		32.51	25.5	604	1100	959	249	4.31	5.43	2.76	59.8	96.9	45.0	3.90
		14		37.57	29.5	689	1280	1090	284	4.28	5.40	2.75	68.8	110	50.5	3.98
		16		42.54	33.4	770	1470	1220	319	4.26	5.36	2.74	77.5	123	55.6	4.06
15	150	8		23.75	18.6	521	900	827	215	4.69	5.90	3.01	47.4	78.0	38.1	3.99
		10		29.37	23.1	638	1130	1010	262	4.66	5.87	2.99	58.4	95.5	45.5	4.08
		12		34.91	27.4	749	1350	1190	308	4.63	5.84	2.97	69.0	112	52.4	4.15
		14		40.37	31.7	856	1580	1360	352	4.60	5.80	2.95	79.5	128	58.8	4.23
		15		43.06	33.8	907	1690	1440	374	4.59	5.78	2.95	84.6	136	61.9	4.27
		16		45.74	35.9	958	1810	1520	395	4.58	5.77	2.94	89.6	143	64.9	4.31
16	160	10	16	31.50	24.7	780	1370	1240	322	4.98	6.27	3.20	66.7	109	52.8	4.31
		12		37.44	29.4	917	1640	1460	377	4.95	6.24	3.18	79.0	129	60.7	4.39
		14		43.30	34.0	1050	1910	1670	432	4.92	6.20	3.16	91.0	147	68.2	4.47
		16		49.07	38.5	1180	2190	1870	485	4.89	6.17	3.14	103	165	75.3	4.55
18	180	12		42.24	33.2	1320	2330	2100	543	5.59	7.05	3.58	101	165	78.4	4.89
		14		48.90	38.4	1510	2720	2410	622	5.56	7.02	3.56	116	189	88.4	4.97
		16		55.47	43.5	1700	3120	2700	699	5.54	6.98	3.55	131	212	97.8	5.05
		18		61.96	48.6	1880	3500	2990	762	5.50	6.94	3.51	146	235	105	5.13

续表

型号	截面尺寸(mm)			截面面积(cm²)	理论重量(kg/m)	惯性矩(cm⁴)				惯性半径(cm)			截面模数(cm³)			重心距离(cm)
	b	d	r	A	q	I_x	I_{x1}	I_{x0}	I_{y0}	i_x	i_{x0}	i_{y0}	W_x	W_{x0}	W_{y0}	z_0
20	200	14	18	54.64	42.9	2100	3730	3340	864	6.20	7.82	3.98	145	236	112	5.46
		16		62.01	48.7	2370	4270	3760	971	6.18	7.79	3.96	164	266	124	5.54
		18		69.30	54.4	2620	4810	4160	1080	6.15	7.75	3.94	182	294	136	5.62
		20		76.51	60.1	2870	5350	4550	1180	6.12	7.72	3.93	200	322	147	5.69
		24		90.66	71.2	3340	6460	5290	1380	6.07	7.64	3.90	236	374	167	5.87
22	220	16	21	68.67	53.9	3190	5680	5060	1310	6.81	8.59	4.37	200	326	154	6.03
		18		76.75	60.3	3540	6400	5620	1450	6.79	8.55	4.35	223	361	168	6.11
		20		84.76	66.5	3870	7110	6150	1590	6.76	8.52	4.34	245	395	182	6.18
		22		92.68	72.8	4200	7830	6670	1730	6.73	8.48	4.32	267	429	195	6.26
		24		100.5	78.9	4520	8550	7170	1870	6.71	8.45	4.31	289	461	208	6.33
		26		108.3	85.0	4830	9280	7690	2000	6.68	8.41	4.30	310	492	221	6.41
25	250	18	24	87.84	69.0	5270	9380	8370	2170	7.75	9.76	4.97	290	473	224	6.84
		20		97.05	76.2	5780	10400	9180	2380	7.72	9.73	4.95	320	519	243	6.92
		22		106.2	83.3	6280	11500	9970	2580	7.69	9.69	4.93	349	564	261	7.00
		24		115.2	90.4	6770	12500	10700	2790	7.67	9.66	4.92	378	608	278	7.07
		26		124.2	97.5	7240	13600	11500	2980	7.64	9.62	4.90	406	650	295	7.15
		28		133.0	104	7700	14600	12200	3180	7.61	9.58	4.89	433	691	311	7.22
		30		141.8	111	8160	15700	12900	3380	7.58	9.55	4.88	461	731	327	7.30
		32		150.5	118	8600	16800	13600	3570	7.56	9.51	4.87	488	770	342	7.37
		35		163.4	128	9240	18400	14600	3850	7.52	9.46	4.86	527	827	364	7.48

附表 4

热轧不等边角钢

图示	符号含义
	B——长边宽度 b——短边宽度 d——边厚度 r——内圆弧半径 r_1——边端内圆弧半径
	A——截面面积 I——惯性矩 i——惯性半径(回转半径) W——截面模数 x_0、y_0——形心坐标

型号	截面尺寸(mm)				截面面积(cm²)	理论重量(kg/m)	惯性矩(cm⁴)					惯性半径(cm)			截面模数(cm³)			$\tan\alpha$	重心距离(cm)	
	B	b	d	r	A	q	I_x	I_{x1}	I_y	I_{y1}	I_u	i_x	i_y	i_u	W_x	W_y	W_u		x_0	y_0
2.5/1.6	25	16	3	3.5	1.162	0.91	0.70	1.56	0.22	0.43	0.14	0.78	0.44	0.34	0.43	0.19	0.16	0.392	0.42	0.86
			4		1.499	1.18	0.88	2.09	0.27	0.59	0.17	0.77	0.43	0.34	0.55	0.24	0.20	0.381	0.46	0.90
3.2/2	32	20	3		1.492	1.17	1.53	3.27	0.46	0.82	0.28	1.01	0.55	0.43	0.72	0.30	0.25	0.382	0.49	1.08
			4		1.939	1.52	1.93	4.37	0.57	1.12	0.35	1.00	0.54	0.42	0.93	0.39	0.32	0.374	0.53	1.12
4/2.5	40	25	3	4	1.890	1.48	3.08	5.39	0.93	1.59	0.56	1.28	0.70	0.54	1.15	0.49	0.40	0.385	0.59	1.32
			4		2.467	1.94	3.93	8.53	1.18	2.14	0.71	1.36	0.69	0.54	1.49	0.63	0.52	0.381	0.63	1.37
4.5/2.8	45	28	3	5	2.149	1.69	4.45	9.10	1.34	2.23	0.80	1.44	0.79	0.61	1.47	0.62	0.51	0.383	0.64	1.47
			4		2.806	2.20	5.69	12.1	1.70	3.00	1.02	1.42	0.78	0.60	1.91	0.80	0.66	0.380	0.68	1.51
5/3.2	50	32	3	5.5	2.431	1.91	6.24	12.5	2.02	3.31	1.20	1.60	0.91	0.70	1.84	0.82	0.68	0.404	0.73	1.60
			4		3.177	2.49	8.02	16.7	2.58	4.45	1.53	1.59	0.90	0.69	2.39	1.06	0.87	0.402	0.77	1.65
5.6/3.6	56	36	3	6	2.743	2.15	8.88	17.5	2.92	4.7	1.73	1.80	1.03	0.79	2.32	1.05	0.87	0.408	0.80	1.78
			4		3.590	2.82	11.5	23.4	3.76	6.33	2.23	1.79	1.02	0.79	3.03	1.37	1.13	0.408	0.85	1.82
			5		4.415	3.47	13.9	29.3	4.49	7.94	2.67	1.77	1.01	0.78	3.71	1.65	1.36	0.404	0.88	1.87

续表

型号	截面尺寸(mm)				截面面积(cm^2)	理论重量(kg/m)	惯性矩(cm^4)					惯性半径(cm)			截面模数(cm^3)			tanα	重心距离(cm)	
	B	b	d	r	A	q	I_x	I_{x1}	I_y	I_{y1}	I_u	i_x	i_y	i_u	W_x	W_y	W_u		x_0	y_0
6.3/4	63	40	4	7	4.058	3.19	16.5	33.3	5.23	8.63	3.12	2.02	1.14	0.88	3.87	1.70	1.40	0.398	0.92	2.04
			5		4.993	3.92	20.0	41.6	6.31	10.9	3.76	2.00	1.12	0.87	4.74	2.07	1.71	0.396	0.95	2.08
			6		5.908	4.64	23.4	50.0	7.29	13.1	4.34	1.96	1.11	0.86	5.59	2.43	1.99	0.393	0.99	2.12
			7		6.802	5.34	26.5	58.1	8.24	15.5	4.97	1.98	1.10	0.86	6.40	2.78	2.29	0.389	1.03	2.15
7/4.5	70	45	4	7.5	4.553	3.57	23.2	45.9	7.55	12.3	4.40	2.26	1.29	0.98	4.86	2.17	1.77	0.410	1.02	2.24
			5		5.609	4.40	28.0	57.1	9.13	15.4	5.40	2.23	1.28	0.98	5.92	2.65	2.19	0.407	1.06	2.28
			6		6.644	5.22	32.5	68.4	10.6	18.6	6.35	2.21	1.26	0.98	6.95	3.12	2.59	0.404	1.09	2.32
			7		7.658	6.01	37.2	80.0	12.0	21.8	7.16	2.20	1.25	0.97	8.03	3.57	2.94	0.402	1.13	2.36
7.5/5	75	50	5	8	6.126	4.81	34.9	70.0	12.6	21.0	7.41	2.39	1.44	1.10	6.83	3.3	2.74	0.435	1.17	2.40
			6		7.260	5.70	41.1	84.3	14.7	25.4	8.54	2.38	1.42	1.08	8.12	3.88	3.19	0.435	1.21	2.44
			8		9.467	7.43	52.4	113	18.5	34.2	10.9	2.35	1.40	1.07	10.5	4.99	4.10	0.429	1.29	2.52
			10		11.59	9.10	62.7	141	22.0	43.4	13.1	2.33	1.38	1.06	12.8	6.04	4.99	0.423	1.36	2.60
8/5	80	50	5		6.376	5.00	42.0	85.2	12.8	21.1	7.66	2.56	1.42	1.10	7.78	3.32	2.74	0.388	1.14	2.60
			6		7.560	5.93	49.5	103	15.0	25.4	8.85	2.56	1.41	1.08	9.25	3.91	3.20	0.387	1.18	2.65
			7		8.724	6.85	56.2	119	17.0	29.8	10.2	2.54	1.39	1.08	10.6	4.48	3.70	0.384	1.21	2.69
			8		9.867	7.75	62.8	136	18.9	34.3	11.4	2.52	1.38	1.07	11.9	5.03	4.16	0.381	1.25	2.73
9/5.6	90	56	5	9	7.212	5.66	60.5	121	18.3	29.5	11.0	2.90	1.59	1.23	9.92	4.21	3.49	0.385	1.25	2.91
			6		8.557	6.72	71.0	146	21.4	35.6	12.9	2.88	1.58	1.23	11.7	4.96	4.13	0.384	1.29	2.95
			7		9.881	7.76	81.0	170	24.4	41.7	14.7	2.86	1.57	1.22	13.5	5.70	4.72	0.382	1.33	3.00
			8		11.18	8.78	91.0	194	27.2	47.9	16.3	2.85	1.56	1.21	15.3	6.41	5.29	0.380	1.36	3.04

续表

型号	截面尺寸(mm)				截面面积(cm^2)	理论重量(kg/m)	惯性矩(cm^4)					惯性半径(cm)			截面模数(cm^3)			$\tan\alpha$	重心距离(cm)	
	B	b	d	r	A	q	I_x	I_{x1}	I_y	I_{y1}	I_u	i_x	i_y	i_u	W_x	W_y	W_u		x_0	y_0
10/6.3	100	63	6	10	9.618	7.55	99.1	200	30.9	50.5	18.4	3.21	1.79	1.38	14.6	6.35	5.25	0.394	1.43	3.24
			7		11.11	8.72	113	233	35.3	59.1	21.0	3.20	1.78	1.38	16.9	7.29	6.02	0.394	1.47	3.28
			8		12.58	9.88	127	266	39.4	67.9	23.5	3.18	1.77	1.37	19.1	8.21	6.78	0.391	1.50	3.32
			10		15.47	12.1	154	333	47.1	85.7	28.3	3.15	1.74	1.35	23.3	9.98	8.24	0.387	1.58	3.40
10/8	100	80	6	10	10.64	8.35	107	200	61.2	103	31.7	3.17	2.40	1.72	15.2	10.2	8.37	0.627	1.97	2.95
			7		12.30	9.66	123	233	70.1	120	36.2	3.15	2.39	1.72	17.5	11.7	9.60	0.626	2.01	3.00
			8		13.94	10.9	138	257	78.6	137	40.6	3.14	2.37	1.71	19.8	13.2	10.8	0.625	2.05	3.04
			10		17.17	13.5	167	334	94.7	172	49.1	3.12	2.35	1.69	24.2	16.1	13.1	0.622	2.13	3.12
11/7	110	70	6	10	10.64	8.35	133	266	42.9	69.1	25.4	3.54	2.01	1.54	17.9	7.90	6.53	0.403	1.57	3.53
			7		12.30	9.66	153	310	49.0	80.8	29.0	3.53	2.00	1.53	20.6	9.09	7.50	0.402	1.61	3.57
			8		13.94	10.9	172	354	54.9	92.7	32.5	3.51	1.98	1.53	23.3	10.3	8.45	0.401	1.65	3.62
			10		17.17	13.5	208	443	65.9	117	39.2	3.48	1.96	1.51	28.5	12.5	10.3	0.397	1.72	3.70
12.5/8	125	80	7	11	14.10	11.1	228	455	74.4	120	43.8	4.02	2.30	1.76	26.9	12.0	9.92	0.408	1.80	4.01
			8		15.99	12.6	257	520	83.5	138	49.2	4.01	2.28	1.75	30.4	13.6	11.2	0.407	1.84	4.06
			10		19.71	15.5	312	650	101	173	59.5	3.98	2.26	1.74	37.3	16.6	13.6	0.404	1.92	4.14
			12		23.35	18.3	364	780	117	210	69.4	3.95	2.24	1.72	44.0	19.4	16.0	0.400	2.00	4.22
14/9	140	90	8	12	18.04	14.2	366	731	121	196	70.8	4.50	2.59	1.98	38.5	17.3	14.3	0.411	2.04	4.50
			10		22.26	17.5	446	913	140	246	85.8	4.47	2.56	1.96	47.3	21.2	17.5	0.409	2.12	4.58
			12		26.40	20.7	522	1100	170	297	100	4.44	2.54	1.95	55.9	25.0	20.5	0.406	2.19	4.66
			14		30.46	23.9	594	1280	192	349	114	4.42	2.51	1.94	64.2	28.5	23.5	0.403	2.27	4.74

续表

型号	截面尺寸(mm)				截面面积(cm^2)	理论重量(kg/m)	惯性矩(cm^4)					惯性半径(cm)			截面模数(cm^3)			tanα	重心距离(cm)	
	B	b	d	r	A	q	I_x	I_{x1}	I_y	I_{y1}	I_u	i_x	i_y	i_u	W_x	W_y	W_u		x_0	y_0
15/9	150	90	8	12	18.84	14.8	442	898	123	196	74.1	4.84	2.55	1.98	43.9	17.5	14.5	0.364	1.97	4.92
			10		23.26	18.3	539	1120	149	246	89.9	4.81	2.53	1.97	54.0	21.4	17.7	0.362	2.05	5.01
			12		27.60	21.7	632	1350	173	297	105	4.79	2.50	1.95	63.8	25.1	20.8	0.359	2.12	5.09
			14		31.86	25.0	721	1570	196	350	120	4.76	2.48	1.94	73.3	28.8	23.8	0.356	2.20	5.17
			15		33.95	26.7	764	1680	207	376	127	4.74	2.47	1.93	78.0	30.5	25.3	0.354	2.24	5.21
			16		36.03	28.3	806	1800	217	403	134	4.73	2.45	1.93	82.6	32.3	26.8	0.352	2.27	5.25
16/10	160	100	10	13	25.32	19.9	669	1360	205	337	122	5.14	2.85	2.19	62.1	26.6	21.9	0.390	2.28	5.24
			12		30.05	23.6	785	1640	239	406	142	5.11	2.82	2.17	73.5	31.3	25.8	0.388	2.36	5.32
			14		34.71	27.2	896	1910	271	476	162	5.08	2.80	2.16	84.6	35.8	29.6	0.385	2.43	5.40
			16		39.28	30.8	1000	2180	302	548	183	5.05	2.77	2.16	95.3	40.2	33.4	0.382	2.51	5.48
18/11	180	110	10	14	28.37	22.3	956	1940	278	447	167	5.80	3.13	2.42	79.0	32.5	26.9	0.376	2.44	5.89
			12		33.71	26.5	1120	2330	325	539	195	5.78	3.10	2.40	93.5	38.3	31.7	0.374	2.52	5.98
			14		38.97	30.6	1290	2720	370	632	222	5.75	3.08	2.39	108	44.0	36.3	0.372	2.59	6.06
			16		44.14	34.6	1440	3110	412	726	249	5.72	3.06	2.38	122	49.4	40.9	0.369	2.67	6.14
20/12.5	200	125	12		37.91	29.8	1570	3190	483	788	286	6.44	3.57	2.74	117	50.0	41.2	0.392	2.83	6.54
			14		43.87	34.4	1800	3730	551	922	327	6.41	3.54	2.73	135	57.4	47.3	0.390	2.91	6.52
			16		49.74	39.0	2020	4260	615	1060	366	6.38	3.52	2.71	152	64.9	53.3	0.388	2.99	6.70
			18		55.53	43.6	2240	4790	677	1200	405	6.35	3.49	2.70	169	71.7	59.2	0.385	3.06	6.78

习题参考答案

第1章　引论

1. $F_N = F$，$M = Fb$

2. ab 边的平均应变为：$\varepsilon_m = \dfrac{\overline{a'b} - \overline{ab}}{\overline{ab}} = \dfrac{0.025}{200} = 125 \times 10^{-6}$

ab、ad 两边夹角的变化 $\gamma \approx \tan\gamma = \dfrac{0.025}{250} = 100 \times 10^{-6}\,\mathrm{rad}$

第2章　轴向拉伸和压缩

1.

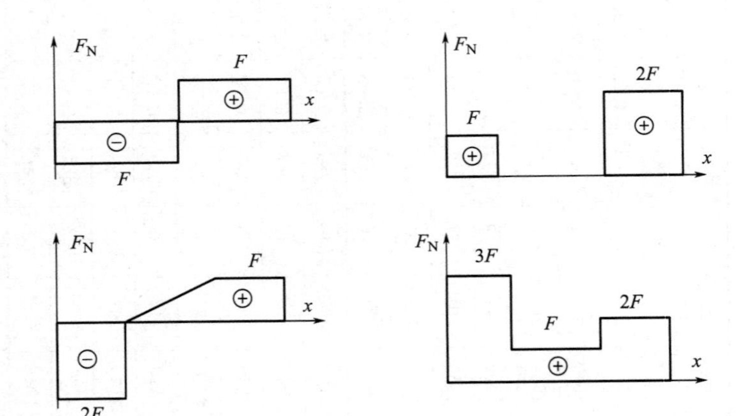

2.

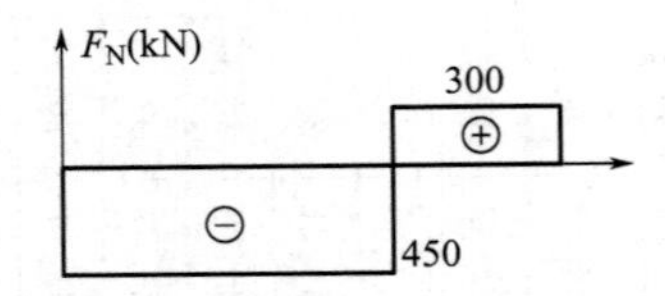

AB 段杆件正应力：$\sigma_1 = -5\mathrm{MPa}$，$BC$ 段杆件正应力：$\sigma_2 = 7.5\mathrm{MPa}$

杆件的最大的工作应力发生在 BC 段，其值为 7.5MPa，是拉应力

3.

（a）$\sigma_{①} = 35.4\mathrm{MPa}$，$\sigma_{②} = 31.7\mathrm{MPa}$

（b）$\sigma_{①} = 15.9\mathrm{MPa}$（−），$\sigma_{②} = 22.5\mathrm{MPa}$，$\sigma_{③} = 38.2\mathrm{MPa}$（−）

4. $\sigma_1 = \sigma_2 = \sigma_3 = \sigma_4 = \dfrac{\sqrt{2}F}{2A} = 11.79\mathrm{MPa}$（−）

$\sigma_5 = \dfrac{F_{N5}}{A} = \dfrac{F}{A} = 16.67\mathrm{MPa}$

5. $\sigma_1 = 40\mathrm{MPa}$，$\sigma_2 = 80\mathrm{MPa}$

6. 危险截面为左端开孔处，$\sigma_{max}=\dfrac{F}{1.5\delta d}=46.30MPa$

7. $\sigma_{30°}=100MPa$，$\tau_{30°}=58MPa$；$\sigma_{-45°}=66.7MPa$；$\tau_{-45°}=-66.7MPa$

8. $F=\sigma A=2\tau_{max}A=200kN$

9. $F=\dfrac{\sigma_{\alpha}A}{\cos^2\alpha}=66.67kN$，$\alpha=18°26'$

10. $\sigma=149MPa$，$E=203GPa$

11. $E=73.5GPa$，$\nu=0.326$，$\sigma_p=330.6MPa$

12. $\Delta=1mm$（张开）

13. $\Delta_G=0.69mm$

14. $\Delta_{C水平}=\dfrac{Fa}{3EA}=0.83mm$，$\Delta_{C垂直}=\dfrac{\sqrt{3}Fa}{3EA}=1.44mm$

15. $\Delta_{A垂直}=\dfrac{Fl}{EA}=5mm$，$\Delta_{A水平}=\dfrac{\sqrt{3}Fl}{3EA}=2.89mm$

16. $\sigma_1=146.46MPa<[\sigma]=150MPa$，$\sigma_2=116.51MPa<[\sigma]=150MPa$；桁架安全

17. $A_{AB}\geqslant138.56cm^2$，$A_{CD}\geqslant200cm^2$

18. 杆 AB：2∟100×10；杆 AD：2∟80×6

19. $[F]=45.24kN$

20.

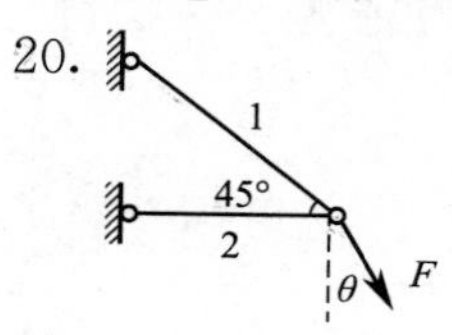

$\theta=\arctan(1+\sqrt{2})=67.5°$

$F_{max}=\sqrt{1+\sqrt{2}+1}[\sigma]A=1.848[\sigma]A=62.8kN$

21. $F_{N1}=-4kN$，$F_{N2}=17kN$

22. $\sigma_{AB}=31.75MPa$，$\sigma_{AC}=25.4MPa$；$N_{AB}=31.75kN$，$N_{AC}=25.4kN$

第3章　剪切与挤压

1. $d\geqslant39.9mm$

2. $\tau=44.2MPa<[\tau]=60MPa$，螺栓强度满足要求

3. $\tau=104MPa$，$\tan\alpha=0.2778$

4. $F\geqslant177N$，$\tau=17.6MPa$

5. $d_{min}=34mm$；$t_{max}=10mm$

6. $\tau=4MPa<[\tau]=60MPa$；$\sigma_{bs}=10MPa<[\sigma_{bs}]=90MPa$；键连接满足强度要求

7. $\tau=24MPa<[\tau]=30MPa$；$\sigma_{bs}=47MPa<[\sigma_{bs}]=100MPa$；此挂钩连接强度足够

8. $d\geqslant50mm$，$b\geqslant100mm$

9. $\sigma=125MPa<[\sigma]=160MPa$；$\tau=84.2MPa<[\tau]=100MPa$；$\sigma_{bs}=198.4MPa<[\sigma_{bs}]=240MPa$；此接头满足强度要求

10. 连接筒盖和角钢的铆钉数 62 个，连接角钢与筒壁的铆钉数 36 个

第4章 平面图形的几何性质

1. (a) $y_c=56.7\text{mm}$；(b) $y_c=65\text{mm}$；(c) $y_c=h/3$，$z_c=b/3$；

(d) $y_c=\dfrac{(n+1)\ b}{n+2}$；(e) $y_c=100\text{mm}$，$z_c=218\text{mm}$；(f) $y_c=0\text{mm}$，$z_c=141\text{mm}$

2. $a=1\text{cm}$

3. (a) $S_z=2.4\times10^4\text{mm}^3$；(b) $S_z=4.225\times10^4\text{mm}^3$；(c) $S_z=5.2\times10^5\text{mm}^3$

4. $I_{z_1}=I_z+(b^2-a^2)\ A$

5. $I_{y_2}=2.33\times10^{-4}\text{mm}^4$

6. (a) $I_z=5.37\times10^7\text{mm}^4$；(b) $I_z=9.045\times10^7\text{mm}^4$；(c) $I_z=1.336\times10^{10}\text{mm}^4$；

(d) $I_z=5.02\times10^9\text{mm}^4$；(e) $I_z=1.73\times10^9\text{mm}^4$；(f) $I_z=2.39\times10^8\text{mm}^4$

7. $I_{y_c}=2.04\times10^{-5}\text{mm}^4$，$I_{z_c}=7.03\times10^{-5}\text{mm}^4$

8. $\alpha_0=-13.5°$、$76.5°$，分别对应 y_0、z_0 轴；$I_{y_0}=76.1\times10^4\text{mm}^4$，$I_{z_0}=19.9\times10^4\text{mm}^4$

9. (a) $I_{yz}=7.75\times10^{-8}\text{mm}^4$；(b) $I_{yz}=\dfrac{R^4}{8}$

10. (a) $I_y=\dfrac{1}{3}bh^3$，$I_z=\dfrac{1}{3}b^3h$，$I_{yz}=-\dfrac{1}{4}b^2h^2$；

(b) $I_y=\dfrac{1}{12}bh^3$，$I_z=\dfrac{1}{12}bh(3b^2-3bc+c^2)$，$I_{yz}=\dfrac{1}{24}bh^2(3b-2c)$；

(c) $I_y=I_z=\dfrac{1}{12}a^4$，$I_{yz}=0$

第5章 扭转

1.

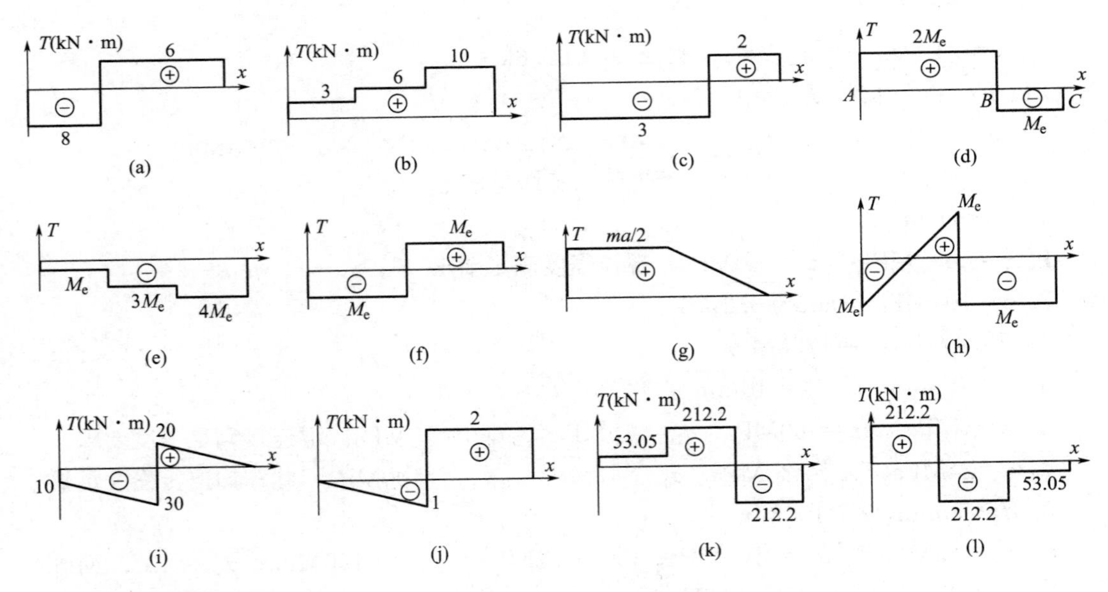

2. $\tau_\rho=70\text{MPa}$，$\tau_{max}=87.6\text{MPa}$

3. 18.5kW

4. $\tau_{\max}=18.1\text{MPa}<[\tau]=50\text{MPa}$，安全

5. $\tau_{\text{I}\max}=16.21\text{MPa}<[\tau]=20\text{MPa}$，安全

$\tau_{\text{II}\max}=15.01\text{MPa}<[\tau]=20\text{MPa}$，安全

$\tau_{\text{III}\max}=15.83\text{MPa}<[\tau]=20\text{MPa}$，安全

轴Ⅰ最危险。

6. $d=12\text{mm}$

7. $\dfrac{[T_{钢}]}{[T_{铝}]}\approx 0.75$，铝质空心轴承受的扭矩较大

8. (1) $\tau_{\rho}=20.4\text{MPa}$，$\gamma_{\rho}=0.255\times 10^{-3}$；

(2) $\tau_{\max}=40.8\text{MPa}$，$\theta=1.17°/\text{m}$

9. $E=216\text{GPa}$，$G=81\text{GPa}$

10. $\tau_{\max}=48.9\text{MPa}$，$\varphi_{AB}=0.009\text{rad}$，$\varphi_{AC}=0.021\text{rad}$

11. AE 段：$\tau_{AE\max}=45.2\text{MPa}<[\tau]=80\text{MPa}$，$\theta=0.462°/\text{m}<\theta=1.2°/\text{m}$，安全；

BC 段：$\tau_{BC\max}=71.3\text{MPa}<[\tau]=80\text{MPa}$，$\theta=1.02°/\text{m}<\theta=1.2°/\text{m}$，安全

12. $d=70\text{mm}$

13. $D=65.1\text{mm}$

14. $M_A=\dfrac{G_1I_{p1}}{G_1I_{p1}+G_2I_{p2}}M_e$，$M_C=\dfrac{G_2I_{p2}}{G_1I_{p1}+G_2I_{p2}}M_e$

15. $[M_2]=1.727\text{kN}\cdot\text{m}$，$\varphi_A=6.12\times 10^{-3}\text{rad}$

16. (1) $\tau_{\max}=35.1\text{MPa}$；(2) $n=6.08$ 圈

第6章 弯曲内力

1. (a) $F_{s1-1}=0$，$M_{1-1}=\dfrac{ql^2}{6}$

(b) $F_{s1-1}=F_{s2-2}=-\dfrac{ql}{4}$，$M_{1-1}=M_{2-2}=\dfrac{3}{4}ql^2$

(c) $F_{s1-1}=-\dfrac{22}{3}\text{kN}$，$F_{s2-2}=0\text{kN}$，$M_{1-1}=M_{2-2}=-4\text{kN}\cdot\text{m}$

(d) $F_{s1-1}=F_{s2-2}=-2\text{kN}$，$M_{1-1}=M_{2-2}=-\dfrac{4}{3}\text{kN}\cdot\text{m}$

(e) $F_{s1-1}=F_{s2-2}=0$，$M_{1-1}=-ql^2$，$M_{2-2}=0$

(f) $F_{s1-1}=-6\text{kN}$，$F_{s2-2}=\dfrac{2}{3}\text{kN}$，$M_{1-1}=M_{2-2}=-12\text{kN}\cdot\text{m}$

2. (a) $F_{s1-1}=0$，$F_{s2-2}=-F$，$F_{s3-3}=-F$；$M_{1-1}=0$，$M_{2-2}=0$，$M_{3-3}=-Fa$

(b) $F_{s1-1}=qb$，$F_{s2-2}=qb$，$F_{s3-3}=0$；$M_{1-1}=qa^2-qb\left(a+\dfrac{b}{2}\right)$，$M_{2-2}=-\dfrac{1}{2}qb^2$，$M_{3-3}=0$

(c) $F_{s1-1}=-6\text{kN}$，$F_{s2-2}=-2\text{kN}$；$M_{1-1}=0\text{kN}\cdot\text{m}$，$M_{2-2}=-20\text{kN}\cdot\text{m}$

(d) $F_{s1-1}=F_{s2-2}=F_{s3-3}=\dfrac{M_e}{a+b}$；$M_{1-1}=0$，$M_{2-2}=-\dfrac{M_eb}{a+b}$，$M_{3-3}=0$

(e) $F_{s1-1}=\dfrac{1}{3}(2F-qa)$，$F_{s2-2}=-\dfrac{1}{3}(F+qa)$，$F_{s3-3}=-\dfrac{1}{3}(F+qa)$；

$M_{1-1}=0$，$M_{2-2}=\frac{1}{3}(2F-qa)a$，$M_{3-3}=\frac{1}{3}(F+qa)a-qa^2$

(f) $F_{s1-1}=F$，$F_{s2-2}=0$，$F_{s3-3}=0$；$M_{1-1}=M_{2-2}=M_{3-3}=0$

3. (a) 当 $0\leqslant x\leqslant l$ 时，$q(x)=\frac{q_0}{l}x$

$F_s(x)=-\frac{1}{2}q(x)x=-\frac{q_0}{2l}x^2$，$M(x)=-\frac{1}{2}q(x)x\cdot\frac{1}{3}x=-\frac{q_0}{6l}x^3$

$F_{smax}=-\frac{q_0}{2}l^2$，$M_{max}=-\frac{q_0}{6}l^2$

(b) 当 $0\leqslant x\leqslant 2$m 时，$F_s(x)=45$kN，$M(x)=-127.5+45x$

当 $2\leqslant x\leqslant 3$m 时，$F_s(x)=45-15(x-2)$，$M(x)=-97.5+45x-7.5x^2$

$F_{smax}=45$kN，弯矩为负值，$|M_{max}|=127.5$kN·m

(c) $F_A=F_B=49.5$kN

当 $0\leqslant x\leqslant 4$m 时，$F_s(x)=49.5-3x$，$M(x)=49.5x-1.5x^2$

当 $4\leqslant x\leqslant 8$m 时，$F_s(x)=-49.5+3x$，$M(x)=49.5x-1.5x^2$

$F_{smax}=49.5$kN，$M_{max}=174$kN·m

(d) $F_A=0.6$kN，$F_B=1.4$kN

当 $0\leqslant x\leqslant 8$m 时，$F_s(x)=0.6-0.2x$，$M(x)=0.6x-0.1x^2$

当 $8\leqslant x\leqslant 10$m 时，$F_s(x)=0.6-0.2x$，$M(x)=4+0.6x-0.1x^2$

$F_{smax}=1.4$kN，$M_{max}=2.4$kN·m

(e) AC 段：$F_s(x)=-\frac{qa}{8}$，$M(x)=-\frac{qa}{8}x$

BC 段：$F_s(x)=qx$，$M(x)=-\frac{q}{2}x^2$

AC 段剪力为正，$F_{smax}=qa$，BC 段剪力为负，$|F_{smax}|=\frac{qa}{8}$，AB 段弯矩为负，C 点处$|M_{max}|=\frac{qa^2}{2}$

(f) 当 $0\leqslant x\leqslant 2$m 时，$F_s(x)=-2$kN，$M(x)=6-2x$

当 $2\leqslant x\leqslant 3$m 时，$F_s(x)=-22$kN，$M(x)=6-2x-20(x-2)=46-22x$

剪力为负时，$|F_{smax}|=22$kN；弯矩为负时，$|M_{max}|=20$kN·m；弯矩为正时，$M_{max}=6$kN·m

(g) AC 段：$F_s(x)=-F$，$M(x)=-Fx$

BC 段：$F_s(x)=\frac{F}{2}$，$M(x)=-\frac{F}{2}x$

剪力为正时，$F_{smax}=\frac{F}{2}$；剪力为负时，$|F_{smax}|=F$；弯矩为负时，$|M_{max}|=\frac{F}{2}l$

(h) AC 段：$F_s(x)=0$kN，$M(x)=-30$kN·m

CD 段：$F_s(x)=30$kN，$M(x)=-30+30x$

BD 段：$F_s(x)=-10$kN，$M(x)=10x$

剪力为正时，$F_{smax}=30\text{kN}$；剪力为负时，$|F_{smax}|=10\text{kN}$；弯矩为正时，$M_{max}=15\text{kN}\cdot\text{m}$；弯矩为负时，$|M_{max}|=30\text{kN}\cdot\text{m}$

4.

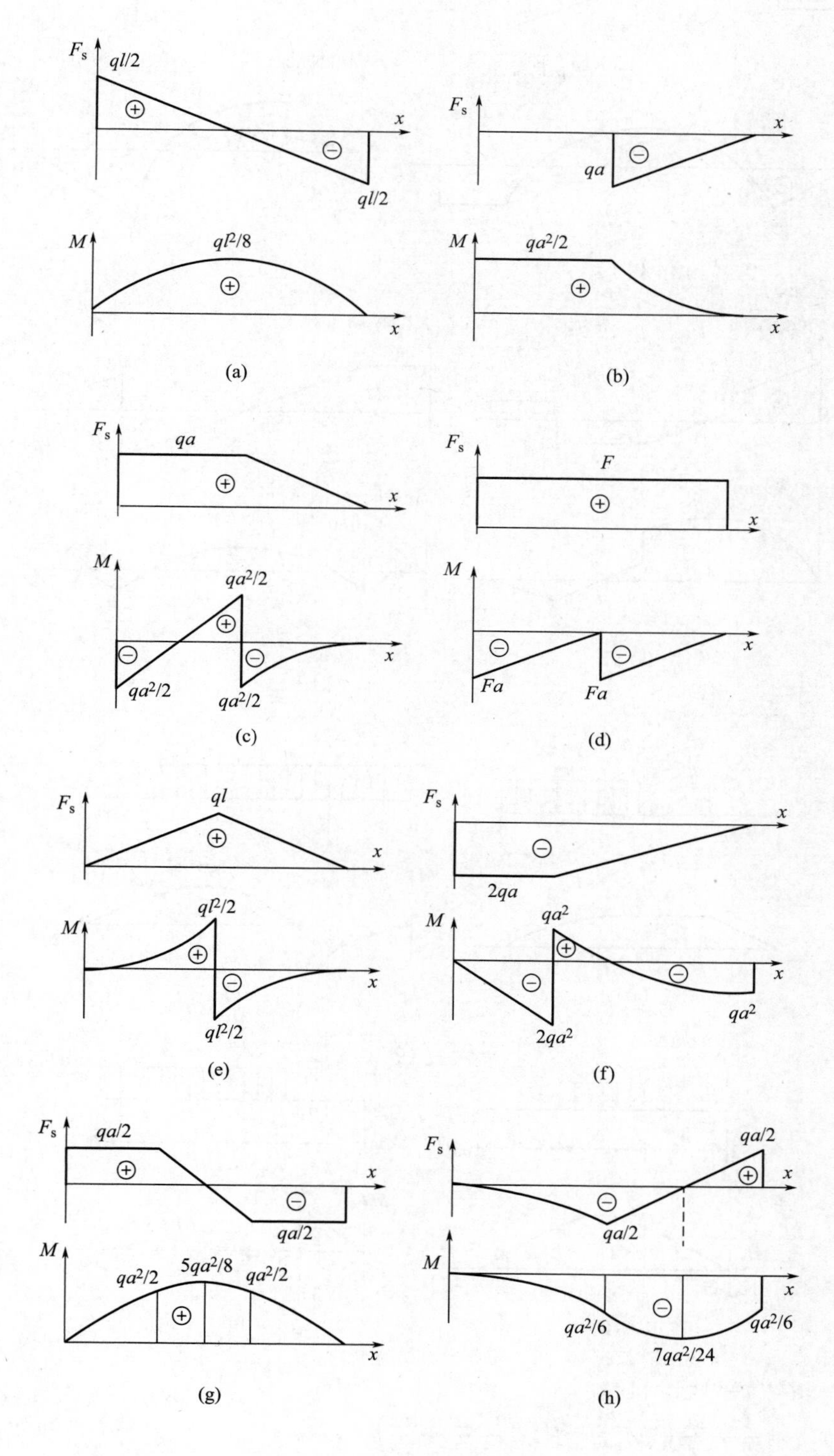

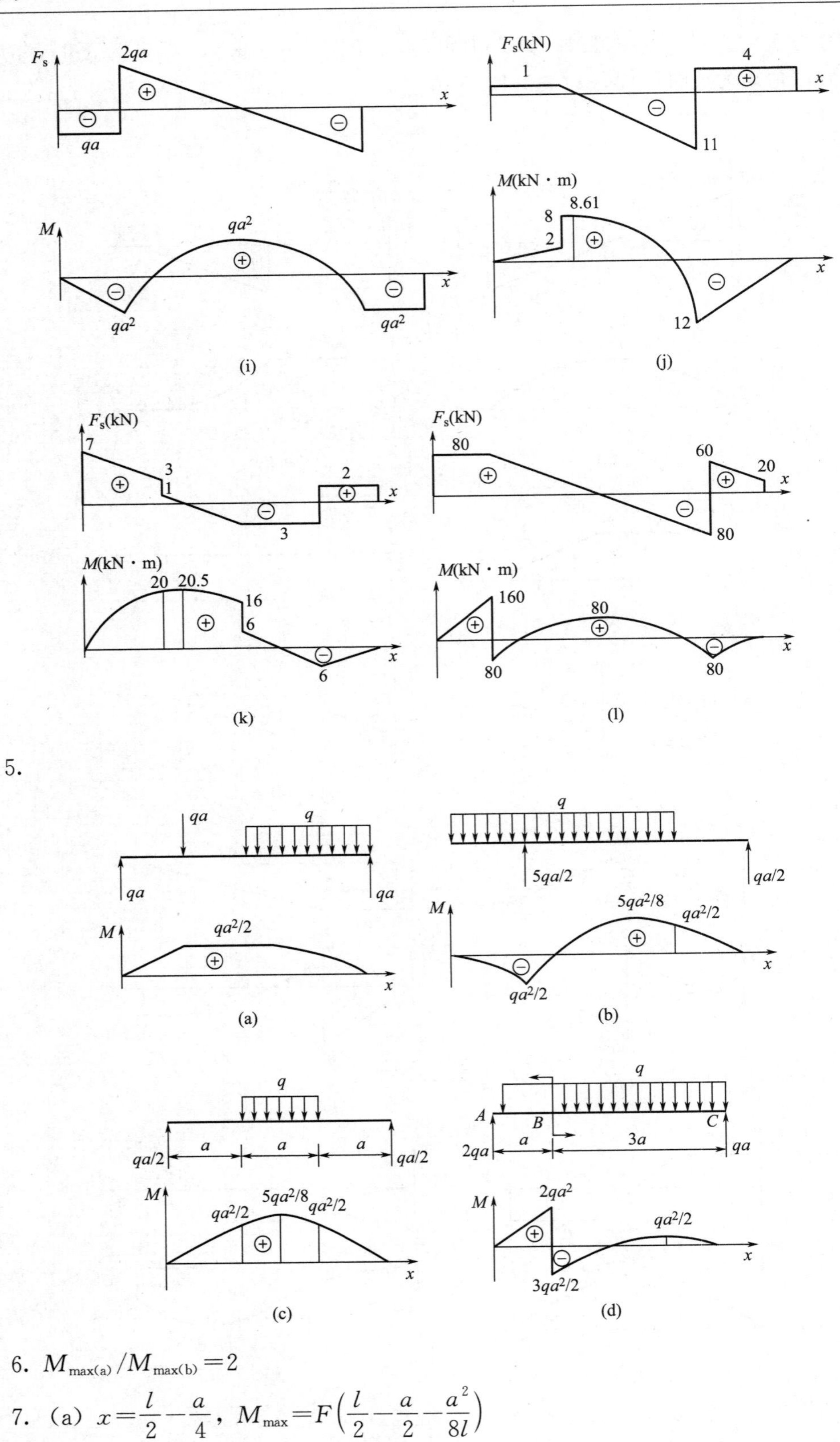

6. $M_{\max(a)}/M_{\max(b)}=2$

7. (a) $x=\dfrac{l}{2}-\dfrac{a}{4}$，$M_{\max}=F\left(\dfrac{l}{2}-\dfrac{a}{2}-\dfrac{a^2}{8l}\right)$

(b) $x=0\text{m}$，$M_{\max}=50\text{kN}\cdot\text{m}$

8. $W(L-a)=\text{const}$

9. $\dfrac{l}{a}=5$

10. $\dfrac{ql^2}{2}$

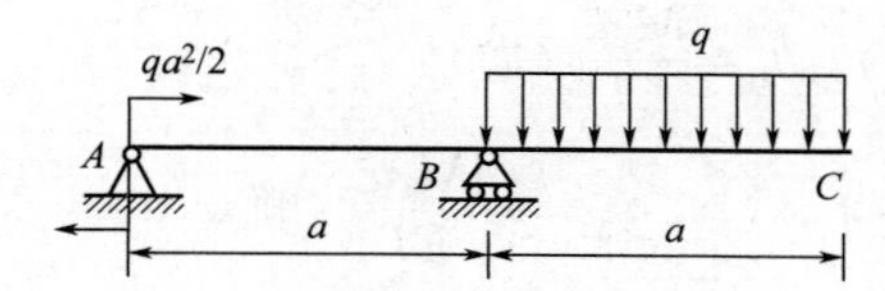

11. $x=\dfrac{l}{3}$，$M_C=-M_B=\dfrac{ql^2}{18}$

第7章　弯曲应力

1. $q=19.9\text{kN/m}$；$\sigma_{\max}=142\text{MPa}$
2. $\sigma_a=\sigma_b=142\text{MPa}$，$\sigma_c=124\text{MPa}$，$\sigma_d=0\text{MPa}$
3. $\sigma_A=-146.3\text{MPa}$，$\sigma_B=121.3\text{MPa}$，$\sigma_C=-36.3\text{MPa}$
4. $\sigma=153.3\text{MPa}$
5. $\sigma_{\max}=63.3\text{MPa}$
6. (a) $\sigma_{\max}=\dfrac{3ql^2}{4a^3}$；(b) $\sigma_{\max}=\dfrac{3ql^2}{2a^3}$；(c) $\sigma_{\max}=\dfrac{3ql^2}{4a^3}$
7. $\sigma_{t,\max}=73.7\text{MPa}$，在$C$截面下缘；$\sigma_{c,\max}=73.7\text{MPa}$，在$A$截面下缘
8. $\sigma_D=0.0754\text{MPa}$，$\sigma_{t,\max}=4.75\text{MPa}$，$\sigma_{c,\max}=6.28\text{MPa}$
9. $\sigma_{1\max}=159.2\text{MPa}$，$\sigma_{2\max}=93.6\text{MPa}$，减小41.2%
10. (1) 弯矩减小21%；(2) 腹板占15.9%，翼缘占84.1%
11. $\sigma_t=94.7\text{MPa}>[\sigma_t]$，$\sigma_c=56\text{MPa}<[\sigma_c]$，不满足强度条件，不安全
12. 截面宽度$b\geqslant278\text{mm}$
13. $b=510\text{mm}$
14. $h/b=\sqrt{2}$，$d_{\min}=227\text{mm}$
15. $d\leqslant111\text{mm}$
16. $a=1.38\text{m}$
17. (1) $d\geqslant108\text{mm}$，$A\geqslant9160\text{mm}^2$；(2) $b\geqslant57.2\text{mm}$，$h\geqslant114.4\text{mm}$，$A\geqslant6543\text{mm}^2$；(3) 10号工字钢，$A=2610\text{mm}^2$
18. (1) $x=\dfrac{9}{4}h=225\text{mm}$；(2) $\delta=11\text{mm}$
19. $[F]=290\text{kN}$
20. $[F]=6.48\text{kN}$
21. $[q]=15.68\text{kN/m}$，$d=17\text{mm}$
22. $\tau_{a-a}=0\text{MPa}$，$\tau_{b-b}=1.75\text{MPa}$
23. (1) $\tau=1.93\text{MPa}$；(2) 与图示相反放置。$\sigma_c=13.2\text{MPa}$，$\sigma_t=3.6\text{MPa}$；(3) $[F]=$

14.2kN

24. $\sigma_{\max}=142\text{MPa}$，$\tau_{\max}=18.1\text{MPa}$

25. $[q]=16.0\text{kN/m}$

26. $[q]=6.2\text{kN/m}$

27. 28a 号工字钢

第 8 章　弯曲变形

1. (a) $w_B=\dfrac{M_e l^2}{2EI}$ (↑)，$\theta_B=\dfrac{M_e l}{EI}$ (逆)

(b) $w_B=-\dfrac{M_e a}{EI}\left(l-\dfrac{a}{2}\right)$ (↓)，$\theta_B=-\dfrac{M_e a}{EI}$ (顺)

(c) $w_B=-\dfrac{5Fl^3}{6EI}$ (↓)，$\theta_B=-\dfrac{Fl^2}{2EI}$ (顺)

(d) $w_B=-\dfrac{ql^4}{30EI}$ (↓)，$\theta_B=-\dfrac{ql^3}{24EI}$ (顺)

(e) $w_B=-\dfrac{ql^4}{8EI}$ (↓)，$\theta_B=-\dfrac{ql^3}{6EI}$ (顺)

(f) $w_A=-\dfrac{71ql^4}{24EI}$ (↓)，$\theta_A=-\dfrac{13ql^3}{6EI}$ (顺)

2. (a) $\theta_A=-\dfrac{M_e l}{6EI}$ (顺)，$\theta_B=\dfrac{M_e l}{3EI}$ (逆)，$w_C=\dfrac{M_e l^2}{16EI}$ (↓)

(b) $\theta_C=\dfrac{Fa^2}{12EI}$ (逆)，$w_C=\dfrac{Fa^3}{12EI}$ (↑)

(c) $\theta_A=-\dfrac{qa}{48EI}(3l^2-a^2)$ (顺)，$w_C=-\dfrac{qa}{48EI}\left(l^3-\dfrac{a^2 l}{2}+\dfrac{a^3}{8}\right)$ (↓)

(d) $\theta_C=\dfrac{7qa^3}{9EI}$ (逆)，$w_C=-\dfrac{8qa^4}{9EI}$ (↓)

(e) $\theta_B=-\dfrac{qa^3}{6EI}$ (顺)，$w_C=-\dfrac{qa^4}{12EI}$ (↓)

(f) $\theta_B=-\dfrac{qa^3}{2EI}$ (顺)，$w_B=-\dfrac{11qa^4}{24EI}$ (↓)，$w_D=\dfrac{qa^4}{8EI}$ (↑)

3. (a) $w_B=-\dfrac{49Fa^3}{2EI}$ (↓)，$w_C=-\dfrac{27Fa^3}{2EI}$ (↓)

(b) $w_B=-\dfrac{123qa^4}{24EI}$ (↓)，$w_C=-\dfrac{23qa^4}{24EI}$ (↓)

(c) $\theta_C=-\dfrac{Fa^2}{4EI}$ (顺)

(d) $\theta_A=-\dfrac{Fa^2}{4EI}-\dfrac{M_e a}{3EI}$ (逆)，$w_C=-\dfrac{Fa^3}{6EI}-\dfrac{M_e a^2}{4EI}$ (↓)

(e) $\theta_C=-\dfrac{11qa^3}{12EI}$ (顺)，$w_C=-\dfrac{5qa^4}{8EI}$ (↓)

(f) $\theta_C=-\dfrac{M_e a}{EI}$ (顺)，$w_D=-\dfrac{5M_e a^2}{6EI}$ (↓)

4. (a) $\theta_{A}=-\frac{F}{48EI}(24a^{2}+16al-3l^{2})$（顺），$w_{A}=-\frac{Fa}{48EI}(3l^{2}-16al-16a^{2})$（↓）

(b) $\theta_{B}=\frac{23qa^{3}}{12EI}$（逆），$w_{B}=\frac{17qa^{4}}{12EI}$（↑）

(c) $\theta_{B}=-\frac{19qa^{3}}{24EI}$（顺），$w_{B}=-\frac{5qa^{4}}{8EI}$（↓）

(d) $\theta_{A}=-\frac{ql^{2}}{24EI}(5l+12a)$（顺），$w_{A}=\frac{ql^{2}a}{24EI}(5l+6a)$（↑）

(e) $\theta_{B}=-\frac{qa^{3}}{4EI}$（顺），$w_{B}=-\frac{5qa^{4}}{24EI}$（↓）

(f) $\theta_{B}=-\frac{q}{24EI}(4a^{3}+4a^{2}l-l^{3})$（顺），$w_{B}=-\frac{qa}{24EI}(3a^{3}+4a^{2}l-l^{3})$（↓）

5. (1) 当$\frac{x}{l}=\frac{6-\sqrt{15}}{14}\approx0.15192976$时，$w=\frac{33-2\sqrt{15}}{2744EI}Fl^{3}\approx0.00920336\frac{Fl^{3}}{EI}$

(2) 当$\frac{x}{l}=\frac{1}{6}$时，最大挠度$w_{max}=\frac{1}{108EI}Fl^{3}$

6. $w_{A}=\frac{2Wl^{3}}{243EI}$（↑），$M_{max}=\frac{Wl}{18}$

7. $l\leqslant8.6$m

8. 14a号槽钢

9. $d\geqslant23.9$mm

10. (a) $F_{A}=\frac{3}{8}ql$（↑），$M_{B}=-\frac{1}{8}ql^{2}$（顺），$F_{B}=\frac{5}{8}ql$（↑）

(b) $M_{A}=\frac{3}{16}Fl$（逆），$F_{A}=\frac{11}{16}F$（↑），$F_{B}=\frac{5}{16}F$（↑）

(c) $F_{A}=F_{B}=\frac{3}{8}ql$（↑），$F_{C}=\frac{5}{4}ql$（↑）

(d) $F_{A}=F_{B}=\frac{5}{16}F$（↑），$F_{C}=\frac{11}{8}F$（↑）

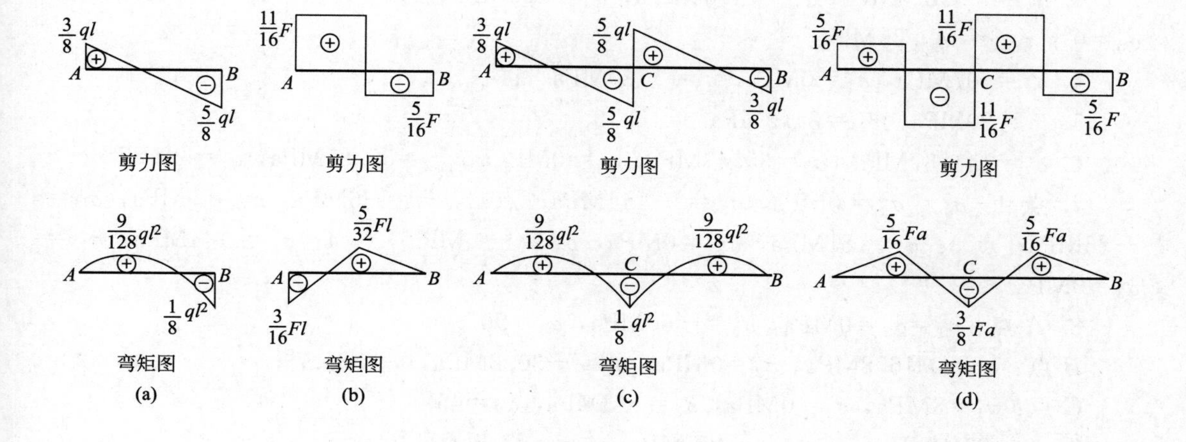

11. $w=\dfrac{M_e x^2}{4lEI}(l-x)$

12. （1）$\delta=\dfrac{7ql^4}{72EI}$；（2）$\delta=\dfrac{ql^4}{384EI}$

13. 加固后，$w_{max}=\dfrac{2Fl^3}{9EI}$，$M_{max}=\dfrac{Fl}{3}$，减少了 2/3

14. （1）$w_C=-\dfrac{5Fl^3}{6EI}$（↓）；（2）$[F]\leqslant 6.4kN$

15. $w_C=\dfrac{Fl^3}{24E(I_2+2I_1)}$

16. $w_B=8.21mm$（↓）

17. $w_D=-\dfrac{ql^4}{24EI}$（↓）

18. $w_D=-5.06mm$（↓）

19. $x=\dfrac{E_2A_2l_1l}{E_1A_1l_2+E_2A_2l_1}$

20. （1）$F_{N1}=\dfrac{F}{5}$，$F_{N2}=\dfrac{2F}{5}$；（2）$F_{N1}=\dfrac{(3lI+2a^3A)}{15lI+2a^3A}F$，$F_{N2}=\dfrac{6lI}{15lI+2a^3A}F$

第 9 章　应力状态与强度理论

1. (a) $\sigma_\alpha=35MPa$，$\tau_\alpha=-8.66MPa$；(b) $\sigma_\alpha=-38.8MPa$，$\tau_\alpha=0MPa$；
(c) $\sigma_\alpha=47.32MPa$，$\tau_\alpha=-7.32MPa$；(d) $\sigma_\alpha=10MPa$，$\tau_\alpha=15MPa$；
(e) $\sigma_\alpha=0.49MPa$，$\tau_\alpha=-20.5MPa$

2. (a) $\sigma_1=25MPa$，$\sigma_2=0MPa$，$\sigma_3=-25MPa$，$\alpha_0=-45°$；
(b) $\sigma_1=4.7MPa$，$\sigma_2=0MPa$，$\sigma_3=84.7MPa$，$\alpha_0=-13.3°$；
(c) $\sigma_1=0MPa$，$\sigma_2=-4.4MPa$，$\sigma_3=-45.6MPa$，$\alpha_0=38°$；
(d) $\sigma_1=37MPa$，$\sigma_2=0MPa$，$\sigma_3=-27MPa$，$\alpha_0=19.33°$；
(e) $\sigma_1=52.36MPa$，$\sigma_2=7.64MPa$，$\sigma_3=0MPa$，$\alpha_0=-31.72°$；
(f) $\sigma_1=11.23MPa$，$\sigma_2=0MPa$，$\sigma_3=-71.23MPa$，$\alpha_0=-38°$

3. $\sigma_y=-198.5MPa$；$\tau_\alpha=74.63MPa$；$\sigma_1=100MPa$，$\sigma_2=0MPa$，$\sigma_3=-198.5MPa$，$\alpha_0=0°$；$\tau_{max}=149.25MPa$

4. $\sigma_1=107MPa$，$\sigma_2=0MPa$，$\sigma_3=-20MPa$

5. $\sigma_y=20MPa$；$\tau_{xy}=34.6MPa$

6. $\sigma_1=141.57MPa$，$\sigma_2=30.43MPa$，$\sigma_3=0MPa$，$\tau_{max}=55.57MPa$，$\alpha_0=29.87°$

7. 点 1：$\sigma_1=\sigma_2=0MPa$，$\sigma_3=-144MPa$；点 2：$\sigma_1=36MPa$，$\sigma_2=0MPa$，$\sigma_3=-36MPa$；点 3：$\sigma_1=81MPa$，$\sigma_2=0MPa$，$\sigma_3=-9MPa$；点 4：$\sigma_1=144MPa$，$\sigma_2=\sigma_3=0MPa$

8. A 点：$\sigma_1=\sigma_2=0MPa$，$\sigma_3=-60MPa$，$\alpha_0=90°$；
B 点：$\sigma_1=0.1678MPa$，$\sigma_2=0MPa$，$\sigma_3=-30.2MPa$，$\alpha_0=85.7°$；
C 点：$\sigma_1=3MPa$，$\sigma_2=0MPa$，$\sigma_3=-3MPa$，$\alpha_0=45°$

9. $\sigma_x=87.5MPa$，$\sigma_t=\sigma_{max}=175MPa$，$\tau_{max}=87.5MPa$

10. $\sigma_1=245\text{MPa}$，$\sigma_2=0\text{MPa}$，$\sigma_3=-92.88\text{MPa}$，$\tan 2\alpha_0=-1.983$

11. $\sigma_x=126.81\text{MPa}$，$\sigma_y=72.69\text{MPa}$

12. $\sigma_1=53.75\text{MPa}$，$\sigma_2=0\text{MPa}$，$\sigma_3=-26.25\text{MPa}$

13. $\varepsilon_{AB}=\dfrac{F}{2bhE}(1-\mu)$，$\varphi_{AB}=\dfrac{F}{2bhE}(1+\mu)$

14. $\mu=0.27$

15. (1) $\varepsilon_x=0$，$\varepsilon_{45^\circ}=\dfrac{\tau(1+\mu)}{E}$，$\gamma_{max}=\dfrac{2\tau(1+\mu)}{E}$；(2) $\Delta l_{AC}=0.0105\text{cm}$

16. $F=109\text{kN}$，$q=82.2\text{kN/m}$

17. $F=15.2\text{kN}$

18. $\Delta V=11.3\times10^{-10}\text{m}^3$

19. $\sigma_x=80\text{MPa}$，$\sigma_y=0\text{MPa}$

20. (a) $\sigma_{r1}=90\text{MPa}$，$\sigma_{r2}=93\text{MPa}$，$\sigma_{r3}=100\text{MPa}$，$\sigma_{r4}=95.39\text{MPa}$；

(b) $\sigma_{r1}=10\text{MPa}$，$\sigma_{r2}=37\text{MPa}$，$\sigma_{r3}=100\text{MPa}$，$\sigma_{r4}=95.39\text{MPa}$

21. $\sigma_{r1}=\sigma_1=29.2\text{MPa}<[\sigma]=30\text{MPa}$

22. $\sigma_{r1}=24.3\text{MPa}<[\sigma_t]=30\text{MPa}$，$\sigma_{r2}=26.6\text{MPa}<[\sigma_t]=30\text{MPa}$，安全

23. $\sigma_{r2}=26.8\text{MPa}<[\sigma_t]=30\text{MPa}$，$\sigma_{rM}=25.8\text{MPa}<[\sigma_t]=30\text{MPa}$，安全

24. $\sigma_{r4}=\sqrt{\sigma_x^2+3\tau_{xy}^2}=152.7\text{MPa}<[\sigma]=160\text{MPa}$

25. $I_z=139.24\times10^6\text{mm}^4$；$\sigma_{max}=161\text{MPa}<[\sigma]=170\text{MPa}$；$\tau_{max}=96.7\text{MPa}<[\tau]=100\text{MPa}$

腹板和翼缘的交界点 a 处，$y=130\text{mm}$，$\sigma_a=140\text{MPa}$，$\tau_a=67.57\text{MPa}$，$\sigma_{r3}=\sqrt{\sigma_a^2+4\tau_a^2}=194.58\text{MPa}>[\sigma]=170\text{MPa}$，不安全。

第 10 章　组合变形

1. (1) $\varphi=-25.5^\circ$，(2) $\sigma_{max,x}=9.83\text{MPa}$

2. 压应力 $\sigma_{c,max}=138.4\text{MPa}$，在 C 点左侧截面上边缘；拉应力 $\sigma_{t,max}=135.1\text{MPa}$，在 C 点右侧截面下边缘

3. $F=155.4\text{N}$

4. $\sigma_{max}=12\text{MPa}\leqslant[\sigma]=12\text{MPa}$；$\dfrac{w_{max}}{l}=0.0051<\dfrac{[w]}{l}$，满足强度及刚度要求

5. (1) 危险截面在固定端处，$\sigma_{max}=\dfrac{M_y}{W}+\dfrac{M_z}{W}=129\text{MPa}$

(2) 自由端 $w_y=\dfrac{F_y l^3}{3EI_z}=1.102\text{mm}$，$w_z=\dfrac{F_z l^3}{3EI_y}=17.18\text{mm}$；

$w=\sqrt{w_y^2+w_z^2}=17.22\text{mm}$，$w$ 与 z 轴的夹角为 3.67°

6. $\sigma_A=-6\text{MPa}$，$\sigma_B=-1\text{MPa}$，$\sigma_C=11\text{MPa}$，$\sigma_D=-6\text{MPa}$

7. $\sigma_{max}=10.5\text{MPa}>[\sigma]=10\text{MPa}$，不安全

8. (1) $F_{NAx}=\dfrac{4\sqrt{3}}{3}P$，$F_{NAy}=\dfrac{1}{3}P$，$F_{NC}=\dfrac{8}{3}P$；(2) 选用 22b 号工字钢，$\sigma_A=160.9\text{MPa}$

9. $\sigma_{max,y}=149\text{MPa}$，强度满足条件

10. $\sigma_{max}=121MPa$，强度满足条件

11. $\sigma_A=4.24MPa$，$\sigma_B=-5.52MPa$

12. $d \geqslant 122mm$

13. $\delta \geqslant 2.65mm$

14. $\sigma_{r3}=\dfrac{\sqrt{M^2+T^2}}{W}=90.7MPa<[\sigma]=100MPa$，故 AB 杆满足强度条件

15. $d=5.19mm$

16. $Q=1700kN$

17. $d=60mm$

18. $d=6.6mm$

19. $\sigma_{r4}=54.4MPa$

20. 由 $\sigma_A=\varepsilon_0 E=120MPa$，$\tau_B=\sigma_B=\dfrac{\varepsilon_{45^\circ}E}{1+\mu}=64MPa$，得 $M_x=\tau_B W_p=100.5N\cdot m$；

$M_y=\sigma_A W=94.2N\cdot m$；$\sigma_{r4}=\sqrt{\sigma_A^2+3\tau_A^2}=163.4MPa<[\sigma]=170MPa$，满足强度条件

第 11 章　压杆稳定

1. (1) $F_{cr}=37.8kN$；(2) $F_{cr}=52.6kN$；(3) $F_{cr}=459kN$

2. $F_{cr1}<F_{cr2}<F_{cr3}$，$F_{cr3}=3293kN$

3. $\theta=\arc\tan(\cot^2\beta)$

4. (1) $\lambda_p=92.3$；(2) $\lambda_p=65.8$；(3) $\lambda_p=73.7$

5. $\lambda_p=92.64$；$\lambda_s=52.29$

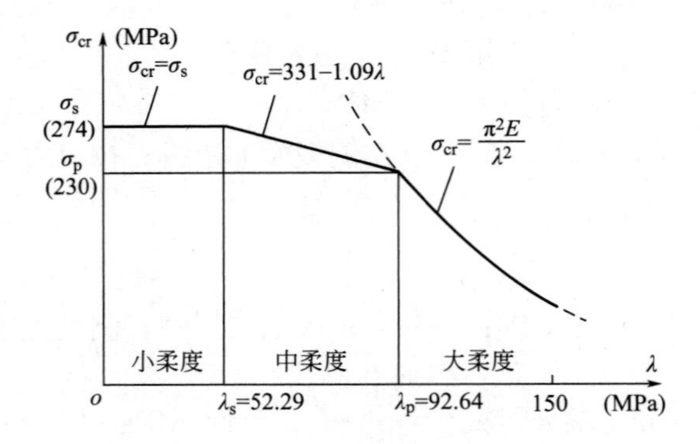

6. $\sigma_{cr}=666MPa$；$F_{cr}=401.7kN$

7. $F_{cr,1}=2540kN$；$F_{cr,2}=4710kN$；$F_{cr,3}=4830kN$

8. $n=8.25$，安全

9. (1) 118.8kN；(2) $n=1.7$，不安全；(3) 73.5kN，最大荷载有变化

10. $n=6.5$，安全

11. 15.5kN

12. $D=30.54mm$

13. (1) $[P_1]=76.97kN$；(2) $[P_2]=40.81kN$

14. d＝51.5mm
15. 302kN
16. 梁 σ＝56.1MPa，柱 σ＝98.4MPa；安全
17. a＝4.31mm；最大临界力 443kN
18. 28a 号工字钢

参考文献

1. 孙训方，方孝淑，关来泰．材料力学（Ⅰ）[M]．6 版．北京：高等教育出版社，2019.
2. 孙训方，方孝淑，关来泰．材料力学（Ⅱ）[M]．6 版．北京：高等教育出版社，2019.
3. 殷雅俊，范钦珊．材料力学 [M]．3 版．北京：高等教育出版社，2019.
4. 刘鸿文．材料力学（Ⅰ）[M]．6 版．北京：高等教育出版社，2017.
5. 张淑芬，徐红玉，梁斌．材料力学 [M]．北京：中国建筑工业出版社，2014.
6. 梁小燕，蒋永莉．材料力学精讲及真题详解 [M]．北京：中国建筑工业出版社，2011.
7. 曲淑英．材料力学 [M]．北京：中国建筑工业出版社，2011.
8. 皮特尔．材料力学 [M]．北京：中国建筑工业出版社，2004.
9. 张如三，王天明．材料力学 [M]．北京：中国建筑工业出版社，1997.
10. 北京科技大学，东北大学．工程力学（材料力学）[M]．5 版．北京：高等教育出版社，2020.
11. 单辉祖，谢传锋．工程力学（静力学与材料力学）[M]．2 版．北京：高等教育出版社，2021.
12. 范钦珊，郭光林．工程力学 2 [M]．2 版．北京：高等教育出版社，2011.
13. 王博，马红艳．材料力学 [M]．5 版．北京：高等教育出版社，2018.
14. 王永廉，方建士．工程力学（静力学与材料力学）[M]．2 版．北京：机械工业出版社，2020.
15. 顾晓勤，谭朝阳．材料力学 [M]．2 版．北京：机械工业出版社，2020.
16. 李红云，孙雁，陶昉敏．材料力学（多学时）[M]．2 版．北京：机械工业出版社，2020.
17. 冯维明．材料力学 [M]．北京：机械工业出版社，2020.
18. 周建方．材料力学 [M]．北京：机械工业出版社，2020.
19. James M. Gere. 材料力学（英文版·原书 7 版）(Strength of Materials) [M]．北京：机械工业出版社，2019.
20. 王永廉，马景槐．工程力学（静力学与材料力学）[M]．北京：机械工业出版社，2014.
21. 王永廉，王云祥，方建士．工程力学（静力学与材料力学）学习指导与题解 [M]．北京：机械工业出版社，2014.
22. 王向东，邓爱民．材料力学 [M]．北京：中国水利水电出版社，2014.
23. 郭维林，刘东星．材料力学（Ⅰ）同步辅导及习题全解 [M]．北京：中国水利水电出版社，2010.
24. 范钦珊，殷雅俊，唐靖林．材料力学 [M]．3 版．北京：清华大学出版社，2014.
25. 范存新．材料力学 [M]．重庆：重庆大学出版社，2011.
26. 黄小清，陆丽芳，何庭惠．材料力学 [M]．广州：华南理工大学出版社，2011.
27. 章宝华．材料力学 [M]．北京：北京大学出版社，2011.
28. 胡益平．材料力学 [M]．成都：四川大学出版社，2011.
29. 刘德华，黄超．材料力学 [M]．重庆：重庆大学出版社，2011.
30. 荀文选．材料力学（Ⅰ）[M]．2 版．北京：科学出版社，2011.